INSTRUCTIONS SUR LA NAVIGATION DES INDES ORIENTALES ET DE LA CHINE,

POUR SERVIR AU NEPTUNE ORIENTAL,

DÉDIÉ AU ROI,

Par M. D'APRÉS DE MANNEVILLETTE, Chevalier de l'Ordre du Roi, Capitaine des Vaisseaux de la Compagnie des Indes, Correspondant de l'Académie Royale des Sciences, & Associé de l'Académie Royale de Marine.

A PARIS,

Chez DEMONVILLE, Imprimeur-Libraire de l'Académie Françoise, rue Saint-Severin, aux Armes de Dombes.

ET A BREST,

Chez MALASSIS, Libraire & Imprimeur de la Marine.

M. DCC. LXXV.

AU ROI,

 IRE,

ENCOURAGÉ par le ſuffrage que votre auguſte Aïeul eut la bonté d'accorder au NEPTUNE ORIENTAL qui parut en 1745, j'ai raſſemblé depuis cette époque toutes les nouvelles découvertes qui peuvent tendre à perfectionner la Navigation dans les Mers des Indes & de la Chine; & j'ai l'honneur de préſenter à VOTRE MAJESTÉ le NEPTUNE

ORIENTAL que j'ai formé d'après ces précieuses découvertes. Cet Ouvrage n'aura point de prix, si VOTRE MAJESTÉ daigne en recevoir la dédicace. La protection dont elle voudra bien l'honorer sera naître immanquablement de nouvelles lumieres qui assureront de plus en plus la Navigation des Indes, si intéressante pour l'Etat.

Je suis avec un très-profond respect,

SIRE,

DE VOTRE MAJESTÉ,

Le très-humble, très-obéissant,
& très-soumis serviteur & sujet,
D'APRÈS DE MANNEVILLETTE.

PRÉFACE.

AVANT que les Portugais eussent doublé le cap de *Bonne-Espérance*, on ne connoissoit guere en Europe les avantages qu'on pouvoit retirer de la Navigation des Indes orientales, & jusques-là on s'étoit borné seulement à parcourir les côtes. Les difficultés qu'on envisageoit à s'y frayer une nouvelle route, en traversant la vaste étendue de l'océan, avoient arrêté l'exécution des projets qui en avoient été formés.

Les Nations les plus attentives à leurs intérêts, s'étoient contentées d'attirer chez elles l'entrepôt du commerce d'Asie qui se faisoit par la mer rouge & par le golfe Persique. Alexandrie s'étoit par ce moyen rendue florissante ; depuis on avoit vu Venise s'élever sur les ruines de cette ville, & d'un simple hameau devenir l'Etat le plus opulent de l'Europe. Il en partoit tous les ans un grand nombre de flottes pour se rendre sur les côtes de l'Asie mineure & de l'Egypte, où les commerçans de l'orient venoient à l'envi jouir du bénéfice que leur procuroit l'échange de leurs denrées avec celles de l'occident. Cette sage République, convaincue de la vérité de cette maxime de Themistocle, *qui mare teneat, eum necesse rerum potiri*, & sachant qu'elle étoit redevable à sa Marine de ces heureux succès, ne négligea rien pour la perfectionner; & dans la suite elle fut pour elle le plus puissant rempart, qu'elle opposa aux efforts que plusieurs Puissances liguées firent en différens tems pour la détruire.

Plus les riches productions des Indes se répandoient en Europe, plus chacun ambitionnoit de former des établissemens dans ces Pays où la nature sembloit avoir prodigué de quoi satisfaire l'avarice & la volupté des hommes. Déja la boussole appliquée à la Navigation, avoit enhardi le Pilote à s'éloigner des côtes. Certain de revenir à l'endroit d'où il étoit parti, en prenant une route contraire à celle qui l'en avoit écarté, il franchit bientôt les barrieres, qui, selon l'opinion générale, avoient servi de bornes aux anciens dans leurs courses.

Quelques aventuriers Normands & Biscayens, ayant abordé aux Canaries, sur la fin du quatorzieme siecle, le rapport avantageux qu'ils firent de la beauté du climat & de la fertilité de ces îles, fit renaître le goût pour les nouvelles découvertes. Excité par ce motif, Jean de Bethencourt, Baron de St. Martin-le-Gaillard, dans le Comté d'Eu, Seigneur de Bethencourt & de Grainville-la-Teinturiere, au pays de Caux, engagea en 1401 ses terres de Bethencourt & de Grainville, à Robert de Braquemont, son cousin, pour se mettre en mer. Suivi de plusieurs autres Gentilshommes Normands, il parcourut la côte d'Afrique jusqu'au de-là du Cap de *Non*, descendit dans l'île *Lancerote*, en fit la conquête & s'y fortifia; mais se sentant trop foible pour conquérir les autres, il passa en France où il demanda du secours. Les troubles qui agiterent le dedans du Royaume sur la fin du regne de Charles VI & pendant celui de Charles VII son fils, y occupoient trop les esprits, pour qu'on pût goûter aucuns projets d'entreprises au dehors: voyant donc sa démarche sans effet, il s'adressa à Henri III, Roi de Castille, qui lui accorda les secours dont il avoit besoin, avec la souveraineté de ces îles & le titre de Roi, aux conditions que lui & ses successeurs en rendroient hommage à la Couronne de Castille.

Pendant que les principales Puissances Maritimes de l'Europe perdoient par leurs divisions les avantages qu'elles auroient pu retirer de ces nouveaux établissemens, le Portugal, l'une des moins considérables d'entr'elles, se mit en état d'en profiter. Depuis long-tems en proie, ainsi que l'Espagne, aux incursions des Maures, cette Puissance s'en étoit enfin délivrée la premiere, & venoit de porter jusques chez ces Barbares ses armes victorieuses.

L'Infant Dom Henri, troisieme fils de Jean I. Roi de Portugal, profitant de ces circonstances favorables, jetta les premiers fondemens de la gloire qu'acquit sa

Nation dans les ſiecles ſuivans. Ce Prince n'étoit pas moins diſtingué des autres hommes par la ſupériorité de ſon génie, par ſa valeur & par ſes vertus, que par ſa haute naiſſance. Son amour pour les ſciences parut dans le ſoin qu'il prit d'attirer de toutes parts des gens habiles, de ſe les attacher & de les encourager par ſes libéralités. Il fonda pluſieurs Académies pour l'inſtruction de la jeuneſſe, & conſacra à cet uſage une partie de ſes revenus; en un mot jamais Prince ne s'employa avec plus d'ardeur aux progrès des ſciences & des arts.

Loin de donner à ſes plaiſirs les momens que lui laiſſoit la tranquillité de l'Etat, il les employoit à l'étude, & les Mathématiques en faiſoient la principale. Il quitta la Cour pour s'y livrer entierement, & ſe retira dans une de ſes Maiſons de campagne près de la petite ville de *Sagres*, aux environs du cap *S. Vincent*. Là, environné de Savans, pour remplir les projets qu'il s'étoit propoſés, il s'attacha particuliérement à perfectionner la Navigation. Les connoiſſances que Dom Henri avoit acquiſes dans la Géographie, réveillées par les entretiens qu'il eut avec quelques Maures qui avoient pénétré fort avant dans l'Afrique, lui donnerent des idées favorables des Etabliſſemens qu'on pourroit faire ſur les Côtes. Flatté de cet eſpoir, ce Prince crut ne pouvoir mieux travailler pour le bien d'un Etat reſſerré par des limites très-étroites, que d'étendre ſa puiſſance, & d'accroître ſes revenus par de nouvelles découvertes.

L'ignorance des Navigateurs de ce tems-là fut le moindre obſtacle que ce Prince ſurmonta. Pour diſpoſer les eſprits aux entrepriſes qu'il méditoit, il lui fallut détruire leurs préventions au sujet de la division du Globe en cinq Zones, qu'en avoient faite les anciens Géographes. Entre ces Zones, on ne comptoit d'habitables que les deux tempérées; on regardoit celles qui environnent les deux Pôles, comme inaccessibles, à cause du grand froid qui devoit y regner en tout tems, & la Zone torride comme une région de feu où tout étoit brûlé par l'ardeur du Soleil. Cette opinion, quelque ridicule qu'elle paroisse aujourd'hui, trouvoit alors beaucoup de partisans entraînés par les préjugés de l'antiquité.

De-là vinrent ces craintes chimériques qui occasionnerent le mauvais succès des premieres tentatives. Malgré l'attention qu'eut l'Infant de Portugal de choisir de bons Matelots & les meilleurs Pilotes, la plupart de ceux qu'on chargeoit de la conduite des Vaisseaux, intimidés à la moindre apparence de danger, revenoient sur leurs pas; d'autres se contentoient d'aborder à la côte d'Afrique en deçà du cap *Non*, & terminoient là leurs courses; de sorte que ce Prince se vit pendant plusieurs années frustré du fruit qu'il attendoit de ses entreprises. Cela ne lui fit point changer de dessein. Usant d'une modération sans exemple envers ses Capitaines, il sut leur dissimuler ses mécontentemens; & leur faisant à tous un acceuil gracieux, il les encouragea par ses promesses.

En 1418, le hasard plutôt que l'habileté & le courage des Navigateurs, fit découvrir l'île de *Porto-Santo*: voici quelle en fut l'occasion. Jean Gonçales-Zarco & Tristan Vaz, Gentilshommes de la Maison de l'Infant, s'embarquerent pour doubler le cap *Bajador*. Une tempête qui les surprit, les éloigna des côtes, & les jetta près d'une île inconnue, où ils aborderent, & à laquelle ils donnerent le nom de *Porto-Santo*, à cause de l'asile qu'ils y trouverent dans un tems où ils se croyoient perdus. La nouvelle de cette découverte, qu'ils apporterent avec empressement en Portugal, y causa une grande joie; & on en rendit à Dieu des actions de graces solemnelles. Pendant leur séjour à *Porto-Santo*, ils apperçurent l'île de *Madere*, qui en est voisine, où on les renvoya pour en prendre possession. Sa grandeur & sa fertilité lui firent dans la suite donner la préférence sur la premiere; on y envoya des habitans, & on y transporta des bestiaux, des cannes de sucre & des vignes de Malvoisie.

Les soins que demandoit l'établissement dans ces îles, semblent avoir été la cause du retardement de ceux qu'on vouloit former sur la côte d'Afrique au delà du cap *Bajador*, que Gilles Anés ne doubla qu'en 1433. Sept ans après, Antoine Gonçales & Nugno Tristan aborderent au cap *Blanc*. Ceux qui dans la suite prolongerent la côte au delà de ce dernier, détruisirent par leurs découvertes les préventions du peuple sur l'impossibilité de pénétrer dans la Zone torride; & le commerce lucratif qu'on fit avec les habitans, appaisa les murmures de plusieurs membres du Gouvernement déja résolus d'abandonner des entreprises qui, sans aucun profit, coûtoient par an à l'Etat des sommes considérables. De tout tems on a vu de ces sortes de de génies inquiets, ennemis de toute nouveauté, quelqu'avantage qu'elle promette. Les esprits toujours fixés sur le succès présent d'une entreprise, comptent pour rien les fruits éloignés qu'on en pourroit recueillir. Combien cette fausse politique n'a-t-elle pas mis d'Etats dans la nécessité de porter chez leurs voisins, & même chez leurs ennemis, une partie de leurs richesses, qu'ils se seroient conservées s'ils avoient eu plus de hardiesse & d'élévation? Dom Henri, sans écouter les raisons qu'on employoit pour le détourner de son dessein, n'y fut ni moins constant ni moins attentif; mais il eut par malheur le sort de presque tous les grands hommes, que la mort enleve au milieu de leurs projets. Il mourut l'an 1463, dans sa 67e année; & le Portugal se vit privé d'un Prince qui travailloit si efficacement à augmenter sa gloire & sa puissance.

Jean II. son petit neveu, qui regnoit alors, considérant les avantages que lui procuroit le commerce d'Afrique, entra avec ardeur dans les vues de son grand oncle, & prit un soin particulier de faire continuer les découvertes. Elles avoient été poussées sous le regne de Dom Alphonse son pere, jusqu'au cap *Sainte Catherine*, situé à 2 degrés de latitude australe, & jusqu'au fleuve Zaïre, au commencement du sien; mais l'objet principal de ce Prince étoit la découverte des Indes Orientales, dont il souhaitoit attirer le commerce dans ses Etats. Les Géographes qu'il entretenoit à sa Cour, l'assuroient qu'on y pouvoit aisément parvenir en faisant le tour de l'Afrique. Ils appuyoient leur opinion sur une Carte que les Maures avoient laissée à Dom Henri, & c'en fut assez pour confirmer le Roi dans sa résolution. Un autre motif le déterminoit encore. l'Europe étoit remplie de l'idée d'un puissant Monarque chrétien, plus connu sous le nom de Prêtre Jean, que par la situation de ses Etats. Dom Jean résolut de ne rien épargner pour avoir une connoissance exacte de ce qui concernoit ce Prince. Il envoya pour cela Pierre Covillan & Alphonse de Paiva, qui prenant leur route par *Alexandrie*, traverserent l'Arabie jusqu'à *Aden*, d'où le premier passa aux Indes, & l'autre en Ethiopie; mais Covillan revint sans en avoir pu rien apprendre, & Paiva mourut en chemin.

Dom Jean en avoit dépêché d'autres par l'Océan. C'étoient Barthelemi Diaz & Jean Lenfant. Ils commandoient chacun un Vaisseau, & ils étoient suivis d'un autre chargé de vivres, afin de leur ôter par cette précaution tout prétexte de revenir sur leurs pas, comme avoient déja fait d'autres Capitaines. Leurs ordres portoient de prolonger la côte d'Afrique depuis le fleuve *Zaïre*, de continuer les découvertes, de s'informer exactement par-tout où ils passeroient, du Royaume du Prêtre Jean, & de planter des poteaux de distance en distance, pour servir d'acte de possession.

Un obstacle qu'on auroit dû prévoir, empêcha nos Navigateurs de faire les perquisitions dont ils étoient chargés. Les Négres qui leur servoient d'interpretes, n'entendoient pas la langue des nouveaux pays où ils aborderent. Malgré cela Diaz parcourut la côte, & s'avança jusqu'à un cap qui lui parut terminer l'Afrique. Il lui donna le nom de cap de *Tourmente*, à cause des vents violens & de la grosse mer qu'il trouva aux environs.

environs. Son zele l'auroit conduit au delà ſans la mutinerie de ſon Equipage, qui l'obligea de retourner en Portugal, où il arriva en Décembre 1487, 16 mois 17 jours après en être ſorti. Le Roi le reçut très-bien, & lut avec plaiſir la relation de ſon voyage. Il changea le nom de cap de *Tourmente* en celui de *Bonne Eſpérance*, pour marquer celle qu'il concevoit de cette découverte. Dix ans cependant s'écoulerent ſans qu'on en fît uſage, & ce Prince mourut à la veille des grands événemens qui ſe préparoient. Emmanuel, Duc de Béja, qui fut ſon ſucceſſeur, étoit le Prince heureux, ſous le regne duquel ils devoient éclore.

Lorſqu'il fut monté ſur le Trône, le bien de l'Etat devint ſa principale étude, & les affaires du nouveau monde y eurent la meilleure part. Son inclination lui fit rejetter les avis de quelques membres du Conſeil qui s'oppoſoient à ces Etabliſſemens, pour prendre de nouvelles meſures, & continuer le plan qu'en avoit dreſſé ſon Prédéceſſeur.

En conſéquence il donna ordre d'armer 3 Vaiſſeaux d'un gabari* plus fort qu'à l'ordinaire, afin de pouvoir mieux ſoutenir les mers du cap de *Bonne Eſpérance*, & on y joignit une Pinque deſtinée à porter un ſupplément de vivres. Le feu Roi, avant ſa mort, avoit choiſi Vaſqués de Gama pour commander cette Expédition; Dom Emmanuel perſuadé que le ſuccès des entrepriſes dépend beaucoup du choix des ſujets, ne crut pas devoir confier le commandement de celle-ci à d'autres qu'à lui. C'étoit un homme de condition: outre ſon mérite & ſa capacité, il avoit un eſprit vif & entreprenant ſans

* Modele.

témérité. On lui aſſocia Paul de Gama ſon frere, & Nicolas Coëllo.

Les Vaiſſeaux étant prêts, le Roi fit un diſcours où il exhortoit l'Equipage à ſoutenir par ſa conduite l'idée favorable qu'il avoit de ſon zele. Il recommanda en particulier au Général la fermeté & la modération, ſi néceſſaires à la place dont il l'honoroit, aux autres la ſubordination & l'obéiſſance qu'ils devoient à leur Chef; enfin, il les anima tous par l'eſpérance des récompenſes. Enſuite il donna à Vaſqués les inſtructions & les mémoires dont il avoit beſoin. Dom Emmanuel joignit à ces ſages précautions, celle d'implorer par des prieres publiques l'aſſiſtance de Dieu.

Lorſque chacun eut ſatisfait aux devoirs de piété, nos voyageurs s'embarquerent au milieu d'une foule de peuple, qui fondoit en larmes, perſuadé que c'étoient autant de victimes livrées à un naufrage certain, ſuivant le portrait effrayant que Diaz & ſes compagnons avoient fait des mers du cap de *Bonne Eſpérance*.

Cette Eſcadre fit voile de Liſbonne au commencement de Juillet 1497. Vaſqués dirigea d'abord ſa route vers les îles *Canaries*, puis vers celle du cap *Verd* où il aborda, & fit rafraîchir ſes Equipages à celle de *Saint Yago*. De cette derniere il cingla du côté du ſud pour paſſer l'Équateur & atterrer enſuite à la côte d'Afrique. Mais faute de ſavoir en ce tems-là préciſément la route qu'il falloit tenir par rapport aux vents qui regnent dans cet hémiſpere, ils employerent quatre mois à ce trajet; enfin ils arriverent à la baie de *Ste. Hélene*, où ils ſéjournerent pour faire de l'eau, & enſuite firent voile pour le cap de *Bonne Eſpérance*.

La saison n'étoit pas alors favorable à cette entreprise. Ils rencontrerent des vents & des courans contraires qui les mirent plusieurs fois au hasard de revenir sur leurs pas. Les murmures & les mutineries de l'Equipage, que le danger épouvantoit, auroient rompu les mesures qu'on avoit prises, si Vasqués inébranlable au milieu de ces obstacles, n'eût surmonté les uns en habile Navigateur, & les autres par sa fermeté & les châtimens qu'il fit faire des chefs de la sédition. Il doubla donc, sans accident, ce fameux Cap le 25 Novembre 1497, d'où il se rendit à la baie de *St Blaise*, à environ 60 lieues au delà.

Il avoit dessein de se reposer en cet endroit, mais il en fut empêché par quelques difficultés qui lui survinrent au sujet de la traite des denrées du pays, & il s'en alla dans un autre port voisin où il séjourna jusqu'au 8 Décembre. Peu de jours après être parti de ce dernier port, il essuya une furieuse tempête, à laquelle il eut le bonheur de résister, & le jour de Noël suivant, il se rallia de la côte, qu'il nomma la *Nativité*, comme le pratiquoient ceux qui découvroient de nouvelles terres, qu'ils appelloient du nom du Saint ou du Mystere dont on célébroit la Fête. Par la même raison il donna le nom de *Fleuve des Rois* à une grande riviere où il entra le jour de l'Epiphanie de l'année suivante. D'autres voyageurs donnoient aux lieux qu'ils abordoient des noms qui avoient rapport au caractere des peuples; comme *Aiguade de bonne paix*, s'est dit, à cause de l'humeur sociable & pacifique des habitans.

Au delà de cette baie, la terre forme un promontoire * qui fait l'extrémité méridionale de celle de *Sofala*. Vasqués eut bien de la peine à le doubler, & à vaincre l'opposition des courans qui transportoient ses Vaisseaux vers le rivage. De peur d'y faire naufrage, il fut contraint de s'en écarter, & de cingler au large de la côte de *Sofala*. Il ne rejoignit la terre qu'aux environs du fleuve *Guama*, à l'embouchure d'une riviere qu'il nomma des *bons Signaux*, à cause des enseignemens favorables qu'il y reçut. En effet les peuples de cette contrée, plus policés que ceux qu'il avoit trouvés sur sa route, lui firent entendre, à la faveur de quelques mots arabes, qu'en tirant vers le nord, il trouveroit des hommes blancs & des Vaisseaux semblables aux siens. Cette nouvelle ranima l'espérance de nos Navigateurs, ennuyés de ne rencontrer, depuis long-tems, que des Nations misérables dont ils n'entendoient pas la langue, & de qui ils n'avoient pu tirer qu'avec grande peine de quoi ne pas mourir de faim.

* Le cap des courans.

Une maladie qu'ils ne connoissoient pas encore, augmentoit leur inquiétude. C'étoit le scorbut qui commençoit à faire des progrès. Plusieurs en moururent, mais la meilleure partie heureusement en réchappa.

Après s'être un peu rétablis, & avoir radoubé leurs Vaisseaux, ils firent voile vers *Mozambique* où ils arriverent en peu de jours. Cette petite île, voisine du continent, dont les Portugais ont fait depuis un de leurs principaux établissemens, étoit presqu'entierement habitée par les Maures, qui en avoient fait une échelle pour leur commerce de *Sofala*. Ibrahim, Roi de *Quiloa*, y entretenoit un Cheq, pour commander & percevoir les droits.

Dès que ce Gouverneur eut apperçu les Vaisseaux de *Gama*, il envoya un Officier s'informer de ce que c'étoit. Celui-ci né sujet du Roi de Maroc, ayant appris qu'ils étoient Portugais, forma le dessein de les perdre. Pour y réussir, il crut devoir user de dissimulation. Il reçut gracieusement les nouveaux venus, leur promit, de même que le Cheq, tous les vivres dont ils avoient besoin, & deux Pilotes pour les conduire où ils vouloient aller. Ces politesses ne furent pas si bien concertées, qu'on ne découvrît bientôt leur mauvaise volonté. Des plaintes que *Gama* porta au Gouverneur au sujet de quelques mécontentemens, ayant été rejettées avec des insultes, suivies d'une grêle de flêches, obligerent ce Général d'user des voies de fait, & de faire tirer plusieurs volées de canon sur le village.

Le Cheq devenu par ce moyen plus traitable, accorda à Vasqués tout ce qu'il demanda, même un Pilote, avec qui il mit à la voile. On sentoit bien qu'un pareil guide devoit être suspect, aussi tâcha-t-on ou de l'intimider par les ménaces, ou de le gagner par les promesses; mais il montra bientôt ce qu'il avoit dans l'ame. Il engagea les Vaisseaux entre des îles & des recifs ou rochers où ils se seroient infailliblement perdus, si on n'eût pas toujours été sur ses gardes. Le Général convaincu de la perfidie de ce Pilote, le fit fustiger avec des cordes, de façon à le faire repentir de sa mauvaise foi. Après ce châtiment il promit de conduire l'Escadre à *Quiloa*, ville considérable, où il assuroit qu'on trouveroit de quoi satisfaire à tous les besoins. Il savoit intérieurement qu'on y avoit des avis de ce qui s'étoit passé à *Mozambique*, & qu'on ne manqueroit pas d'en tirer vengeance; mais les vents n'ayant pas favorisé son intention, il crut y suppléer en conduisant les Vaisseaux à *Monbaze*, où il faisoit espérer les mêmes secours qu'à *Quiloa*.

Cette Ville, alors sous la domination des Maures, qui y avoient leur Roi indépendant de celui de *Quiloa*, étoit très-peuplée & très-florissante. Sa situation dans une île entourée d'un bras de mer profond, y formoit un bon port, dont l'entrée étoit défendue par une forteresse de chaque côté; les maisons bâties en pierres, & d'une structure fort jolie, en rendoient l'aspect agréable. Pour éviter les surprises, Vasqués ne jugea pas à propos d'entrer d'abord dans le port; il mouilla à la rade, pour être à portée d'examiner ce qui se passoit dans la ville à son sujet, & de prendre là-dessus ses mesures.

Le Roi envoya un Officier complimenter de sa part ce Général sur son arrivée, & lui faire offre de services. Après les cérémonies ordinaires, cet Envoyé lui représenta le danger que couroient ses Vaisseaux dans une rade foraine telle que celle-là; qu'il lui convenoit mieux d'entrer dans le port, tant pour sa sûreté, que pour ne se pas rendre suspect par une conduite différente de ceux qui venoient négocier avec eux. Gama, pour ôter tout soupçon, le leur promit, mais il en différa l'exécution sous des prétextes spécieux.

Malgré l'attention des Portugais à empêcher le Pilote d'entrer en conférence avec ceux de *Monbaze*, il trouva le moyen de les informer de tout ce qui s'étoit passé à *Mozambique*, afin de leur inspirer des sentimens de haine & de vengeance. Dès-lors ces peuples formerent le dessein de s'emparer des Vaisseaux ; mais comme il leur étoit difficile d'en venir à bout, s'ils n'entroient dans le port, ils dissimulerent, & redoublerent leurs instances pour les y faire entrer.

Le Général, suffisamment informé de l'état du port, & des forces des Maures, s'y détermina enfin. Le jour marqué pour cela, quantité de bateaux du pays artistement ornés, remplis d'instrumens & d'hommes armés, vinrent au devant des Vaisseaux, comme pour leur faire honneur & leur servir d'escorte. Plusieurs d'entr'eux s'en étant approchés, y monterent, quelque attention qu'on eût de les en empêcher. Charmés des préparatifs qu'ils virent faire pour appareiller, ils croyoient déja tenir leur proie, lorsqu'un événement singulier changea tout-à-coup leur joie en frayeur.

La Capitane étant sous voile, fut quelque tems insensible à son goûvernail qu'on avoit situé pour venir au vent. Le Commandant qui craignit par ce défaut de tomber sur un récif dont il étoit proche, fit sur le champ carguer les voiles & mouiller un * grêlin. Cette manœuvre ne put se faire sans beaucoup de mouvement de la part de l'Equipage. Les Maures qui en ignoroient la cause, crurent que leur trahison étoit découverte, & la frayeur les saisissant, ils se jetterent précipitamment à la mer, pour rejoindre leurs bateaux & regagner la terre. Vasqués connut par-là le piége qu'il venoit d'éviter, & la fuite du Pilote de *Mozam-*

* Petit Cable.

bique le persuada qu'il en étoit l'instigateur. Il en remercia Dieu, & fit voile pour chercher dans un autre port un asile plus assuré (*a*).

Quelques jours après son départ, il prit deux bateaux qui alloient à *Monbaze*, & qui servirent à son dessein. A son approche, la plupart des Maures qui montoient ces bateaux, s'étoient jettés à la mer, mais il en resta quelques-uns qui lui donnerent les enseignemens dont il avoit besoin. Ils lui apprirent qu'il n'étoit pas éloigné d'une ville nommée *Mélinde*, dont le Roi recevoit honnêtement les étrangers ; qu'il y trouveroit des provisions, & des Pilotes pour le conduire aux Indes.

Dans cette espérance, nos Navigateurs, guidés par leurs prisonniers, firent route vers ce lieu qu'ils trouverent tel qu'on venoit de leur dire. *Mélinde* étoit une belle ville, située dans une plaine environnée de jardins, dont la variété formoit un coup d'œil agréable. Si-tôt que le Général eût mouillé, il envoya saluer le Roi & l'informer du sujet de son voyage. Ce Prince étoit un vénérable vieillard, d'un caractere doux, affable, & d'une grande probité. L'arrivée des Portugais parut lui faire plaisir, sur-tout lorsqu'on lui dit qu'un Monarque de l'Europe recherchoit son alliance & son amitié.

Les égards que l'on doit aux Souverains, demandoient que Gama allât lui-même visiter le Roi ; mais comme il avoit éprouvé qu'il ne se falloit pas fier aux

(*a*) Un événement semblable, & dans une pareille circonstance, est arrivé à la Frégate la *Gloire*, qui fut envoyée à l'île *Zanzibar*, en partant de *l'Isle-de-France*, & qui alla ensuite à *Monbaze* en 1756.

politesses

politesses apparentes des Orientaux, il ne jugea pas à propos de descendre à terre, crainte de surprise. Heureusement cette défiance n'indisposa pas les esprits. Le grand âge & les infirmités du Roi le retenoient au lit. Le Prince son fils vint lui-même à moitié chemin des Vaisseaux, pour conférer avec le Général, & tous deux se donnerent des marques de l'amitié la plus parfaite, dont la suite justifia la sincérité.

Il y avoit alors dans le port de *Melinde* quatre Vaisseaux des Indes, sur lesquels se trouverent quelques Chrétiens de *Saint Thomas*, & un Maure de *Guzurat*, très-expérimenté dans la Navigation. Vasqués, dans les entretiens qu'il eut avec eux, apprit plusieurs particularités importantes à son expédition. Sur ce qu'il leur montra l'astrolabe qui lui servoit à observer la latitude, & dont l'usage avoit commencé sous le regne de Jean II, ils n'en témoignerent aucune surprise, & lui firent voir quelque chose de plus particulier en ce genre, qui étoit même commun aux Arabes qui naviguoient dans la mer rouge : les Portugais ont négligé de nous en transmettre les principes & la méthode. Quelques-uns prétendent que Vasqués apprit dans ces conférences la vertu de l'aimant, & qu'à son retour il l'enseigna en Europe. Je crois cette opinion mal fondée. Quelque obligation qu'on ait aux Portugais de leurs premieres découvertes, & des connoissances utiles dont ils ont enrichi cette partie de l'Univers, il est certain que la vertu magnétique y étoit connue près de deux siécles avant.

Pendant le séjour que firent nos Navigateurs à *Melinde*, ils y reçurent du Gouvernement & des habitans toutes ſortes de ſecours & de bons traitemens, qui contribuerent à les rétablir bientôt de leurs fatigues. Le Prince, pour leur donner des marques ſinceres de ſon amitié, leur procura un homme de confiance pour les conduire ſûrement aux Indes.

Tout étant diſpoſé pour le départ, Vaſqués mit à la voile avec les deux autres Vaiſſeaux, & ſuivit la route que lui indiqua ſon nouveau Pilote. Les vents lui furent ſi favorables, qu'au bout de 19 jours il découvrit les montagnes de *Calicut*, & mouilla en rade le ſecond jour ſuivant, c'eſt-à-dire, le 18 Mai 1498, environ 10 mois & demi après ſon départ de Liſbonne.

La joie des Portugais fut d'autant plus grande en abordant ſur cette côte, qu'ils avoient eſſuyé dans leur voyage beaucoup de périls, de peines & de fatigues.

Calicut étoit en ce tems-là une ville conſidérable, & la Capitale d'un puiſſant Empire qui n'a rien conſervé de ſon ancienne ſplendeur. Le Samorin, à qui elle appartient encore aujourd'hui, tenoit autrefois un des premiers rangs entre les Princes de l'*Indoſtan*. La ſituation de ſes Etats ſur le bord de la mer, qui s'étendoient tout le long de la côte de *Malabar*, y attiroit un grand commerce, qui procuroit à cette Capitale des richeſſes immenſes, par le ſecours deſquelles on jouiſſoit des commodités d'une vie voluptueuſe.

Gama à ſon arrivée, envoya complimenter l'Empereur, & l'informer du motif de ſon voyage; l'intérêt & l'amour propre de ce Prince étoient trop flattés, pour ne pas répondre favorablement. Il ordonna de recevoir ce Général & ſa ſuite avec tous les honneurs qu'on avoit coutume de rendre aux Ambaſſadeurs des plus grands Rois.

Le jour de cette cérémonie étant venu, Vaſqués fut conduit en pompe au Palais, de-là à la Salle d'audience, où l'Empereur l'attendoit. Après les premiers complimens, il lui fit dire de remettre ſes dépêches à tel de ſes Miniſtres qu'il jugeroit à propos. Gama qui crut l'honneur du Roi ſon Maître intéreſſé, refuſa de ſe conformer à cet ordre. Il repréſenta que les Rois devoient communiquer directement avec les Rois, ſans ſe ſervir du canal des Miniſtres. Le Samorin informé de ſa délicateſſe, paſſa avec quelques-uns de ſes Officiers dans un appartement voiſin, & fit appeller le Général. On lut la lettre du Roi de *Portugal*, & le Prince à qui on l'expliqua, y répondit en termes obligeans. Une choſe eſſentielle manquoit, c'eſt-à-dire, les préſens de l'Ambaſſadeur, qui ſont indiſpenſables auprès des Seigneurs & des Souverains Orientaux, en préſence deſquels il ne convient pas de ſe préſenter les mains vuides. Vaſqués s'excuſa ſur l'incertitude où il étoit de parvenir juſqu'aux Indes. Il ajouta que depuis près d'un ſiecle on cherchoit la route pour y arriver; que ceux qu'on avoit envoyés, étoient toujours revenus ſur leurs pas, & que ſi le Roi de Portugal ſon Maître eût prévu que ſon Eſcadre eût réuſſi pour cette fois, il n'eût pas manqué d'envoyer des préſens conſidérables. Cette excuſe parut avoir ſatisfait le Samorin; car loin d'en marquer du mécontentement, il ordonna que l'Ambaſſadeur fût traité avec diſtinction, & qu'on lui facilitât les moyens de faire ſon commerce.

Les Maures ne virent pas de bon œil l'arrivée des Portugais dans cette contrée, & ils n'avoient pas tort. Seuls maîtres du commerce maritime de l'Asie, c'étoit par leur canal que l'Europe recevoit la plupart des richesses de ce pays-là. Ils prévoyoient le préjudice que leur feroit une entreprise qui tendoit à les déposséder. C'est pourquoi ils firent tous leurs efforts pour la faire échouer, & pour qu'aucun de nos voyageurs ne fût en état de donner en Portugal les enseignemens nécessaires à une seconde expédition. Ils gagnerent par des sommes considérables les principaux Ministres du Samorin, & suppléerent par ce moyen à la difficulté qu'ils pouvoient rencontrer à faire goûter leurs raisons. En effet la Cour changea tout-à-coup les bonnes intentions qu'elle avoit fait paroître pour les Portugais. On ne les y considéra plus que comme des Pirates, dont l'indigence manifestoit la mauvaise volonté. Vasqués fut par bonheur averti de ce que machinoient contre lui les Maures, par un homme sur lequel il n'avoit pas lieu de compter. C'étoit un Maure nommé Monzaïde, natif de *Tunis*, qui faisoit l'office de Courtier à *Calicut*. Il s'étoit attaché aux Portugais depuis leur arrivée en cette ville; & comme il parloit fort bien la langue castillanne, il leur servoit d'interprete, & s'étoit employé avec zele dans toutes leurs négociations. Sa fidélité parut encore davantage dans l'avis qu'il leur donna du mauvais dessein des Maures contre eux.

Vasqués ayant appris le danger qui le menaçoit, sentit qu'il étoit tems de songer à sa retraite. Il falloit se conduire avec beaucoup de prudence dans une circonstance si délicate ; il s'y prit de façon qu'on le laissa partir, après qu'il eut seulement donné quelques ôtages pour assurance de son retour. Il obtint même une lettre du Samorin pour le Roi de Portugal. De *Calicut* il alla aux îles d'*Angedives* carener ses Vaisseaux & faire de l'eau. De-là il cingla vers la côte d'Afrique, mais cette seconde traversée ne se fit pas si promptement que la premiere ; les calmes en prolongerent le cours, & il n'atterra à *Magadoxo* qu'avec beaucoup de peine ; ensuite parcourant la côte, il aborda à *Melinde*, où le Prince le reçut avec de nouveaux témoignages d'amitié, & lui donna un Ambassadeur pour le Roi son Maître.

De *Melinde* l'Escadre revint par la même route qu'elle avoit tenue pour aller. En passant près de *Mozambique*, un des Vaisseaux nommé le *Saint Raphaël*, toucha sur un banc de sable voisin de l'île *Saint-George*, & se perdit. L'Equipage s'étant sauvé, fut distribué sur les deux autres Vaisseaux qui cinglerent vers le cap de *Bonne-Espérance*. Ils le doublerent en Mars 1499, par un tems plus favorable que l'année précédente.

Nos Navigateurs, délivrés des obstacles qu'ils craignoient dans ce redoutable passage, n'attendoient plus que le doux moment de revoir leur patrie. Ils firent route vers l'Equateur, allerent reconnoître les îles *Açores*, & relâcherent à celle de la *Tercere*. Vasqués eut la douleur de voir mourir dans cet endroit Paul de Gama son frere, dont le mérite & la capacité lui rendirent la perte très-sensible. Enfin il arriva à

Lisbonne au mois de Septembre de la même année, après 26 mois de voyage. Le scorbut & d'autres maladies avoient tellement diminué son Equipage, que de 170 personnes qui le composoient en partant, il n'en ramena que 55 en Portugal.

Nicolas Coello qui l'avoit précédé, avoit déja informé le Roi du succès de son voyage. Ce Monarque envoya au devant de Vasqués les premiers Seigneurs de sa Cour, & donna ordre qu'on célébrât son retour par une réjouissance publique. Pour le récompenser dignement de ses travaux, il le fit Comte de *Vidiguiera*, Amiral des Indes, & le gratifia d'une pension de mille écus. Ceux qui l'avoient accompagné dans cette Expédition, eurent aussi part à ses libéralités. Ce Prince voulut encore consacrer la mémoire de cette découverte par une Eglise magnifique qu'il fit construire, & qu'il dédia à la Sainte Vierge. Pour la desservir, il fonda un Couvent de Religieux Hyéronimites, auquel il donna le nom de *Béthléem*. L'Infant Dom Henri y avoit auparavant fait bâtir une Chapelle sous les mêmes auspices, pour exciter la dévotion des Matelots. Vasqués, avant son départ, y avoit imploré le secours de la mere de Dieu, & n'avoit pas voulu rentrer dans Lisbonne sans y accomplir une neuvaine, afin de satisfaire par cet acte de piété à la reconnoissance qu'il devoit à Dieu des graces qu'il venoit de répandre sur son entreprise.

Par le retour de Vasqués de Gama, on reconnut qu'il étoit possible de pénétrer par mer d'Europe aux Indes. Le récit qu'il fit de la beauté & des richesses de ces pays, confirma l'idée avantageuſe qu'on s'étoit depuis long-tems formée du commerce lucratif qu'on y pouvoit faire, & augmenta l'envie d'en profiter. En conſéquence on équipa des flottes nombreuſes, ſur leſquelles on embarqua des troupes ſuffiſantes pour être en état de réſiſter à ceux qui s'oppoſeroient aux Etabliſſemens qu'on projettoit. On ajouta à ces ſages meſures tout ce qui pouvoit contribuer à perfectionner la Navigation. En effet, de-là dépendoient tous les avantages qu'on ſe promettoit de cette découverte. Par ces précautions on travailloit à la ſûreté de pluſieurs milliers de ſujets qu'on expoſoit à des périls plus à craindre lorſqu'ils ſont inconnus, ou qu'on néglige les moyens de s'en garantir.

J'ai parlé juſqu'ici des différentes Expéditions qui ont ſervi à la découverte des Indes Orientales, dans la vue que ce ſujet pouvoit ſatisfaire la curioſité des Navigateurs. Je vais maintenant examiner tout ce qu'on a fait pour leur utilité, & rendre compte des moyens que j'ai employés de nouveau dans cet ouvrage pour leur inſtruction & leur sûreté.

La connoiſſance de la vertu magnétique, l'invention de la Bouſſole appliquée à la Navigation, ont été, il eſt vrai, d'un grand ſecours pour la perfectionner; mais elles ne ſatisfaiſoient pas à toutes les difficultés qui s'oppoſoient aux voyages de long cours. Par ſon uſage le Pilote jugeoit bien de la direction de ſa route, mais la quantité de chemin lui reſtoit toujours incertaine, & étoit uniquement fondée ſur l'eſtime. Ce ne fut qu'après avoir ſu mettre en uſage l'Aſtrolabe ſur mer pour obſerver la latitude, qu'il ſe vit en état de corriger les erreurs les plus conſidérables de ſa navigation, & d'entreprendre de plus longues courſes. Il lui falloit encore une choſe auſſi néceſſaire à ſon inſtruction qu'à ſa ſûreté; c'étoit un tableau qui repréſentât les mers qu'il devoit parcourir, les côtes avec les îles, les bancs & les rochers qui les environnent; que chacune de leurs différentes parties y fût placée dans ſa juſte ſituation; leur figure & leur grandeur proportionnelles, afin qu'y traçant chaque jour ſa route & ſon chemin, il pût aiſément connoître celle qui lui reſtoit à faire pour ſe rendre aux endroits de ſa deſtination, & qu'il pût éviter les écueils qui ſe trouvoient ſur ſon paſſage.

Ces raiſons donnerent lieu à la conſtruction des cartes hydrographiques, & l'Infant Dom Henri en fut le premier inventeur. Les cartes géographiques, connues depuis long-tems, renfermoient bien une partie des conditions dont on avoit beſoin; mais on ne pouvoit s'en ſervir que difficilement, parce que leur uſage en général étoit au deſſus de la portée du commun des Navigateurs. Ces premieres cartes marines ſont celles qu'on a nommées depuis cartes plates, pour les diſtinguer des réduites, à cauſe que dans leur conſtruction on n'avoit aucun égard à la convexité du Globe terreſtre, & que la portion qu'elles comprennent, étoit ſuppoſée à une ſurface plate. De plus, les méridiens y ſont repréſentés par des lignes droites paralleles entr'elles.

Chaque Pilote avoit ſoin de marquer ſur ſa carte les nouvelles terres qu'il découvroit, par la latitude qu'il qu'il avoit obſervée, & d'y tracer les côtes ſuivant leurs giſemens, avec les bancs & autres écueils qu'il rencontroit. Ceux qui furent affectés à une navigation particuliere, eurent ordre d'en dreſſer d'un plus grand point des pays qu'ils fréquentoient.

La navigation étant devenue d'un trop long cours, pour que chaque carte contînt les mers qu'on avoit à parcourir, on fut obligé d'y donner moins d'étendue aux degrés; mais cette réduction qui rendoit les objets confus, ou du moins trop petits pour être perceptibles, détermina à dreſſer des cartes particulieres de chaque pays d'un plus grand point. Ces dernieres furent non-ſeulement utiles, mais abſolument néceſſaires à ceux qui rangeoient les côtes, ou qui naviguoient dans un détroit dont le détail inconnu les expoſoit à un naufrage évident.

Quant aux premieres, que par diſtinction on nomma cartes générales, on les employa pour les longues traverſées, durant leſquelles les Vaiſſeaux côtoyent rarement les terres.

Cependant ces moyens qui rendoient la navigation plus aiſée, n'étoient pas en eux-mêmes exempts de défauts; l'un venoit du principe qui ſervoit de fondement à la conſtruction des cartes; l'autre, de ce que les différences en longitude des principaux endroits n'étoient pas exactement déterminées.

Pour ſe convaincre du premier, il faut ſeulement faire attention que les méridiens ſur le Globe ſont des cercles qui, s'entrecoupant aux Pôles, rendent les degrés des paralleles d'autant plus petits, que ceux-ci ſont moins éloignés du point d'interſection ; au lieu que ſur les cartes plates, comme je l'ai dit ci-deſſus, les méridiens y ſont ſuppoſés des lignes droites paralleles entr'elles & les degrés de longitude de même longueur dans toute l'étendue de la carte.

Il eſt vrai que cette erreur eſt très-peu de choſe dans la Zone torride, ſur-tout lorſque ces cartes ne contiennent pas une grande étendue en latitude, mais par-tout ailleurs il eſt néceſſaire d'y avoir égard ; enſorte que le Pilote eſt obligé, pour ne ſe pas tromper aſſez conſidérablement dans ſa navigation, de réduire les lieues à l'eſt ou à l'oueſt, en degrés du parallele ſur lequel il les a faites, & dans le cas d'une route oblique, ſur un parallele à peu près moyen entre celui de ſon départ & celui de ſon arrivée.

Entre les différens moyens qu'on propoſa de rendre ces cartes correctes, celui dont on ſe ſert aujourd'hui pour conſtruire les réduites, a mérité avec juſtice la préférence ſur beaucoup d'autres qui occaſionnoient aux Navigateurs des difficultés à peu près ſemblables à celles qu'ils avoient trouvées dans l'uſage des cartes géographiques. Il conſiſte à augmenter les degrés du méridien dans la même proportion que ceux des paralleles diminuent en approchant des Pôles. Chaque degré de latitude ainſi augmenté, devient la juſte meſure des étendues correſpondantes ſur la carte (*a*).

(*a*) On trouve dans les Tranſactions Philoſophiques, N°. 219. une explication très-étendue de cette Méthode, qu'on appelle communément *Projection de Mercator*, dont ces Mémoires attribuent la découverte à EDWRARD WRIGHT.

Il ne faut pas confondre avec les cartes plates, dont j'ai parlé ci-dessus, celles dont les distances de l'est à l'ouest sont déterminées en conséquence d'une mesure commune; car, en ce cas, celles-ci ne sont plus susceptibles du défaut des autres, à cause qu'une certaine quantité de lieues prise sous l'Equateur, est toujours égale à la même quantité de lieues prise sous quelque parallele que ce soit. Dans l'usage de ces dernieres on ne se regle point sur les degrés de longitude, on se sert seulement d'une échelle de lieues pour mesurer le chemin à l'est ou à l'ouest.

Il n'a pas été aussi facile de remédier au second défaut des cartes, qui est celui dont les conséquences sont les plus à craindre. Car, outre que le premier étoit connu, le Pilote avoit des regles pour le corriger; mais dans l'autre, il étoit incertain de la véritable longitude des différens endroits où il abordoit: les moyens de l'observer n'étoient pas alors communs, & ils étoient pour l'ordinaire hors de la portée des Navigateurs. Les auteurs des cartes hydrographiques se trouvoient donc forcés de déduire cette longitude, du chemin & des routes journalieres des Vaisseaux; mais cette combinaison toujours suspecte en elle-même, le devient encore plus, lorsqu'il s'agit d'une longue navigation, pendant laquelle les erreurs peuvent s'accumuler comme se détruire; & quoique par la suite des tems, de nouvelles recherches aient rendu ces mêmes cartes un peu plus correctes, les observations astronomiques faites en différens endroits, nous ont démontré qu'elles contiennent encore aujourd'hui des erreurs assez considérables pour exiger une nouvelle correction.

Après que les Hollandois eurent enlevé aux Portugais la plupart de leurs Etablissemens aux Indes, leur premier soin fut d'en recueillir les cartes, & d'en faire dresser de nouvelles des côtes où ils envoyerent des Colonies. Cette Nation, si attentive à ses intérêts, connoissoit trop bien l'importance de cet article ; elle sentoit que de-là dépendoit tout le succès de ses voyages, & la sûreté de son commerce. Mais quels qu'aient été ses soins pour rendre ces cartes exactes, on y trouve encore de si grands défauts, qu'on ne peut s'empêcher d'être surpris que cette Nation, dont la navigation est si considérable dans cette partie du monde, ait pu jusqu'à présent risquer sa puissance & ses richesses sur des ouvrages si imparfaits. Entre celles qu'ils ont rendues publiques, on distingue sur toutes la carte générale de Pietergoos, dont plusieurs Navigateurs se sont servis jusqu'à présent.

Les cartes Portugaises & Hollandoises ne sont pas les seules que nous ayons de l'Océan oriental. Le Recueil de Thornton, autrement appellé le *Pilote Anglois*, quoique défectueux en beaucoup d'endroits, ainsi que je le ferai voir, est sur-tout estimé des Navigateurs, à cause qu'il renferme plusieurs cartes à grand point des côtes. Mais la plupart des latitudes & plusieurs gisemens y étant mal établis, ils demandent aussi à être corrigés. Envain s'est-on flatté d'une édition plus exacte ; celle de 1734 ne differe des anciennes que par l'addition de deux ou trois plans.

Convaincu par ma propre expérience, & par le

témoignage de tous les Navigateurs, du défaut des unes & des autres, & de l'utilité d'en dresser de plus exactes; j'entrepris la premiere édition du Neptune Oriental, après avoir réuni tous les mémoires & toutes les instructions nécessaires.

Quelqu'immense que soit un ouvrage de cette nature, lorsqu'il devient l'objet d'un seul citoyen, mon zele pour le bien de l'Etat en particulier, & pour tous les Navigateurs en général, me fit surmonter successivement les difficultés qui s'opposoient à mon entreprise; & après un travail assidu de plusieurs années, je parvins enfin à le mettre en état de paroître. Je l'offris à la Compagnie des Indes, au service de laquelle j'étois attaché depuis l'année 1719; & sur le rapport de l'Académie des Sciences, à qui j'en avois déféré l'examen, le jugeant nécessaire à la sûreté & aux progrès de sa navigation, elle voulut bien, en acceptant l'Ouvrage, se charger des frais de la gravure & de l'impression, & je le fis exécuter.

Je présentai le premier exemplaire de mon Neptune Oriental au Roi, au mois de Novembre 1745. L'accueil favorable de Sa Majesté, son approbation à l'essai de mes talens, furent pour moi le plus puissant motif de travailler à rendre mon ouvrage plus complet, & à le perfectionner.

Mon premier recueil étoit borné à la partie des Indes & de la Chine. L'incertitude de la longitude du cap de *Bonne-Espérance*, sur laquelle il n'y avoit eu qu'une observation reconnue pour fausse *, ou des

(*) Observation des Jésuites en 1685.

conjectures hasardées ; la vraie situation de *Madagascar*, celle des îles de *France* & de *Bourbon*, qui sont des points essentiels, étant ignorées, m'avoient empêché de joindre à mon Neptune la partie méridionale, en attendant que je pusse moi-même en fixer la position.

Je me pourvus pour cet effet des instrumens nécessaires ; la Compagnie des Indes voulut bien m'en aider, & favoriser mes observations par une destination relative. Elle m'accorda en 1749 le commandement du Vaisseau le Glorieux, pour aller aux îles de *France* & de *Bourbon*, en passant au cap de *Bonne Espérance*. Je devois faire en chaque endroit des observations, pour en déterminer exactement la situation ; & lors de mon retour en Europe, j'avois ordre de parcourir la côte orientale d'Afrique depuis la baie de *Laurent Marquès* jusqu'au Cap.

M. l'Abbé de la Caille, de l'Académie Royale des Sciences, & mon intime ami, ayant formé le projet de faire au cap de *Bonne Espérance* un grand nombre d'observations astronomiques, & d'y mesurer un degré du méridien ; je fus chargé de l'y conduire. J'eus occasion, en y allant, de passer à *Rio-Janeiro* ; & après avoir séjourné au Cap le tems nécessaire à une relâche, je fis voile de cet endroit pour me rendre à *l'Isle-de-France*, où j'arrivai au mois de Mai 1750.

Pendant mon séjour en cette île, ainsi qu'à celle de *Bourbon*, je fis un assez grand nombre d'observations pour en déterminer exactement la situation, tant en longitude qu'en latitude ; & j'observai de plus que l'étendue de l'*Isle-de-France* du nord au sud, étoit tout au plus de onze lieues deux tiers, & non de vingt-une lieues, comme le ſuppoſoient les anciens plans qu'on avoit de ces îles : ce qui a été vérifié enſuite par M. l'Abbé de la Caille, qui y fut envoyé, parce qu'on ne ſoupçonnoit pas que j'avois pu y ſéjourner aſſez de tems pour y faire les obſervations dont j'étois chargé. La conformité du réſultat des obſervations de ce grand Aſtronome avec les miennes, m'a d'autant plus flatté qu'elle a prouvé l'exactitude de mon travail.

En partant des îles de *France* & de *Bourbon*, je fis route, en paſſant au ſud de *Madagaſcar*, pour me rendre à la baie de *Laurent Marquès*, d'où je prolongeai la côte d'Afrique juſqu'au cap de *Bonne Eſpérance*. J'y communiquai mes obſervations à M. l'Abbé de la Caille, & il me fit part des ſiennes.

A mon retour du Cap en Europe, je parcourus avec la plus grande attention de l'eſt à l'oueſt, pendant le jour, le parallele des îles *Martin-Vaz* & *Sancta-Maria-d'Agoſta*, ſuivant les inſtructions que pluſieurs Capitaines des vaiſſeaux portugais m'avoient données à *Rio-Janeiro*, qui m'aſſurerent même y avoir relâché. Je continuai cette route juſqu'à 80 lieues de diſtance du cap *Frio*, ſans avoir eu aucune connoiſſance de ces îles ; de ſorte que je puis aſſurer qu'elles n'exiſtent pas. J'arrivai enfin à l'Orient au mois d'Août 1752. Comme le journal de mon voyage & mes obſervations ont été imprimés dans le quatrieme volume des Mémoires des Savans étrangers, préſentés à l'Académie des Sciences, je me diſpenſe de les rapporter ici. On y trouvera également celles que j'ai faites pour déterminer la longitude à la mer par les distances de la lune au soleil ou aux étoiles. J'ai toujours suivi avec succès cette méthode dans les voyages que j'ai faits ; elle a été proposée par le Docteur Hallei, & je suis le premier Navigateur qui s'en soit servi. Le long & pénible calcul qu'exigeoit l'usage de ces observations, étoit le seul obstacle qui pouvoit rebuter les Marins; mais depuis que les Anglois, attentifs à perfectionner la navigation, ont publié un Almanach nautique, qui contient pour chaque jour les distances du centre de la lune au soleil ou aux étoiles, & des tables destinées à réduire les distances apparentes de la lune aux étoiles en distances vraies, avec une extrême facilité ; ce même calcul devient bien plus simple, & à la portée des Pilotes instruits ; de façon qu'on observe aujourd'hui la longitude à la mer avec une approximation suffisante pour reconnoître les grandes erreurs de l'estime, & pour fixer dans le même rapport la situation des endroits inconnus.

La longitude du cap de *Bonne Espérance*, & celle des îles de *France* & de *Bourbon* étant exactement connues ; après avoir parcouru la côte d'Afrique jusqu'au Cap d'assez près pour déterminer la latitude des principales pointes ; recueilli plusieurs plans & mémoires, tant sur les côtes de *Sofala* & de *Mozambique*, que sur l'île de *Madagascar* ; je me vis en état de joindre à mon Neptune la partie méridionale qui y manquoit. Je dressai en conséquence une carte de la côte d'Afrique, depuis le cap de *Bonne Espérance* jusqu'au cap des *Courans* ; une autre qui contenoit les

côtes.

côtes de *Sofala* & de *Mozambique*, avec l'île de *Madagascar*, les îles de *France*, de *Bourbon* & *Rodrigues*. J'y joignis un plan de la partie orientale de *Madagascar*, depuis l'île aux *Prunes* jusques & compris la baie *d'Antongil*, & je formai enfin ma carte générale de l'Océan oriental, qui contenoit mon ancien Neptune & ces additions : elle fut présentée au Roi en 1753.

Les remarques qui me furent envoyées sur mes cartes, l'examen des journaux de nos plus habiles Navigateurs, & ma propre expérience pendant les voyages que je fis aux Indes & à la Chine, m'ayant fait connoître plusieurs défauts essentiels dans mon premier ouvrage ; ces raisons me déterminerent à en faire une édition plus exacte & plus complette, & ce travail devint alors l'objet de mon application & de mes soins.

La Compagnie des Indes, attentive à ce qui pouvoit procurer des connoissances utiles à la navigation, voulut bien favoriser mon projet, en me confiant le dépôt des cartes & des journaux de sa Marine au Port de l'Orient.

Le naufrage de la Flûte de la Compagnie le Dromadaire, en 1762, sur la pointe du nord-est de l'île *St. Vincent*, l'une des îles du cap *Verd*, par l'erreur des cartes sur la latitude de cette île, & par une route mal dirigée, joint au mauvais succès des voyages de plusieurs Vaisseaux particuliers que la Compagnie envoyoit aux îles de *France* & de *Bourbon* ; ces fâcheux événemens, dis-je, m'occasionnerent un travail imprévu ; & quoique celui dont je m'étois chargé fût borné aux mers orientales, j'eus ordre du Ministre de donner en particulier une instruction sur la navigation de France aux Indes, qui pût mettre les Vaisseaux à l'abri des accidens auxquels ils étoient journellement exposés. Voilà ce qui donna lieu à mon Mémoire à ce sujet, dans lequel, indépendamment des instructions sur la route, je traite des vents qui regnent dans les divers parages qu'on doit parcourir, de la vraie situation des principaux endroits, des dangers qu'on peut rencontrer, des erreurs des anciennes cartes; & je fais enfin mon possible pour détruire plusieurs préjugés qui ont été jusqu'à présent la cause de la longue durée des traversées, & du mauvais succès des voyages. Je joignis à ce mémoire une carte particuliere des îles du cap *Verd*, dressée en partie sur mes observations, avec un plan du cap de *Bonne-Espérance* & de ses environs, qu'on doit principalement à M. l'Abbé de la Caille.

Je présentai cet Ouvrage au Roi en 1766. Sa Majesté informée que je travaillois à une nouvelle édition du Neptune Oriental, m'en marqua sa satisfaction, & me dit qu'Elle verroit cet Ouvrage avec plaisir. Ce Monarque m'accorda une gratification annuelle de douze cens livres, & me décora de l'Ordre de St. Michel.

Ces bienfaits animerent de nouveau mon zele, & m'engagerent à donner tous mes soins à accélerer un travail dont le but étoit de perfectionner la navigation des Indes, & d'en augmenter la sûreté & les progrès.

Indépendamment des connoissances & des secours que j'ai tirés de ma propre nation, les Anglois m'en ont fourni un très-grand nombre. Je les dois en particulier à M. Alexandre d'Alrymple, ancien Capitaine des Vaisseaux de la Compagnie des Indes d'Angleterre, qui a bien voulu me les procurer, & me permettre d'enrichir mon Recueil de plusieurs cartes des mers de la Chine, des côtes de *Borneo*, de *Palavan* ou *Paragua*, & de *Sooloo*, que ce Savant a dressé en plus grande partie sur ses propres observations.

Comme les instructions que je donne pour aller aux Indes, commencent dès les ports de France, il convenoit que ma premiere carte en fut l'objet, & d'y joindre une carte des côtes d'Espagne & de Portugal, où les Vaisseaux qui vont aux Indes peuvent aborder. Sachant l'importance de cette addition, je me suis adressé pour la remplir, à M. l'Abbé Dicquemare, Professeur de physique & d'histoire naturelle au Havre, dont je connois en particulier les talens & l'exactitude pour des ouvrages de cette nature. Il a bien voulu s'y prêter en qualité de concitoyen & d'ami, en ajoutant à mon ouvrage la premiere carte, qui offre sous un même coup d'œil les côtes occidentales de France, une partie de celles d'Espagne, d'Angleterre & d'Irlande, avec les sondes qu'on trouve au large de ces côtes. La seconde contient les côtes occidentales d'Espagne, de Portugal & de Barbarie, depuis le cap de *Finistere* jusqu'au cap *Cantin*, avec les îles de *Madere* & de *Porto-Santo*. La troisieme embrasse dans son étendue les *Açores*, les *Canaries*, & le cap *Bajador*. Quoique ces cartes ayent été dressées avec le plus grand soin, après qu'elles ont été gravées, l'Auteur ayant été averti par M. Verdun de la Crenne, Lieutenant de

Vaiſſeau, de deux erreurs ſur la carte des côtes occidentales d'Eſpagne, l'une ſur le giſement des *Barlingues* & du cap la *Roque*, qui ſont, à peu de choſe près, ſous le même méridien; l'autre ſur la diſtance du cap *St. Vincent* à *Cadix*, qui eſt de 14 minutes en longitude moindre qu'elle n'y eſt marquée ; il a fait mettre en conſéquence un avis ſur cette même carte.

J'obſerverai ici en général, tant à l'égard de ces cartes, que pour les miennes, que j'ai préféré de ſuppoſer le premier méridien à l'Obſervatoire Royal de Paris, qu'à tout autre lieu, à cauſe que les obſervations correſpondantes qui déterminent la longitude de chaque endroit, y ont été faites, ou y ſont référées: il eſt d'ailleurs indifférent au Navigateur en quel lieu il ſoit placé, pourvu qu'il en ſoit inſtruit.

J'ai ajouté après la premiere carte un plan des rades du Port-Louis & de l'Orient, dreſſé avec plus d'exactitude que ceux qui ont paru juſqu'ici : on trouvera à la fin de mon Routier une inſtruction pour y entrer.

Les fréquens voyages que j'ai faits à la côte d'Afrique, depuis le cap *Blanc* juſqu'au *Biſſeau*, en parcourant la terre de près à *Arguin*, à *Portandie*, au *Sénégal*, à *Gorée*, à *Gambie* & au *Biſſeau*, m'ayant mis à portée de connoître cette partie, j'en ai dreſſé une carte particuliere que j'inſere dans mon Recueil.

La carte des îles du cap *Verd* que j'ai publiée en 1766, eſt corrigée & aſſujettie aux obſervations qui m'ont été communiquées par MM. l'Abbé de Pingré, de Fleurieu & Verdun de la Crenne, tant pour les latitudes que pour la différence des méridiens entre les îles de *May*, *St. Yago*, l'île *Brave*, & l'île de *Feu*.

Le plan de la baie & du port de *Rio-Janeiro* est tiré d'un plan particulier que les Portugais ont fait lever géométriquement en 1730, & j'en ai reconnu l'exactitude, lorsque j'y ai relâché.

Celui du cap de *Bonne Espérance* a été levé par M. l'Abbé de la Caille ; j'ai seulement changé la position du cap *False* qui n'étoit pas porté assez au sud, relativement au cap de *Bonne Espérance*.

Comme ma carte générale des mers orientales, depuis le cap de *Bonne Espérance* jusqu'à l'île *Formose*, est composée des différentes cartes que contient mon Recueil, réduites & réunies en une seule ; je vais rendre compte de chacune de ces cartes en particulier, vû qu'elles sont susceptibles d'un détail plus étendu & plus instructif.

J'ai dressé la carte réduite de la côte méridionale d'Afrique, depuis la baie de *Saldaigne* jusqu'au cap des *Courans*, en plaçant le cap de *Bonne Espérance* suivant les observations de M. l'Abbé de la Caille, par 16 degrés 4 minutes de longitude orientale, méridien de Paris, & le cap des *Courans* par 34 degrés 7 minutes, relativement à sa distance à l'ouest de la baie de *St. Augustin*. Le détail de la côte depuis le cap *False* jusqu'à la premiere pointe de *Natal*, est tiré d'un plan qu'on a eu des Hollandois, & assujetti aux latitudes que j'ai observées en parcourant cette côte, ainsi que la partie depuis la baie de *Laurent Marquès* jusqu'au port de *Natal*.

Pour suivre cette carte, j'en ai formé une réduite

qui contient la côte orientale d'Afrique depuis le port de *Natal* jusqu'à celui de *Quiloa*, avec le canal de *Mozambique*, l'île de *Madagascar*, & les îles adjacentes. La côte jusqu'au cap des *Courans*, est tirée de la carte précédente, & depuis ce cap jusqu'à *Mozambique*, d'une carte très-détaillée que j'ai trouvée conforme au Routier Portugais & aux remarques de ceux qui l'ont parcourue de près. Je suis redevable à M. le Fer de Beauvais d'un plan des îles qui bordent la côte, à terre desquelles il a passé.

De *Mozambique* jusqu'au cap *Delgada*, la côte, ainsi que son détail, est assujettie au Routier Portugais & à plusieurs plans particuliers que j'en ai recueillis. J'ai inséré dans mon Recueil ceux qui m'ont paru les plus nécessaires aux Vaisseaux qui y naviguent.

Les îles de *Comore*, *Moéli*, *Anjouan* & *Mayotte* sont placées selon leurs gisemens respectifs, à la distance la mieux constatée de la côte de *Querimbo* & de *Mozambique*.

L'île de *Madagascar* est tracée suivant plusieurs plans que nous avons de cette île; celui de la côte occidentale depuis la baie de *St. Augustin* jusqu'au cap *St. André*, m'a été envoyé d'Angleterre. Il m'a paru s'accorder aux remarques de la navigation de nos Vaisseaux jusqu'à *Mourondave*. Du cap *St. André* à *Manacara*, le gisement, les latitudes & la distance des lieux, sont tirés du détail qui m'en a été donné par M. Duguilly, qui y a fait plusieurs voyages, & des remarques de M. Caro.

De *Manacara* à *Infandria*, j'ai suivi le plan du

Pilote Anglois, mais la partie du nord de *Madagascar* jusqu'au cap d'*Ambre*, dont on trouvera un plan particulier sur celui de l'île *Rodrigues*, a été tracé suivant les routes & les relevemens de plusieurs Vaisseaux dont j'ai les journaux.

La baie *St. Augustin* est par 41 degrés 30 minutes de longitude, suivant l'observation d'une éclipse de lune, & celle de la distance de la lune au soleil, qui m'ont été communiquées.

J'ai placé l'îlot le plus sud de la *Basse-Juive*, qui a été rencontré par plusieurs Vaisseaux, à 54 lieues de la plus proche terre de *Madagascar*, & par 21 degrés 36 minutes de latitude. Comme j'ai rendu compte dans l'instruction pour aller aux Indes par le canal de *Mozambique*, de plusieurs îlots & dangers qu'il contient, je me dispenserai d'en parler ici.

La partie du sud de *Madagascar*, depuis la baie *St. Augustin* jusqu'à *Mananzari*, a été tracée suivant le détail qu'en a donné M. de Flacour dans la description de cette île. Les latitudes & les gisemens ont été déterminés sur les observations & les relevemens faits par plusieurs Vaisseaux en parcourant la côte.

De *Mananzari* à la pointe d'*Ivoudrou*, j'ai suivi le plan qu'en a dressé M. le Chevalier Grenier, & mes connoissances particulieres m'ont guidé de cette pointe à celle de *Laré*, avec l'île *Ste. Marie*.

Le plan de la baie d'*Antongil* a été levé par M. le Chevalier du Roslan.

Il m'a été envoyé trois cartes de la partie orientale de *Madagascar*; l'une depuis l'entrée de la baie d'*Antongil* juſqu'au cap de l'eſt ; la ſeconde, du cap de l'eſt à la baie de *Vohémare*, ſur laquelle l'eſpace de la côte compris entre 14 degrés 30 minutes de latitude & 13 degrés 45 minutes, n'eſt pas connu ; & la troiſieme que m'a adreſſé M. Sirandré, chargé du dépôt des cartes, plans & journaux à l'*Iſle-de-France*, qui contient l'étendue de la côte depuis la baie de *Vohémare* juſqu'au cap d'*Ambre*, levées par les Corvettes du Roi le Néceſſaire & le Lezard en 1773. La réunion imparfaite de ces trois cartes me fait ſoupçonner quelque erreur ſur le giſement : c'eſt à ceux qui prolongeront cette côte, à y faire attention.

Les îles de *Bourbon* & de *France* ſont placées ſuivant les obſervations de latitude & de longitude que j'y ai faites, & l'île *Rodrigues* ſur celles de M. l'Abbé Pingré.

Comme la connoiſſance de l'Archipel qui s'étend au nord-eſt & à l'eſt de *Madagaſcar*, eſt une des plus importantes, vu que les Vaiſſeaux qui vont aux Indes ou qui en reviennent, le doivent traverſer, j'en ai fait une carte particuliere qui commence à la partie du nord-eſt de *Madagaſcar*, & s'étend vers l'eſt juſqu'au 76e degré 30 minutes de longitude, & depuis les îles de *Bourbon* & de *France* juſqu'à la ligne équinoxiale. Quoique j'aye rendu compte, en quelque façon, de ſa conſtruction dans le Mémoire que contient mon Routier ſur l'Archipel des îles & des dangers qui s'étendent au nord & au nord-eſt de *Madagaſcar* ; voici les découvertes dont j'ai été informé depuis l'impreſſion de ce Mémoire.

Le

Le premier Juillet 1771, la Flûte du Roi l'*Isle-de-France*, commandée par M. de Coetivy, Enseigne de vaisseau, découvrit une petite île basse, d'environ deux lieues de longueur du nord-nord-est au sud-sud-ouest ; elle paroissoit couverte de bois, excepté le côté du sud, qui est aride. On la rangea à deux lieues de distance, & on apperçut un récif qui s'étend en apparence de deux tiers de lieue au sud-ouest. Suivant la latitude qu'on observa, le milieu de cette île est par 7 degrés 12 minutes de latitude, & par 54 degrés 13 minutes de longitude estimée depuis le départ de l'*Isle-de-France*, d'où ce Vaisseau étoit parti le 26 Juin.

En 1772, M. de la Bioliere, Lieutenant de vaisseau, découvrit plusieurs petites îles, 45 lieues à l'ouest-sud-ouest de l'île *Mahé*, & au nord-ouest-quart-ouest de celles découvertes par M. le Chevalier du Roslan. Ce sont, je crois, celles que les anciennes cartes ont désignées sous le nom des *Amirantes* : je les ai tracées sur ma carte selon le plan qui m'en a été remis.

M. Ronçais-Violette qui commandoit le Vaisseau le Bien-venu, dont j'ai parlé dans l'article des voyages qui se font aux Indes pendant la mousson du nord-est, m'ayant envoyé l'extrait de son journal ; j'ai vu que ce Navigateur étant le 31 Mars par 2 degrés 30 minutes de latitude sud, faisoit route au nord-est pour passer entre les atollons des *Maldives* du côté du nord ; mais que se trouvant le 4 Avril à la ligne équinoxiale, il prit le parti de la prolonger du côté du sud, aidé des vents d'ouest qui y soufflent encore en cette saison.

En tenant cette route, il apperçut le 7 Avril l'Atollon le plus ſud des *Maldives* : les habitans vinrent à ſon bord. Il rangea l'île du ſud qui eſt baſſe & boiſée, de même que les autres, & il obſerva ſa latitude de 36 minutes ſud. Après avoir doublé cet Atollon, M. Violette prit ſon cours au nord-eſt, & atterra le 20 Avril à l'île de *Ceylan*.

Il eſt bon d'obſerver qu'à ſon atterrage aux *Maldives*, ce Navigateur s'eſtimoit par 69 deg. 14 min. depuis ſon départ de l'*Iſle-de-France*, c'eſt-à-dire, 3 deg. moins à l'eſt, que ces îles ne ſont placées ordinairement.

Le Vaiſſeau Anglois le Cornish, en allant du détroit de la *Sonde* à *Bombaye*, apperçut une petite île : il avoit trouvé fond à différentes profondeurs avant de la découvrir. Suivant la latitude qu'il obſerva, cet île ſeroit par 5 degrés 35 minutes, & par 67 degrés 35 minutes de longitude, relativement à ſa diſtance méridienne du détroit de la *Sonde* comparée à celle de *Bombaye*.

Quoique les bancs de *Nazareth* ſoient marqués ſur toutes les anciennes cartes, que je les aye placés ſur les miennes au nord de l'*Iſle-de-France*, & qu'il en ſoit fait mention dans le Routier Portugais, on n'a pu même encore s'aſſurer de leur exiſtance, quelques recherches qu'on ait fait à cet égard. M. de Trobriant, Lieutenant de vaiſſeau, commandant la Frégate du Roi l'Etoile, connoiſſant l'importance de vérifier la ſituation de ces dangers, voulut bien s'en charger en allant aux Indes en 1773. Ayant fait voile de l'île de *Bourbon* le 22 Juillet, il s'éleva au nord-eſt juſqu'au

15e degré 10 minutes de latitude, & 58 degrés de longitude obſervée par la diſtance de la lune au ſoleil. De cette poſition il dirigea ſa route au nord-oueſt-quart-oueſt, traverſant les bancs ſuppoſés dans leur milieu, juſques par 13 degrés 10 minutes de latitude, & 54 degrés 30 minutes de longitude, ſondant ſouvent à 240 braſſes de ligne, ſans rencontrer le fond, ni avoir aucun indice de ces bans. De ce dernier parage il cingla vers l'île *Galéga*, qu'il reconnut : il juge que cette île eſt par 54 degrés 55 minutes de longitude, & pas plus à l'Oueſt.

Avant de terminer ce qui concerne la partie méridionale, je dois prévenir que, n'ayant pu recueillir aucune carte ni aucun plan particulier de la côte d'Afrique depuis le cap *Delgada* juſqu'à la baie *Formoſa*, où ſe trouvent les îles *Monfia*, *Zanzibar*, *Pemba* & le port de *Montbaze*, j'ai été obligé de rendre cette partie de ma nouvelle carte générale conforme à l'ancienne.

La carte réduite de l'Océan oriental-ſeptentrional qui contient une partie des côtes d'Afrique, d'Arabie, de Perſe, avec celles de l'*Indoſtan*, y compris l'île de *Ceylan*, commence à la riviere *Dos-fugos* ſous la ligne équinoxiale, par 42 degrés de longitude. J'ai tracé la côte d'Afrique ſuivant le giſement & le détail que j'en ai donnés dans le routier qui la concerne. Le cap des *Baſſes* qui eſt par 4 degrés 50 minutes de latitude, ſe trouve par 47 degrés 40 minutes de longitude ; & le cap *Guardafui*, ſitué par 11 degrés 45 minutes, ſuivant ſon giſement avec le cap des

Basses, tombe à 50 degrés 12 minutes, & par conséquent 12 minutes plus oriental que je ne l'avois fixé dans ma premiere édition : il en est de même du cap *Rasalgate*, qui se trouve dans celle-ci par 57 degrés 42 minutes, au lieu de 57 degrés 30 minutes. Je donne ici de l'entrée de la mer rouge, depuis & compris l'île de *Socotora*, jusqu'à *Moka*, le même plan à grand point qui étoit dans mon premier Neptune, ayant été informé de son exactitude : j'y ai joint un petit plan de la rade de *Moka*. L'île de *Socotora* a été réduite d'un plan qui m'a été envoyé par M. d'Alrymple. M. Law de Lauriston, Gouverneur de Pondicheri, & Commandant des établissemens François aux Indes, m'a envoyé un plan de l'intérieur de la mer rouge, depuis *Moka* jusqu'à *Gedda*, qui est très-estimé de ceux qui y naviguent : je l'ai joint à mon Recueil avec un plan de la rade de *Gedda*.

L'entrée du golfe de Perse depuis le cap de *Rasalgate* jusqu'au cap de *Jask*, est fort différente de celle du plan que j'avois adopté dans la premiere édition. Le cap *Jask* y étoit placé 96 lieues au nord-ouest-quart-nord du cap *Rasalgate*, au lieu que, suivant la réduction que j'ai faite des relévemens & des routes de M. le Floch de la Carriere & de plusieurs autres le long de la côte d'Arabie, ainsi que des latitudes observées, j'ai trouvé que le gisement de ces deux caps est le nord-ouest 2 degrés & demi ouest, 95 lieues: le cap *Jask* est d'ailleurs par 25 degrés 35 minutes de latitude nord.

Je dois le plan du golfe de Perse aux soins que

s'eſt donné M. de la Carriere pour me le procurer. La côte de Perſe, & les îles qui l'environnent, ſont tracées conformément aux relévemens & aux latitudes obſervées. Quant à la côte d'Arabie, les Vaiſſeaux d'Europe n'y naviguent point, ainſi elle eſt peu connue.

Le plan des îles *Karak* & *Korgo*, & de la baie de *Kundesſeck*, eſt tiré des plans de M. d'Alrymple.

La côte méridionale de Perſe & celle de l'Inde depuis le cap de *Jask* juſqu'à la pointe des *Géans*, qui termine le *Guzurat* du côté du nord-oueſt, n'étant pas fréquenté des Européens, je n'ai pu en avoir aucun détail; j'ai été obligé d'avoir recours aux cartes géographiques de M. d'Amville. A l'égard des côtes de *Guzurat*, de *Bambaye* de *Concan* & de *Canara* juſqu'à *Mangalor*; quelque ſoin que j'euſſe pris pour en former une carte exacte, lors de ma premiere édition, j'avois été ſi mal informé ſur cette partie, qu'elle contenoit pluſieurs défauts eſſentiels dont j'ai été ſucceſſivement averti.

Après avoir acquis des connoiſſances plus parfaites, j'en ai tracé une nouvelle carte, dont le détail eſt expliqué dans le Routier. J'ai vu avec plaiſir qu'elle étoit conforme à celle que M. le Chevalier Grenier m'a envoyée de *Surate*. Cette carte eſt ſuivie de celle qui renferme les côtes de *Malabar*, de *Coromandel*, & l'île de *Ceylan*: je l'ai dreſſée avec la même attention, & j'ai corrigé beaucoup de fautes de la premiere édition.

J'ai placé ſur la carte réduite *Goa* par 71 degrés 25 minutes de longitude que les obſervations aſtronomiques lui ont déterminés; comme c'eſt un des points principaux, la longitude des autres endroits de cette partie de l'*Indostan* y est référée. On trouvera dans mon Routier les additions & les changemens que j'ai faits aux *Laquedives* & aux *Maldives*, dont le détail est peu connu.

La construction de la carte du golfe de *Bengal*, qui contient aussi celui de *Siam*, est fondée sur des principes d'autant plus certains, que la latitude & la longitude des principaux endroits sont déterminées par des observations astronomiques. Suivant celles que j'ai faites à *Pondicheri*, j'ai trouvé que la différence des tems entre cette Place & l'Observatoire royal de Paris, est de 5 heures 11 minutes, qui répondent à 77 degrés 45 minutes de longitude orientale.

La pointe des *Palmiers*, à l'entrée du *Gange*, par les observations faites à *Balassor*, se trouve par 84 degrés 52 minutes.

Islamahad, sur la riviere de *Chatigam*, suivant l'observation du passage de Vénus en 1761, est par 89 degrés 26 minutes, & par 22 degrés 20 minutes de latitude.

J'ai observé en 1740, à *Mergui*, l'immersion du premier Satellite de Jupiter, qui mettroit cette ville par 95 degrés 58 minutes de longitude.

La longitude de *Malac*, depuis long-tems déterminée & adoptée par l'Académie Royale des Sciences, est de 99 deg. 45 min. & sa latitude de 2 deg. 12 min.

Pulo-Aor, par un milieu pris entre trois observations faites en 1767, est par 102 degrés 16 minutes de longitude, & 2 degrés 30 minutes de latitude.

La longitude de *Siam* ou *Juthia*, anciennement connue, eſt ſuivant la connoiſſance des tems, de 98 deg. 30 minutes, & ſa latitude de 14 deg. 18 minutes.

La ſituation de *Pulo-Condor* à 8 degrés 40 minutes de latitude, à 103 degrés 37 minutes de longitude, déterminée par la diſtance de la Lune au Soleil obſervée par M. Will-Brown en 1767, eſt bien plus analogue à la route des Vaiſſeaux qui vont de *Pulo-Aor* à cette île, ou qui en reviennent, que celle de 105 degrés que je lui avois donnée dans mes premieres cartes, ſur la confiance d'une prétendue obſervation aſtronomique du P. Gaubil, & que j'ai ſu depuis n'être fondée que ſur ſon eſtime. Quant aux parties intermédiaires entre ces points connus, elles y ſont aſſujetties ſuivant leur giſement & leur latitude : on peut à ce ſujet conſulter mon Routier.

J'ai placé la pointe de *Négraille* par 16 degrés de latitude, & 2 degrés 14 minutes plus orientale que *Iſlamahad*, qui réſultent du giſement de la côte entre l'un & l'autre. L'île *Noyée*, les *Préparis*, les îles *Cocos*, ainſi que la partie du nord de la grande *Andaman*, ſont placées relativement à la pointe de *Négraille*. Quant au reſte de l'île *Andaman*, ainſi que les petites *Andaman* qui ſont vers le ſud, je ne connois aucun plan ni aucun mémoire qui en donne de deſcription ; on doit donc les conſidérer ſur ma carte comme tracées ſur d'anciens plans qui ne méritent pas la confiance des Navigateurs.

M. Ronçais-Violette, dont j'ai déja parlé, m'a communiqué pluſieurs remarques ſur la pointe du nord de la grande *Andaman*, ſur l'île *Narcondam*, ſur celle de *Tavaye*, ſur les îles *Moſcos*, & ſur les îles *Noël*, qui étoient omiſes ſur mes anciennes cartes : j'ai profité dans celles-ci des obſervations de cet habile Navigateur.

Il auroit été à ſouhaiter qu'il y eût eu quelque obſervation faite à *Achen* pour en déterminer exactement la longitude ; mais mes recherches ont été ſans ſuccès, & j'ai été obligé de la conclure relativement à *Malac*, par une chaîne de triangles formée par les différences entre pluſieurs latitudes obſervées, & par les relévemens de divers endroits ſitués entre les deux, & à la vue les uns des autres ; de ſorte que par ce moyen j'ai trouvé que l'île *Ronde* qui eſt par 6 degrés de latitude, & au nord-quart-nord-oueſt 5 degrés oueſt d'*Achen*, eſt par 93 degrés 12 minutes de longitude.

Les îles *Nicobar* & *Carnicobar* ont été placées ſuivant leur giſement avec l'île *Ronde*.

Pour ne rien négliger de ce qui peut inſtruire le Navigateur du détail des côtes, des rades & des ports où il peut aborder, qu'un petit point ne repréſente que confuſément, j'ai accompagné la carte du golfe de *Bengal*, de pluſieurs plans particuliers auxquels il peut avoir confiance. On trouvera d'abord celui de la baie & du port de *Trinquemalaye* en l'île de *Ceylan*, dont l'inſtruction eſt dans le Routier. (cet ouvrage eſt de M. Neichelſon.) La carte qui contient l'île de *Ceylan* & la côte de *Coromandel*, eſt ſuivie d'une carte du même point, qui s'étend juſqu'à l'embouchure du *Gange*. Je donne enſuite une carte des bouches de ce fleuve,

fleuve, avec la partie des côtes d'*Orixa* & de la côte de l'est jusqu'au 19 deg. 20 min. de latitude; cette carte que M. d'Alrymple m'a permis de joindre à mon Recueil, est travaillée avec le plus grand soin : j'ai joint au Routier le Mémoire qui l'accompagnoit, avec une carte de la côte orientale du golfe de *Bengal*, pour les Vaisseaux qui vont à *Chatigan*. J'aurois souhaité donner un plan depuis l'île aux *Crabes rouges* jusqu'à *Négraille*; mais ceux qui m'ont été communiqués, m'ayant paru défectueux à plusieurs égards, j'ai cru plus à propos de les supprimer de mon Neptune, que d'abuser de la confiance des Navigateurs. Il n'en est pas de même de la carte de la côte du *Pégu*, à laquelle j'ai fait en différens tems plusieurs corrections : elle est fort estimée de ceux qui vont à la riviere de *Siriam*.

Le plan de l'Archipel de *Mergui* est dressé sur mes observations, & sur les notes de M. Ronçais-Violette. Quant à celui de *Junk-Seilon*, que j'avois donné dans ma premiere édition; cet endroit est peu fréquenté des Vaisseaux d'Europe, & je n'ai eu aucun éclaircissement qui le concerne.

La carte des îles *Nicobar*, avec le plan du port compris entre les îles *Nacavexi*, *Souri* & *Tricute*, m'a été envoyé par M. de Trémigon, Lieutenant de vaisseau, ainsi que plusieurs remarques importantes sur le détroit de *Malac* & sur les îles *Moluques*.

J'ai tracé le plan de la rade d'*Achen*, avec les îles qui l'environnent, sur mes connoissances particulieres, & sur un grand nombre de relévemens faits par plusieurs Vaisseaux.

La partie ſeptentrionale du détroit de *Malac*, depuis *Achen* juſqu'à cette Place, forme une carte fort différente de toutes celles qui ont paru juſqu'à préſent. Indépendamment des remarques & des obſervations que j'ai faites en le traverſant en 1754, ſur le Vaiſſeau le Montaran ; M. de Joannis, ancien Capitaine des Vaiſſeaux de la Compagnie, & actuellement des Vaiſſeaux du Roi, s'étoit propoſé, en paſſant le détroit ſur le Vaiſſeau le Penthievre en 1766, & allant à *Queda*, de faire autant d'obſervations & de relévemens qu'il pourroit, pour corriger les erreurs de tous les plans qui en avoient été dreſſés, & de me les remettre à ſon retour, pour en faire uſage. Cet habile Navigateur, aidé & ſecondé par M. Croſet, Capitaine de Brûlot, n'a rien négligé à cet égard, & m'a mis en état de donner à la côte de *Malaye* ſon vrai giſement, & bien plus d'exactitude dans la latitude de chaque endroit qu'elle comprend. Quant au détail, je n'ai pu me diſpenſer de ſuivre celui des cartes des Hollandois, à l'exception de la partie de *Salangor*, dont je donne un plan juſqu'au mont *Parcilar*, qui m'a paru fait avec ſoin.

La côte de *Sumatra*, depuis la pointe de l'eſt de la rade d'*Achen*, eſt priſe, quant au détail, des cartes hollandoiſes ; mais le giſement général eſt fixé par un grand nombre de relevemens faits par nos vaiſſeaux, & de latitudes obſervées.

Indépendamment du ſecours que m'a procuré le travail fait exprès par M. de Joannis, je ſuis en même tems redevable aux obſervations & aux remarques qui m'ont été communiquées, ou que j'ai tirées des Journaux de MM. de Surville, de la Brimaniere, le Brun, Winflow, Dordelin, Caro, Omirat & Brulenne, Capitaines des vaiſſeaux de la Compagnie des Indes, & de MM. Henrio, le Brun, le Gouardun, des Blotieres & l'Abbé, premiers Lieutenans, ſur toutes les parties du détroit.

Les deux cartes de la côte occidentale de l'île *Sumatra*, dont l'une eſt pour les vaiſſeaux qui paſſent entre les îles & la côte de *Sumatra*, depuis la ligne équinoxiale juſqu'au détroit de la *Sonde*, ſont tirées des cartes hollandoiſes les plus détaillées, & qui paroiſſent aſſez exactes.

J'avois donné dans la premiere édition du Neptune oriental le plan du détroit de la *Sonde*; mais, malgré le ſoin que j'avois eu de corriger un grand nombre de défauts des anciennes cartes, tant ſur les giſemens que ſur les diſtances, j'ai reconnu, en parcourant de nouveau ce détroit, pluſieurs autres erreurs que j'avois ignorées. C'eſt ce qui m'a déterminé à en dreſſer un plan plus correct, depuis la pointe de *Winerou* juſqu'à l'île du *Nord*, après avoir raſſemblé pour cet effet les obſervations, les remarques & les relevemens qui m'ont paru faits avec le plus d'attention. On trouvera un petit plan de l'île *Cantaye*, que j'ai tiré de ceux de M. d'Alrymple.

Le plan que j'ai donné dans mon premier ouvrage de l'île de *Java*, par la réunion de ceux que les Hollandois en ont fait lever, s'eſt trouvé fort exact dans la partie du ſud, par la vérification que j'avois faite des latitudes & des gisemens observés par les vaisseaux qui l'avoient parcourue. Il n'en a pas été ainsi de la partie du nord, sur laquelle je n'avois pas eu les mêmes secours ; il s'y est trouvé beaucoup de fautes, que j'ai corrigées dans la nouvelle carte que j'en ai dressée : elle contient aussi les îles de *Banca*, de *Billiton*, avec une partie de celles de *Sumatra* & de *Borneo*.

Comme l'île de *Java* est bornée du côté de l'est par le détroit de *Bali*, j'en ai dressé un plan, ainsi que de celui de *Pondi* & de *Respondi*, à l'est de l'île *Madura*. J'ai rendu compte au-dessous du titre, des instructions que j'ai eu pour le former.

La pointe du nord-est de *Madura*, suivant les observations des François & des Anglois, est par 6 deg. 49 min. de latitude, au lieu de 6 deg. 46 min. que je lui avois fixé ; mais les plus grandes erreurs sont sur la latitude des autres parties de *Java*, en allant vers l'ouest : j'en ai été informé par les Journaux des Vaisseaux le St. Priest, l'Eléphant, le Chameau, & par celui de M. Bougainville. Il suffit de rapporter ici les principales, pour faire connoître la nécessité des corrections.

L'Islot *Mandalique* que j'avois marqué par 6 degrés 36 minutes, est par 6 degrés 23 minutes. *Carimon - Java* par 5 degrés 45 minutes, & non par 5 degrés 57 minutes. La pointe d'*Indermaye* est par 6 degrés 15 minutes, au lieu de 6 degrés 35 minutes ; & celle de *Mordenar* par 5 degrés 54 min. quoiqu'elle fût marquée par 6 degrés 3 minutes.

La ſituation de *Batavia* en longitude, eſt maintenant exactement connue; & ſuivant l'extrait des obſervations, qui m'a été envoyé, cette place eſt de 104 degrés 24 minutes à l'orient du méridien de Paris, & par 6 degrés 12 minutes de latitude méridionale. Je l'avois fixée dans ma premiere édition, par une ſuite d'opérations que j'ai rapportées dans ma Préface, par 104 degrés 22 minutes; erreur peu conſidérable, lorſqu'il eſt queſtion de déterminer la ſituation d'un lieu, relativement à un autre qui en eſt éloigné d'environ 200 lieues.

La pointe du *Capucin* qui fait l'entrée du détroit de la *Sonde*, par la nouvelle poſition de *Batavia*, ſe trouve 2 degrés plus à l'occident que cette Capitale.

La côte orientale de *Sumatra*, depuis le détroit de la *Sonde* juſqu'au détroit de *Banca*, de même que les *Milles îles* & pluſieurs autres, qui ſe trouvent au nord-nord-oueſt & nord-oueſt-quart-nord de *Batavia*, ſont réduites d'une carte d'un plus grand point, que j'ai dreſſée pour les Vaiſſeaux qui vont du détroit de la *Sonde*, ou de *Batavia*, au détroit de *Banca*, & ſur laquelle j'ai fait graver un petit plan des îlots qui ſont proches de la pointe aux *Cochons*, que m'a remis M. d'Alrymple. On trouvera auſſi à la ſuite de celle-ci, un plan du détroit de *Banca*, avec un petit plan de celui qu'on trouve à l'eſt de cette île, qui m'a été envoyé par le Capitaine Eſpagnol qui l'a traverſé.

M. Crozet, dont j'ai eu occaſion de parler, qui commandoit la Flûte du Roi le Maſcarin, après la mort de M. Dufresne-Marion, en allant de *Manille* à l'*Isle-de-France* en 1772, fut reconnoître la pointe du nord-est de l'île de *Banca*, dont il détermina la latitude par 1 degré 35 minutes. Il prolongea ensuite la côte du nord-est de cette île, passant entre plusieurs îles & dangers qui y sont dispersés. De-là prenant son cours à l'est, il apperçut l'île le *Gaspar*; & continuant la même route au nord de *Billiton*, il rangea plusieurs petites îles qui sont au nord-est de celle-ci, & au sud de *Souroute*, d'où il gouverna au sud-quart-sud-ouest, jusques par 3 degrés 50 minutes; & traversant entre quelques dangers, dont le plus méridional est par 3 degrés 25 minutes, il joignit le détroit de la *Sonde*. Cet habile Navigateur a tracé lui-même sa route & ses découvertes sur ma carte, avec les sondes qu'il a successivement rencontrées.

Pulo-Mancop, îlot de remarque à la pointe du sud-ouest de *Borneo*, qu'on va ordinairement reconnoître quand on traverse de l'île *Souroute* à *Java* ou à d'autres lieux vers l'est, est situé par 3 degrés 3 minutes de latitude: j'ai marqué les écueils qui ont été vus par nos Vaisseaux entre cet îlot & l'île *Billiton*. Les îlots qui sont au sud de *Borneo*, ont été reconnus par les Vaisseaux le Philibert, l'Aimable & le Prince de Conti, en 1746, & placés selon le journal de M. de Joannis.

Après le plan du détroit de *Banca*, je donne une carte des mers comprises entre ce détroit & *Pulo-Timon*. Elle contient la partie orientale de celui de *Malac*; & la côte de *Malaye* est assujettie à mes observations & à celles de M. de Joannis. Quant à celle de l'île *Sumatra*, avec les détroits de *Sabon* & de *Durion*; comme je n'ai eu aucuns mémoires ni journaux de ceux qui les ont pratiqués, j'ai été obligé de les tracer ſuivant les anciennes cartes des Hollandois, & celle qui ſe voit dans le Pilote Anglois.

Le plan du port de *Rio* en l'île de *Bintam*, a été levé par le Sieur Montfermel, qui me l'a adreſſé au retour d'un voyage où il avoit relâché & ſéjourné en cet endroit; celui du détroit du *Gouverneur* a été fait par M. Deſblottieres, & il m'a paru conforme à mes remarques, lorſque je l'ai traverſé.

La diſtance méridienne entre *Pulo-Aor* & *Pulo-Condor*, ſuivant les obſervations que j'ai rapportées ci-devant, donne au golfe de Siam beaucoup moins d'étendue de l'eſt à l'oueſt, que celle qu'on lui a ſuppoſée juſqu'à préſent. En effet, ſi l'on fait attention au giſement des îles qui bordent la côte de *Malaye*, dont la diſtance à cette côte eſt très-connue, on verra que de *Pulo-Aor* à *Pulo-Brala* c'eſt le nord-nord-oueſt; de *Pulo-Brala* à la grande *Ridang*, le nord-oueſt-quart-nord; & de l'île *Ridang* au cap *Patani*, le nord-oueſt. D'un autre côté, ſi on conſidere que la pointe de *Camboſe*, qui termine le golfe du côté de l'eſt, eſt de 40 lieues à l'occident de *Pulo-Condor*, on connoîtra par la combinaiſon de toutes ces choſes, que la diſtance du cap *Patani* à cette pointe, ou la largeur de l'entrée du Golfe de *Siam*, n'eſt que de 55 lieues.

Cette même diſtance ſur les cartes géographiques les plus exactes que nous ayons, eſt de 78 lieues;

trompé par l'obſervation prétendue du P. Gaubit, elle étoit de 87 lieues dans ma premiere édition.

La côte de *Malaye* entre *Pulo-Aor* & les îles *Ridang*, paroît aſſez connue; les remarques de nos Vaiſſeaux s'accordent avec les plans que les Anglois m'en ont envoyés. Le port de *Tringano*, dont le Roi prétend être Souverain de *Malac*, eſt aujourd'hui très-fréquenté par le commerce avantageux qui s'y fait.

Le reſte de la côte juſqu'à l'entrée de la riviere de *Siam*, eſt tracé ſuivant les anciennes cartes des Hollandois.

Depuis que les vaiſſeaux Européens ne vont plus aux ports de *Patani* & de *Ligor*, on n'a de cette côte aucun détail intéreſſant; il en eſt de même de la côte occidentale de *Camboſe*, & je n'ai eu à ce ſujet que le plan depuis la pointe vulgairement nommée de *Camboſe*, juſqu'à la riviere de *Cançao*.

La carte des mers de la Chine qui termine mon Neptune, eſt de M. d'Alrymple. Ce ſavant, attentif à favoriſer mes travaux, ne s'eſt pas ſeulement contenté de m'aider de ſes conſeils, de pluſieurs extraits de Journaux dont j'avois beſoin, & d'un grand nombre de morceaux qui m'étoient eſſentiels; il a bien voulu ajouter à ces bienfaits, celui de me dédier, avec l'éloge le plus flatteur, ſa carte de la Chine, qu'on doit conſidérer comme la plus exacte & la plus parfaite de toutes celles qui ont paru juſqu'à préſent de ces mers. J'ai ajouté à celle que j'ai fait graver pour mon Neptune, le détail des côtes de *Camboſe*, de *Ciampa* & de de la *Cochinchine*, qui m'a paru le plus correct : j'avoue que nous n'en avons que des connoiſſances incertaines, & c'eſt à quoi doivent principalement faire attention ceux qui rangent cette côte de près, ou qui voudroient y aborder.

J'excepte ſeulement la partie de la côte de la *Cochinchine*, entre *Pulo-Campello* & la riviere de *Foë* ou du *Roy*, dont M. le Floch de la Cariere a dreſſé le plan, qu'on trouvera dans mon recueil, & ſur la même planche celui de l'île *Condor* qui a été levé géométriquement en 1720, par M. Deidier, Ingénieur du Roi, lorſque la Compagnie des Indes voulut y former un établiſſement : j'y ai ajouté le bord extérieur du banc qui paroît traverſer l'entrée de l'anſe du ſud-eſt que j'ai rencontré en 1754 lorſque je voulus y relâcher ſur le vaiſſeau le Montaran.

Pour donner à la carte des mers de la Chine le degré de perfection qu'elle mérite, j'ai ſuivi pour la côte de la Chine, le détail qu'en a donné M. Danville, juſqu'aux frontieres du *Tong-Kin*, ſuivant les obſervations des Jéſuites. Cet habile homme, qu'on doit avec juſtice conſidérer comme un des premiers & des plus ſavans géographes de l'Europe, a bien voulu m'aider en qualité d'ami, des cartes originales qu'il en a dreſſées. Ce n'eſt pas ſeulement dans cette occaſion que j'ai profité des lumieres de M. Danville ; ſa carte particuliere de l'Inde, & l'analyſe qui y eſt jointe, m'ont ſervi à éviter dans cette édition pluſieurs fautes que j'avois commiſes dans la premiere.

J'ai tracé la partie du ſud-eſt de l'île d'*Hainan*,

ſuivant le plan qu'en a formé M. d'Alrymple : j'ai fait imprimer à la fin de mon Routier le mémoire de ce ſavant ſur ſa carte de la Chine, dans lequel il rend raiſon de ſa conſtruction, ainſi que des dangers qu'on connoît ſur ces mers. J'ai mis à la ſuite de cette carte le plan qu'il a dreſſé de la côte de la Chine, depuis la *Pierre blanche* juſqu'à *Macao*, qui contient auſſi les îles de *Leme*, entre leſquelles on peut paſſer avec confiance ; ce plan paroît très-différent de celui qui eſt entre les mains de pluſieurs Navigateurs, ſous le nom de *Mirador*, qui ne convient qu'à ceux qui préferent les apparences à la réalité.

Pour ne rien laiſſer ignorer d'utile à ceux qui fréquentent ces mers, & pour leur faire connoître qu'ils ſont redevables à M. d'Alrymple de ce qu'on pouvoit déſirer de plus parfait à cet égard ; j'ai joint à mon recueil les plans qu'il a donnés de la partie du nord de *Bornéo*, avec l'archipel des îles *Sooloo* juſqu'à la pointe de *Mindanao* ; un plan plus détaillé de cette même partie du nord de *Bornéo* & de ſes détroits avec celui de l'île *Balanbangam*, & le plan particulier de l'archipel des îles *Sooloo*.

On trouvera auſſi les plans que je me ſuis procurés de la baie de *Manille* en l'île de *Luçon*, & celui du port de *Subec* qui en eſt voiſin, qui m'a paru dreſſé avec beaucoup d'exactitude.

Fin de la Préface.

TABLE
DES ARTICLES
CONTENUS DANS CE VOLUME.

EXTRAIT DES REGISTRES DE L'ACADÉMIE ROYALE DE MARINE.

Du 9 Mars 1775.

RAPPORT du Neptune Oriental de M. d'Après, fait par MM. de Marguery, de Chateloger & de la Coudraye.

M. D'Après a partagé son Ouvrage en plusieurs Sections qui y répandent beaucoup d'ordre & de clarté. La premiere, intitulée : *Instruction sur la Navigation de France aux Indes*, avoit déja paru sous le titre de *Mémoire sur la Navigation de France aux Indes.* Nous nous dispenserons d'entrer dans aucun détail sur les objets qui y sont traités, parce qu'il n'est aucun marin qui ne connoisse déja l'utilité & la bonté de cet Ouvrage. La nouvelle édition est enrichie de la détermination de la latitude & de la longitude de plusieurs lieux importans, fixées d'après les observations faites sur la Frégate la Flore, commandée par M. de Verdun de la Crenne, Lieutenant de vaisseau, qui ont été communiquées par M. Pingré. Cette instruction comprend tout ce qui concerne la Navigation depuis le départ de France jusqu'aux relâches, inclusivement, de Table-baie & de False-baie au cap de Bonne-espérance.

M. d'Après parle ensuite de la route aux Indes par le canal de Mozambique. L'atterrage sur Madagascar, les moussons que l'on trouve dans le canal, les écueils à éviter, les îles que l'on y rencontre, celles où l'on peut mouiller, les marques qui peuvent servir à les reconnoître ; tout enfin y est traité avec un détail qui rend cette partie de son Ouvrage très-intéressante.

M. d'Après passe à la route aux Indes, en abordant aux îles de France & de Bourbon. Il remarque combien il importe d'observer les variations de la boussole dans cette partie du monde, pour la correction de la longitude. Il indique les paralleles à parcourir, & les différentes routes qu'il faut suivre pour ne point manquer l'atterrage de ces îles, & il finit par détailler les roches & les écueils qui les environnent.

Les vents qui regnent sur les mers orientales, sont ensuite traités dans son Ouvrage avec un détail très-satisfaisant. M. d'Après indique les vents généraux & les vents périodiques, ou moussons, que l'on trouve tant au nord qu'au sud de la ligne : il marque leurs différences dans les deux hémispheres, leurs limites, leur durée, les différens tems auxquels les moussons commencent aux différentes côtes, & les effets qui annoncent & qui accompagnent leur changement. M. d'Après n'oublie point les exceptions particulieres à la mer rouge, au golfe de Perse, & au détroit de Malac.

Nous pensons que ce qu'il dit sur les variétés que le soleil occasionne aux vents généraux qui regnent au sud de la ligne, lorsqu'il se trouve dans la partie australe, est une remarque conforme aux loix de la plus saine Physique. Mais nous pensons aussi que si ces variétés sont sur-tout sensibles vers les changemens de phases de la lune ; cette circonstance, & quelques autres semblables ou analogues, que l'on trouve dans le cours de l'Ouvrage, ne sont pas suffisantes pour autoriser la persuasion où sont plusieurs Marins de l'action principale de cet astre sur les vents, & du rapport immédiat & presque nécessaire entre leurs changemens & les changemens de ses phases.

Le traité des courans accompagne celui des vents. Après avoir reconnu aux courans une direction en partie dépendante de l'impulsion des vents, & changeante conséquemment comme les moussons ; il remarque que leur force est plus sensible proche des côtes, & que leur direction est presque toujours subordonnnée au gisement des côtes, des caps & des îles qu'ils rencontrent. Cela le conduit naturellement à décrire ce qu'il y a de particulier à cet égard ; & il parle successivement des moussons & des courans des côtes d'Afrique, d'Arabie, de Perse, de l'Indostan, des îles Laquedives, du golfe de Manar, & de l'île Ceylan. Il remarque que les courans entrent dans la mer rouge tout le tems qu'ils sortent du golfe de Perse ; & qu'ils portent au contraire dans le golfe de Perse, lorsqu'ils sortent de la mer rouge.

M. d'Après entre dans un détail encore plus grand sur ce qui regarde les côtes de Coromandel, & autres lieux du golfe de Bengale ; & il y a répandu quelques remarques sur la navigation de ce golfe, bien faites pour être consultées. Puis passant au golfe de Siam, aux mers & aux côtes de la Chine, aux îles Bornéo, Luçon, à celles de la Sonde, & aux Moluques ; il en indique également les courans, les moussons, & quelques phénomenes qui les accompagnent. Ce traité des vents qui regnent sur les mers orientales, est terminé par l'indication des brises de terre & de mer que l'on trouve proche de la plupart des côtes dont il a parlé, lorsqu'une des moussons est vers sa fin, & qui durent jusqu'à ce que la mousson opposée qui lui succede, ait acquis assez de force pour les vaincre & souffler constamment.

On trouve ensuite un mémoire sur l'archipel des îles & des dangers qui s'étendent au nord & au nord-est de Madagascar. M. d'Après remarque que la situation des îles de France & de Bourbon à l'égard des Indes, & la célérité dont on a quelquefois besoin dans les expéditions, auroient dû porter à faire de bonne heure des recherches pour la connoissance de cet archipel ; que cependant les premieres tentatives ne furent faites qu'en 1742, par M. Mahé de la Bourdonnais, Gouverneur des îles de France & de Bourbon, qui bientôt en fut distrait par la guerre de 1744, & dont le rappel en France arrêta tout ce qui avoit été médité sur cet objet utile.

Le danger de traverser cet archipel pour se rendre aux Indes, avoit même tant d'existence dans l'imagination du commun des Navigateurs, que l'on ne fut point éclairé par l'exemple que donna en 1748 l'Amiral Anglois Boscawen, qui se rendit en très-peu de tems par cette route de la hauteur de l'île de France aux Indes, avec une Flotte de 26 vaisseaux. Cependant M. d'Après lui-même renouvella cet exemple en 1754, sur le vaisseau le Montaran; & en 1758, le seneau le Rubi traversa aussi cet archipel, & suivit cette nouvelle route qui abrégeoit le chemin de plus de 300 lieues.

Le succès de ces tentatives, qui paroissoit devoir être une autorité suffisante, ne produisit cependant pas plus d'effet; & les vaisseaux continuerent toujours de suivre la route qui étoit usitée depuis 1722.

Enfin, ce fut en 1767 que M. le Chevalier Grenier, Enseigne de vaisseau, commandant la corvette l'Heure-du-berger, favorisé du Ministre, & aidé par M. le Chevalier Desroches, forma le projet d'éclairer ces mers par ses découvertes. Il s'associa M. l'Abbé Rochon pour les observations astronomiques; & son voyage, qui eut le plus heureux succès, a fourni un grand nombre de connoissances utiles qui sont placées dans le Mémoire de M. d'Après. Après lui M. du Roslan, Enseigne de vaisseau, continua les découvertes, & remplit cet objet avec autant de soin que d'exactitude. Ses observations & ses remarques sont également insérées dans le Mémoire; & les connoissances sur l'archipel de Madagascar sont telles aujourd'hui par leurs soins, qu'on ne peut plus douter de l'avantage de cette route pour se rendre aux Indes.

Le Mémoire de M. d'Après détaille ensuite tout ce qui a été découvert dans cet archipel, & il indique la latitude & la longitude de toutes les îles & de tous les bancs connus dont il est formé. Pour cela, il a puisé dans les sources nationales & étrangeres; il a discuté & comparé les différens voyages; & il s'est servi, lorsqu'il y a eu de grandes différences entre le rapport des Navigateurs, de la méthode des observations de variation, dont la progression est sensible en ces mers lorsqu'on va de l'est à l'ouest, & à laquelle nous avons déja assigné un certain degré d'exactitude.

Nous pensons que M. d'Après a dit tout ce qu'on pouvoit dire actuellement, & que son Mémoire est précieux par tout ce qu'il contient de nouveau. Mais tout peut-être n'est pas exactement déterminé dans l'archipel de Madagascar; & quoique la navigation en soit dès-à-présent assez sûre, il est à desirer, pour une plus grande sûreté encore, que ceux qui naviguent dans cette partie, ne négligent aucune occasion d'acquérir & de communiquer de nouvelles lumieres; & que ceux qui ont l'autorité, les y excitent.

M. d'Après, après avoir donné une instruction générale pour les vaisseaux qui, après avoir passé le canal Mozambique, vont, pendant la mousson du ſud-oueſt, à la côte de Coromandel & autres lieux plus à l'eſt; en donne enſuite une pour ceux qui ne vont qu'à la côte de l'oueſt, & la particulariſe ſuivant les différens endroits de leur deſtination, comme Goa, Bombaye, &c. en remontant vers le nord; Cananor, &c. & autres lieux en deſcendant vers le ſud. Mais pour les vaiſſeaux qui, allant aux Indes, ne veulent pas paſſer par le canal de Mozambique, comme après le 15 d'Août, à cauſe des vents foibles & des variétés qui y regnent en cette ſaiſon, mais veulent prendre leur route par l'eſt de Madagaſcar; M. d'Après donne auſſi une inſtruction avec des détails, ſuivant les différens endroits où l'on peut relâcher, comme le Fort Dauphin, Foulpointe, Ste. Marie, la baie d'Antongil. M. d'Après, dans ſa note ſur la maniere de déterminer les longitudes à la mer, n'a point parlé du moyen des horloges marines, dont on a lieu d'attendre la plus grande préciſion, au moins dans les courtes traverſées. En parlant de Foulpointe & de la diſtance à laquelle on doit ranger la pointe nord du récif qui forme le Barachois, pour, après avoir doublé, ne pas ſe trouver ſous le vent; M. d'Après la fixe à une portée de fuſil: nous la fixerions à deux encablures, la portée de fuſil nous paroiſſant d'ailleurs une meſure vague & indéterminée. M. d'Après termine cet article de ſon Mémoire qui nous paroît toujours parfaitement bien fait, par indiquer aux vaiſſeaux qui veulent ſimplement ranger Madagaſcar à l'eſt, la diſtance à laquelle ils doivent le faire, les endroits qu'ils doivent reconnoître pour ſe trouver enfin dans la route que font les vaiſſeaux qui ont traverſé le canal de Mozambique.

M. d'Après parle enſuite de la route, en partant des îles de France & de Bourbon, pour aller aux Indes, pendant la mouſſon du ſud-oueſt. Il rapporte qu'au commencement de la navigation des François aux Indes, tous les vaiſſeaux ſuivoient, pour s'y rendre, ce qu'on appelle la grande route, c'eſt-à-dire, qu'ils commençoient à courir dans le ſud pour ſortir de la région des vents généraux, & atteindre celle des vents variables avec leſquels ils s'élevoient enſuite aſſez à l'eſt pour pouvoir, en reprenant la bordée du nord, & rentrant dans la région des vents généraux du ſud-eſt à l'eſt, aller atterrer à l'île de Ceylan. Ce ne fut qu'en 1723, que les vaiſſeaux le Lys & l'Union tenterent une nouvelle route ſur le rapport de quelques Forbans établis par amniſtie à l'île de Bourbon. Ces deux vaiſſeaux partirent de St. Paul le 22 Août, atterrerent le 27 ſur Madagaſcar, par 13° de latitude, allerent couper la Ligne le 4 Septembre par 49° de longitude; reconnurent la côte de Malabar le 20 du même mois, & arriverent à Pondicheri le 6 Octobre. C'étoit dejà avoir beaucoup gagné, puiſque les traverſées par la grande route étoient communément de deux mois; auſſi depuis ce tems cette route fut pratiquée par tous les vaiſſeaux.

Cependant, remarque M. d'Après, cette nouvelle route exige un détour de 8° en longitude vers l'oueſt pour aller atterrer ſur l'île de Madagaſcar, & conſéquemment de huit autres degrés vers l'eſt pour rejoindre le méridien du lieu du départ; il ſeroit donc bien plus avantageux de ſuivre la route plus directe

dont

dont on a déja parlé plus haut, en traversant l'archipel de Madagascar. C'est cette même route qu'a proposé M. le Chevalier Grenier, Lieutenant des vaisseaux du Roi, & M. d'Après ne balance point à prononcer que les connoissances plus exactes qu'ont procuré depuis quelques années les voyages de ce même M. Grenier, & de MM. du Roslan & de Kerguelen, aussi Officiers de la Marine, envoyés exprès pour vérifier la possibilité de cette route, mettent en état d'y naviguer désormais avec bien plus de sûreté. C'est sur le résultat de leurs observations qu'il indique la route que les bâtimens peuvent suivre, en partant de l'île de France ou de l'île de Bourbon, pour aller passer à l'ouest des bancs de Nazareth, puis prendre connoissance de l'île d'Agalega; de-là faire valoir la route le nord-quart-nord-est jusqu'à ce qu'on soit par 5° de latitude sud, & courir ensuite au nord-est pour aller couper la ligne, & choisir alors la route qui convient à la destination. M. d'Après n'oublie point de faire mention du banc qu'a découvert M. de Kerguelen, & qu'on pourroit rencontrer sur cette route: nous ne pouvons qu'applaudir au conseil qu'il donne aux Navigateurs, de se défier de ce banc, & de ne se mettre que pendant le jour par sa latitude, du moins jusqu'à ce que son étendue soit connue, & sa position plus certainement déterminée.

M. d'Après parle ensuite de la route du cap de Bonne-Espérance aux Indes, pendant la mousson du sud-ouest, en passant à l'est de l'île Rodrigue & à sa vue, & de la grande route pour aller aux Indes pendant la mousson du sud-ouest. Nous nous dispenserons d'entrer dans aucun détail sur tout ce qu'il prescrit, tant pour la sûreté de la Navigation, lorsqu'on se trouve dans des parages où la position des îles & des dangers n'est pas parfaitement connue, que pour les routes les plus avantageuses à faire pour aller couper la Ligne, suivant les saisons & les lieux où l'on veut aborder; c'est dans l'ouvrage même que les Marins pourront connoître la bonté soutenue de tous ses préceptes.

Enfin M. d'Après parle des voyages des Indes, pendant la mousson du nord-est, & cet article important mérite toute l'attention des Navigateurs, sur-tout par une route abrégée de 7 ou 800 lieues dont il traite. Le moyen est de cesser de suivre la grande route ordinaire dont nous avons parlé, & de prendre celle que l'on a coutume de faire pendant la mousson du sud-ouest, jusqu'à ce qu'on soit par 5° de latitude sud. Alors on trouvera, dit-il, des vents d'ouest qui regnent constamment par cette latitude, pendant la mousson du nord-est, & on fera route à l'est en s'entretenant entre 4° & 4° 40 min. jusqu'à ce qu'on soit assez élevé pour se rendre au lieu de sa destination. C'est encore à M. Grenier que l'on est particuliérement redevable de cette route abrégée; c'est lui qui l'a proposée & qui l'a exécutée dans la frégate du Roi la Belle-Poule. Après avoir remonté à l'est jusques par 89° de longitude, il a coupé la Ligne le 28e jour de son départ de l'île de France. Le vaisseau le Castriès, commandé par M. Winslou, parti en Décembre de l'île de France, a été à la vue de l'île de Ceylan le 27e. jour de son départ, & le vaisseau le Bien-venu, commandé par M. Violette, a suivi le même trajet.

La réussite de ces tentatives & le sentiment de M. d'Après, nous ont paru des autorités suffisantes pour juger cette route préférable à l'ancienne, tant parce qu'elle abrege considérablement les traversées, que parce qu'elle n'expose point aux coups de vent & aux mauvaises mers que l'on peut éprouver dans la région des vents variables. Aussi, malgré les objections que l'on a faites, & que l'on pourroit renouveller encore contre cette route, nous pensons que les Marins doivent en recevoir la découverte avec reconnoissance, & se presser d'autant plus d'en profiter, qu'elle deviendra plus avantageuse & plus sûre en devenant plus connue. Au reste nous pensons avec M. d'Après, que l'on ne doit jamais approcher de plus de 2° de la Ligne, pour éviter les orages & les calmes qu'y doivent occasionner les différentes directions des vents, & nous penchons à croire avec lui, que le parallele le plus avantageux à suivre seroit celui entre 4° & 3° de latitude. C'est à l'expérience à montrer si le vent, en effet, n'est pas plus frais & plus déterminé vers le milieu de cette bande extraordinaire de vent d'ouest, comme le courant est plus sensible au milieu du lit d'une riviere.

A tous ces traités des différentes routes pour aller aux Indes, succede une description de la côte d'Afrique, depuis le cap de Bonne-Espérance jusqu'au cap des Courans, fait par Manoel de Mesquita, qui y fut envoyé en 1575, par DOM SEBASTIEN, Roi de Portugal. Les détails de Mesquita sont bien faits, fort étendus, & font honneur à ce Navigateur ; cependant il n'avoit pu parcourir ces côtes & les décrire de maniere à ne rien laisser à faire après lui. M. d'Après y a suppléé, & a ajouté à son ouvrage une description plus détaillée des baie & riviere de Natal, de la baie de Laurent Marquès, nommée par les Anglois, grande baie de Lagoa ; & ensuite il termine la premiere partie de son ouvrage par une description continuée des côtes d'Afrique jusqu'à la ligne Equinoxiale. Nous citerons la circonspection si louable avec laquelle l'Auteur avoue n'avoir pu se procurer des enseignemens suffisans pour prononcer avec hardiesse sur les gisemens & les écueils des côtes, depuis le cap d'Elgado à la côte de Mozambique, jusqu'à Pate à celle de Zanguebar ; & son attention scrupuleuse à annoncer par-tout comme incertain ce qui ne lui a pas paru constaté par des autorités suffisantes, est un motif de plus pour autoriser les Marins dans la confiance avec laquelle on doit consulter cet excellent ouvrage.

Nous eussions désiré avoir connoissance des cartes qui en font partie, pour rendre compte en même tems de leur exactitude & de leur exécution.

La seconde partie du Neptune Oriental, contient la suite détaillée des côtes d'Afrique, depuis la ligne Equinoxiale jusqu'au détroit de Babel-Mandel. L'Auteur donne après les instructions nécessaires pour arriver avec sûreté à Moka, & parcourt les côtes d'Arabie, de Perse & du Guzurat. A l'égard des côtes de Concan, Canara & Malabar, il pense devoir suivre l'ordre observé dans la plupart des Routiers de cette partie ; & parce que presque tous les vaisseaux qui atterrent au cap de Comorin, prennent ordinairement connoissance de la pointe de Gale en l'île Ceylan, c'est de ce dernier lieu que l'Auteur part pour parcourir successivement ces côtes, & les détailler jusqu'à Surate.

Il parle ensuite des îles Laquedives, du canal de Mamelé, appellé vulgairement canal des 9° 30 min., borné au nord par les îles Seuhelipar & Calpenie, & au sud par l'île Malique, & du second passage qu'on trouve entre cette derniere île & l'attolon le plus nord des Maldives. Il rapporte des extraits de Journaux de plusieurs Navigateurs qui ont fréquenté cet archipel des Laquedives; & ces extraits nous ont paru utiles pour jetter quelque jour sur cette Navigation qui n'est pas sans danger par des courans violens & des bancs fréquens & encore assez peu connus.

M. d'Après détaille ensuite d'une maniere complette, toutes les côtes de l'île de Ceylan, & il y joint une description de la baie de Trinquemalay & les instructions nécessaires pour y entrer; de-là il suit les côtes depuis la pointe de Calimere, qui est la pointe la plus sud de la côte de Coromandel, jusqu'à l'embouchure du Gange, & il termine cet article par la traduction d'un Mémoire anglois, sur une carte de la baie de Bengale, dressée par M. Alexandre d'Alrymple.

L'Auteur donne après cela une instruction sur les voyages de Chatigam, pendant la mousson du sud-ouest, en venant du sud ou de la côte de Coromandel, puis une autre instruction pour aller de Bengale à Chatigam pendant la mousson du nord-est; & il traite ensuite des voyages de Bengale en différentes saisons de l'année, soit qu'il faille atterrer sur les côtes de l'ouest, soit qu'il faille suivre les côtes du Pégu & autres côtes de l'est du golfe de Bengale. On trouve dans ces diverses instructions des enseignemens utiles pour pouvoir profiter des vents & des courans, & tirer parti de leur variété, même dans les différens mois des moussons.

M. d'Après parle ensuite des côtes jusqu'au détroit de Malac, & des îles situées sur la route de ce détroit, telles qu'Andaman, Carnicobar, Nicobar, &c. Il y a joint une instruction pour les voyages de la côte de Coromandel à Mergui, qu'il divise en deux parties, à cause des deux différentes routes que les moussons obligent de prendre. Mergui est une ville & port de mer sous la domination du Roi de Siam, située à la côte de Tenasserim, où les vaisseaux peuvent trouver tous les rafraîchissemens dont ils ont besoin; aussi M. d'Après n'a-t-il point manqué de donner une instruction détaillée de ce qui concerne son mouillage, des îles adjacentes, ou plutôt de l'archipel qui l'entoure, & en particulier du mouillage à la baie de l'île du Roi.

On trouve après cela une instruction sur les voyages de la côte de Coromandel à celle de Malabar, & une autre pour aller de la côte de Coromandel à Achem, avec des remarques sur le mouillage d'Achem & sur l'anse de Cor-Angria. l'Auteur n'a pu décrire la côte occidentale de Sumatra, parce que, comme il le dit lui-même, il n'a pas trouvé à propos d'insérer dans son ouvrage des détails trop superficiels, les seuls qu'il ait pu se procurer, sur-tout d'après le principe qu'il s'est fait de rejetter tout ce qui étoit incertain. Il avertit, à ce sujet, de ne point avoir recours aux instructions que l'on trouve sur cette partie dans le cinquieme chapitre du Routier du Pilote Anglois, parce que ces instructions sont inintelligibles, & ne peuvent se concilier avec les cartes très-détaillées que les Hollandois ont fait dresser de cette côte. On trouve quelques détails sur la côte orientale de cette île jusqu'à la hauteur des îles d'Aru : M. d'Après cependant n'a point étendu cet article parce que les vaisseaux qui se rendent à Malac, dans l'une ou l'autre mousson, ne doivent point ranger la côte de Sumatra ; & il passe tout de suite à une instruction pour aller à Malac en venant de la partie de l'ouest, dans laquelle il traite du détroit qui porte ce nom, des marées & des sondes que l'on y trouve, des bancs & des îles qu'il faut éviter, & des différens lieux qu'il est bon d'aller reconnoître pour la sûreté de la navigation ou pour les relâches que l'on voudroit faire sur la route.

Quelquefois, pendant la mousson de l'est, les vaisseaux qui sont à la côte de Coromandel, voudroient pouvoir faire route pour Malac : ceux qui sont à Madras, à Pondicheri, ou encore plus au sud, ont des difficultés à surmonter qui ne donnent pas l'espérance d'un succès favorable ; mais ceux qui appareillent de Mazulipatan ou de quelque autre endroit plus septentrional, peuvent se flatter d'y réussir ; & l'Auteur indique la route que l'on doit suivre lorsque particuliérement on part de Bengale pour ce voyage. Ceux, au contraire, qui veulent aller de Malac à la côte de Bengale, de Coromandel ou autres lieux vers l'occident, trouveront aussi l'indication de la route qu'ils doivent tenir suivant leur destination & les différentes saisons de l'année, & l'indication du tems où la mousson ne permet pas d'entreprendre leurs voyages.

M. d'Après donne ensuite une instruction pour aller de Malac à Pulo-Timon, en passant par le détroit du Gouverneur, & il rapporte l'extrait du Journal d'un Navigateur qui conduit jusqu'à Pulo-Varelle : à la fin de cet article il donne un enseignement succint pour les vaisseaux qui vont au contraire chercher le détroit de Malac, en revenant du golfe de Siam, ou de Manille, ou de la Chine ; & il avertit qu'il ne veut rien dire des détroits de Durion & de Sabon, parce que les Mémoires qu'il a lus là-dessus, ne lui ont pas paru assez circonstanciés pour mériter la confiance des Navigateurs.

Il traite après cela successivement de la route pour aller de Pulo-Timon à Siam pendant la mousson de l'ouest ; du retour de Siam à Pulo-Timon dans le tems de la mousson de l'est, & de l'île, ou plutôt des îles de Condor, situées au large de la côte de Camboja.

Il passe ensuite à une instruction pour aller pendant la mousson de l'ouest, de Siam à la riviere de Camboja, au Tonquin & à la Chine, lorsqu'on côtoie les côtes de Camboja, de Ciampa, de la Cochinchine, & qu'on passe à l'ouest du Paracel. L'Auteur a enrichi en cet endroit son ouvrage, d'une description géographique de la Cochinchine, qu'il ne prétend pas donner comme exempte d'erreur ; mais qui rend en effet moins vagues les idées que l'on a eues jusqu'alors de ce Royaume. Nous nous dispenserons, d'ailleurs, de rendre un compte détaillé des objets annoncés dans le titre de cette instruction, parce qu'il n'y a presque aucun changement à ce qui avoit paru déja à cet égard dans le Routier des Indes orientales.

Ce même motif nous dispensera de suivre l'Auteur dans sa description des îles qui sont au large de Ciampa, dans celle des côtes de Ciampa & de la Cochinchine, dans ses instructions pour aller à la Chine, & dans les détails de la côte de la Chine, entre l'île de Sanciam & Emoui.

M. d'Après donne ensuite une instruction pour aller à la Chine, en passant par les détroits de la Sonde & de Banca. Il commence par récapituler les vents généraux, les courans & les moussons déja indiquées dans les instructions précédentes; il trace à un vaisseau qui part du cap de Bonne-espérance, la route qu'il doit tenir pour éviter les vents généraux qui regnent constamment à l'est pendant toute l'année, entre le 28e & le 9e degré de latitude sud, & pour aller atterrer avec sûreté au sud de l'île de Java. Il avertit les vaisseaux qui partent de l'île de France pour la même route, de se méfier d'une erreur de 70 lieues à l'ouest qui, de quelque cause qu'elle provienne, leur est très-ordinaire dans cette traversée; & il détaille enfin, d'une maniere également satisfaisante & exacte, les sondes, les relâches, les reconnoissances, les bancs, les marées, & jusqu'aux courans formés par la combinaison des marées & du cours des rivieres des deux détroits de la Sonde & de Banca.

L'Instruction suivante traite du passage du détroit de la Sonde, en allant à Bantam ou à Batavia, pendant la mousson de l'ouest, & lorsqu'on vient des Indes ou de quelque autre endroit situé à l'ouest. Cette instruction indépendamment de son objet principal, renferme quelques détails qui contribuent encore à étendre la connoissance du détroit, & à en rendre la navigation plus certaine.

On trouve après cela deux instructions; l'une pour la traversée du détroit de Banca à Pulo-Timon & à Pulo-Condor, & l'autre pour aller de Pulo-Condor à la Chine en passant à l'est du Paracel. M. d'Après donne cette derniere route comme préférable à tous égards à celle du passage à l'ouest de ce banc, que les orages, les calmes, & les dangers dont la côte de la Cochinchine est environnée, rendent plus difficile & plus dangereuse. A la fin de cette seconde instruction, il indique une route différente pour les vaisseaux qui, destinés également pour la Chine, n'atterreroient à Pulo-Condor qu'à la fin de la mousson de l'ouest, & qui courroient risque de manquer tout-à-fait leur voyage, s'ils s'obstinoient à suivre la premiere.

M. d'Après passe au retour de la Chine aux Indes, ou en Europe. Il fixe le départ des vaisseaux entre le 15 Novembre & le 15 Février, & il les conduit de la rade de Macao au détroit de Banca & jusqu'en dehors du détroit de la Sonde. L'Auteur ne s'est pas contenté de répéter ce qu'il a dit dans l'instruction antérieure pour aller à la Chine, ou même d'y renvoyer; il a rapporté tout ce qui est particulier à cette route par la différence de la mousson, en y joignant de même tous les nouveaux détails relatifs au passage des détroits: on peut dire qu'il n'a rien laissé à désirer pour leur parfaite connoissance.

Il donne ensuite une instruction pour les vaisseaux qui vont à Manille, & une autre pour le retour de Manille à Pulo-Sapatte ou à Pulo-Condor. On y trouve des détails sur les deux routes, & il y marque les sondes qui peuvent servir à louvoyer lorſqu'on entre à Manille avec un vent contraire, & le relévement du mouillage de la rade.

L'inſtruction ſuivante traite de la route qu'on doit faire de la vue de Pulo-Aor, pour paſſer par les détroits qui ſont à l'eſt de Java. Quant aux détroits eux-mêmes, l'Auteur ne parle que de celui de Bali, qu'il conſeille de ne fréquenter que pendant la mouſſon du nord-eſt, & lorſqu'on va du ſud vers le nord. Il préfere celui de Lomboë, parce qu'il a une largeur de 4 lieues; mais il s'abtient d'en donner aucun détail, non plus que des autres détroits à l'eſt juſqu'à celui de la Rantouque, ſuivant ſon principe conſtant de ne rien donner de douteux, & parce qu'il connoît par lui-même, dit-il, à quels périls les inſtructions haſardées expoſent les vaiſſeaux.

Enfin il parle du retour des Indes en Europe, inſtruction dans laquelle il a indiqué la poſition des îles Açores, ſuivant les nouvelles obſervations de MM. l'Abbé de Pingré & de Fleurieu, & il termine ſon ouvrage par une inſtruction pour entrer au Port-Louis & à l'Orient. Nous remarquerons ici le ſentiment de M. d'Après ſur la difficulté de doubler le cap de Bonne-Eſpérance en venant des mers orientales, pendant les mois de Juin, Juillet & Août. Si l'on conſidere, dit-il, les vents qui y regnent pendant ces trois mois, leur force, leur durée, l'agitation qu'ils cauſent à la mer, & que l'on compare ces différens objets avec ce qui ſe paſſe dans nos mers en hyver, durant lequel tous les vaiſſeaux naviguent; on aura lieu d'être ſurpris que l'on ſoit plus craintif ſur les mers méridionales. Ce n'eſt pas, continue-t-il, qu'il ne ſache, & même par ſa propre expérience, que les coups de vents y ſont violens, ſouvent par tourbillons, ſur-tout dans leur commencement, & qu'on doit s'en méfier; mais c'eſt un premier effort après lequel ils ſe moderent, & même quand ils paſſent au ſud-oueſt, ils ſe calment aſſez ſubitement. Il eſt vrai qu'alors la mer qui ne peut ſe calmer dans la même proportion, conſerve une agitation qui en eſt d'autant plus à craindre; mais enfin toutes ces circonſtances n'empêchent pas de naviguer. Il eſt d'ailleurs, ajoute-t-il, un moyen d'éviter une partie des inconvéniens dont on a parlé; c'eſt de ne s'éloigner jamais de plus de 12 à 15 lieues de terre, ſans cependant s'en approcher plus près que de 6 lieues. On trouvera les vents moins impétueux qu'au large, la mer moins agitée & des courans toujours favorables à la route: cette méthode eſt d'autant moins dangereuſe qu'on ne peut jamais craindre d'être jetté à la côte par la violence du vent, puiſqu'il n'y porte jamais directement, & qu'il permet toujours de s'en éloigner ou de la prolonger.

M. d'Après appuye ſon ſentiment ſur l'expérience de pluſieurs vaiſſeaux qui ont doublé ce cap pendant les mois de Juin, Juillet & Août, en ſe conformant à ce qu'il a indiqué, & auxquels il n'eſt arrivé aucun accident. Il ajoute que les Navigateurs les plus expérimentés qu'il a conſultés, penſent comme lui à cet égard, & nous-mêmes nous penſons que ſans aller choiſir cette ſaiſon pour doubler le cap de Bonne-Eſpérance, on ne peut raiſonnablement s'en diſpenſer lorſqu'on entrevoit quelque avantage à le faire.

M. d'Après qui n'a laiſſé échaper aucune occaſion de rendre ſon ouvrage plus utile, a joint à la fuite de toutes les inftructions dont nous venons de rendre compte, une traduction d'un Mémoire de M. d'Alrymple, fur une carte des mers de la Chine, qui fait partie de celles du Neptune Oriental. La Lecture de ce Mémoire fera naître la confiance dans la carte, & nous faifirons cette occafion de dire que tous ceux qui corrigent ou qui font des cartes, devroient fe bien perfuader qu'ils ne mériteront la confiance des Navigateurs raifonnables, qu'en juftifiant de même publiquement leur travail par des Mémoires.

M. d'Après a encore joint à fon ouvrage un grand nombre d'obfervations de variations dans différens voyages faits aux Indes. Cet ouvrage eft précédé d'une épître dédicatoire au Roi, & d'une préface qui contient l'hiftoire de la premiere expédition par mer aux Indes, fous la conduite de Vafqués de Gama, & une notice abrégée des cartes.

Quant à ces cartes, elles nous font parvenues tard, & nous n'avons pu conféquemment fuivre les côtes & les compaffer à mefure que nous examinions l'ouvrage. Si la pofition & le gifement des terres ne fe rapportoient pas toujours au difcours; nous penfons que le difcours, appartenant plus immédiatement à M. d'Après, mérite par-là préférablement la confiance.

Tel eft le plan du Neptune Oriental de M. d'Après. En le comparant avec l'ancien Routier des Indes orientales, on ne peut le regarder comme une feconde édition de celui-ci, mais il doit être confidéré comme un ouvrage neuf, par le grand nombre de corrections & d'additions qui y ont été faites : l'Auteur d'un pareil ouvrage a dignement rempli fa tâche de Citoyen, & payé fon tribut à l'Etat. Il eft à fouhaiter que, fur fon modele, les Nations s'empreffent à décrire leurs côtes & à faire naître un jour un Routier univerfel de toutes les côtes de l'Univers. Nous croyons donc que le Neptune Oriental de M. d'Après doit être reçu avec reconnoiffance & confiance par les Marins, & qu'il eft digne du fuffrage de l'Académie, & de l'Impreffion.

Signé, DE MARGUERY, DE CHATÉLOGER, LE Ch^er^. DE LA COUDRAYE.

JE certifie le préfent Extrait conforme à fon original & au jugement de l'Académie. A Breft le feize Mars mil fept cent foixante-quinze.

Le Ch^er^. de la COUDRAYE, Sous-Secrétaire de l'Académie royale de Marine.

PRIVILEGE DU ROI.

LOUIS, PAR LA GRACE DE DIEU, ROI DE FRANCE ET DE NAVARRE : A nos amés & féaux Conseillers les Gens tenant nos Cours de Parlement, Maîtres des Requêtes ordinaires de notre Hôtel, grand Conseil, Prévôt de Paris, Baillifs, Sénéchaux, leurs Lieutenants civils & autres nos Justiciers qu'il appartiendra, SALUT : Ayant jugé à propos de confirmer, par notre Réglement du 24 Avril de la présente année, l'établissement formé en 1752 d'une Académie de Marine à Brest, & voulant exciter autant qu'il est possible, les progrès des sciences & des arts relatifs à la Marine, & encourager les travaux littéraires des membres qui en composent ladite Académie, Nous avons cru devoir lui accorder nos Lettres de Privilége de faire imprimer tous les ouvrages qu'elle pourra produire. A CES CAUSES, Nous avons permis à ladite Académie, & Nous lui permettons par ces présentes, de faire imprimer par tel Imprimeur qu'elle voudra choisir, & autant de fois que bon lui semblera, de faire vendre & débiter par-tout notre Royaume, pendant le tems de six années consécutives, à compter du jour de la date des présentes, *les Recherches & Observations journalieres ou Relations annuelles, de tout ce qui aura été fait dans ses Assemblées, & les Traités ou Mémoires des Particuliers qui la composent, & qui auront été lus dans lesdites Assemblées, & adoptés par ladite Académie, après avoir fait examiner lesdits ouvrages, & qu'ils auront été jugés dignes de l'impression* : Faisons défenses à tous Imprimeurs-Libraires & autres personnes de quelque qualité & condition qu'elles soient, d'en introduire d'impression étrangere dans aucun lieu de notre obéissance ; comme aussi d'imprimer ou faire imprimer, vendre, ou faire vendre, débiter, ni contrefaire lesdits ouvrages, ni d'en faire aucuns extraits, sous quelque prétexte que ce puisse être, sans la permission expresse, & par écrit, de ladite Académie, ou de ceux qui auront droit d'elle, à peine de confiscation des exemplaires contrefaits, de 3000 livres d'amende contre chacun des contrevenants, dont un tiers à nous, un tiers à l'Hôtel-Dieu de Paris, & l'autre à ladite Académie, ou à celui qui aura droit d'elle, & de tous dépens, dommages & intérêts ; à la charge que ces présentes seront enregistrées tout au long sur le régistre de la Communauté des Imprimeurs & Libraires de Paris, dans trois mois de la date d'icelles; que l'impression desdits ouvrages sera faite dans notre Royaume, & non ailleurs, en beau papier & beaux caracteres, conformément aux Réglemens de la Librairie, & notamment à celui du 10 Avril 1725, à peine de déchéance du présent Privilege ; qu'avant de l'exposer en vente, le manuscrit qui aura servi de copie à l'impression desdits ouvrages, sera remis dans le même état où l'approbation y aura été donnée, ès mains de notre très-cher & féal Chevalier, Chancelier Garde de Sceaux de France, le Sieur DE MAUPEOU ; qu'il en sera ensuite remis deux exemplaires dans notre Bibliothéque publique, un dans notre château du Louvre, & un dans celle dudit Sieur DE MAUPEOU : le tout à peine de nullité des présentes ; du contenu desquelles vous mandons & enjoignons de faire jouir ladite Académie, & ses ayant causes, pleinement & paisiblement, sans souffrir qu'il leur soit fait aucun trouble ou empêchement. Voulons qu'à la copie des Présentes, qui sera imprimée tout au long, au commencement ou à la fin desdits Ouvrages, soit tenue pour dûement signifiée, & qu'aux copies collationnées par l'un de nos amés & féaux Conseillers Secrétaires, foi soit ajoutée comme à l'original. Commandons au premier notre Huissier ou Sergent sur ce requis, de faire pour l'exécution d'icelles tous actes requis & nécessaires, sans demander autre permission, & nonobstant clameur de Haro, Charte Normande & Lettres à ce contraires : car tel est notre plaisir. DONNÉ à Paris le mercredi treizieme jour du mois de Décembre, l'an de grace mil sept cent soixante-quinze, & de notre Regne le cinquante-cinquieme. *Signé*, par le Roi en son Conseil, LE BEGUE.

Registré sur le Registre XVIII de la Chambre Royale & Syndicale des Libraires & Imprimeurs de Paris, N°. 980, F°. 110, conformément au Réglemant de 1723, qui fait défenses, Art. 41, à toutes personnes, de quelque qualité & condition qu'elles soient, autres que les Libraires & Imprimeurs, de vendre, débiter, faire afficher aucuns Livres pour les vendre en leurs noms, soit qu'ils s'en disent les auteurs ou autrement, & à la charge de fournir à la susdite Chambre neuf exemplaires prescrits par l'art. 108 du même Réglement. A Paris, le 30 Janvier 1770.

BABUTY, *Adjoint*.

INSTRUCTIONS
SUR LA
NAVIGATION DE FRANCE AUX INDES.

COMME il est essentiel au Navigateur de connoître la direction des vents qui regnent dans l'étendue des mers qu'il doit parcourir, afin de diriger sa route en conséquence, on traitera d'abord ici de ceux qu'on rencontre le plus ordinairement, tant sur l'Océan septentrional ou atlantique, que sur l'Océan méridional, compris entre la ligne équinoxiale & le cap de *Bonne-espérance*.

Dans les mers d'Europe, & jusqu'au 28.e degré de latitude, les vents sont variables, & soufflent tantôt de la partie du nord ou de celle du sud, de l'est ou de l'ouest, sans paroître assujettis à aucune loi ou regle constante, en quelque saison que ce soit : cette même inconstance des vents a lieu également dans l'hémisphere méridional, au delà du 28.e degré.

Depuis 28 degrés de latitude nord jusqu'aux environs de

la ligne équinoxiale, on trouve des vents réguliers qu'on appelle communément les *vents alizés*, qui soufflent du nord-nord-est à l'est pendant toute l'année. Cette regle, quoique générale dans toute l'étendue de la mer atlantique, est néanmoins susceptible de plusieurs exceptions, tant sur la direction différente des vents aux environs des côtes & des îles qui en sont voisines, que sur les limites des vents alizés.

Lorsqu'on examine avec attention les Journaux des Navigateurs qui se piquent d'exactitude, on remarque en général que les côtes des grands continens, qui se trouvent entre les tropiques, sont presque toujours frappées obliquement par des vents, dont la direction est relative à ceux qui regnent sur les grandes mers qui les environnent: c'est par une suite de cette loi, dont la cause physique est d'ailleurs connue, que sur la côte d'Afrique, depuis le *Cap-blanc* jusqu'à *Serra-leona* ou *Serra-lione*, à l'exception des brises de terre & des orages, les vents y soufflent plutôt du nord au nord-ouest que du nord vers l'est.

De *Serra-lione* au cap des *Palmes*, le cours ordinaire des vents est à l'ouest-nord-ouest; & au delà du cap des *Palmes*, de l'ouest-sud-ouest au sud-ouest.

Quoique les *Canaries* soient situées dans la région des vents alizés, on y voit regner des vents de l'ouest & du sud-ouest, qui durent quelquefois huit jours sans interruption.

Les vents de sud & de sud-ouest soufflent aussi entre les îles du *Cap-verd*, & aux environs, dans les mois de Juillet, Août, Septembre & Octobre, & leurs rades en cette saison ne sont pas bonnes à fréquenter.

La plupart de ceux qui ont traité des vents alizés, leur

ont ſuppoſé des bornes vers la ligne équinoxiale très-différentes de celles qu'ils ont réellement en chaque ſaiſon ; & comme les conſéquences qu'on peut tirer de ces principes ſont plus propres à induire les Navigateurs à erreur qu'à les inſtruire ſur un objet qu'il leur importe de connoître, j'ai cru qu'il valoit beaucoup mieux préférer l'expérience à l'opinion commune, que de la ſuivre à cet égard, ainſi qu'à beaucoup d'autres, où elle ſe trouve également contradictoire.

Après avoir examiné avec ſoin dans plus de deux cents cinquante Journaux de Navigation, par quel degré de latitude les vaiſſeaux qui vont aux Indes avoient quitté les vents alizés, & ſur quel parallele ils les avoient trouvés à leur retour ; il m'a paru que dans le courant du mois de Janvier les limites des vents alizés ſe trouvent entre le 6.e & le 4.e degré de latitude nord ; en Février, on les rencontre entre le 5.e & le 3.e degré ; en Mars & Avril, ces limites ſe trouvent entre le 5.e & le 2.e degré de latitude ; au mois de Mai, entre le 6.e & le 4.e degré.

Pendant les mois de Juin, Juillet, Août & Septembre, l'action des rayons du Soleil ſur les terres, ainſi que ſur les mers de la partie du nord, changeant l'état de l'atmoſphere, y rend les vents moins conſtans ; de ſorte qu'au mois de Juin les vents alizés ceſſent de ſouffler au 10.e degré de latitude ; en Juillet, Août & Septembre, entre le 14.e & le 13.e degré, & ils ne reprennent enfin des bornes moyennes qu'en Décembre & Janvier.

Lorſqu'on quitte les vents alizés, on trouve des vents variables, des calmes & des orages cauſés par le concours des vents alizés avec les vents généraux, & par pluſieurs cauſes particulieres qui ne permettent pas d'en fixer en chaque saison ni l'étendue ni la durée ; on remarque seulement que plus on est voisin de la région ordinaire des vents alizés, plus cette variété en est affectée, & que d'ailleurs quand on est près de l'Équateur, les vents varient plus souvent de l'est vers le sud que de l'est vers le nord : cela n'empêche pas que dans les mêmes parages on n'y voie quelquefois regner des vents de l'ouest au sud, & principalement dans les mois de Juillet, Août & Septembre ; mais ils sont presque toujours occasionnés par des orages, & ne doivent être regardés que comme des vents étrangers, nécessaires pour rétablir l'équilibre lorsque l'air est trop raréfié du côté de l'est.

De la ligne équinoxiale au tropique du Capricorne, regne un vent alizé & régulier, qui souffle généralement & perpétuellement des points de l'horison compris entre le sud & l'est ; & comme ces mêmes vents ont lieu non-seulement sur l'Océan compris entre l'Afrique & l'Amérique, mais encore dans toute l'étendue des mers méridionales, on les nomme *vents généraux*, pour les distinguer des vents alizés du nord-est, qui sur certaines mers sont sujets à des variations périodiques.

M. Edmont Halley, dont le témoignage sur tout ce qui concerne la Navigation, mérite d'autant plus d'égards, que ce grand homme joignoit la théorie à la pratique, remarque que les saisons influent sensiblement sur la direction des vents alizés, ainsi que sur celle des vents généraux ; que quand le Soleil est beaucoup élevé au nord de l'Équateur, c'est-à-dire qu'il est au tropique du Cancer, alors le vent de sud-est, particulierement dans l'Océan entre le *Bresil* & la côte d'Afrique, varie d'un quart de rumb ou de deux quarts plus vers le ſud, & que le vent alizé du nord-eſt ſe détourne auſſi davantage vers l'eſt. C'eſt tout le contraire dit-il, quand le Soleil eſt vers le tropique du Capricorne; les vents qui ſoufflent du ſud-eſt tournent un peu plus à l'eſt, & ceux du nord-eſt, qui regnent du côté du nord, dépendent un peu plus du nord que de l'eſt.

Pendant une année de ſéjour que fit M. Halley à l'île *Sainte-Hélene*, l'ouvrage dont il étoit chargé l'obligeant d'être attentif aux divers changemens du tems, il obſerva que les vents généraux y regnoient conſtamment du ſud-eſt ou des environs, c'eſt-à-dire que le vent qui ſouffloit le plus fréquemment tournoit plutôt du ſud-eſt vers l'eſt que du ſud-eſt vers le ſud; que quand il venoit de l'eſt, le tems étoit ſombre; & qu'il ne devenoit ſerein que lorſqu'il retournoit au ſud-eſt. M. Halley aſſure auſſi n'y avoir jamais vu le vent ſouffler du ſud vers l'oueſt ni du nord au nord-oueſt.

Au ſurplus, ſi par l'effet d'un orage ou de quelque cauſe particuliere, les vents prennent une direction différente de celle qu'ils ont ordinairement dans le même parage; ces ſortes d'événemens ne méritent pas de faire exception aux loix conſtantes & générales.

L'étendue des vents généraux ne ſe borne pas à la ligne équinoxiale, on les rencontre encore juſqu'à 2 degrés du côté du nord, & quelquefois même au delà, ſuivant les ſaiſons.

Les vents généraux, ainſi que les vents alizés, prennent toujours aux environs des continens un cours différent de celui qu'ils ont au large. Tout le long de la côte d'Afrique, depuis le 28.e degré de latitude méridionale juſqu'au cap de *Lopo-Gonzalvez*, ſitué près de la ligne, la direction du vent eſt preſque toujours du ſud au ſud-ſud-oueſt, & même au ſud-oueſt en certains endroits, ſelon le giſement particulier des terres. Suivant l'examen que j'ai fait d'un très-grand nombre de Journaux de la Navigation des côtes de *Guinée* & d'*Angole* à l'Amérique, j'ai remarqué que cette même affection des vents du ſud au ſud-oueſt ſe rencontroit auſſi à une très-grande diſtance de la côte d'Afrique, & qu'en général elle paroît avoir pour bornes du côté de l'oueſt les parages compris entre cette côte & la ligne qu'on pourroit imaginer du cap de *Bonne-eſpérance* au cap des *Palmes*, côte de *Guinée*.

A la côte du *Breſil*, les vents généraux y ſont ſujets à des variations périodiques relatives aux ſaiſons ; ils y ſoufflent du nord-eſt à l'eſt-nord-eſt depuis Septembre juſqu'en Mars, & du ſud-ſud-eſt à l'eſt-ſud-eſt du mois de Mars à celui de Septembre.

Sur la route que tiennent ordinairement les vaiſſeaux qui vont de la ligne équinoxiale au cap de *Bonne-eſpérance*, on remarque encore qu'au delà du parallele de 16 degrés, les vents généraux tournent vers le nord, de façon qu'on les voit plutôt venir de l'eſt au nord-eſt que de l'eſt vers le ſud-eſt.

A l'égard des limites de ces mêmes vents, qu'on fixe communément au 28.e degré de latitude, ceci eſt encore une régle générale qui a ſes exceptions, puiſqu'on trouve ſouvent des vents différens avant d'avoir atteint ce parallele, & quelquefois même en deça du tropique du Capricorne ; mais pour l'ordinaire, du parallele de 28 à 40 degrés de latitude ſud, les vents y ſont variables & beaucoup plus inconſtans que dans les mers d'Europe ; à peine, en quelque ſaiſon que ce ſoit, les voit-on regner pendant trois jours de ſuite du même côté : on remarque ſeulement que ceux qui y ſont les plus fréquens viennent du nord au nord-oueſt & du nord-oueſt à l'oueſt-ſud-oueſt ; & que dès qu'ils s'approchent du ſud, le calme y ſuccede.

Aux environs du cap de *Bonne-eſpérance*, les vents du ſud-eſt à l'eſt-ſud-eſt ſoufflent quelquefois pluſieurs jours de ſuite ſans interruption.

Instruction pour la Route.

LORSQU'ON fait voile de l'Orient ou de quelqu'un des autres ports de France ſitués ſur l'Océan, on doit d'abord diriger la route pour paſſer environ à vingt-cinq ou trente lieues du cap de *Finiſtere*: cette diſtance eſt ſuffiſante en quelque ſaiſon que ce ſoit; on peut même le doubler de plus près, ſuivant les circonſtances; mais de ſa hauteur on cinglera toujours vers l'île de *Madère*.

Quoique la vue de cette île ne ſoit pas abſolument, dans ce trajet, d'une néceſſité indiſpenſable, il eſt bon cependant d'en prendre connoiſſance, ou de celle de *Porto-Santo* qui en eſt voiſine, afin de gouverner enſuite avec plus de certitude, ſoit pour paſſer entre les *Canaries*, ſoit pour les laiſſer du côté de l'eſt, ainſi qu'on le jugera à propos.

Roches au nord-quart-nord-oueſt de *Porto-Santo*.

A vingt-huit lieues d'éloignement, au nord-quart-nord-oueſt de la pointe du nord de l'île de *Porto-Santo*, il y a pluſieurs roches à fleur d'eau, dont les Cartes ne font point mention; elles ont été vues par le Capitaine Vobonne, de Londres, & par un vaiſſeau de Bordeaux qui alloit aux îles de l'Amérique en 1732; le premier rapporte en avoir diſtingué huit, dont la plus ſud eſt par 34° 30′ de latitude, & la plus nord par 34° 45′; de forte que l'étendue de cet écueil est de cinq lieues du nord au sud & de trois lieues de l'est à l'ouest. Ce Navigateur ajoute que la roche la plus vers le sud est à quarante lieues au nord, 5 degrés est de la pointe de l'est de *Madere*.

Trois lieues au nord-est du milieu de *Porto-Santo*, il y a aussi un banc de roches sous l'eau, sur lequel s'est perdu un vaisseau Hollandois.

Différences à l'est en allant aux *Canaries*.

Dans le trajet des côtes de France aux *Canaries*, on trouve très-souvent des différences à l'est, qui proviennent vraisemblablement de la tendance des courans vers le détroit de *Gibraltar* : quelques vaisseaux ont atteré à la côte de *Barbarie*, aux environs du cap de *Non*, lorsqu'ils s'attendoient à voir *Ténériffe*, ce qui fait une différence de plus de quatre-vingt lieues : d'autres vaisseaux ont vu *Alégrance* au lieu de *Ténériffe*; & quoique les erreurs ne soient pas toujours aussi considérables, il est bon d'être sur ses gardes quand on s'estime par la latitude de ces îles, sur-tout pendant la nuit, lorsqu'un défaut de Lune ou un brouillard épais ne permettent pas d'appercevoir les dangers d'assez loin pour les éviter.

Différences du côté de l'ouest.

Les différences du côté de l'ouest, quoique beaucoup plus rares, ne sont pas sans exemple, & principalement lorsqu'en sortant des ports de France ou d'Angleterre on a eu pendant quelque tems des vents contraires.

On peut passer entre les *Canaries*, & dans les principaux canaux de ces îles; on n'y connoît aucun danger qui ne soit visible.

Comme M. l'Abbé de Pingré m'a communiqué le résultat de ses observations pendant son voyage sur la frégate du Roi la *Flore*, qui servent à déterminer, plus exactement que

que l'on ne l'avoit encore fait, la latitude & la longitude de plusieurs lieux; je le rapporterai sur chaque endroit : voici ce qui regarde les îles *Madere*, *Salvage* & les *Canaries*.

La rade de *Funchal*, capitale de l'île *Madere*, suivant les observations faites à terre & rapportées au lieu du mouillage, est par 32° 37′ 38″ de latitude, & par 19° 15′ 30″ de longitude méridien de Paris.

Le milieu de l'île *Salvage*, par 30° 8′ de latitude, & 18° 15′ de longitude.

Le gros Piton est vers le sud-ouest de cette île, par 30° 1′ de latitude, & par 18° 25 à 26′ de longitude.

Sainte Croix de Ténériffe est par 28° 27′ ½ de latitude, & par 18° 35′ de longitude, suivant les observations du P. Feuillée à la *Laguna*; & par des mesures géodésiques, on a trouvé la distance du pic de *Ténériffe* à *Sainte-Croix*, de 21000 toises; & comme on la releve à l'ouest 26° 45′ sud du monde, la latitude du pic est donc de 28° 17′ 30″ & sa longitude de 18° 57′ 30″. C'est d'après la supposition de cette longitude qu'on a déterminé celles de *Salvage* & des *Canaries*.

La pointe du sud-ouest ou du sud de *Ténériffe* est par 27° 58′ de latitude, & environ par 19° 7′ de longitude.

La pointe du nord-est de la grande *Canarie* est par 28° 9′ de latitude, & 18° 0′ ou 1′ de longitude; la pointe du sud de la même île est par 27° 38′ de latitude.

En partant des *Canaries*, si on vouloit aller au *Sénégal* ou à *Gorée*, la route qui paroît convenir le mieux à cette destination, c'est de prendre connoissance de la côte d'Afrique au *Cap-blanc*, entre 21 & 22 degrés de latitude; & comme cette côte porte sonde à cinq ou six lieues au large, l'atterage n'en est point à craindre, soit de jour, soit de nuit, lorſqu'on aura ſoin de ſonder ſouvent ; on peut même la prolonger juſqu'au *Cap-blanc* *.

De la vue de ce cap, à trois lieues au large, on fera d'abord valoir la route ſud-ſud-oueſt ſix à ſept lieues, tant pour s'écarter du banc qui gît au ſud du *Cap-blanc*, que pour prévenir ou compenſer l'effet des marées, dont le flux

* Quelques Cartes marquent un banc qui cerne la côte entre le *Cap-barbas* & le *Cap-blanc*, & qui paroît s'étendre en quelques endroits à trois lieues au large. Les Journaux ne font aucune mention de ce danger ; & quoique j'aie parcouru cette côte à une lieue d'éloignement, je n'en ai eu aucune connoiſſance : on voit ſeulement à ſix ou ſept lieues au nord du *Cap-blanc*, un gros rocher environné de quelques autres, mais il n'eſt tout au plus qu'à trois quarts de lieue du rivage.

Une autre Carte à grand point, qui contient la côte d'Afrique depuis le cap de *Boſador* juſqu'à *Serra-leona*, donne à cette côte trente-neuf lieues d'enfoncement entre le *Cap-blanc* & le *Cap-verd*, tandis qu'elle n'en a tout au plus que vingt ; & cette erreur eſt d'autant plus importante à la ſûreté de la Navigation, qu'un vaiſſeau qui feroit uſage de cette Carte pour aller du *Cap-blanc* au *Sénégal*, aborderoit la côte lorſqu'il s'en croiroit encore à dix-neuf lieues d'éloignement.

Les îles du *Cap-verd* que contient la même Carte, y ſont également très-mal marquées, tant à l'égard de leur latitude qu'à celui de leur grandeur, de leur figure & de leurs giſémens reſpectifs. L'auteur a joint une note au-deſſous du nom de ces îles, par laquelle il avertit que *leurs latitudes & leurs giſemens ne ſont pas connus* : cette note eſt très-ſage. En effet, il eſt certain que dans tous les Journaux de ceux qui ont fréquenté ces îles, on ne trouve pas un ſeul relevement qui ſe rapporte à la ſituation que leur donne cette Carte.

Comme ces îles ne ſont pas mieux placées ſur une Carte réduite de l'Océan, qui eſt entre les mains de preſque tous les Marins, & qui a été dreſſée en 1757, il eſt bon d'y faire attention : malgré cela, cette Carte étant plus exacte à beaucoup d'autres égards que les Cartes précédentes, elle mérite la préférence. Les Navigateurs ne devroient pas ignorer que les Cartes ont cela de commun avec les Dictionnaires, que les dernieres éditions ſont toujours réputées être les plus correctes : ceux qui ſont chargés de la conduite des vaiſſeaux, ainſi que ceux qui peuvent y contribuer par leurs conſeils, ne devroient pas négliger de s'en pourvoir & de les conſulter au préjudice des anciennes, dont l'uſage & la comparaiſon ne ſervent qu'à induire en erreur.

porte dans la baie d'*Arguin* : on gouvernera ensuite au sud, au sud-sud-est & au sud-est pour attérer au nord de l'habitation du *Sénégal*, afin de ne pas la manquer.

Comme il arrive quelquefois que les courans portent vers la côte, il faudra avoir attention, en gouvernant au sud-est pendant la nuit, de sonder fréquemment, & de mouiller en attendant le jour, si on rencontroit le fond à moins de vingt brasses de profondeur.

Si on vouloit seulement relâcher à l'île de *Gorée* sans aborder au *Sénégal*, de la vue de la côte d'Afrique ou de la sonde, il faudroit faire route pour prendre connoissance du *Cap-verd*, en se donnant de garde des courans qui portent dans une espece d'anse ou enfoncement qui est vers le nord, qu'on appelle communément la *Baie de Yof*. Route pour aller à *Gorée*.

Le *Cap-verd* est reconnoissable par deux montagnes en forme de mamelles qui en sont voisines ; il est escarpé du côté du sud, mais au nord-ouest de ce cap il y a une basse terre qui s'étend d'une lieue à ce rumb de vent, & à son extrémité une chaîne de rochers dessus & dessous l'eau, qui s'avance d'une demi-lieue en mer, qu'on nomme la *pointe d'Almadie*. Les rochers les plus écartés, sont précisément au nord-ouest-quart-ouest, 3 degrés ouest du *Cap-verd* : cette pointe & la côte qui s'étend delà au nord-est, forment la baie de *Yof* dont je viens de parler, & dans laquelle il est d'autant plus dangereux d'être affalé, que le fond y est très-rapide, & par conséquent peu propre au mouillage : c'est pourquoi quand on vient du nord & qu'on a la vue du *Cap-verd*, on ne doit gouverner pour s'en approcher que quand il reste à l'est-sud-est. Le *Cap-verd*. Baie de *Yof*.

On peut ranger la *pointe d'Almadie* à la distance de trois Cap-manuel.

quarts de lieue, & le *Cap-verd* à une moindre distance, sur-tout quand les vents sont de la partie du nord-nord-est. En doublant ce dernier, on découvre le *Cap-manuel*, qui en est éloigné de quatre lieues au sud-est, 3 degrés sud. On rencontre entre l'un & l'autre les îles de la *Magdelaine*, dont la plus au nord-ouest est la plus grande: celle du sud-est, qui en est très-proche, n'est qu'un rocher. On peut les ranger à un demi-quart de lieue sans rien craindre: la plus grande paroît traversée par une caverne. Il y a un canal profond à terre de ces îles, dans lequel j'ai passé, en rangeant la plus grande de plus près qu'une pointe basse de la terre ferme qui est vis-à-vis, au pied de laquelle il y a des brisans. Cependant je ne conseille point à un vaisseau de s'engager dans ce détroit.

Lorsque le *Cap-manuel* reste à l'est-nord-est, on apperçoit l'île de *Gorée*, qui en est éloignée d'une demi-lieue à ce rumb de vent: on rangera le *Cap-manuel*, & la roche qui est au pied, à une portée de boucanier, & on cinglera ensuite pour passer un peu plus loin de la pointe du sud de *Gorée*, à cause d'une pointe de roches qui s'étend au sud-est à une bonne portée de fusil.

Mouillage de *Gorée*.

Comme le mouillage ordinaire des vaisseaux est au nord-est de la pointe du sud de *Gorée*, & que le vent vient souvent de cette partie, si on ne pouvoit pas s'y rendre à la bordée, il faudroit la continuer vers la terre ferme jusques par douze brasses de profondeur; revirer ensuite, & louvoyer ainsi jusqu'à ce qu'on soit assez au vent pour mouiller à une demi-lieue de l'île par quatorze brasses fond de sable & de vase. La marque du meilleur endroit, c'est de tenir la pointe du nord de *Gorée* séparée du *Cap-manuel* de la grandeur d'une voile.

Suivant les obſervations de M. l'Abbé de Pingré, l'île de *Gorée* eſt par 14° 40′ 10″ de latitude, & par 19° 46′ de longitude.

Le *Cap-manuel*, par 14° 39′ 2″ de latitude, & par 19° 48′ 7″ de longitude.

Le milieu des mamelles, par 14° 43′ 42″ de latitude, & 19° 51′ 44″ de longitude.

La pointe *d'Almadie*, par 14° 46′ de latitude, & environ par 19° 55′ 30″ de longitude; & la roche la plus au large de cette pointe, eſt par 14° 44′ 45″ de latitude, & environ par 19° 57′ 30″ de longitude.

Route Pour relâcher à *St. Yago.*

Lorſque les vaiſſeaux n'ont aucune deſtination particuliere, ni pour le *Sénégal* ni pour *Gorée*, & que le beſoin d'eau & de rafraîchiſſement leur fait préférer de relâcher à l'île de *Saint-Yago*; au lieu d'aller reconnoître la côte d'Afrique, il convient mieux qu'en partant des *Canaries* ils dirigent leur route vers le ſud, pour ſe mettre vingt-cinq ou trente lieues à l'eſt de l'île de *Bonaviſta*; & de la latitude de 16 degrés, qui eſt celle du milieu de cette île, ils cingleront à l'oueſt pour la reconnoître.

Iſle *Bonaviſta*

L'île de *Bonaviſta* ou *Bonnevue* a ſept lieues de longueur du nord-oueſt au ſud-eſt, & environ quatre lieues de largeur; ſon terrein eſt fort inégal; on y voit pluſieurs mornes & montagnes diſperſées, avec des vallées & des baſſes terres au bord de la mer: ſa pointe du ſud-eſt eſt une langue de ſable fort baſſe, dont on n'apperçoit toute l'étendue que quand on en eſt près.

Erreurs à l'atterage des îles du *Cap-verd*.

Quoiqu'il ſoit aſſez naturel de ne pas ſoupçonner des erreurs d'eſtime importantes dans le trajet des *Canaries* aux îles du *Cap-verd*, on en a cependant des exemples, tant du côté de l'eſt que de celui de l'oueſt : c'eſt par rapport à ces dernieres que je conſeille de ſe mettre trente lieues au vent de *Bonaviſta* avant de gouverner pour la reconnoître, dans la crainte qu'en faiſant route plus directement pour y attérer, on ne paſsât entre l'île *Saint-Nicolas* & l'île de *Sel*; & que ſe trouvant enſuite à l'oueſt de *Bonaviſta*, lorſqu'on croiroit en être encore à l'eſt, on ne manquât la relâche de *Saint-Yago*, ce qui eſt arrivé à pluſieurs vaiſſeaux*.

Brouillards fréquens aux environs.

L'attérage à ces îles eſt ſouvent difficile, à cauſe des brouillards qui ſont très-fréquens aux environs, & ces mêmes brouillards ſont ſouvent les indices de leur proximité; c'eſt pourquoi quand on vient du nord, on doit naviguer en ce parage avec toute la prudence poſſible.

Banc de roches entre *Bonnevue* & *Saint-Yago*.

Entre *Bonnevue* & *Saint-Yago* dont la diſtance eſt d'environ vingt lieues, & le giſement au ſud-oueſt, il y a un banc de rochers très-dangéreux à ſix lieues de *Bonnevue*, auquel le Routier portugais donne deux encablures de longueur & une de largeur.

Iſle de *Mai*.

L'île de *Mai* eſt à quatorze lieues au ſud-ſud-oueſt de *Bonnevue*; ſon terrein s'eleve principalement vers le milieu; à ſa pointe du nord, il y a une chaîne de rochers qui s'avance près de trois quarts de lieue en mer. Quand on traverſe de *Bonnevue* à *Saint-Yago*, & qu'on eſt obligé de

* Je me ſuis trouvé dans un cas pareil en Décembre 1750, ſur le vaiſſeau le *Glorieux*, que je commandois : je paſſai pendant la nuit, ſans le ſavoir, entre l'île de *Sel* & celle de *Saint-Nicolas*, par l'effet d'une différence d'eſtime de quatre-vingt lieues à l'oueſt. Ayant fait route enſuite à l'oueſt de la hauteur de *Bonnevue*, j'aurois traverſé ces îles ſans en voir aucune, ſi l'obſervation que je fis de l'éclipſe de Lune du mois de Décembre, ne m'avoit fait connoître mon erreur; lorſque j'en fus certain je cinglai vers le ſud, & la vue de l'île de *Feu* me la confirma : à la vérité je n'avois vu ni *Madere* ni les *Canaries*.

louvoyer pendant la nuit, il faut prendre garde de l'approcher, de même que le banc de rochers dont on vient de parler.

Après avoir doublé la pointe du nord de l'île de *Mai*, on cinglera au ſud-oueſt pour accoſter *Saint-Yago*, & on prolongera la côte juſqu'à la rade de la *Praye*, qui eſt le mouillage ordinaire.

Fauſſe baie de la *Praye*.

Trois lieues avant d'y arriver, on voit une anſe bordée de cocotiers avec quelques maiſons ; elle reſſemble à l'anſe de la *Praye* : pluſieurs vaiſſeaux, trompés par cette apparence, ſe ſont trouvés en riſque de ſe perdre ſur les dangers qu'elle renferme. Quoique le fort de la *Praye*, ſitué ſur une monticule, ſoit un indice pour diſtinguer l'une de l'autre, la marque la plus certaine, c'eſt que la pointe du nord ou de l'eſt de cette fauſſe baie eſt baſſe & cernée de briſans, au lieu que celle de la *Praye*, qui ſuit celle-ci, eſt haute, eſcarpée & ſans écueils. On doit toujours ranger celle-ci de près pour aller au mouillage ; le pavillon du fort doit reſter au nord-oueſt, 3 à 4 degrés nord du compas, & la pointe de l'oueſt de l'anſe, à l'extrémité de laquelle on voit briſer un récif, reſtera alors à l'oueſt-ſud-oueſt

Mouillage de la *Praye*.

Iſles *aux Cailles*.

Au dedans de cette baie ou anſe, & du côté de l'oueſt, il y a un îlot nommé l'île *aux Cailles*, & par-deſſus les terres de la grande île, on découvre pendant la nuit le volcan de l'île de *Feu*. Je l'ai relevé de cette rade à l'oueſt du monde.

Volcan de l'île de *Feu*.

Il convient toujours mieux de mouiller plus près de la côte du nord & de l'eſt que de cet îlot aux *Cailles*, pour la facilité d'appareiller ſans courir riſque d'être porté par les courans sur la pointe de roches de bas-bord, avant que le vaisseau ait acquis assez d'erre pour s'en écarter.

On peut aussi passer au sud de l'île de *Mai* pour aller à la rade de la *Praye*; il suffira, après avoir doublé la pointe du sud de cette île, de gouverner pour attérer au vent de la pointe de l'est de la *Praye*.

Route que doivent tenir les vaisseaux qui continuent directement leur traversée sans relâcher.

La route la plus convenable aux vaisseaux qui continuent leur traversée sans relâcher aux îles du *Cap-verd* ni à *Gorée*, c'est de gouverner de la vue des *Canaries* pour passer à quarante-cinq lieues au large du *Cap-blanc* : de cette position on fera valoir la route le sud jusques par 12 degrés de latitude nord, & ensuite le sud-est-quart-sud, jusqu'à la rencontre des vents variables qui succedent aux vents alizés. Par ce moyen, on tiendra le mi-canal entre les îles & le *Cap-verd*, & on prolongera la côte d'Afrique, qui git au-delà de ce cap à une distance toujours suffisante, quand bien-même on auroit une erreur de quinze ou de vingt lieues à l'est. Je crois qu'il est inutile de prévenir des modifications ou changemens dont cette route seroit susceptible dans le cas d'une plus grande différence à l'est : au surplus, comme la sonde de la côte d'Afrique au delà du *Cap-verd* s'étend assez au large pour qu'on puisse en reconnoître la proximité, on préviendra, par cette précaution, les divers incidens qu'on ne peut pas prévoir ici.

Réfutation de l'opinion de ceux qui passent la ligne equinoxiale plus à l'occident qu'on ne le doit.

Les Navigateurs qui, du parallele de 12 degrés de latitude nord, & dans l'éloignement de soixante ou soixante-dix lieues de la côte d'Afrique, se contentent de gouverner au sud-quart-sud-est & de couper la ligne équinoxiale par 20 degrés de longitude à l'occident de Paris; ces Navigateurs, dis-je, ne font pas attention à la situation respec-

tive

tive de l'endroit d'où ils partent, à celle du lieu où ils vont, ainſi qu'aux vents qu'ils ſont certains de rencontrer entre l'un & l'autre : un coup d'œil ſur la Carte ſuffit pour s'en convaincre.

Je ſuppoſe pour un moment, qu'on pût traverſer, du parage dont il eſt queſtion, au cap de *Bonne-eſpérance* ſans aucune oppoſition de la part des vents ; la route la plus directe ſeroit ſans doute celle qui conduit à paſſer la ligne par 11 degrés de longitude : or, puiſqu'il eſt certain que les vents qui y mettent obſtacle viennent de la partie de l'eſt *, on doit donc plutôt s'élever de ce côté-là, que s'en éloigner de cent quatre-vingt lieues plus à l'oueſt. Ceux qui dirigent ainſi leur route, agiſſent au contraire de la maxime la plus généralement reçue dans la Navigation, qui conſiſte à ſe mettre plutôt au vent que ſous le vent des endroits où l'on veut aller. Voici ce qui a donné lieu à s'en écarter.

Lorſque les voyages aux Indes étoient rares, ceux qui dreſſoient les Cartes hydrographiques à cet uſage, pour e conformer à l'opinion de ceux à qui deux voyages ſuffiſoient pour faire reſpecter leurs préjugés, même les plus ridicules, avoient coutume d'y tracer des bornes par des traits, & on ne pouvoit aller au delà, ſelon eux, ſans s'expoſer à des événemens préjudiciables au ſuccès des voyages.

L'une de ces bornes répondoit à 30 degrés de notre longitude occidentale, & l'autre au 13e degré. La premiere

* Indépendamment des vents généraux de ſud-eſt & d'eſt-ſud-eſt, dont la région occupe une grande partie de cet intervalle, les vents variables entre les vents alizés & ceux-ci, ſi on en excepte les mois de Juillet, Août & Septembre, ſoufflent plus ſouvent de l'eſt que de l'oueſt.

indiquoit que ſi on paſſoit la Ligne plus à l'oueſt, on couroit riſque de ne pouvoir doubler la côte du *Breſil*; & la ſeconde, qu'en paſſant la ligne par moins de 13 degrés, on y trouvoit des calmes de longue durée & des courans qui portoient rapidement vers le *Gabon*.

Le premier de ces deux inconvéniens eſt le ſeul que l'expérience juſtifie; quant au ſecond, on ne trouve pas un ſeul exemple qui y ſoit favorable. La navigation aux côtes d'*Angole* & de *Guinée*, fournit actuellement un aſſez grand nombre de moyens de comparaiſon pour ſe convaincre du contraire; au lieu que dans ces tems reculés, ces ſortes de voyages étoient preſqu'auſſi rares que ceux des Indes, & peut-être ſe trouvoit-il encore plus rarement de ces hommes aſſez bien intentionnés pour ſacrifier gratuitement leurs veilles & leurs travaux à l'intérêt du bien public. Quoiqu'il en ſoit, ſi de telles courans & de pareils calmes avoient lieu, on ne verroit aucun vaiſſeau qui pût remonter la côte de *Guinée*, ni ſe rendre de l'île du *Prince* ou de *Saint-Thomé* aux îles de l'Amérique, tandis qu'on voit tous les jours le contraire, & en toutes ſaiſons; & quand on examine les Journaux de leur traverſée, on n'en trouve pas un ſeul qui ait manqué de vent, même dans les parages qu'on avoit ſuppoſés être les plus ſujets aux calmes. La ſolidité des preuves de raiſonnement dépend ſans doute des faits qu'on peut rapporter pour les ſoutenir, & on en trouvera plus qu'il n'en faut à cet égard, en conſultant les Journaux : on verra en même tems que les courans qui vont vers le *Gabon*, n'ont lieu qu'au delà du cap des *Trois-pointes*.

Le ſentiment des Navigateurs qui paſſent la Ligne à l'oueſt

du 20e degré, ſous prétexte d'y trouver plus de vent, eſt également mal fondé ; & quoique j'en aie été autrefois partiſan, le grand nombre des exemples contraires m'oblige à penſer maintenant très-différemment. Au reſte, quelques anciens que ſoient les préjugés que je viens de combattre, on doit leur préférer les connoiſſances plus récentes & plus parfaites que donne l'expérience : une fauſſe opinion ne change jamais de nature, & l'erreur eſt toujours erreur, de quelque laps de tems qu'on puiſſe l'appuyer. Je reprends la ſuite de la route que j'ai indiquée, dont cette diſcuſſion m'a écarté.

Route de *St. Yago* ou de *Gorée* vers la Ligne.

Les Vaiſſeaux qui feront voile de *Saint-Yago*, gouverneront au ſud-eſt juſques par 12 degrés de latitude, enſuite au ſud-eſt-quart-ſud juſqu'aux vents alizés *. Quant à ceux qui partent de *Gorée*, ils cingleront au ſud-ſud-oueſt, s'ils veulent s'écarter de la côte juſqu'au parallele de 10 degrés, & delà au ſud-eſt-quart-ſud.

Route qu'on doit faire pour paſſer promptement la ligne équinoxiale.

Lorſque les vents variables ſuccedent au vents alizés, la meilleure manœuvre qu'on puiſſe faire pour couper promptement la ligne équinoxiale, c'eſt de profiter de la variété des premiers pour atteindre le plus vîte qu'on le pourra le parage ordinaire des vents généraux, & pour cet effet de tenir la bordée qui mene le plus vers le ſud, ſans s'attacher à paſſer la Ligne par aucun point déterminé, pour ne pas augmenter inutilement la durée de la traver-

* J'avertis en général que dans cette inſtruction, lorſque je fixe un rumb de vent, ou bien que je dis faire valoir la route tel ou tel rumb de vent, j'entends la route corrigée de la variation & de la dérive : par exemple, ſi dans le cas dont il s'agit, l'une & l'autre faiſoient prendre à la route un quart plus vers l'eſt, il eſt cenſé qu'au lieu de gouverner au ſud-eſt-quart-ſud, il faudroit porter au ſud-ſud-eſt.

ſée. Ce que j'ai dit précédemment ne regarde que les vaiſſeaux qui ſeroient favoriſés des vents juſqu'à la Ligne ; j'invite ſeulement les autres à préférer aux environs la route de l'eſt-ſud-eſt à celle de l'oueſt-ſud-oueſt.

Je ne ſais ſur quel fondement, depuis que mon Mémoire ſur la navigation de France aux Indes eſt au jour, pluſieurs Navigateurs ont cru que je conſeillois de couper la ligne équinoxiale beaucoup plus à l'eſt qu'on ne le doit. Quelques-uns d'entr'eux, ſous ce prétexte, ont prolongé volontairement la côte de *Guinée* juſqu'au cap des *Palmes* ; d'autres ſe ſont affalés dans le coude que forme la côte de *Guinée* & d'Afrique, où ils ont trouvé les vents de la partie du ſud vers l'oueſt qui y regnent ordinairement, & par ce moyen prolongé leur traverſée. Comme mon ſentiment eſt très-contraire à cette diſpoſition de la route, & que ce que j'ai dit ci-devant, avoit pour objet de détruire les préjugés ridicules des anciens à cet égard, & non d'en faire naître de nouveaux ; je dirai ici, qu'après avoir examiné les différentes circonſtances où l'on peut ſe trouver, il ne paroît pas qu'on doive paſſer la ligne équinoxiale plus vers l'eſt, en allant dans les mers orientales, que par 14 à 15 degrés de longitude occidentale, méridien de Paris.

Précaution que l'on doit prendre lorſqu'en partant de France, on ne reconnoit point l'île de *Madere* ou les *Canaries*.

Si les circonſtances ne permettoient pas, en partant de France ou d'Angleterre, de prendre connoiſſance de *Madere* ou de *Porto-Santo*, il faut au moins, pour vérifier l'eſtime de la longitude, faire ſon poſſible pour voir ou l'île de *Palme* ou l'île de *Fer*, qui ſont les plus occidentales des *Canaries* ; ſinon quand de la hauteur de ces îles on cingle vers le ſud, on doit, aux environs des îles du *Cap-verd*, naviguer avec une extrême précaution, dans la crainte de les rencontrer inopinément. Au ſurplus, dans quelque circonſtance que ce ſoit, je ne conſeille point d'en paſſer du côté de l'oueſt ; ce ſeroit très-mal-à-propos alonger la route, & le paſſage à l'oueſt ne doit tout au plus avoir lieu, même en tems de guerre, que quand on eſt moralement certain de rencontrer les ennemis aux environs de ces îles.

Erreur des cartes ſur la ſituation des îles du *Cap-verd.*

J'ai ci-devant fait obſerver en général, à la note de la *page* 10, que les îles du *Cap-verd* ſont très-mal marquées ſur des Cartes modernes que j'ai indiquées, ſur-tout à l'égard de la latitude ; j'aurois pu ajouter, de même que ſur pluſieurs autres cartes ; mais comme celles dont j'ai parlé ſont ou doivent être maintenant préférées aux cartes de Piétergoos & de Vankeulen, qui leur ſont beaucoup inférieures, c'eſt aux premieres que je dois appliquer mes remarques. Je dirai donc ici que la latitude où elles ſuppoſent les îles *Saint-Antoine*, *Saint-Vincent*, *Sainte-Lucie* & *Saint-Nicolas*, qui ſont les plus ſeptentrionales, eſt fort différente de celle où on doit les placer. Suivant les Journaux & les Mémoires que j'ai examinés à cet égard, la latitude de la pointe du nord de l'île *Saint-Antoine*, d'où dépend celle des autres, ne va pas au delà de 17° 12', au lieu que ſur une carte de 1742, elle eſt par 17° 55' ; & ſur une autre de 1757, qui eſt la derniere, on l'a placée par 17° 27 à 28' : cette erreur & la préférence qu'on donna mal-à-propos à la Carte de 1742 ſur celle de 1757, furent la principale cauſe du naufrage du vaiſſeau de la Compagnie des Indes le *Dromadaire*, ſur la partie du nord-eſt de l'île *Saint-Vincent*, vu qu'il croyoit avoir paſſé ſa latitude avant la nuit.

La pointe du nord de l'île *Saint-Yago* eſt par 15° 15'

au plus, & non pas par 15° 50′, comme elle eſt tracée ſur la Carte de 1757. J'ai pour garans une latitude obſervée à la vue de cette pointe, & une courſe faite par le parallele de 15° 40′ ſans la rencontrer ni l'appercevoir.

Les obſervations de M. l'Abbé de Pingré aux îles du *Cap-verd*, ſont trop importantes pour n'être pas rapportées ici, vu qu'elles fixent la ſituation des îles de *Saint-Yago*, de l'île de *Mai*, & de l'île de *Feu*, plus exactement qu'elle ne l'a été. Il a obſervé ſur l'île aux *Chevres*, dans la rade de la *Praya*, la latitude de 14° 53′ 40″, & ſuppoſe ſa longitude, qu'il juge être très-approchante de la vraie, & plutôt trop foible que trop forte, de 25° 52′ ½.

La pointe du ſud de l'île de *Mai*, eſt par 15° 6′ ou 6′ ½ de latitude, & par 25° 33′ de longitude. La pointe du nord-eſt de la même île, par 15° 13′ de latitude, & 25° 23′ de longitude.

La pointe du nord de l'île *Saint-Yago*, eſt par 15° 14′ 20″, ſinon bien certaine, au moins probable.

Le Pic de l'île de *Feu*, eſt par 14° 57′ de latitude, & à peu près, par 26° 49′ de longitude.

Route pour relâcher à la côte du *Breſil*.

Les vaiſſeaux qui ont deſſein de relâcher à la côte du *Breſil*, ſoit à la baie de *tous les Saints*, ſoit à *Rio-Janeiro*, ou bien à l'île *Grande*, peuvent couper la ligne par 25 à 26 degrés de longitude occidentale, & diriger leur route vers l'endroit où ils veulent aborder, en faiſant attention, pour attérer, aux vents périodiques qui ſoufflent ſur cette côte, & qui y déterminent ordinairement la direction des courans ou vers le nord ou vers le ſud.

Vents & courans périodi-

Ces vents regnent du ſud-ſud-eſt & de l'eſt-ſud-eſt depuis le mois de Mars juſqu'au mois de Septembre, & alors les courans vont du côté du nord. Au contraire, depuis le mois de Septembre jusqu'en Mars, les vents qui viennent du nord-est & de l'est-nord-est, font prendre aux eaux leur cours vers le sud ; c'est pourquoi, dans le premier cas, on doit attérer au sud de l'endroit où l'on veut aller, & du côté du nord dans le second cas.

ques à la côte du *Bresil.*

Je ne puis m'empêcher d'observer ici que les relâches à la côte du *Bresil* sont extrêmement préjudiciables aux voyages des Indes & de la Chine. On s'expose à manquer la destination principale par le retardement qu'elles occasionnent, sur-tout lorsque le tems du trajet est limité, ou du moins on risque d'y arriver plus tard qu'il ne convient. On peut ajouter à cette raison celle de la perte des sujets par les maladies épidémiques, qui sont souvent les suites de cette relâche. C'est pourquoi j'estime qu'on doit préférer celle du cap de *Bonne-espérance* lorsque la saison le permet ; l'air y est beaucoup plus salubre, les vivres en plus grande abondance, ainsi qu'à meilleur compte ; & dans le cas d'un dégréement, on y trouve plus de ressources. Je ne prévois que deux motifs qui puissent faire opter en faveur du *Bresil*; la nécessité absolue de caréner, & la disette extrême de l'eau.

Inconvéniens de cette relâche.

On doit préférer la relâche au cap de *Bonne-espérance* ou à la baie de *False.*

On sait que l'abord n'est interdit au cap de *Bonne-espérance*, à cause du mauvais tems, que depuis le 15 de Mai jusqu'à la fin d'Août, encore peut-on alors aller à la baie de *False*, qui en est voisine & dans laquelle on est en sûreté pendant cette saison.

On soupçonne quelques hauts fonds au sud de la ligne équinoxiale, vers les parages où on la passe pour aller au *Bresil*, ainsi que sur ceux qu'on fréquente mal-à-propos

Hauts fonds & écueils vers la Ligne.

au retour des Indes. Voici ce qui eſt rapporté à ce ſujet dans les Journaux.

Le 5 Février 1754, on reſſentit ſur le vaiſſeau le *Silhouette*, commandé par M. Pintaul, une ſecouſſe ou tremblement extraordinaire, comme ſi le vaiſſeau avoit touché ſur un haut fond : il étoit alors 5 heures après midi ; & ſuivant la latitude qu'on avoit obſervée le même jour, ce danger ſeroit 20 minutes au ſud de la ligne, & par 23° 10′ de longitude occidentale, ſuivant l'eſtime continuée ſur la Carte françoiſe depuis la rade de la *Praye* en l'île de *Saint-Yago*.

Le 13 Avril 1758, la frégate la *Fidele*, Capitaine M. le Houx, étant auſſi par 20 minutes de latitude ſud & par 23° 20′ de longitude, reſſentit de ſemblables ſecouſſes.

Le 3 Octobre 1771, la frégate *le Pacifique*, du Havre-de-grace, Capitaine le Sr. Jean Bonfils, de la Rochelle, dans le trajet de la côte d'*Or* à *Saint-Domingue*, à 8 heures du ſoir, reſſentit une ſecouſſe ou tremblement extraordinaire & pareil à celui qu'éprouve un vaiſſeau en échouant, ou pour mieux dire, à celui qu'on reſſent dans un vaiſſeau qu'on met à l'eau. On fit ſur le champ carguer toutes les voiles & ſonder ſans rencontrer le fond.

On étoit alors par 42 minutes de latitude ſud, & on s'eſtimoit 2° 47′ à l'oueſt du méridien de l'île de *Fer* : ce qui répond à 22° 47′ de longitude occidentale, méridien de Paris.

On avoit apperçu pendant le jour une quantité conſidérable d'oiſeaux, & ſur le gaillard du navire un de ces oiſeaux qu'on appelle *Crabiés*, qui ne ſe voient guere qu'à terre, & la mer étoit très-agitée.

Le

Le 17 Octobre 1747, le vaisseau le *Prince*, Capitaine M. de Beaubriant, en allant aux Indes, ressentit une ou deux secousses, comme s'il eût touché sur un haut fond; il étoit alors par 1° 35′ de latitude sud, & par 20° 10′ de longitude, estimée depuis la vue de l'île *Brave*, en attérant au cap *Frio* que ce vaisseau reconnut quelques jours après: sa longitude s'accordoit à la situation réelle de ce Cap*.

Isle *Fernande de Noronha*.

Quand on fait route vers la côte du *Bresil*, si on apperçoit l'île *Fernande de Noronha*, il faut prendre garde que cette île n'est éloignée que de soixante-deux lieues du cap *Saint-Roch*, & non pas de cent cinq lieues comme elle est marquée sur quelques Cartes: cette erreur a pensé causer la perte du vaisseau le *Vengeur* en 1757.

J'ai dit ci-devant que les vents généraux s'étendoient du côté du nord de la ligne, & les vaisseaux qui vont aux Indes les rencontrent presque toujours entre 1 & 2 degrés de cette latitude; c'est pourquoi ceux qui veulent continuer la traversée, sans aborder à la côte du *Bresil*, doivent pour cet effet profiter de ces mêmes vents pour cingler d'abord le plus près du sud qu'il est possible, & ensuite vers l'est, sans toutefois tenir exactement le plus près du vent. On sait que dans les longs trajets, lorsque l'éloignement des terres le permet, il est plus avantageux de faire courir un ou

* La situation de *Rio-Janeiro*, tant en latitude qu'en longitude, a été exactement déterminée en 1751, par les observations de MM. Godin, de la Caille, & les miennes; ainsi l'entrée de cette baie est par 45 degrés de longitude occidentale, méridien de Paris. Comme le cap *Frio*, ou l'ilot qui le forme, est d'un degré plus oriental, il s'ensuit que ce cap est par 44 degrés. A l'égard de la latitude, suivant l'observation que j'en ai faite, étant est & ouest de ce cap, il est situé par 22° 54′ méridionale.

deux quarts largue, & qu'on gagne plus en vîteſſe qu'on ne perd ſous le vent.

Iſle de la Trinité.

Si les vents conduiſoient tellement à l'oueſt, qu'on eût connoiſſance de l'île de la *Trinité*, on pourroit paſſer entre elle & les quatre îlots ou rochers, qui en ſont diſtans de huit lieues à l'eſt-quart-nord-eſt, ou bien à l'oueſt de tout, ſuivant la ſituation où l'on ſe trouveroit & les vents qui regneroient. Cette île eſt à deux cents vingt-quatre lieues du cap *Frio*, par 20° 25′ de latitude, & par 32° 45′ de longitude occidentale. Son terrein eſt fort inégal, & n'eſt, à le bien prendre, qu'un amas de rochers avec quelques arbriſſeaux dans les vallées; le mouillage eſt du côté de l'oueſt à une portée de mouſquet du rivage, par dix-huit à vingt braſſes de profondeur. On voit de ce côté-là un haut rocher en forme de pyramide; quoiqu'il paroiſſe confondu avec l'île, quand on vient du large, il en eſt cependant ſéparé par un canal dans lequel une chaloupe peut paſſer. On trouve de l'eau douce ſur l'île de la *Trinité*, mais la deſcente au rivage eſt fort difficile à cauſe du reſſac de la lame*.

* Cent lieues ou environ à l'oueſt de celle-ci, & par conſéquent à cent vingt-quatre lieues de la côte du *Breſil*, il y a une autre île à laquelle les Cartes, ainſi que les Routiers, donnent le nom d'*Aſcenſion*: voici ce qu'en dit le Routier Portugais. » L'île de l'*Aſ-* » *cenſion* eſt par la même latitude (que » la *Trinité*) & diſtante de cent vingt » lieues de la côte du *Breſil*: elle fut dé- » couverte par Jean de Nove, en allant » aux Indes en 1501: elle eſt très-haute, & du côté du nord il y a une « anſe dans laquelle tombe une riviere « d'eau douce; joint à cette anſe, il y a « une caverne où la mer entre; elle eſt « ſituée au pied d'une haute montagne « en forme de pic ou pain de ſucre, qui « répond à peu-près au milieu de l'île. « On voit à la partie de l'eſt une autre « montagne à peu-près de la même forme, mais moins élevée, & ces deux » montagnes ſont les plus hautes de « cette île. Du côté de l'oueſt, il y a «

Aprés avoir paſſé la hauteur de l'île de la *Trinité*, comme les vents variables qu'on trouve au delà ſoufflent plus fréquemment & plus long-tems de la partie du nord que de celle du ſud, on ne doit point en allant vers le cap de *Bonne-eſpérance*, s'élever par une haute latitude ſous prétexte d'y trouver des vents plus conſtans de la partie de l'oueſt. J'ai dejà remarqué, & je le répete ici, que l'expérience eſt abſo-

Route qu'on doit tenir de la hauteur de l'île de la *Trinité* au cap de *Bonne - eſpérance*.

» cinq petits îlots ou rochers, dont le » plus au large eſt le plus élevé & le » plus apparent; il reſſemble à un Vaiſ- » ſeau à la voile. Cette île eſt déſerte, » couverte d'arbriſſeaux d'épines ; il y » a beaucoup d'oiſeaux & de poiſſons.»

Malgré le cas qu'on doit faire d'une deſcription auſſi circonſtanciée, pluſieurs Navigateurs ont cru que cette île étoit la même que la *Trinité*, que l'inégalité de ſon terrein fait appercevoir ſous autant de formes différentes qu'on change de ſituation à ſon égard; & j'ai même été de ce ſentiment, ayant remarqué que pluſieurs de ceux qui diſent avoir vu l'*Aſcenſion*, n'ont pu voir que la *Trinité*, vu le chemin qu'ils ont fait enſuite juſqu'au cap de *Bonne-eſpérance*; mais ſon exiſtence vient d'être confirmée par M. Duponcel de la Haye, qui commandoit la frégate la *Renommée*, expédiée de l'île de France pour aller à *Rio-Janeiro*. Ce Navigateur, qui a bien voulu me communiquer ſon Journal, rapporte que le 4 Juin 1760, il eut connoiſſance des îlots ou rochers qui ſont à l'eſt-quart-nord-eſt de la *Trinité*, & les rangea à la diſtance d'environ deux à trois lieues. Il en diſtingua ſix, dont un de moyenne grandeur, & les cinq autres de ſimples rochers : il apperçut enſuite l'île de la *Trinité*, & en paſſa du côté du nord. De la vue de cette île, ayant continué ſa route vers l'oueſt, le 8 Juin il reconnut l'île de l'*Aſcenſion*, & y diſtingua une montagne ou élévation qui a à peu-près la forme d'une cheminée. Suivant le chemin qu'avoit fait ce Navigateur, cette île ſeroit éloignée d'environ cent lieues à l'oueſt de la *Trinité*, & ſa latitude de 15 minutes plus méridionale; ce qui ſe trouve d'ailleurs conforme aux remarques qui m'ont été envoyées ſur cette île, depuis la premiere impreſſion de ce Mémoire.

La frégate la *Renommée*, après avoir cinglé encore environ cent vingt lieues à l'oueſt, attéra au cap *Frio*, & delà ſe rendit à *Rio-Janeiro*. La capacité du Navigateur que je viens de citer, rend ce rapport encore plus authentique; & je crois devoir plutôt déférer à cette autorité récente, qu'aux ſoupçons qui m'ont fait juſqu'ici penſer autrement.

Il n'en eſt pas ainſi des îles *Martinvaz*, que les Cartes & le Routier Portugais placent cent vingt lieues à l'eſt de l'île de la *Trinité*. Ils en diſtinguent quatre,

lument contraire à cette ſuppoſition ; ce n'eſt qu'en approchant du cap de *Bonne-eſpérance*, & tout au plus deux cents lieues en deçà, quand on veut le doubler, qu'on peut ſe maintenir entre 35 & 36 degrés de latitude, à cauſe des vents de ſud-eſt qui ſoufflent fréquemment en ces parages.

Iſle de *Triſtan d'Acunha.*

Après avoir quitté ceux qui ſemblent être les plus ordinaires aux vents généraux, ſi la route prend beaucoup plus du ſud que je ne le ſoupçonne ici, & qu'on ait connoiſſance des îles de *Triſtan d'Acunha*, il convient d'en paſſer au large, quoique pluſieurs vaiſſeaux aient paſſé entr'elles ſans y rencontrer de danger : les canaux qu'elles forment ne ſont pas aſſez bien connus pour y naviguer avec ſûreté.

Ces îles ſont ſitués entre 37° 10′ & 37° 45′ de latitude méridionale, & environ 33 degrés à l'occident du cap de *Bonne-eſpérance*, c'eſt-à-dire à 16° 30′ ou 17 degrés de lon-

dont trois ſous le nom de *premiere*, *ſeconde*, *troiſieme Martinvaz*, & l'autre ſous celui de *Sancta-Maria-d'Acoſta*, qui ſeroit de quatre-vingt lieues plus à l'occident ; ils placent leur latitude entre 20 & 21° 15′. Pietergoos, ſur la foi des anciens Routiers Portugais, les trace entre 18° 50′ & 20° 15′

Les bateaux l'*Hirondelle* & l'*Oiſeau*, en 1731, ont parcouru de l'eſt à l'oueſt, par ordre de la Compagnie, le parallele entre 19 & 20 degrés de latitude, pour chercher les *Martinvaz*, ſans aucun ſuccès.

M. Deſloſiers-Bouvet, en partant du cap de *Bonne-eſpérance* en 1739, a ſuivi le parallele de 20° 30′ juſqu'à l'île de la *Trinité*, ſans en voir aucune autre.

En 1752, partant du même endroit, ſur le vaiſſeau les *Treize-Cantons*, que je commandois, j'ai parcouru, avec toute la précaution qu'exigent les découvertes, & principalement avec celle de ne faire route que pendant le jour, le parallele de 20° 50′ à 21° 15′, l'eſpace de ſept cents vingt lieues, d'un tems très-ſerein, juſqu'à quatre-vingt lieues de la côte du *Breſil*, & je n'ai vu ni les *Martinvaz* ni aucune indice qui m'en pût faire ſoupçonner la proximité. J'étois cependant pourvu d'inſtructions des Portugais qui en aſſuroient l'exiſtence, de même que la ſituation, & qui aſſuroient qu'on pouvoit aiſément les appercevoir à quinze lieues de diſtance d'un beau tems. On pourra voir le détail & les circonſtances de cette Navigation dans le quatrieme volume des Mémoires préſentés à l'Académie des Sciences, par divers Sçavans.

gitude occidentale, méridien de Paris, ſuivant le réſultat moyen des routes des vaiſſeaux. Elles ſont au nombre de cinq, & la plus haute ſe peut aiſément découvrir de vingt à vingt-cinq lieues en mer : on verra dans la note ſuivante * ce

* *Description de l'île de* Triſtan d'Acunha.

L'île de *Triſtan d'Acunha* eſt par 37° 7' de latitude ſud, & environ par 10° $\frac{1}{2}$ de longitude du cap *Léſard* (c'eſt ſans doute de la plus grande dont le Pilote Anglois entend parler); ſes terres ſont baſſes; à un demi-mille de la côte on trouve treize à quatorze braſſes de fond, & toujours en diminuant plus on approche, juſqu'à trois braſſes près de terre : le fond n'eſt ni ſale ni mauvais, ſinon un peu au large des pointes. Dans quelques endroits il eſt très-difficile de débarquer, y ayant tout contre terre de gros arbres qui croiſſent ſous l'eau, dont la tige vient preſqu'à la ſurface de la mer; de ſorte qu'en allant à terre on eſt contraint de ramer à force de bras pour ſe débarraſſer de cette eſpece de marais. On trouve de l'eau douce à une petite portée de fuſil du rivage, mais le terrein qui y conduit eſt très-pierreux, de façon qu'il n'eſt guere poſſible d'embarquer l'eau qu'on y fait, à moins de mâter les futailles pour les renverſer bout ſur bout, & pour cet effet il faut les manier avec dextérité.

On trouve dans cette île quantité de tortues, dont beaucoup ſont de la groſſeur des veaux marins : comme elles ne ſont aucune réſiſtance, on peut ou les prendre vivantes, ou bien les aſſommer à coup de haches. Il y a auſſi beaucoup de bois, & parmi les rochers nombre de ſources; on peut dans quelques endroits mettre à terre. On n'y trouve ni cochons, ni chêvres, ni aucune créature qui ait vie, ſi ce n'eſt la tortue & une eſpece extraordinaire d'oiſeau qui marche perpendiculairement.

Nota. Qu'à trois ou quatre milles de cette île, on ne trouve plus de fond, même à cent braſſes.

Extrait du Journal de la frégate du Roi l'Adelaïde, *commandée par* M. Houſſaye, *armée à Toulon en* 1711, *allant aux Indes avec les vaiſſeaux du Roi* l'Eclatant *& le* Fendant, *commandés par* M. le Chevalier de Roquemador.

Le 26 Mars 1712, à 11 heures du matin, on vit les îles de *Triſtan d'Acunha.* D'abord on en vit deux qui reſtoient à l'eſt & eſt-quart-ſud-eſt du compas, dans un éloignement qu'on jugea être de vingt à vingt-deux lieues. Ces îles ſont hautes; la plus occidentale l'eſt moins que la plus grande, qui en eſt éloignée de trois lieues à l'eſt; la premiere paroît avoir environ une lieue & demie d'étendue, & la ſeconde, qui eſt la plus grande, trois lieues & demie : on les approcha à 5 ou 6 lieues, & on

qu'en dit le Pilote Anglois, *page 15*, *col. 1*, & l'Extrait du Journal d'un vaisseau qui les a reconnues en allant aux Indes. Les approches de ces îles se manifestent souvent par de grandes branches de gouesmon qu'on voit flotter sur l'eau, & qu'on rencontre quelquefois fort loin en mer.

remarqua qu'elles sont arides & escarpées. La premiere forme un gros morne, assez semblable pour l'apparence à un tas de foin: & suivant son élévation, on peut la découvrir de vingt-cinq lieues en mer. On observa le même jour à midi 37° 15′ de latitude méridionale.

Les vents n'ayant pas permis de passer au nord de ces îles, les vaisseaux les rangerent du côté du sud: en les approchant, la couleur de la mer sembloit manifester la proximité du fond, mais on négligea de s'en assurer.

A 5 heures après midi, ayant approché ces îles, on en apperçut une autre, éloignée de cinq à six lieues au sud-est, qui paroissoit plus petite, d'une forme ronde & moins élevée, & l'on en vit encore deux autres plus petites & plus basses que celle-ci, qui en sont à l'est-quart-nord-est & à l'est peu éloignées. Les vaisseaux passerent au sud des unes & des autres, qui leur parurent au nombre de cinq: à 10 heures du soir, on étoit nord & sud de la troisieme, dans l'éloignement de cinq à six lieues; on la distinguoit parfaitement, sans toutefois appercevoir celles de l'est qui sont bien plus basses.

EXTRAIT du Journal du vaisseau le Rouillé.

Le 9 Mars 1755 à midi, on observa 36° 49′ de latitude sud; & ayant fait jusqu'à cinq heures trois quarts du soir neuf lieues deux tiers au sud-sud-est 4 degrés est, on apperçut deux îles, l'une au sud-quart-sud-est deux lieues, & l'autre à l'ouest-quart-nord-ouest 5 degrés nord, environ cinq lieues: quelques personnes crurent voir des brisans du sud-ouest au sud-ouest-quart-sud. Les vents soufflant alors du nord-ouest bon frais, on tint le plus près du vent à babord, cinglant au nord-est & nord-est-quart-nord, un ris dans chaque hunier. A 8 heures $\frac{3}{4}$ du soir, ayant fait environ quatre lieues un tiers audit rumb, on vit la terre vers l'avant, qui paroissoit haute, & s'étendre depuis le nord jusqu'au nord-est-quart-est. Le *Rouillé* vira de bord sur le champ & louvoya bord sur bord pendant le reste de la nuit, en réglant chaque bordée à trois lieues.

Au lever du Soleil on apperçut trois îlots, qui restoient du sud-ouest 5 degrés sud au sud-ouest 5 degrés ouest dans l'éloignement de cinq lieues L'auteur du Journal ne croit point que l'île qu'il avoit relevée le soir précédent, à l'ouest-quart-nord-ouest 5 degrés nord, fût aucune de celles qu'il voyoit. La pointe de l'île de *Tristan d'Acunha*, qui paroissoit la plus vers l'est, restoit au nord-est-quart-nord 2 degrés nord; la partie la plus ouest au nord-quart-nord-ouest;

En cinglant vers le cap de *Bonne-espérance*, la variation, quand on peut l'observer, est d'un grand secours dans ces mers pour connoître à peu près la distance où l'on est de ce Cap. Je l'ai observée en 1752 de 19 degrés nord-ouest dans la rade de *Table-baie*, & je la crois actuellement de plus de 20 degrés : elle augmente en allant vers l'est, & diminue au contraire du côté de l'ouest.

Utilité qu'on peut retirer de l'observation de la variation.

la plus avancée au sud, restoit au nord quart-nord-est environ trois lieues; & une cascade d'eau qui tomboit du haut de la montagne dans la mer avec beaucoup de rapidité, restoit au nord 5 degrés est. La route fut dirigée à l'est à 6 heures du matin; les vents souffloient alors du nord-ouest par rafales & pluie continuelle.

L'île de *Tristan d'Acunha* leur parut aussi élevée que l'île de *Bourbon*; le bord paroissoit escarpé; on n'y distinguoit point de bois ni d'endroit où l'on pût descendre. A 8 heures du matin, la partie de l'est de cette île restoit au nord distante de quatre lieues : on avoit sondé à une lieue d'éloignement sans rencontrer le fond à cent brasses de profondeur.

Extrait du Journal de M. Detcheverry, *Capitaine de Brûlot, commandant la Corvette du Roi* l'Etoile du matin, *en 1767, sur les îles de* Tristan d'Acunha.

Le 9e Septembre, à 5 heures du matin, j'eus connoissance des trois îles de *Tristan d'Acunha*, à l'est & est-quart-nord-est dans l'éloignement d'environ 10 à 12 lieues. Les vents regnant alors de la partie de l'ouest, je cinglai à l'est pour reconnoître la moyenne, qui est la plus occidentale; & étant à midi vis-à-vis sa pointe du nord-est, je fis sonder à un tiers de lieue du rivage, & lorsque le milieu de l'île restoit à l'ouest, on trouva vingt brasses fond de sable noir & petites pierres rougeâtres. Cette île est haute, son sommet applati; elle peut se découvrir de 15 à 16 lieues; elle a environ 2 lieues de tour, & paroît aride, escarpée & inaccessible : on ne voit sur son terrein que quelques arbrisseaux dispersés. Je n'ai apperçu aucun danger voisin; on découvre seulement un rocher à la pointe du sud-est qui a l'apparence d'un bateau à la voile.

Je fis route, en quittant cette île, pour reconnoître la plus petite, qui en est éloignée de trois lieues au sud-est; elle a à sa pointe du nord-est deux îlots, qui en sont écartés d'environ 50 pas, & qui ont l'apparence d'un vieux fort démoli : je les rangeai à une portée de pistolet. En continuant de cingler le long de l'île, je trouvai le fond à 30 brasses; & lorsque son milieu me resta à l'ouest-sud-ouest, je mouillai par 53 brasses

Précaution que l'on doit prendre pour attérer au cap de *Bonne-espérance* quand on y veut relâcher.

Les vaisseaux qui veulent relâcher au cap de *Bonne-espérance*, auront attention d'attérer toujours au sud de l'entrée de la baie, qui est par 33° 52′ de latitude, & jamais du côté du nord, à cause des vents de la partie du sud qui y regnent souvent, & des courans qui portent toujours vers le nord : plusieurs vaisseaux, faute de cette précaution,

fond de sable brun & rougeâtre, un peu gros. La nuit me paroissant promettre un mauvais tems, je différai au lendemain d'envoyer le canot à terre.

Suivant le rapport qu'on me fit, le rivage, jusqu'à un quart de lieue en mer, est tellement rempli de gouesmons entrelacés, qu'on eût beaucoup de peine à aborder au rocher aride que forme cette île. Les roseaux dont il est couvert ne leur permirent pas d'y pénétrer, indépendamment de la grande quantité de ces oiseaux nommés *Pinguins*, dont les œufs sont si près les uns des autres, qu'on ne peut marcher sans les écraser : ces difficultés & le défaut d'eau douce qu'on chercha inutilement, les engagegerent de revenir à bord. Ils virent quantité de poissons sur la côte, & à bord on en prit beaucoup : il y en a de grands qui sont assez semblables à la morue. La latitude de cette île est de 37° 24′.

Le 10e Septembre, je levai l'ancre dès le matin, & je fis route vers *Tristan d'Acunha*, la plus grande de ces trois îles, qui gît environ 5 lieues au nord-nord-est de la petite : elle a environ 5 lieues de circuit, escarpée tout au tour, & élevée de façon à pouvoir être apperçue de 25 lieues. Le Pic qu'elle forme dans son milieu est couvert de neige, & le terrein, jusqu'à la mer, n'est couvert que de broussailles. En cotoyant l'île de fort près, après avoir doublé la pointe du nord-ouest, je découvris une cascade qui tomboit dans une petite anse. J'envoyai le canot sonder cette partie ; & comme il trouva les profondeurs de 18 brasses tout à terre, & de 30 brasses à un quart de lieue du rivage, je mouillai par cette derniere, fond de sable gris, mêlé de petits cailloux.

Le canot qui fut à terre ne trouva de difficultés à y aborder que par les gouesmons entrelacés qui cernent toute la côte : il apporta un baril d'eau douce & m'apprit qu'elle y étoit facile à faire ; mais qu'on ne pouvoit mettre à terre, qu'à bas-bord de la cascade, sur une greve de caillou rond, de la grosseur d'un petit œuf ; au lieu qu'à tribord de cette cascade, il y a des roches sur lesquelles la mer brise beaucoup.

Le rivage est rempli de loups & de lions marins : nous y avons pris beaucoup de poissons, sur-tout de ces especes de morues dont j'ai parlé. Enfin, après avoir fait, en cette île, notre provision d'eau, je fis voile le 13 Septembre pour me rendre à *l'île-de-France*.

qui

qui eſt eſſentielle, ont été portés vers l'île d'*Aſſem*, ſituée cinq lieues au ſud-quart-ſud-oueſt de la baie de *Saldagne*, & onze lieues au nord-oueſt-quart-nord 5 degrés nord du Monde, de l'entrée de la baie du Cap : ils n'ont pu y arriver qu'après avoir louvoyé pluſieurs jours.

L'île d'*Aſſem* eſt plus baſſe que l'île *Robben* ; elle a des briſans qui s'avancent de preſque une demi-lieue en mer ; le mouillage eſt du côté de la terre ferme.

Pour entrer à *Table-baie*, & pour en ſortir.

La paſſe pour entrer à *Table-baie*, eſt au ſud de l'île *Robben*, en rangeant de plus près que l'île, la pointe de la terre ferme, qui eſt à tribord, à cauſe d'une roche à fleur d'eau, nommée la *Baleine*, qui eſt aux deux tiers du canal vers le nord. Comme il y a preſque toujours des vaiſſeaux dans cette baie, on ne peut guere ſe tromper pour le mouillage.

En ſortant de *Table-baie*, il faut, au contraire de ce qui a été dit pour y entrer, paſſer toujours au nord de l'île *Robben* ; ceux qui, ſous prétexte du plus court chemin, ont tenté de ſortir par la paſſe du ſud, ont été en danger & obligés de retourner par celle du nord.

Relâche à *Simons-baie*, ſituée dans *Falſe-baie*, lorſque la relâche eſt interdite à *Table-baie*.

Si dans la ſaiſon où l'abord eſt interdit à *Table-baie*, la diſette des vivres ou quelqu'autre beſoin urgent obligeoit les vaiſſeaux de relâcher, on pourroit aller à *Simons-baie* ſituée ſur la rive de l'oueſt d'un grand enfoncement nommé la baie de *Falſe*, qui eſt au ſud de *Table-baie* : on y eſt à l'abri des vents qui ſont les plus à craindre en cette même ſaiſon, & aſſez près de la ville du Cap pour en tirer les ſecours néceſſaires. Il faudra pour cet effet attérer au cap de *Bonne-eſpérance*, dont la latitude eſt de 34° 22'. Il termine la chaîne des montagnes qui s'étendent au ſud depuis *Table-baie*, ce qui le fait aiſément diſtinguer des terres de l'autre côté, qui en ſont à cinq ou ſix lieues vers l'eſt. Au pied de ce Cap, un quart de lieue au large, il y a un rocher nommé le *Soufflet*, & environ à trois quarts de lieue au ſud de celui-ci, un autre rocher nommé l'*Enclume*, dont il faut s'écarter; quand on aura doublé ce dernier, de même qu'un récif qui s'avance à l'eſt du Cap, on cinglera vers le nord, rangeant les rochers dont la terre eſt bordée, à une diſtance ſuffiſante juſqu'à *Simons-baie*, qu'on reconnoît par l'enfoncement que forme la côte vers l'oueſt. Cette baie ou anſe eſt à trois lieues au nord du cap de *Bonne-eſpérance*; à ſa pointe du ſud il y a un petit îlot ou gros rocher qu'il faut ranger, le laiſſant à babord, & le récif de *Romans-klip* du côté de tribord: ce paſſage a un grand tiers de lieue de largeur. Après avoir doublé l'îlot, on ira mouiller dans la baie par huit à neuf braſſes de profondeur, qui eſt le mouillage ordinaire.

Le principal inconvénient de cette relâche conſiſte dans la difficulté d'en ſortir, les vents de ſud-eſt qui ſoufflent fréquemment en ces parages étant directement contraires; mais comme depuis le 15 Mai juſqu'à la fin d'Août, ces mêmes vents ſont rares, & qu'au contraire ceux du nord-nord-oueſt à l'oueſt y regnent alors très-ſouvent, on pourra en profiter pour ſortir de *Simons-baie*, de *Falſe-baie*, & enfin pour ſe mettre au large de la côte qui s'étend vers l'eſt.

Il eſt bon de faire obſerver qu'après avoir rangé le cap de *Bonne-eſpérance*, en remontant vers le nord, on trouve le fond à vingt-huit, vingt-ſix, vingt-quatre & vingt braſſes, de ſorte qu'on peut mouiller en cas de calme.

Situation du *Cap-falſe*.

Le *Cap-falſe*, qui fait le côté oriental de la baie de

ce nom, gît quatre lieues & demie à l'eſt 3 degrés nord du Monde de la pointe de l'eſt du cap de *Bonne-eſpérance*, & à l'eſt-ſud-eſt 1 degré ſud de *Simons-baie*; il ſe reconnoît particulierement à une montagne remarquable par ſon apparence, que les Hollandois appellent *Hanglip* ou la *Levre pendante*. La côte au delà de ce cap s'étend à l'eſt-quart-ſud-eſt & eſt-ſud-eſt formant pluſieurs anſes ou enfoncemens juſqu'au cap des *Aiguilles*, & le rivage eſt par-tout bordé d'un récif qui en rend l'accès très-difficile.

DESCRIPTION DE FALSE-BAIE, *ET*

INSTRUCTION pour les vaiſſeaux qui veulent relâcher à *Simons-baie*.

Par M. DE BOISQUENAY, *Officier des vaiſſeaux de la Compagnie des Indes.*

FALSE-BAIE, ou la *Fauſſe-baie*, eſt ſituée à l'extrémité méridionale de l'Afrique, entre le cap de *Bonne-eſpérance* qui en fait l'entrée du côté de l'oueſt, & le cap *Falſe* qui la termine du côté de l'eſt : la diſtance entre ces deux caps qui fait l'ouverture de la baie, eſt de cinq lieues, & ſon étendue vers le nord d'environ ſix lieues.

Depuis le cap de *Bonne-eſpérance* en allant au nord, on voit une chaîne de montagnes inégales, qui finiſſent à l'entrée de *Table-baie*; la montagne de la *Table*, qui fait face à la rade, en fait partie, & ſe découvre aiſément de l'entrée de *Falſe-baie*, pour peu que le tems ſoit ſerein. Du côté oriental de la baie & depuis le *Cap-falſe*, regne auſſi une autre chaîne de montagnes qui s'étend d'abord au nord jusqu'au fond de la baie, & ensuite au nord-est; l'intervalle entre ces deux chaînes est une basse terre, & les montagnes qu'on y apperçoit sont celles du lointain.

Cap-falſe. Le *Cap-falſe* nommé *Hanglip* par les Hollandois, ou la *Levre pendante*, à cauſe de l'aſpect de ſa montagne, ſe diſtingue encore mieux par la figure d'un coin de mire qu'on lui trouve en venant de l'eſt, de façon qu'on ne peut guere s'y tromper.

Cap de *Bonne-eſpérance.* Le cap de *Bonne-eſpérance*, ſoit qu'on vienne de l'eſt ou de l'oueſt, paroît comme un gros îlot quand on eſt dans un éloignement qui ne permet pas d'appercevoir la réunion de la gorge de ſa montagne avec les autres. Au ſud de ce cap, à un demi-quart de lieue du rivage, il y a un gros rocher nommé l'*Enclume*; & environ trois quarts de lieue au ſud-ſud-eſt de celui-ci, & par conſéquent environ à une lieue de la côte, on voit un autre rocher à fleur d'eau qu'on nomme le *Soufflet* : on prétend qu'il y a paſſage entre les deux, & que la moindre profondeur eſt de 10 braſſes; mais il eſt toujours plus sûr d'en paſſer au large que de s'expoſer dans un détroit peu fréquenté, où le fond eſt mauvais & le courant rapide.

Simons-baie. Quatre lieues au nord du cap de *Bonne-eſpérance*, au dedans de *Falſe-baie*, & au pied des plus hautes montagnes de la côte, eſt l'établiſſement des Hollandois nommé *Simons-baie*, où relâchent ordinairement les vaiſſeaux : quoique cet endroit, à le bien conſidérer, ne ſoit qu'une grande anſe, à l'abri ſeulement des vents compris entre le nord & le ſud-eſt en paſſant par l'oueſt, ceux des autres parties qui viennent du fond de la baie, ou des montagnes qui bordent la côte, ne soufflent jamais dans cette anse avec assez d'impétuosité pour y mettre les vaisseaux en danger, de façon qu'on peut la regarder comme un bon asyle en tout tems.

Avantages de *Simons-baie*.

Le principal avantage de la situation de *Simons-baie*, c'est de mettre les vaisseaux à couvert dans les mois de Mai, Juin, Juillet & Août, des vents du nord-nord-ouest à l'ouest qui sont alors dans leur plus grande force en ce parage, & pour lesquels il n'y a point d'abri à *Table-baie* où est le chef-lieu. Au reste, on trouve à *Simons-baie* tous les secours dont un vaisseau peut avoir besoin après un long cours ou dans le cas d'un dégréement : la Compagnie de Hollande y entretient des magasins bien pourvus en mâture, agrès & ustensiles.

A l'égard des vivres & autres denrées de nécessité ou de convenance, on les tire de la ville du Cap, qui n'en est éloignée que de six à sept lieues ; le transport s'en fait facilement sur des chariots : l'eau & le bois s'y font avec autant d'aisance que dans les ports d'Europe ; on pourroit même, dans un besoin, y caréner sur un ponton.

Isle aux *Pinguins*.

Romans-klip.

Isle de la *Magdelaine*.

A une portée de fusil de la pointe du sud de cette anse, il y a un îlot nommé l'île aux *Pinguins* ; & environ un grand tiers de lieue au nord-nord-est de cet îlot, on voit un petit banc de roches à fleur d'eau appellé *Romans-klip* : le passage ordinaire des vaisseaux, pour entrer & sortir, est entre les deux. On voit aussi environ deux lieues au nord-est de *Romans-klip* les îles de la *Magdelaine* ; ce sont deux petits îlots environnés de rochers dessus & dessous l'eau, dont on apperçoit les brisans.

Lorsqu'on veut relâcher à *Simons-baie* en venant de la

Route pour aller à *Simons-baie* en venant de l'oueſt.

partie de l'oueſt, après avoir reconnu le cap de *Bonne-eſpérance*, & doublé le rocher le *Soufflet*, qui en eſt le plus écarté, on cinglera enſuite vers le nord, rangeant la côte à une lieue de diſtance, ce qui ſuffit pour éviter les rochers dont elle eſt bordée, qui ne s'avancent pas de plus d'un tiers de lieue en mer. L'utilité de cette route, c'eſt de trouver toujours un fond propre à mouiller commodément en cas de calme ou de changement de vent imprévu. En approchant de *Simons-baie*, on en diſtinguera aiſément l'entrée par l'îlot aux *Pinguins* qui eſt ras & uni, & paroît de loin comme un ponton ; mais la principale marque de reconnoiſſance de cet endroit, & celle qu'on découvre de plus loin, ce ſont des dunes de ſable blanc, ſituées ſur la pente des montagnes, au nord-oueſt de l'île aux *Pinguins*.

On pourra ranger cet îlot de près, vu qu'il eſt très-accore & qu'il y a huit braſſes d'eau au pied ; on laiſſera le banc de *Romans-klip* à tribord : la profondeur entre l'îlot & lui eſt de dix à ſeize braſſes. De cette poſition on gouvernera ſur les dunes de ſable juſqu'au mouillage.

Marques pour le mouillage.

La meilleure ſituation où l'on peut être dans la rade, c'eſt d'avoir l'île aux *Pinguins* & le *Cap-falſe* l'un par l'autre au ſud-eſt, 2 à 3 degrés ſud. La porte du magaſin qu'on diſtingue aiſément des autres édifices par ſa grandeur & par ſa couverture en argamaſtre, reſtera au ſud-oueſt 5 degrés oueſt, & on ſera environ à un tiers de lieue du rivage : le récif de *Romans-klip* reſtera à l'eſt-quart-ſud-eſt 4 degrés ſud, dans l'éloignement de trois quarts de lieue, & la pointe du ſud ou de l'eſt de *Simons-baie*, à l'extrémité de laquelle paroiſſent pluſieurs rochers, au ſud-eſt-quart-ſud 5 degrés ſud. On a dans cet endroit un eſpace ſuffiſant en cas de chaſſe, de quelque côté que ſoufflent les vents, étant ſur-tout à couvert par les montagnes de ceux qui ſont les plus violents. Si on avoit un long ſéjour à faire dans cette anſe, on pourroit mouiller un peu plus en dedans, de façon que le *Cap-falſe* fut entiérement fermé ou caché par la pointe de l'eſt.

Maniere d'affourcher à *Simons-baie*.

On doit affourcher dans cette rade ſud-eſt & nord-oueſt, avec cette attention que depuis le mois de Maï juſqu'en Septembre, la grande touée doit être au nord-oueſt, à cauſe que les vents de cette partie ſont les plus fréquens & les plus forts; au contraire il faut la mettre du côté du ſud-eſt, lorſqu'on y ſéjourne depuis Septembre juſqu'en Mai, attendu que les vents de ſud-eſt ſont ceux qui dominent: toutefois il eſt rare qu'on y aille dans cette derniere ſaiſon, la rade de *Table-baie* étant alors préférable.

Route pour aller à *Simons-baie* en venant de l'eſt.

A l'égard des vaiſſeaux qui voudroient relâcher à *Simons-baie*, à leur retour des Indes, de la Chine, ou de quelqu'autre endroit ſitué vers l'orient; après avoir pris connoiſſance de la côte d'Afrique & doublé le *Cap-falſe*, que ſa figure en coin de mire, & le grand enfoncement de *Falſe-baie* qui le ſuit, font aiſément diſtinguer; ces vaiſſeaux, dis-je, gouverneront pour s'approcher du côté de l'oueſt au ſud de *Simons-baie*, afin de ſe procurer un mouillage commode, attendu que vers le milieu de la baie on trouve de plus grandes profondeurs, & en quelques endroits fond de roche, ainſi que du côté de l'eſt où le rivage depuis le *Cap-falſe* eſt environné de récifs.

Si-tôt qu'on aura reconnu l'entrée de *Simons-baie*, ſoit par les dunes de ſable blanc dont on a fait mention, ſoit par la vue de l'île aux *Pinguins*, ou suivra ce qui a été enseigné pour aller au mouillage.

Il est bon d'observer que les rumbs de vent qu'on a indiqués tant pour le mouillage que pour les autres indices, sont ceux de la boussole qui déclinoit alors de 20 degrés nord-ouest ; il faudra avoir égard par la suite à l'augmentation ou diminution de sa variation.

Si quelques circonstances imprévues ne permettoient pas aux vaisseaux qui veulent relâcher à *Simons-baie*, d'atterer à l'est du *Cap-false*, & qu'ils se trouvassent par la latitude de 35° ½ à 36°, dès qu'ils perdront le fond de vase sur les accores de l'ouest du banc des *Aiguilles*, ils feront alors valoir la route nord-quart-nord-ouest du monde, afin de prendre connoissance du *Cap-false* ou du cap de *Bonne-espérance*.

J'ai joint à cette instruction, pour la rendre plus intelligible, la vue des terres de *False-baie* & de quelques autres endroits des environs, avec celle l'anse, telle qu'elle paroît de la rade.

Route pour sortir.

Lorsqu'on voudra sortir de *Simons-baie*, on suivra, en sens contraire, ce qui a été dit pour y entrer. Plusieurs personnes mal informées des vents qui regnent en cet endroit, ont cru qu'il en résultoit des difficultés, sinon pour y entrer, au moins pour en sortir ; ce qui a été cause que beaucoup de Navigateurs prévenus par de faux rapports, on négligé de profiter des secours que pouvoit leur procurer cette relâche : un examen plus réfléchi, fondé sur l'expérience, doit suffire pour détruire ce préjugé.

Vents qui regnent & leurs variétés.

Ayant tenu un Journal exact des vents qui ont regné pendant le séjour que j'y ai fait sur le vaisseau le *Condé*, depuis

depuis le 18 Juillet jusqu'au 29 Août, qui est la saison où les vents du nord-ouest à l'ouest y sont les plus constans, j'ai remarqué que leur durée n'a jamais été de plus de quatre jours sans interruption : ces mêmes vents passent de l'ouest à l'ouest-sud-ouest, ensuite au sud-ouest, au sud & au sud-sud-est, accompagnés de calme & de beau tems.

La plus longue durée des vents du sud-sud-est au sud-est n'a été que de trois jours, & dans l'intervalle des uns aux autres, il y a eu des calmes & des vents variables : delà il suit qu'on peut toujours trouver un tems favorable ou pour y entrer ou pour en sortir.

Attention qu'on doit avoir pour sortir.

Quand on va vers l'est, on doit partir de *Simons-baie* dès que les vents de nord-ouest commencent à souffler ; mais si au contraire on vouloit aller du côté de l'ouest, il faudroit pour lors attendre que ces mêmes vents fussent sur leur déclin, & appareiller de la rade lorsqu'ils passent de l'ouest-nord-ouest à l'ouest, parce que pour l'ordinaire, tombant successivement au sud-ouest, au sud & au sud-est, ils seront bons pour doubler le cap de *Bonne-espérance*, & pour s'élever ensuite au nord-ouest.

Depuis le mois d'Octobre jusqu'au mois d'Avril, qui est la saison où les vents de sud-est sont les plus fréquens & les plus forts, ils ne durent guere plus de cinq ou six jours de suite, & sont toujours suivis des vents variables ; il arrive même souvent à *Simons-baie*, ainsi qu'à *Table-baie*, dans l'une & dans l'autre saison, que ces mêmes vents, après avoir soufflé avec violence pendant le jour & une partie de la nuit, cessent vers le matin, & sont remplacés par une brise de l'ouest-nord-ouest, à l'aide de laquelle les vaisseaux qui appareillent dès le commencement, peuvent sortir de l'anse & gagner le large avant le retour du vent de sud-est. Au surplus, si on étoit surpris dans une position à ne pouvoir doubler l'extrémité des terres, le parti le plus simple & le meilleur seroit de rentrer à *Simons-baie*.

Ce cas nous arriva dans le vaisseau le *Condé*. Ayant appareillé le 25 Août, à midi, avec les vents d'ouest, ceux du sud qui succéderent tandis que nous étions encore au dedans de *False-baie*, nous obligerent d'aller mouiller vis-à-vis la plus haute montagne voisine de l'anse, par vingt brasses fond de sable & vase; le lendemain nous y rentrâmes, & en sortîmes trois jours après.

Passage au nord de *Romans-klip*.

On pourra, si les circonstances l'exigent, soit en entrant, soit en sortant, passer au nord de *Romans-klip*, c'est-à-dire, entre le récif & la côte, en s'écartant d'une pointe de roche qui s'avance un peu au large : ce passage dans lequel on trouve neuf à dix brasses d'eau, est à peu près de la même largeur que celui d'entre *Romans-klip* & l'île aux *Pinguins*.

Canal à terre de l'île aux *Pinguins*.

A l'égard du canal qu'on voit entre cet îlot & la pointe du sud de l'anse; quoique la profondeur en soit, à ce qu'on prétend, de neuf à dix brasses, il ne convient que pour des bots, des chaloupes & autres petits bâtimens.

Route qu'on doit tenir quand on va au delà du cap.

Lorsqu'on va au delà du cap de *Bonne-espérance* sans y relâcher, & que les circonstances ne permettent pas d'en prendre connoissance, il faut au moins, pour vérifier l'estime de la longitude, reconnoître par la sonde le banc des *Aiguilles* *, dont l'accore de l'ouest se prolonge au sud-quart-

* Ce banc prend son nom du cap des *Aiguilles*; & celui qu'on donne à ce cap, vient de ce qu'au commencement de la navigation des Indes, l'aiguille aimantée ne déclinoit point en cet endroit.

ſud-eſt du cap juſques par 36 degrés de latitude. Ce banc s'étend enſuite en forme de courbe à l'eſt-nord-eſt, & au nord-eſt, en cernant la côte d'Afrique l'eſpace de cent quarante lieues : les profondeurs y ſont de ſoixante à cent vingt braſſes, ſuivant la diſtance où l'on eſt de la terre, ſans toutefois être exactement proportionnelles à ſon éloignement. La qualité du fond eſt différente ; on trouve de la vaſe en certains endroits, du ſable en d'autres, quelquefois du gravier, mais aucune poſition particuliere : on remarque ſeulement en général qu'à l'oueſt du cap des *Aiguilles* le fond eſt vaſe, & de ſable du côté de l'eſt. Ainſi la ſonde & le jugement qu'on en peut porter, ſerviront au moins à prévenir l'effet des grandes erreurs de l'eſtime ; & faute de cette précaution, pluſieurs vaiſſeaux ont manqué leur deſtination.

Banc des *Aiguilles*, profondeurs & qualité du fond.

Indépendamment du changement de la couleur de la mer, qui manifeſte ordinairement la proximité du fond, on voit preſque toujours ſur le banc une eſpece particuliere d'oiſeaux blancs avec l'extrémité des aîles noires qu'on appelle *Manches de velours* : ils ſont de la groſſeur d'un gros canard ; leur vol eſt court & aſſez ſemblable à celui des pigeons. On apperçoit auſſi ſouvent des loups marins qui nagent ſur l'eau, & ce ſont les indices certains que l'on eſt ſur le banc.

Indices du banc des *Aiguilles*.

De la vue du cap de *Bonne-eſpérance* * ou bien de la ſonde du banc des *Aiguilles*, en continuant d'aller vers l'eſt, il ſuffira de ſe maintenir entre le parallele de 33 &

Latitudes qu'on doit obſerver pour s'élever vers l'eſt.

* Comme le grand nombre des Obſervations que M. l'Abbé de la Caille a faites au cap de *Bonne-eſpérance* pour en déterminer la longitude, ne laiſſe déſormais aucun doute ſur la ſituation de cet endroit, & que ſa longitude eſt

celui de 36 degrés de latitude pour trouver des vents favorables. Quoique j'aie dit dans mon premier Routier des Indes, que les vents de la partie de l'oueſt étoient plus aſſurés par une grande latitude que ſous une moindre, j'étois alors mal informé : ma propre expérience, jointe à celle de pluſieurs autres Navigateurs que j'ai conſultés à cet égard, m'a convaincu que les vents y ſont plus impétueux ſans être plus conſtans, & la mer bien plus agitée. D'un autre côté, comme dans cette même étendue de mer, les vents viennent ſouvent du nord & du nord-eſt, ils deviendroient d'autant plus contraires à ceux qui voudroient remonter enſuite vers la région des vents généraux du ſud-eſt, qu'ils en feroient plus éloignés. Il ſera donc plus expédient pour rendre la traverſée plus courte & moins pénible, de garder une latitude moyenne.

Les vents du nord-oueſt à l'oueſt-ſud-oueſt ſont à l'eſt, comme à l'oueſt du Cap, ceux qui y cauſent les plus fortes tempêtes ; & quoiqu'ils n'y ſoient dans leur plus grande force que pendant les mois de Juin, Juillet & Août, il arrive pourtant qu'en Avril & Mai, qui doivent être regardés comme la fin de l'automne, on reſſent ſouvent de furieux coups de vent de cette partie.

de 16° 10′ à l'orient du méridien de Paris ; c'eſt à ce point qu'on doit uniquement comparer l'eſtime, ſoit qu'on vienne de l'oueſt ou bien de l'eſt, & la différence qu'on trouvera ſera toujours une erreur réelle. La coutume de pluſieurs Pilotes, de rapporter leur point d'attérage ſur pluſieurs Cartes différentes, pour voir avec laquelle ils ſont le plus d'accord, n'eſt excuſable que quand la ſituation des lieux eſt indéterminée ; mais ſi-tôt qu'on en eſt certain, ceux qui agiſſent ainſi ne font en cela que vérifier une erreur par une autre, c'eſt-à-dire qu'ils font une comparaiſon auſſi inutile que ridicule, qui prouve plutôt l'ignorance que la capacité de celui qui la fait.

Environ cent cinquante lieues à l'est du cap de *Bonne-espérance*, il regne de fréquens orages; l'air est presque toujours enflammé par les éclairs & le tonnere suivis de pluies abondantes, tellement qu'on jouit à peine deux jours de suite d'un tems serein. Ces mauvais tems continuent ainsi l'espace de plus de trois cent lieues au delà : plusieurs personnes qui ont fréquenté ces mers, ont remarqué que leur région s'étend jusqu'au méridien qui passe par la partie orientale de *Madagascar*.

Orages fréquens au delà du cap de *Bonne-espérance*.

Le chemin qu'il faut faire à l'est après avoir doublé le Cap sur les paralleles de latitude que j'ai conseillé de conserver, doit toujours être proportionné à l'éloignement vers l'est des lieux où l'on veut aborder, de façon qu'en quittant les vents d'ouest, ceux du sud-est & de l'est-sud-est qu'on rencontre ensuite soient favorables à la route qu'on doit tenir. Il est vrai que ces mêmes vents de sud-est ne se trouvent guere être réglés que par 26 degrés de latitude, & quelquefois même plus nord; mais comme dans l'intervalle des uns aux autres le vent est bien moins frais & moins constant que dans le parage ordinaire des vents du nord-ouest au sud-ouest, il vaut mieux fréquenter ce dernier que de s'exposer à des calmes & à des variétés toujours préjudiciables au succès des voyages.

Chemin qu'on doit faire à l'est, après avoir doublé ce cap.

Après cet exposé, je vais maintenant traiter de la route qu'on doit faire pour aller aux Indes. Premierement, en passant par le canal de *Mozambique*; secondement, en relâchant aux îles de *France* & de *Bourbon*; troisiemement, en prenant son cours simplement à l'est de *Madagascar*; quatriemement, lorsqu'on passe par la grande route, c'est-à-dire, à l'est de l'archipel des îles & écueils qui s'étendent au nord-est de *Madagascar*.

INSTRUCTIONS

Pour aller aux Indes, par le canal de Mozambique.

On connoît deux mouſſons ou ſaiſons dans le canal de *Mozambique*, celle du ſud-oueſt qui commence en Avril & continue juſqu'en Novembre, & celle du nord-eſt qui ſuccede & dure juſqu'en Avril.

Mouſſon du ſud-oueſt.

Pendant la mouſſon du ſud-oueſt, qui eſt la plus belle ſaiſon, les vents ſoufflent du ſud-oueſt, du ſud-eſt, ainſi que de l'eſt-ſud-eſt, modéré & ſans violence; le long de la terre on en a les briſes : s'il ſurvient alors des tempêtes, elles viennent du nord-nord-oueſt, du nord-oueſt & de l'oueſt-nord-oueſt; mais quoiqu'il vente grand frais, elles ſont de peu de durée. Au large des côtes, on y trouve quelquefois des vents de la partie du nord.

Les courans dans cette ſaiſon ont leur cours vers le ſud, le long de *Madagaſcar*; ils portent quelquefois vers le nord, mais rarement.

Mouſſon du nord-eſt.

La mouſſon du nord-eſt ſe fait ſentir dès les premiers jours de Novembre au nord de *Madagaſcar*, ainſi qu'aux environs des îles de *Comore*, d'*Anjouan* & de *Mayotte*; mais vers la baie de *Saint-Auguſtin*, elle ne commence qu'à la fin du mois : cette baie eſt dangéreuſe en cette ſaiſon, parceque les vents qui viennent ſouvent du nord & du nord-oueſt, ſoufflent droit dans la baie où ils rendent la mer fort groſſe.

Cette même mouſſon du nord-eſt va rarement plus vers le ſud que la baie *Saint-Auguſtin*, & ſeulement par cas fortuit, lorſque la diſpoſition du tems annonce quelques tempêtes : c'eſt le vent du ſud-eſt qui regne en la partie du ſud de *Madagaſcar* pendant toute l'année, à la fin de Novembre, en Décembre, Janvier & Février. Ce même vent de ſud-eſt ſouffle très-fort, & lorſqu'il paſſe au ſud & au ſud-oueſt, il eſt accompagné de pluie.

Etendue de la mouſſon du nord-eſt.

C'eſt principalement pendant cette mouſſon du nord-eſt, que ſurvient dans le canal de *Mozambique* les plus fortes tempêtes : quand les vents du ſud-eſt & du ſud qui regnent au dehors, ſont forts, & qu'ils vont du côté du nord, ils rencontrent ceux du nord-eſt & du nord-oueſt ; & de leur choc mutuel s'enſuit des tourbillons violents & des ouragans : le ciel eſt alors couvert de nuages épais, la pluie eſt abondante, & la mer très-agitée.

Pendant la mouſſon du nord-eſt, les courans dans le canal de *Mozambique* portent vers le ſud tout le long de la côte d'Afrique, & même au large : leur vîteſſe ordinaire eſt de 7 à 8 lieues en 24 heures ; mais à la côte de *Madagaſcar*, ils remontent en ſens contraire, & portent vers le nord.

Route que doivent tenir les vaiſſeaux.

Les vaiſſeaux qui vont au canal de *Mozambique*, après avoir doublé le cap de *Bonne-eſpérance* & s'être aſſuré de leur point, ſoit par la vue de la terre, ſoit par la ſonde du banc des *Aiguilles*, doivent continuer la route de l'eſt, & ne quitter le parallele de 35 degrés de latitude qu'après avoir atteint 33° de longitude orientale, méridien de Paris : alors on peut remonter vers le nord, en faiſant d'abord valoir la route l'eſt-nord-eſt, enſuite le nord-eſt, le nord-nord-eſt & le nord, de façon à prendre connoiſſance de la partie du sud-ouest de *Madagascar* par 24° 30′ de latitude.

Attérage à *Madagascar*. Lorsqu'on approche de *Madagascar*, il ne faut point pendant la nuit atteindre la latitude de la partie du sud de cette île, qui est par 25° 36′, pour ne pas risquer de l'aborder dans le cas d'une erreur imprévue vers l'est, entre le cap *Sainte-Marie* & le banc de l'*Etoile* : la côte porte sonde à 8 ou 9 lieues au large, & on y trouve de 40 à 25 brasses fond de sable & de gravier. Le banc de l'*Etoile* est vingt-quatre lieues à l'ouest-nord-ouest du cap *Sainte-Marie*, & par la même latitude que je l'ai marqué sur ma Carte, ce qui a été vérifié sur le vaisseau l'*Adour*, commandé par M. de Bellême, qui pensa s'y perdre pendant la nuit du 27 au 28 Mai 1765 : faisant route au nord-nord-ouest, il tomba subitement de 30 à 8 brasses entre les brisans. Il est bon d'observer que la sonde ne s'étend point à l'ouest de ce banc, & qu'à un quart de lieue des roches, on trouve 80 à 90 brasses : plusieurs bâtimens ont passé à terre. Le canal a trois lieues de largeur, & il suffit de ranger *Madagascar* à une lieue & demie ou deux lieues au plus pour ne pas le craindre ; les roches les plus écartées sont à environ cinq lieues au large. L'attérage que je conseille par 24° 30′ de latitude, ne contient aucun danger ; la côte est assez unie, & de moyenne hauteur : on la rangera à deux lieues, jusqu'à découvrir l'île *Sablonneuse*, qui est à l'entrée de la baie *Saint-Augustin*, par 23° 42′ de latitude, & 41° 50′ de longitude orientale. Elle est basse, couverte d'arbrisseaux, environnée de brisans, & le rivage est de sable blanc. On découvre du côté du nord de la baie *Saint-Augustin*, une montagne en forme de table, que les Anglois appellent la *Salle de Westminster*, qui est l'objet le plus remarquable.

Banc de l'*Etoile*.

Isle *Sablonneuse* & baie *St. Augustin*.

Il

Il eſt imprudent, quand on donne dans le canal de *Mozambique*, de négliger de rectifier ſon point par la vue de la terre; ſans cette précaution on riſque de tomber inopinément ou ſur la *baſſe Juive*, qui eſt au milieu du canal, ou ſur les dangers de la côte d'Afrique, ou bien ſur ceux qui ſont du côté de *Madagaſcar* : ainſi lorſqu'on aura atteint, en s'élevant au nord, 25 degrés de latitude, il faut cingler à l'eſt, ou bien à l'eſt-nord-eſt, pour reconnoître *Madagaſcar*, avant que de monter le canal.

Baſſe Juive.

De la vue de l'île *Sablonneuſe*, étant à trois lieues au large, on fera d'abord valoir la route le nord-oueſt-quart-nord, juſques par 22° 30′, pour s'écarter de la côte de *Madagaſcar*, qui s'étend plus à l'oueſt que toutes les anciennes Cartes ne le marquent: on la fera enſuite valoir le nord-quart-nord-oueſt & le nord juſques par 16 degrés de latitude. On paſſera, par ce moyen, à l'eſt d'un rocher, ſitué par 21° 27′ de latitude, à vingt-huit lieues de diſtance de la côte de *Madagaſcar*; & à l'oueſt de tous les dangers qui environnent cette île, tels que *Saint Chriſtophe*, *Jean de Nove* & un autre danger vu en Août 1756 par les vaiſſeaux le *Cheſterfield*, le *Walpool* & l'*Hector*. Ce dernier eſt par 16° 13′ de latitude ſud, & ſous un méridien de 30′ à l'oueſt de l'île *Sablonneuſe* : cet écueil n'a qu'un demi-tiers de lieue de diametre, & il y a un rocher au milieu contre lequel la mer briſe beaucoup. Ces vaiſſeaux eurent 30 braſſes d'eau quand ils le virent, & enſuite gouvernant au nord-eſt en l'approchant, ils trouverent 19, 20, 12, 10, 7 & 6 braſſes à demi-encablure des briſans; enſuite 7 ½, 12 & 25 braſſes à deux ou trois lieues à l'oueſt dudit écueil, enſuite point de fond à 40 braſſes. Ces vaiſſeaux avoient eu

Dangers au large de *Madagaſcar.*

connoiſſance la veille de l'île *Saint-Chriſtophe*, qui eſt à vingt-quatre lieues au ſud, 5 degrés oueſt de l'autre écueil.

Jean de Nove. *Jean de Nove*, à qui j'avois mal-à-propos donné le nom de *Saint-Chriſtophe* ſur mes anciennes Cartes, eſt plus à l'oueſt par 17 degrés de latitude; cette île fut rencontrée le 27 Juin 1740 par le vaiſſeau la *Paix*, qui avoit trouvé dix lieues à l'eſt-quart-ſud-eſt différentes profondeurs de 7 à 15, 20 & 30 braſſes. Elle eſt baſſe, ſablonneuſe, couverte d'arbriſſeaux, & entourée de récifs à plus d'une demi-lieue au large; & le tout peut avoir deux à trois lieues de circuit. On peut l'appercevoir de trois à quatre lieues; elle eſt d'un degré 45 minutes à l'oueſt du méridien d'*Anjouan*.

Cette île a été vue le 7 Juin 1769, par le vaiſſeau le *Marquis de Sancé*; on eſtime qu'elle peut avoir environ une lieue d'étendue entre les deux pointes qui ſe prolongent du nord au ſud : au milieu il y a une demi-lieue de terrein qui paroît un peu plus élevé par les bois dont il eſt couvert. Les briſans s'étendent à deux tiers de lieue du côté du ſud, & vers l'extrémité on voit une groſſe roche noire, élevée d'environ 9 à 10 pieds : du côté du nord les briſans ne ſe prolongent guere qu'à un tiers de lieue. On y voit auſſi un petit rocher blanc ſur lequel la mer briſe, & qu'on prendroit à deux ou trois lieues d'éloignement pour un vaiſſeau à la voile : il eſt prudent de ne pas paſſer la latitude de cette île pendant la nuit.

Pluſieurs vaiſſeaux, & ſur-tout les Anglois, font valoir la route le nord-oueſt-quart-nord, en partant de la vue de l'île *Sablonneuſe*, juſques par 16 degrés, en ſe méfiant de l'île *Saint-Chriſtophe* & de l'écueil du *Cheſterfield*, lorſqu'on approche de leur latitude : cette route eſt également bonne,

& l'on paſſe à une diſtance ſuffiſante de *Madagaſcar* & des dangers qui l'environnent.

Lorſqu'on aura atteint 16 degrés de latitude, ſuppoſant qu'on ſoit d'un degré plus oueſt que l'île *Sablonneuſe*, il faudra faire valoir la route le nord-eſt-quart-nord pour prendre connoiſſance de l'île *Mayotte*, dont le milieu eſt ſitué par 13 degrés de latitude ſud, & 55 minutes à l'eſt du méridien de l'île *Sablonneuſe*; ſi l'on étoit plus oueſt qu'on ne l'a ſuppoſé, il faudroit faire valoir la route le nord-eſt, juſqu'à reconnoître cette île qui a un pic du côté du ſud fort remarquable : à ſa pointe du nord on voit un gros îlot & deux autres plus petits. Si par l'effet de quelques courans imprévus on tomboit du côté de l'eſt de cette île, il eſt bon de ſavoir qu'il y a un récif à l'eſt-nord-eſt, quatre à cinq lieues. Il fut vu en 1713 par les vaiſſeaux le *Lys Brillac* & les *deux Couronnes*; & lorſque la pointe du nord de *Mayotte* reſtoit au nord-oueſt-quart-oueſt du compas, & celle du ſud au ſud-oueſt-quart-oueſt ſix à ſept lieues, ce récif reſtoit au nord-oueſt-quart-nord à deux lieues de diſtance : le reſte de l'île paroît des montagnes diſperſées. Iſle *Mayotte*.

L'île d'*Anjouan* eſt au nord-oueſt de celle-ci, & il n'y a que dix à onze lieues de la pointe du nord de *Mayotte* à celle du ſud d'*Anjouan*, qui a à peu près la forme d'un triangle ; elle eſt plus haute que *Mayotte*, ſur-tout par ſon milieu : ſa latitude eſt de 12° 15'. Pour aller au mouillage, on rangera la côte du ſud-oueſt, le long de laquelle il y a un récif très-accore : on laiſſe du côté de l'oueſt *Moely*, éloignée d'*Anjouan* de dix lieues, & au ſud de laquelle il y a pluſieurs îlots. Iſle *d'Anjouan*. Iſle *Moely*.

A la pointe du nord-ouest d'*Anjouan*, on voit un îlot en forme de mamelle, qu'il faudra ranger de près, ainsi que le reste de l'anse qu'il borne du côté de l'ouest. On commence à trouver le fond dès que l'on est nord & sud de cet îlot par 20 à 25 brasses.

Une lieue à l'est-quart-nord-est de l'îlot, il y a un récif contigu à l'île, sur lequel on voit la mer briser ; il s'en écarte d'une portée de fusil, & a environ deux encablures de l'est à l'ouest : lorsqu'on l'aura doublé, il faudra ranger de près la terre pour se rendre au mouillage qui est vis-à-vis une plage de cocotiers, où on laissera tomber l'ancre de terre par 10 brasses fond de sable brun vaseux. On affourche sud-est-quart-sud & nord-ouest-quart-nord l'ancre du large par 25 brasses fond de sable noir ; & de cette position, on releve la pointe du nord de l'îlot des *Mamelles* à l'ouest-nord-ouest 3 degrés nord, trois lieues ; l'entrée de la petite riviere qui tombe dans l'anse du mouillage au sud-quart-sud-est 2 degrés sud, quatre lieues ; la tour de la mosquée de la ville à l'est 2 degrés nord ; la pointe du nord-est de l'île au nord-est, deux lieues un tiers ; le milieu de l'île *Comore* au nord-ouest 3 degrés ouest, vingt à vingt-deux lieues.

Route qu'on doit tenir pour aller au mouillage *d'Anjouan.*

On ne sauroit trop recommander d'avoir soin de ranger de près la côte depuis l'île aux *Mamelles*, sans cela on risque de manquer sa relâche : il faudra seulement veiller les huniers à cause des raffales qui s'échappent par les vallées de la montagne.

Cette île abonde en rafraîchissemens, & les habitans sont affables ; mais l'air du pays est très-mal-sain, & on ne s'en garantit qu'en ne couchant point sur l'île : c'est à quoi ceux qui relâchent doivent avoir attention pour ne pas perdre une partie de l'équipage par les fievres malignes qui en sont les suites, & il est bon de quitter la terre avant le coucher du soleil.

L'établissement des marées est à 4 heures & demie; le flot porte au nord-ouest & le jusant à l'est : ce qui toutefois n'est pas bien réglé. La variation y étoit en 1765 de 18° 30′ nord-ouest.

Pendant la mousson du sud-ouest, les petits vents variables & les calmes sont fréquents entre ces îles; le courant en général porte au sud-ouest, ce qui a été éprouvé par plusieurs vaisseaux d'un tems calme.

Lorsqu'on part de l'île d'*Anjouan* pour aller aux Indes, on peut faire valoir la route le nord-nord-est jusques par 7 degrés de latitude; & pourvu qu'on ne prenne pas plus de l'est, il n'y a rien à craindre : au surplus, comme la latitude des îles *Aldabra* est connue, on peut s'en méfier dans la supposition d'une erreur vers l'est, qui peut d'autant moins avoir lieu, qu'on a éprouvé au contraire que le courant portoit au sud-ouest aux environs de ces îles.

Route en partant *d'Anjouan.*

Isles *Aldabra.*

C'est sans doute l'incertitude de la position d'*Aldabra* & de *Natal*, qui a engagé plusieurs vaisseaux à ne faire valoir la route que le nord-quart-nord-est en partant d'*Anjouan*; mais depuis ce tems-là ces îles ont été reconnues. *Aldabra* a été visitée par les sieurs Grossin & Picault en 1743; ils mouillerent du côté du nord, après avoir vu la petite île qui est au sud-est.

Ces mêmes îles, ainsi que *Cosmoledo* ont été vues en 1756 par la frégate le *Cerf*, Capitaine M. Morphey; en 1762 M. Grand'maison, en partant d'*Anjouan*, ayant

Cosmoledo.

fait valoir ſa route le nord-eſt-quart-nord, prenant de l'eſt, tomba près des récifs d'*Aldabra*, qui n'étoit pas alors marquée ſur ma Carte. L'île *Natal* a été vue par le S. Baril, dans un petit bâtiment qui alloit aux Indes : ces autorités ſemblent devoir ſuffire ici pour l'exiſtence & la poſition de ces îles.

Iſle *Natal.*

Baſſe de *Patram.*

La baſſe de *Patram* a été vue par le vaiſſeau le *Pitt* en 1758, par 4° 30′ de latitude ſud, & 50′ plus eſt que le méridien de l'île *Comore.*

Ecueil à l'eſt de *Zanzibar.*

En 1758, le vaiſſeau *Latham* a vu un écueil à l'eſt de l'île *Zanzibar*, par 6° 57′ de latitude, & ſous un méridien de 7° 10′ à l'oueſt du cap des *Baſſes.*

Banc *d'Ambre.*

Le banc d'*Ambre*, ſitué ſous la ligne équinoxiale, a été vu par pluſieurs vaiſſeaux Anglois, & notamment par la *Panthere* en 1760 ; & ſuivant un milieu pris entre les points, cet écueil, que quelques-uns d'entr'eux diſent avoir vu à ſec, ſeroit par 49° 15′ de notre longitude.

Après avoir fait route au nord-nord-eſt du monde, en partant d'*Anjouan*, quand on ſera par 7° de latitude, ſi on fait enſuite valoir la route le nord-eſt 5 degrés eſt, on rejoindra celle que font tous les vaiſſeaux qui vont des îles de *France* & de *Bourbon*, ou de *Madagaſcar* aux Indes, & on coupera, comme eux la Ligne par 52° 30′.

De cette poſition on cinglera vers le canal dès 9° 30′, & on ira attérer à la côte de *Malabar*, d'où on ſuivra les inſtructions que je donnerai dans mon Routier des Indes.

INSTRUCTION

Pour aller aux Indes, en passant aux îles de France *&* de Bourbon.

LEs vaisseaux qui voudront aller à l'*île-de-France*, après avoir doublé le cap de *Bonne-espérance*, s'entretiendront, en allant vers l'est, sur les paralleles de 35 à 36 degrés de latitude, jusques par 55 degrés de longitude orientale : delà cinglant à l'est-nord-est & ensuite au nord-est, ils feront en sorte de n'atteindre le parallele de 26 degrés de latitude que par 61 degrés de longitude; c'est-à-dire, nord & sud de l'île *Rodrigue*.

Ce que doivent faire les vaisseaux qui vont à l'*île-de-France*.

De cette derniere position, on fera valoir la route le nord, jusques par 20 degrés de latitude : en naviguant de cette façon, on préviendra l'effet des plus grandes erreurs de l'estime de la longitude, & on pourra se flatter de ne pas manquer le lieu de la destination.

L'observation des variations de l'aiguille aimantée procure le même avantage dans les mers orientales qu'à l'occident du cap. Ces déclinaisons semblent garder entr'elles une telle proportion quand on va de l'occident vers l'orient, ou de l'orient vers l'occident, qu'on peut les considérer comme des moyens de s'apperçevoir de ces mêmes erreurs de l'estime ; c'est pourquoi on ne doit pas négliger les occasions, ainsi que les différens moyens qu'on a sur mer pour s'en assurer. L'indifférence de plusieurs Navigateurs, qui en abandonnent souvent la pratique à des

Utilité d'observer la variation dans ces mers.

gens qui n'en connoiſſent pas à beaucoup près la conſéquence, eſt très-condamnable *.

Regles que ſuivent les variations.

J'ai dit ci-devant que la variation étoit d'environ 20 degrés nord-oueſt au cap de *Bonne-eſpérance* ; elle augmente encore vers l'eſt juſqu'à la quantité de 27 degrés ; & ſuivant mes obſervations & celles qui m'ont été communiquées depuis, cette plus grande variation ſe trouve preſque nord & ſud du milieu du canal de *Mozambique* : elle diminue enſuite en allant vers l'eſt. Je n'ai pu juſqu'ici avoir une ſuite d'obſervations récentes pour en former une table inſtructive : je l'ai obſervée de 11° 15′ à l'île *Rodrigue* en 1757. J'ai remarqué que dans cette partie de l'Océan oriental les lignes d'une même variation s'étendent à peu près du ſud-eſt au nord-oueſt.

Banc de roche ſuivant les Hollandois.

Le banc que j'ai tracé ſur ma Carte, au ſud du canal de *Mozambique*, a été découvert en l'année 1748, par le vaiſſeau de la Compagnie de Hollande, nommé le *Soutvan-capel*, en allant du cap à l'*île-de-France*, par 37° 20′ de latitude ſud, & 20° 20′ à l'eſt du cap de *Bonne-eſpérance*. Ce vaiſſeau le côtoya un jour entier, & remarqua qu'il s'étendoit

* On ſe ſert ordinairement de l'obſervation des amplitudes occaſes & ortives du Soleil pour connoître la variation, & cette méthode eſt à la portée du commun des Pilotes ; celle qui réſulte de l'azimut, & qui exige un plus long calcul, pourroit y ſuppléer, ſi on l'employoit avec plus d'attention. On ne doit point ſe borner, comme on le fait preſque toujours, à l'obſervation du matin, il faut la réiterer après midi, lorſque le Soleil eſt à la même hauteur, & que l'intervalle ſoit au moins de deux heures avant & après midi ; mais ce qu'on doit ſur-tout éviter, ſoit pour les amplitudes, ſoit pour l'azimut, c'eſt de placer le compas dans des endroits où il y a beaucoup de fer. Le gaillard d'avant eſt de ce nombre, à cauſe de la proximité des ancres ; celui de derriere, & la dunette en particulier, y convient mieux, pourvu qu'on ſoit éloigné des chandeliers de liſſe lorſqu'ils ſont de fer ; leur ſituation verticale augmente leur action, & les compas varient dès qu'on les en approchent.

tendoit de vingt-ſix lieues de l'eſt à l'oueſt, & de treize à quatorze lieues du nord au ſud. Quoiqu'on n'ait eu depuis ce tems-là aucune confirmation de l'exiſtence de ce banc, je crois qu'il eſt prudent de s'en méfier.

J'ai paſſé au nord & au ſud, dans un éloignement à ne pouvoir pas en avoir connoiſſance; j'ai remarqué ſeulement, ainſi que pluſieurs autres Navigateurs, que dans ce parage la mer étoit très-agitée & la vague fort courte.

Route qu'on doit tenir quand on aura atteint la latitude de l'*Île-de-France*.

Lorſqu'on aura atteint la latitude de 20 degrés, ainſi qu'il a été dit ci-deſſus, on fera valoir la route l'oueſt juſqu'à la vue de l'*île-de-France*.

La variation fera connoître à peu près, ſi l'on eſt à l'eſt ou bien à l'oueſt de l'île *Rodrigue*: dans le premier cas, on la trouveroit de 9 à 10 degrés, ſuivant la diſtance où l'on en ſeroit; mais ſi on l'obſervoit de 12 à 13 degrés, on ſeroit alors entre les deux îles. Au reſte, ſi la différence de l'eſtime de la longitude étoit du côté de l'eſt, & qu'on eût connoiſſance de *Rodrigue*, on en paſſera du côté du ſud.

Vue de l'île *Rodrigue*.

Deſcription de l'île *Rodrigue* & des dangers qui l'environnent.

Cette île eſt ſituée par 19° 40′ de latitude méridionale, & par 60° 52′ de longitude orientale, ſuivant les obſervations de M. Pingré, en 1761. Sa longueur eſt d'environ ſix lieues de l'eſt à l'oueſt, & ſa plus grande largeur de deux lieues & demie du nord au ſud. On la découvre aiſément de dix à douze lieues en mer, & ſon terrein, dans cet éloignement, à quelques petites élévations près, paroît aſſez égal. Cette île eſt cernée au nord, au ſud, ainſi qu'à l'oueſt, d'un banc de cayes ou roches ſous l'eau, ſur lequel on voit pluſieurs petits îlots & rochers diſperſés: ce banc s'étend d'une lieue & demie au large. La partie du nord-eſt

eſt la moins dangereuſe ; le récif s'écarte très-peu du rivage, de ſorte qu'on peut ranger l'île de près de ce côté-là. L'endroit le plus commode pour y aborder, eſt au nord vis-à-vis l'habitation. Il y a auſſi un canal entre les récifs du côté du ſud, mais il eſt tortueux, & il faut être abſolument pratique pour y entrer.

On entretient ſeulement un corps-de-garde avec quelques Noirs, en cette île, pour y ramaſſer la tortue de terre, dont la quantité diminue tous les jours : il eſt même à craindre que les rats & les chats ſauvages, qui y multiplient beaucoup, n'en détruiſent bientôt l'eſpece.

Ce qu'on doit faire quand on y relâche.

Les vaiſſeaux qui veulent y relâcher, ſoit pour s'y pourvoir de tortues, ſoit pour y porter des avis, accoſteront l'île du côté du nord-eſt à une demie-lieue ; & rangeant enſuite les récifs juſqu'à ce que la pointe du nord de l'île reſte au ſud-oueſt, on pourra mettre en panne ou louvoyer à petits bords pour attendre la chaloupe, qu'on aura eu ſoin d'envoyer de bonne heure, afin qu'elle ne ſoit pas expoſée à tomber ſous le vent de l'habitation.

Inſtruction pour ceux qui veulent y mouiller.

Ceux qui voudront aller au mouillage de l'anſe que forment les récifs, rangeront celui de la pointe du nord à la diſtance d'une portée de fuſil ; & lorſque le pavillon de l'habitation reſtera au ſud-oueſt du compas, on prendra l'amure à babord, gouvernant au ſud-oueſt-quart-ſud, pour paſſer ſous le vent de pluſieurs rochers qui bordent le récif, & on ira mouiller par neuf braſſes fond de ſable, à une portée de piſtolet du récif. De cette poſition, le coude du récif qui forme l'anſe du côté de l'eſt, reſtera au nord-eſt un tiers de lieue ; le pavillon de l'habitation au ſud-oueſt 3 degrés ſud, une demi-lieue ; l'îlot aux *Diamans*, qui est le plus voisin de l'île, à l'ouest-quart-sud-ouest 5 degrés sud, une lieue; l'îlot aux *Foux*, qui est le plus écarté, à l'ouest-quart-nord-ouest 5 degrés nord; & la pointe des brisans de tribord, au nord-ouest-quart-ouest, cinq quarts de lieue.

Au nord 5 degrés ouest de cet endroit, à la distance d'une demi-lieue, il y a trois ou quatre petits bancs de roches, dont l'étendue est d'environ un quart de lieue de l'est à l'ouest, & d'un huitieme de lieue du nord au sud : il reste environ huit à dix pieds d'eau sur l'endroit le moins profond.

Quand on fait voile de ce mouillage, pourvu qu'on n'ait pas beaucoup dérivé en appareillant, il suffira de faire route au nord pour passer sur l'extrémité de l'est de ces mêmes bancs, par dix ou douze brasses de profondeur, à laquelle on distinguera aisément le fond; mais si on gouvernoit au nord-quart-nord-est ou au nord-nord-est, on tiendroit alors le milieu du canal entre les roches & le récif.

On peut également en passer sous le vent, c'est-à-dire, entre les roches & le récif de l'ouest, en gouvernant d'abord au nord-ouest-quart-nord 3 degrés ouest, ensuite au nord; & quand on sera entre les deux, on fera environ une demi-lieue sur un fond de roches qu'on voit distinctement, & sur lequel il y a au moins huit brasses de profondeur.

Distance de l'île *Rodrigue* à l'*île-de-France*, & précautions à prendre pour y attérer.

On compte cent lieues de l'île *Rodrigue* à l'*île-de-France*; quand on n'a point eu connoissance de la premiere & qu'on est incertain de la distance où l'on est de l'autre, il faut en cinglant vers l'*île-de-France*, naviguer avec beaucoup de prudence, crainte de la rencontrer inopinément pendant la nuit. Les récifs qui environnent la partie de l'est, & qui s'avancent en quelques endroits au large, en rendent l'abord imprévu très-dangereux.

Cette île s'apperçoit aiſément de quinze à ſeize lieues en mer, d'un beau tems, mais très-ſouvent les nuages & les brouillards qui s'élevent au-deſſus ne permettent pas de la découvrir à cet éloignement : ſon terrein, ſur lequel s'élevent pluſieurs montagnes de différentes grandeurs & figures, en rend l'aſpect très-irrégulier. Lorſqu'on y attere par 20 degrés de latitude, on voit à la partie du ſud, un groupe de hautes montagnes, nommées les *Montagnes de Bambous*, qui ſont au-deſſus du port du ſud-eſt, & du côté du nord on apperçoit quatre îlots, qui ſont au nord-eſt de la pointe du nord de l'*île-de-France*. C'eſt entre ces îlots qu'on paſſe ordinairement pour aller au port du nord-oueſt, qui eſt l'endroit principal de cette île*.

Iſle *Ronde*.

L'île *Ronde*, qui eſt l'îlot le plus avancé en mer, eſt auſſi le plus remarquable quand on vient de l'eſt ; on le découvre de dix à douze lieues. Cet îlot, qui n'a tout au plus qu'un tiers de lieue de longueur, paroît arrondi & ſemblable à un tas de foin ; en l'approchant, on voit un gros rocher aride ou îlot beaucoup plus petit, qu'on appelle

* En l'année 1751, j'ai déterminé par pluſieurs obſervations différentes, la latitude & la longitude du port du nord-oueſt, ou du *Port-louis* de l'*île-de-France* ; & ſuivant le réſultat des unes & les correſpondantes des autres, j'ai trouvé qu'il eſt ſitué par 20° 9′ 43″ de latitude méridionale, & de 3h 40′ 30″ plus oriental que l'Obſervatoire royal de Paris, qui répondent à 55° 7′ 30″ de longitude occidentale. Un autre ayant eu occaſion d'y faire encore les mêmes obſervations en 1753, avec de plus grands inſtrumens que ceux dont j'étois pourvu, a trouvé, à deux ſecondes près, les mêmes réſultats, c'eſt-à-dire, 20° 9′ 45″ pour la latitude, & trois heures 40′ 32″ pour la différence des méridiens.

J'ai auſſi déterminé en 1740, & vérifié en 1751, la ſituation de l'île de *Bourbon*, & j'ai trouvé la latitude du bourg de Saint-Denis de 20° 51′ 44″, & ſa longitude de 53° 10′, de même que la latitude du bourg de Saint-Paul, en la même île, de 20° 59′ 44″. On trouvera le détail de mes obſervations dans les Mémoires préſentés à l'Académie, *Tom. IV*.

l'île au *Serpent*, qui gît au nord-nord-eſt 5 degrés eſt de l'île *Ronde*, & n'en eſt ſéparé que d'un quart de lieue.

Iſle au *Serpent*.

L'île *Ronde* eſt ſituée par 19° 50′ de latitude; & lorſqu'on vient attérer par cette hauteur à l'*île-de-France*, on apperçoit plutôt cet îlot que la grande île, ſur-tout quand le ciel eſt un peu couvert & l'horizon épais. Quand on vient du ſud, l'île *Ronde* paroît moins; mais on découvre alors ſa plus grande étendue. Soit qu'on vienne de ce côté-là ou de celui de l'eſt, on doit toujours gouverner pour en paſſer au ſud, à trois quarts de lieue ou à une demi-lieue de diſtance, d'où on fait route enſuite vers un autre îlot, nommé le *Coin de mire*, qui en eſt éloigné de trois lieues deux tiers au ſud-oueſt-quart-oueſt 3° 30′ oueſt. Comme cet îlot a la forme d'un coin, cette apparence lui en a fait donner le nom.

Le *Coin de mire*.

Une lieue au nord-eſt du *Coin de mire*, & deux lieues & demie à l'oueſt-ſud-oueſt de l'île *Ronde*, eſt ſituée l'île *Longue* ou *Plate*, à cauſe qu'elle eſt baſſe en plus grande partie; elle eſt diviſée en deux par un petit bras de mer, dans lequel les pirogues peuvent paſſer. On voit au nord-eſt un gros rocher qui reſſemble à une groſſe tour; il paroît ſéparé de l'île *Plate*, quoiqu'il y ſoit joint par une chaîne de rochers à fleur d'eau. Le bout du nord-oueſt de l'île *Longue* eſt haut & eſcarpé au bord de la mer. C'eſt entre cette île & le *Coin de mire* qu'eſt le paſſage ordinaire des vaiſſeaux.

Iſle *Longue*.

Ainſi, après avoir doublé l'île *Ronde* du côté du ſud, on gouvernera ſur le *Coin de mire*, le laiſſant cependant un peu à babord, afin de s'écarter de pluſieurs rochers deſſus & deſſous l'eau qui bordent le côté du nord du *Coin de*

Route qu'on doit tenir pour paſſer entre ces îlots & ſe rendre au port du nord-oueſt de l'*île-de-France*.

mire, dont les plus avancés en mer en font écartés d'une portée de fufil.

Auffi-tôt qu'on aura doublé la roche la plus à l'oueft, on s'approchera du *Coin de mire*, dont la partie de l'oueft eft la plus élevée & coupée à pic jufqu'à la mer. De cet endroit on cinglera pour ranger la pointe des *Canonniers* qui gît directement au fud-oueft 2 degrés oueft du plus élevé du *Coin de mire*, en donnant rumb aux brifans ou rochers de cette pointe qui s'avancent d'une demi-portée de canon en mer.

Les courans ou marées dont l'établiffement eft d'une heure, font ordinairement très-violens entre ces îles, & on a remarqué que leur vîteffe eft de trois quarts ou d'une lieue par heure. Le flot porte au nord-eft ou quelquefois à l'eft, & le jufant en fens contraire : on doit donc y faire attention & prendre un peu plus de l'un ou de l'autre côté, fuivant le cas où l'on fe trouvera.

L'île *Longue* forme une anfe de fable vis-à-vis du *Coin de mire*; à fa pointe du fud-oueft, il y a une chaîne de rochers qui s'avancent en mer d'une portée de canon : comme ce récif eft dangereux, on doit ranger le *Coin de mire* de plus près, ou fe tenir au moins à mi-canal.

L'intervalle entre le *Coin de mire* & la partie du nord de l'*île-de-France*, eft rempli de hauts-fonds; c'eft pourquoi il ne faut point s'expofer à y paffer quand on n'en connoît pas la fituation & les iffues.

Si le calme furvenoit lorfqu'on eft entre ces îles, le meilleur parti qu'on pourroit prendre, feroit de mouiller avec une ancre à jet, par quinze ou vingt braffes fond de gravier ou de corail, qui eft le fond ordinaire : on évitera par cette précaution d'être jetté par les courans ſur le récif qui eſt joint à l'île *Plate*, ou entraîné entr'elle & l'île *Ronde*, où il y a pluſieurs hauts-fonds, & principalement une chaîne de rochers qui s'étend de l'île *Ronde* près d'une lieue à l'oueſt-nord-oueſt. Cet écueil qui ne briſe que quand la mer eſt agitée, rend ce canal étroit & dangereux : j'y ai paſſé, & j'ai diſtingué le fond ſur la pointe du récif ; & quoiqu'il ne me ſoit arrivé aucun accident, il me paroît plus à propos, quand on eſt ſous le vent de l'île *Ronde*, de paſſer au dehors de l'île *Plate*, la ranger à une demi-lieue, & cingler de-là vers la pointe des *Canonniers*.

Après avoir doublé cette derniere, on fera route en accoſtant la terre, pour ranger de plus près la pointe du bras de mer qui en eſt éloigné d'une lieue. On prolongera enſuite, à un quart de lieue de diſtance, les récifs qui bordent la côte, en prenant garde à ceux qui ſont à l'entrée de la baie des *Tortues* & devant celle du *Tombeau*, qui s'avancent le plus au large : pour les éviter il faut s'entretenir, au moins, par la profondeur de treize à quatorze braſſes pendant le jour, & par celle de vingt braſſes, pendant la nuit.

Du récif du *Tombeau*, la route doit prendre un peu plus du ſud ; on gouverne au ſud-ſud-oueſt juſqu'à mettre dans le même alignement la pointe de tribord de la grande riviere, la montagne du corps-de-garde & une petite monticule. De cette poſition, on portera au ſud-oueſt ſur deux bouées qui ſont à l'entrée du port, au bout du récif de l'île aux *Tonneliers*, ſur leſquelles il y a deux petits pavillons pour ſervir de marque. On continuera cette route juſqu'à ouvrir la pointe la plus avancée de l'île aux *Tonneliers* par la petite montagne de l'enfoncement du cap; alors on mouillera par quatorze ou quinze brasses, à la distance d'une encablure des deux petits pavillons dont on vient de parler.

Si les vents souffloient du nord ou du nord-ouest, comme il arrive quelquefois, il sera inutile alors de mouiller en dehors, vu qu'on peut entrer aisément dans le port; le chenal y est indiqué par des bouées qui portent aussi de petits pavillons. On gouverne au sud-est & sud-est-quart-sud sur deux pointes de montagnes, qu'on nomme les *deux Pitreboots*, les laissant un peu à tribord: on ira ainsi jusqu'aux dedans de la premiere pointe de l'île aux *Tonneliers*.

Ce qu'on doit faire pendant la nuit.

Quand on n'a connoissance de l'île *Ronde* que le soir, & qu'on ne peut pas doubler le *Coin de mire* avant la nuit, comme il est dangereux de s'exposer entre les îles lorsque l'obscurité ne permet pas de distinguer les objets, il vaut mieux prendre le parti de louvoyer à petits bords au large ou à la vue de l'île *Ronde*, avec la précaution de ne pas s'en écarter de plus de deux lieues, en portant la bordée vers l'*île-de-France* à cause des récifs qui l'environnent: ce bord de la mer étant fort bas de ce côté-là, on seroit en danger de se perdre sur ces écueils avant que d'appercevoir la terre. On ne doit pas, sur-tout en ce parage, mettre en travers ou à la cape à cause des marées.

Après avoir doublé l'île *Ronde*, si on distinguoit assez le *Coin de mire* & l'île *Longue*, pour ne pas les perdre de vue, ce qui peut avoir lieu d'un clair de Lune & d'un beau tems, alors on peut continuer la route & passer entr'elles. Il suffira de prendre garde à la chaîne de roches de l'île *Longue* & à celle du *Coin de mire*, dont j'ai fait mention ci-devant; & lorsqu'on aura passé ce dernier, & qu'on en sera éloigné

éloigné d'une lieue & demie à l'oueſt, on gouvernera à l'oueſt-ſud-oueſt du compas, pour ranger le récif de la pointe des *Canonniers*. On allume ordinairement un feu ſur cette pointe dès qu'on découvre des vaiſſeaux : quand ce feu reſtera au ſud-eſt à la diſtance d'une lieue , on aura pour lors doublé le récif, & on pourra enſuite continuer de prolonger la côte , avec cette attention de n'en pas approcher par moins de quinze braſſes de profondeur.

Cependant, comme il eſt difficile de reconnoître l'entrée du port pendant la nuit, & qu'on peut aiſément ſe tromper aux feux différens des montagnes , il convient mieux , après qu'on aura doublé la pointe des *Canonniers* , de mouiller par dix-huit ou vingt braſſes , & d'y attendre le jour pour aller mouiller devant le port.

Il ne faut pas, ſur-tout d'un vent foible ou d'un tems calme , accoſter , ſoit de jour, ſoit de nuit , la pointe des *Canonniers* , à cauſe du remoux des marées qui y ſont très-rapides.

DES VENTS

Qui regnent ſur les mers Orientales.

DANS toute l'étendue de l'océan méridional oriental, entre le cap de *Bonne-eſpérance* & les terres de la *nouvelle Hollande*, au ſud du parallele de 28 degrés de latitude, les vents ſont variables pendant toute l'année. On y voit regner fréquemment des vents de la partie de l'oueſt, du nord-oueſt & du nord, qui paſſent quelquefois au nord-eſt; mais on peut dire en général que dans cette partie des mers orientales les vents ne ſont jamais conſtans.

Vents généraux.

Depuis le parallele de 28 degrés de latitude, en allant vers le nord, à l'eſt de *Madagaſcar*, les vents ſoufflent du ſud-eſt à l'eſt pendant toute l'année. On les appelle *vents généraux*, comme je l'ai dit dans la premiere partie de cette inſtruction, parce qu'ils regnent ainſi non-ſeulement dans l'océan oriental, mais ſur toutes les autres mers méridionales, à l'exception que dans ces dernieres leur région s'étend juſqu'aux environs de la ligne équinoxiale; au lieu que ſur l'océan oriental, elle paroît bornée entre le parallele de 28 degrés & celui de 8 à 9 degrés en certains endroits, & de 11 à 12 degrés dans d'autres, ſur-tout au ſud de *Java* & des autres îles vers l'eſt.

Limites des vents généraux.

Variétés des vents généraux.

Cette regle des vents, quoiqu'aſſez conſtante, eſt cependant ſujette à des variétés lorſque le ſoleil eſt dans la partie auſtrale, c'eſt-à-dire, dans les mois d'Octobre, Novembre,

Décembre, Janvier & jufqu'au 15e d'Avril: il y change en quelque façon l'état de l'atmofphere: on voit alors fouvent regner des vents du nord-oueft, quelquefois des vents de l'oueft vers le fud, fur-tout vers les changemens de quartier de Lune. Cette difpofition des vents eft principalement connue entre *Madagafcar*, les îles de *Bourbon*, de *France* & de *Rodrigue*: elle fert aux vaiffeaux à remonter d'une île à l'autre en beaucoup moins de tems que pendant les autres mois de l'année. C'eft auffi en cette faifon qu'on voit fouvent regner dans l'efpace affecté aux vents généraux des ouragans & des tempêtes.

DES VENTS PÉRIODIQUES, OU MOUSSONS.

On diftingue ordinairement quatre mouffons ou faifons dans les Indes, pendant lefquelles les vents foufflent communément fix mois d'un côté & fix mois de l'autre.

Mouffon du fud-oueft au nord de la ligne.

La mouffon du fud-oueft regne au nord de la ligne équinoxiale, tandis que celle du fud-eft fouffle du côté du fud; & lorfque la mouffon du nord-eft fuccede à celle du fud-oueft au nord de la Ligne, on voit dans la partie du fud regner une mouffon où les vents foufflent du nord-oueft à l'oueft, & en quelques endroits au fud-oueft.

La mouffon du fud-oueft a lieu depuis le 15 Avril jufqu'au 15 Octobre, dans toute l'étendue des mers comprifes entre les côtes d'Afrique, d'*Arabie* & du *Japon*.

Mouffon du nord-eft.

La mouffon du nord-eft regne fur les mêmes mers, depuis le 15 Octobre jufqu'au 15 Avril. On n'excepte de cette regle que la mer rouge & le golfe de *Perfe*, qui ont des vents particuliers: on pourroit y joindre le détroit de *Malac*, où les vents font prefque toujours inconftans,

Effet des mouffons au détroit de *Malac*.

variables, & où chaque mousson ne souffle pas long-tems. Cependant tandis que les vents du sud-ouest & ceux du nord-est sont dans leur plus grande force au dehors des détroits, il vente moyen frais du même côté en dedans de celui de *Malac*; c'est-à-dire, de la partie de l'est en Décembre & Janvier, & de celle de l'ouest en Juin & Juillet.

Changemens des deux moussons.

Le changement de ces deux moussons se fait graduellement, & jamais subitement. Les vents variables regnent entre l'une & l'autre; mais ces révolutions sont ordinairement suivies, ou quelquefois précédées de tempêtes & d'ouragans, sur-tout lorsque la mousson du nord-est succede à celle du sud-ouest; c'est-à-dire, dans les mois d'Octobre & de Novembre. Ceux qui surviennent en Avril sont plus rares & moins impétueux.

Moussons du sud-est & du nord-ouest au sud de la ligne.

Les moussons du sud-est & du nord-ouest qui ont lieu au sud de l'équateur, sont renfermées dans des limites moins étendues, puisqu'on ne les voit sur l'océan méridional que depuis la ligne équinoxiale jusqu'au 8e ou 9e degré de latitude, & jusqu'au 12e ou 13e degré vers les îles de la *Sonde*, *Timor*, &c. Quant à leurs bornes de l'ouest à l'est, on remarque qu'elles ne soufflent que depuis le méridien qui passe aux environs de la pointe du nord de *Madagascar*, jusqu'aux îles *Moluques*.

Différence des moussons au nord & au sud de la ligne

Les vents, pendant ces deux moussons, ont dans le même tems une direction très-différente de ceux qui regnent au nord de l'équateur; car, tandis qu'ils viennent de ce côté-là du sud-ouest, ils soufflent du côté opposé de la partie du sud-est. Lorsque la mousson du nord-ouest, qui ne commence guere qu'en Novembre au sud de la Ligne, regne de cette partie, ce sont les vents de nord-est qui soufflent du côté du nord.

Quant à leur changement, il n'eſt point accompagné d'ouragans ni de tempêtes, comme ceux qui arrivent dans la partie du nord; & quoiqu'il faſſe mauvais tems, & que les briſes de terre & du large ſoient plus ou moins fortes, les vents ne ſont jamais violents.

Changemens des mouſſons au ſud de la ligne.

Quelques Auteurs, qui paroiſſent s'être copiés ſans examen, bornent les mouſſons du ſud-eſt & du nord-oueſt à 2 degrés de latitude méridionale. Malgré toutes les recherches que j'ai faites à ce ſujet, je n'ai vu entre les mouſſons au nord & au ſud de la Ligne que quelques variétés alternatives, peu ſenſibles, qui ne ſuffiſent pas pour fixer des limites.

A l'égard de l'eſpace de mer ſitué au ſud de l'équateur, entre la côte d'Afrique & le méridien qui paſſe par la pointe du nord-eſt de *Magadaſcar*, on y trouve depuis le mois d'Avril juſqu'au mois d'Octobre, des vents de ſud-ſud-oueſt qui s'inclinent davantage vers l'oueſt, quand on remonte vers le nord, pour ſe joindre aux vents de la mouſſon du ſud-oueſt qui ſoufflent au nord de la ligne.

Mouſſons entre le méridien de *Madagaſcar* & la côte d'Afrique.

Depuis le mois d'Octobre ou de Novembre, juſqu'à celui d'Avril, on voit dans ce même eſpace, des vents du nord-nord-eſt à l'eſt, & proche de la côte ils viennent très-ſouvent de l'eſt-ſud-eſt au ſud-eſt, pour rétablir probablement l'équilibre de l'air raréfié ſur les terres par les grandes chaleurs en cette ſaiſon.

La mer rouge & le golfe de *Perſe*, quoique ſéparés ſeulement par l'*Arabie*, ont des vents différens; ils ſoufflent dans la mer rouge, preſque neuf mois de l'année, de la partie du ſud, ſavoir; depuis la fin d'Août juſqu'au 15, ou même juſqu'à la fin de Mai, que le vent varie du nord au nord-nord-oueſt, & con-

Vents qui regnent dans la mer rouge.

tinue ordinairement de même jusqu'à la fin d'Août ; mais les brises de terre & de mer prévalent quelquefois sur ces vents.

Vents dans le golfe de *Perse*.

Dans le golfe de *Perse*, les vents regnent depuis le mois d'Octobre jusqu'au mois de Juillet, du nord-ouest, & environ trois mois du côté opposé ; cependant ces vents ne sont pas si réguliers, ni de tant de durée que ceux de la mer rouge, étant souvent interrompus par de forts vents de sud-ouest, principalement vers le cap *Moçandon*, quelquefois par des brises de terre.

Courans de la mer rouge.

Le courant porte de l'océan dans la mer rouge, depuis le mois d'Octobre jusqu'en Mai, & il sort de la mer rouge depuis le mois de Mai jusqu'à celui d'Octobre.

Courans du golfe de *Perse*.

Dans le golfe de *Perse*, le courant sort ordinairement pendant tout le tems qu'il entre dans la mer rouge ; il porte au contraire dans le golfe depuis le mois de Mai jusqu'en Octobre.

Mousson du sud-ouest au nord de la ligne.

La mousson du sud-ouest commence à souffler sur la côte d'Afrique au nord de l'équateur, dès le commencement de Mars ; vers la fin de ce mois elle regne sur les côtes d'*Arabie*, à l'entrée de la mer rouge & jusqu'au cap de-*Ras-algate* : au commencement d'Avril elle se fait sentir sur la côte méridionale de *Perse* au dehors du golfe ; au cap *Guadel*, sur les côtes de *Sinde*, de *Guzurat* & jusqu'au cap *Saint-Jean*, vers le 15 Avril ; mais de *Bombaie* tout le long de la côte de *Malabar*, jusqu'à *Cochin*, la mousson du sud-ouest ne commence qu'à la fin de Mai, ou au plus tard, le 15 Juin, & alors elle est générale.

De *Cochin*, en allant vers le sud, jusqu'au cap *Comorin*, cette mousson commence 15 jours plutôt qu'à *Bombaie*; au golfe de *Manara*, & le long de la côte de l'île de *Ceylan*, elle se fait sentir dès le 15 Avril.

Les courans ſuivent en partie ſur cette mer l'impulſion des vents ; près des côtes ils ſont plus ſenſibles, à cauſe des moindres profondeurs. Quant à leur direction, elle dépend preſque toujours du giſſement des côtes, des caps qu'ils rencontrent, & des îles dont les continents ſont environnés : voici, à cet égard, les remarques particulieres ſur leur cours.

Courans pendant la mouſſon du ſud-oueſt.

Le long de la côte du nord-eſt d'Afrique, depuis la ligne équinoxiale juſqu'au cap *Gardafui*, de-là ſur la côte d'*Arabie* vers le cap *Ras-algate*, & ſur la côte de *Guadel*, les courans commencent à venir du ſud-oueſt, en Mars ou en Avril, juſqu'en Septembre ou Octobre, qu'ils prennent leur cours du nord-eſt au ſud-oueſt. De la pointe de *Diu* à *Bombaie* il y a rarement un courant réglé à cauſe des fortes marées ; mais en Août & en Septembre le débordement des rivieres de *Sinde*, de *Cambaie*, de *Surate* & autres, occaſionnent ſur cet océan un fort courant qui porte au ſud.

Du cap *Saint-Jean* au cap *Comorin*, il y a preſque toujours un courant conſtant qui va du nord-nord-oueſt au ſud-ſud-eſt comme la côte, excepté qu'entre le cap *Comorin* & *Cochin*, & rarement plus nord, on trouve le courant du ſud-eſt au nord-oueſt depuis le mois d'Octobre juſqu'à la fin de Janvier,

Courant général vers l'oueſt.

Sur la partie de l'océan compris entre la côte d'Afrique & les îles *Laquedives*, on prétend qu'en toute ſaiſon le courant porte en général vers l'oueſt, & cette opinion eſt fondée ſur les différences que trouve à l'attérage de la côte de *Malabar* la plupart des vaiſſeaux qui viennent du canal de *Mozambique*, ou des îles de *France* & de *Bourbon* ; mais comme dans ce trajet on ſait que les courans au ſud de l'équateur portent à l'oueſt aſſez rapidement, la différence ne doit pas être attribuée au cours des mers de la partie du nord : on trouve d'ailleurs, en examinant les Journaux, des différences en sens contraire*. Quoiqu'il en soit, pendant la mousson du sud-ouest, quand on approche des *Laquedives*, les courans portent au sud-ouest ; entre les îles, ils vont au sud-sud-ouest, & entr'elles & côte de *Malabar*, ils prennent leurs cours au sud-sud-est.

Courans proche des îles *Laquedives*.

Courant du golfe de *Manar*.

Dans le golfe de *Manar*, entre l'île de *Ceylan* & le *Cap-comorin*, depuis le mois de Mai jusqu'en Octobre, le courant porte dans la partie du nord. Pendant les six autres mois, c'est-à-dire, depuis Octobre jusqu'en Mai, il prend son cours au sud-ouest & sud-sud-ouest. De l'île *Barberin*,

* En l'année 1754, ayant fait voile de l'île de *Bourbon*, pour aller à *Pondichery*, le 15 Juin sur le vaisseau le *Montaran* que je commandois, je dirigeai la route suivant celle qu'avoit fait l'Amiral Boscawen avec son escadre en 1748 ; mais les vents qui varierent de l'est vers le nord, ne me permirent pas de prendre autant de l'est que je l'aurois souhaité pour ranger l'accore des bancs de *Nazaret*. Malgré cela je continuai ma route ; je me trouvai en différens tems dans des lits de marée violents, que je jugeois formés par des courans qui alloient vers l'ouest, lorsque je reconnus le contraire. Comme j'avois toujours employé avec succès depuis 1750, l'observation des distances de la Lune au Soleil ou aux étoiles pour déterminer ma longitude à la mer, je vérifiai celle où j'étois le 26 Juin au soir par la distance observée du bord éclairé de la Lune à l'étoile nommée l'épi de la Vierge : étant alors par 6 degrés de latitude sud, je me trouvai par 56° 30′ de longitude, tandis que, suivant mon estime, j'aurois dû l'être par 54° 16′ ; de sorte que j'étois 2° 14′ plus à l'est que je ne le comptois. Le lendemain au soir, ayant réitéré la même observation, elle me donna la même différence ; ce qui me prouvoit que les courans que j'avois jugé aller vers l'ouest, m'avoient au contraire porté à l'est. Je passai la Ligne le 2 Juillet par 59 degrés de longitude ; j'eus encore du côté du nord une différence de vingt lieues à l'est. Le 11e Juillet à minuit, j'eus la sonde six lieues à l'ouest de *Calicoulan*, quoique, suivant mon estime continuée, j'en eusse encore été à soixante-quatorze lieues.

Le reste de ma navigation jusqu'à *Pondichery*, n'eut rien d'intéressant que le défaut de vent & les forts courans portant au sud-sud-est, qui me retinrent treize jours de suite à la côte de l'est de *Ceylan*, entre *Aganis* & *Batacalo*.

le

le long de la côte du ſud de *Ceylan*, pendant la mouſſon du ſud-oueſt, le courant porte à l'eſt; mais pendant ce tems-là il n'y en a aucun régulier ſur la côte de l'eſt de cette île, depuis les environs d'*Aganis* juſqu'à la baie de *Trinquemalai* : delà il porte vers le nord le long de la côte de *Coromandel.* De la fin de Septembre, même plutôt, juſqu'en Février, le courant prend ſon cours de la pointe de *Pédre* au ſud-eſt, au ſud-ſud-eſt, au ſud, au ſud-oueſt & à l'oueſt, ſelon le giſſement de la côte, juſqu'à la pointe de *Galle*, où il rencontre le courant qui ſort alors du golfe de *Manar*, avec lequel il ſe confond.

Variétés des courans à l'île de *Ceylan.*

Indépendamment de ces regles générales, les courans au tour de l'île de *Ceylan* ſont ſujets à des variétés & à des changemens ſubits dont on ne peut rendre raiſon : on a vu un vaiſſeau obligé de mouiller proche de l'île *Barberin* par le calme, & par un courant qui portoit droit à terre. A la vérité ces ſortes de marées ou ces courans ne ſont ni fréquens, ni de longue durée; le courant ordinaire le long de la côte du ſud, ne paſſe pas en vîteſſe plus d'une lieue à l'heure: dans le golfe de *Manar* & ſur la côte du nord-eſt, il m'a paru toujours très-foible en Juin & en Novembre.

MOUSSON DU NORD-EST.

Mouſſon du nord-eſt au nord de la ligne.

Quoiqu'il ſoit naturel de penſer que la mouſſon du nord-eſt, qui ſuccede à celle du ſud-oueſt, regne dans tous les lieux où celle-ci s'eſt fait ſentir; cette regle, quelque vraie qu'elle ſoit en général dans toute l'Inde & ſur toute l'étendue de l'océan compris entre la côte d'Afrique & d'Arabie juſqu'à une certaine diſtance de la côte de l'*Indoſtan*; cette regle, dis-je, mérite cependant une exception particuliere proche des côtes de *Malabar*, de *Guzurat* & de *Guadel*, sur lesquelles les vents ne sont jamais constans. Entre la fin d'Octobre & le 15 Novembre les brises de terre & de mer se déclarent & continuent à y regner pendant quatre mois, quelquefois davantage; ces brises facilitent aux vaisseaux le moyen de parcourir les côtes, soit pour les remonter en allant vers le nord, soit pour les descendre en allant du côté du sud: j'en parlerai plus particulierement dans le Routier de la côte de *Malabar*.

Brises de terre & du large à la côte de *Malabar*.

Lorsque les brises de terre & de mer sont vers leur fin, elles sont remplacées par des vents du nord-nord-ouest à l'ouest-nord-ouest, qui soufflent jusqu'au retour de la mousson du sud-ouest, & alors il y a très-peu de brises reglées. Ces vents de la partie du nord-ouest soufflent quelquefois avec force, sur-tout depuis la fin de Février jusqu'au 15 Avril, & rendent la mer si agitée pendant 14 à 15 jours de suite, qu'un vaisseau a beaucoup de peine à s'élever au nord, & il n'y parvient que par l'attention à profiter le long de la côte du peu de brise favorable qui s'y fait sentir.

Quant aux vaisseaux qui vont vers l'ouest, entre le 15 Novembre & le 15 Janvier, ils traversent très-promptement de la côte où regnent les brises, au parage des vents de nord-est qui soufflent au large, mais plus tard il faut être très-éloigné de terre pour les rencontrer.

DES MOUSSONS

De la côte de *Coromandel*, & autres lieux du golfe de *Bengal*.

MOUSSON DE L'OUEST, OU DU SUD-OUEST.

PEndant le mois de Mars, à la côte de *Coromandel*, le tems eſt ordinairement fort doux, le ciel ſerein & ſans orages, ou s'il en arrive, ils ſont de peu de durée. Après minuit le vent ſouffle du nord-oueſt petit frais, variable juſqu'au ſud-oueſt, & quelquefois des calmes; mais quand il eſt frais, il dure ſans interruption juſqu'à neuf ou dix heures du matin. Après midi, & rarement devant, commence la briſe du ſud-eſt; elle eſt variable juſqu'à l'eſt-nord-eſt, quelquefois même juſqu'au nord-eſt. Ces ſortes de petits retours arrivent ſur-tout quand la Lune de Février anticipe beaucoup dans le mois de Mars. Mars.

Au large, dans le golfe, les vents ſont variables du ſud-oueſt au ſud, à l'eſt & au nord-eſt. Les courans ſuivent cette variété, mais ils ſont plus ſujets à courir au nord, à cauſe que le vent de ſud eſt le plus fréquent: il en eſt à peu près de même le long de la côte.

Les mois d'Avril & de Mai produiſent les plus forts courans; ils vont au nord & au nord-eſt. C'eſt auſſi dans ces mois que ſont les plus fortes briſes du ſud-ſud-eſt. Il ne ſurvient du calme en Avril, que quand la Lune de Mars eſt tardive, & avant quelque coup de vent, ou avant le retour de la mouſſon du nord. Avril.

A la côte de *Coromandel* ce retour de mouſſon fait craindre la Lune d'Avril; il n'y amene cependant pas toujours des tempêtes, mais au moins quelques vents forts & des pluies qui durent deux ou trois jours. Dans cette incertitude on fera toujours bien de paſſer cette lunaiſon à deux ou trois lieues au large par 15 & 16 braſſes de profondeur, pour ne rien riſquer. Cet avertiſſement regarde particulierement cette côte, car au fond du golfe les coups de vent & les orages ſont dans ce mois beaucoup plus fréquens.

Les briſes réglées dont j'ai parlé ci-deſſus, qui viennent du ſud-ſud-eſt, commencent ordinairement ſur les 9 à 10 heures du matin, & continuent juſqu'à 9 ou 10 heures du ſoir, quelquefois toute la nuit. Le matin les vents ſoufflent du ſud-ſud-oueſt & ſud-oueſt. Quand ils ſont frais, la briſe du ſud-ſud-eſt eſt forte.

Dans certaines années, ſur la fin d'Avril, les vents d'oueſt ſe font ſentir pendant 2 ou 3 jours.

Ordinairement le ciel eſt aſſez beau, excepté quelquefois le ſoir qu'il eſt chargé du côté du couchant, & accompagné d'éclairs. Lorſque la briſe du jour eſt forte, l'horiſon ſe trouve un peu couvert du côté de l'eſt.

Mai. Le mois de Mai donne un tems à peu près égal. On a ordinairement le matin des vents ou briſes de terre qui ſont du ſud-oueſt à l'oueſt, quelquefois petit frais : quand elles ſont fortes, elles durent beaucoup plus qu'en Avril ; c'eſt ce qui fait que les vents du ſud-ſud-eſt au ſud, d'où viennent les briſes du jour, ne commencent que l'après-midi, & ne finiſſent qu'à 9 ou 10 heures du ſoir, comme je l'ai dit dans l'article précédent, & ſont par conſéquent de moindre durée. Cela arrive ſur-tout vers la fin de ce mois, où l'on éprouve quelquefois des vents conſtans de l'oueſt & du ſud-oueſt pendant trois jours, forts ſur le haut du jour, & médiocres au matin & au soir.

Entre les brises réglées de terre & de mer regne ordinairement le calme : la brise est forte, quand il n'y en a point, & que les vents de sud-ouest passent du sud au sud-sud-est & au sud-est.

Il y a des années que dans le courant de ce mois, il survient des orages de vent ou grains secs qui durent une heure ou deux ; ils viennent de la partie du nord-ouest, & rarement de celle de l'est. Quelquefois ces orages sont accompagnés de pluie & de tonnere, pour lors il vente peu.

Dans le fond du golfe de *Bengal*, les mois d'Avril & de Mai sont dangereux ; car outre des tempêtes furieuses qu'on essuie en certaines années, il s'en passe rarement où l'on ne soit exposé à des orages du nord & à des vents impétueux de 5 à 6 heures de durée, même davantage, & qui souvent se succedent de 3 jours en 3 jours.

Pendant ces deux mois les vents qui regnent au large de la côte sont du sud-sud-ouest au sud-ouest, & dans le mois de Mai jusqu'à l'ouest-sud-ouest.

Juin, Juillet, & Août.

Les mois de Juin, Juillet & Août different peu les uns des autres ; la mousson de l'ouest est alors dans sa plus grande force. Au large des côtes les vents sont constans du sud-ouest à l'ouest, principalement en Juin & en Juillet ; mais sur la fin de ce dernier & en Août, ils viennent souvent de l'ouest-nord-ouest, même jusqu'au nord-ouest.

A la côte de *Coromandel*, les vents de terre ne sont pas si constans ; on y éprouve fréquemment des brises du large du sud au sud-est.

Les vents d'ouest & de sud-ouest sont pendant ces trois mois chauds & brûlans jusqu'à être insupportables, à la vérité plus ou moins dans des années que dans d'autres. Ils foufflent quelquefois avec tant de violence, qu'ils obfcurciffent l'air par la pouffiere & le fable qu'ils élevent de la furface de la terre. Ces nuées de pouffiere portent fouvent loin en mer : cela eft plus ordinaire, lorfque les années font plus féches; mais pendant celles où les orages arrivent plus fréquemment, la pluie qui humecte les terres, empêche cet effet du vent, qu'on reffent communément fur la fin de Juin & en Juillet, plus qu'en Août où les orages & les pluies font fréquens.

Tant que les vents d'Oueft font dans leur force, la mer eft belle le long de la côte, fur-tout à *Pondichery*. Alors les chelingues ou bateaux du pays paffent aifément la barre, qui dans tout autre tems brife beaucoup, & n'eft pas toujours facile à franchir.

Pendant qu'à la côte de *Coromandel* on jouit dans cette faifon d'un affez beau tems, il pleut en abondance dans le fond du golfe de *Bengal*, à *Balaffor*, *Chatigan*, *Aracan*, fur toute la côte du *Pegu*, de *Siam*, & d'autres lieux à l'eft.

Les vents du fud-oueft font forts dans cette faifon en rade de *Balaffor*, par conféquent très-incommodes; ils empêchent les Pilotes du *Gange* de venir à bord des vaiffeaux. Il faut fe précautionner de bons cables & d'ancres pour fe garantir des fâcheux effets qui en peuvent réfulter.

Septembre. Le mois de Septembre, quoiqu'inconftant, eft cependant plus fujet au vent d'oueft qu'à tout autre. Il varie depuis le fud-oueft jufqu'au nord. Les brifes du jour viennent quelquefois du nord-eft, mais plus ordinairement du fud-eft & fud-fud-eft. En général de quelque côté que ce vent fouffle, il eft très-modéré, fi on en excepte les orages.

Dans le fond du golfe de *Bengal*, ce même vent eft doux

depuis la mi-Août, jufqu'en Septembre, mais les pluies y continuent avec abondance.

Les courans qui ont porté pendant toute la mouffon avec le vent vers le nord-eft, s'amortiffent en Septembre. A la côte d'*Orixa*, environ 8 jours avant l'équinoxe, ils prennent leurs cours au fud, & font rapides à la fin du mois ; c'eft un grand fecours pour les vaiffeaux qui partent en ce tems de *Bengal* pour la côte de *Coromandel* ou pour ailleurs.

Prefque tous les ans après l'équinoxe de Septembre, de forts vents d'eft foufflent dans le fond de ce golfe, à la côte d'*Orixa* & à *Balaffor.* Au large dans le milieu du golfe, il regne fouvent des vents de la partie du nord-oueft.

MOUSSON DE L'EST OU DU NORD-EST.

Le mois d'Octobre eft le plus inconftant de l'année à la côte de *Coromandel.* Les vents y font très-variables, tantôt de fréquens calmes, des pluies & du beau tems La mouffon du nord-eft ne fe fait fentir qu'à la fin du mois, encore n'eft-elle pas certaine. Par des retours de celle du fud-oueft, les vents deviennent variables, jufqu'au fud-eft affez frais, au nord-oueft foibles, & calmes ordinairement; quelquefois le matin il regne un vent d'eft frais ; enfin dans certains tems, pendant 3 ou 4 jours, il fouffle le matin des vents du nord-nord-oueft, & l'après midi du nord-eft. Octobre.

Une variété d'orages, de pluies, de nuages noirs & obfcurs qui font le tour de l'horifon, femble annoncer de furieufes tempêtes qui néanmoins arrivent rarement. C'eft pour cela qu'on a foin de faire partir vers le 20 de ce mois tous les vaiffeaux de la rade, foit pour aller en hivernage à la côte de l'eft du golfe, ou pour quelqu'autre deftination.

A *Bengal* les pluies finiſſent ordinairement du 10 au 20, mais les débordemens du *Gange* continuent juſqu'à la fin de ce mois, qui eſt là plus ſujet aux tempêtes & aux ouragans, qu'à la côte de *Coromandel*, quoique le plus ſouvent il ſouffle gros vent du nord-eſt à l'eſt. C'eſt pourquoi les vaiſſeaux qui partent tard, par exemple à la fin de Septembre, de la côte de *Coromandel* pour ſe rendre à *Bengal*, doivent tenir le large pour être en état d'y réſiſter :- ſans cette précaution ils riſqueroient d'être affalés, & de périr ſur la côte d'*Orixa*.

Novembre. Quelqu'avancé que ſoit le mois de Novembre dans la mouſſon du nord-eſt, on éprouve pendant ſon cours des variétés de vents qui ſoufflent ordinairement du nord-nord-eſt, ſavoir ; le matin, du nord-oueſt & nord-nord-oueſt, & l'après midi, du nord-nord-eſt & nord-eſt ; mais par des retours ceux de ſud-eſt & ſud-oueſt durent quelquefois pendant 3 ou 4 jours. Le commencement de ce mois amene auſſi des calmes de pluſieurs jours, ſuivis communément de tempêtes qui arrivent plutôt en ce tems qu'en tout autre de l'année. Elles ſont violentes, & telles qu'aucun vaiſſeau ne pourroit ſe ſoutenir à l'ancre. Elles commencent ordinairement du nord-oueſt, & de-là les vents paſſent ſucceſſivement au nord, au nord-eſt, à l'eſt-nord-eſt & à l'eſt ; la mer alors s'éleve ſi prodigieuſement, qu'on la voit déployer à une lieue au large. Dès que les vents de ces tempêtes courent de l'eſt vers le ſud, ils ſe moderent & le ciel s'éclaircit ; mais ſi après avoir ſoufflé avec violence du nord-eſt, il ſurvient du calme, auſſi-tôt les vents viennent avec furie du ſud-oueſt.

On a vu des années qu'il n'eſt point arrivé de ces ſortes de de coups de vent, ou qu'ils n'ont pas été ſi impétueux; alors un vaiſſeau pouvoit ſans riſque reſter dans les rades. Mais dans cette incertitude il ne ſeroit pas prudent d'y aborder, ni d'y ſéjourner ; il vaut mieux paſſer cette ſaiſon dans les ports deſtinés pour l'hivernage.

Dans le milieu du golfe, les vents en Novembre ſoufflent du nord-nord-eſt à l'eſt-nord-eſt.

Décembre & Janvier.

La mouſſon eſt réglée au large, pendant ces deux mois, du nord-nord-eſt à l'eſt-nord-eſt. A la côte les vents viennent ordinairement le matin, du nord-oueſt & nord-nord-oueſt, & à midi, du nord-nord-eſt juſqu'à l'eſt-nord-eſt. Il tombe aſſez fréquemment de la pluie, quand les vents ne varient que du nord-nord-oueſt au nord. Il pleut auſſi quelquefois du nord-eſt ; alors il vente fort pendant 2 ou 3 jours, & la mer devient ſi groſſe, qu'aucun bateau ne peut ſortir de la barre. Malgré ces mauvais tems qui font ſouffrir les navires en rade, ils peuvent cependant les ſoutenir, s'ils ont de bons cables & de bonnes ancres. Il y a des années où ces vents donnent à peu près au plein & au renouveau des Lunes de Décembre & de Janvier *, on en a même eſſuyé à la mi-Février, quand la Lune de Janvier retarde; mais en général ils ſont toujours moins forts en Janvier & Février qu'en Décembre : on a remarqué que, dans le plus grand nombre d'années, ces mois ſont plus beaux que mauvais. On jouit aſſez réguliérement en Janvier & Février d'un tems ſerein, ſans

* Quoique j'indique ici, & dans le cours de cet ouvrage, les quartiers ou les pleins, ou bien les renouveaux de Lune à l'occaſion du changement des vents; on ne doit pas inférer que je croie qu'ils dépendent immédiatement de ces phaſes, excluſivement de tout autre concours. Cette expreſſion eſt ſeulement pour me conformer à l'uſage admis par tous les Marins, ſachant d'ailleurs que les obſervations à cet égard ne ſont ni aſſez nombreuſes ni aſſez concluantes pour en décider la queſtion.

pluie, & d'une brise modérée, sur-tout lorsque les mauvais tems se sont fait sentir en Novembre, ou au commencement de Décembre. Quant aux courans, ils suivent la direction & la force du vent.

Février. Le mois de Février est une continuation de la mousson du nord-est; quand elle est foible, elle est repoussée par les vents du sud, particuliérement après le 15. Dans des années les vents de sud soufflent plutôt à la côte, dans d'autres années ils y surviennent plus tard.

Les vaisseaux qui partent dans ce tems pour l'Europe, ont souvent rencontré ces vents de sud, & ont été transportés par les courans qui suivent la direction du vent; mais ils se sont relevés facilement au premier vent de nord ou d'est, sur-tout s'ils étoient au large, où la mousson s'affoiblit toujours moins. Ainsi l'avantage sera de se mettre au large pour éviter les vents de sud, qui y sont moins fréquens que près de terre.

Le vent de nord continue en certaines années jusqu'en Mars, mais rarement sans révolution du sud. A la côte, les vents de nord-ouest & les brises du sud-est regnent aussi quelquefois le matin; l'après-midi le tems est toujours fort doux & modéré, quelque vent qu'il fasse.

GOLFE DE SIAM ET MERS DE LA CHINE.

Mousson du sud-ouest au golfe de *Siam* & aux mers de la *Chine*. Dans le golfe de *Siam*, sur les côtes de *Camboge*, de la *Cochinchine*, du golfe de *Tunquin* & de la *Chine*, la mousson du sud-ouest commence entre les premiers jours & la fin d'Avril; ce qui se doit entendre le long des côtes, car au large, elle n'y a lieu qu'un mois plus tard. C'est par cette raison que sur la partie du nord de *Borneo*, à l'île de *Paragoa* & à l'île *Luçon*, on ne la voit guere regner conftamment que du premier au 15 ou au 20 Mai.

Comme la mouffon du fud-oueft ne dure que fix mois, & qu'elle commence près des côtes, c'eft auffi près des côtes qu'elle ceffe en premier, & que la mouffon du nord-eft, qui y fuccede, fe fait fentir : elle s'étend enfuite comme l'autre, & devient générale fur toutes les mers fujettes à ces vents périodiques. On ne doit excepter de cette regle que les côtes de *Guadel*, de *Sinde*, de *Guzurat* & la côte de *Malabar*, où cette derniere mouffon n'eft jamais bien conftante. Ainfi pour connoître dans un endroit quelconque quand une mouffon particuliere commencera, il fuffit de confidérer le tems où la mouffon oppofée a commencé, & fix mois après on peut compter fur le retour de l'autre.

Mouffon du nord-eft.

DES MOUSSONS AU SUD DE L'EQUATEUR.

Comme j'ai expofé ci-devant les limites des mouffons au fud de la ligne équinoxiale, il ne me refte plus pour finir cet article des vents, que de rapporter ici en particulier leurs effets aux îles de la *Sonde* & aux *Moluques*.

Mouffon du fud-eft & du nord-oueft aux îles de la *Sonde*.

La mouffon du fud-eft commence en ces parages au mois d'Avril, & continue jufqu'en Novembre, tems où les vents du nord-oueft leur fuccedent; mais ce changement de l'une à l'autre ne fe faifant pas fubitement, ces deux mois font ordinairement fujets à des vents variables.

Dans toute l'étendue des îles de la *Sonde* jufqu'à *Timor* & *Solor*, les vents de nord-oueft qui commencent en Novembre, amenent les mauvais tems; en Décembre, ils foufflent plus fort, & font accompagnés de pluies. Janvier les met dans leur plus grande force; ils caufent des pluies, des tempêtes, & des orages qui continuent jufqu'à la mi-Février; enfuite s'affoibliffant peu à peu, ils difparoiffent à la fin de

Mars. Les pluies & les tempêtes ne ſont pas toujours égales tous les ans ; il y en a où les unes & les autres ſont plus modérées.

Au mois d'Avril, la variété des vents rend les tems doux, & la mer n'eſt agitée que par quelques orages de peu de durée. En Mai les vents ſe fixent du côté de l'eſt ; en Juin & Juillet ils ſoufflent plus fort, mais ſans mauvais tems, & avec un ciel clair & ſerein qui continue juſqu'à la fin de Septembre. Au mois d'Octobre la mouſſon du ſud-eſt diminue, & les vents deviennent variables juſqu'au retour de celle du nord-oueſt.

Courans. Les eaux pendant chaque ſaiſon prennent leurs cours comme les vents, excepté que, pendant les mois d'Avril & de Novembre, elles vont ſouvent en ſens contraire ; leur vîteſſe s'accélere quand les vents ſont dans leur plus grande force, & de même dans les pleins & renouveaux de la Lune.

Les courans de la mouſſon du nord-oueſt ſont beaucoup plus forts que ceux de l'eſt ; c'eſt pourquoi les vaiſſeaux qui ſont route de *Batavia* aux îles *Timor*, *Solor* & *Moluques*, dans la ſaiſon contraire, trouvent moins de difficulté que ceux qui en reviennent pendant la mouſſon du nord-oueſt. Par la même raiſon, les vaiſſeaux qui vont d'Europe à *Batavia*, au golfe de *Siam*, à la *Chine*, &c. traverſent plus aiſément le détroit de la *Sonde* en Mai, Juin, Juillet & Août, que ceux qui en ſortent en Décembre, Janvier & Février, pour retourner.

Les vents de la mouſſon du ſud-eſt ſoufflent ordinairement du ſud-ſud-eſt à l'eſt ; ils varient du nord-nord-oueſt à l'oueſt dans le tems de celle du nord-oueſt.

Près de la ligne équinoxiale, les vents ſont beaucoup plus

variables, par conséquent moins assurés. Cette inconstance peut avoir deux causes ; la premiere, est qu'au nord de cette ligne les moussons sont différentes ; l'autre peut venir des fréquentes pluies, sur-tout à *Borneo* où il pleut sans cesse pendant onze mois de l'année.

Aux îles *Moluques*, les moussons sont les mêmes qu'à l'île de *Java* & autres adjacentes, avec cette seule différence qu'on appelle mousson du nord aux *Moluques*, celle que je nomme du nord-ouest, & mousson du sud celle du sud-est ; parce que pendant la premiere les vents soufflent plus ordinairement du nord-nord-ouest que du nord-ouest, & que pendant la seconde ils viennent plus fréquemment du sud-sud-est que du sud-est.

La mousson du nord occasionne aux *Moluques* de grandes pluies, & celle du sud de grandes sécheresses. Il en est de même à *Java* & aux autres îles des environs, mais à *Batavia* à peine peut-on distinguer le beau tems du mauvais.

DES BRISES DE TERRE ET DE MER.

Brises de terre & du large.

Dans toute l'Inde en général, tant du côté du nord que du côté du sud, de même sur les côtes d'*Afrique*, d'*Arabie*, sur la côte méridionale de *Perse*, & jusques près de *Guzurat*, lorsque la mousson du nord-est & celle du nord-ouest sont vers leur fin, les brises de terre & du large commencent près des côtes, & continuent à y regner jusqu'à ce que la mousson opposée qui y succede, ait assez de force pour y souffler constamment. Ce qui se doit entendre également sur les côtes du golfe de *Siam*, de *Camboge*, de la *Cochinchine*, du *Tunquin* & de la *Chine* ; & du coté du sud, à la côte occidentale de *Sumatra* & de *Java*, au détroit de *Banca*, & à toutes les îles qui s'étendent vers l'eſt.

De même, quand les mouſſons du ſud-oueſt & du ſud-eſt s'affoibliſſent en Octobre ou plus tard, ſuivant la ſituation du lieu, on y voit regner des briſes de terre & de mer qui durent pendant 4 ou 6 heures; mais ces mêmes briſes n'y ſont pas auſſi fortes que dans la ſaiſon oppoſée, excepté à la côte de *Malabar*, dont j'ai ci-devant traité.

Sur la côte de l'oueſt de *Sumatra*, & des deux côtés de *Java*, en Mars & en Avril le vent de terre commence ordinairement l'après midi, par un grain quelquefois très-fort, accompagné de pluie & de tonnerre; & à cet orage ſuccede une briſe de terre modérée qui continue juſqu'à ce que celle du large la remplace. En Avril & en Mai la briſe du large commence quelquefois ſur la côte de *Java* par un grain violent de peu de durée, ce qui arrive rarement ſur les autres côtes.

MÉMOIRE

SUR l'Archipel des îles & des dangers qui s'étendent au nord & au nord-est de Madagascar.

AVANT d'instruire le Navigateur des différentes routes qu'il peut faire pour aller aux Indes, soit qu'il parte du cap de *Bonne-espérance* ou des îles de *France* & de *Bourbon*; il est à propos de l'informer des îles & des dangers qu'il peut rencontrer, afin qu'il puisse les éviter & se rendre en sûreté aux lieux de sa destination.

L'Archipel du nord-est de *Madagascar*, qui contient un grand nombre d'îles, de bancs & d'écueils, a été si mal tracé sur les anciennes Cartes, qu'il suffit de les comparer avec celle que j'ai formée sur des connoissances & plus récentes & plus exactes, pour en avoir une idée bien différente de celle qu'on en a eue jusqu'à présent.

Lorsqu'on considere la situation des îles de *France* & de *Bourbon*, les vents qui regnent dans cette partie de l'océan oriental jusqu'à la ligne équinoxiale, & les routes qu'on peut tenir en conséquence pour aller aux Indes, on doit présumer que la connoissance de cet Archipel devoit être un des premiers soins des Commandans pour la Compagnie en ces îles; mais, soit que la confiance aux anciennes Cartes en imposât, soit le défaut d'ordres précis à cet égard, cette entreprise n'eut lieu que long-tems après notre établissement. M. Mahé de la Bourdonnais, Gouverneur de ces îles, en forma le premier projet, & y employa en 1742 deux petits bâtimens dont je parlerai ci-après. La guerre de 1744 occupa ce Gouverneur à des objets différens, & ſon rappel en France arrêta les expéditions utiles qu'il méditoit.

La route que fit l'Amiral Boſcawen en 1748 avec une flotte de 26 vaiſſeaux, en partant de l'*Iſle-de-France*, qu'il avoit voulu attaquer, pour aller aux Indes, où il ſe rendit en très-peu de tems, en traverſant cet Archipel, devoit faire connoître que cette route étoit préférable à celle qu'on faiſoit ordinairement en allant prendre connoiſſance de la partie du nord de *Madagaſcar*, puiſqu'on abrégeoit, par ce moyen, la traverſée de plus de 300 lieues : malgré cela, les circonſtances ne permirent pas probablement de profiter de cet exemple.

Je tins, à peu de choſes près, la même route que l'Amiral Boſcawen, ſur le vaiſſeau le *Montaran* en 1754, ſans rencontrer également aucune île ni écueil. Le ſenau le *Rubi*, qui traverſa auſſi l'Archipel en 1758, apperçut l'île *Agalega*, & continua ſon trajet juſqu'à *Négapatam*, où il fut pris par les Anglois.

Quoique le ſuccès de ces tentatives fût en quelque façon une autorité ſuffiſante pour engager les Navigateurs à abandonner l'ancienne route & à en ſuivre une plus abrégée avec la même ſûreté, & ſur-tout dans des circonſtances qui exigeoient la plus grande célérité ; nos vaiſſeaux continuerent toujours la route qu'ils tenoient depuis 1722. Il falloit apparemment pour tranquilliſer le commun des Navigateurs ſur les dangers qu'ils ſe figuroient dans cette route, un examen plus ſuivi.

En 1767, M. le Ch[er]. Grenier fut nommé pour commander la corvette du Roi l'*Heure-du-Berger*, deſtinée pour le ſervice

ſervice des îles de *France* & de *Bourbon*. Il forma le projet d'éclairer ces mers par les découvertes les plus importantes à la navigation. Il s'aſſocia M. l'Abbé Rochon, de l'Académie de la Marine, pour les obſervations aſtronomiques. Le Miniſtre favoriſa ſes vues, & avec un deſſein auſſi digne d'éloge, il fut aidé de M. le Ch.er Deſroches, Commandant des îles de *France* & de *Bourbon*, & de M. Poivre, Commiſſaire ordonnateur, qui joignirent à la corvette l'*Heure-du-Berger* la corvette le *Vert-galand*, commandée par M. la Fontaine. Son voyage aux Indes & ſon retour ſont accompagnés de pluſieurs découvertes utiles que je rapporterai dans ce Mémoire. Quant aux moyens qu'il propoſe d'abréger le trajet des îles de *France* & de *Bourbon* aux Indes, ils ſont fort de mon goût, & j'en traiterai en particulier dans l'article des routes.

M. Duroſlan, ſecondé par M. le Ch.er d'Hercé, a continué les découvertes après M. le Ch.er Grenier, & a rempli cet objet avec autant de ſoins que d'exactitude; ſes obſervations ainſi que ſes remarques ſeront inſérées ci-après. Je paſſe maintenant aux découvertes faites ſucceſſivement dans cet Archipel.

L'île de *Sable*, ſituée au nord de l'île de *Bourbon* par 15° 52′ de latitude, fut découverte par le vaiſſeau la *Diane* en 1722. La flute l'*Utile* y fit naufrage le 31 Juillet 1761, pour avoir négligé de s'en rapporter à la ſituation que je lui ai donnée ſur ma Carte de 1753, & avoir préféré celle d'une autre Carte qui la place de 25 minutes plus ſud. Cette île eſt un platon de ſable d'environ 700 toiſes de longueur nord-nord-oueſt & ſud-ſud-eſt, & de 350 de largeur, avec un banc de ſable qui ſe prolonge de 600 toiſes vers le sud-sud-est. L'équipage se sauva sur une espece de prame ou bateau plat, construit des débris du vaisseau, & aborda à *Foulpointe* le 27 Septembre.

Banc de *Corgados Garayos*.

Le banc de *Corgados Garayos* fut en 1742 le premier objet des recherches du bateau le *Charles* & de la tartane l'*Elisabeth*, expédiés de l'*île-de-France* par ordre de M. Mahé de la Bourdonnais, Gouverneur de cette île. Ces deux bâtimens en ayant eu connoissance le 27 Août, y mouillerent, & en tracerent un plan, qui le représente comme un fer à cheval, de six lieues d'étendue nord-est & sud-ouest. Ces deux bateaux n'ayant pas été du côté du nord, & n'ayant point apperçu les îles qui gissent de ce côté-là, le peu d'étendue de cet écueil & le rapport de sa latitude & de sa longitude avec celle de *Saint-Brandon*, dans lequel se trouva engagé le vaisseau Anglois le *Faucon*, à son retour de *Surate* en Europe, me le fit considérer comme un seul & même écueil.

Ce même écueil fut apperçu en 1682 par le vaisseau la *Royale*, en allant de *Surate* à l'île de *Bourbon*, & la route de ce vaisseau jusqu'à la vue de l'*île-de-France*, nommée alors l'île *Maurice*, fut le sud-ouest-quart-sud, 4 degrés ouest.

Comme la réduction des routes des deux bateaux, ayant égard au relévement de la *Royale*, donnoit le même rumb en sens contraire, c'est-à-dire, le sud-ouest-quart-sud, trois à quatre degrés ouest, cela m'engagea à le tracer en conséquence sur ma Carte, & il y tomboit à 58° 7′ de longitude; cependant comme la route de M. le Ch.er Grenier est plus directe en prenant une moyenne proportionnelle entre sa route, celle de la *Royale* & celle des deux bateaux, je l'ai placée nouvellement par 57° 37′, c'est-à-dire, 30′ plus à l'ouest.

Par le plan que M. le Ch.er Grenier a donné des îlots qui s'étendent du côté du nord-nord-est, il paroît que cet écueil est *Corgados Garayos*, & non pas le *Saint-Brandon* que rencontra le *Faucon*, que j'ai en même tems ajouté par 60° 10′ de longitude, c'est-à-dire, 9° 30′ à l'ouest du méridien de *Surate*, & par 16° 38′, suivant le plan du vaisseau le *Fauçon*, inséré dans le Pilote Anglois, sur les Cartes qu'il donne de l'*île-de-France*.

Quant aux deux bancs de *Nazareth*, dont on n'a eu jusqu'ici aucunes nouvelles connoissances, si leur existence est certaine, comme il n'y a pas lieu d'en douter, ils doivent se trouver entre la route de la flûte la *Digue* & *Corgados Garayos*, les routes des autres vaisseaux ne permettant pas de soupçonner qu'ils soient plus à l'occident.

Banc de *Nazareth*.

La route des bateaux le *Charles* & l'*Elisabeth*, depuis *Corgados Garayos* jusqu'à *Madagascar*, m'ayant fait connoître que ces deux bancs ne s'étendent pas autant au sud que les Cartes anciennes les représentent; après avoir tracé la route de ces deux bâtimens, j'ai corrigé, à proportion, leur étendue vers le sud.

Ces mêmes bâtimens, au sortir de *Madagascar*, firent route pour continuer leurs découvertes le 14 Octobre; le 27, à 9 heures, étant par 10 degrés de latitude, & s'estimant par 50° 30′ de longitude, ils apperçurent une petite île triangulaire, qu'ils jugerent être *Agalega* ou l'île *Astove*, & la rangerent de fort près, sans toutefois y aborder. Cette île est probablement celle de l'*Assomption*.

Isle de l'*Assomption*.

Le 29 au matin ils découvrirent deux îles qu'ils rangerent, & qui leur parurent fournir entr'elles une vaste baie dont l'ouverture étoit du côté de l'est & de celui de l'ouest. Ces

Isles *Aldabra*.

deux îles paroiſſoient preſque jointes enſemble par pluſieurs îlots.

Suivant la route des bateaux, ces deux îles qu'ils crurent être *Jean-de-Nove*, giſſent 17 lieues au nord-oueſt de la petite île triangulaire qu'ils avoient apperçue le 27.

Les bateaux mouillerent au nord-oueſt de l'île la plus nord; l'ayant envoyé viſiter, ils trouverent par-tout le terrein plat, marécageux, couvert de petits arbres; ils y virent quantités de tortues de terre, beaucoup plus groſſes que celles de *Rodrigue*, & beaucoup de gibier. Comme le mouillage où étoient ces bateaux n'étoit pas aſſuré, ils en partirent le 1.er Novembre après avoir formé un plan de ces deux îles : ce fut en conſéquence de cette découverte que je les plaçai ſur ma Carte, ainſi que la petite triangulaire, ſous le nom de l'île *Aſtove*.

Les deux bateaux continuerent leur route vers l'eſt & le nord-eſt juſqu'au 19, que s'eſtimant par 60° 30′ de longitude, & par 5° 15′ de latitude, ils apperçurent une île très-haute, qui leur parut avoir ſix à ſept lieues du nord au ſud; l'ayant approchée, ils mouillerent dans une anſe du côté du ſud-ſud-oueſt & viſiterent le terrein voiſin; mais, comme ils jugerent la ſaiſon avancée pour leur retour à l'*île-de-France*, ils ſe contenterent de cette connoiſſance très-imparfaite. Ils en partirent le 27, & ayant fait le tour de l'île du côté de l'eſt, ils apperçurent les îles qui en ſont au nord-eſt, & ſe contenterent de les voir.

Il eſt bon d'obſerver que les deux Navigateurs chargés de cette expédition n'avoient pas à beaucoup près l'expérience ni les connoiſſances néceſſaires à un objet auſſi important; & quoique la variation qu'ils obſerverent dans cette île de 11° 30′, & celle qu'ils trouverent ensuite eussent dû les convaincre qu'ils avoient une erreur considérable du côté de l'ouest, ils compterent sur leur longitude estimée; & comme elle se rapportoit sur la Carte de Pietergoos & sur celle du Dépôt de la Marine, (édition de 1740) vers l'endroit où sont marqués trois petits îlots, nommés les *Trois Freres*; ils jugerent que l'île où ils avoient abordé, ainsi que toutes celles qu'ils avoient découvertes, étoient les mêmes *Trois Freres* : ils prirent en conséquence leur point de départ, sans y rien changer. Ils furent à leur retour bien plus heureux que sages, & traversant cet archipel, ils attérerent le 4 Janvier à *Madagascar*, tandis qu'ils s'estimoient trente lieues à l'est de l'île *Rodrigue*, de sorte que l'erreur totale de leur navigation étoit d'environ trois cens lieues à l'ouest: ils arriverent enfin à l'*île-de-France* le 28 Janvier 1743.

Second voyage du Sr. Picault à l'île *Mahé*.

Le rapport qu'ils firent de leur découverte à M. de la Bourdonnais, engagea ce gouverneur (qui jugea que les prétendus *Trois Freres* étoient plutôt quelques îles voisines des *Amirantes* que ces trois îlots,) d'y renvoyer la même année un des deux Navigateurs, nommé Lazare Picault, avec la tartane l'*Elisabeth*, & il y fit embarquer quelqu'un en état de dresser un plan. On ordonna au Sr. Picault, en sortant de cette île, de prendre son cours vers la côte de *Malabar*, afin d'être plus certain de la vraie position de cette même île. Le Journal de Picault m'ayant été communiqué, ainsi que le plan que j'ai entre les mains, c'est en réduisant les routes de ce Navigateur que je l'avois placée par 52° 30′ de longitude, méridien de Paris, & par conséquent 45′ plus à l'ouest qu'elle n'est en effet par l'observation de M. l'Abbé Rochon, suivant laquelle je l'ai actuellement fixée par 53° 15′.

Le Sr. Picault ayant pris possession de ces îles au nom du Roi, leur donna le nom des îles la *Bourdonnais*, & à la principale celui d'île *Mahé*, que je lui ai conservé.

Voyage du Sr. Morphey à l'île *Mahé*.

En l'année 1756, M. Magon, Gouverneur des îles de *France* & de *Bourbon*, étant informé des avantages qu'on pouvoit tirer des îles *Mahé*, y envoya la frégate le *Cerf*, sous le commandement du Sr. Morphey, Officier très-intelligent, qui joignoit aux qualités nécessaires à un Navigateur, toutes les connoissances pour bien s'acquitter d'une mission importante : on joignit à cette frégate la gouelette le *St. Benoist*, Capitaine le Sr. Préjan, pour l'accompagner & le seconder.

Comme M. Morphey vouloit en même tems reconnoître les îles que les bateaux le *Charles* & l'*Elisabeth* avoient trouvées, il fit route en sortant de *Bourbon*, le 31 Juillet, pour rencontrer les îles *Astove* & *Jean-de-Nove*, suivant la situation que je leur avois donnée sur ma Carte.

Banc de *Saint Laurent*.

Le 9 Août, on découvrit un récif sur lequel il y avoit deux petits îlots de sable, dont la latitude observée étoit de 9° 36′, & la longitude, suivant l'estime, de 50° 15′. Après avoir vu ces îlots, quoiqu'on fit route pour s'en approcher, on les perdit de vue par l'effet violent d'un courant qui portoit au sud-ouest ; & malgré la route qui fut faite pendant la nuit pour les rallier, le lendemain au matin on apperçut au nord une petite île toute différente vers laquelle on cingla, & qu'on rangea environ à 300 toises de distance. Sa latitude fut déterminée exactement par 9° 22′ : M. Morphey l'envoya visiter.

Île *S. Pierre*.

Cette île n'est qu'un platon de roches à chaux, & de corail blanc, qui peut avoir environ trois lieues de tour,

& qu'on peut découvrir de cinq à six lieues. Le peu de terre qui s'y trouve n'est que de bois pourri & de feuillages, & les plus forts arbres n'y ont tout au plus que dix pieds d'élévation. On y voit un grand nombre d'oiseaux pêcheurs & plusieurs autres avec des tourlouroux ou grosses crabes; le bord en est rapide, & on ne rencontre le fond qu'à une demi-encablure par 20 brasses. M. Morphey ne trouvant cette île marquée sur aucune Carte, la nomma l'île des *Cerfs*, quoiqu'il y ait toute apparence, suivant les variations observées, que ce soit l'île *St. Pierre*, vue par plusieurs de nos vaisseaux en allant aux Indes. C'est sur ce pied là que je l'ai marquée sur ma Carte par 49° 30′ de longitude, relativement à la route de ceux qui l'ont rencontrée en partant de *Madagascar*. En quittant cette île de vue, M. Morphey continua sa route du côté de l'ouest; trois jours après, c'est-à-dire le 13 Août, il apperçut plusieurs îlots sur un grand récif qu'il approcha en peu de tems par l'effet d'un courant violent qu'il remarqua porter à l'ouest. Ces îles sont de pierres à chaux, couvertes d'arbrisseaux; & suivant le plan que j'en ai tracé sur les relévemens de M. Morphey & ses remarques, il paroît que ce sont les îles connues sur les anciennes Cartes sous le nom de *Cosmoledo*, situées au nord-nord-ouest du cap d'*Ambre*. L'île *Cosmoledo*.

Le lendemain 14, après avoir fait plusieurs routes, on vit une petite île triangulaire; le 16 au matin on y mouilla. Isle de l'*Assomption*. En ayant eu le 15 une connoissance parfaite; on la nomma l'île de l'*Assomption*; & suivant la latitude observée, le milieu de cette île est par 9° 47′ de latitude. On en fit la visite, & on n'y trouva rien digne de remarque. Son terrein est un roc à chaux, caverneux, avec quelques dunes de ſable, couvertes d'arbriſſeaux. L'abord de cette île eſt fort accore.

Le 17 au ſoir ces bâtimens ayant chaſſé, ils mirent ſous voile. Il paroît que cette île eſt celle que les bateaux le *Charles* & l'*Eliſabeth* virent le 27 Octobre, & qu'ils prirent pour *Agalega*, ou l'île *Aſtove*; quoiqu'il paroiſſe que leur latitude obſervée ſoit de 18 minutes plus ſud, cette différence doit d'autant moins ſurprendre, que ces navigateurs, 1° ſe ſervoient d'une flêche, 2° qu'ils ne corrigoient point la déclinaiſon, & 3° que le Soleil étoit fort près de leur Zénit.

Iſle *Aldabra*. Le 18 Août M. Morphey découvrit une autre île, ou plutôt deux îles preſque jointes enſemble du côté de l'oueſt par des îlots; il les rangea de près: il en détermina la latitude entre 9° 24′ & 9° 35′, & jugea que ces îles ſont celles que les bateaux le *Charles* & l'*Éliſabeth* viſiterent & qu'ils nommerent *Jean-de-Nove*. J'en ai porté le même jugement; mais ſous quel degré de longitude les placer? Suivant les bateaux, elles ſeroient par 49° 30′; & ſuivant M. Morphey par 47 degrés, & par une ſuite néceſſaire de cette derniere détermination, les îlots de l'*Aſſomption* & de *Coſmoledo* ſe trouveroient ſur la route que tous nos vaiſſeaux tiennent pour aller aux indes, quoiqu'ils n'en ayent rencontre aucuns.

Pour réſoudre un problême de cette nature, j'ai cru devoir recourir aux variations dont la progreſſion eſt ſenſible en ces mers, lorſqu'on va de l'eſt à l'oueſt; j'ai tracé pour cet effet toutes les routes des vaiſſeaux dont l'erreur entre le départ des points exactement connus, tels que les îles de *France* & de *Bourbon*, & l'attérage à la côte de de *Malabar* avoit été de peu de conſéquence. J'eus ſoin de marquer les variations obſervées ; ayant tiré enſuite les lignes d'une même quantité de variation, je reconnus que ces lignes coupoient les méridiens ſous un angle de 31 à 32 degrés du nord vers l'oueſt.

Comme je connoiſſois l'exactitude des obſervations de M. Morphey, je m'y rapportai par préférence, pour l'interſection des variations qu'il avoit obſervées avec le parallele de latitude de ces îles, & je trouvai que les deux dernieres étoient par 49° 30', & répondoient ſur les anciennes Cartes à *Aldabra* ; l'île de l'*Aſſomption* par 44° 55' de longitude, & le milieu de *Coſmoledo* par 46 degrés : je les fis tracer en conſéquence ſur ma Carte.

La juſteſſe de cette opération me fut confirmée environ quatre mois, après & avant qu'on eut pu avoir ma Carte aux îles, par une lettre du Sr. Grandmaiſon qui avoit rencontré l'île *Aldabra* trois jours après ſon départ de l'île d'*Anjouan* : la poſition où il l'eſtime répond exactement à celle que je lui ai donnée.

Cette méthode de déterminer la ſituation des îles & des dangers de cet Archipel, par la variation, au défaut d'obſervations aſtronomiques, m'a paru préférable à celle de la route des vaiſſeaux dans un parage où les courans en changent preſque toujours la direction.

L'île *Natal*, qu'on voit au nord de celle-ci, a été vue par le Sr. Barri, commandant une Quaiche, en allant aux Indes, après avoir vu le cap d'*Ambre*. La latitude eſt égale à celle que lui donne le Routier Portugais. Iſle *Natal.*

Le vaiſſeau Anglois l'*Atham*, en 1758, découvrit une île de ſable avec pluſieurs briſans, par 6° 57' de latitude ſud, Iſle & briſans.

N

& 13 lieues à l'eſt de l'île *Zanzibar*. Le vaiſſeau rangea l'île de *Sable* à la diſtance d'une lieue à l'oueſt.

Banc de *Patram*.

Le banc de *Patram* a été vu en 1758 par le vaiſſeau le *Pitt*; il le trouva ſitué par 4° 30′ de latitude ſud, & de 50 minutes à l'eſt du méridien de l'île de *Commore*.

Autre banc de ſable.

On prétend qu'il y a auſſi un banc de ſable par 3° 57′ de latitude ſud & 2° 5′ à l'eſt du méridien de la baie *Saint-Auguſtin*. Ce banc a été vu par deux vaiſſeaux, & il pouvait bien être une continuation du précédent, puiſqu'il n'en ſeroit éloigné que d'environ 20 lieues au nord-eſt.

Banc d'*Ambre*.

Le vaiſſeau de guerre la *Panthere*, Capitaine Mr Asflech, le 17 Mai 1760, en allant de l'île d'*Anjouan* aux Indes, ayant obſervé à midi 9 minutes de latitude ſud, & s'eſtimant 5° 49′ à l'eſt du méridien d'*Anjouan*, à 2 heures après midi, vit la baſſe d'*Ambre*, qui lui reſtoit à l'eſt, 5 à 6 degrés ſud dans l'éloignement d'environ 7 à 8 milles; il ſonda ſans renconter le fond à 35 braſſes. A 4 heures après midi, il releva les extrémités de la baſſe qui étoit découverte: on ne trouva point de fond à 100 braſſes de profondeur. La variation avoit été obſervée de 12° 20′ avant midi, & 12° 21′ après midi.

En l'année 1730, le vaiſſeau le *Lys*, commandé par M. le Ch^er^. de Pontevez, en allant de l'île de *Bourbon* aux aux Indes, fit la route ordinaire pour prendre connoiſſance de *Madagaſcar*; mais n'ayant point vu cette île, le 25 Juin à 6 heures du ſoir il fit valoir la route le nord-nord-eſt 3° 30′ eſt, quarante-cinq lieues un tiers, juſqu'au 26 à midi, & enſuite le nord-nord-eſt 2° 30′ nord juſqu'à 2 heures après midi du même jour, qu'il apperçut la terre du nord-oueſt à l'oueſt quatre à cinq lieues. Il remarqua que c'étoit deux îles ſéparées par un petit canal; & ſuivant la latitude qu'il avoit obſervée, ayant égard à l'erreur de ſa fleche, le milieu de ces îles ſeroit par 10° 17′ de latitude. Quant à ſa longitude; quoique je l'euſſe fixée ſur ma Carte par 49 degrés, après avoir tracé la route de pluſieurs vaiſſeaux qui partoient de *Madagaſcar*, & qui n'avoient point vu cette île par cette longitude & même plus à l'eſt, j'ai cru devoir la placer par 50° 35′.

Iſle *Jean-de-Nove.*

En quittant cette île de vue, le vaiſſeau le *Lys*, ayant fait valoir la route le nord-nord-eſt, apperçut une autre île à laquelle il donna le nom d'*Alphonſe*, qui ſeroit ſuivant la route de ce vaiſſeau depuis la vue de *Jean-de-Nove* ſoixante neuf lieues au nord-nord-eſt de celle-ci, & par conſéquent par 7 degrés de latitude, & 52° 20′ de longitude.

Iſle d'*Alphonſe.*

Dix-huit lieues & demie au nord de l'île *Alphonſe*, ou plutôt au nord-quart-nord-oueſt, ſuivant une réduction plus exacte des routes de ce vaiſſeau, il apperçut une autre petite île à laquelle il donna le nom d'île *St. François.*

Cette même île *St. François*, fut vue le 21 Septembre 1744, par un petit vaiſſeau qui alloit à *Mahé*: il la rangea du côté de l'oueſt & à un quart de lieue de diſtance, où il trouva huit braſſes fond de corail. Il eut enſuite connoiſſance d'une île pareille dans l'eſt-nord-eſt de celle-ci à trois ou quatre lieues, & entre l'une & l'autre il eut trente-cinq braſſes de profondeur, fond de ſable. Le même jour à midi, ayant fait 6 lieues au nord-eſt-quart-nord, & étant par 5° 59′ de latitude obſervée, il vit un troiſieme îlot à une lieue dans l'oueſt, & eut toujours le fond de trente à trente-cinq braſſes.

Iſle *St. François.*

L'île *Saint-François* fut également rencontrée en 1756, par la frégate la *Gloire* en allant à *Pate.*

M. du Roslan expédié de l'*Ile-de-France*, avec les corvettes du Roi *l'heure du Berger* & l'*Etoile du matin*, en Décembre 1770, pour des découvertes dans cet archipel, reconnut une île qu'il nomma l'île *Plate*, dont la latitude est de 5 degrés 45 minutes, & la longitude de 53 degrés 11 minutes. Elle lui parut avoir environ une lieue de circuit: elle a un récif dans la partie du nord qui s'en écarte d'un quart de lieue.

Isle *Plate*.

De la vue de l'île *Plate* gouvernant au nord-ouest, il vit une seconde île au nord-ouest-quart-ouest, & il s'en approcha sans trouver le fond jusqu'à une demi-portée de canon : il envoya un Officier pour chercher un endroit propre au mouillage, & le lendemain il fut lui-même visiter cette île qu'il nomma l'île du *Berger*. Elle est plus élevée du côté du nord que de celui du sud; il y a au milieu une coupée, ou séparation qui la feroit prendre de loin pour deux îles: cette coupée est un banc de corail dur, couvert d'un peu de sable blanc, que la mer couvre en entier lorsqu'elle est haute ; mais de mer basse, il est pour ainsi dire à découvert, de sorte qu'on peut alors passer d'une partie de l'île à l'autre: elle peut avoir deux lieues de circuit. Le sol est d'un corail très-dur sur lequel il y a un peu de sable, les bois sont hauts, mais très-spongieux ; il y a aussi quelques cocotiers de petite espece, & toute l'île est entourée d'un récif qui s'en écarte d'un quart de lieue. On y trouve quantité d'oiseaux de différentes especes & beaucoup de poissons. Cette île est par 5 degrés 45 minutes de latitude, & par 52 degrés 48 de longitude : on remarque en la cotoyant une passe dans le récif, ou les bâteaux peuvent entrer & aller sur l'île, à l'aide d'une chaussée for-

Isle du *Berger*.

mée par la nature. Le récif eſt rempli de tortues de mer, de requins & de beaucoup d'autres poiſſons ; il ne paroît ſur l'île d'autres inſectes que des fourmis rouges d'une petite eſpece, des mouches, quelques araignées & quantité de nérites. Les matelots diſent y avoir vu des caymans & des poules bleues.

En partant de cette île, faiſant route à l'oueſt-quart-ſud-oueſt, M. du Roſlan en apperçut une troiſieme qu'il nomma l'île de l'*Étoile* ; il la cotoya à la diſtance d'une petite lieue. Le fond entre l'île du *Berger* & celle-ci a des inégalités ſenſibles. Cette île de l'*Etoile* n'eſt qu'un banc de ſable, couvert de brouſſailles, qui peut avoir une demi-lieue de longueur. Le récif qui l'entoure s'étend dans la partie du ſud d'environ un quart de lieue. Iſle de l'*Étoile.*

A 6 heures du ſoir on vit une quatrieme île, qu'on nomma *Marie-Louiſe* ; elle paroiſſoit bien boiſée, cernée d'un récif, & de la même grandeur que l'île *Plate*. Sa latitude eſt de 6° 12′, & ſa longitude de 52° 19′. Iſle *Marie-Louiſe.*

Le 14 Décembre M. du Roſlan vit une cinquieme île, diſtante de 2 lieues à l'oueſt-ſud-oueſt de l'île *Marie-Louiſe* ; il la nomma l'île des *Nœufs*. Il s'en approcha à une lieue, & trouva 9 braſſes fond de roche ; elle lui parut plus petite que les autres, mais également boiſée. Sa latitude eſt de 6 degrés 15′ & ſa longitude de 52 degrés 12′. La profondeur ſe trouve entre ces îles de 25 à 30 braſſes ; mais pour peu qu'on prenne du ſud, on perd ſubitement le fond. Iſle des *Nœufs.*

Le même jour, à midi, on vit une ſixieme île, éloignée d'environ trois lieues & un tiers à l'oueſt-quart-nord-oueſt de l'île des *Nœufs* ; on la nomma l'île de la *Boudeuſe*. Ce n'eſt qu'un banc de ſable, couvert de brouſſailles, comme l'île de l'*Etoile*. Iſle de la *Boudeuſe.*

Il y a toute apparence que ces six îles sont celles qui sont marquées sur les anciennes Cartes sous le nom des *Amirantes*, quoique sous une latitude d'environ 2 degrés moins méridionale. M. du Roslan les a relevées avec autant de soin que d'exactitude ; & comme il alla delà à l'île *Mahé*, il a déterminé leur longitude rélativement à celle de cette derniere, & le peu de durée de son trajet ne fait pas soupçonner d'erreur dans la position qu'il leur donne. Il paroît que l'île des *Nœufs* est celle que vit M. de Pontevez, sur le vaisseau le *Lys*, en 1730, qu'il nomma l'île *St. François*, que *la Gloire* apperçut en 1756 ; & que ce fut entre ces îles que passa le petit vaisseau dont j'ai parlé ci-devant, en allant à *Pondicheri*.

Au nord de ces îles & à l'ouest-sud-ouest cinq degrés sud de l'île *Mahé*, on prétend qu'il y a encore 3 ou 4 îles semblables ; elles ont été vues par un petit vaisseau destiné pour *Bengal*, qui alloit aux îles *Praslin* : il étoit commandé par M. Duchemin. Je n'ai pu en avoir aucun autre détail.

Les douze îles ont été vues, le 6 Juin 1732, par M. Duchemin commandant le vaisseau le *St. Pierre*, deux jours après avoir perdu de vue la partie du nord-est de *Madagascar* ; & comme il apperçut, le lendemain au matin, une autre petite île qu'il nomma l'île *St. Pierre*, le gissement de l'une à l'autre est déterminé par sa route & par la distance où il en étoit au nord-nord-ouest.

La frégate l'*Elisabeth* en allant à *Surate*, après avoir eu connoissance de *Madagascar*, se trouva le 16 Août 1744, à la pointe du jour, à un quart de lieue des brisans qui environnent les douze îles qui lui restoient du nord-ouest au nord-est ; & on apperçut du nord-ouest-quart-nord au nord-

nord-oueſt trois îlots ronds peu élevés, & au nord-eſt une eſpèce d'île plate qui ſembloit terminer le récif à ce rumb de vent: les vents qui ſouffloient grand frais du ſud-ſud-eſt, & l'agitation de la mer obligerent ces navigateurs de tenir le plus près du vent pour doubler cet écueil, & en approchant de l'île du nord-eſt, ils reconnurent qu'elle en formoit pluſieurs: ces îles au reſte ne ſont que de ſable couverts d'arbriſſeaux. A dix heures on releva l'îlot le plus nord à l'oueſt-ſud-oueſt 4 à 5 lieues, & à midi s'eſtimant à 7 ou 8 lieues au nord-nord-eſt de l'île la plus nord, comme on obſerva 9° 42′ de latitude, on en inféra que cet amas d'îles étoit par dix degrés.

Il eſt bon d'obſerver que quand M. Morphey découvrit l'écueil *Saint-Laurent*, il avoit paſſé au nord des douze îles à une diſtance d'où il n'avoit pas pu les appercevoir.

Ce même navigateur avoit auſſi paſſé au ſud du banc qui s'étend au ſud de la petite île de la *Providence*, ſur laquelle ſe ſauva l'équipage de la frégate l'*Heureuſe*, Capitaine M. Campis. Cette frégate ayant fait voile de l'*île-de-France* le 30 Août 1769 pour aller à *Bengal*, eut connoiſſance de l'île *Jean-de-Nove*, le 5 Septembre, qui reſtoit 5 à 6 lieues à l'oueſt; la nuit ſuivante elle échoua ſur la partie du ſud du récif, & l'équipage ſe ſauva ſur un ſec de ſable à une lieue au dedans du récif d'où ils ſe rendirent ſur une petite île qui en eſt éloignée d'environ ſept lieues au nord, à laquelle le récif eſt contigu, & ils la nommerent l'île de la *Providence*.

Iſle de la *Providence*.

Cette île a une lieue de longueur du nord au ſud & environ trois cens toiſes de large vers ſon milieu: le ſol eſt de ſable & de corail ou madrepore blanc. Le récif dont elle eſt entourée, commence pour ainſi dire à toucher sa partie du nord ; il s'en écarte ensuite en allant vers le sud, de façon qu'à la pointe du sud de l'île, il en est distant d'environ une demi-lieue. Ce récif se prolonge de 6 à 7 lieues au sud, & sa plus grande largeur, à peu près au milieu de cette étendue, est d'environ deux lieues. Tout l'espace qu'il contient est rempli de bancs de sable & de corail, dont plusieurs sont hors de l'eau, de sorte que de basse mer un canot ne peut guere y naviguer ; on échoue même de pleine mer sur quelques-uns d'entr'eux si on n'y fait pas attention.

L'île de la *Providence* est couverte de cocotiers sur sa partie du sud, & sur celle du nord d'un bois spongieux qui ressemble au figuier d'Europe : les arbres en sont droits, élevés de 40 à 50 pieds ; ils ont des nœuds comme les bamboux, à six pieds les uns des autres ; le fruit ressemble à de petites mangues. On y trouve aussi un bois rampant de couleur rouge qui est fort dur ; mais une chose singuliere, c'est que la cendre des bois qu'on brûloit, étant imbibée d'eau de pluie, se pétrifioit de telle sorte, qu'on ne pouvoit ensuite la casser qu'avec un marteau, & l'intérieur paroissoit luisant comme un coquillage.

La tortue s'y trouve en abondance. Il y a aussi une espece de crabes de terre fort grosses, bonnes à manger ; on en prit qui pesoient six livres : on y voit aussi un grand nombre de rats qui nichent sur les cocotiers.

La latitude de l'île, suivant quatre observations faites avec un octan de réflexion, dont deux lorsque le soleil étoit du côté du nord de l'île, & les deux autres lorsqu'il étoit au sud, a été conclue de 9° 7'. La variation y a été observée de 11° 45' nord-ouest.

Après

Après avoir travaillé pendant deux mois ſur cette île à alonger leur canot de ſix pieds, & à le mettre en état de naviguer, l'équipage s'y embarqua au nombre de 35 hommes, le 8 novembre, & à l'aide des vents de nord-eſt, ils aborderent quatre jours après à *Madagaſcar*, à huit lieues au ſud du cap d'*Ambre*, d'où ils ſe mirent en marche pour ſe rendre à *Foulpointe*, où ils arriverent un mois après. Ils traverſerent en pirogue, chemin faiſant, trois beaux ports, ſitués entre le cap d'*Ambre* & la baie de *Vohemare*, qui leur parurent dignes d'attention.

L'île *Galéga* a été vue en dernier lieu, le 7 Juillet 1758, par le ſenau le *Rubis*, qui partoit de l'*île-de-France* pour aller aux Indes. La route de ce bâtiment m'ayant paru aſſez directe, j'ai placé cette île en conſéquence par 54° 55′ de longitude & par 10° 30′ de latitude. Iſle *Galéga*.

La frégate le *Choiſeul* commandée par M. le Floch de la Carriere, en allant de l'île de *Bourbon* à *Pondicheri*, apperçut cette île le 17 Août 1768; & quoique ce navigateur ne s'eſtimât alors que cinq lieues plus à l'oueſt, la ſonde qu'il eut enſuite ſur la partie du ſuſt-eſt du banc qui cerne l'île *Mahé* & les autres qui en ſont vers l'eſt, lui fit ſoupçonner que l'île *Galega* eſt de 15 ou 20 lieues plus à l'oueſt que je ne l'ai marquée; mais comme M. de la Carriere n'a eu aucune connoiſſance de l'île *Mahé*, & qu'il ignoroit l'endroit du banc où il avoit ſondé, je n'ai pas cru devoir la mettre de plus de 35 minutes plus à l'oueſt que ma premiere détermination, & par plus de 10° 27′ de latitude.

Le Routier Portugais, ſur la foi d'Alexo da Mota, met cette île par 9° 30′, c'eſt-à-dire, de 57 minutes plus nord qu'elle n'eſt réellement; ce qui fait voir combien les anciens erroient sur cet objet important, le seul sur lequel on croiroit pouvoir se fier à eux.

Banc de la *Fortune.*

Pendant la nuit du 18 au 19 Septembre 1771, M. de Querguelen commandant les flûtes la *Fortune* & le *Gros-ventre*, se trouva sur un banc par 30 brasses de profondeur fond de roches, & un instant après il ne trouva que 20 brasses; le fond continuant de diminuer, il fit mouiller par 16 brasses. Au jour on ne découvrit rien, & ayant appareillé, dérivant au nord-ouest, il trouva de 13 à 28, & perdit tout-à-coup le fond, après avoir fait deux lieues. Il avoit remarqué étant mouillé, que la mer paroissoit briser à une lieue à l'est-nord-est; mais la disposition du tems & l'agitation de la mer ne lui permirent pas d'envoyer son canot y sonder. Il compte avoir reconnu trois lieues d'étendue à ce banc du sud-est au nord-ouest; & suivant son estime ce banc qu'il a nommé le banc de la *Fortune*, seroit situé par 7° 30′ de latitude, & par 54° 58′ de longitude.

Banc de *St. Michel.*

J'ai placé le banc de *St. Michel* par 8° 55′ de latitude suivant l'observation de la flûte la *Digue* en 1768, & par 57° 30′ de longitude, relativement à la réduction que j'ai fait de sa route, en allant de l'*île-de-France* à l'île *Mahé.*

Banc de *Saya de Malha.*

La partie du sud de *Saya de Malha*, est tracée suivant la navigation & les observations de M. le Chevalier Grenier. Quant à la partie du nord de ce même banc, je me suis conformé à l'extrait du Journal inséré dans le Pilote Anglois en ces termes.

» La partie la plus nord de *Saya de Malha* est par 9° 55′ » de latitude sud, & par 11° 40′ à l'ouest du méridien de » *Bombay*. Je tombai sur la partie de l'ouest de la pointe » du nord où je trouvai 15 brasses fond de corail à la pre-

» miere ſonde, & à la ſeconde 8 ſeulement, ce qui me fit » porter au nord 3 degrés oueſt ; & quoique la briſe fût » très-légere, chaque fois que je jettois une ligne de ſonde, » la profondeur augmentoit de 12 à 15, 22, 25, 32, 60 » & 85 braſſes, après quoi je perdis le fond. Je revins à » la charge, & je trouvai comme la premiere fois 15 braſ- » ſes fond de corail, enſuite 12, puis 10 ; & craignant d'é- » chouer, je portai au nord-nord-eſt, où j'eus 11, 12, 13, » 14, 17 & 22 braſſes ; & après avoir cinglé environ un » mille & demi, je perdis entierement le fond. On dit qu'à » la partie du ſud de ces écueils, il y a pluſieurs bancs qui » dans quelques endroits ſont à ſec & à découvert. La varia- » tion y étoit alors de 16° 40′ nord-oueſt «.

Je n'ai trouvé aucun autre Mémoire ſur l'île *Roquepiz* du ſud, que le Journal de Lancaſter qui la vit en 1602, & qui fait l'éloge de ſon aſpect ſans rien dire de ſa longitude. On rapporte ſeulement que cet Amiral ayant quitté la baie d'*Antongil* le 6 Mars, ſe trouva à la vue de *Roquepiz* le 16 du même mois, vers 10° 30′ ſud. Je l'ai placée par cette latitude, & par 62 degrés de longitude ſuivant laquelle elle n'a pu être vue par la frégate le *Cerf*, par la gouelette le *St. Bénoit*, ni par la flûte la *Digue*.

Dans les Mémoires qui m'ont été envoyés d'Angleterre depuis cinq à ſix ans, j'ai l'extrait du Journal des vaiſſeaux la *Marie*, Capitaine Micham, & du *Prince Georges*, Capitaine Lowes, qui partant de la pointe de *Galles* en l'île de *Ceylan* le 15 Juin 1755, pour aller à *Bombay*, virent le 2 Août une île par 7° 7′ de latitude ſud, qu'ils crurent être celle de *Gratia*, qu'ils eſtimoient 16° 56′ à l'oueſt du méridien de la pointe de *Galles*, ce qui répond à 60° 49′ de notre longitude ; mais, ſuivant la note miſe au bas du petit plan qui m'en a été envoyé, elle ſeroit par 20° 47′ à l'oueſt de *Galles*, ou par 56° 58′ de notre longitude. Le lendemain ayant fait cent trois milles au nord-oueſt-quart-nord, ces deux vaiſſeaux toucherent ſur un récif qui ſe prolonge environ cinq lieues au ſud-oueſt d'une petite île qu'ils virent le matin par 6 degrés de latitude, & que je croirois être l'île de *Roquepiz* du nord, ſi ce n'étoit que le Routier Portugais dit qu'au ſud-oueſt de celle-ci, dans l'éloignement de ſix lieues, il y a trois petits îlots ras, peu couverts d'arbres, & giſſans de l'eſt à l'oueſt, que ces deux vaiſſeaux n'ont pas vus. Comme ils obſerverent la variation aux environs, l'incertitude de leur longitude m'a engagé d'y avoir recours ; & ſuivant le cours des lignes de variation dont j'ai parlé ci-devant, l'île qu'ils crurent être *Gratia* (que j'ai nommée l'île *St. George*, vu que *Gratia* ou *Garcia* eſt plus à l'eſt) ſeroit par 58° 35′, & *Roquepiz* par 57° 35′.

Les *ſept Freres.* Il reſte en ce parage l'île des *ſept Freres*, ſur laquelle je n'ai trouvé d'autre Mémoire que ce qui en eſt dit dans le Routier Portugais, qu'elle eſt par 4 degrés de latitude ſud.

A l'égard des îles qui ſont à l'eſt de celles-ci, elles m'ont paru aſſez connues par la rencontre qu'en ont fait nos vaiſſeaux & ceux des Anglois, pour en faire ici une deſcription particuliere.

Iſle *Diego Garcia.* L'île *Diégo Garcia* à été vue le 24 Septembre 1769, par M. le Chevalier Grenier, commandant les corvettes du Roi l'*Heure-du-Berger* & le *Vert-galant.* M. l'Abbé Rochon en a déterminé la longitude de 68° 20′. M. la Fontaine, qui commandoit le *Vert-galant* retourna au mois de Novembre 1770, pour la viſiter, & lever le plan de la vaſte baie que cette île, qui ressemble à un serpent recourbé, forme dans son intérieur : un grand nombre de vaisseaux peuvent y mouiller en sureté ; mais le principal y manque ; & quoiqu'elle soit couverte de bois, on n'y trouve point d'eau douce. Sa longueur est de quatre lieues du nord au sud, & sa plus grande largeur de deux lieues.

Cette même île fut apperçue par un vaisseau Anglois, qui de sa vue ayant fait route au nord, eut connoissance de deux autres îles & de trois îlots avec un récif distant d'environ cinq lieues à l'est-nord-est : il passa entre le récif & les îles dont il détermina la latitude entre 5° 12′ & 5° 23′. Au nord-nord-est de ces îles, entre 5° & 4° 35′ il trouva un fond inégal de 26, 7, 23, 28, 9 & 23 brasses.

L'île *Diego Garcia* fut rencontrée aussi en Janvier 1745, par le vaisseau Anglois le *Pelham*, en allant du cap de *Bonne-espérance* à *Bombay* ; il en remarqua la baie ainsi que les îlots qui sont à l'entrée. Ce vaisseau fit route au nord-est, à l'est-nord-est, ensuite au nord-nord-est jusqu'à la ligne équinoxiale qu'il coupa par 73° 20′ de notre longitude ; de-là cinglant au nord-ouest, le 31 Janvier à 10 heures du matin, s'estimant par 1° 55′ de latitude nord, & par 71° 48′ de longitude, il vit les îles *Maldives*, du nord-nord-ouest à l'ouest ; il passa entr'elles, & se rendit à *Bombay*.

En partant de l'île *Praslin*, qui est au nord-est de l'île *Mahé*, M. du Roslan voulant connoître de ce côté-là l'étendue du banc sur lequel ces îles sont situées, trouva qu'il se prolongeoit de 10 lieues au nord-est : de cette position il gouverna à l'est parcourant le parallele de 4 degrés sur lequel les ancieunes Cartes marquent l'île des *Sept Freres*,

& celle des *trois Freres*. Malgré les différences causées par des courans accidentels, qui portoient quelquefois vers le sud, d'autres fois vers le nord, les deux corvettes conserverent assez la latitude supposée de ces îles, pour s'assurer qu'elles n'existent pas sur ce parallele jusqu'à 66 degrés de longitude. La route du Sr. Picault en allant à l'île *Mahé* en 1744, confirme cette vérité. Si d'un autre côté on considere que les *Amirantes* sont placées sur les anciennes Cartes d'environ 2 degrés plus nord que celles qui ont été vues par M. du Roslan, on peut présumer une différence semblable à l'égard des *sept Freres* & des *trois Freres*.

Comme ses ordres pressoient son retour à l'*île-de-France*, il ne put parcourir la même latitude plus vers l'est, & fit route au sud-est-quart-sud, & au sud-sud-est, pour reconnoître *Diego Garcia*. Le 2 du mois de Mars, on vit la terre à 11 heures du soir à une lieue & demie de distance; on sonda sans trouver le fond. Ayant manœuvré toute la nuit, pour se conserver à la vue, dès qu'il fut jour on s'en approcha, & l'on apperçut trois îles cernées chacune d'une chaîne de rochers, qui s'étendent d'un quart de lieue au large: elles sont fort basses, couvertes de cocotiers d'une très-grande hauteur, & d'autres bois moins élevés. Les deux premieres ont environ une lieue & un tiers de circuit: la troisieme qui ressemble à plusieurs petites îles séparées, quoique jointes par des brisans, paroissoit avoir deux lieues de longueur. On ne soupçonne pas qu'il y ait passage dans les canaux entre ces îles. Comme le Soleil étoit fort près du zénith, M. du Roslan observa la hauteur méridienne de plusieurs étoiles, & par leur résultat il conclut la latitude de l'île la plus nord de 5° 59'; la seconde qui eſt à quatre lieues au ſud-ſud-oueſt de la premiere, eſt par 6° 10′; & la troiſieme enfin, qui eſt environ trois lieues au ſud-quart-ſud-oueſt de la ſeconde, par 6° 20′. Deux jours après ayant eu connoiſſance de *Diego Garcia*, dont la longitude à été déterminée par les obſervations de M. l'Abbé Rochon, il en a inféré la longitude de ces îles de 67° 34′. Le nombre de ces îles me feroit ſoupçonner que ce ſont celles que les anciens Navigateurs ont nommé les *trois Freres*.

Au nord-nord-eſt 5 degrés nord de l'île *Diego Garcia*, & douze lieues à l'eſt-ſud-eſt des îlots découverts par le vaiſſeau Anglois dont on a fait mention ci-devant, ſont ſitués les îlots qu'a rencontré le Sr. Picault le 16 Avril 1744, lorſqu'il alloit de l'île *Rodrigues* à l'île *Mahé* : la direction de ſa route y conduit, & on ne préſume pas qu'il ait eu dans ce trajet une différence eſſentielle. Il s'étoit trouvé la veille ſur un banc ſitué par 5° 55′ de latitude, où il eut des profondeurs inégales de 45, 11, 9, 25, & 40 braſſes. Delà ayant cinglé au nord, il ſe trouva au milieu de 22 îlots, & paſſa entr'eux par 5° 30′ de latitude, pour aller vers l'oueſt : par la viſite qu'il fit faire de ces îles, on reconnut qu'elles étoient couvertes de cocotiers, & leur terrein élevé de 12 à 15 pieds au deſſus du niveau de la mer. La plus grande paroiſſoit avoir environ une demi-lieue de longueur : il y en a de très-petites, & elles ſont toutes entourées de récifs. Toutes les Cartes figurent ce petit Archipel, comme le plan qu'en a tracé le Sr. Picault, ſous le nom de *Peros Banhos*; mais il y eſt placé un degré trop au ſud. *Peros Banhos*.

L'île de *Chagas*, ainſi que les hauts-fonds qui ſont aux Iſle de *Chagas*.

environs, a été reconnue en 1763, par le vaiſſeau le *Pitt*, par 7° 15′ de latitude, & ſa longitude déterminée, ſuivant l'obſervation que fit M. Stefvens de la diſtance de la Lune au Soleil, par 71 degrés de notre longitude, ou 73° 25′ à l'eſt de Londres. Il découvrit auſſi dix-huit lieues au nord-oueſt de cette île par 6° 40′ de latitude, 5 à 6 petits îlots qui avoient été vus à la fin de Décembre 1756, par M. de Surville commandant le vaiſſeau le *Duc d'Orléans*; & environ vingt lieues à l'eſt, il ſe trouva ſur un haut-fond tel que l'a reconnu le vaiſſeau le *Pitt* (ſuivant le plan qui m'en a été envoyé) par 7 braſſes de profondeur, & trois lieues au ſud-ſud-eſt par 10 braſſes.

A quarante cinq lieues au nord-quart-nord-oueſt de l'île de *Chagas*, entre 4° 39′ & 5 degrés de latitude, il y a un banc découvert par le vaiſſeau Anglois le *Speaker*, dont on m'a envoyé le plan. Il y trouva des profondeurs inégales de 22, 20, 5, 6 & 8 braſſes. Ce vaiſſeau ayant mouillé au ſud, en obſerva la longitude par la diſtance de la Lune au Soleil, de 73° 2′ à l'eſt de Londres, qui répondent à 70° 37′ de Paris.

Iſles *Adu*. Quant aux îles *Adu*, ce que nous avons de plus récent à cet égard, eſt la rencontre qu'en a fait le ſieur Moreau ſur le bot le *Favori* en 1757. Par la latitude qu'il obſerva, ces îles ſeroient par cinq degrés; mais ayant remarqué ſur ſon journal, en comparant les obſervations de latitude qu'il a faites dans les endroits les mieux connus, que l'inſtrument dont il ſe ſervoit les donnoit de 18 à 20 minutes trop nord, il s'enſuivroit que ces îles ſeroient de cette même quantité plus au ſud; & cette différence fait que M. le Chevalier Grenier, qui ſuivoit dans les corvettes du Roi l'*Heure-*

du-

du-Berger & le *Vert-galant* le parallele de 5 degrés, n'a pu appercevoir ces îles qu'on ne découvre que de très-près. Quant à leur longitude, je crois qu'on ne peut guere la fixer que par 75° 30', & non par 73 degrés, comme l'estime M. Grenier, attendu qu'en pointant les routes du Sr. Moreau, en sens contraire, il auroit dû passer à la vue de l'île de *Chagas* ou sur les hauts-fonds qui sont auprès, tandis qu'il n'en a eu aucune connoissance.

Le même jour que le Sr. Moreau vit les îles *Adu*, il en découvrit d'autres au sud-sud-est, qui paroissent être celles rencontrées par le vaisseau le *Londres*, à 5° 39' de latitude, & 5° 20' à l'ouest de la partie de l'est de l'île de *Ceylan* par 6° 39' de latitude : on m'en a envoyé le plan, ainsi que du banc qui s'étend au sud de ces îles, que je crois être les îles *Candu*. Isles *Candu*.

L'envie de faire visiter les îles *Adu*, engagea le Sr. Moreau d'y envoyer son canot avec un Officier & huit hommes de son équipage ; mais il se vit contraint par les vents & par les courans de les abandonner, & de continuer son voyage aux Indes. Ceux-ci aborderent le 29 Mars 1757, avec beaucoup de peine à ces îles qui sont au nombre de douze, & cernées de récifs. Ils y trouverent au moins de quoi subsister par les cocotiers dont elles sont remplies, & par quelques oiseaux. Ils furent errans d'une île à l'autre, suivant leurs besoins, & y éprouverent toutes les miseres & les événemens les plus fâcheux, ayant été à la veille de perdre le canot qui étoit leur unique ressource.

Après avoir séjourné sur ces îles, jusqu'à y voir regner des vents favorables pour aller aux Indes, & s'y être occupés à construire un catimaron * pour porter la provision de cocos nécessaire pour leur nourriture, & y faire avec du quer **, le cordage dont ils avoient besoin; ils en partirent le 22 Juin, & firent route vers la côte de *Malabar* sans autre guide que leur jugement, le Soleil & les étoiles, car pendant leur séjour à ces îles ils avoient perdu leur boussole. Le 24 leur catimaron renversa, & ils se virent reduits à la petite provision de cocos qui étoit dans leur canot, qui leur dura jusqu'au 10 Juillet, après quoi il ne leur resta rien pour vivre. Depuis cette époque ils tomboient chaque jour dans la plus étrange foiblesse, tourmentés par la fin & par la soif. Enfin après avoir longtems souffert, ils aborderent à *Cananor* côte de *Malabar*, d'où ils se rendirent à *Mahé*, & de-là à *Pondicheri*.

* Espece de ras triangulaire par ses extrémités, fait de plusieurs pieces de bois liées les unes avec les autres ; il sert aux Indiens des côtes de *Malabar* & de *Coromandel*, pour faire la pêche à la ligne à 2 ou 3 lieues au large, & à aller à bord des vaisseaux.

** Filasse qui entoure les cocos.

DE LA ROUTE

QU'ON doit faire pour aller aux Indes, suivant les différens endroits d'où l'on part, & ceux où l'on veut aborder.

J'Ai traité, ci-devant, de la route que doivent tenir les vaisseaux qui vont aux Indes par le Canal de *Mozambique*; cette instruction peut être regardée comme générale, pendant la mousson du sud-ouest, pour tous ceux qui vont à la côte de *Coromandel*, à *Bengal*, au détroit de *Malac*, & autres lieux vers l'est. Cette route est même la plus courte de toutes celles qu'on peut choisir.

Vaisseaux destinés pour *Goa, Bombay & Surate.*

A l'égard des vaisseaux destinés pour *Goa*, pour *Bombay*, pour *Surate*, & autres endroits situés du côté du nord de la côte de *Malabar*; après avoir coupé la ligne équinoxiale par 52 degrés ou environ, comme je l'ai enseigné, au lieu de passer entre les *Laquedives*, par le canal des 9° 30′, ils cingleront pour attérer conformément à leur destination. Ceux qui vont à *Goa*, iront prendre connoissance des îles *Brulées*, situées dix lieues au nord du fort d'*Agoada*, qui fait le côté du nord de l'entrée de la riviere de *Goa*; ceux qui vont à *Bombay* attéreront aux îles *Hunari* & *Cunari*, qui en sont éloignées de quatre lieues au sud; ceux enfin qui iront à *Surate*, doivent attérer au cap *Saint-Jean*, par 20 degrés de latitude, sans aller plus nord, à cause des bancs dangereux qui font au large de cette partie de la côte ; & on fe réglera enfuite, jufqu'à la rade de *Surate*, fur le Routier que je donnerai.

Attérage à ces côtes.

L'abord des côtes de *Décan*, de *Concan*, de *Canara* & de *Malabar*, eft d'autant moins à craindre, que la fonde s'étend fort au large, & que la diminution des profondeurs en fait connoître la proximité. Ce qui pourroit tromper à cet égard, ce feroit quelqu'un des bancs au large de ces côtes ; mais en fondant fouvent, on en diftinguera aifément la fonde de celle de la côte qui diminue graduellement quand on l'approche.

Vaiffeaux deftinés pour *Cananor* & autres lieux au fud de *Goa*.

Les vaiffeaux qui iront à *Cananor*, à *Tallicheri*, à *Mahé* ou à *Calicut*, pourront pour abréger leur courfe, paffer au nord des *Laquedives*, en allant reconnoître l'île aux *Pigeons*, fituée par 14° 3′ de latitude, de-là ils defcendront la côte jufqu'à l'endroit où ils voudront aborder : Cependant ceux qui vont à *Cochin* ou à *Anfenga*, doivent par préférence prendre leur cours par le canal des 9° 30′. Cette inftruction, je le répete, ne regarde que les vaiffeaux qui vont à cette côte pendant la mouffon du fud-oueft.

ROUTE pendant que la mouffon du fud-oueft regne aux Indes en paffant à l'eft de Madagafcar.

Raifons de préférer cette route.

Lorfqu'en allant aux Indes, on ne veut pas prendre fon cours par le canal de *Mozambique*, on peut également paffer à l'eft de *Madagafcar*. Cette route convient mieux aux vaiffeaux qui ne peuvent donner dans le canal avant le 15 du mois d'Août, à caufe des vents foibles, des calmes & des variétes qui y regnent en cette faifon, au lieu des vents frais qu'on eft certain de rencontrer du côté de l'eft:

au cas qu'on ait besoin de relâcher par la nécessité de l'eau, ou des vivres & des rafraîchissemens, qu'un long séjour sur mer rend quelquefois indispensable, on peut aisément s'en procurer au fort *Dauphin*, à *Foulpointe* & autres lieux de la côte de l'est de *Madagascar*.

Quand on veut faire ce trajet, après avoir doublé le cap de *Bonne-espérance*, & s'être assuré de son point par la vue des terres du cap, ou par la sonde du banc des *Aiguilles*; on continuera de s'élever à l'est sur les paralleles que j'ai cités jusqu'à 44 ou 45 degrés de longitude; d'où cinglant au nord-est, ensuite au nord-nord-est, (j'entends faire valoir la route, correction faite de la variation & de la dérive), on ira joindre le parallele de 26 à 25 degrés de latitude, par 50 degrés de longitude, & cette précaution me paroît suffisante pour prévenir l'erreur d'une navigation ordinaire *. Dans cette incertitude on aura soin de ne pas atteindre,

Précautions qu'on doit prendre pour ce trajet.

* Il seroit à souhaiter que ceux qui sont chargés de la conduite des vaisseaux, ou du moins, ceux qui peuvent y contribuer par leurs conseils, fussent en état de déterminer la longitude à la mer par les distances de la Lune au Soleil ou aux Etoiles, qui donnent une approximation suffisante pour reconnoître & pour éviter les grandes erreurs de l'estime. l'Almanach Nautique des Anglois, dont la connoissance des tems donne depuis 1774, l'extrait de ce qu'il y a de plus essentiel pour ces sortes d'observations, abrege de beaucoup le calcul, ainsi que les autres livres qu'on vient de publier en Angleterre à ce sujet, qui rendront cette méthode à la portée des Pilotes instruits. Une grande partie des Navigateurs Anglois, ainsi que plusieurs François, s'en servent actuellement avec succès, & rien ne peut contribuer davantage à la sureté de la Navigation, sur-tout lorsque le lieu où l'on va est déterminé avec exactitude : alors la route que je donne ici sera susceptible de modification, puisqu'il suffira de se mettre de 20 à 25 lieues au vent des endroits où l'on veut aborder, pour prévenir la plus grande erreur de cette approximation, & non pas à quatre vingt lieues, comme je le propose dans cet exemple.

Le succès des horloges marines qui sur la frégate la *Flore*, commandée par

pendant la nuit, la latitude de 25° 45′ qui eſt celle de la partie du ſud de *Madagaſcar*: au reſte cette côte ne porte ſonde au large qu'à l'oueſt du cap *Sainte-Marie.*

Relâche au fort *Dauphin.*

Quand on veut relâcher au fort *Dauphin*, ſitué par 25° 5′ de latitude, il eſt à propos d'attérer par 24 degrés, ou tout au moins, par 24° 30′, afin de ne pas le manquer, vu que les courans portent vers le ſud avec rapidité. J'ai obſervé leur vîteſſe de 48 minutes, ou de ſeize lieues en 24 heures; ainſi pour en éviter les effets pendant la nuit, en approchant du fort *Dauphin*, ſi le tems le permettoit, & qu'on rencontrât un fond de ſable, le mieux ſeroit de mouiller; mais ſi la briſe eſt forte, il faut ſe ſoutenir ſous voile.

Lorſqu'on vient reconnoître la terre par 24 degrés, on apperçoit une chaîne de montagnes fort élevées, & par 24° 15 à 18′, on voit un mondrain en forme de pain de ſucre, confondu avec de petites montagnes voiſines du bord de la mer. Côtoyant enſuite la terre à une lieue & demie de diſtance, on apperçoit à travers des îles *Sainte-Luce*, quelques petits bancs de roches ſur l'eau, un peu écartés du rivage, ſitués entre 24° 35′ & 24° 45′: alors continuant de ranger la côte à cette diſtance, on aura connoiſſance au ſud-oueſt-quart-oueſt du compas, d'une pointe qui paroît

M. de Verdun de la Crenne, Lieutenant des vaiſſeaux du Roi, ont toujours donné la longitude avec une préciſion étonnante, doit nous faire concevoir les plus grandes eſpérances pour la détermination des longitudes en mer par ce moyen, le plus expéditif de tous; puiſque l'erreur, en ſix ſemaines, n'a jamais excédé vingt minutes. Il ne nous reſte plus qu'à déſirer que les Artiſtes puiſſent exécuter des horloges auſſi parfaites que celles qui ont été éprouvées, & que chaque bâtiment puiſſe en avoir deux, ſans que cela devienne un objet de dépenſe.

d'abord isolée, & qui représente deux mondrains plus plats que ronds. Plusieurs Navigateurs l'ont prise mal à propos pour la pointe d'*Itapere*; celle qui la suit, avec des mondrains également plus plats que ronds, ne l'est pas non plus; c'est la troisieme pointe qu'on voit ensuite, dont les mondrains pointus servent de marques de reconnoissance, qui est la pointe d'*Itapere*. En approchant de la seconde pointe, & côtoyant la terre à une lieue, j'ai apperçu quelques hauts-fonds dont les plus écartés m'ont paru éloignés de trois quarts de lieue du rivage, c'est pourquoi je conseille de s'entretenir à une lieue & demie de distance.

Pointe d'*Itapere*.

La roche d'*Itapere*, qu'on voit toujours briser, est la marque la plus certaine pour distinguer la pointe dont elle est éloignée d'environ un tiers de lieue au sud: il n'y a point de passage entre l'une & l'autre.

Roche d'*Itapere*.

Deux lieues à l'ouest-sud-ouest du monde de cette roche est le fort *Dauphin*; la côte entre la pointe d'*Itapere* & celle où étoit ce fort, forme une anse nommée *Tolonghare* par les gens du pays, ou anse *Dauphine* par les François qui y étoient autrefois établis : on y voit même encore les restes de leur fort : c'est dans le coude formé par la pointe que vont ordinairement les vaisseaux.

Le fort *Dauphin*.

Après avoir rangé la roche d'*Itapere* à un quart de lieue, on fera route vers la pointe du fort *Dauphin*. Cette pointe est cernée d'un récif qui s'en écarte d'une encablure, & au dedans duquel est le bon mouillage. La pointe d'*Itapere* doit rester à l'est 5 à 6 degrés sud du compas, la roche à l'est-quart-sud-est, & l'extrémité des brisans les plus proches du mouillage au sud-est-quart-est. L'ancre de babord doit être dans le nord-est, par 7 brasses fond de sable; celle de

Mouillage au fort *Dauphin*.

tribord à l'est-sud-est, par 6 brasses, ayant 27 à 28 pieds d'eau sous le vaisseau ; on porte une troisieme ancre en croupiere dans le nord-ouest.

Quand on n'a pas assez de jour pour gagner la rade, après avoir doublé la roche d'*Itapere*, on peut mouiller dans l'anse si le tems le permet, en faisant attention à la qualité du fond qui n'est pas la même par-tout.

On fait l'eau à l'anse du débarquement, en creusant dans le sable ; elle est bonne pour les bestiaux, & pour la cuisson des vivres ; mais pour en avoir de meilleure, il faut l'envoyer chercher par des Noirs avec des barils de galere, à des fontaines qui sont plus loin.

Ce pays est sous la domination de plusieurs chefs, desquels ont doit toujours se méfier, c'est pourquoi il est bon d'être sur ses gardes, & de maintenir le bon ordre à la palissade. Cette précaution est, non seulement utile au fort *Dauphin*, mais nécessaire dans tous les endroits de *Madagascar* où l'on peut relâcher.

Lorsqu'on veut relâcher à *Foulpointe*.

Comme on préfere souvent la relâche de *Foulpointe* à celle du fort *Dauphin*, à cause de la facilité d'y aborder, de la plus grande sûreté du mouillage, & du génie des Habitans ; alors il conviendra, après avoir atteint le parallele de latitude de 25 degrés sans apperçevoir la terre, ni aucun des indices qui en annoncent la proximité, de faire valoir la route le nord pendant le jour, & le nord-nord-est durant la nuit, jusques par 18° 10' de latitude, où il est nécessaire d'attérer pour reconnoître l'île aux *Prunes*. C'est un petit îlot situé par 18° 7' de latitude, deux lieues au nord-nord-est de *Tamatave*, & écarté de la plus proche terre de *Madagascar* d'environ deux tiers de lieue. Les arbres dont il est

eſt couvert, le font aiſément diſtinguer de cinq lieues.

Trois lieues au nord-nord-eſt de l'île aux *Prunes*, on voit briſer un banc de roches; une lieue & demie plus loin au même rumb, il y a un haut-fond avec 3 braſſes d'eau, & un autre à une lieue au nord-nord-eſt de ce dernier avec 4 braſſes de profondeur, ſur lequel j'ai touché: ces dangers ne ſont qu'à une lieue de la côte.

Les terres de *Madagaſcar*, depuis l'île aux *Prunes* juſqu'à *Foulpointe*, ſont de moyenne élévation, inégales & boiſées; elles s'élevent enſuite peu à peu, & l'on découvre ſur l'intérieur de hautes montagnes doubles & triples. Le rivage de ſable blanc eſt bordé d'un briſant qui s'en écarte à 2 ou 3 encablures en mer. Quand l'île aux *Prunes* reſte au nord-oueſt du compas, à environ deux lieues, on voit du côté du nord une petite montagne plus voiſine que les autres du bord de la mer qui forme deux mamelles, qu'on appelle les mamelles de *Natte*, à cauſe du village qui eſt par ce travers, ſur lequel les Noirs mettent ſouvent un pavillon blanc. Pluſieurs vaiſſeaux ont pris cet endroit pour *Foulpointe*, qui en eſt diſtant de trois lieues au nord: il eſt cependant facile de ne pas tomber dans la même erreur, en faiſant attention que du village de *Natte* on ne perd pas de vue l'île aux *Prunes*, au lieu qu'on ceſſe de l'appercevoir dès qu'on approche de *Foulpointe*.

Lorſque d'en bas on perd de vue l'île aux *Prunes*, & qu'elle reſte ſur le compas à 30 degrés ſud vers l'oueſt; alors *Foulpointe* reſte à 15 degrés du nord vers l'eſt.

L'anſe de *Foulpointe* où les vaiſſeaux mouillent, eſt formée par un grand récif qui commence à la côte à un tiers de lieue au deſſous du village, & s'étend enſuite trois quarts de lieue au nord-nord-eſt du monde. Il faut l'accoſter à un quart de lieue, & le ranger de façon à doubler sa pointe du nord à une bonne encablure. On y distingue les brisans, mais ils marquent moins de mer haute & d'un petit frais: de-là tenant le vent, on ira mouiller à l'abri de ce récif par 6 brasses fond de sable & vase. La pointe du nord du récif restera à l'est-quart-nord-est & est-nord-est du compas; la pointe du sud de l'anse au sud-quart-sud-ouest, 5 degrés ouest; le village* au sud-ouest un tiers de lieue; les terres les plus nord vers *Manivoul*, au nord-quart-nord-est, 6 à 7 lieues. On y affourche est-nord-est & ouest-sud-ouest: quand on doit y rester quelque tems, il est bon de porter une troisieme ancre du côté du nord-ouest.

Mouillage de *Foulpointe*.

Au dedans du récif de *Foulpointe*, il y a un recran plus profond, dans lequel les grands vaisseaux peuvent entrer, le fond y étant de 6 à 7 brasses: la seule difficulté, c'est de prolonger les cables pour qu'ils ne frottent pas sur les cayes. Il faudroit pour y être en sûreté, avoir des chaînes de fer, & se tenir sur quatre amarres, afin de ne pas éviter.

On traite aisément à *Foulpointe* tous les vivres dont on a besoin; mais il faut s'y méfier des Habitans. Comme le port est rempli de bancs, quand on y envoie la chaloupe, il faut pour qu'elle puisse les franchir, attendre que la mer ait monté. Au reste, *Foulpointe* ne doit être fréquenté que

* J'ai déterminé par plusieurs observations de la hauteur méridienne du Soleil & des Etoiles, la latitude du village de *Foulpointe* de 17° 41′ 20″. J'y ai observé aussi pendant la nuit du 30 au 31 Juillet 1757, une éclipse de Lune qui a également été observée à Marseille, à Toulouse, à Rouen & à Béziers, dont j'ai eu les observations correspondantes; & suivant les instans comparés de l'immersion de plusieurs tâches, j'ai conclu que *Foulpointe* étoit de 3 heures 9′ 5″ plus oriental que Paris, & par conséquent par 47° 16′ 15″ de longitude orientale.

pendant la belle saison, le récif ne formant d'abri que pour les tems ordinaires. Je passe maintenant à la description de l'île de *Sainte-Marie*, & de la baie d'*Antongil* où les vaisseaux peuvent aussi aborder.

Treize lieues & demie au nord-nord-est, 5 degrés est du monde de la rade de *Foulpointe*, est la pointe du sud de l'île de *Sainte-Marie*, située par 17° 5' de latitude. L'île que les naturels du pays nomment *Nossi-hibrahim*, ou île d'*Abraham*, s'étend au nord-est-quart-nord jusques par 16° 33' où se trouve sa pointe du nord. Le canal entr'elle & *Madagascar* est fort beau, les vaisseaux de toutes grandeurs peuvent y passer ; la moindre largeur qui est environ au milieu de l'île, a une lieue deux tiers, depuis la pointe de l'*Arée* en *Madagascar*, & la pointe du sud de l'anse de *Lokinsin* sur l'île *Sainte-Marie*. De la pointe de l'*Arée*, il s'étend un banc à l'est-nord-est de la longueur d'un tiers de lieue, sur lequel il n'y a que 2 à 3 brasses d'eau : la pointe de *Lokinsin* est aussi environnée d'un récif, mais dans le milieu du canal la profondeur est de 40 à 45 brasses.

Pointe du sud de *Sainte-Marie*.

La pointe du sud de *Sainte-Marie* est formée par un îlot plat qui en est séparé par un canal, d'un jet de pierre de largeur ; cet îlot est entouré d'un récif qui s'étend près d'une demi-lieue au sud ; & toute la partie de l'est de *Sainte-Marie* est également cernée de brisans. On trouve en quelques endroits au large de cette partie du sud, le fond à 18 ou 20 brasses.

Anse de *Sainte-Marie* ou l'on peut relâcher.

Du côté de l'ouest à environ deux lieues de la pointe du sud, se trouve une grande anse d'environ une lieue de largeur, nord-est & sud-ouest, & dans le fond de l'anse un petit îlot nommé l'île aux *Cailles* à terre duquel de petits bâtimens peuvent se mettre à l'abri. Nous y avions formé un établissement en 1750, que le caractere des Habitans, joint à l'intempérie du lieu, nous ont forcé d'abandonner. Quand on voudra mouiller dans l'anse, on rangera de près la terre du sud de *Sainte-Marie* par 18 ou 20 brasses, & après avoir doublé un gros rocher qui est à la pointe du sud-ouest, on ira jetter l'ancre au nord du monde de l'île aux *Cailles*, par 18 à 20 brasses de profondeur. De cette position la pointe de l'*Arée* reste au nord du monde à quatre lieues d'éloignement.

Pour aller à la baie d'*Antongil*.

Quand on veut aller à la baie d'*Antongil* située au nord de l'île *Sainte-Marie*, il faut tenir le mi-canal entre cette pointe & les terres de *Sainte-Marie*, & faire valoir ensuite la route le nord-quart-nord-est du monde, qui conduit à l'ouvert de la baie. On peut également aller à la baie d'*Antongil*, quand on vient du large en passant à l'est de *Sainte-Marie*.

Baie d'*Antongil*.

La baie d'*Antongil* nommée *Manghabei* par les gens du pays, tire le premier nom d'Antonio-Gillo, Capitaine Portugais qui en a fait la découverte. Elle a 13 à 14 lieues de longueur du nord au sud, & 7 à 8 lieues de largeur nord-est-quart-est 5 degrés nord, & sud-ouest-quart-ouest 5 degrés sud, comprises entre le cap *Bellonnes* & la pointe *Baldriche*. On peut pour y entrer, ranger l'un ou l'autre côté suivant la direction de la brise; la profondeur de l'eau, ainsi que la qualité du fond, sont à peu près les mêmes jusques aux trois quarts de la baie, où la profondeur diminue à 30, 25, 20 & 15 brasses.

Islot *Maros* & mouillage à la baie d'*Antongil*.

Il y a au fond de la baie plusieurs îlots, dont le principal nommé *Maros*, qui n'a pas plus de huit à neuf cens toises d'étendue du nord-est au sud-ouest, est éloigné d'un tiers de lieue du plus proche endroit de la côte : cet îlot est par 15° 25′ de latitude. Il y en a quatre autres plus petits au sud de celui-ci, dont le plus écarté n'en est distant que de deux lieues. Le mouillage ordinaire est au nord de l'îlot *Maros*, à une portée de fusil, vis-à-vis deux petites anses de sable, par 11 à 12 brasses. L'eau & le bois s'y font fort commodément, & les tentes y sont du moins plus en sûreté que sur la grande terre, où l'on traite les vivres. La riviere est au nord-nord-ouest du monde de l'îlot *Maros*. Les chaloupes peuvent y entrer ; la mer marne de cinq pieds dans les nouvelles & pleines Lunes.

Départ de la baie d'*Antongil*.

On sort de la baie d'*Antongil* pour aller vers le nord, en rangeant le côté de l'est, & profitant pour cet effet des brises & des jusans, & cinglant vers la pointe *Baldriche*. Il y a au sud de cette pointe un petit îlot nommé *Béhenter* au sud duquel mouillent les vaisseaux qui font la traite en cet endroit. La côte qui s'étend deux lieues à l'est, est bordée d'un récif qui s'en écarte de deux tiers de lieue, jusqu'à un autre petit îlot nommé *Mopatte*, d'où la côte court quatre lieues au nord-est-quart nord du monde, ensuite au nord-nord-est, 3 à 4 degrés nord, jusqu'au cap de l'est situé par 15° 15′ de latitude. Comme elle est aussi bordée de récifs qui s'avancent en plusieurs endroits de deux tiers de lieue en mer, on doit s'en écarter au moins à une lieue, pour n'en avoir rien à craindre.

Le cap de l'est.

Du Cap de l'est le gissement de la côte prend de l'ouest, & elle ne court plus qu'au nord-quart-nord-ouest 3 degrés ouest, jusqu'à la baie de *Vohemare*, située par 13° 26′ de latitude, d'où elle continue de s'étendre au même rumb jusques au cap d'*Ambre*, qui fait la pointe la plus nord de *Madagascar* par 12° 5' de latitude.

Baie de *Vohemare.*

La baie de *Vohemare*, autrement nommée *Boamaro*, du Capitaine Portugais qui en a fait la découverte, n'est en quelque façon qu'une anse que borde un récif, sur lequel il y a quelques îlots. On prétend qu'entre cette baie & le cap d'*Ambre* il y a d'autres baies, dont je n'ai pu jusqu'à présent avoir aucune description.

Observations sur la côte de l'est de *Madagascar.*

Une observation à faire encore sur la côte de l'est de *Madagascar*, est que le fort *Dauphin* est ordinairement sain dans tout tems; que depuis *Foulpointe* qui ne l'est que dans la mauvaise saison, le pays est plus mal sain à mesure qu'on remonte vers le nord; & pour préserver son équipage des maladies qui regnent dans ces endroits dans la mauvaise saison, il faut à son approche, dès la fin de Novembre, ne laisser découcher personne du bord, & que tout le monde y soit rentré avant la nuit.

Route que doivent tenir les vaisseaux qui passent à l'est de *Madagascar* sans y relâcher.

Lorsque les vaisseaux ne relâchent point à *Madagascar*, & qu'ils se contentent d'en passer à l'est, ils doivent cependant en prendre connoissance pour rectifier leur point, & pour continuer avec sûreté leur route aux Indes. Ainsi après avoir atteint, comme je l'ai dit ci-devant, le parallele de 25 degrés de latitude; si faisant valoir la route le nord pendant le jour, & le nord-nord-est durant la nuit, on parvenoit à 15 degrés de latitude sans voir *Madagascar*, ce qui seroit l'effet d'une différence à l'est*; alors il faudroit gou-

* Je sais que ces différences sont rares, & qu'on en trouve plutôt du côté de l'ouest que vers l'est. l'Exemple du vaisseau la *Paix* en 1749, qui atterra au sud

verner à l'oueſt-nord-oueſt du compas juſqu'à ſa vue ; & ayant accoſté la terre à quatre lieues d'éloignement, on la prolongeroit juſqu'à la vue du cap d'*Ambre*.

Le cap d'*Ambre*.

Les eaux à l'ouvert de ce cap prennent leur cours vers l'oueſt très-vivement, & font que les vaiſſeaux qui vont à *Querimbe* ou à *Mozambique*, en paſſant au nord de *Madagaſcar*, doivent compter ſur une différence ou tranſport vers l'oueſt, proportionnel au tems qu'ils emploient à y traverſer : pluſieurs l'ont trouvé de vingt lieues de vîteſſe en 24 heures. Le défaut d'y faire attention a même été funeſte à quelques vaiſſeaux qui ont abordé la côte d'Afrique pendant la nuit, tandis qu'ils s'en croyoient encore très-éloignés.

Direction & force des courans au cap d'*Ambre*, & précaution que doivent prendre les vaiſſeaux qui vont à *Mozambique* ou à *Querimbe*.

Quant aux vaiſſeaux qui vont aux Indes ; après avoir reconnu le cap d'*Ambre*, ils doivent faire valoir la route le nord, ſans prendre de l'eſt, & la continuer juſques par 5 degrés de latitude, & enſuite le nord-eſt juſqu'à la ligne équinoxiale. De-là on réglera la route qu'on doit faire ſuivant ce que j'ai enſeigné au commencement de cette inſtruction.

de *Mozambique* à l'îlot *Maſémale*, ſitué par 16° 18′ de latitude, & par 37° 30′ de longitude, tandis qu'il s'eſtimoit par 46° 30′ de longitude, eſt unique dans ſon eſpece ; & quel que ſoit la cauſe d'une auſſi grande erreur, quand on examine dans le Journal de ce vaiſſeau les fortes variations qui s'obſervoient journellement, même à l'atterrage, on ne peut s'empêcher d'être ſurpris qu'il n'ait pas reconnu longtems auparavant qu'il n'avoit pas aſſez gagné vers l'eſt, & qu'il étoit dans le canal de *Mozambique* plutôt qu'à l'eſt de *Madagaſcar* : un peu plus d'attention dans la navigation qu'on n'en avoit probablement ſur ce vaiſſeau, ſuffira pour éviter de tomber dans un cas ſemblable.

DE LA ROUTE *en partant des Isles de* France *&* *de* Bourbon *pour aller aux Indes, pendant la mousson du sud-ouest.*

AU commencement de notre navigation aux Indes, les vaisseaux qui partoient de l'île de *Bourbon* pour s'y rendre, tenoient ordinairement la grande route, qui consiste à passer à l'est des îles & des dangers que contient l'Archipel du nord-est de *Madagascar*. Il falloit pour cet effet sortir de la région des vents généraux, atteindre celle des vents variables, & s'élever ensuite à l'est jusqu'à pouvoir avec les vents généraux du sud-est à l'est, aller atterrer à l'île de *Ceylan*. Cette route ne peut se faire qu'en y employant un tems considérable, & ces sortes de traversées sont communément de deux mois : quelques vaisseaux l'ont faite en moins de tems, mais ces exemples sont fort rares *.

* En l'année 1719, la nouvelle Compagnie des Indes ayant confié au Sieur d'Après de Blangy, mon Pere, le commandement des premiers vaisseaux qu'elle envoyoit aux Indes, avec le titre de Conseiller aux Conseils supérieurs ; il arma au Havre le vaisseau le *Solide*, sur lequel je fis mon premier voyage en qualité d'enseigne *ad honores*. Nous partîmes de la rade du Havre le 14 Décembre, & après avoir été obligés de relâcher à Falmouth, côte d'Angleterre, à cause des vents contraires, nous continuâmes notre route. Nous passâmes la ligne équinoxiale le 18 Février 1720, 19 degrés à l'ouest du méridien de Paris ; on doubla le cap de *Bonne-Espérance* le 17 Avril, & le 8 Mai, nous relâchâmes à l'île de *Bourbon*. Nous séjournâmes en cette île jusqu'au 29 Mai, que nous appareillâmes de la rade de *Saint-Paul* avec des vents tellement favorables, que le lendemain nous passâmes six lieues au sud de l'*Île-de-France*, qu'on appelloit encore alors l'île *Maurice*. Depuis ce tems-là, ayant trouvé pendant plusieurs jours des vents frais du nord-ouest à l'ouest & au sud, qui sont comme l'on sçait très-rares en cette saison nous gagnâmes, sans passer le tropique, assez à l'est pour remonter ensuite vers le nord ; de façon que le 27 Juin au matin, nous atterâmes à la partie du sud de l'île de *Ceylan* 6 à 7 lieues à l'ouest de la grande basse. Le premier Juillet nous mouillâmes le soir vis-à-vis *Goudelours*, & le lendemain à la rade de *Pondicheri*, après trente-trois jours de traversée depuis l'île de *Bourbon*. Je ne connois jusqu'à présent aucun exemple d'un trajet aussi court par la grande route.

Les

Les vaiſſeaux le *Lys* & l'*Union*, commandés par MM. de Boisriou & Baudran, en 1723, furent les premiers qui tenterent une nouvelle route, ſur le rapport de quelques Forbans réfugiés, & établis par amniſtie à l'île de *Bourbon*, qui offrirent de les guider. Le nommé Walkin fut celui qu'on choiſit à cette occaſion.

Ces deux vaiſſeaux firent voile de *Saint-Paul* en l'île de *Bourbon*, le 22 Août, ayant relevé à 6 heures du ſoir le milieu de l'île au ſud-eſt-quart-ſud du compas à 14 ou 15 lieues. Ils atterrerent le 27 à *Madagaſcar*, par 13 degrés de latitude, & remarquerent que la partie du nord de cette île étoit marquée ſur la carte de *Pietergoos* de ſoixante lieues trop vers l'eſt. De cette vue on fit d'abord valoir la route le nord, enſuite le nord-nord-eſt; on paſſa la ligne équinoxiale le 4 Septembre par 49 degrés de longitude orientale, ſans voir *Jean-de-Nove*, ni aucune des *Amirantes* qu'on auroit dû rencontrer ſuivant les anciennes Cartes. Le 20 du même mois on reconnut la côte de *Malabar*; enfin le 6 Octobre, les vaiſſeaux le *Lys* & l'*Union* arriverent à *Pondicheri*.

Depuis ce tems, cette route a été pratiquée par tous nos vaiſſeaux. Il eſt cependant à remarquer que ceux qui prenoient un point de départ trop au ſud, où la côte de *Madagaſcar* s'avance vers l'eſt, ainſi que ceux qui faiſoient valoir la route le nord-quart-nord-eſt, ont rencontré ou les *Douze îles* ou l'île *Saint-Pierre* : ce qui fait voir que la route du nord étoit indiſpenſable.

Quoique cette route ait toujours réuſſi, comme elle exige un détour de 8 degrés en longitude vers l'oueſt, quand on part de l'*île-de-France* pour aller reconnoître *Madagaſcar*, &

de huit autres degrés vers l'eſt, pour rejoindre le méridien du lieu du départ; on doit lui préférer une route plus directe, & traverſer cet Archipel du nord au ſud, lorſqu'on peut le faire ſans augmenter les riſques : c'eſt ce qu'a propoſé M. le Chevalier Grenier. Il l'a fait avec ſuccès, ainſi que pluſieurs autres vaiſſeaux; & ſi on joint à cette route celle de l'Eſcadre de l'Amiral Boſcawen, & celle que j'ai tenue ſur le vaiſſeau le *Montaran*, qui prennent beaucoup plus vers l'eſt, on connoîtra que cet Archipel n'eſt pas à beaucoup près tel que le repréſentent les anciennes Cartes : ſi les îles & les dangers y ſont en même nombre, leurs poſitions, ainſi que leurs grandeurs, ſont fort différentes.

Les connoiſſances plus exactes que nous ont procuré depuis quelques années les voyages de M. le Chevalier Grenier, de M. du Roſlan & de M. de Querguelen, envoyés exprès pour vérifier la poſſibilité de cette route, nous mettent en état d'y naviguer déſormais avec bien plus de sûreté*.

On peut en inférer qu'en partant de l'*île-de-France* on paſſera à l'oueſt des bancs de *Nazareth*, ſi on fait valoir la route le nord ſans prendre de l'eſt, juſques par 10° 30′ de latitude, où l'on aura connoiſſance de l'île *Agaléga* : ſi on partoit de l'île de *Bourbon*, on pourroit la faire valoir le nord-quart-nord-eſt.

L'île, ou plutôt les îles *Agaléga*, attendu qu'il y en a deux ſud-eſt & nord-oueſt l'une de l'autre, & jointes enſemble par une langue de ſable ou récif, ſont ſituées par

* On doit joindre à toutes ces autorités celle de M. de Coëtivy, Enſeigne des vaiſſeaux du Roi, commandant le bâtiment l'*île-de-France*, & ſupérieurement ſecondé par M. d'Hercé, dans ſa campagne de l'*île-de-France* aux *Manilles*, puiſque quoique parti de l'*île-de-France* au mois de Juin (1771), il a couru preſque totalement nord juſqu'à la hauteur des îles *Mahé*.

10° 25′ ou 10° 30′ de latitude, & par 54° 15′ de longitude. Elles ſont baſſes & couvertes de bois, de façon qu'on peut les diſtinguer aiſément de cinq lieues. La plus nord qui eſt la plus grande, peut avoir environ une lieue & demie de longueur du nord au ſud, & ſon rivage paroît de ſable. Les anciennes Cartes qui mettent ces îles un degré de latitude trop nord, les repréſentent ſur un récif; mais nos vaiſſeaux n'en ayant approché qu'à la diſtance de trois lieues du côté de l'oueſt, on ignore l'étendue du récif & ſi ces îles ſont abordables.

De la vue des îles *Agaléga*, ou de leur hauteur, on pourra faire valoir la route le nord-quart-nord-eſt, juſques par 5 degrés de latitude. On trouve ordinairement en allant vers le nord, des lits de marées très-violens qui paroiſſent prendre leur cours à l'oueſt-nord-oueſt & au nord-oueſt. On peut conjecturer que ce ſont les eaux qui s'échappent d'entre les bancs de *Nazareth* & celui de *Saya de Malha*, & qui portent vers l'oueſt; auſſi eſt-on ſujet à trouver des différences de ce côté-là. La frégate le *Choiſeul*, commandée par M. le Floch de la Carriere, en partant de la vue d'*Agaléga*, ayant fait valoir la route le nord-quart-nord-eſt 2 degrés eſt, trouva fond ſur la partie du ſud-eſt des îles *Mahé* par 5° 49′ de latitude : au reſte, comme ce banc ne contient aucun écueil dans cette partie, ſi on y trouvoit fond, il ſuffiroit de gouverner à l'eſt-nord-eſt pour le quitter. Le ſeul danger qu'on peut rencontrer ſur la route du nord-quart-nord-eſt, eſt le banc de la *Fortune*, ſur lequel a mouillé M. de Querguelen, & où il a ſoupçonné avoir vu la mer briſer; mais quoique ſon étendue ne ſoit pas parfaitement déterminée, comme ſa latitude du côté le plus ſud eſt connue de 7° 30′, il faudra pour n'en rien craindre, ne le paſſer que pendant le jour.

Lorſqu'on aura atteint les 5 degrés de latitude, on prendra ſon cours au nord-eſt vers la ligne équinoxiale, & enſuite aux rumbs de vent qui conviendront à la deſtination.

ROUTE du cap de Bonne-eſpérance *aux Indes, pendant la mouſſon du ſud-oueſt, en paſſant à l'eſt de l'île* Rodrigues *& à ſa vue.*

DANS l'inſtruction ſur ce qu'on doit faire pour aller du cap de *Bonne-eſpérance*, ou de la ſonde du banc de *Aiguilles* à l'*île-de-France*, j'ai conſeillé de s'élever à l'eſt ſur les paralleles entre 33 & 36 degrés de latitude, juſques par la longitude de 55 degrés, & de n'atteindre la latitude de 27 degrés que ſous le méridien de l'île *Rodrigues*, pour prévenir les grandes erreurs de l'eſtime. Mais comme il s'agit dans le cas actuel, d'atterrer à cette derniere, il faut par conſéquent prendre des précautions relatives à ſa ſituation, en gagnant plus à l'eſt, & s'élevant enſuite de façon à ſe mettre, ſuivant l'eſtime, quatre-vingt lieues au vent de cette île.

Comme la vue de *Rodrigues* eſt eſſentielle à la route qu'on propoſe ici, lorſqu'on ſera par ſa hauteur, & qu'on ſera certain par la variation d'en être à l'eſt, on cinglera à l'oueſt pour la reconnoître.

Etant 5 ou 6 lieues à l'eſt de cette île, on fera valoir la route le nord-quart-nord-eſt, pour paſſer à l'eſt de *Corgados-garayos*, de l'écueil *Saint-Brandon* & du banc de *Saya de Malha*. On pourra même continuer cette route juſqu'à ligne équinoxiale, & tenir enſuite celle qui conviendra à la deſtination.

Il faut, en faisant cette route, veiller avec soin à l'approche de la latitude des îles & des dangers qu'on pourroit rencontrer, attendu que pendant la saison des vents de sud-est au sud de la Ligne, les courans portent vers l'ouest & souvent au nord-ouest. L'île qu'on sçait exister dans ces parages, est celle de *Roquepiz*, située par 10° 30′ de latitude : le seul Mémoire que nous ayons sur cette île, est le rapport qu'en fait Jean Davis, dans le Journal de James Lancaster, commandant quatre vaisseaux Anglois, en 1601. Il dit qu'ayant quitté la baie d'*Antongil* le 6 Mars, & traversant cet Archipel, il se trouva le 16 à la vue de l'île de *Roquepiz*, dont il vante la beauté de l'aspect. Les chaloupes qu'on avoit envoyées chercher un mouillage près de cette île, y ayant trouvé de trop grandes profondeurs, les vaisseaux ni mouillerent point.

Le Routier Portugais d'Aleixo da Mota fait mention d'une autre île de *Roquepiz*, située par 6 degrés de latitude ; il dit l'avoir vue ; qu'elle est petite, rase, couverte de bois, & que six lieues au sud-ouest il y a trois petits îlots très-ras, & peu couverts d'arbres, qui gissent entr'eux de l'est à l'ouest. Si l'erreur sur la latitude de ces îles est la même que sur celles que nous avons reconnues, elles seroient un degré plus sud ; ainsi c'est à ceux qui se trouveront en ce parage à être sur leurs gardes, pour ne pas les rencontrer pendant la nuit.

J'observerai en général, qu'en traversant cet Archipel on ne devroit pas négliger de faire attention le matin & le soir au vol de certains oiseaux, qui nichent sur les terres, qui pour l'ordinaire s'en écartent très-peu ; tels sont les Goilettes grises & blanches, les poules mauves, les foux

& les paille-en-cul qu'on y trouve en grand nombre : on les voit toujours le matin venir du côté où font les terres, & le foir y retourner ; ainfi la direction de leur vol en indique à peu près la fituation. Les Portugais faifoient beaucoup de cas, tant du vol des oifeaux que de leur efpèce, de même que de la qualité des gouefmons, pour en inférer le parage où ils fe trouvoient. Leurs Routiers font remplis de differtations & de remarques en conféquence, qui ne m'ont pas paru affez importantes pour les détailler.

La route dont je viens de traiter me paroît préférable à la grande route ; premierement en ce qu'elle difpenfe les vaiffeaux de s'élever d'environ deux cens trente lieues plus vers l'eft dans un parage où la variété, la violence des vents & l'agitation de la mer les expofent à des accidents très-fréquens ; fecondement en ce que remontant vers le nord l'atterrage à l'île *Rodrigues* eft un point de comparaifon exactement déterminé, qui régle le trajet qu'on doit faire enfuite ; au lieu que par la grande route on n'en a aucun auquel on puiffe fe rapporter, & qu'on eft expofé, ainfi qu'il eft arrivé à plufieurs vaiffeaux, dans cette faifon, à fe trouver dans les *Maldives*, ou à l'oueft de *Ceylan*, tandis qu'on doit toujours attérer à la partie du fud de cette île pendant que la mouffon du fud-oueft regne fur la mer des Indes.

DE LA GRANDE ROUTE *pour aller aux Indes pendant la mouffon du fud-oueft.*

COMME j'ai expliqué ci-devant que cette route confifte à paffer à l'eft de toutes les îles & des dangers qui s'étendent à l'eſt , ainſi qu'au nord-eſt de *Madagaſcar*; il faudra en partant du cap de *Bonne-eſpérance*, s'élever ſur les paralleles que j'ai indiqués dans la région des vents variables juſques par 72 degrés de longitude orientale, c'eſt-à-dire, ſous le mériden des îles *Saint-Paul* & *Amſterdam*. Quelques vaiſſeaux, pour rectifier leur point, vont même prendre connoiſſance de ces îles, dont la latitude eſt connue, & qu'on découvre de fort loin : cette diſpoſition de la route me paroît très-utile afin de naviguer enſuite avec plus de certitude en remontant vers le nord.

De la vue de ces îles ou de leur longitude, on fera valoir la route le nord-nord-eſt juſqu'au tropique du capricorne, & enſuite le nord 5 degrés eſt, de façon à couper la ligne équinoxiale par 80 degrés de longitude ; de-là on tiendra la route du nord pour atterrer & reconnoître l'île de *Ceylan*.

Quoiqu'au ſud de la Ligne les courans portent à l'oueſt en cette ſaiſon, ils prennent enſuite leur cours vers l'eſt, du côté du nord, de ſorte que la différence ne doit pas être conſidérable, ſur-tout ſi on a eu la vue des îles *Saint-Paul* & *Amſterdam*, comme je le conſeille.

VOYAGES DES INDES pendant la mouſſon du nord-eſt.

APRÈS avoir traité des différentes routes qu'on peut faire lorſque la mouſſon du ſud-oueſt regne ſur la mer des Indes, il me reſte à indiquer celles qu'on doit tenir, quand la mouſſon du nord-eſt lui a ſuccédé, pour aller à la côte de *Malabar* ou à celle de *Coromandel*.

En partant du cap de *Bonne-eſpérance* on tiendra la grande route que j'ai indiquée dans l'article précédent, juſqu'au tropique du capricorne, d'où on fera valoir la route le nord-quart-nord-eſt pour paſſer la ligne équinoxiale par 85 degrés de longitude. De cette poſition, quand les vents ſeroient du nord-eſt, on fera aſſez au vent pour atterrer à l'île de *Ceylan*; & prolongeant cette île en allant vers l'oueſt, on ſe rendra au lieu de la deſtination, ſoit à la côte de *Malabar*, ſoit à *Goa*, à *Bombay* ou à *Surate*, ſuivant l'inſtruction qu'on trouvera dans mon Routier des Indes.

Si la ſaiſon étoit plus avancée de façon que les vents de la partie de l'oueſt regnaſſent au ſud de la ligne équinoxiale, alors, d'environ deux cens lieues à l'eſt de *Rodrigues*, il ſuffiroit de cingler, route réduite, au nord-eſt-quart-nord, attendu qu'à l'aide des vents de la partie de l'oueſt, qu'on eſt certain de rencontrer par 8 ou 9 degrés de latitude, on pourra diriger la route pour couper la Ligne autant à l'eſt qu'on le voudra.

Les vaiſſeaux qui iront à la côte de *Coromandel*, où l'on peut aborder dès le 25 Décembre, doivent paſſer la Ligne par 90 à 92 degrés de longitude, pour pouvoir enſuite avec les vents de nord-eſt, qui regnent du côté du nord, faire route pour atterrer au vent du lieu où ils veulent aller.

Quand on part des îles de *France* & de *Bourbon* pour les Indes, dans l'arriere ſaiſon, c'eſt-à-dire, depuis le mois de Novembre juſqu'à celui d'Avril, on tient ordinairement la grande route; & pour cet effet on porte à l'aide des vents généraux la bordée vers le ſud, pour atteindre les vents variables avec leſquels on gagne vers l'eſt, juſqu'à ce qu'on puiſſe, en remontant vers le nord, paſſer la ligne équinoxiale

noxiale, aſſez à l'eſt pour ſe rendre aux lieux de la deſtination.

Telle a été juſqu'à préſent la route qu'on a tenue, ſans penſer probablement que les vents d'oueſt qui regnent dans la même ſaiſon au ſud de l'équateur, procuroient un moyen de l'abréger au moins de ſept à huit cens lieues. Peut-être la vue des îles que les anciennes Cartes ſuppoſent au ſud des *Maldives*, faiſoit craindre aux Navigateurs de trouver des difficultés pour les traverſer; mais quelles qu'en aient été les raiſons, qu'un examen ſuivi auroit ſuffi pour détruire, elles n'ont pas empêché M. le Chevalier Grenier de ſe porter à rendre ce ſervice important à la navigation: il a propoſé cette route, & l'a exécutée avec ſuccès dans la frégate du Roi la *Belle-poule*; ayant été juſques par 89 degrés de longitude, il a paſſé la Ligne le 28e jour de ſon départ.

Le vaiſſeau le *Caſtries* commandé par M. de Winſlou, parti en Décembre de l'*île-de-France*, n'a mis que 27 jours juſqu'à la vue de l'île de *Ceylan*. Le vaiſſeau le *Bien-venu*, Capitaine M. Violette, a ſuivi le même trajet, tandis qu'un autre vaiſſeau qui a tenu la grande route de la façon la plus abrégée, a employé deux mois pour ſe rendre à *Pondicheri*. Ces exemples font voir que la nouvelle route mérite d'être préférée.

Il faut pour cet effet, en partant de l'*île-de-France* dans les mois de Novembre, Décembre, Janvier, Février, & même au commencement de Mars, faire la route que j'ai enſeignée pour la mouſſon du ſud-oueſt juſques par 5 degrés de latitude, ſuivre en allant vers l'eſt, le parallele entre 4 degrés & 4° 40′ de latitude, juſqu'à ce qu'on ſoit aſſez avancé à l'eſt pour couper enſuite la ligne équinoxiale, conformément à la deſtination.

On peut également faire la même route, en partant du cap de *Bonne-eſpérance*, lorſque la ſaiſon ne permet d'aborder aux Indes que pendant la mouſſon du nord-eſt : alors on ira reconnoître l'île *Rodrigues*, d'où on fera valoir la route le nord-quart-nord-eſt, jusqu'au parallele entre 4 degrés & 4° 40′, qu'on ſuivra en allant vers l'eſt, comme je l'ai dit ci-deſſus.

Quoique je ſois perſuadé qu'on pourroit fréquenter ſans crainte entre le parallele de 4 & celui de 3 degrés ; cependant jusqu'à ce que l'expérience confirme mon ſentiment à cet égard, je n'ai garde de le donner comme péremptoire, n'ayant pas des autorités ſuffiſantes. Toutefois la rencontre d'une île qu'on peut apperçevoir, ne doit pas être conſidérée comme un danger, pourvu qu'on en connoiſſe au moins la ſituation en latitude, ſi celle en longitude étoit déterminée, elle deviendroit même un point de reconnoiſſance néceſſaire.

Je crois qu'il ſeroit bon, en faiſant cette route, de ne pas approcher la Ligne par moins de 2 degrés en latitude, pour éviter les variétés, les orages, & les calmes que doivent y occaſionner les différentes directions des vents.

DESCRIPTION

De la côte d'Afrique, depuis le cap de Bonne-espérance *jusqu'au cap des* Courans, *par* MANOEL DE MESQUITTA-PERESTRELLO, *commandant une petite frégate, qui y fut envoyé en l'année* 1575, *par ordre de* DOM SEBASTIEN, *Roi de Portugal, pour reconnoître & examiner la côte*.*

JE fis voile de *Mozambique*, le 22 Novembre 1575, pour courir la côte d'Afrique jusqu'au cap de *Bonne-espérance*, comme votre Altesse ** me l'avoit ordonné, & étant arrivé au cap des *Courans*, premiere limite de cette entreprise, je prolongeai la côte d'aussi près qu'il étoit nécessaire, pour exécuter les ordres que contenoient mes Instructions; ayant soin de carguer les voiles toutes les nuits, quand le tems le demandoit. Pendant le cours de ce voyage, j'ai essuié des traverses & des

* On a conservé la forme originale de cette description, autant qu'elle a pu s'accorder avec la langue Françoise; quelquefois même on s'est abstenu de tout changement, quand on a craint d'altérer le sens de l'auteur.

** Titre qu'on donnoit dans ce tems-là au Roi de Portugal.

dangers ſans nombre, étant reſté ſans huniers, ſans mâts de hune & avec un ſeul cable; le corps de mon navire étant d'ailleurs très-maltraité, manquant enfin de preſque tout le néceſſaire; ainſi je ne crains point de dire que, ſans un ordre exprès de votre Alteſſe, on auroit regardé, avec juſte raiſon, ma perſévérance en cette entrepriſe comme une témérité, ou du moins comme une confiance déplacée. J'arrivai enfin au cap de *Bonne-eſpérance* le 28 Janvier ſuivant, après avoir découvert pluſieurs bons ports, & ſans avoir rien laiſſé en arriere à examiner, qu'une anſe qui court au long de ce cap du côté de l'eſt*. Je ne pus en effet la reconnoître plus particuliérement, à cauſe d'une tourmente de ſud-oueſt qui me ſurvint lorſque j'en étois à la vue, & qui penſa me faire périr, vu que j'étois très-près de terre: ce ne fut qu'avec beaucoup de difficulté, que je doublai le cap des *Aiguilles*. Cette tempête fut ſi violente que, pendant un jour & demi qu'elle dura, elle me porta aux îles *Chaans*, qui en ſont éloignées de plus de cent lieues. L'équipage y arriva ſi fatigué, particuliérement du travail des pompes, & du ſoin de jetter l'eau qui entroit de toutes parts, que ſi la tourmente eût duré plus longtems, il n'auroit pu y réſiſter; mais je penſe que la perte, à n'avoir pas examiné exactement cette anſe, eſt de peu de conſéquence, puiſque, quelque bon fonds & quelque bon abri qu'on y puiſſe ſuppoſer, elle eſt ſi voiſine du cap, que les vaiſſeaux qui y arrivent, préféreront toujours de le doubler & d'aſſurer leur voyage, plutôt que de ſe mettre entre des terres, où peut-être ils rencontreroient de nouvelles difficultés.

* *Falſbaye.*

Votre Alteſſe trouvera, dans ce Routier, les particularités, les latitudes, les reconnoiſſances des ports, & ce qu'on doit faire pour y entrer. Quelque mal redigé qu'il ſoit, & quoiqu'écrit d'une main déja tremblante, j'ai préféré de le préſenter tel qu'il eſt à votre Alteſſe, plutôt que de le faire voir auparavant à quelqu'autre qui auroit pu y ajoûter quelque ornement.

Par l'expérience que j'ai acquiſe, tant dans cette derniere expédition, que dans celle où je me perdis en l'année 1554, ſur le vaiſſeau le *Saint-Benoît*, j'ai droit d'aſſurer, à l'égard des Nations qui habitent ces côtes, qu'on peut au moins, dans ce tems-ci, avoir confiance en elles; mais il faut éviter de leur donner occaſion de ſe plaindre, & traiter avec elles ſans hauteur. Elles ſont d'un naturel ſimple, & tout-à-fait diſpoſées à recevoir la connoiſſance de Dieu, & de la loi de l'Evangile; c'eſt pourquoi on doit eſpérer que c'eſt au regne fortuné de votre Alteſſe qu'eſt reſervé le bonheur de rendre à ces gens-là un ſervice ſi conſidérable. En effet, au ſeul bruit de ſes ordres, on pourra parcourir ces extrémités de l'étendue de la terre, & y entreprendre le ſalut de cette multitude d'ames qui y vivent égarées : cette entrepriſe étoit réſervée ſeulement à votre Alteſſe. Toute néceſſaire qu'elle eſt, & quoique depuis tant d'années l'objet des ſouhaits & des prieres de vos ſujets; quoique reſolue tant de fois par le Séréniſſime Roi D. Jean, votre Ayeul de glorieuſe mémoire; Dieu n'a pas permis qu'elle fut miſe en exécution juſqu'au regne de votre Alteſſe, dont le cœur généreux & chrétien annonce pour la foi de nouvelles conquêtes & de nouveaux triomphes dans ces vaſtes pays, où le ſaint nom de Dieu ſera connu, loué, & glorifié ; & ce sera ainsi que votre Altesse, en augmentant ses Royaumes, jouira pendant une longue & heureuse suite d'années, de cette renommée qui immortalise les exploits aussi catholiques qu'héroïques.

DU CAP DE BONNE-ESPÉRANCE.

Ce cap est par 34° 22′ de latitude. Il gît avec le cap des *Aiguilles*, de l'est-sud-est 2 degrés sud à l'ouest-nord-ouest 2 degrés nord : la distance est de vingt-cinq à vingt-six lieues. J'ai cru pouvoir me dispenser d'en rapporter les reconnoissances, parce qu'elles sont fort connues & vues chaque année de nos Pilotes ; je remarquerai seulement, qu'étant à la vue du côté de l'ouest, ou plutôt lorsque le cap reste au nord-est à sept ou huit lieues de distance, on découvre un gros morne qui paroît isolé, quoiqu'il ne le soit pas. Au-dessus de ce morne, du côté de l'est, il y a une chaîne de montagnes qui s'étend nord & sud ; elle a plusieurs pitons & une ravine au milieu. Plus avant il y a une montagne étendue, & applatie comme une table, & de-là jusqu'au cap le terrain est montagneux, avec quelques pitons les uns plus grands que les autres. En prolongeant ce cap du côté de l'est, il y a une anse dont j'ai fait mention ci-dessus, dans laquelle je ne pus entrer, parce que j'y fus surpris d'une tempête, & que le vaisseau étoit en très-mauvais état : l'entrée peut avoir cinq lieues. Cette anse est bordée de gros rochers taillés à pic, & elle se termine, du côté de l'est, à une grosse pointe de la même nature. De cette pointe en allant vers l'est, il y a une autre petite anse sans abri, & au-delà de cette anse, le cap *Falso* présente un gros morne avec un chapeau au sommet. Plus loin vers l'est on trouve encore une autre anse sans abri, & de-là jusqu'au cap des *Aiguilles*, le terrain qui s'étend & se termine en langue à la mer, est distingué seulement en petites monticules, les unes pointues & les autres plates, quelques côteaux avec des ravines entre les uns & les autres.

DU CAP DES AIGUILLES.

Le cap des *Aiguilles* est par la latitude d'environ 35 degrés. Ce cap & celui de l'*Infant* gissent au nord-est & au nord-est-quart-est, à la distance de quatorze lieues ; il a pour reconnoissance une face de terre brune, qui se termine en deux pointes basses, sur-tout celle du côté de l'est. Il y a quatre lieues de l'une à l'autre ; elles courent presque de l'est à l'ouest, & la côte entre les deux est ondée. Il y a une tache blanche au sommet avec un bouquet d'arbres, & dans le terrain on voit de hautes montagnes qui forment six ou sept cavées.

De la pointe de l'est de ce cap, & du même côté, la côte s'étend au nord-nord-est, formant une anse de terre basse au long de la mer : à son extrémité est un gros morne, qu'on nomme le cap de l'*Infant*. Etant à la mer, dans l'ouest-sud-ouest du cap des *Aiguilles*, on voit ces deux caps, & non la terre entre les deux, sur laquelle il y a une grande tache de sable, & dans le lointain une suite de montagnes.

DU CAP DE L'INFANT, & de la baie Saint-Sébaſtien.

Le cap de l'*Infant* eſt par 34° 34'. Il gît avec celui des *Vaches* à l'eſt, prenant un peu du nord & du ſud : il y a quinze lieues de chemin. Sa reconnoiſſance eſt une terre haute & ronde, applatie, avec un morne qui finit à la mer, en forme de muſeau ; de loin il paroît iſolé, quoiqu'il ne le ſoit pas, & eſt placé entre deux mornes qui paroiſſent de même des îlots : on voit à ſon pied deux ou trois roches, environnées d'eau. Lorſqu'on vient de l'oueſt, c'eſt la premiere groſſe terre qu'on rencontre après avoir dépaſſé le cap des *Aiguilles*. Etant nord & ſud avec cette groſſe terre, on voit ſur le terrain une montagne applatie, & quelques coupées que forment les hautes montagnes, & du côté de l'oueſt il y a cinq ou ſix mamelles. Entre cette chaîne de montagnes & le cap, il y en a une autre peu élevée, mais alongée & applatie à ſon ſommet, qui court preſque nord & ſud.

Dans ce parage, à ſept ou huit lieues à la mer, on trouve le fonds à 60 & 70 braſſes de ſable fin.

Au long de ce cap du côté de l'eſt, eſt une baie que j'ai nommée de *Saint-Sébaſtien*. Elle a trois lieues d'étendue à l'abri, depuis le ſud-eſt par le couchant preſque juſqu'à l'eſt-nord-eſt : le fond eſt uni de 8 à 9 braſſes, & de bonne tenue pour les ancres. Elle eſt fort poiſſonneuſe, & on y trouve de l'eau douce dans le vallon le plus proche de la troiſieme pointe de ce même côté. l'Endroit où l'on débarque eſt difficile à cauſe des rochers & des courans, quand les vents d'eſt ſont forts, comme il arriva quand j'y entrai ; mais quand les vents viennent de l'oueſt, la mer y doit être bien tranquille.

En

En dedans de cette baie, il y en a une autre à l'abri de tous les vents, d'une demi-lieue en longueur & capable de recueillir une grande flotte ; je ne pus y entrer avec le bateau, parce que le vent d'est faisoit briser extraordinairement la mer entre les deux baies, mais de dehors elle me parut nette & bordées de terres hautes. Dans le fond il y a une riviere qui, au rapport de ceux que j'envoyai par terre à la découverte, est de la grandeur du tage vis-à-vis de *Santarem*.

L'entrée, d'une baie à l'autre, a un quart de lieue de large avec de petites dunes de sable du côté de l'est, & une pointe de terre basse du côté de l'ouest ; celle-ci de basse mer découvre un récif de pierre, mais il y reste une ouverture qui peut donner passage aux navires pour aller d'une baie dans l'autre, particuliérement au tems des vents d'ouest, qui est la saison de l'hiver. Les eaux tant des montagnes que des autres petits ruisseaux, qui y entrent toutes, grossissent la riviere & doivent creuser le canal que les vents d'est assechent, & permettre la communication de l'une à l'autre baie : alors je ne doute pas qu'on n'y trouve un passage, & j'en aurois trouvé si la mer n'eut pas tant brisé, car au pied des brisans je trouvai 2 brasses & demie.

Lorsqu'on voudra entrer dans la premiere baie, il ne faudra pas craindre d'approcher jusqu'à la pointe du cap, quoiqu'à la distance du coup de fauconneau il y ait une basse, mais sur laquelle la mer ne brise point. Elle se fait remarquer, parce que la lame s'y éleve de tems en tems. Entre cette basse & la terre, il y a un canal où tout vaisseau peut passer. On prendra garde ensuite à une autre pointe qui paroît au de-là, à cause d'un récif qui s'avance en mer d'un trait d'arbalêtre, lequel aide à faire un abri, parce que les eaux s'y amortiſſent. Il y a de plus dans cette baie, & dans toutes les autres de la même côte une circonſtance favorable pour ceux qui y vont mouiller; c'eſt que les eaux y courent de l'eſt à l'oueſt, & ces eaux ſervent merveilleuſement à leur ſortie, à ſoutenir le vaiſſeau de maniere qu'il ne faſſe point travailler ſes ancres, en ſuppoſant le vent à l'eſt, bon frais.

J'ai traité de l'entrée de cette baie par le côté de l'oueſt, & j'ai deſſein de faire la même choſe des autres, quoique je ſois entré & ſorti de quelques-unes d'elles par le côté de l'eſt, & à mi-canal où j'ai toujours trouvé beaucoup de profondeur & bon fonds; mais comme il eſt à préſumer, par les raiſons que je donnerai dans la ſuite de ce Routier, qu'on ira plutôt chercher ces baies avec les vents de la partie de l'oueſt, qu'avec ceux de l'eſt; il eſt important de chercher leurs entrées par l'oueſt, & l'abri correſpondant. Pour la même raiſon je donne ici la deſcription de cette côte de l'oueſt à l'eſt, quoique je l'aye parcourue en ſens contraires. De cette maniere les indices & les amers des ports ſeront plus aiſés à diſtinguer pour les Pilotes qui voudront y aller, & ils auront moins d'occaſions de ſe tromper aux marques qui les font connoître, deſquelles ils doivent plutôt ſe ſervir que des latitudes même, d'autant que ces côtes courent preſque de l'eſt à l'oueſt; & par cette diſpoſition, ſi on s'en rapportoit uniquement à la hauteur, une médiocre erreur dans l'obſervation en cauſeroit une conſidérable ſur les diſtances.

La côte à l'eſt de cette baie, eſt formée par une groſſe terre coupée à pic à la mer : elle a cinq ou ſix lieues d'étendue, avec des bandes de terre blanche & jaunâtre, dont les unes paroiſſent diſpoſées du haut en bas, les autres prolongées le long de la côte. Au bout de ces cinq ou six lieues, la côte differe en ce qu'elle est moins grosse : elle a aussi des bandes de la même façon, mais toutes blanches. Le terrain va ensuite en diminuant jusqu'au cap des *Vaches*. Une lieue avant d'y arriver, on trouve la riviere *Formoso* ou des *Vachers* qui, du côté de l'est, fait une pointe basse qui avance plus à la mer que celle de l'ouest : on y voit une petite tache blanche le long de l'eau. Quoique cette riviere paroisse de dehors trop petite pour de grands bâtimens, cependant les courans y sont très-forts, & m'y trouvant en calme, j'ai été obligé quelquefois de mouiller.

DU CAP DES VACHES ET DE SA BAIE.

Ce cap est par 34° 30′ : il gît avec celui de *Saint-Blaise* est-nord-est, à la distance de cinq à six lieues. Sa reconnoissance lorsqu'on suit la côte, est une pointe basse, qui va se perdre à la mer, & un petit morne en forme de mamelle, avec des récifs au pied : ce dernier paroît comme une île jusqu'à ce qu'on en soit fort près. A une lieue de ce cap vers l'ouest, est la riviere *Formoso* ou des *Vachers*, dont j'ai déjà parlé ; entre les deux il y a de grandes bandes sur le terrain, & dans les montagnes il y en a une dont je ferai mention à l'article de la baie ou *Aguada de Saint-Bras*.

Dans ce parage à sept ou huit lieues en mer, il y a 40 à 50 brasses, & plus près de la côte le fonds est moindre, mais de sable net, fin, mêlé de coquillage, & en quelques endroits de vase.

Au long de ce cap du côté de l'est, est la baie des *Vaches* qui a une lieue d'ouverture. Les vents d'est sont les meilleurs pour y entrer, & on y est à l'abri depuis le sud jusqu'au nord, en paſſant par l'oueſt. Pour y entrer il n'y a à craindre que ce que l'on voit : on y mouillera à 8 ou 9 braſſes. Au commencement de la navigation des Indes, il y eut des vaiſſeaux dans cette baie : ce fut là où en 1505, Jean de Queiroz fut tué avec preſque tout ſon équipage, dans l'eſcadre de françois de Anhaya, à cauſe qu'il alla en dedans des terres, & voulut enlever du bétail par force.

La pointe de l'eſt de cette baie a des récifs au pied. Sortant de cet endroit, la côte rentre vers le nord ; elle eſt baſſe tout le long de la mer, & fait un arc juſqu'à un endroit où on apperçoit des bandes rougeâtres, d'où la côte va groſſiſſant de plus en plus juſqu'au cap *Saint-Blaiſe.*

DU CAP SAINT-BLAISE ET DE SA BAIE.

Ce cap eſt par 34° 20′, & gît avec le cap *Tailhade* à l'eſt-quart-nord-eſt dix-huit lieues. Sa reconnoiſſance en venant de la mer en dehors, eſt une face de terre aſſiſe, qui finit en deux pointes, diſtantes l'une de l'autre de cinq lieues : celle du côté de l'oueſt eſt fort baſſe le long de la mer & finit à l'entrée de la baie des *Vaches* ; celle de l'eſt eſt le cap *Saint-Blaiſe*, ſur lequel il y a un gros rocher taillé, & au ſommet il y en a un autre en forme de chapeau, avec des bandes rougeâtres à la pointe : à ſon pied il y a des baſſes & une pierre environnée d'eau. Quand ce cap reſte au nord-eſt, il forme une plaine avec quelques taches blanches & d'autres obſcures, qui repréſentent des terres labourées : les montagnes du lointain ſont élevées & terminées en pointes. Il y a trois de ces pointes ou pics qui ſervent de reconnoiſſance ; celle dont j'ai déjà parlé, qui eſt vis-à-vis le cap des *Vaches* ; une autre preſque au nord-oueſt du cap *Saint-Blaiſe*, qui reſſemble à un pavillon tendu ; & la troiſieme plus élevée du côté du nord-eſt, dont le ſommet eſt tronqué du côté de l'eſt : entre les unes & les autres il y a auſſi des pitons de même hauteur.

Le long de ce cap du côté de l'eſt, eſt la baie ou *Aguada de Saint-Blaiſe*. Elle a trois lieues ou plus d'ouverture, le fond eſt net & uni de 6 à 7 braſſes juſqu'à terre : elle eſt abriée de ſud-eſt-quart-eſt au nord-eſt, en paſſant par l'oueſt. A une portée de fauconneau au dedans de la pointe du cap, il y a deux petites anſes ou recrans, & ſur une hauteur que la terre fait entre elles, on voit encore ſur le terrain les murs d'un hermitage, dont les reſtes ont cinq ou ſix palmes de hauteur. Ce fut au tems de la découverte de la navigation des Indes, qu'on éleva cet hermitage dédié au bienheureux *Saint-Blaiſe*. A ſon pied il y a une *Aguade* au bord de la mer, & plus vers le fond de la baie, il y a un îlot à une demi-lieue de terre, entre laquelle & cet îlot, je trouvai 5 ou 6 braſſes de fonds net. On trouve dans cette baie une grande quantité de loups marins, dont quelques-uns ſont d'une grandeur effroyable, & une ſorte d'oiſeaux de la grandeur à peu près & de la figure des canards, qu'on appelle *Sotilicarios* : ils n'ont point de plumes à leurs aîles, mais ſeulement leurs aîlerons couverts d'un duvet fort leger, & cela leur ſuffit pour ſe ſoutenir en pagayant ſur l'eau, où ils vont pêcher pour leur nourriture & celle de leurs petits. Ils les élevent dans des nids formés d'arêtes de poiſſon, que les loups marins y apportent & y deſſequent.

Au nord-oueft de cette île, on trouve le long du rivage, des dunes de fable, & de-là, tirant au nord, il y a une petite riviere: deux lieues plus loin proche l'ouverture de la baie, il y a un autre canal de riviere; & ainfi la côte va s'avançant en mer par une terre haute coupée à pic & applatie au fommet, avec des bandes rougeâtres. Le fommet de la chaîne des montagnes forme des pitons, comme je l'ai déjà dit: il y en a trois qui fe diftinguent des autres & dont j'ai fait auffi mention. Dans cette baie fur cette efpèce de chapeau, que le terrain forme à la pointe du cap, je plantai une Croix de bois, & au haut j'attachai par un fil de fer dans un tuyau bouché avec de l'écorce & de la cire, un papier fur lequel j'avois écrit ce qui fuit: *A l'honneur de N. S. J. C. & de la propagation de la Ste. Foi; pour le fervice & augmentation des Royaumes & Seigneuries de DOM SEBASTIEN, Séréniffime Roi de Portugal, MANOEL DE MESQUITA PERESTRELLO, qui eft venu par fes ordres pour découvrir cette côte, a élevé cette Croix le 7 Janvier 1576.*

Partant de-là pour aller du côté de l'eft, la côte fait une efpèce d'anfe, avec quelques dunes de fable au bord de la mer; & outre cela, il y a une autre terre de peu de hauteur, plate par deffus, taillée à pic, & garnie vers le rivage de bandes rouges, qui s'étendent jufqu'à fix lieues au-delà de la baie. A fon extrémité elle forme un angle droit avec une pierre au pied environnée d'eau, & au-delà coule une petite riviere; tirant enfuite à l'eft, la terre eft fort baffe au bord de la mer, & toute marquée de bandes blanches, quelques-unes un peu rouge. Il y a auffi un îlot, qu'on ne découvre que de fort près. Le terrain va enſuite s'élevant peu à peu juſqu'à une pointe de ſable blanc, qui s'étend au nord, & forme trois dunes contigues avec des coupées entr'elles qui les ſéparent les unes des autres : la dune du milieu eſt la plus groſſe ; on remarque au ſommet un bouquet d'arbriſſeaux qui deſcend plus bas que celui des autres dunes. A demi-lieue de-là il y a une pointe baſſe, avec des mornes en forme de mamelles ; au devant il y a une baſſe qui avance en mer à la diſtance d'une portée de fauconneau, & la côte va ainſi l'eſpace de deux lieues, au bout deſquelles il y a deux gros mornes contigus formant entr'eux une anſe fort petite, à quatre ou cinq lieues du cap *Tailhade.*

DU CAP TALHADO & de la Baie de Sainte-Catherine.

Ce cap eſt par 34° 16′ : il gît nord-eſt-quart-eſt, 3 degrés eſt, avec celui des baſſes environ ſept lieues*. Sa reconnoiſſance eſt une pointe peu élevée ; & vue du couchant comme du levant, elle paroît toujours iſolée à cauſe qu'elle tient à la côte par une langue de terre, de la longueur d'une portée de mouſquet, & ſi baſſe que ce n'eſt que de fort près qu'on en voit la continuation. A la pointe du cap il y a une bande de terre rouge & une baſſe qui s'avance un quart de lieue à la mer. Du côté de l'oueſt, preſque touchant au cap, il y a un petit îlot : le lointain n'eſt pas aſſez diverſifié, pour en pouvoir faire une remarque diſtinctive. Il préſente à la vue une chaîne de hautes montag-

* Ce giſſement, que Manoel de Meſquita met mal-à-propos de l'eſt à l'oueſt, eſt tiré du Journal du vaiſſeau le *Fortuné*, qui a fait côte à *Viſbaye* le 26 Septembre 1763.

nes d'égale élévation ; on y découvre ſeulement ſept lieues à l'eſt-nord-eſt, un pic entre les autres, qui dans l'éloignement de trois ou quatre lieues en mer, reſſemble parfaitement aux tas de bled des campagnes de *Santarem*, & c'eſt ce qu'il y a de plus élevé dans toute cette côte.

Au long de ce cap, du côté de l'eſt, il y a une grande baie que j'ai nommée de *Sainte-Catherine* * ; c'eſt un bon port dans la ſaiſon des vents d'oueſt, à l'abri depuis le ſud par l'oueſt juſqu'à l'eſt-nord-eſt. Je n'y ai pas entré, parce que ayant cargué les voiles à l'embouchure, à cauſe qu'il étoit tard & que j'aimois mieux attendre au lendemain ; le vent d'eſt fraichit fort pendant la nuit, & me fit dériver de façon qu'à la pointe du jour je l'avois dépaſſée ; mais à ce que j'en jugeai de dehors, elle eſt haute & nette, & peut recevoir quelque eſcadre que ce ſoit. Je me ſouviens d'avoir oui dire à un ancien Navigateur, ſur lequel on pouvoit compter, qu'il avoit mouillé dans cette baie par 15 & 16 braſſes, fond net, & que derriere la pointe de l'oueſt il y a un lac d'eau douce, où il fit de l'eau : pour moi je n'en ai vu que ce que j'en ai rapporté. Il y a dans ce parage à 40 & 50 braſſes de fond, ſable fin un peu rouge.

DU CAP DES BASSES.

Ce cap eſt par 34° 5'. Il gît nord-eſt-quart-eſt & ſud-oueſt-quart-oueſt avec la baie *Fermoſe*, à huit lieues de diſtance : on le reconnoit à une pointe groſſe, noire, & coupée à pic à la mer. En l'abordant du côté de l'eſt, elle paroît de loin comme une île. A la pointe il y a un bou-

* Nommée par les Hollandois *Viſbaye* ou des *Poiſſons*.

quet

quet sur un terrain blanc qui s'éleve du rivage, & des récifs au pied qui s'avancent une demi-lieue en mer. Du côté de l'est, il y a une anse qui paroît avoir un accul, mais elle est petite & peu abriée; de ce même côté elle finit en une autre pointe parsemée de grandes dunes de sable, mais la meilleure reconnoissance de ce cap est le pic dont j'ai déjà fait mention, qui en est presque nord & sud. Quand on est éloigné de quatre à cinq lieues en mer, il se montre plus bas, & de-là tirant au nord-est, cinq lieues, il y a sur la montagne du lointain 5 mornes en forme de mamelles très-bien faites, d'où la côte va s'épaississant, & offre à la vue quelques bandes blanches & rouges près le rivage, jusqu'à une riviere qui est à quatre lieues de la pointe *d'Elgada*.

DE LA POINTE D'ELGADA & de la baie Fermoso.

Cette pointe est par 33° 54 à 55'; elle gît avec le cap *Das Serras* à l'est, douze lieues de distance*. En y allant de l'ouest à l'est, on la reconnoît à une pointe fort mince, d'où elle a tiré son nom, & qui tombe à la mer en un petit morne avec deux récifs au pied. Ce petit morne paroît être un îlot, à moins d'en être fort près, d'autant qu'il est joint à la terre ferme par une langue de sable fort rase, & sans aucune verdure, qui a de longueur une course de cheval.

Quatre lieues avant d'arriver à la pointe, est la riviere dont j'ai fait mention; il y a entre les deux au bord de la mer, une dune de sable, plus large en son milieu qu'à ses extrémités, d'où la côte va diminuant de plus en plus.

* Cette distance est de vingt-sept lieues, suivant le plan des Hollandois.

On y distingue des bandes étroites de terre blanche qui s'étendent entre la verdure, & paroissent des chemins prolongés, & non de haut en bas. Cette même pointe en parcourant la côte du côté de l'est, fait l'effet de deux îlots, mais les meilleures reconnoissances sont les montagnes du lointain qui se voyent de fort loin, parce qu'elles sont fort hautes, & taillées en scie à dents pointues & si égales qu'elles ne s'elevent pas plus les unes que les autres : il y en a seulement une entr'elles qui ressemble au rocher de *Sintra*; outre qu'il est reconnoissable par sa figure & par sa hauteur, il l'est encore en ce qu'à trois lieues de-là vers l'ouest, on voit les cinq mamelles bien faites dont j'ai fait mention.

Le long de cette pointe du côté de l'est, est la baie *Fermose*, qui a cinq lieues d'ouverture *, c'est un bon port pour les vents d'ouest; il est à l'abri à cet égard depuis le sud jusqu'au nord-est. La meilleure reconnoissance, outre celle de la pointe *Delgade*, est le pic que j'ai dit ressembler au rocher de *Sintra.* Ce pic doit rester au nord pour entrer; alors on fera par le travers de la baie, & en s'éloignant de la pointe *Delgade* d'environ un traît d'arbalêtre, tout ce qu'on peut craindre se voit. On ira mouiller par les 9 à 10 brasses, où on trouvera un sable net, car de 15 à 20 il est sale, & de-là en dehors le fond est net de sable fin : ce fond va en augmentant à la mer.

J'entrai dans cette baïe par le côté de l'est, rangeant la terre de près, & j'en sortis par l'ouest. Derriere le mouillage, il y a un enfoncement dans les terres que nous prîmes tous pour un lac; le vent d'est qu'il fit ne me permit pas

* Les Hollandois la nomment actuellement *Mosel-baie.*

de m'en aſſurer, ne voyant pas de ſûreté à m'éloigner de ma chaloupe. De cette baie, tirant vers l'eſt, la côte eſt de ſable juſqu'au cap *Das Serras*, & quatre lieues avant d'y arriver, il y a une riviere.

DU CAP DAS SERRAS & de la baie Saint-François.

Ce cap eſt ſitué par 33° 56', & gît avec celui des récifs eſt & oueſt treize lieues*. Il ſe reconnoît à une pointe mince terminée par un petit morne du côté de la mer, avec une baſſe qui s'avance d'une demi-lieue. Quatre lieues avant d'y arriver eſt la riviere dont j'ai déjà parlé, & entr'elle & le cap, il y a une dune de ſable ſur le rivage, & de-là juſqu'à la pointe, la terre va en s'abaiſſant avec des bandes de terre blanche entre les bois, qui reſſemblent à des chemins, de façon que de ce côté-là ce ſont à peu près les mêmes apparences que vers la pointe d'*Elgada* : la ſeule différence que j'y ai trouvé, c'eſt que la dune de ſable eſt toute égale, qu'elle n'eſt pas plus large dans ſon milieu comme l'autre, & qu'entre les bandes de terre blanches on y voit de diſtance en diſtance des taches ou tapions de même couleur, ce qui n'eſt point de cette façon vers la pointe d'*Elgada*. La meilleure reconnoiſſance eſt la chaîne des montagnes du lointain, qui, depuis le cap de *Bonne-eſpérance*, ſont contigues & jointes les unes aux autres tout le long de la côte juſqu'à ce cap-ci, où elles finiſſent; & c'eſt à cauſe de cette circonſtance que je lui ai donné ce nom; car quoi qu'au cap des *Récifs* on voie quelques pics,

* Le Routier de Manoel de Meſquita ne fait cette diſtance que de huit lieues, on s'eſt conformé ici aux plans particuliers des Hollandois.

ces pics ſont iſolés, ſeuls & éloignés de pluſieurs lieues de ces autres-ci.

Le long du cap *Das Serras* du côté de l'eſt, il y a une baie que j'ai nommée de *Saint-François*, c'eſt un bon port de vent d'oueſt, à l'abri depuis le ſud par l'oueſt juſqu'au nord-eſt. On le remarque parce que les montagnes s'y terminent, comme je l'ai dit. A l'endroit où elles finiſſent, au-deſſus de la baie, elles forment trois montagnes aigues, deſquelles celle du nord eſt la plus élevée. Pour y entrer, il faut mettre les montagnes à l'oueſt, & alors on ſera par le travers de la baie. En s'approchant de la pointe du cap, il faut prendre garde à la baſſe dont j'ai parlé, & l'on ira juſques par les 15 ou 16 braſſes, fonds net; & au-dedans du cap où il y a une plage de ſable, on trouvera une bonne aiguade. Je ne ſuis pas entré dans cette baie à cauſe d'un grand vent d'eſt, & que je n'avois plus que deux ancres; je reſtai cependant deux jours en travers à ſon entrée en attendant qu'il eut calmé, mais au bout de ces deux jours je me trouvai l'avoir dépaſſée. Malgré cela je prends ſur moi tout ce que j'en ai dit, ſans l'avoir vue, parce que je le rapporte pour l'avoir entendu dire à Diego Botello Pereira, dont j'étois ami, & qui avoit mouillé dans la baie de *Saldagne*, & dans celle-ci où il avoit fait de l'eau en l'année 1539, commandant une frégate, & ſous les ordres duquel j'ai ſervi depuis ſur le *Saint-Benoît*, la ſeconde fois que je fus aux Indes en 1549. Je puis donc, d'après ſon témoignage, confirmer tout ce que j'ai vu de dehors de l'élévation des montagnes, de la maniere dont elles finiſſent, & de la plage de ſable. Je crois également certain ce que j'ai dit du mouillage, &

de l'aiguade qui me reftoit à voir. Au delà de cet endroit le terrain eft bas le long de la côte, avec quelques dunes de fable, mais il s'éleve enfuite de plus en plus jufqu'au cap des *Récifs*.

DU CAP DES RECIFS.

Ce cap eft par 33° 55'; il gît avec la pointe du *Patron* prefque eft-nord-eft & oueft-fud-oueft : il y a quinze lieues de l'un à l'autre. Ce cap des *Récifs* forme une groffe pointe avec un banc de roches & de petits îlots à fon pied, & à la diftance d'un traît d'arbalêtre il y a auffi des rochers où la mer brife. Du côté de l'oueft il y a une tache de fable, & fur le rivage des rochers qui paroiffent des îles. De ces rochers, tirant vers le cap, il y a une baffe fort proche de terre. A l'égard du lointain, il eft formé d'une chaîne peu étendue de montagnes élevées, avec différens pics arrondis, plus écartés les uns des autres que ceux qui font derriere, & qui les précedent fur la baie de *Saint-François*. En tirant à l'eft, on n'en voit point d'autres; au contraire de-là en avant, tout le terrain du lointain eft fait en côte ondée & monticulée; & s'il fe trouve quelques petits morceaux de terre feparés, ils font fort différens de ceux dont je viens de parler.

DE LA BAIE DE LAGOA & *des Ifles de la Croix.*

Au long de ce cap, du côté de l'eft, il y a une grande anfe fans abri, qu'on appelle de *Lagoa*, quoiqu'auparavant je l'aie nommée des *Loups marins*, par la grande multitude que j'y en trouvai. Elle a 10 ou 12 lieues d'ouverture : quand on fera au dedans, on découvrira fur le lointain la montagne dont j'ai parlé plus haut, & vers le ſud un pic avec quatre ou cinq petites montagnes.

Du côté du nord de la baie, il a quatre îlots nommés *de la Croix*, l'un deſquels eſt plus grand que les autres : on peut s'y mettre à couvert en tout tems, parce que le fond eſt net, & qu'il y a 12 à 13 braſſes fond de ſable. Ces îlots giſſent eſt & oueſt avec deux autres qui ſont plus à l'eſt, appellés îlots *Chaons*, parce qu'ils ſont ſi ras en effet, qu'on ne les voit pas de plus de deux lieues. Ils s'étendent le long de la côte, & ont une baſſe ou récif qui en eſt ſéparé d'une demi-lieue au ſud-oueſt. Tout le terrain qui eſt entre ces îlots & ceux dont j'ai parlé auparavant, eſt ſemé ſur le rivage de grandes dunes de ſable, avec des bouquets d'arbriſſeaux, & au lointain de montagnes ondées de terre noire, avec beaucoup de petites monticules. De-là, tirant au nord-eſt, il s'étend dans une grande plage de ſable une pointe à l'eſt & eſt-quart-nord-eſt, qui s'amincit & devient très-baſſe vers la mer. Cette plage eſt parſemée de touffes noires d'arbriſſeaux ; à l'endroit où elle ſe termine il y a une montagne qui, du côté du lointain, eſt taillée à pic, avec une cavée au milieu. Une demi-lieue au-delà on voit une haute montagne, & dans la vallée il y a des arbres qui reſſemblent à des pins : ce ſont les premiers que j'aie vus le long de la mer, depuis le cap des *Aiguilles*.

Dans le parage des îlots dont je viens de parler, à ſept ou huit lieues en mer, il y a un banc ſur lequel on trouve 35 braſſes de profondeur ; de-là vers la terre le fond eſt plus bas ; & à deux ou trois lieues de ce banc, il y a 78 braſſes fond de ſable fin, & en quelques endroits de la vaſe.

DES POINTES DU PATRON.

Les pointes du *Patron* ſont éloignées de quatre lieues à l'eſt des îles *Chaons* & par 33° 35′. Elles giſſent avec la premiere terre de *Natal* nord-eſt & ſud-oueſt, vingt-cinq lieues; leur reconnoiſſance eſt deux pointes de ſable jointes, coupées à pic à la mer, avec un bois ras au ſommet: il y a au pied un petit îlot de la grandeur d'une caravelle. Ce doit être en cet endroit que Barthelemy Dias poſa ou plaça le patron nommé St. Grégoire, quand il fut découvrir cette côte par ordre du Roi Dom Joan II. d'autant qu'on a écrit qu'il l'avoit mis dans une île, entre les îles *Chaons* & la riviere de l'*Infant*; & comme dans ce parage il ne s'en trouve aucune autre, je lui en ai donné le nom. Une lieue au nord-eſt de ces pointes, la côte en forme auſſi une autre couverte de bois, & outre cela dans les ondes des montagnes, il y a une bande de verdure diſtinguée des autres qui l'environnent, laquelle deſcend & tombe directement à la mer à un endroit où il y a des baſſes fort près de terre. Plus loin on voit un grand arbre ſeul fort touffu au ſommet, ſitué ſur les montagnes du lointain: entr'elles & la mer il y a des taches blanches.

Du côté de l'eſt, toute la côte eſt garnie de dunes de ſable; le lointain eſt une chaîne de montagnes ondées & affaiſſées, avec des taches vertes de prairies, & quelques grands arbres qui paroiſſent des chênes. Huit lieues avant d'arriver à la riviere de l'*Infant*, on découvre au rivage quelques ouvertures de riviere, & trois lieues au-delà il y a des terres argilleuſes au pied deſquelles eſt le rocher qu'on appelle des *Fontaines*. Ce rocher a une gorge ſi baſſe dans son milieu que le reste semble isolé ; tout le terrain au dessus de lui est verd & semé d'arbres fort épars.

DE LA RIVIERE DE L'INFANT.

Cette riviere est par 32° 30′. Sa reconnoissance est, sur le terrain, un morne ou rocher élevé taillé à pic des deux côtés, qui vient ainsi jusqu'à la mer : à son sommet entre de petits arbrisseaux, il y a quelques grands arbres. L'entrée de cette riviere est profonde, mais pas assez pour les grands vaisseaux. Elle court sud-est & nord-ouest ; du côté du sud-est, il y a un récif de pierre, d'où s'étend des basses avancées en mer d'un traît d'arbalêtre. Ce fut là où nous échouâmes en 1554, dans le *Saint-Benoît*, que montoit Fernand d'Alvarès Cabral, commandant de la flotte. Du côté du nord-est, il y a une plage de sable, & le lointain présente des montagnes boisées. Huit lieues plus avant que cette riviere, il y en a une autre petite qu'on appelle *Saint-Christophe*, qui tombe à la mer entre des rochers élevés, proche desquels il y a trois îlots tout-à-fait à terre, dont deux pointus & fort près l'un de l'autre, & le troisieme ras & séparé. Vers ce parage, à quatre ou cinq lieues de terre, il n'y a guere que 40 à 50 brasses fond de gros sable rouge, & en quelques endroits des pierres.

DE LA TERRE DE NATAL.

La premiere pointe est par 32 degrés ; elle s'étend avec la derniere au nord-est, & prend du nord-est-quart-nord environ quarante-cinq lieues. On la reconnoît à une grosse pointe de roche, & à quatre ou cinq lieues de la mer le terrain est tout garni de grands arbres. Quand cette pointe reste

reſte au nord-oueſt, on voit par deſſus trois petites montagnes rondes, & à une lieue de-là au nord-eſt il y a un bois qui deſcend juſqu'à la mer; ſon ſommet eſt ondé, & on y remarque un intervalle ſans bois, & trois autres montagnes plus grandes que celles qui les précedent.

Toute cette terre de *Natal* eſt groſſe au bord de la mer, parſemée de taches de ſable entre les rochers & récifs dont elle eſt formée. Elle n'a point de ports, ſeulement quelques rivieres, mais aucune n'eſt capable de recevoir de grands navires: la mer eſt profonde & le fond net, il y a ſeulement un petit îlot fort près de terre. Le lointain préſente des montagnes ondées, vertes, diſtinguées par taches, avec pluſieurs arbres entre leſquels on trouve dans la vallée des oliviers ſauvages, & au bord des rivieres, de la mente, de la berle, & autres plantes d'Europe. Le terrain eſt gras & en grande partie propre pour la culture; c'eſt pourquoi il eſt fort peuplé, & on y trouve de grands troupeaux de beſtiaux domeſtiques & ſauvages. Ainſi va la côte juſqu'à l'autre pointe, qui eſt par 30 degrés: celle-ci gît avec celle de la pêcherie au nord-quart-nord-eſt, douze lieues. Cette ſeconde pointe de la terre de *Natal* ſe reconnoît à une pointe médiocrement groſſe, où l'on apperçoit du côté de l'oueſt des terres argilleuſes & des dunes de ſable au bord de la mer. Quand on la prolonge, elle paroît courir eſt-nord-eſt & oueſt-ſud-oueſt, ce que je remarque parce que la terre de *Natal* fait trois pointes; ſavoir, les deux dont j'ai parlé, & une autre preſque au milieu de celle-ci, & la côte va formant des anſes vers chacune des deux premieres.

DE LA POINTE DE LA PÊCHERIE.

Cette pointe eſt par 29° 20′ : elle gît avec celle de *Ste. Lucie* au nord-quart-nord-eſt, environ quinze lieues. C'eſt une pointe peu élevée avec de petites bandes de terres argilleuſes. Au lointain il y a une autre pointe plus groſſe qui s'éleve au-deſſus de celle qui répond au bord de la mer ; elle a pluſieurs taches blanches, & de-là au nord-eſt la côte eſt ainſi diſtinguée en bandes : entre cette pointe & celle de *Sainte-Lucie*, il y a une petite anſe de peu d'abri.

DE LA POINTE DE SAINTE-LUCIE.

Cette pointe eſt par 28° 30′ ; elle gît avec la terre des *Fumées* au nord-eſt, prenant un peu de l'eſt, trente lieues. Elle n'a aucune reconnoiſſance ſenſible, c'eſt ſeulement une pointe baſſe, couverte d'arbuſtes juſqu'au rivage, qui s'avance plus à la mer que la terre des environs. Entr'elle & celle des *Fumées* ſont les rivieres de *Sainte-Lucie*, & celle des dunes d'or, dans le parage de laquelle il y a un banc, qui, à une lieue de terre, n'a pas plus de 14 à 15 braſſes fond de cailloux & morceaux de coquillages. Plus à la mer c'eſt un ſable fin, noir, avec quelques coquilles entremêlées. La riviere a beaucoup d'eau au dedans de l'entrée, étant groſſie par trois autres rivieres aſſez fortes, & par les eaux de quelques marais qui ont beaucoup d'étendue. La barre n'eſt pas profonde, elle gît preſque eſt & oueſt. Du côté du ſud-oueſt, elle a des baſſes qui s'avancent à la mer d'une portée de canon : la côte eſt baſſe, & toute bordée de dunes de ſable.

DE LA POINTE DE LA TERRE DES FUMÉES.

La pointe de terre qu'on appelle des *Fumées*, eſt par 27° 20′ ; elle gît avec la riviere du *Saint-Eſprit* nord-nord-eſt & ſud-ſud-oueſt, trente lieues : je n'y ai rien vu qui fut capable d'en former une reconnoiſſance. Toute la côte y eſt baſſe & garnie de dunes ; elle a ſeulement une pointe de ſable avec de petits arbuſtes au-deſſus. Cette pointe s'avance à la mer plus que le reſte ; mais on ne voit cela que lorſqu'on en eſt fort près. Je perdis 2 ancres dans ce parage, pour m'être trouvé un matin affalé ſur des récifs avec un vent traverſier, & je fus pendant trois jours fort inquiet : ce qui cauſa des doutes & des craintes parmi mon équipage, qui ne vouloit pas aller plus avant avec deux ancres qui me reſtoient, vu que nous n'étions encore qu'au commencement du voyage, puiſque, comme je l'ai déjà dit, je fis cette découverte allant de l'eſt vers l'oueſt, commençant au cap des *Courans* & finiſſant au cap de *Bonne-eſpérance*.

DE LA RIVIERE DU S. ESPRIT ET DE SA BAIE.

Cette riviere eſt par 25° 45′ ; elle gît avec le cap des *Courans* preſque eſt-nord-eſt & oueſt-ſud-oueſt, ſoixante-dix lieues. Sa reconnoiſſance, étant du côté du ſud-oueſt, eſt une groſſe terre ondée au ſommet, & iſolée, mais qui n'avance pas plus à la mer que la terre ferme. Elle a une lieue & demie de longueur, avec une petite coupée au milieu où l'on voit une tache blanche. Son entrée, du côté du ſud-oueſt, eſt profonde, mais embarraſſée avec des pics de rochers : elle a de largeur une portée de fauconneau. Celle du nord-eſt a ſix ou ſept lieues, & forme en dedans une grande baie qui découvre beaucoup de baſſe mer dans les grandes marées ; néanmoins elle eſt capable de recevoir de grands navires. Elle comprend trois grandes rivieres, dans leſquelles les petits vaiſſeaux peuvent entrer. Pour l'aller chercher, il faut s'approcher de la pointe de l'île du côté du nord-eſt, à une bonne lieue de diſtance, & pas à moins, parce que de-là, ſoit qu'on traverſe du côté de l'île, ſoit qu'on aille du côté de la terre ferme, il y a peu de fond : on prolongera attentivement ces petits îlots la ſonde à la main. Sur le banc on trouvera 7 à 8 braſſes, fond de ſable net. Quand on veut entrer plus avant, il faut s'approcher de plus en plus de l'île, juſqu'à la dépaſſer entiérement ; après quoi on mettra le cap au ſud, juſqu'à découvrir l'entrée qui eſt au ſud-oueſt ou un peu moins, & on mouillera par 8 & 9 braſſes près de l'île. On trouvera, en creuſant, de l'eau douce en quelques endroits. On affourchera du côté de l'oueſt à cauſe du grand courant qu'occaſionne les rivieres. Les Habitans de l'île, ainſi que ceux de la terre ferme, ſont de nos amis ; leur Roi appellé Inhé, nous fit beaucoup de careſſes & à tous ceux qui étoient dans le *Saint-Benoît* : ils en uſent ainſi à l'égard des Portugais qui vont en cet endroit par ordre des Capitaines de *Mozambique* faire la traite du Morphil. Ce n'eſt pas la même choſe de ceux qui habitent l'autre côté de la baie, leſquels font toutes ſortes d'avanies à ceux qui y vont négocier ; comme l'éprouva Manoel de Souſa de Sépulvéda, avec tout ſon équipage, quand il s'y perdit dans le galion le *Saint-Jean* en 1552.

DE LA RIVIERE DE L'OR.

Douze lieues à l'eſt de la riviere du *Saint-Eſprit*, eſt une autre petite nommée de l'*Or*. On la reconnoît du côté du ſud-oueſt, à une terre noire avec des dunes de même couleur, & vis-à-vis d'elle une tache blanche au bord de la mer : au nord-eſt il y a une terre haute, avec un endroit dépouillé qui paroît former un gradin.

Au dedans de l'embouchure de la riviere, il y a un morne couvert d'arbriſſeaux. L'entrée de cette riviere n'eſt pas dans la face que l'on découvre d'abord, celle-ci eſt pleine de récifs; mais à demi-lieue de-là tirant au ſud-oueſt, où les récifs ſemblent finir, cette entrée eſt étroite & s'étend à l'oueſt: au milieu du canal il y a un banc ſur lequel on trouve une braſſe & demie de profondeur. Pour y entrer, dès qu'on ſera entre le récif & la terre, on ira vers la riviere, juſques par le travers de ſon embouchure ; on peut la remonter la ſonde à la main dix à douze lieues. Les gens du pays ſont Mocaranga, & nos amis.

DE L'AGUADA DE BONNE PAIX.

Quatorze ou quinze lieues à l'eſt de la riviere d'*Or*, eſt celle qu'on appelle *Aguada de boa Pax*. Elle eſt petite & incapable de recevoir des vaiſſeaux, même à rames, pour peu qu'ils ſoient grands ; parce que la mer y briſe beaucoup : elle a des baſſes le long de la terre, qui ſe prolongent d'une lieue au ſud-oueſt. Ceux qui voudront y faire de l'eau, (car c'eſt ſeulement pour cela que j'en fais mention), iront passer avec leur chaloupe sur un récif qui est à une portée de fauconneau au nord-est, & cela à mi-flot, & non pas à mi-jusan ; & après avoir débarqué ils enverront les barils par terre à la riviere, & les rapporteront de la même façon pour les embarquer.

Une lieue au nord-est de cette aguada, il y a un récif écarté de terre d'une demi - lieue : le fond est net & profond entre la terre & le récif. Les vaisseaux pourroient y être à l'abri ; cependant il ne me paroît pas qu'on doive y aller, si ce n'est dans une extrême nécessité, à cause du péril qu'on y court si le vent n'est pas largue pour en sortir. Toute cette côte est de sable. Au long du rivage, la basse mer laisse à découvert des récifs de pierre ; mais au-dessus de 4 brasses le fond est net de sable fin, & noir en quelques endroits. Il y a un banc dans ce parage sur lequel on trouve 9 à 10 brasses à demi-lieue de terre ; de-là le fond toujours net, va en augmentant vers la mer, & se perd ensuite rapidement. Sur ce rivage il y a des montagnes & des taches de sable blanc & rouge. Le terrain du lointain forme un côteau par ondes, les unes avec des arbres, les autres avec des taches blanches ; & le terrain va ainsi en s'abaissant de plus en plus, en petites montagnes aigues, avec des bandes de sable entre les bois, qui semblent être des chemins. Il n'y a aucune autre marque ni chose dont on puisse faire mention jusqu'au cap des *Courans*, qui est par la hauteur de 24 degrés, un peu moins : c'est où se termina mon entreprise & ma découverte ; de-là je retournai à *Mozambique* le 13e Mars 1576.

Que votre Altesse ne trouve pas étrange de voir, en voulant faire usage des ports que j'ai trouvés, que ce sont des baies & non des rivieres, & la plûpart d'elles ouvertes au vent d'est ; qu'elle ne fasse pas non plus attention aux dangers que j'ai courus dans le cours du voyage, pensant que par là ces baies sont inutiles, ou que tous ceux qui iront les chercher seront exposés aux mêmes périls. A l'égard du premier cas, il faut remarquer que, quoique pour l'ordinaire les rivieres offrent un meilleur abri que les baies, néanmoins ces rivieres ne sont pas si convenables au but qu'on se propose, d'autant que pour l'ordinaire elles ont leurs entrées étroites, embarrassées, pleines de sinuosités, & partagées en différens canaux qui changent très-souvent, avec des sables, des récifs, & outre cela on ne peut y entrer qu'en plein jour, avec des vents & une marée favorables ; enfin soit pour y entrer, soit pour en sortir, on a besoin du concours de plusieurs autres circonstances, qui ne sont pas toujours toutes favorables dans le même endroit : de-là il arrive qu'un navire qui est pressé par le vent & qui de nuit est obligé de chercher un azile, préférera toujours de relâcher dans une baie où on peut entrer, & d'où l'on peut sortir plus facilement.

A l'égard de leur exposition, quoiqu'ouvertes aux vents d'est, il y en a quelques-unes qui sont d'ailleurs assez abriées ; car des 32 vents de l'aiguille, il y en a qui sont couvertes de de plus de 17, comme la baie de *St. Sébastien* qui l'est depuis le sud-ouest par l'ouest, presque jusqu'à l'est-nord-est. Celle de *St. Blaise* l'est presqu'autant ; & le fut-elle encore moins, bien loin de la rejetter, je suis persuadé qu'il n'y a aucune entrée plus propre, ni plus utile pour cette navigation le long de cette côte ; puisqu'enfin les bâtimens qui y naviguent n'ont jamais besoin de chercher un port, si ce n'est par les vents d'ouest, & qu'ils y sont tout-à-fait à l'abri & commodément. Si les vaisseaux allant de Portugal aux Indes veulent y entrer, soit parce qu'ils arrivent tard, ou pour ne vouloir pas hiverner à *Mozambique*, ce qui les oblige ensuite à revenir sur leurs pas pour passer en dehors de l'île de *Saint-Laurent* (ce qu'on peut faire en tout tems); ces vaisseaux, dis-je, quand ils partiroient un peu tard d'Europe, arriveront toujours (à navigation réguliere) à ces parages au tems des moussons, & dans la force des vents d'ouest.

Les vaisseaux qui viennent de l'Inde, s'ils arrivent à cette côte à la fin de la mousson des vents d'est, tant qu'ils durent ils continuent leur voyage, & ne vont chercher les ports, que quand les vents contraires de l'ouest leur succedent, auquel cas ils pourront y trouver un abri pour se dispenser de tenir la mer & d'être exposés aux tempêtes qui les dégréent ou les font se perdre, & où ils n'auront à craindre ni les récifs ni les hivernages de *Mozambique*. Ils se pourvoiront dans ces baies, d'eau, de bois, de poisson & de viande, qui y est abondante & à bon marché; ensuite ils profiteront du premier beau tems pour doubler le cap & revenir en Europe.

A l'égard des dangers que j'ai courus, il faut remarquer que les routes ordinaires des vaisseaux sont fort différentes de la mienne, soit pour la route en elle-même, soit pour le tems. J'allois pour découvrir. J'étois obligé de suivre la côte de fort près, & d'en parcourir toutes les sinuosités pour en connoître le détail. Je n'avois plus que deux ancres, en ayant perdu deux à la terre des *Fumées*, dès le commencement de mon expédition; les deux qui me restoient suffisoient à peine pour tenir le vaisseau dans une riviere tranquille, & nullement sur la côte contre la force des

des vents généraux qu'on y rencontre. J'ignorois les fonds & leur nature; j'avois à craindre ce que je pouvois aborder de jour, & ce que je rencontrerois dans l'obſcurité de la nuit; outre les vents & les courans qui ſont violens dans ces parages, & qui pouvoient m'obliger à toute autre manœuvre que celle qui convenoit. Ceci avoit lieu, principalement depuis le cap des *Courans* juſqu'aux pointes du *Patron*, où la côte court nord-eſt & ſud-oueſt, & en quelques endroits nord & ſud. D'où il ſuit que les vents d'eſt ſerrent trop; & comme les eaux tirent beaucoup vers la terre, je me ſuis trouvé quelquefois en pareil cas, ſans pouvoir doubler les pointes ni courir vers aucun côté; ſans pouvoir mouiller, ſoit à cauſe du fond, ou du mauvais état des agrêts & autres manœuvres; en un mot livré uniquement à la miſéricorde de Dieu, n'ayant eſpérance que dans les miracles qu'il a bien voulu, par ſa bonté infinie, faire pour moi dans ce voyage, & ſans doute en faveur de la félicité qui accompagne les entrepriſes de votre Alteſſe; tout cela n'arrive pas aux vaiſſeaux qui ſont les voyages ordinaires. Ceux qui vont aux Indes, rencontrent toujours en paſſant là, les vents d'oueſt en pouppe, & peuvent s'approcher ou s'éloigner de la côte à leur fantaiſie; ceux qui viennent, s'ils partent de bonne heure, arrivent en ces parages en Février ou plus tard, auquel tems les vents ſont largues, puiſque la plus grande partie du tems, ils ſont nord-eſt ou au moins eſt; alors les eaux prolongent davantage la côte, & ne la vont pas rencontrer de bout, ſi ce n'eſt depuis les pointes du *Patron*, ou le cap des *Récifs* en avant, & encore reſtent-ils plus favorables, à cauſe que la côte court eſt-nord-eſt & oueſt-ſud-oueſt, & quelquefois est & ouest. Cela est si vrai que nos Pilotes modernes, qui prétendent être beaucoup plus au fait que les anciens, avec toute leur expérience, sans aucune crainte de la côte (dont ils ne connoissent pas encore les particularités), ont coutume de la prolonger presque toujours, persuadés que, dans cette situation, les vents & les courans sont plus en leur faveur : ce qu'ils pourront faire désormais avec plus de sûreté, puisque nous les éclairons, en leur donnant les marques & reconnoissances des ports & autres parages où ils peuvent se retirer en cas de nécessité, même de ceux qu'il leur conviendra d'éviter pour la sûreté de leur voyage. Ils se verront par ce moyen exempts des dangers & inquiétudes dans lesquelles je me suis trouvé à chaque instant.

DESCRIPTION *de la baie & de la riviere de* Natal, *situées sur la côte orientale d'Afrique, par trente degrés de latitude sud.*

CETTE riviere ou plutôt ce marais, c'eſt le nom le plus convenable qu'on puiſſe lui donner, puiſque ce n'eſt, tout bien conſidéré, qu'une campagne couverte d'eau dans les grandes marées, & en plus grande partie découverte de baſſe mer. Cet endroit ne peut guere être fréquenté que par de petits bâtimens ; la barre en eſt d'autant plus dangéreuſe qu'il n'y reſte que cinq pieds d'eau de baſſe mer, & que la mer n'y monte que d'environ cinq pieds, excepté dans les mois de Septembre & d'Octobre où il y a douze pieds d'eau dans les grandes marées.

La route ſur la barre eſt le ſud-oueſt. La mer s'y éleve beaucoup; mais comme elle eſt fort étroite, deux ou trois lames la font franchir : après l'avoir paſſée, on trouve 2, 3, 4, & 5 braſſes de profondeur.

On doit ranger le côté de bâbord à une longueur de vaiſſeau; & lorſqu'on eſt à un tiers de lieue au dedans de la riviere, on voit un terrain ſtérile ſur le penchant d'une montagne, vis-à-vis duquel on peut mouiller à une encablure de terre, par 4 braſſes d'eau : le plus sûr eſt de s'y amarrer à quatre amarres ſur les rochers de terre.

L'établiſſement des marées eſt de dix heures & demie aux pleins & aux renouveaux de Lune.

Lorſqu'on vient du nord, la pointe de *Natal* eſt remarquable en ce qu'elle paroît comme un morne coupé de la forme à peu près de la tête ou du nez d'une dorade, & cette pointe ſe prolonge en mer en formant une eſpece de baie où l'on peut mouiller d'un vent de ſud-oueſt, par 10, 11, & 12 braſſes, fond de ſable. On découvre ſur le terrain à l'oueſt-quart-nord-oueſt, une montagne unie en forme de table, au-deſſous de laquelle il y en a une ſeconde de même forme.

A la pointe de la riviere de *Natal*, il y a des roches cachées qui s'avancent d'un quart de lieue en mer : on les laiſſe à babord en entrant, & la pointe de ſable à tribord. On voit auſſi une montagne à un quart de mille au ſud de la pointe.

DESCRIPTION de la baie de Laurent Marquez, *nommée par les Anglois grande baie de* Lagoa.

CETTE vaſte baie dont l'étendue eſt d'environ dix-huit lieues, eſt ſituée à la côte orientale d'Afrique à ſoixante-dix lieues, ou environ, au ſud-oueſt-quart-oueſt du cap des *Courans*. La pointe qui en forme l'entrée du côté du ſud, eſt par 26 degrés de latitude, & formée par une île aſſez élevée, nommée *Unhaca*, qui gît au nord-nord-eſt du cap *Sainte-Marie*, & qui n'en eſt ſéparée que par un canal dans lequel il n'y a point de paſſage pour les vaiſſeaux, l'intervalle étant rempli par une chaîne de rochers qui joint l'île à la terre ferme.

Il y a dans cette baie trois rivieres auxquelles on donne le nom des Rois qui font leur demeure le plus près de leur embouchure.

La premiere, nommée *Libombo*, eſt ſituée du côté du nord de la baie. C'eſt en celle-là que les Portugais avoient ci-devant leur principal établiſſement pour leur commerce, & on y compte quatre places commerçantes ou Villes qui ont chacune leur Roi, ſavoir : *Libombo*, *Muſamquamea*, *Laquadonca* & *Maniſſée* qui eſt à trente lieues de l'embouchure.

Cette riviere a une barre ſur laquelle, de grande marée, il y a quinze pieds d'eau. Les bâtimens montoient une lieue au-dedans, & mouilloient par 4 braſſes d'eau près d'une île ſur laquelle ils avoient coutume de bâtir des maiſons & des bancaſſals, pour le tems qu'ils y ſéjournoient.

La ſeconde riviere que quelques-uns appellent *Maſumo*, & les géographes riviere du *Saint-eſprit*, eſt la plus conſidérable de toutes, & c'eſt où les vaiſſeaux reſtent ordinairement à l'ancre: elle n'a point de barre, & un vaiſſeau, de quelque grandeur que ce ſoit, peut y entrer.

Quand on eſt mouillé à l'ouverture de la baie, & que le cap *Sainte-Marie*, ou pour mieux dire la pointe du nord de l'île *Unhaca* reſte au ſud 5 degrés oueſt, à environ trois lieues, par 12 à 13 braſſes de profondeur; de cette poſition gouvernant à l'oueſt & au oueſt-quart-nord-oueſt, on verra la pointe de la riviere de *Maſumo* qui paroît coupée net, & de couleur rouge. Alors gouvernant ſur cette pointe, on trouve des profondeurs très-inégales, comme de 10, 6, 4 & 5 braſſes avec des lits de marées. En entrant dans la riviere, il faut accoſter plutôt le côté de tribord que celui de babord; & lorſqu'on ſera à cinq milles au-dedans, on mouillera par 10 braſſes, vis-à-vis une pointe longue de ſable qui eſt du côté de babord. Soit en entrant, ſoit en ſortant, il faut toujours avoir deux bateaux ſur l'avant, l'un à tribord & l'autre à babord, pour ſonder & faire le ſignal des profondeurs.

La ville de *Maſumo*, qu'on dit être maintenant détruite, étoit ſituée ſur une montagne du côté de tribord en montant, c'eſt-à-dire, du côté oppoſé à celui où doit mouiller le vaiſſeau.

On compte quatre lieues de l'entrée de la riviere *Libombo* à celle de *Maſumo*, & la route eſt le oueſt-ſud-oueſt. Quoique l'eau de cette derniere ſoit ſalée, on trouve cependant une lieue au-deſſus de l'endroit où on vient de dire que doit mouiller le vaiſſeau, au-delà d'une pointe du côté de tribord, trois ouvertures dont celle du milieu eſt une riviere d'eau douce ; & ſi l'on y monte quatre à cinq lieues, on pourra remplir les bariques de très-bonne eau.

Le commerce de toutes ces rivieres conſiſte en morphil & quelque peu d'or, mais il faut être extrêmement ſur ſes gardes, & ſe méfier des habitans qui ſont en général traîtres & voleurs : ceux qui agiſſent avec ſécurité en ſont preſque toujours les dupes. On en a vu pluſieurs exemples, l'un entr'autres d'un Subrécargue anglois que le Roi Timbo qui demeure à environ vingt milles dans le haut de la riviere, fit arrêter par fineſſe ; il en couta trois cens livres de cuivre, & pluſieurs colliers de verroterie pour ſa rançon. C'eſt ordinairement ſur la fin de la traite, & lorſqu'ils n'ont plus rien à vendre, qu'ils ont recours à ces fourberies.

Au ſecond voyage que fit en cet endroit le même Capitaine Anglois en 1709, étant à la traite dans la riviere *Libombo*, environ vingt milles au deſſus de ſon embouchure, ſon ſecond fut aſſaſſiné en s'aſſeyant ſur un tapis, & ce Capitaine fut pris au collet, & trainé environ trente pas. Par bonheur ſon habit s'étant déchiré, il s'échappa & joignit ſa chaloupe d'où il fit tirer sur ses ennemis & en tua plusieurs ; ce qui ruina sa traite dans cette riviere, quoiqu'il fût à présumer qu'ils n'avoient plus alors de dents d'Eléphant. Depuis cette avanture, il traitoit toujours avec eux les armes à la main, ayant cinq hommes armés derriere lui, & sa chaloupe à portée de tirer sur ceux qui l'auroient attaqué, & il ne souffroit jamais d'être entouré. Au reste ceci ne se passoit que dans le haut de la riviere ; ils sont plus traitables vers la côte, malgré cela il est prudent d'y être par-tout sur ses gardes. Le profit considérable que procure le commerce, est la seule raison qui oblige de fréquenter des peuples d'un tel caractere.

La troisieme riviere, nommée *Machavana*, est située huit lieues au sud de celle de *Masumo*. Elle n'est point navigable pour les vaisseaux, mais un bateau qui ne tire pas plus de six pieds d'eau, peut y monter à plus de trente lieues de son embouchure ; & c'est ordinairement en cet endroit qu'on traite. Il faut avoir un *Natif* de la riviere de *Masumo* qui va avertir le Roi de *Machavana*, qui demeure à six ou sept lieues de la riviere, de descendre pour le commerce, & souvent on est obligé de l'attendre deux ou trois jours.

C'est en cet endroit qu'on traite les plus belles dents d'éléphant. Le cuivre est la seule denrée qu'il reçoit en échange, à raison de quatre à cinq livres de morphil pour une livre de cuivre ; de sorte que pour vingt livres de ce métal, on a une dent de quatre-vingt à cent livres pesant : quelquefois on donne vingt livres pour soixante, lorsque le morphil est rare.

Il y a dans le fond de la baie un autre endroit nommé

Miticolaba, mais il y a peu de profondeur, de ſorte qu'il eſt difficile d'y aborder.

On trouve dans cette baie une longue île de ſable qu'on laiſſe à babord quand on va de l'île *Unhaca* à la riviere de *Maſumo* : on trouve par toute la baie & dans les rivieres, beaucoup de poiſſon & quelques vaches marines.

Le pays des environs forme une belle plaine du côté de la mer. L'intérieur eſt montagneux, inégal, couvert de bois peu propre à l'uſage des vaiſſeaux, ſi ce n'eſt pour le feu. Le terrain eſt entrecoupé de rivieres & de ruiſſeaux qui ſe diviſent en pluſieurs bras.

Les animaux terreſtres ſont des éléphans, des tigres, des léopards, des ſangliers ; ânes ſauvages, cerfs, bufles, taureaux, vaches, moutons, cabrits : on y trouve de plus les mêmes volailles qu'en Europe.

Les naturels du pays ſont d'une taille moyenne, cheveux longs & friſés, & bien faits, le nez moins plat que les Noirs de *Guinée* ; leurs dents de devant ſont taillées en pointe, leur viſage eſt découpé par bandes, & ciſelé par compartimens & deſſins. Le dos des femmes eſt découpé de même, & ces ſortes de ciſelures ſont regardées entr'eux comme des ornemens.

Ils vont tout nuds. Les hommes portent ſeulement un petit étui tiſſu de paille pour cacher leur partie ſexuele ; les femmes ont un morceau de toile d'environ huit à neuf pouces de large, auquel tient un cordon qui porte pluſieurs boutons de cuivre pour ſervir d'ornement. Les hommes ont leurs cheveux accommodés en pointe de clocher, ſoutenus & entre-mêlés de paille de couleur, le tout enduit de ſuif coloré avec de la terre rouge. Les femmes ont leurs cheveux nattés avec de la la paille entre-mêlée de grains de rasade, le tout enduit de suif mêlé & poudré de terre rouge : dans leur grand ajusté, elles ont tout le corps frotté de terre rouge mêlée avec de la graisse.

La principale occupation des hommes est de bâtir leurs maisons, nettoyer la terre, tirer les vaches, aller à la chasse & à la pêche. Les maisons qui ne sont pas proche le bord de l'eau, sont bâties en rond en forme de meule de foin, & le foyer est au milieu. Ils ont chacun deux, trois, quatre maisons & jusqu'à dix dans le même entourrage, suivant le nombre de leurs femmes qui doivent avoir chacune leur logement particulier. Chaque homme peut avoir autant de femmes qu'il en peut acheter ; le prix est depuis deux vaches jusqu'à soixante, conformément à la famille & à la beauté : les plus pauvres peuvent avoir une femme pour deux ou trois cabrits. Les filles sont à la disposition de leur pere, & après sa mort, à celle du plus proche héritier mâle.

L'occupation des femmes est de semer le bled, le couper, le porter à la maison & le battre ; faire la bierre, le pain, &c. Ils ont plusieurs sortes de grains, tels que le mahis, le nachancy, & un peu de ris. Le petit bled qu'ils appellent musaca, est celui dont ils font le plus d'usage.

On ne leur connoît ni sciences, ni arts : chacun fait les ustensiles dont il a besoin. Le bœuf y est fort bon, ainsi que les cabrits. Ils ont aussi des plantes, une espece de fayols & du miel. Les fruits sont les ananas, des melons d'eau, une autre espece de fruits qu'ils nomment macota. Ils cultivent aussi des cannes de sucre.

Leurs mariages se célebrent par beaucoup de divertissemens ; ils boivent, dansent, chantent. Leurs instrumens de musique sont une espèce de conque marine, & une corne dans laquelle ils soufflent aux nouvelles & pleines lunes : ils font aussi un bruit semblable au carillon des cloches. Ils ont encore un autre instrument à corde monté sur une calebasse, qui se joue avec un archet. On peut dire en général que c'est une nation sans mœurs ; ils sont non seulement traîtres envers les étrangers, mais encore entr'eux.

DU CAP DES COURANS A MOZAMBIQUE.

Cap des *Courans.*

Le cap des *Courans* est par 23° 40′ de latitude & par 34 degrés de longitude orientale, méridien de l'observatoire royal de Paris. On peut appercevoir ce cap & la terre des environs, de neuf à dix lieues, d'un beau tems.

Inhambane.

Du cap des *Courans* à *Inhambane* la côte court au nord 5 à 6 degrés ouest, environ dix lieues. *Inhambane* est une riviere, qu'on reconnoît, en rangeant la côte, par la grande ouverture qu'elle fait ; sa pointe du sud est de moyenne hauteur & escarpée ; à celle du nord, la terre est plus élevée & ensellée dans le milieu.

Riviere des *François.*

Treize lieues au nord d'*Inhambane*, est la riviere des *François* par 22° 30′ de latitude ; il y a fort peu d'eau, & il n'y peut entrer aucun bâtiment. La terre, au nord de cette riviere, est haute & basse, mais escarpée, avec quelques bouquets de bois, entre lesquels on voit des sables.

Riviere des *Voleurs.*

De la riviere des *François* à celle des *Voleurs*, qui est également petite, la côte court au nord 5 à 6 degrés ouest : on reconnoît cette riviere par une grosse terre qui est du côté du nord. Tout le rivage est de sable blanc & rouge. A deux lieues au nord de la pointe qui fait l'entrée de cette riviere, on voit une autre pointe couverte de ſable blanc, avec des bouquets de bois diſperſés, & la côte court ainſi juſqu'au cap *Saint-Sébaſtien*.

Cap Saint-*Sébaſtien*.

Le cap *Saint-Sébaſtien* eſt par 22° 41' de latitude ſud; il eſt de moyenne hauteur, coupé à pic juſqu'à la mer. Quand on approche de ce cap, la terre eſt plus haute que du côté du ſud; elle paroît ſabloneuſe & blanche. On ne trouve point la ſonde aux environs qu'à deux tiers de lieue ou à une lieue de la côte.

Iſles *Bazarute*.

Au nord 5 degrés eſt du cap *Saint-Sébaſtien*, ſont les îles de *Bazarute*; quand on vient du ſud, elles paroiſſent réunies & n'en former qu'une: la pointe du nord de la derniere eſt par 21° 12'. Ces îles ne portent point de fond au large, il faut être au dedans de la pointe du nord de la derniere, ou au moins qu'elle demeure au ſud, pour le trouver: elles forment une grande anſe dans laquelle on trouve la profondeur de 20 braſſes & un peu plus. On y eſt à l'abri des vents d'oueſt, & à la pointe du nord de la derniere île, il y a un récif qui couvre de pleine mer. On peut y faire de l'eau & du bois, mais il eſt à propos de ne pas entrer au dedans de ces îles, ſans avoir fait ſonder par les bateaux.

Le *Paracel* ou banc de *Sofala*.

Le *Paracel* ou banc de *Sofala*, commence aux îles *Bazarute*, & s'étend juſqu'aux îles *Primeira*. Quoiqu'on y ait la ſonde, on ne voit point la terre, qu'on ne ſoit par 20 braſſes; mais il n'y a rien à craindre dans toute l'étendue de ce banc, & la diminution de la profondeur indique l'approche de terre. Le cours des vents le long de cette côte, eſt du ſud au ſud-ſud-eſt, & le courant y eſt très-fort; c'eſt pourquoi les bâtimens qui naviguent en ce parage, fréquentent ce banc pour y mouiller en cas de calme.

Des îles de *Bazarute* à *Sofala*, il y a environ vingt-trois lieues au nord-oueſt. Il ne peut entrer dans la riviere de *Sofala* que de très-petites embarquations, à cauſe du peu de profondeur qui n'excede pas dix à douze pieds. Au devant de la fortereſſe de *Sofala*, il y a une île longue qui s'étend du nord au ſud, qu'on appelle l'île *Inhaſato*. Il y a entr'elle & la terre, un banc de ſable étroit & long, qui forme deux canaux, l'un entre l'île & le banc, & l'autre entre le banc & la terre ferme : c'eſt par ce dernier que les vaiſſeaux entrent, étant le plus profond; mais comme le banc peut changer d'une année à l'autre, il eſt bon d'avoir des Pilotes de terre.

Iſle *Inhaſato*.

Riviere de *Luabo*.

Au nord-eſt de la barre de *Sofala*, par 19 degrés de latitude, eſt la riviere *Luabo*, qui eſt la premiere embouchure de celle de *Cuama*. Toute la côte depuis *Sofala* juſqu'à cette riviere, eſt une terre baſſe le long de la mer, avec de grandes plaines de ſable. De cette riviere *Luabo*, en allant vers le nord-eſt, la côte eſt plus élevée le long de la mer, avec quelques taches de terre rouge : la derniere forme une anſe qui paroît comme une riviere, & cette anſe s'appelle l'anſe de l'*Inde*. Au-delà, en allant vers le nord, il y a une plaine de ſable de quatre à cinq lieues, qui ſe termine à la pointe des *Chevaux marins*, qui eſt la pointe du ſud-oueſt de la riviere de *Quilimane*.

Anſe de l'*Inde*.

Riviere de *Quilimane*.

L'embouchure de cette riviere a une demi-lieue de largeur entre les deux pointes ; celle du nord s'appelle la pointe de *Taugalane*, & celle du ſud-oueſt, comme on l'a déjà dit, la pointe des *Chevaux marins* ou *Quilimane de Sel*. Cette embouchure eſt traverſée d'un banc de ſable, qui s'étend tout le long de la côte depuis *Sofala*. Cette riviere de *Quilimane* a plus de cent quatre-vingt lieues d'étendue dans les terres. La premiere habitation des Portugais eſt à cinq ou ſix lieues de l'entrée du côté du nord, & de-là juſqu'à *Séna*, qui eſt l'habitation principale, on compte ſoixante lieues, par les différentes ſinuoſités que forme la riviere. l'Entrée de *Quilimane*, eſt par 18° 10′ de latitude, & *Séna* eſt par 17°, 37′ : il eſt fort difficile de connoître l'entrée de *Quilimane*, & les meilleurs pratiques s'y trompent ſouvent.

DES ISLES PRIMEIRA.

Iſles *Primeira*.

Vingt-ſix lieues au nord-eſt & nord-eſt-quart-eſt de la riviere de *Quicungo*, où les bateaux de *Mozambique* vont traiter, & au devant de cette riviere, eſt l'île *de Feu*, ainſi nommée à cauſe du feu qu'on y faiſoit par ordre du Roi de Portugal, depuis le premier Juillet juſqu'à la fin d'Octobre, pour ſervir de ſignal aux vaiſſeaux qui paſſoient: ce qui ne ſe fait plus aujourd'hui. Une lieue & demie avant d'arriver à l'île de *Feu*, il y a un banc de ſable: on peut paſſer entre l'île & ce banc par 14 & 15 braſſes d'eau, en rangeant l'île de plus près que le banc.

A l'eſt-nord-eſt de ce canal, il y a deux autres îles, dont la premiere s'appelle l'île aux *Arbres*, & entr'elles & l'île de *Feu*, il y a un autre banc qui forme deux canaux, avec le même fond, & une lieue plus loin eſt l'île *Raze* ou des *Palmiers*. Entre ces îles & la terre il y a un canal qui s'étend à l'eſt-quart-nord-eſt, par lequel tous les vaiſſeaux peuvent paſſer, en rangeant de plus près les îles, de façon qu'il y ait les deux tiers du canal du côté de la terre. Le fond y eſt de 10 brasses, & il n'y a rien à craindre que ce qu'on peut découvrir.

A l'est-nord-est de l'île *Raze*, à la distance d'environ huit lieues, il y a un banc qu'on appelle le banc de *Moma*. Entre ce banc & l'île *Raze*, il y a un récif sur lequel la mer brise en beaucoup d'endroits : entre le récif & le banc, il y un canal pour entrer & sortir. On découvre de ce parage la premiere des îles *Angoxa*, qu'on appelle l'île *Caldeira*, qui est par la hauteur de 17° 40' : entre ce banc & l'île, il y a également passage pour entrer & sortir, le fond étant de 8 à 10 brasses.

ISLES D'ANGOXA.

Isle d'*Angoxa*.

De l'île *Raze* qui est la derniere des îles *Primeira*, jusqu'à l'île *Caldeira*, qui est la premiere de celle d'*Angoxa*, du côté du sud-ouest, il y a vingt-cinq lieues.

Les îles d'*Angoxa* sont au nombre de quatre ; entr'elles il y a deux bancs de sable, sur lesquels on voit la mer briser. On peut passer entre ces îles du côté du nord, chaque fois qu'on le veut, & la profondeur s'y trouve de 14 à 15 brasses. Ceux qui passent entr'elles & la terre, doivent laisser les deux tiers du canal du côté de la terre, & faire route par 8 à 10 brasses fond de vase : il n'est pas bon toutefois d'y passer de nuit.

La derniere des îles d'*Angoxa* se nomme *Masamale*, au nord-ouest de laquelle est la riviere d'*Angoxa*, où vont les bateaux de *Mozambique* qui tirent peu d'eau. Sept lieues à l'est de cette riviere, est le banc *Saint-Antoine*, qui gît à l'est-quart-nord-est des îles d'*Angoxa* : ce banc couvre de pleine mer. On en peut passer à terre ou au large ; mais quand on en passe à terre, il ne faut pas approcher la terre ferme par moins de 7 brasses, ni le côté du large par plus de 11. Toutes les îles dont on a parlé sont petites & cernées de récifs du côté du large, il n'y a pas une d'elles qui ait plus d'une demi-lieue de largeur ni plus de deux de tour.

A quatre ou cinq lieues du banc de *Saint-Antoine*, du côté de *Mozambique*, vis-à-vis d'un endroit qu'on appelle les *Curraés*, à une lieue & demie de la terre ferme, il y a une roche très-dangereuse pour les grands vaisseaux, & qu'on ne peut voir que quand on est dessus ; elle ne brise point de pleine mer, & plusieurs vaisseaux y ont touché. Pour éviter cette roche, il faut, en partant des îles d'*Angoxa*, gouverner au nord-est-quart-est pendant la nuit, ou au nord-est franc pendant le jour, allant par le fond de 20 brasses.

A quatorze ou quinze lieues de cette roche vers *Mozambique*, est *Mogincale* qui est une grosse terre, & deux lieues au large, est la basse ou banc de *Mogincale*. En gouvernant à l'est-nord-est, on passera à trois ou quatre lieues en dehors de cette basse. Pour connoître quand on l'a doublée, il faut que plusieurs palmiers qui sont sur une île, qu'on appelle *Masalane-Movya*, paroissent sur la terre ferme le long du rivage, & au nord de cette île on voit un rivage de sable, de quatre à cinq lieues d'étendue, qui se termine à la pointe du sud de la riviere de *Mocambo*, appellée pointe de *Bajone*. Le long de ce rivage, il y a des arbres qui de dehors ressemblent à des pins, & cette côte s'appelle *Movinxes*. Sur cette basse de *Mogincale* on ne voit de brisans que de baſſe mer aux grandes marées ; la profondeur y eſt de 3 braſſes. De-là juſqu'à la riviere de *Mocambo* on peut mouiller, mais il ne faut pas aller vers la terre par moins de 15 braſſes. On donne ce conſeil à cauſe qu'avant d'arriver à cette pointe, on dit qu'il y a, trois lieues en mer, une autre baſſe qui eſt ronde, & qui a une demi-lieue de tour, & ſur laquelle il y a 3 braſſes & demie d'eau en quelques endroits, & 5 dans d'autres, fond de pierre molle : quoique pluſieurs Pilotes nient qu'il y ait d'autre baſſe que celle de *Mogincale*, on ne riſque rien par cette précaution.

On compte de la derniere île d'*Angoxa* à la pointe de *Mogincale*, dix-huit lieues au nord-eſt ; de *Mogincale* à la riviere *Mocambo*, il y en a huit ; & on compte quatre lieues de *Mocambo* à *Mozambique*.

Cette riviere de *Mocambo* a une lieue de large à ſon embouchure, & on peut y monter deux ou trois lieues avec la marée, parce qu'il y a de l'eau pour les grands vaiſſeaux. Si on veut aller mouiller à la pointe de *Bajone* qui eſt celle du ſud de la riviere, il faut approcher la terre de façon qu'on ſoit nord-eſt & ſud-oueſt des îles de *Saint-Georges* & de *Saint-Yago*, par 15 braſſes fond de ſable. De la pointe du nord de cette riviere *Mocambo*, juſqu'à l'île *Saint-Yago* il y a un récif ſur lequel, de baſſe mer, on voit quelques têtes de roches ; il y a beaucoup de fond au pied du récif, mais il n'eſt pas bon de l'approcher.

Lorſqu'on va à *Mozambique*, on range la terre juſqu'à appercevoir l'île de *Mozambique*.

Mozambique eſt une petite île qui peut avoir une lieue de tour ; elle s'étend de ſud-oueſt au nord-eſt entre deux pointes de la terre ferme. Celle du ſud s'appelle la pointe

pointe de *Mangale*, & celle du nord-eſt, la pointe de *Pannoni*, d'où s'étend une baſſe ſur laquelle il y a trois îlots. La fortereſſe de *Mozambique* eſt ſur la pointe du nord-eſt de l'île, & au ſud-oueſt de la fortereſſe, eſt le couvent de *Saint-Antoine*, qui ſert de marque pour entrer dans le port. Sur la terre ferme au nord-oueſt de l'île de *Mozambique*, il y a une montagne qu'on appelle le *Pain*, & à l'eſt de cette montagne, il y en a une autre, unie au ſommet, qu'on appelle la *Table*. Quand on vient du ſud-oueſt, on voit ces deux montagnes ſéparées l'une de l'autre, & la *Table* paroît au nord-eſt du *Pain*; mais quand on vient du nord, le *Pain* eſt vu par deſſus le milieu de la *Table*.

Iſles *Saint-Georges* & *St. Yago*.

Vis-à-vis de l'île *Mozambique*, à environ une demi-lieue, du côté de la mer, il y a deux petites îles baſſes, avec quelques bouquets de bois. Ces îlots ſont cernés de récifs, & giſſent l'un & l'autre nord-nord-eſt & ſud-ſud-oueſt; celui du nord-nord-eſt s'appelle l'île *Saint-Georges*, & l'autre l'île *Saint-Yago*. Les petits bâtimens peuvent paſſer entre ces deux îlots pour aller à *Mozambique*; mais les grands vaiſſeaux doivent y entrer, en paſſant au nord de l'île *Saint-Georges*, entr'elle & le récif qui s'étend au large de la pointe de *Cabaceira*. Quand on va par ce canal, il faut ſe donner de garde du récif qui s'étend à l'eſt-nord-eſt de l'île *Saint-Georges*, c'eſt pourquoi il n'en faut pas approcher par moins de 7 braſſes; en continuant d'entrer dans le canal, ſi-tôt qu'on découvrira la plage qui eſt du côté de l'oueſt de l'île *Saint-Georges*, ayant toujours le plomb en main, on pourra mouiller, dès qu'on trouvera un fond de ſable. De-là on pourra tirer quelques coups de canon pour appeller un Pilote pratique, qui connoiſſe l'entrée de *Mozambique*, attendu qu'il n'eſt pas prudent d'y aller ſans en avoir une parfaite connoiſſance.

DESCRIPTION de la côte de Mozambique *juſqu'aux îles de* Querimbe.

CINQ lieues au nord de *Mozambique* eſt une plage appellée *Quitangone.* A ſept lieues au-delà eſt la riviere de *Quiſemajugo*; & ſix lieues plus loin eſt la riviere de *Fernao-Veloſo.* Cette derniere a une rade du côté de l'oueſt, en dedans de la pointe, par 15, 20 & 25 braſſes d'eau; cette riviere eſt grande, & on peut y entrer ſans rien craindre.

De la riviere de *Fernao-Veloſo* à celle de *Pinda*, il y a trois lieues. Au large de cette derniere, à une lieue & demie de terre, il y a un récif fort dangereux, ſur lequel la mer briſe : en rangeant la côte il eſt bon, à cauſe de ce récif, de s'en tenir à deux ou trois lieues de diſtance. Sur la terre ferme, vis-à-vis la pointe du nord de ce récif, on dit qu'il y a une fort belle anſe, que le fond y eſt bon, & qu'on y eſt à l'abri de tous les vents; qu'il y a un îlot du côté du nord; que les vaiſſeaux y peuvent hiverner; qu'on y trouve de l'eau, du bois, & du poiſſon; & on prétend que cette anſe a trois lieues de largeur d'une pointe à l'autre.

De la riviere de *Pinda* à celle de *Camonco*, il y a ſix lieues, & on compte douze lieues de cette derniere à celle de *Sirancapa.* C'eſt à la riviere de *Pinda* que commencent les montagnes en forme de pics, nommées *Picos-fragoſos**, & elles

* Pics eſcarpés.

finissent sur celle de *Sirancapa* : ces pics sont la meilleure connoissance qu'on puisse avoir le long de cette côte.

De *Sirancapa* à la riviere de *Pembe*, il y a huit lieues : c'est à cette riviere que commencent les îles de *Querimbe*. La premiere se nomme *Quiriba*, la seconde *Fumbo*, la troisieme *Quiluvia*, la quatrieme *Querimbe*, qui est la principale, & la cinquieme *Oybo*. Cette derniere est la seule où il y ait une entrée, toutes les autres étant jointes par des récifs sur quelques-uns desquels on peut même passer à pied de basse mer, comme de *Querimbe* à *Oybo*. Toutes ces îles sont petites. La plus grande qui est *Querimbe*, située par 12° 20′ de latitude sud, n'a pas une lieue de grandeur : elles sont toutes boisées. On peut, en les prolongeant, les ranger de fort près, & le bord en est si accore, qu'à une demi-lieue de distance on ne trouve point le fond. En rangeant l'île de *Querimbe*, on verra à sa pointe du nord, des palmiers, & le long du rivage une plage de sable fort blanche, avec une grande maison qui sert de forteresse. On peut approcher la terre, ayant le plomb en main, jusqu'à bien découvrir la forteresse & la plage de sable, & quand on appercevra la séparation de *Querimbe* avec *Oybo*, qu'on sera vis-à-vis des palmiers & de la forteresse, s'il étoit trop tard pour entrer, & qu'on n'eût pas pour cet effet un Pilote du pays, on pourra mouiller par 12 brasses fond de sable : le fond est net & sans rochers.

Appareillant de cet endroit, on ira à petite voile vers la pointe de l'ouest d'*Oybo*, d'où s'étend un récif vers le nord, qu'il faut doubler pour gagner le mouillage, en passant entre ce récif & la pointe du sud de celui qui se prolonge au sud de l'île *Matemo*, qu'on voit du côté du nord.

On eſt dans ce port à l'abri des vents de la partie de l'oueſt, mais ceux de l'eſt y battent en plein.

Toute la côte, depuis *Mozambique* juſqu'à *Querimbe*, ne porte point de fond au large; on peut la ranger de près, ſoit le jour, ſoit la nuit, ſur-tout après avoir doublé la baſſe de *Pinda*, dont j'ai parlé ci-deſſus.

De l'entrée d'*Oybo* au cap d'*Elgado*, la côte s'étend au nord, prenant quelquefois de l'eſt, & la diſtance eſt de quarante lieues. Il y a pluſieurs îlots, & toute la côte en général eſt bordée d'un récif fort accore, entre lequel & la côte on voit les embarquations du pays naviguer d'un endroit à l'autre. Le commerce que font les Arabes qui y ſont établis, ne nous eſt pas connu & paroît de peu d'importance. Au reſte on ne doit parcourir cette côte entre *Oybo* & le cap d'*Elgado*, qu'à trois ou quatre lieues d'éloignement, pour éviter pluſieurs dangers qui en ſont écartés & qu'on pourroit rencontrer : d'ailleurs la terre eſt baſſe, & il faut en être fort près pour la bien diſtinguer.

Trente-cinq lieues à l'eſt du cap d'*Elgado*, par 10° 20′ de latitude, eſt une petite île au ras de la mer, avec quelques arbriſſeaux, nommée île de *Jean-Martin*. Aleixo-da-Motta dit l'avoir vue en 1600, & avoir obſervé cette latitude. Un autre Pilote Portugais en louvoyant dans ce parage, vit auſſi cette île qui lui parut très-baſſe, de façon à ne pouvoir être apperçue que de deux à trois lieues : il jugea qu'elle n'avoit pas plus d'une demi-lieue de longueur. J'ignore par quelle autorité d'autres la mettent par 9° 33′ de latitude, & ſeulement à trente lieues du cap d'*Elgado*.

Les courans aux environs du cap d'*Elgado*, & même au large, prennent leur cours au ſud-oueſt, dès le commencement de la mouſſon du nord-eſt, mais ſur la fin ils vont en ſens contraire.

Du cap d'*Elgado* à l'anſe de *Quiloa*, ville autrefois fameuſe par le rang qu'elle tenoit & par ſon commerce aux Indes, lorſque les Portugais en firent la conquête, la côte forme un grand enfoncement vers l'oueſt, rempli de pluſieurs îles grandes & petites, environnées de bancs, de rochers & autres écueils, dont je n'ai pu avoir aucun enſeignement ſuffiſant.

Au nord de *Guiloa* la côte eſt également bordée d'îles, de bancs, & de dangers : les îles principales ſont celles de *Monſia*, *Zanzibar*, & de *Pemba*. Au nord de cette derniere on trouve, en remontant la côte, l'île & le port de *Monbaze*, par 4 degrés de latitude ; treize lieues au-delà *Quiliſe* ; ſix lieues plus loin la ville de *Melinde*, la baie *Fermoſa* par 2° 35', & celle de *Pate* ſituée par 2° 13'.

Depuis que les Arabes ſe ſont rendus les maîtres de toutes les places qu'avoient les Portugais ſur cette partie de la côte de *Zanguebar*, elle eſt peu fréquentée des Européens. Les Arabes en confondent toutes les nations, & craignant particulierement les Portugais, ils ne cherchent qu'à ſurprendre ceux qui y vont ſous l'eſpoir du commerce, & à s'emparer des vaiſſeaux, ſur-tout à *Monbaze*, où ils font enſorte de les attirer, ce port étant en quelque façon fermé, & l'entrée ainſi que la ſortie difficiles.

Il ſeroit à ſouhaiter qu'on eut un plan exact de toute cette côte, pour pouvoir la fréquenter avec ſûreté ; ſans cela je ne conſeille pas de s'y expoſer, à moins d'en être pratique. J'aurois pu donner ſur cela la traduction du Routier Portugais ; mais indépendamment des lacunes qui s'y trouvent, il m'a paru suranné quant aux instructions & aux marques de reconnoissance; en un mot, je ne crois pas qu'il mérite suffisamment la confiance des navigateurs.

Toute la côte d'Afrique depuis *Pate* jusqu'à la ligne équinoxiale, n'est qu'un amas d'îlots de différentes grandeurs, d'où s'étendent des récifs jusqu'à une lieue au large. Ces îlots forment un double rivage qu'on prendroit pour la côte même lorsqu'on n'en apperçoit pas la séparation; ils sont écartés en quelques endroits d'une lieue de la terre ferme, & l'on voit les bateaux du pays y naviguer.

En suivant l'esprit de la note mise au commencement de la description de Manoel de Mesquita Perestrello (*pag* 139), on s'étoit abstenu de corriger même les positions en latitude & les distances dans lesquelles il péche très-souvent, parce que ces erreurs sont rectifiées par les autres parties du Routier, & par les Cartes qui l'accompagnent. Cependant, toutes réflexions faites, on a cru devoir en dire un mot ici, comme il suit :

Le cap de *Bonne-espérance* (*pag.* 142) est par 34° 20 ou 21′ de latitude sud, & la ville du Cap par 33° 55′ 15″, ainsi qu'on le trouve dans la *Connoissance des tems*. La distance de ce cap à celui des *Aiguilles* est de trente-quatre ou trente-cinq lieues.

Du cap des *Aiguilles* à celui de l'*Infant* (*pag.* 143) la distance est d'environ seize lieues.

La latitude de la pointe d'*Elgada* (*p.* 153) est de 33° 47′.

Le cap *Das Serras* (*pag.* 155) est celui nommé des *Montagnes* sur les Cartes.

La distance des pointes du *Patron* (*p.* 159) à la premiere pointe de *Natal*, est de trente-six lieues.

La Riviere de l'*Infant* ou des *Infans* (*pag.* 160) est par 33° 4′ de latitude.

La premiere pointe de *Natal* (*pag.* 160) est par 32° 18 ou 19′ de latitude; sa distance à la derniere pointe paroît être plutôt de cinquante-quatre ou cinquante-cinq lieues que de quarante-cinq.

La derniere pointe de *Natal* (pag. 161) est par 30° 13 ou 14′.

La pointe de la *Pêcherie* (*pag.* 162) est par 29° 33′; sa distance à celle de *Sainte-Lucie*, est d'environ vingt-une lieues.

La pointe de *Sainte-Lucie* (*pag.* 162) est par 28° 43 ou 44′.

Le cap des *Courans* (*pag.* 166) est par 23° 39′.

Dans tout ce qui concerne l'Archipel du nord & du nord-est de *Madagascar*, il faut lire *Agaléga* par-tout où l'on trouve *Galéga*.

DES

DES Côtes d'Afrique, depuis la ligne équinoxiale jusqu'au Détroit de Babel-Mandel.

DEPUIS la riviere *Dos-fugos*, située sous la ligne équinoxiale, le gissement général de la côte jusqu'au cap *Das Baixas*, est au nord-est 3 à 4 degrés est. Le premier endroit habité & fréquenté par les Arabes, est *Barva*, situé par un degré de latitude nord ; c'est une grosse terre peu couverte de bois, & on la reconnoît par quatre mornes escarpés, de sable blanc ; ce sable commence au bord de la mer, & va jusqu'au sommet : il y a au rivage deux récifs qui paroissent des îlots, & sur lesquels la mer brise.

A trois ou quatre lieues au sud-ouest de ces quatre mornes, commence une chaîne de petites montagnes de sable, qu'on appelle les *Lançoes*, ou en langue du pays, *Abumba* ; ils vont jusques par 15 minutes de latitude. Au devant de ces sables, près de terre, il y a un petit îlot, au-delà duquel la terre forme une anse de deux lieues d'ouverture.

Magadaxo est le principal endroit de cette côte & celui où tombe la riviere la plus considérable ; il est situé par 2° 20′ de latitude. Le terrain y paroît le plus élevé, & en rangeant la côte à deux ou trois lieues de distance, on voit des édifices en forme de tours, qui sont des Pagodes : celle qui est la plus nord, a l'apparence d'un vaisseau avec ses voiles d'avant. Au sud-ouest de cette pagode, dans un lieu qui paroît un peu plus obscur, & couvert de bois d'égale

Magadaxo.

hauteur, on apperçoit l'endroit habité. Au rivage il y a de petites montagnes de ſable blanc ; en venant du large, on ne voit point les îles dont il eſt bordé, & le tout paroît terre ferme. Plus au ſud-oueſt il y a de grandes plaines de ſable blanc : le terrain de l'intérieur eſt couvert de bois ras, & le rivage eſt bordé de récifs. Quand on range la côte à une lieue de diſtance, on ne rencontre point le fond. De-là en allant au cap *Das Baixas*, on ne doit point ranger la terre de plus près que de trois à quatre lieues, gouvernant de jour au nord-eſt, & pendant la nuit un peu plus au large.

Cap *Das Baixas* ou des Récifs.

Le cap *Das Baixas*, ou des récifs, ainſi nommé à cauſe de ceux qui le cernent & qui en ſont au large, eſt par 4° 50′ de latitude nord ; ſon terrain eſt égal, eſcarpé, & avance un peu plus en mer que la côte. Deux à trois lieues au large de ce cap, il y a des récifs ſur leſquels la mer ne briſe que quand elle eſt agitée par le vent ; c'eſt pourquoi on ne doit pas s'en approcher de plus près pendant le jour, & dans la nuit il faut s'en tenir au moins écarté de cinq à ſix lieues. La terre, en allant vers le nord, ne gît plus qu'au nord-nord-eſt * ; elle eſt unie, égale & eſcarpée juſques par 7 degrés de latitude, avec quelques bouquets de bois, & peut être apperçue de neuf à dix lieues en mer. On voit, en la côtoyant, pluſieurs enfoncemens ou baies, ſur leſquelles on n'a aucune inſtruction. On doit ſe borner à côtoyer cette terre de jour, à la vue. Il ne ſeroit pas prudent de l'approcher de nuit ; il faut, au contraire, prendre un quart de rumb plus au large que ſon giſſement.

Bandel Dagoa.

Par 8° 15′ de latitude eſt ſitué *Bandel Dagoa*, en une

* Journaux des vaiſſeaux de la Compagnie des Indes le *Royal Philippe*, l'*Union*, & le *Mars*.

anſe que fait la côte, & à la pointe du ſud de cette anſe, il y a un morne remarquable nommé *Morocobir*.

Le cap d'*Elgada* eſt par 9° 50′ de latitude. Quatre lieues au ſud de ce cap on voit une autre pointe; la terre qui ſe trouve entre les deux, eſt de hauteur à pouvoir être apperçue de douze lieues. Elle eſt fort unie par le haut, eſcarpée & tachetée de blanc ſur le bord de la mer. La principale marque pour reconnoître ce cap, en venant du ſud, eſt que la côte paroît diſcontinuer, & forme un grand enfoncement ou baie, dans laquelle il faut prendre garde d'entrer, non ſeulement à cauſe que le détail n'en eſt pas connu, mais parce qu'avec les vents de ſud-eſt on auroit beaucoup de peine à en ſortir. Par ſon travers on ne voit point les terres du fond de la baie. Cap d'*Elgada*.

Quand on eſt par le travers du cap d'*Elgada*, trois ou quatre lieues au large, on découvre au nord-quart-nord-eſt le cap *Dorſui*. En venant du ſud, il paroît iſolé & coupé à pic vers la mer. A l'oueſt de ce cap, on voit une montagne qui reſſemble à une grange: elle eſt jointe à ce cap par une baſſe terre, ce qui fait que, dans l'éloignement, elle en paroît ſéparée. On n'apperçoit les terres au nord du cap *Dorſui*, que lorſqu'il reſte au nord-nord-oueſt. Ce cap eſt très-haut & très-eſcarpé. Sa latitude eſt de 10° 25′. Cap *Dorſui*.

Du cap *Dorſui* à celui de *Gardafui* le giſſement eſt au nord, & la diſtance eſt de vingt-ſix à vingt-ſept lieues. Entre les deux, & préciſément au-dedans du cap *Dorſui*, il y a un grand enfoncement ou baie; enſuite la côte court au nord-nord-eſt juſqu'au cap *Gardafui*. Ces terres ſont très-élevées, & eſcarpées au bord en falaiſes blanches & hachées à leur ſommet. Elles ſe montrent ainſi juſqu'à une Cap *Gardafui*.

demi-lieue au ſud du cap *Gardafui*, où elles ſe terminent; alors cette extrémité ſemble, en s'abaiſſant, former pluſieurs gradins. Le veritable cap eſt une baſſe terre, eſcarpée au bord. Sa latitude, en comparant pluſieurs obſervations, eſt par 11° 45'. Cette côte eſt fort accore & ne porte point de ſonde, même à un tiers de lieue du rivage.

Cap *Mont-Felix*.

Du cap *Gardafui* au cap *Mont-Felix*, le giſſement eſt au oueſt-quart-nord-oueſt quelques degrés nord, & la diſtance eſt de quatorze ou quinze lieues. La côte continue d'être haute & eſcarpée pendant huit à neuf lieues. Le reſte juſqu'à *Mont-Felix* eſt une plaine aride & raboteuſe ſur le bord de la mer, mais dans le terrain ce ſont de hautes montagnes. Cette côte eſt ſaine, & on peut la côtoyer ſans rien craindre; cependant, ſi c'eſt la nuit, il faut prendre un peu plus au large que le giſſement de ces deux caps, à cauſe d'une langue de terre qui s'avance en mer entre l'un & l'autre.

Le cap *Mont-Felix* paroît iſolé, quand on vient de l'eſt. C'eſt un rocher haut & eſcarpé ſur une baſſe terre, qui fait qu'on le prendroit pour une île: d'un beau tems il peut être apperçu de quinze à ſeize lieues.

Après qu'on a paſſé le *Mont-Felix*, on voit la baſſe terre continuer le long de la mer, l'eſpace d'environ cinq lieues au ſud-oueſt. Enſuite la terre eſt fort haute pendant cinq à ſix lieues: alors elle ſe termine par une plaine de moyenne élévation qui gît au oueſt-quart-ſud-oueſt, environ deux lieues. Du bout du oueſt de cette plaine on compte ſix lieues juſqu'au cap *Saint-Pierre*. Cette derniere côte eſt haute & bordée de montagnes hachées au ſommet. L'extrémité de cette chaîne de montagnes eſt ce qu'on appelle le cap *Saint-Pierre*. A deux lieues environ de ce cap, on voit, ſur

Cap *Saint-Pierre*.

le bord de la mer, une tache blanche, qui reſſemble à une anſe de ſable. Le cap *Mont-Felix* & celui de *Saint-Pierre* giſſent eſt-nord-eſt & oueſt-ſud-oueſt, & leur diſtance eſt de ſeize à dix-ſept lieues.

Du cap *Saint-Pierre* à l'île de *Mette*, la route eſt au oueſt-quart-ſud-oueſt, environ vingt-une lieues; il y a un enfoncement entre les deux, où la terre eſt de moyenne hauteur & fort inégale. Sur le terrain ce ſont de hautes montagnes.

En approchant l'île de *Mette*, on voit, environ trois lieues dans l'eſt, une péninſule de moyenne hauteur, couverte de petits mondrains qui paroiſſent iſolés. Entre cette péninſule & l'île, il y a un enfoncement dont le rivage n'eſt pas élevé, mais dans le terrain regne toujours la chaîne de hautes montagnes. L'île de *Mette* très-proche de cette péninſule, eſt auſſi de moyenne hauteur & couverte de petits mondrains, dont le plus élevé, ſitué au milieu de l'île, reſſemble par le ſommet à la forme d'un chapeau plat. Le terrain de cette île & de toute la côte eſt extrémement ſec & aride. **Iſle de *Mette*.**

De l'île de *Mette* à l'île *Brûlée* ou *Blanche*, la route tire vers l'oueſt, dix-neuf à vingt lieues. La terre ferme entre les deux eſt médiocrement élevée. Cette île n'eſt qu'un rocher fort haut qu'on peut appercevoir de dix lieues. La fiente d'oiſeaux qui le couvre, le fait paroître blanc. Quelques Navigateurs le nomment l'île *Brûlée*. Il s'éloigne de la terre ferme d'environ trois lieues. Quand il reſte au ſud-oueſt, il paroît fort rond & environné d'autres petites roches qui y joignent; mais lorſqu'il reſte au ſud, il ſemble s'étendre un quart de lieue eſt & oueſt. **Iſle *Brûlée* ou *Blanche*.**

De l'île *Brûlée* la côte continue de courir à l'oueſt, & l'on voit toujours de hautes montagnes ſur le terrain. Comme on ne fréquente guere cette côte, on n'en peut donner aucun détail. Les vaisseaux qui suivent la côte d'*Ethiopie*, quand ils sont parvenus à l'île *Brûlée*, font ordinairement route pour traverser à la côte d'*Arabie*.

DU CAP D'ADEN.

Cap d'*Aden*.

La plûpart des Cartes dont les Navigateurs se servent actuellement, ne s'accordent pas sur le gissement de l'île *Brûlée* au cap d'*Aden*; selon Pietergoos c'est un nord-nord-ouest; suivant les Cartes Angloises, un nord-quart-nord-ouest; mais les unes & les autres ne sont que du plus au moins défectueuses. J'ai cru dans ces nouvelles Cartes, devoir corriger une erreur qui a trompé jusqu'à présent beaucoup de Navigateurs. J'ai, pour y parvenir, recueilli le sentiment des pratiques les plus expérimentés de ce Golfe; & après avoir examiné sans préjugé les Journaux de navigation de plusieurs vaisseaux *, j'ai déterminé ce gissement au nord-ouest 3 ou 4 degrés ouest. Suivant ce dernier rumb de vent, le cap d'*Aden* se trouve vingt-sept lieues plus occidental, relativement à l'île *Brûlée*, qu'il n'est sur les Cartes de Pietergoos, & trente-cinq lieues plus ouest que sur les Cartes Angloises.

Une différence aussi considérable dans la situation respective de ces deux lieux, n'a pas échappé aux Navigateurs: leurs Journaux en font foi. Cependant la plûpart n'ont pu s'imaginer que les auteurs de ces Cartes eussent commis une aussi grande erreur sur une si petite distance. Ils l'ont attribuée aux courans; mais il est facile de démontrer leur méprise. D'abord il faut faire attention que tous les vaisseaux

* Vaisseaux de la Compagnie, cités ci-devant.

qui ont fait ce trajet, ont trouvé, à peu de chose près, la même différence. Cette conformité ne peut venir d'une cause telle qu'on l'a supposée ; car il faudroit admettre dans un courant, non-seulement la même direction en toute saison, mais même une vîtesse proportionnelle à l'espace du tems que les vaisseaux emploient à traverser de l'île *Brûlée* au cap d'*Aden*.

Il y a encore d'autres raisons pour combattre cette opinion. Les vents qui regnent dans le golfe de la mer rouge, sont de la partie de l'est depuis Novembre jusqu'en Juin ; au contraire ils soufflent de celle du ouest pendant les six autres mois : ainsi ils déterminent la direction des courans. Cette regle est générale, si on en excepte quelques cas particuliers ; comme un mois avant ou après le changement de mousson, & dans les nouvelles & pleines Lunes, qu'ils prennent quelquefois une route contraire. Par-là on juge aisément qu'on ne peut rejetter sur les courans une différence qui est toujours la même en tout tems, soit qu'on traverse de l'île *Brûlée* au cap d'*Aden*, soit qu'on y vienne en droite route du cap *Gardafui*, ou de l'île *Soccotora*. Les Navigateurs les plus consommés dans cette navigation, ont regardé cette différence comme une erreur des Cartes ; ils l'ont corrigée dans leurs plans particuliers, & je m'y suis conformé.

Je reprens le détail de la côte, dont cette discussion importante m'a écarté.

Le cap d'*Aden*, lorsqu'on vient du ouest ou du sud-ouest, paroît comme une haute île hachée par le sommet. Quand on en approche, il ressemble à deux îles : la basse terre de l'enfoncement qui est au nord, & qu'on n'apperçoit que de très-proche, occasionne cette ressemblance. Quand ce cap reste au nord-eſt, il paroît comme une montagne fort hachée, plus baſſe par ſon extrémité du ſud que vers celle du nord. Au nord-oueſt de ce cap, il y a une montagne de même élévation, également hachée, haute du côté du ſud-eſt, & baſſe de celui du nord-oueſt, & entre les deux de petits mondrains qui reſſemblent à de groſſes roches. Dans l'éloignement de huit ou neuf lieues, ces mondrains qui ſont ſur une baſſe terre qu'on ne peut appercevoir de cette diſtance, paroiſſent iſolés.

Pointe baſſe du cap *Saint-Antoine.*

Du cap d'*Aden* à la pointe baſſe du cap *St. Antoine*, la route eſt au oueſt-quart-ſud-oueſt, dix-neuf lieues. Entre les deux, le long de la mer, la terre eſt baſſe & parſemée de quelques dunes de ſable, juſqu'à environ ſix lieues de cette derniere pointe, qu'on en voit une groſſe formée par une haute montagne qui continue le long de la côte, en allant vers l'oueſt & fuyant dans les terres. Cette groſſe pointe eſt fort hachée. Le cap *Saint-Antoine* eſt bas, mais ſur le tertain on apperçoit la chaîne de montagnes dont je viens de parler : cette chaîne fait paroître ce cap élevé, quand on vient du ſud.

Si par les vents contraires on étoit obligé de louvoyer le long de cette côte, il faudroit s'entretenir de 13 à 30 braſſes ; c'eſt-à-dire, ne pas aller plus à terre que par 13, ni paſſer 30 braſſes en courant la bordée du large, afin de ne pas perdre le fond, & d'être en état de mouiller en cas de calme. Autrement on ſeroit expoſé à dériver avec la marée, qui quelquefois porte au large, & dans ce cas à être jetté ſur la côte d'*Abyſſinie*, vers le golfe de *Zeila*, où on courroit riſque de ſe perdre. Il y a un petit haut-fond à la pointe baſſe, mais il s'étend très-peu au large. Au ſurplus, en gardant

gardant la profondeur marquée, il n'y a rien à craindre.

De la pointe baſſe du cap *Saint-Antoine* au cap *Babel-Mandel*, la route eſt au oueſt-quart-nord-oueſt, prenant du nord quinze à ſeize lieues ; entre les deux la terre eſt baſſe le long du rivage, & la chaîne de montagnes citée ci-deſſus, s'étend au nord-oueſt juſqu'à environ cinq à ſix lieues du cap *Babel-Mandel*, qu'elle ſemble ſe terminer par une terre de moyenne hauteur. De-là juſqu'à ce cap, la côte forme un grand enfoncement où la terre eſt fort baſſe, ce qui fait paroître le cap iſolé. En montant du nord au ſud, ſur le bout du nord, on voit une eſpece de pic & un petit morne encore plus nord.

Cap de *Babel-Mandel.*

D'un tems de brume ou autrement, il faut prendre garde d'entrer dans l'enfoncement placé au nord du cap *Babel-Mandel.* Pluſieurs vaiſſeaux s'y ſont perdus, croyant donner dans le détroit, & pour avoir pris, faute de pratique, le cap *Babel-Mandel* pour l'île du même nom. Cependant il eſt facile de ne s'y pas méprendre. Ce cap eſt, comme je viens de le dire, haut & haché ; & l'île eſt une terre baſſe & unie dont les deux extrémités, depuis le milieu, s'abaiſſent également.

Entre l'île & le cap on trouve le petit détroit, ainſi nommé pour le diſtinguer de celui qui eſt au ſud de l'île. Ce premier détroit a une lieue un tiers de largeur. On peut y paſſer ſans rien craindre en obſervant de ranger l'île un peu plus près que le cap. On trouve une profondeur aſſez inégale de 20 à 10, 14 à 9 braſſes de gros ſable, & quelquefois 7 ſur un petit haut-fond, où il n'y a rien à craindre.

Après avoir paſſé ce détroit, ſi on n'avoit pas aſſez de jour pour ſe rendre à *Moka*, il vaudroit mieux mouiller que de ſe mettre au haſard de dépaſſer. Il faut, dans ce cas, fermer un peu le détroit, & mouiller au nord du cap de *Babel-Mandel*, où la mer eſt toujours fort belle; au lieu que ſi on mouilloit trop à l'ouvert du détroit, on ſeroit en danger de perdre cables & ancres, comme il eſt arrivé à pluſieurs vaiſſeaux.

Soit en entrant, ſoit en ſortant de la mer rouge, on doit plutôt paſſer par ce détroit, que par celui qui eſt au ſud de l'île de *Babel-Mandel*, à cauſe qu'on eſt ſouvent baloté des courans, & qu'on ne trouve pas le fond à pouvoir mouiller, à moins que d'être très-proche de l'île.

Rade de *Moka*. De la ſortie du détroit de *Babel-Mandel*, à la rade de *Moka*, la route eſt au nord-nord-oueſt, treize ou quatorze lieues. La terre eſt baſſe le long de la mer, & loin dans les terres ce ſont de hautes montagnes. On range la côte à une lieue & demie ou deux lieues, par 9, 10 & 12 braſſes d'eau. On voit ſur le bord de la mer une dune de ſable qui paroît comme un petit mondrain; elle eſt un peu plus près de *Moka* que la moitié de la diſtance du cap de *Babel-Mandel* à cette rade. On connoît les approches de cette ville par une côte boiſée de dattiers qui s'étendent environ deux lieues dans le ſud le long de la mer. Ce ſont les ſeuls arbres qu'on voie ſur cette côte qui eſt fort aride. Quand on ſe trouve dans ce parage, il faut prendre du large, & ne pas naviguer par moins de 13 braſſes d'eau, afin d'éviter un banc qui cerne la rade du côté du ſud, ſur le haut duquel il n'y a que deux braſſes Ce banc eſt d'autant plus dangereux, qu'il eſt accore; car de 10 braſſes on tombe tout-à-coup à 3 & à 2. Il faut donc ſe tenir par cette profondeur juſqu'à relever la tour de la grande moſquée à l'eſt-ſud-eſt du compas. Pour lors on gouverne ſur cette tour, & on va mouiller à telle profondeur qu'on le juge à propos.

DES COSTES D'ARABIE, DE PERSE & de Guzurat.

L'ERREUR que j'ai remarquée dans la diſtance du cap *Gardafui* au cap d'*Aden*, n'a pas été la ſeule qui ſe ſoit trouvée ſur les Cartes anciennes de cette partie. Une autre encore plus importante a auſſi mérité d'être relevée : je dis plus importante, parce qu'elle eſt faite ſur la latitude, qui eſt l'objet ſur lequel le Navigateur croit devoir le plus ſe confier. Cet article demande un détail particulier.

Dans les Cartes Angloiſes de Thornton, la côte d'Arabie, depuis le cap d'*Aden*, court au nord-eſt juſqu'à *Macula*, qui, par ce giſſement, ſe trouve placé par 14° 50′ de latitude. La Carte à grand point & très-détaillée de cette côte, inſerée dans le Pilote Anglois, eſt également conforme à cette poſition, de même qu'un Routier qui y eſt joint. Je m'étois flatté qu'en ſuivant de pareilles autorités, cette partie auroit été exacte; mais, après avoir examiné les Journaux de pluſieurs Navigateurs, j'ai été ſurpris de trouver qu'en traverſant de l'île *Soccotora* au cap d'*Aden*, dans l'idée d'entretenir la latitude de ce cap, ils euſſent vu la terre par le travers de *Macula*, dont ils auroient dû être éloignés de plus de trente lieues ſuivant les Cartes Angloiſes. La plûpart ont raiſonné ſur cette apparence, & dans l'incertitude de leur latitude, ils ont préſumé que les courans les avoient tranſportés au nord. Pour moi, quoique prévenu contre ces ſortes de phénomenes qui ſervent le plus ſouvent à justifier les défauts des Cartes, & les erreurs de navigation, j'ai senti qu'il me falloit encore quelques remarques plus positives pour entreprendre une correction: j'ai été assez heureux pour en trouver.

M. Desjardins, Capitaine de port à *Pondichery*, Navigateur très-expérimenté, qui pratique depuis vingt-quatre ans les mers orientales, m'a communiqué à ce sujet deux remarques qui ont fixé mes conjectures.

Dans deux voyages consécutifs qu'il fit pour aller prendre connoissance du cap d'*Aden*, étant par la latitude & aux environs du méridien de *Macula*, il apperçut la terre au nord assez distinctement pour en estimer la distance. Son attention à observer chaque fois la latitude, le mit à portée de connoître que les courans ne l'avoient point transporté nord: il ne lui restoit plus qu'à vérifier la distance du cap d'*Aden*. Après tout le soin nécessaire qu'il prit à cet effet, il demeura convaincu que cette terre, qu'il avoit apperçue, étoit la côte aux environs de *Macula*, qui par conséquent doit être 37 minutes plus sud qu'elle n'est placée sur la Carte & sur le Routier Anglois.

Le même Navigateur qui n'omet rien de tout ce qui peut perfectionner l'Hydrographie, m'a aussi communiqué un plan de la baie de *Curia Muria* & des îles adjacentes, où il s'étoit trouvé contraint de louvoyer. Je me suis conformé à ce plan. Il m'a assuré encore que la latitude de *Morebat*, telle que la donne le Routier Anglois, est exacte. Cette seconde remarque prouve que la correction doit être faite sur le gissement de la côte depuis *Macula* jusqu'à ce dernier lieu. J'ai joint ici les gissemens qui en résultent sur chaque lieu en particulier, avec le détail de la côte jusqu'à *Morebat*.

Il eſt néceſſaire d'avertir les Navigateurs que depuis le commencement d'Avril juſqu'à la fin d'Août, les vents regnent ſur cette côte du ſud-oueſt au ſud-ſud-oueſt, qu'ils ſont variables à l'oueſt par de grands coups, & quelquefois accompagnés de pluies ; c'eſt pourquoi cette côte n'eſt pas pratiquable pendant cette ſaiſon : d'ailleurs on ne trouve aucun port pour ſe mettre à l'abri des tempêtes. Le fond ne s'étend en pluſieurs endroits tout au plus qu'à deux lieues au large. En Septembre les vents viennent de l'eſt petit frais avec de forts courans qui portent à l'oueſt, & ils continuent de la ſorte juſqu'à la fin de Mars, ſouvent avec des briſes de terre & de mer. Quand le vent vient de l'oueſt, il eſt très-chaud, & fort frais de la partie de l'eſt. Il s'enſuit de-là que les vaiſſeaux qui partent de *Moka* vers la fin d'Août, ou plus tard, pour aller vers l'eſt, doivent éviter cette côte, & s'élever vers le ſud pour profiter des vents de l'oueſt-ſud-oueſt qui y regnent juſqu'à la mi-Septembre. Pluſieurs vaiſſeaux ont manqué leurs voyages, faute d'avoir fait attention à cette remarque.

Baie de *Macula.*

La baie de *Macula** peut avoir trois lieues de profondeur & ſix de largeur : la terre en eſt fort haute. A la pointe du nord-eſt il y a une montagne un peu plus élevée que les autres, ſous laquelle eſt une rade où l'on eſt à l'abri des vents, de l'eſt-nord-eſt au nord-oueſt. On mouille à une longueur de cable d'une petite pointe de roche qui eſt ſaine, où tout danger eſt à découvert. A trois longueurs de cables au nord-oueſt de cette pointe, il y a une chaîne de roches ſous l'eau, ſur laquelle la mer briſe quelquefois. Les marques de ce mouillage ſont la pointe de l'eſt de la baie au ſud-eſt

* Routier du Pilote Anglois, reformé ſuivant le défaut du giſſement cité.

une lieue, & celle de l'oueſt au ſud-oueſt. On y trouve 3 braſſes & demie de profondeur.

Pour le reſte de la baie, on y peut mouiller par 15 & 16 braſſes à une lieue de terre. Au fond de cette baie on voit la petite ville de *Foa*, & à la pointe quelques cabanes de pêcheurs. Le poiſſon y eſt abondant & à bon compte, mais l'eau & les autres proviſions y ſont rares & très-cheres.

Pointe de *Shahar*.

De la baie de *Macula* à la pointe de *Shahar*, la route eſt à l'eſt-quart-nord-eſt, douze à treize lieues. On voit le long de cette côte pluſieurs Villages, dont les Habitans ne ſont guere pratiquables. Depuis la pointe de l'eſt de *Macula*, on peut ranger la côte à 9 braſſes, & plus près, ſi on veut.

Shahar paroît une belle Ville ſituée ſur le rivage, qu'on découvre de cinq à ſix lieues en mer, ſemblable à pluſieurs rochers blancs : on la reconnoît par deux montagnes, l'une au nord, & l'autre au ſud. Les Habitans y ſont civiliſés : ils ont un Roi qui reçoit bien les Etrangers. Les marques du mouillage ſont la montagne la plus nord au nord-eſt-quart-nord, & la plus oueſt, à l'oueſt du compas, par 9 braſſes fond de ſable & vaſe.

Cap de *Boccouas-Hova*.

De *Shahar* au cap de *Boccouas-Hova*, le chemin eſt de ſeize à dix-ſept lieues à l'eſt, fond net ſans aucun danger. La côte eſt aſſez haute : on trouve 50 à 60 braſſes à deux lieues au large. A une lieue du cap on ne trouve que 12 braſſes, & plus on l'approche, plus le fond augmente.

Pointe de *Kiſſen*.

Du cap de *Boccouas-Hova* à la pointe de *Kiſſen*, la route eſt le nord-eſt-quart-eſt 2 à 3 degrés eſt, trente à trente-une lieues. Le dedans des terres entre les deux eſt élevé, &

ſe découvre au moins de dix lieues en mer ; mais ſur le bord du rivage les terres ſont baſſes. On y voit pluſieurs petits Villages. Toute cette côte eſt fort ſaine : il y a fond de 30 à 40 braſſes à une lieue & demie ou deux lieues au large.

La pointe de *Kiſſen* eſt une terre très-élevée, & plus remarquable que toutes les autres, par deux pointes qui forment deux oreilles d'âne. Quand elles reſtent à l'eſt-quart-nord-eſt & eſt-nord-eſt, on découvre la pointe de *Kiſſen* de dix lieues en mer ; lorſqu'elle reſte au nord-quart-nord-oueſt, on découvre les deux petites villes de *Kiſſen* & de *Durga.* Leurs rades ſont dans la partie du nord-oueſt, & le mouillage a telle profondeur qu'on le juge à propos.

De la pointe de *Kiſſen* au cap *Fartuach*, la route eſt au nord-eſt-quart-eſt, 2 à 3 degrés eſt, vingt-une à vingt-deux lieues. La côte entre les deux eſt baſſe ſur le bord de la mer, & haute dans les terres : on y voit quelques Villages. La ſonde porte ici plus loin en mer, car à deux lieues on trouve 37 braſſes, qui diminuent graduellement en allant vers la terre. Il n'en eſt pas de même au cap *Fartuach*, où il y a 40 & 50 braſſes à une demi-lieue : ce cap eſt haut, & ſe peut voir de vingt lieues en mer. Du côté du nord, la côte forme une vaſte baie, qui a bonne ſonde & bonne tenue, fond de vaſe : on ne trouve grand fond qu'au tour du cap. On peut mouiller dans cette baie à telle profondeur qu'on le veut ; mais quand elle eſt paſſée, il arrive comme en beaucoup d'autres endroits de la côte d'Arabie, où lorſque la côte eſt élevée & eſcarpée, on ne rencontre point de fond commode pour ancrer. Cap *Fartuach*

Du cap *Fartuach* à *Doſſar*, la route eſt au nord-eſt-quart-eſt, 5 degrés eſt. Les ſentimens ſont différens ſur la diſtance ; *Doſſar.*

le Pilote Anglois ne met que quarante-huit lieues, d'autres cinquante-quatre : ceux qui font ce trajet, doivent avoir égard à cette différence. Trois ou quatre lieues avant d'y arriver, on voit des terres hautes, belles & unies. *Doffar* est une petite Ville entourée d'arbres ; sa rade est fort étroite. On y mouille à un tiers de lieue de terre par 5 à 6 brasses, à l'est-nord-est du côté de la maison la plus élevée de la Ville : c'est le meilleur fond de la rade.

Morebat. On compte huit lieues de *Doffar* à *Morebat.* C'est là qu'hiverne la plûpart des vaisseaux qui manquent leurs voyages. On prétend que cette rade est très-bonne pendant la mousson de l'est ; je n'ose pas cependant l'assurer positivement.

Les marées ne sont point réglées sur toute cette côte : elles montent dans certains tems de sept & huit pieds. Les courans suivent toujours les vents, excepté aux nouvelles & pleines Lunes qu'ils portent trois ou quatre jours avec violence contre le vent. Ce changement est d'un grand secours à ceux qui manquent leurs voyages, & qui sont obligés de louvoyer pour gagner dans l'est.

Plusieurs Navigateurs qui ne sont pas au fait de cette différence accidentelle des vents & des courans, appréhendent sous divers prétextes de ranger de près la côte. C'est cependant ce qu'il faut faire, & on le peut hardiment & sans danger, car il est rare, dans les moussons d'est, de trouver de forts vents.

Il y a beaucoup d'endroits sur cette côte où l'on ne doit pas se fier aux Habitans, comme à *Shahar*, *Kissen*, & surtout à *Doffar* où les Chrétiens ne sont point aimés.

DE

DE L'ISLE DE SOCCOTORA.

Le milieu de l'île de *Soccotora* * eſt par la latitude nord de 12° 25'. La pointe de l'eſt eſt diſtante de 56 lieues du cap *Gardafui* : elle peut avoir vingt à vingt-une lieues de longueur de l'eſt à l'oueſt, & dix du nord au ſud. Son terrain eſt montagneux. Il y a deux mouillages. Celui où l'on peut hiverner pendant la mouſſon de l'eſt, eſt au oueſt-ſud-oueſt de l'île vis-à-vis une de ſes côtés qui a environ dix lieues d'étendue ſud-eſt & nord-oueſt. Pour aller à ce mouillage, il faut atterrer au vent, c'eſt-à-dire, à l'eſt de l'ile, côtoyer la terre par 20 braſſes juſqu'à la pointe du oueſt-ſud-oueſt de l'île qui eſt haute & eſcarpée, & garder la même profondeur, où le fond eſt de ſable, car par 15 braſſes il y a des roches; ainſi on ne pourroit y mouiller, s'il ſurvenoit du calme, ſans courir riſque de perdre des ancres. Cette haute pointe du oueſt-ſud-oueſt paſſée, il faut côtoyer de 15 à 25 braſſes; & quand on eſt par le travers d'une haute montagne ronde, ſituée au milieu de ce côté, près de laquelle il y en a une autre plus petite, fendue dans ſon milieu, & que cette derniere montagne reſte au nord, on peut mouiller par 18 braſſes fond de ſable. On trouve là des rafraîchiſſemens; mais l'eau eſt un peu ſaumâtre. On pourroit en faire de meilleure dans quelques endroits aux environs, ſi elle n'etoit pas trop difficile. Iſle *Soccotora*

L'anſe de *Tamrida*, qui eſt au nord, où demeure le Vice-roi, eſt le lieu le plus commode de l'île pour une relâche, & le plus abondant pour les proviſions; mais le mouil- Anſe de *Tamrida*.

* Routier Portugais.

lage n'y eſt pas bon, étant trop près de terre. On reconnoît cet endroit par une pointe de ſable qui fait le côté de l'eſt de l'anſe. Après qu'on la doublée, on apperçoit le Village par le travers duquel on peut mouiller à une demi-lieue de terre. Il y a 10 braſſes de profondeur, fond de ſable & corail. L'eau y eſt fort bonne, & les rafraîchiſſemens à bon compte*.

Le giſſement de la côte d'Arabie depuis la baie de *Curia Muria* juſqu'au cap *Razalgatte*, eſt au nord-eſt-quart-nord, & la diſtance de cent quinze lieues. Elle eſt remplie d'écueils & de dangers dont on connoît peu le détail : ainſi on ne doit pas l'approcher, à cauſe qu'on y trouve de forts courans, qui pourroient y porter, ſi on étoit pris de calme. Les vaiſſeaux pour la Perſe qui vont prendre connoiſſance du cap *Razalgatte*, ne doivent pas atterrer plus de quinze à ſeize lieues au ſud de ce cap, où la côte porte ſonde à environ trois lieues au large.

Cap *Razalgatte.* Le cap *Razalgatte* eſt la pointe la plus orientale de la côte d'Arabie. Sa latitude conclue ſur pluſieurs obſervations faites à la mer, eſt de 22° 25′. Quant à ſa longitude, j'ai cru, ſuivant ce que j'ai dit dans la Préface, devoir la fixer à 57° 30′, méridien de l'obſervatoire Royal de Paris. Son extrémité eſt baſſe, mais ſur le terrain il s'éleve de très-hautes montagnes qu'on apperçoit de vingt lieues en mer.

Maſcatte. Du cap *Razalgatte* à *Maſcatte* la côte gît au nord-oueſt, vingt-ſix à vingt-ſept lieues. On voit entre les deux quelques anſes de ſable, mais le rivage eſt ſi accore, qu'il n'y a aucun mouillage, ſinon à *Touves* & à *Curiat*, encore eſt-il à une portée de piſtolet de terre. Néanmoins on doit ran-

* Journal du vaiſſeau le *Maurepas*.

ger cette côte de près dans les mois d'Avril, Mai & Juin; si on veut arriver à *Mascatte*, ou entrer dans le sein Persique.

Mascatte est par la latitude de 23° 25′ nord. La Ville est entourée d'une bonne muraille, & le port est capable de contenir 50 à 60 vaisseaux. On ne trouve point de fond à un tiers de lieue au large.

Le reste de la côte depuis *Mascatte* jusqu'au cap *Mozandon*, est bordé d'îles & de plusieurs dangers. Je n'en donnerai aucune description particuliere, non plus que de la navigation du golfe de Perse : il me faut là-dessus des Mémoires plus détaillés que ceux qui ont été donnés jusqu'à présent.

DE LA COSTE DE PERSE.

La route de *Mascatte* au cap *Jasque* est le nord-ouest, & la distance d'environ cinquante-six lieues. La pointe de l'est de ce cap, qui forme l'entrée du golfe de Perse, est, suivant la plûpart des Navigateurs, par 25° 30′ de latitude nord. Cette pointe est fort basse : il y a dessus une élévation blanche en quarré qui représente un tombeau, & qui avance en mer; cette élévation disparoît, lorsqu'on est en rade. Cap *Jasque*.

Le fond de la rade de *Jasque* est tout de sable, excepté très-proche de terre, ou à la pointe de l'est. Au nord de cette pointe il y a une petite riviere, où de petits bâtimens qui ne tirent que dix ou onze pieds d'eau, peuvent mouiller en toute sûreté. On trouve au dedans de cette riviere 4 brasses & demie d'eau à basse mer; mais sur la barre il n'en reste que cinq pieds, qui augmentent avec le flot jusqu'à sept ou huit.

Cap *Guadel.*

Du cap *Jasque* à celui de *Guadel* *, le gissement de la côte, suivant le Routier du Pilote Anglois, est à l'est-quart-sud-est. La distance, ayant égard aux différentes opinions, est déterminée sur ces nouvelles Cartes de quatre-vingt-dix lieues. Quant au détail ou à la description de la côte, tous les Routiers & les Journaux de ceux qui vont de l'un à l'autre cap, n'en parlent point : ils conseillent seulement de n'en pas approcher de trop près la nuit ; parce qu'il y a en quelques endroits des basses terres éloignées des hautes terres de l'intérieur, dont il faut être très-proche pour les distinguer, & que de plus le rivage est fort accore. Le cap *Guadel*, situé par 24° 30′ de latitude, est de moyenne hauteur.

Riviere de *Zinde.*

Les remarques d'un ancien Pilote Portugais sur plusieurs endroits dans les Indes, m'ont engagé à établir la barre de la riviere de *Zinde* 15 minutes plus sud que ne la place le Pilote Anglois. Quant à la différence des méridiens avec *Surate*, telle que la donne ce Routier, elle s'est trouvée conforme aux mêmes Mémoires. Voici l'instruction du Pilote Anglois pour entrer dans ce fleuve.

» La terre est très-basse au sud de l'embouchure de la riviere de *Zinde*. A une lieue ou une lieue un tiers de terre, » il n'y a que 4 à 5 brasses d'eau, fond dur comme une espece de corail ; à l'entrée de cette riviere on rencontre

* Le Routier du Pilote Anglois détermine la latitude du cap *Jasque* de 25° 30′, & celle du cap *Guadel*, 10 minutes plus nord. Cette situation ne peut s'accorder avec le gissement de ce dernier & celui du premier qu'il met au ouest-quart-nord-ouest du monde. Après l'exactitude avec laquelle je me suis appliqué pour m'assurer de la latitude du cap *Jasque*, que j'ai reconnue être de 25° 30′, je me suis cru bien fondé à établir celle du cap *Guadel* d'un degré au moins plus sud. Cependant j'avertis les Navigateurs de se mettre sur leurs gardes, à cause de cette variété d'opinions, sur lesquelles on n'a pas encore assez d'éclaircissement pour se déterminer avec certitude.

» une barre baignée à flot feulement de treize à quatorze » pieds d'eau. Un ancien monument en forme de tombeau » blanc, qui fe montre de quatre lieues, en découvre les » approches ». Il feroit inutile de fpécifier ici les marques pour paffer la barre, à caufe que les bancs qui font à l'embouchure des rivieres, changent ordinairement de fituation d'une année à l'autre. C'eft pourquoi ceux qui veulent y entrer, doivent avoir recours aux Pilotes du lieu.

La premiere place de commerce qui fe préfente, après avoir paffé la barre, eft l'*Aribundar*; mais il y en a une autre plus enfoncée dans les terres: c'eft une grande Ville qui fe nomme *Tatta*. Je n'ai pu découvrir aucun Mémoire fur le golfe compris entre l'embouchure du *Zinde* & la côte du nord du *Guzurat*; ainfi j'ai été obligé de fuivre les anciennes Cartes, à l'exception de la latitude de la pointe des *Géans* que j'ai placée ici 25 minutes plus fud que Pietergoos. J'ai fuivi en cela quelques Mémoires particuliers, & fur-tout la Carte d'Edouard Wrigt, qui la détermine de 22° 10'.

DE LA COSTE DU GUZURAT.

La côte du *Guzurat*, depuis cette pointe jufqu'à celle du oueft de *Diu*, gît fud-eft & nord-oueft, quarante-cinq lieues. On voit, en la côtoyant, de très-hautes montagnes qui font un peu avancées fur le terrain. On trouve fond de fable & coquillage à fept ou huit lieues au large par 36 braffes. Côte du *Guzurat*.

Diu eft par 20° 45' de latitude nord. Son port, fitué entre l'île & la terre, eft fort bon; on y mouille par 3 braffes & demie à 4 braffes, mais l'entrée eft étroite & difficile. Cette *Diu*.

Ville étoit autrefois considérable & la capitale du *Guzurat*. La vicissitude des tems n'en a fait qu'un amas de ruines, & l'a réduite à fort peu de chose.

Pointe de *Diu* & de *Courba*.

De la pointe de l'est de *Diu* jusqu'à celle de *Courba*, le gissement de la côte est au nord-ouest-quart-ouest & la distance de dix-neuf lieues. L'intérieur de la côte est très-haut & montagneux, & le bord passablement élevé. De cette pointe il s'étend une chaîne de rochers dessus & dessous l'eau, qui avance environ deux lieues en mer, & dont il faut se donner de garde.

Quand on a doublé les roches de la pointe de *Courba*, la route jusqu'à l'île *Peram* est au nord-quart-nord-est, onze à douze lieues. On ne doit point approcher la côte entre les deux, à cause des écueils qui l'environnent. A trois lieues de terre on trouve 11 à 12 brasses de profondeur, qu'il est nécessaire d'entretenir.

Isle *Peram*.

L'île *Peram* est également cernée de rochers. Si l'on veut aller à *Gogo*, situé au nord-nord-ouest de cette île, il faut la relever à l'ouest à la distance d'une lieue, & de-là porter au nord-ouest sur la rade qui est assez profonde pour de grands vaisseaux. On trouve à une lieue de terre 4 brasses. La pleine mer y est à quatre heures aux pleines & aux nouvelles Lunes. Elle y est fort belle en tout tems par rapport à l'île & aux écueils qui sont à découvert de mer basse, qui rompent la lame & l'empêchent de s'élever. Les marées y sont très-fortes, sur-tout dans le tems des équinoxes.

Gogo est par 21° 45′ de latitude nord. C'est le seul lieu où l'on fasse quelque commerce sur cette côte. Malgré ce que je viens de dire, je conseille à ceux qui veulent y aller, ou en quelqu'autre endroit du Golfe, de se servir de Pilotes pratiques, parce que cette navigation est épineuse. Je ne dirai rien sur le reste, faute d'instruction assez étendue.

A l'égard des côtes de *Concan*, de *Canara*, & de *Malabar*, j'ai pensé qu'il convenoit, tant pour rendre compte des corrections faites aux anciennes Cartes, que pour les instructions qui concernent ces côtes, de me conformer à l'ordre observé dans la plûpart des Routiers de cette partie, qui commencent au cap *Comorin*, & finissent à *Surate*; & comme presque tous les vaisseaux qui atterrent à ce cap, prennent ordinairement connoissance de la pointe de *Gale* en l'île de *Ceylan*, c'est à ce dernier lieu que commencera le détail suivant.

DEPUIS LA POINTE DE GALE *en l'île de* Ceylan, *jusqu'à* Surate.

Pointe de *Gale*.

LA pointe de *Gale* a été établie sur les nouvelles Cartes par 6 degrés de latitude, selon plusieurs observations * qui s'accordent entr'elles avec autant d'exactitude qu'on le peut souhaiter. Quant à la longitude qu'on lui a donnée de 77° 50', méridien de l'observatoire royal de Paris, cette détermination est relative à celle du cap *Comorin* & à celle de *Pondichery*.

En comparant les routes des vaisseaux, soit qu'ils aillent du cap *Comorin* à la pointe de *Gale*, soit qu'ils remontent de la pointe de *Gale* à ce cap, on a trouvé leur gissement au sud-est-quart-est 3 degrés sud, & nord-ouest-quart-ouest 3 degrés nord, & leur distance de soixante-huit lieues.

Quand on va de l'un à l'autre, il faut faire attention que pendant la mousson de l'est, aux environs de la pointe de *Gale*, les courans portent ordinairement au ouest-sud-ouest, & par le travers du golfe de *Manar* au sud-ouest, de sorte que plusieurs vaisseaux ont été transportés en peu de tems sur les *Maldives*.

Pour se précautionner contre un pareil accident, on aura soin de côtoyer toujours l'île de *Ceylan* jusqu'aux environs de *Colombo*. On peut de-là traverser avec sûreté au cap *Comorin*. S'il survenoit du calme, en côtoyant l'île de *Ceylan*, il faudroit mouiller par 30 brasses; autrement, on seroit en risque de décôter par les courans.

* Journaux des vaisseaux de la Compagnie. Remarques particulieres de l'Auteur.

Dans

Dans l'intervalle de cette traverſée, ſi par quelque tranſport imprévu de marée, on atterroit à l'eſt de ce cap, on auroit ſoin de ne pas approcher la côte, parce qu'elle eſt environnée de dangers.

Quand on va du cap *Comorin* à la pointe de *Gale*, pendant la mouſſon de l'oueſt, on doit, au contraire de ce qui a été dit dans l'article précédent, ſe méfier des courans qui portent ſouvent avec rapidité vers le golfe de *Manar* : faute de cette précaution pluſieurs vaiſſeaux ont atterré au nord de *Negombo*, & ne ſont ſortis de ce golfe qu'avec beaucoup de peine. Ce défaut d'attention a des ſuites encore plus dangereuſes à cauſe de la différence des diſtances : un vaiſſeau pourroit ſe trouver pendant la nuit ſur la côte, lorſqu'il s'en croiroit éloigné de quinze à vingt lieues. Les Navigateurs prudens doivent donner tous leurs ſoins pour ne pas tomber dans l'un ou l'autre cas.

Le cap *Comorin* eſt par 7° 56′ de latitude ſeptentrionale *, Cap *Comorin*.

* La latitude du cap *Comorin*, telle que la déterminent les Cartes Angloiſes, ne diffère que de 4 minutes de celle fixée dans ces nouvelles Cartes, ſuivant celle de 7° 58′ qu'a obſervé le P. Boucher ſur la baſſe terre au pied de la montagne. Il faut ſeulement remarquer qu'on a placé l'extrémité de ce cap 2 minutes plus ſud, par rapport à l'éloignement du lieu où l'obſervation a été faite ; mais ni le giſſement de la côte, ni le détail qu'on en donne, ne ſe rapportent avec toutes les Cartes qui ont paru. Celles du Pilote Anglois, quoique les plus correctes, ſont défectueuſes en ce point : elles ſont la diſtance d'*Anjanga* à *Rutera*, ou la pointe de *Veniam*, de neuf lieues & demie, lorſqu'elle n'eſt que de ſix ; & depuis ce dernier juſqu'au cap *Comorin*, entre leſquels la côte forme deux petits enfoncemens, & gît à l'eſt-ſud-eſt quinze lieues, elles la rendent convexe, & donnent ſon giſſement au ſud-eſt, neuf lieues & demie. Le plan inſéré dans ce Recueil a été levé avec ſoin ſur les lieux.

& par 75° 12′ de longitude, méridien de l'obſervatoire Royal de Paris. Cette derniere a été conclue en conſéquence du giſſement de la côte de *Malabar*, depuis *Cochin* juſqu'à ce cap. Son extrémité eſt une terre baſſe couverte de bois : au nord il s'éleve une petite montagne, qui paroît iſolée lorſqu'elle reſte à l'eſt. La Carte repréſente deux vues différentes de ce cap ; la premiere en venant de l'oueſt, la ſeconde en venant de l'eſt. Environ cinq lieues au ſud-oueſt du cap *Comorin*, il y a une roche à fleur d'eau, dont le briſant a été remarqué par le vaiſſeau Anglois l'*Eliſabeth* en 1759.

Au mois d'Avril 1768, le vaiſſeau Anglois le *Gange*, capitaine Tornhill, a eu connoiſſance d'un rocher qui peut avoir deux encablures de tour, reſſemblant aux baſſes de l'île de *Ceylan*, & ſur lequel la mer briſoit beaucoup. Il eſt ſitué par 7° 50′ de latitude nord, & à quarante lieues dans l'oueſt du cap *Comorin*, ſuivant la route directe que fit ce Capitaine après l'avoir vu. On ſonda à un demi-mille de ce danger, ſans trouver le fond à 100 braſſes : cet écueil lui parut une roche noirâtre peu élevée, & on n'y remarqua aucuns ſables autour.

Pointe de *Cadiapatnam.*

Du cap *Comorin* à la pointe de *Cadiapatnam*, le giſſement eſt au oueſt-nord-oueſt * prenant du oueſt, ſix lieues. Entre les deux, mais plus proche du cap, on trouve la riviere de *Manacoudi*, dont l'embouchure eſt cernée de rochers. La pointe de *Cadiapatnam* forme le côté de l'eſt de l'anſe de *Coléche* qui en eſt à environ deux lieues au nord-oueſt : on voit pluſieurs grands arbres ſur ſon extrémité. Au ſud-

* Cette obſervation eſt tirée d'un plan & d'une inſtruction faits ſur les lieux, qui ont été communiqués à l'Auteur par M. Dumas Gouverneur de *Pondichery*, & Commandant Général des établiſſemens François aux Indes Orientales.

ſud-oueſt de cette pointe, à environ trois quarts de lieue, il y a deux îlots environnés de rochers, au ſud-oueſt deſquels, à environ une demi-lieue, on rencontre une roche preſqu'à fleur d'eau, dont la pointe paroît comme une bouée. Ceux qui rangent de près la côte, doivent d'autant plus s'en méfier, qu'elle ne briſe que rarement. Sur le rapport de quelques perſonnes qui la croient à près de trois lieues de la terre ferme, je l'ai placée à cette diſtance ſur la ſixieme Carte.

Le mouillage de *Coléche* eſt par 14 braſſes, à une demi-lieue à l'oueſt du plus oueſt des îlots dont je viens de parler.

On compte, au oueſt-nord-oueſt, huit lieues de la pointe de *Cadiapatnam* à celle de *Veniam.* Moitié chemin entre deux, on voit un îlot nommé *Enciam*, tout près de la côte, ſur lequel eſt bâtie une Egliſe. A l'eſt de cet îlot il y a pluſieurs rochers deſſus & deſſous l'eau. Au nord de ces rochers on rencontre la riviere de *Tengayapatnam* qui va très-loin dans les terres. Dans la ſaiſon des pluies les chaloupes y peuvent entrer; mais dans les ſéchereſſes il ſe forme, à ſon embouchure, un banc de ſable, qui en ferme l'entrée aux plus petits bâtimens, quoiqu'au dedans de la barre cette riviere ſoit très-navigable.

A deux lieues & demie ou trois lieues de la riviere de *Tengayapatnam*, on apperçoit un grand bois, à l'iſſue duquel, vers l'oueſt, commencent de hautes terres rouges, tachetées de blanc, & très-accores ſur le bord de la mer. Ces hautes terres continuent une lieue au-delà de la pointe de *Veniam* que forme un morne des mêmes terres. Cette pointe eſt reconnoiſſable en ce que la côte au-delà gît au nord-nord-oueſt. Le village de *Veniam* & la riviere du même nom

Pointe de *Veniam*.

ſont une lieue au nord-quart-nord-oueſt de cette pointe. C'eſt là que finiſſent les terres rouges.

Depuis le cap *Comorin* on voit quantité d'Egliſes ſur le bord de la mer. Les terres ſont d'une élévation à pouvoir être apperçues de huit à neuf lieues en mer, outre une chaîne de hautes montagnes qu'on voit ſur le terrain, & qui ſe prolongent plus de cent cinquante lieues vers le nord : les Géographes les nomment *Montagnes de Gatte*. Il n'en eſt pas de même de la côte depuis la riviere de *Veniam* juſqu'à *Anjanga* : elle eſt baſſe ſur le bord de la mer, & ſe fait appercevoir ſeulement par les arbres qui la couvrent.

Roche au oueſt - nord - oueſt du cap *Comorin*.

J'ai marqué une roche quatorze lieues au oueſt-quart-nord-oueſt de la pointe de *Veniam*. Le Pilote Anglois la place quatorze lieues au oueſt-nord-oueſt du cap *Comorin* : cette roche ne peut pas avoir cette poſition, relativement à ce cap, ſur-tout en ſuivant le giſſement & l'étendue de la côte dont je viens de faire la deſcription. Indépendamment de cette correction, je l'ai placée ſur les nouvelles Cartes par la même latitude & à la même différence méridienne de *Cochin*, que ſur les Cartes Angloiſes.

Vents qui regnent ſur les côtes de *Malabar*, *Canara*, &c.

Avant de pourſuivre plus loin ce qui concerne le détail des côtes de *Malabar*, de *Canara*, &c. il eſt à propos d'obſerver que depuis le mois d'Avril juſqu'en Octobre, les vents y ſoufflent du nord-oueſt au ſud-oueſt avec des orages, des tempêtes, & des pluies abondantes. C'eſt pourquoi on n'y navigue point pendant cette mouſſon, ſur-tout en Juin & en Juillet que cette côte n'eſt pas pratiquable. Les tems devenant un peu plus doux en Août, les vaiſſeaux qui y ont hiverné, en partent pour aller à la côte de *Coromandel* & autres lieux à l'eſt. Après la pleine Lune d'Octobre, on peut pratiquer cette côte en toute ſûreté ; les vents y ſont du nord-nord-eſt ſans orages, & ſi favorables que, chaque jour à onze heures ou midi, ils viennent de la mer, & à minuit, de la terre. Cette propriété facilite la navigation des vaiſſeaux qui doivent en profiter pour remonter ou deſcendre la côte, qu'il faut toujours ranger de près, afin de ſe ſervir utilement de l'une & de l'autre briſe. Si on ſe trouvoit proche de terre, avant que le vent en ſoufflât, on auroit ſoin en attendant, de mouiller avec un grêlin pour ne pas courir de bordée déſavantageuſe. De même, ſi l'on eſt fort écarté, on peut également mouiller & attendre la briſe du large, afin de ſe rallier à la côte. Qu'on ait ſur-tout une grande attention aux marées, qui pendant le calme qu'occaſionne le changement de briſe, peuvent en peu de tems faire perdre l'avantage qu'on en a retiré. Souvent d'un petit vent on croit avancer & on recule : il eſt vrai qu'on s'en apperçoit, lorſqu'étant près de terre pendant le jour, on y fait quelque remarque ; mais la nuit il eſt néceſſaire d'avoir recours à la ſonde pour en juger, ou bien faire mouiller le canot près de ſoi. Par ſon moyen on connoîtra ſi le courant eſt favorable ou contraire : dans ce dernier cas, il vaut mieux mouiller & attendre qu'il ait diminué ou changé. J'ai cru cette inſtruction utile à quantité de Navigateurs qui ne ſont pas pratiques ; elle pourra leur ſervir pour éviter des fautes qui prolongent ordinairement les traverſées. Je reviens maintenant à la deſcription de la côte.

Côte d'*Anjanga*.

De la pointe de *Veniam* à *Anjanga* la route eſt au nord-quart-nord-oueſt, ſix lieues & demie. La côte eſt baſſe & boiſée ſur le rivage : à une lieue & demie de diſtance on trouve 23 à 24 braſſes de profondeur. *Anjanga* eſt une habitation Angloiſe ; le fort eſt un quarré revêtu de baſtions, & pluſieurs maiſons compoſent une fort jolie Ville. La riviere coule au ſud du fort à environ cent pas ; elle eſt très-peu conſidérable. J'ai obſervé pluſieurs fois la latitude d'*Anjanga* de 8° 30'. Le mouillage eſt au ſud-oueſt du fort par 12 braſſes, à deux tiers de lieue de terre.

Coiſlan. D'*Anjanga* à *Coiſlan*, qui eſt un comptoir Hollandois, la côte gît au nord-nord-oueſt 5 degrés oueſt, ſix lieues & demie. La terre eſt baſſe ſur le bord, excepté deux lieues au nord d'*Anjanga* qu'on voit des falaiſes rouges, eſcarpées ſur le bord de la mer, enſuite la côte continue d'être baſſe juſqu'à *Coiſlan*. Deux lieues au ſud-ſud-eſt de ce dernier lieu, on rencontre l'embouchure d'une petite riviere : en côtoyant à une lieue & demie au large, on trouve 15 à 24 braſſes de profondeur, fond de ſable vaſeux.

Coiſlan ſe reconnoît par ſon pavillon & par pluſieurs grands arbres plantés ſur le fort, dont l'enceinte eſt de hautes murailles blanches. La rade eſt par le travers du fort. Il y a un banc de roches dont il faut ſe méfier, en n'approchant la terre que par 12 braſſes de profondeur.

Calicoulan. De *Coiſlan* à *Calicoulan*, autre comptoir Hollandois, il y a cinq lieues & demie. On range la côte en gouvernant au nord-oueſt-quart-nord & nord-nord-oueſt, ſans l'approcher plus près qu'à la profondeur ci-deſſus. *Calicoulan* eſt par 9 degrés de latitude nord.

Cochin. On compte vingt-une lieues au nord-nord-oueſt cinq degrés oueſt de *Calicoulan* à *Cochin*. La terre entre les deux eſt baſſe & boiſée ſur le bord. On peut ranger la côte par 7 braſſes fond de ſable & vaſe. Si on louvoye, il ne faut pas aller plus au large que par 24 braſſes, & plus à terre que par la profondeur ci-deſſus.

Quand on vient du ſud, la ville de *Cochin* a très-peu d'apparence; les arbres la cachent preſqu'entierement, on découvre ſeulement quelques maiſons, & le pavillon qui s'éleve ſur une tour. Cette Ville eſt le principal établiſſement des Hollandois ſur la côte de *Malabar*; elle eſt environnée d'une bonne muraille de briques, garnie de baſtions: la riviere à l'embouchure de laquelle elle eſt ſituée, a beaucoup de profondeur au dedans de la barre. On y bâtit des vaiſſeaux de deux à trois cens tonneaux. Cette riviere ſe conſidere plutôt comme un bras de mer qui forme pluſieurs îles le long de la côte. L'entrée eſt entre deux récifs qui s'étendent & bordent la côte au nord & au ſud, & qui s'avancent un quart de lieue en mer.

Si on veut aller à la Ville dans une chaloupe ou dans un canot, pour donner dans le canal, il faut gouverner ſur la pointe de tribord en entrant; & quand on approche les briſans, on vient tout-à-coup ſur babord, & on paſſe entre deux récifs. Lorſqu'on eſt près de la côte, & qu'on a doublé le récif de tribord, on gouverne ſur une des portes de la Ville, où il y a une digue pour le débarquement. Le meilleur mouillage de la rade dans la belle ſaiſon eſt par 5 à 6 braſſes, le bâton du pavillon à l'eſt-nord-eſt. On trouve un petit banc devant l'entrée de la riviere, ſur lequel il y a 4 braſſes de fond dur; mais on n'y court aucun danger, ſi on mouille par la profondeur indiquée, où le fond eſt de vaſe, & la tenue fort bonne. La Ville de *Cochin* a beaucoup d'apparence, en venant du nord; elle paroît de ce côté-là fort à découvert. Sa ſituation en latitude eſt par 9° 58′, & ſa longitude, de 73° 43′, obſervatoire Royal de Paris.

Depuis *Cochin* juſqu'à *Cranganor*, autre établiſſement des *Cranganor.*

Hollandois, la côte gît au nord-quart-nord-oueſt, huit-lieues & demie. La terre eſt baſſe, noyée ſur le bord de la mer, & ſeulement apparente par les arbres; mais il s'éleve ſur le terrain de très-hautes montagnes faiſant partie de celles qui, comme nous avons dit, ſe prolongent depuis le cap de *Comorin*. A l'eſt de *Cranganor*, on voit deux mornes ſur le ſommet de ces montagnes : ils ont la forme de deux oreilles de liévre, en les voyant de ce travers.

Paniane. Sept lieues au nord-quart-nord-oueſt, 4 degrés nord de *Cranganor*, on trouve *Paniane* qui eſt un comptoir Hollandois. Au ſud de ce lieu il y a une petite riviere dans laquelle ſe traite le poivre, mais il n'y peut entrer que de très-petits bâtimens du pays.

Calicut. De *Paniane* à *Calicut*, la côte s'étend au nord-nord-oueſt, quatorze lieues. Environ à moitié chemin de l'un à l'autre, on rencontre *Tanor*, & à trois lieues & demie de ce dernier, on voit l'entrée de la riviere de *Beypour*, diſtante de trois lieues au ſud-ſud-eſt de *Calicut* : il y entre de petits bâtimens du pays. Le rivage entre *Paniane* & *Calicut* eſt également boiſé. Quand on approche de ce dernier, on apperçoit quelques petites montagnes voiſines du bord de la mer, & dans l'éloignement la chaîne des montagnes de *Gatte*. Il y a auſſi en pluſieurs endroits de petites pagodes proche du bord de la mer, qui paroiſſent blanches. On peut ſans rien craindre prolonger cette côte par 8 braſſes fond de vaſe. Si l'on vient du ſud, & ſi l'on range la terre de proche, on ne voit point la ville de *Calicut*, parce qu'elle eſt dans un petit enfoncement; on découvre ſeulement au nord trois pyramides blanches, qu'on appelle les tombeaux,

&

& qui la font reconnoître. J'ajouterai encore une autre marque également utile: c'eſt une petite montagne ſur le terrain, détachée des autres, qui forme deux mamelles, & qui, quoique plus au ſud que *Calicut*, en paroît au nord, en venant du ſud.

Cette Ville eſt la capitale du *Samorin*, & le lieu de ſa réſidence: on y fait un commerce conſidérable de poivre & de cardamum. Les Anglois y ont un comptoir, & les François un autre: ils arborent chacun leur pavillon ſur leur Loge. La latitude de cette Ville eſt de 11° 18′. Dans la rade de *Calicut*, eſt & oueſt de la Loge Angloiſe, on rencontre un banc de roches, ſur lequel il faut prendre garde de mouiller, car on y pourroit perdre des ancres: à une très-petite diſtance de terre, il n'y a aucun danger. Les petits bâtimens peuvent mouiller entre la terre & le banc; mais pour les vaiſſeaux, le meilleur mouillage eſt d'avoir le pavillon François à l'eſt, ſans prendre du ſud, & celui du comptoir Anglois à l'eſt-quart-nord-eſt, par 5 braſſes & demie de profondeur, fond de vaſe, à deux tiers de lieue du rivage.

On compte environ dix lieues au nord-oueſt-quart-nord de la rade de *Calicut* à celle de *Mahé*. On trouve entre les deux l'îlot ou rocher du ſacrifice, dans la diſtance de quatre lieues au ſud-quart-ſud-eſt de la rade de ce dernier, & environ ſix lieues & demie au nord-oueſt-quart-oueſt de celle de *Calicut*. Cet îlot ou rocher paroît tout blanc par la fiente d'oiſeaux dont il eſt couvert; il eſt haut & fort accore de tous côtés, & à deux lieues environ de la terre ferme. Le paſſage eſt fort beau entre l'un & l'autre; on n'a pas moins de 8 braſſes de profondeur dans le milieu du chenal. Au-dehors de ce rocher, à un huitieme de lieue, on trouve 15 à 16 braſſes,

& à l'eſt-nord-eſt la riviere de *Cotte* dans laquelle ont fait le commerce du poivre. Le bord du rivage entre *Calicut* & *Mahé* eſt bas & fort boiſé. On rencontre le long pluſieurs petites rivieres & pluſieurs Villages des Indiens, dont le principal s'appelle *Chambaye*, diſtant d'une lieue au ſud-ſud-eſt de *Mahé* : il appartient au Prince Bayanor. Par le travers de cette riviere on voit pluſieurs rochers ſur le bord de la mer.

Mahé. *Mahé* eſt le principal établiſſement des François à la côte de *Malabar*, dont ils ſont en poſſeſſion depuis 1725 : ils y ont bâti une Ville & pluſieurs fortereſſes qui ſont actuellement une très-forte Place. Le principal fort eſt bâti ſur une pointe eſcarpée à l'embouchure d'une petite riviere qui prend ſa ſource fort loin dans le terrain. A une grande diſtance de ſon embouchure elle eſt navigable pour les petits bâtimens du pays, qui, par ce moyen, tranſportent facilement les poivres & le cardamum, dont on fait un commerce conſidérable ; mais un banc de ſable, ou barre à ſon entrée, ſur laquelle il ne monte, dans les hautes marées, que ſept à huit pieds d'eau, empêche les moyens bâtimens d'y entrer. De l'autre côté de cette riviere s'éleve ſur une montagne un autre fort nommé le *Grand Calais*. La ville eſt du côté de tribord en entrant, au-dedans du premier fort : on mouille dans la belle ſaiſon par 5 braſſes & demie, le pavillon du fort à l'eſt-quart-nord-eſt, à environ cinq quarts de lieue de terre. Si quelque affaire obligeoit d'y mouiller avant la pleine Lune d'Octobre, il n'en faut pas approcher plus près que par 12 braſſes de profondeur.

Moëlan & Talicheri. A une lieue de *Mahé* au nord-nord-oueſt, il y a ſur une petite montagne le fort de *Moëlan* qui eſt aux Anglois, & une lieue plus nord la Ville & les forts de *Talicheri*, qui leur appartiennent auſſi. On trouve une petite riviere avec un enfoncement, dans lequel coule celle de *Dernapatnam*. Dans ſon travers on voit pluſieurs gros rochers, mais ils ſont tous près de terre.

Talicheri appartenoit autrefois aux François ; ils l'abandonnerent & releverent le comptoir le 3 Mai 1682. Vis-à-vis *Talicheri* il y a un gros îlot couvert de bois.

Au nord de cet îlot, environ trois lieues & demie, on voit le fort des Hollandois à *Cananor* : il eſt ſitué ſur une terre baſſe couverte de grands arbres. La Ville de même nom en eſt voiſine, & une petite riviere paſſe au pied. *Cananor.*

On apperçoit le mont *Deli* à environ dix lieues au nord-oueſt de la rade de *Mahé* : cette montagne s'étend eſt & oueſt, & forme une pointe qui s'avance en mer. Soit qu'on vienne du nord ou du ſud, elle ſemble être iſolée de la côte ; les terres des environs qui ſont fort baſſes, & ſeulement apparentes par les arbres, rendent cette montagne & la pointe très-remarquables aux Navigateurs. Le mont *Deli* eſt par 12° 3' de latitude. Mont *Deli.*

Du mont *Deli* à *Mangalor*, le giſſement eſt au nord-nord-oueſt, 5 degrés nord, & la diſtance de ſeize lieues. Deux lieues un tiers au nord du mont *Deli*, coule la petite riviere de *Canaple*, & plus nord paroît le mont *Formoſa*, ainſi nommé des Portugais, à cauſe de ſa belle apparence. On compte de ce mont environ quatre lieues au rivage qui eſt bas & couvert de bois dans cet intervalle. Un peu plus nord que le mont *Formoſa*, on voit encore un monticule, appellé le mont *Beam*.

CÔTE DE CANARA.

Mangalor. *Mangalor* eſt à l'embouchure d'une grande riviere, où il entre des manchoucs & autres petits bâtimens du pays, qui ne tirent pas beaucoup d'eau, & qui peuvent franchir la barre dont elle eſt cernée. On y fait un grand commerce de ris. Au côté du ſud, il y a une Fortereſſe du Roi de *Canara*, à qui la Ville & le Pays appartiennent. Les Portugais y ont un Comptoir. On mouille par le travers de l'entrée de la riviere par 6 ou 8 braſſes, fond de vaſe.

Roches de *Permire.* Au nord-oueſt-quart-nord de *Mangalor*, dix ou onze lieues, ſont les roches de *Permire*, par 13° 17′ de latitude nord, & diſtantes de terre de trois lieues ou trois lieues & demie. Ces roches paroiſſent élevées au-deſſus de l'eau de la hauteur de la carcaſſe d'un petit vaiſſeau : il ne faut pas en approcher la nuit ni d'un tems de brume par moins de 18 braſſes de profondeur. A deux tiers de lieue ou une lieue au large, on trouve 15 à 16 braſſes $\frac{3}{4}$ fond de ſable, 17 à une lieue, & 18 $\frac{1}{4}$ à une lieue un tiers. Environ ſeize lieues au nord-oueſt-quart-nord de la riviere de *Mangalor*, & quatre à cinq lieues au nord-nord-oueſt des roches de *Permire*, on trouve les îles de *Sainte-Marie*, par 13° 30′ nord, & éloignées de deux lieues & demie à trois lieues de terre : on les apperçoit aiſément de deſſus les gaillards à trois ou quatre lieues, où la profondeur eſt de 15 à 16 braſſes. Ces îles s'étendent le long de la côte, du côté du nord, juſques par le travers de la riviere de *Bacanor* ou *Calianpour*. Il y a paſſage entr'elles & la terre ferme ; mais il faut être pratique, & ſur de petits bâtimens, pour entreprendre d'y paſſer, à cauſe

Iſles *Sainte-Marie.*

de plusieurs rochers qu'on rencontre sous l'eau en divers endroits aux environs de ces îles.

Par 13° 45', & cinq lieues au nord-quart-nord-ouest, 2 ou 3 degrés ouest de *Bacanor*, coule la riviere de *Barsalor*. A son nord, on voit tout près de terre deux petits îlots, & au sud une chaîne de rochers qui s'étendent le long de la côte.

Riviere de *Barsalor*.

Huit lieues au nord-ouest de l'entrée de la riviere de *Barsalor*, par 14° 4' de latitude nord, est l'île aux *Pigeons*. Quoique petite, on peut l'appercevoir de huit ou neuf lieues en mer; elle est située au ouest-sud-ouest de la riviere de *Batecala*, & éloignée de deux lieues & demie de la plus prochaine terre, où l'on voit encore tout le long quelques petits îlots. L'île aux *Pigeons* a un rocher ou îlot au sud-est & un autre à l'est.

Isle aux *Pigeons*.

A l'est, 5 degrés sud de l'île aux *Pigeons*, environ deux lieues & demie, il y a une petite île très-haute, sur laquelle s'éleve un pic en forme de pain de sucre; on la nomme l'île aux *Cochons*: elle est très-près du continent, avec plusieurs petites îles ou rochers auprès. Le fond diminue graduellement vers elle, depuis 8 ou 9 brasses: la côte aux environs est haute & montagneuse. On peut passer entre l'île aux *Pigeons* & l'île aux *Cochons*, comme le font plusieurs vaisseaux qui vont à *Onor*: on trouve 16 à 17 brasses à mi-canal, & le fond diminue en passant plus près du continent. Quand on est au nord de l'île aux *Cochons*, on peut ranger la côte, jusqu'à la rade d'*Onor* par 8, 9, 7 & 6 brasses. Le mouillage d'*Onor*, est par 5 à 6 brasses fond de vase molle; le bâton de pavillon d'*Onor* à l'est-quart-nord-est & est-nord-est; l'île fortifiée au nord-quart-nord-ouest, environ à une demie-lieue au large: l'île aux *Pigeons* reste alors au sud-quart-sud-ouest, trois lieues & demie à quatre lieues.

Isle aux *Cochons*.

Onor. *Onor* eſt une ville Indienne conſidérable, ſituée à l'embouchure d'une riviere d'eau ſalée; elle produit quantité de ris & de poivre : ſa latitude eſt de 14° 14'. Environ une demi-lieue au nord, il y a une haute île, verte, unie au ſommet, & à peu de diſtance du continent, ſur laquelle eſt une fortification Indienne qui l'a fait nommer l'île fortifiée.

Quand on paſſe au-dehors de l'île aux *Pigeons*, on trouve 20 ou 21 braſſes, & à une lieue & demie au large, 24 à 25: il ne faut pas, pendant la nuit, aller par une moindre profondeur. A trois ou quatre lieues au large, on trouve 30 à 34 braſſes; à ſix ou ſept lieues de la côte, fond de ſable & vaſe.

Carwar. Dix-ſept lieues au nord-quart-nord-oueſt de l'île aux *Pigeons*, on apperçoit *Carwar*, qui appartient aux Anglois. Tout auprès, ſont les îles d'*Angedives*, ſur la plus grande deſquelles les Anglois ont un fort.

Iſles *d'Angedives*.

* On peut mouiller à *Carwar*, à la diſtance de deux lieues, en mettant au nord-nord-oueſt, 5 degrés nord, les roches aux *Huîtres* qui ſont à l'entrée, & un petit rocher en rade, ouvert par l'île d'*Angedives*, au nord-quart-nord-oueſt, 5 degrés oueſt.

On peut encore mouiller par le travers de l'île d'*Angedives*, le milieu de l'île au nord-eſt-quart-eſt, trois quarts de lieue, & la pointe du ſud de *Carwar* au nord-quart-nord-eſt, par 10 braſſes de profondeur.

La paſſe pour l'entrée de *Carwar* eſt entre les rochers aux *Huîtres*, & la petite île voiſine de la pointe du ſud. Dans cette baie, près de cette pointe, il y a un petit enfoncement dont l'entrée eſt au ſud-eſt-quart-eſt. Les petits Navires

* Le Pilote Anglois.

peuvent y mouiller en sûreté : ils y ſont à l'abri de tous vents. A l'embouchure de cet enfoncement on trouve 4 braſſes de profondeur : un navire peut y paſſer la mouſſon du oueſt ſans beaucoup de danger.

On trouvera auſſi paſſage au-dehors & au-dedans des roches aux *Huîtres* : le canal du nord-oueſt & celui du ſud-eſt portent 7 & 8 braſſes d'eau, fond de vaſe.

CÔTE DE CONCAN.

Environ quatre lieues & demie au nord-oueſt-quart-nord des rochers aux *Huîtres*, on trouve le cap *Ramas*, éloigné de ſept lieues & demie au ſud-quart-ſud-eſt de l'entrée ou barre de la riviere de *Goa*. Ce cap eſt une haute terre accore, ſur laquelle il y a un fort Indien; il eſt par 15° 7′ de latitude nord. A une lieue au large, on trouve 14 à 15 braſſes; à deux lieues, 17 braſſes; & à cinq ou ſix lieues, 30 à 36 braſſes. Cap *Ramas*.

Du cap *Ramas* à *Goa*, la côte gît au nord-quart-nord-oueſt. La terre eſt baſſe & boiſée au bord de la mer, & haute ſur le terrain : on peut la ranger juſqu'à l'île *Saint-Georges* par 13, 12 ou 10 braſſes, fond de ſable & vaſe. Il n'y a point de paſſage entre l'île *Saint-Georges* & le continent.

Du cap *Ramas* à la partie la plus au large de cette île *Saint-Georges*, la route eſt le nord-nord-oueſt, 5 à 6 degrés oueſt, environ 6 lieues. On trouve le fond entre les deux; à deux lieues & demie ou trois lieues au large, il eſt de 17 à 18 braſſes, & c'eſt à cette diſtance qu'on en doit paſſer pendant la nuit; mais, pendant le jour, on pourroit la ranger par 15 à 16 braſſes. Un peu au nord de l'île *Saint-Georges*, eſt la pointe de *Mormogon*, qui eſt haute, longue & unie. Quand cette pointe eſt par la partie du nord de l'île *Saint-Georges*, elle *Mormogon*.

Fort de la *Goade.* reſte alors au nord-nord-eſt ; & de cette pointe, le fort de la *Goade*, qui eſt ſur le côté du nord de l'entrée de *Goa*, reſte au nord-quart-nord-eſt 4 degrés & demi nord. On gouverne ſur ce fort, bâti au nord de l'entrée de la riviere de *Goa*, par 15° 31′ de latitude, & on mouille par 8 à 9 braſſes, fond de vaſe, l'entrée de la riviere à l'eſt, & le fort au nord-quart-nord-eſt, à une portée de canon : à une demi-lieue au nord-oueſt de la pointe de *Mormogon*, on ſe méfiera de certains rochers qui ne découvrent que de baſſe mer. Si on ſouhaite entrer plus en dedans que la rade de la *Goade*, on prendra des Pilotes du lieu. L'établiſſement des marées eſt à quatre heures & demie.

Goa. *Goa* eſt la capitale des établiſſemens des Portugais aux Indes Orientales, & la réſidence du Viceroi : cette place eſt trop connue pour en faire ici une deſcription plus étendue, qui deviendroit d'ailleurs inutile à l'objet que je me ſuis propoſé.

J'en ai fait, comme je l'ai dit dans ma Préface, un des points principaux pour déterminer la ſituation en longitude de tous les différens endroits de la côte de *Malabar*, parce qu'on peut regarder comme exacte ſa longitude ou différence des méridiens, qui a été obſervée de 71° 25′ plus orientale que l'obſervatoire Royal de Paris, & ſa latitude de 15° 31′ ſeptentrionale.

Iſles *Brûlées.* Dix à onze lieues au nord-oueſt-quart-nord de la rade de la *Goade*, ſont les plus ſud & les plus oueſt des îles *Brûlées*, au nombre de onze. La plus nord, qui eſt la plus grande, eſt par la latitude de 16° 3′ nord, & éloignée d'une lieue & demie au oueſt-quart-ſud-oueſt de la riviere de *Vingorla.* Quoiqu'il paroiſſe un beau paſſage entre ces îles & la terre ferme, il vaut

Riviere de *Vingorla.*

vaut mieux en paſſer au large. La côte eſt d'une moyenne hauteur entre la *Goade* & la riviere de *Vingorla* : on peut la ranger par 10, 11 ou 12 braſſes, à deux lieues de terre ; par 15 à 16, à trois lieues ; & par 20 à 35, à quatre à ſix lieues. Lorſqu'on louvoye aux environs pendant la nuit, il ne faut pas les approcher de plus près que par 15 braſſes. On peut mouiller dans la partie du ſud de ces îles, lorſqu'il vente grand frais du nord-oueſt, en mettant la roche la plus au large à l'oueſt-quart-nord-oueſt & à l'oueſt-nord-oueſt, par 13 ou 14 braſſes, fond de vaſe. Il y a toujours des corſaires de la riviere de *Vingorla*, qui croiſent autour de ces îles, ce qui engage les vaiſſeaux ſans convoi à paſſer hors de la vue de terre.

Pointe de *Vigiador*.

Neuf lieues au nord-nord-oueſt de la plus grande des îles *Brûlées*, par 16° 35′ de latitude, eſt la pointe de *Vigiador*, qui forme celle du ſud d'*Ixdrac*, principal port des *Angrias*. Cette pointe eſt eſcarpée ; il y a deſſus une fortereſſe bien garnie de canons, & au pied un récif ou chaîne de roches à fleur d'eau. Ce port a environ une lieue & demie de profondeur & trois quarts de lieue d'ouverture. La pointe du nord eſt auſſi cernée d'un récif. Au dedans de cette baie, on trouve douze à treize pieds d'eau de baſſe mer, & 4 à 5 braſſes de profondeur entre les deux pointes qui en forment l'entrée.

Geitapour.

Du côté du nord de ce port, on trouve *Geitapour*, où les François avoient un établiſſement en 1682 & 1683.

Corſaires.

Les vaiſſeaux qui naviguent le long de la côte de *Malabar* & de *Concan* pour aller à *Goa*, à *Bombaie* ou à *Surate*, doivent être ſur leurs gardes en la rangeant. Les *Angrias*, les *Marates*, les *Sangans* & les *Seragis*, qui ſont des corſaires, veillent ſans ceſſe pour les ſurprendre ; ils ſavent profiter des calmes, afin d'attaquer avec plus d'avantage : ce qu'ils font presque toujours plusieurs ensemble. Ils ont ordinairement un coursier de douze ou de dix-huit, & quelqu'autres canons de moindre calibre. La plupart de leurs ports sont situés entre *Goa* & *Bombaye* : depuis quelques années les vaisseaux Anglois & autres sont obligés de se mettre en flotte pour s'en garantir.

Isle de *Rajapour*.

De la pointe de *Vigiador* à l'île *Rajapour*, la côte gît au nord-nord-ouest, dix lieues. Cette île est petite, mais haute & couverte d'arbres; elle est à peu de distance du continent, & à une lieue un tiers au sud de la riviere de ce nom : sa latitude est de 17° 3'. L'entrée de la riviere est large & de moyenne hauteur. De chaque côté de la pointe de *Vigiador*, on peut ranger la terre à une lieue & demie ou deux lieues, par 14 à 17 brasses d'eau; à quatre ou cinq lieues, on trouve 25 brasses; & 30 à 35, à six ou huit lieues de terre, fond de vase.

Cap *d'Obetelle*.

Sept lieues au nord-nord-ouest de l'île *Rajapour*, gît le cap d'*Obetelle*, par 17° 23' de latitude : c'est une haute pointe escarpée qui avance en mer. La côte est saine; on peut pousser sa bordée jusques par 9 à 10 brasses, à une lieue de terre, ou prolonger la côte par 12 à 13 brasses à environ deux lieues. On trouve 16 brasses à trois lieues, 20 à quatre lieues, & 35 à 40 à sept ou huit lieues.

Cap *Z*.

Du cap d'*Obetelle* au cap *Z*, la côte gît au nord-nord-ouest cinq lieues : ce cap est haut, escarpé & paroît très-blanc quand le soleil y donne; ce qui, joint à sa hauteur, le rend très-remarquable. La côte est saine avec plusieurs ouvertures, comme des entrées de rivieres; &, lorsque l'on est près de terre, on découvre plusieurs forts Indiens. On pouſſe ſa bordée juſques par 8 ou 9 braſſes à deux tiers de lieue de terre, lorſqu'on louvoye à cette côte, ou bien on la range par 11, 12 ou 13 braſſes à deux ou trois lieues; à quatre ou cinq lieues la profondeur eſt de 17 à 20 braſſes; & de 25 à 30 braſſes, à ſix ou ſept lieues, fond de ſable & vaſe.

Du cap *Z* à *Daboul*, la côte gît au nord-nord-oueſt ſept lieues. La terre dans ces environs eſt haute au bord de la mer, mais beaucoup plus dans l'intérieur des terres. La côte eſt ſaine & nette; on peut pouſſer ſa bordée par 8 ou 9 braſſes à une demi-lieue ou deux tiers de lieue de terre, & la côtoyer par 12 ou 13 braſſes; d'une lieue un tiers à deux lieues on trouve 17 à 20 braſſes; à quatre ou cinq lieues, 25 à 30; à ſix ou ſept lieues, 35 à 40; & 45 braſſes à huit, neuf ou dix lieues, fond de ſable & vaſe. Au large de ce fond, bourbeux près de terre, les Anglais ont fait depuis peu un établiſſement que l'on nomme fort *Victoire*; on y voit leur pavillon, près de la mer, ſur une montagne qui eſt par 17° 56'. *Daboul.* Fort *Victoire.*

Du fort *Victoire* aux port & riviere de *Dundé Rajapour*, la côte gît au nord-nord-oueſt, huit lieues; elle eſt haute & ſaine. L'intérieur des terres eſt montagneux. On rangera cette côte comme celle de l'article précédent, même braſſayage, & même fond. On dit que le port de *Dundé Rajapour* eſt beau & en état de recevoir des vaiſſeaux de toutes grandeurs; l'entrée en eſt large: il y a une petite île du côté du nord, & la terre eſt fort élevée de chaque côté. Sa latitude eſt de 18° 17' nord. *Dundé Rajapour.*

De l'entrée de *Dundé Rajapour* au nord-nord-oueſt, 5 à 6 degrés oueſt, ſept lieues, gît une petite île baſſe & plate, ſur laquelle il y a une fortification Indienne, nommée l'île de *Chaoul* ou *Colaba*, parce qu'elle eſt par le travers d'une *Ile & Port de Chaoul.*

Ville de ce nom, qui eſt par 18° 36′ nord. La Ville eſt conſidérable ; il y a un fort bâti ſur une petite éminence que l'on peut voir de quatre ou cinq lieues en mer. La côte entre ces deux endroits eſt ſale avec des roches à quelque diſtance de terre : il ne faut pas s'en approcher par moins de 8 ou 9 braſſes. En prolongeant la côte, on voit pluſieurs édifices près de la mer, avec une haute terre que l'on nomme la haute terre de *Chaoul*, & dans l'intérieur de hautes montagnes inégales. Par le travers de *Chäoul*, il y a pluſieurs pêcheries, par 7 à 8 braſſes, à deux ou trois lieues de terre. Les marées ſont ici régulieres à douze heures, les jours de nouvelle & pleine Lune ; le flot porte au nord & le juſan au ſud. Les marées ſont aſſez fortes ; il faut y faire attention pour en profiter : on trouve 8 ou 9 braſſes à une lieue & un tiers. Par le travers de *Chaoul*, on peut ranger la côte depuis *Dundé Rajapour* par 10 ou 11 braſſes à deux lieues & demie ou trois lieues de terre ; on trouve 16 à 18 braſſes à quatre ou cinq lieues ; 20 à 26 à ſix ou ſept lieues ; puis 30, 36 & 40 braſſes à huit, neuf ou dix lieues, fond bourbeux, ſable & vaſe.

Iſle *Hunary & Cunary.*

De l'île *Chaoul* on voit clairement les îles *Hunary* & *Cunary* : la premiere eſt la plus au large. De l'île *Chaoul* à celle-ci la route eſt au nord-oueſt quatre lieues & demie. On peut ſe tenir entre les deux par 8, 9 ou 10 braſſes ; mais entre les îles *Hunary* & *Cunary* les vaiſſeaux ne paſſent point, quoiqu'on y trouve 3 ou 4 braſſes & demie, parce que le canal eſt étroit : on paſſe dans l'oueſt de l'île *Hunary* par 6 ou 7 braſſes à une lieue ou une lieue un tiers de terre. on trouve 4 braſſes & demie ou 5 braſſes à un tiers de lieue d'elle ; 11, 12, 15 ou 18 braſſes, à trois, quatre ou cinq lieues ; 34 ou 36, à huit ou neuf lieues ; & 40 à 45, à dix ou douze lieues. Sa latitude eſt de 18° 45′. Quand on voit cette île, venant du nord ou du ſud, elle paroît comme deux roches ou îles ſéparées, dont les extrémités ſont plus élevées que le milieu, ce qui la fait connoître : elle eſt entourée de fortifications Indiennes.

De l'île *Hunary* on voit l'île la *vieille Femme*, qui eſt au ſud de *Bombaye*, & forme l'entrée du port, d'où ſe prolonge un récif à deux tiers de lieue au ſud-oueſt : entre l'île *Hunary* & ce récif, on trouve 8 à 9 braſſes de profondeur. Iſle la *Vieille Femme*.

Il y a un banc parallele à la côte, qui en eſt éloigné de ſept à huit lieues, & qui a environ dix ou douze lieues de longueur & 3 lieues de largeur. La partie la plus ſud eſt par 18° 6′, & la plus nord par 18° 43′ : on trouve 23 braſſes ſur la partie du ſud de ce banc, 28 braſſes au large, & 27 à terre. Par 18° 16′ de latitude, on trouve 30 braſſes au large, 25 ſur le banc, & 29 à terre ; à huit ou neuf lieues de la côte, par 18° 28′, il y a 30 braſſes au large, 26 ſur le banc, & 32 à terre; par 18° 43′, 36 braſſes au large, 32 ſur le banc, & 37 à terre. A huit ou neuf lieues le banc peut ſervir quand on vient de nuit ou d'un tems de brume pour atterrer. Banc au large de la côte.

Bombaye eſt ſitué par 19 degrés de latitude nord : c'eſt le plus beau port de toute cette côte, & le meilleur de tous ceux que les Anglois poſſedent aux Indes orientales. C'eſt là que les vaiſſeaux hivernent & ſe radoubent. L'entrée en eſt fort difficile, à cauſe de la quantité d'écueils qui s'y trouvent. Malgré l'inſtruction qu'en donne le Pilote Anglois dans ſon Routier, ainſi que pluſieurs autres, il faut être pratique pour y entrer, ou avoir un Pilote du lieu, ce que les vaiſſeaux qui veulent y aller peuvent aiſément ſe procurer, en mouillant à l'ouvert du port, & faiſant les ſignaux néceſſaires. *Bombaye.*

Baçaim. De *Bombaye* à *Baçaim* il y a dix à onze lieues au nord-quart-nord-oueſt *. Le rivage entre les deux eſt bas & uni, excepté quelques mornes ou hauteurs. Les terres de l'intérieur ſe démontrent auſſi par mornes, mais plus élevés. On peut approcher & ranger la côte par 10 ou 11 braſſes, ſans courir de danger, que celui des pieus plantés fort au large, où les pêcheurs tendent leurs filets, au travers deſquels il ne fait pas bon paſſer. La tenue eſt bonne. Le mouillage eſt certain pour étaler les marées établies entre *Bombaye* & *Baçaim* nord-quart-nord-eſt & ſud-quart-ſud-oueſt, à trois ou quatre lieues au large. Les flots y portent au nord-oueſt-quart-nord, & les ebes au ſud-eſt-quart-ſud juſqu'au cap *Saint-Jean*. Les grands courans rendent les eaux fort ſales.

Barſabas. Avant d'arriver à *Baçaim*, on trouve une riviere & un petit port, nommés *Barſabas*. Il eſt à l'eſt-quart-ſud-eſt quand la partie la plus ſud de la montagne ſituée au ſud, reſte à l'eſt-quart-nord-eſt. On voit une pointe qui avance un peu en mer, & au dehors s'étend une rangée de roches ſur l'eau. La Ville eſt au dedans de cette pointe, ſur laquelle s'éleve une petite tour environnée de cocotiers. C'eſt ſur cette tour qu'on arbore le pavillon Portugais. Il y a une batterie de canon qui bat la rade. La côte au nord de *Barſabas* eſt de ſable. On rencontre en quelques endroits des roches, dont les plus écartées n'avancent que d'un quart de lieue en mer.

Au deſſus de *Baçaim* on découvre une côte unie, & au bout une vallée où la ville eſt ſituée. Plus ſud on voit un morne rond fort haut, ſur lequel les Sevagis ont une fortereſſe.

Lorſque cette montagne reſte à l'eſt, on peut ſur le

* Mémoire de M. Houſſaye, & Journaux de la Navigation de divers vaiſſeaux.

même rumb de vent chercher l'entrée du port de *Baçaim* placé entre deux îlots ou rochers, au milieu desquels il faut passer, l'un du côté du nord, l'autre du côté du sud. Ce port a peu d'eau, & n'est bon que pour de très-petits bâtimens.

Une armée considérable de Marates, après un siége de dix-huit à vingt mois, ont enlevé aux Portugais, depuis quelques années, la ville & la forteresse de *Baçaim*.

Au nord-nord-ouest de *Baçaim*, on remarque un îlot tout couvert d'arbres, & détaché de la côte.

On compte onze lieues au nord-quart-nord-ouest de *Baçaim* au cap *Saint-Jean*. Il faut, en faisant cette route, s'écarter de la terre au moins de trois lieues, à cause des bancs de roches qui s'avancent en mer de deux lieues & demie à trois lieues. Depuis les 19° 40′ de latitude à cette distance, la profondeur est de 17 à 18 brasses.

Si la nécessité oblige de louvoyer, on tiendra la côte au moins par 16 brasses dans la bordée de terre, de peur de tomber subitement dans certains endroits par 7 ou 8 brasses, fond de roche. Les marées qui sont nord-nord-est & sud-sud-ouest portent quelquefois à terre ; il y faut faire attention, & ne mouiller que dans une impossibilité de refouler le courant.

Le cap *Saint-Jean* est par 20 degrés de latitude. A trois ou quatre lieues dans les terres plus sud que ce cap, s'élevent deux hautes montagnes ou pics ; l'un appellé le pic d'*Anoul*, en forme de pyramide, & l'autre en forme d'un château. Toute la côte est haute de-là jusqu'au cap, dont l'extrémité est plus élevée. Au pied regne une basse terre remplie de palmiers & de lataniers. Cap *St. Jean*.

Lorsqu'on a doublé ce cap, & qu'on veut aller à la rade Rade de *Surate*.

de *Surate*, on prend le milieu du canal qui porte 16 à 17 brasses, fond de vase. Qu'on se garde sur-tout de prendre trop de l'ouest, & d'approcher les bancs du large par plus de 20 à 22 brasses, fond de vase; car si on trouvoit à la sonde, sable, gravier, ou roche, on seroit près de l'accore de ces bancs, sur lesquels on ne peut passer, même de haute mer, & sur le champ il faudroit prendre de l'est pour rejoindre le chenal. On ne doit pas non plus, du côté de l'est, naviguer par moins de 10 brasses. Si on rencontre fond de gravier, ou de roche, il faut se mettre au large en prenant de l'ouest; la proximité de la terre est dangereuse de ce côté-là; les courans y transportent, quand il survient du calme, & au large il y a plusieurs rochers sous l'eau. On observera avec soin ce que je viens de prescrire, jusqu'à ce qu'on soit plus nord que *Daman*; alors on pourra s'approcher de la côte à volonté: le fond est par-tout de vase molle jusqu'à la rade de *Surate*.

La côte entre le cap *Saint-Jean* & la riviere de *Surate* est basse & unie. Au sud de l'embouchure, environ trois ou quatre lieues, il y a trois monticules. On mouille à la rade de *Surate* par 10 brasses, fond de vase, à deux lieues de terre, & l'entrée de la riviere au nord-quart-nord-est. La mer y hausse & baisse de trois brasses environ.

Quatre lieues au nord de la riviere de *Surate* on trouve le port de *Süali*. Il faut, pour y aller, se faire conduire par un Pilote pratique, à cause des bancs qui se rencontrent dans le passage.

Surate. *Surate* est à cinq lieues de l'embouchure de la riviere, à 21° 10′ de latitude nord, & à 69° 52′ de longitude à l'orient de Paris. Cette ville est une des plus commerçantes des Indes

Indes orientales. Les François, les Anglois & les Hollandois y ont leurs comptoirs.

DES ISLES LAQUEDIVES.

On rencontre à l'occident de la côte de *Malabar* l'archipel des *Laquedives*. On appelle ainsi en géneral les îles qui sont au nord des *Maldives*. Leur étendue est depuis 8° 10′ de latitude septentrionale, jusqu'à 12° 50′. Il y en a dix-neuf principales, la plupart cernées de cayes & de rochers, au pied desquels le fond a une grande profondeur, ce qui fait que les Navigateurs ne peuvent connoître s'ils en sont plus ou moins éloignés, de sorte que leur abord est fort dangereux : d'ailleurs on est incertain de l'exactitude des plans de ces îles.

Isles *Laquedives*.

Entre ces îles il y a plusieurs passages fréquentés ordinairement par les vaisseaux qui naviguent des Indes vers le golfe de la mer rouge ou du sein Persique; les plus connus, particulierement des vaisseaux d'Europe, sont 1°. celui de *Mamalé*, appellé vulgairement canal des 9° 30′. Il est borné au nord par les îles *Seuhelipar* & *Calpenie*, & au sud par l'île *Malique*. La premiere qui est par 10 degrés de latitude, a un récif à sa pointe du sud qui pousse près de deux lieues au large. Cette île, de même que toutes les autres de cet archipel, est très-basse; on la reconnoît seulement par les arbres qui la couvrent, de sorte qu'elle ne peut s'appercevoir que de six à sept lieues d'un beau tems, comme l'a observé M. du Fai, capitaine du vaisseau l'*Amphitrite*, qui la reconnut en 1736. Il eut aussi le lendemain connoissance de l'île *Calpenie* également basse & boisée. Je l'ai vue en 1733,

Isles *Seuhelipar* & *Calpenie*.

& j'ai obſervé ſa latitude de 10 degrés : elle me parut environnée de briſans. Sa diſtance de la côte de *Malabar*, & reſpectivement celle des autres îles, telle qu'on les trouve ſur ces nouvelles Cartes, eſt fondée ſur mon obſervation & ſur les remarques de tous les Navigateurs qui ont paſſé entr'elles.

Iſle *Malique*. L'île *Malique* à laquelle j'avois mal à propos donné le nom de *Kélai* ſur mes anciennes Cartes, eſt ſituée par 8° 20′ de latitude, trente-ſix lieues au ſud-ſud-eſt de *Seuhelipar*, & à la même diſtance au ſud-ſud-oueſt de l'île *Calpenie*, ce qui forme la largeur du canal. Cette île eſt baſſe, entourée de briſans, & il y a un mouillage du côté du nord-oueſt. Elle eſt habitée & dépend d'Ali-Raja à la côte de *Malabar*. Je dois à M. de la Salle, qui étoit en ſecond ſur le vaiſſeau l'*Indien*, capitaine M. Trévan, les éclairciſſemens touchant l'île *Malique*, ainſi que pluſieurs autres qu'il a bien voulu me communiquer; la capacité & le mérite de cet Officier ſont trop connus, pour qu'il ſoit beſoin que j'en faſſe ici un éloge particulier *.

* Le ſeize Mars 1770, à trois heures après midi, le vaiſſeau l'*Indien* vit l'île *Malique*, marquée ſur mes anciennes Cartes, ſous le nom de *Kélai*, & ſituée par 8° 20′ de latitude. Le lendemain n'étant qu'à deux ou trois lieues de cette île, à 11 heures du matin, il vint à bord du vaiſſeau une grande chaloupe, faite à la façon du pays, & armée de 22 rames. L'équipage étoit compoſé de 28 hommes, dont trois qui paroiſſoient de diſtinction, étoient envoyés par le Commandant de l'île pour leur faire offre de ſervice. Sur la queſtion qu'on leur fit, s'il y avoit une île nommée *Malique* au milieu du canal, ils répondirent que leur île s'appelloit *Malique*, & qu'il n'y en avoit point d'autre entr'elle, *Seuhelipar* & *Calpenie*. Un d'entr'eux qui commandoit un bâtiment des *Laquedives*, & à qui on fit voir les Cartes de mon Neptune, s'y connoiſſant très-bien, aſſura que celle que je nommois *Malique* n'exiſtoit point, & que le canal juſqu'à *Seuhelipar*, qu'il avoit traverſé pluſieurs fois, avoit trente-cinq lieues de largeur; que l'île que je mettois ſous le nom de *Kélai*, étoit celle de *Malique*; que l'île *Kélai* étoit la plus nord des *Maldives*, éloignée d'une journée & demie, au ſud de *Malique*, celle-ci étant la plus ſud des *Laquedives*.

Le fecond paffage eft au fud de l'île *Malique*, entre cet île & l'attollon * le plus nord des *Maldives* dont l'île principale fe nomme *Quélai*. M. Houffaye, ancien Capitaine des vaiffeaux de l'ancienne Compagnie des Indes, a vu l'une & l'autre, il en a obfervé les latitudes, fuivant lefquelles la plus nord des *Maldives* ne paffe pas 7° 15'. Je vais rapporter ici l'extrait de fes Journaux à cet égard.

Extrait du Journal du Sieur Houffaye, Capitaine en fecond fur le vaiffeau le Préfident.

» Le premier Juillet 1685 fur les cinq heures du matin, » nous avons eu connoiffance de quatre îles des *Maldives* » qui font les plus nord : elles nous demeuroient au fud-oueft-» quart-oueft. Nous en étions éloignés d'environ trois lieues & » demie à quatre lieues, & la plus grande nous paroiffoit avoir » une lieue de long. Elles font toutes fort baffes, il n'y a que » les arbres qui font deffus, qui les font appercevoir d'un » beau tems de cinq lieues en mer. La plus nord peut être » par 7° 15' de latitude nord. A huit heures du matin ayant » approché lefdites îles à deux lieues, nous avons fondé à » 120 braffes, fans trouver fond. Côtoyant lefdites îles » fur les dix heures, nous en avons découvert 7 autres » d'égale hauteur, c'eft-à-dire toutes fort baffes. Il nous pa-» roiffoit auffi quelques rochers détachés, mais tout proche » de la terre. A la troifieme île du fud, nous voyions de » grands brifans au large, & le tout fort dangereux «.

Suivant ce Journal & le rapport de plufieurs Navigateurs,

* On appelle attollon, un amas de petites îles prefque jointes les unes aux autres.

il eſt certain que la plus nord des îles *Maldives* ne paſſe pas 7° 15′, & que la plus ſud ne paſſe pas la ligne équinoxiale.

Autre Extrait du Journal du même Officier ſur le même vaiſſeau, en 1687.

» Du mardi midi 29 Juillet au mercredi 30, à une heure » & demie après minuit, à la faveur du clair de la Lune, » nous avons eu connoiſſance de l'île *Sindel**. Je m'eſtimois » alors par 8° 20′ de latitude nord, & par 95° 55′ de longi- » tude, méridien de Ténérif. Ayant donc vu ladite île » à demi-lieue de diſtance, qui eſt baſſe comme les îles de » *Glenan* (à la côte de Bretagne) nous y voyions de gros » briſans par le travers de nous; & entendant fort bien le bruit » qu'ils faiſoient à la côte, nous avons mis en panne ſur » l'autre bord, & ſondé ſans trouver fond à 60 braſſes; » le milieu de ce que nous voyions de la terre, nous » reſtoit au ſud-quart-ſud-eſt. Les vents étant alors au » ſud-oueſt, nous trouvant trop proche de la terre, nous nous » en ſommes un peu écartés. A la pointe du jour nous avons » eu connoiſſance de cette île qui eſt fort baſſe, & ſur-tout » du côté du oueſt qu'elle eſt preſqu'à fleur d'eau, avec » une longue pointe où la mer rompt très-fort. Elle eſt » plus élevée au bout de l'eſt, & peut avoir environ quatre » lieues de long. En côtoyant la bande du nord, elle nous » a paru ronde, ayant de gros briſans autour, ſur-tout au » bout du nord-eſt où nous en appercevions qui avançoient » bien au large. Cette île ſe peut voir de quatre à cinq lieues » au plus. En un mot elle eſt fort dangereuſe. Je ne trouve » pas ce paſſage des 8 degrés ſi bon que celui des 9° 30′,

* Cette île eſt la même que *Malique*.

» ce que j'ai remarqué depuis dans différens voyages. » Cependant je trouve que l'on peut paſſer librement les » îles *Maldives* depuis 8° 10′ de latitude nord, juſques par » 7° 20′ de la même latitude; mais je préfere toujours le paſ- » ſage des 9° 30′ dont j'ai parlé «.

Après ces deſcriptions, & des autorités fondées ſur l'expérience, les vaiſſeaux qui viennent du canal de *Mozambique*, des îles de *France* & de *Bourbon*, ou de quelqu'autre endroit ſitué à l'occident des Indes, & dont la deſtination eſt pour la côte de *Coromandel*, *Bengal* & autres lieux plus orientaux, peuvent avec confiance paſſer par les deux canaux dont je viens de parler, pourvu qu'ils prennent garde de ne pas aller au delà des paralleles ſpécifiés. Ils abrégeront par ce moyen leurs traverſées, & ne s'expoſeront pas à être affalés ſur la côte de *Malabar* par les vents d'oueſt qui y ſoufflent avec violence pendant le fort de cette mouſſon, comme je l'ai remarqué ci-deſſus, ce que doivent craindre ceux qui paſſent au nord des *Laquedives*. Il ne ſuffit pas toujours, pour éviter ce danger, de ranger cette côte à une grande diſtance; cette précaution devient quelquefois inutile par la violence des vents & des courans qui ſurviennent tout-à-coup.

Pluſieurs Navigateurs préferent le paſſage du nord au canal des 9° 30′, à cauſe des mauvais tems qu'occaſionnent les orages & les pluies qui regnent entre ces îles & ſur la côte de *Malabar* pendant les mois de Juin, Juillet & Août, que les vaiſſeaux pour les Indes y abordent. Faute de pouvoir obſerver la latitude, on eſt incertain de la véritable ſituation où l'on eſt à leur égard, & les courans qu'on rencontre à leurs approches, font qu'on s'y trompe plutôt qu'en tout autre parage.

Un motif de cette conséquence m'a fait examiner avec attention les Journaux des vaisseaux * qui y ont passé. Dans cet examen j'ai connu que les observations de latitude n'étoient pas aussi rares que ces Navigateurs se le sont persuadés. Lorsqu'un Pilote se servira d'un instrument ** plus exact & plus commode dans ces sortes de cas, que ne le sont les anciens, ses observations seront plus fréquentes. Outre les hauteurs méridiennes du Soleil, il y a encore plusieurs autres méthodes également certaines pour connoître la latitude à la mer.

En approchant de ces îles, les courans portent vers le sud, même dans leurs canaux. Quant à leur vîtesse, l'examen que j'ai fait des Journaux ci-dessus, m'a fait connoître que les plus grandes différences causées par ces courans dans la latitude, n'excedent pas en vingt-quatre heures 30 minutes, & que les moyennes, c'est-à-dire, celles qui se rencontrent d'ordinaire, sont de 15 minutes ; de sorte que si l'obscurité du tems, ou quelqu'autre inconvénient empêchoit d'observer la latitude, on pourroit par approximation compter sur cette derniere différence, & en conséquence diriger la route jusqu'à la vue ou la sonde de la côte de *Malabar*, dont on prendra connoissance, avant de gagner l'île de *Ceylan*. Plusieurs

* Le vaisseau le *Président* en Juillet 1685.
Le même en Juillet 1687.
La *Perle d'Orient* en Août 1700.
Le *Saint-Louis* en Août 1702.
Le *Lys* en Juillet 1730.
Le *Saint-Louis* en Juillet 1732.
La *Galathée* en Octobre 1733.
Le *Dauphin* en Juin 1734.
Le *Héron* en Septembre 1736.
Le *Triton*, & le *Fleury* en Juillet 1737.
Le *Fleury* en Juillet 1739.
Le *Maurepas* en Août 1739.
Le *Triton*, & l'*Argonaute* en Août 1739.
Le *Chauvelin* en Juillet 1739.
Le *Comte de Toulouse* en Juin 1740.
Le *Chauvelin* & le *Triton* en Juillet 1741.
L'*Argonaute* en Juin 1741.

** L'octans ou le Quartier Anglois de réflexion.

Navigateurs ont négligé cette précaution ; mais leur manœuvre ne me paroît pas affez prudente pour mériter d'être fuivie, parce qu'après une longue navigation on peut, par une erreur confidérable, être effectivement entre les îles ou en deçа, dans le tems qu'on penfe les avoir paffées : prendre pour lors du fud, ce feroit rifquer d'aborder les *Maldives* ou quelqu'autre île du canal. Le changement de la couleur de la mer, qui d'ordinaire manifefte la proximité du fond, n'en eft pas dans ce parage un indice certain * ; il faut abfolument s'en affurer par le moyen de la fonde.

Au nord des *Laquedives* on rencontre les bancs d'*Acharbanane* & de *Padoua*, qui fe prolongent jufques par 13 degrés de latitude nord. Ces écueils font d'autant plus dangereux qu'ils ne brifent pas, & qu'on ne peut les appercevoir que quand on eft deffus.

Bancs d'*Acharbanane* & de *Padoua*.

On trouve encore quelques hauts-fonds plus nord, fur lefquels plufieurs vaiffeaux ont fondé, & qui, fuivant leur rapport, ne font pas à craindre. Cependant j'avertis qu'on peut s'y tromper par la conformité du fond de ces bancs avec celui de la côte de *Malabar* : voici comment.

Les Navigateurs qui paffent au nord des *Laquedives*, fe contentent prefque toujours, fur-tout dans la faifon des mauvais tems, de reconnoître la fonde de la côte de *Malabar* ;

* M. de la Garde-Jafier, Officier des vaiffeaux du Roi, commandant un vaiffeau de la compagnie, en paffant dans ce canal, trouva la mer changée comme s'il eût été fur un fond de 30 braffes. Il s'eftimoit alors à terre, & étoit par conféquent autorifé à compter fur cette apparence ; mais cet habile Navigateur ne crut pas devoir s'y rapporter. Il fit fonder plufieurs fois, & ne trouvant point le fond à 160 braffes de profondeur, il continua fa route vers l'eft, & ne voulut pas prendre du fud qu'après avoir eu une parfaite connoiffance de la côte de *Malabar* : la fuite prouva l'utilité de cette précaution, fans laquelle ce vaiffeau auroit infailliblement abordé les *Maldives*.

alors ils gouvernent au ſud-ſud-eſt & ſud-quart-ſud-eſt pour entretenir le mi-canal entre les îles & la côte. En ſuppoſant que cette ſonde eût été celle d'un des bancs dont je viens de parler, il eſt évident (pour peu qu'on conſidere leur ſituation à l'égard des îles) qu'un vaiſſeau, par cette route, ſeroit en riſque d'en aborder quelqu'une.

Le meilleur moyen d'éviter ce danger, quand le tems ne permet pas de reconnoître la côte, eſt de ne ſe pas déterminer ſur une premiere ſonde. Ainſi, après avoir continué quelque tems la même route, ſi on perd le fond, c'eſt une marque certaine qu'on a ſondé ſur un des bancs du large; mais ſi on continuoit de le trouver, on ſera ſûr de la proximité de la côte. Cette obſervation mérite toute l'attention de ceux qui ſont chargés de la conduite des vaiſſeaux.

Pour moi je crois qu'il eſt à propos d'atterrer à la côte de *Malabar* par 14° 10 à 20', & de ſe ranger de bonne heure par cette latitude, ſi on vient du ſud, afin de n'avoir rien à craindre du banc d'*Acharbanane*, dont l'accore eſt écarté de quatre-vingt lieues de la côte, ſelon quelques-uns, & de cent lieues, ſelon d'autres.

Quarante-cinq lieues au oueſt de *Goa*, on prétend qu'on rencontre un banc qui ſe prolonge du nord au ſud, ſur lequel il y a 30, 40 à 50 braſſes d'eau. Quelques perſonnes m'ont aſſuré que les Corſaires *Angrias* y vont mouiller dans la belle ſaiſon pour attendre les vaiſſeaux & les piller. Cette ſeule autorité ne m'a pas paru ſuffiſante pour le placer ſur mes Cartes : d'ailleurs, je n'ai point trouvé de Mémoires aſſez circonſtanciés pour fixer préciſément ſon étendue du nord au ſud, ni celle de l'eſt à l'oueſt.

Avant de terminer cet article des *Laquedives*, je vais rapporter

rapporter ici les remarques qui m'ont été envoyées d'Angleterre.

Le vaiſſeau l'*Amiral-Pococh*, Capitaine Cleugh en 1762, étant le 19 Mars par 12° 58' de latitude, & 1° 59' à l'oueſt du mont *Deli*, ayant petit frais, tems couvert, comme la latitude étoit conforme à celle d'un banc marqué ſur le *Neptune oriental* au nord de l'île *Baniapini*, on ſonda & on eut le fond vers minuit, tel qu'il eſt marqué ſur les Cartes du *Neptune*. Comme on craignoit de tomber ſur les dangers marqués ſur cette Carte, on louvoya juſqu'au jour, pour n'en pas approcher : on ſondoit d'inſtant en inſtant, & on trouvoit 60, 40 & 32 braſſes, gros ſable & coquillage. On mit cinq heures à traverſer ce banc, eſtimant avoir fait cinq lieues ; les fonds de l'entrée & de la ſortie étoient preſque les mêmes, &, à quelques inégalités près, aſſez réguliers.

Le 20 Mars, à midi, on obſerva 12° 54' de latitude, & on s'eſtimoit 2° 58' à l'oueſt du mont *Deli*. On ne vit point l'île de *Baniapini*, que le Neptune oriental place par cette latitude : le vingt-un, à midi, ayant fait, ſuivant la route eſtimée, quatre-vingt-ſix milles au nord, & ſoixante milles à l'oueſt, & s'eſtimant par conſéquent de 3° 58' à l'oueſt du mont *Deli*, on n'obſerva cependant que 12° 59' de latitude, & on ne trouvoit point le fond de 40 à 65 braſſes.

Le vaiſſeau le *Mamoody*, en 1750, le 31 Mai, à dix heures du matin, a trouvé le fond à 26 braſſes, ſable blanc, coquillage, & corail rouge : il mouilla dans l'inſtant par 27 braſſes, & obſerva 13° 52' de latitude nord, s'eſtimant de 3° 17' à l'oueſt du mont *Deli*. Il appareilla à une heure après midi, & fit quatre lieues un tiers au nord-eſt, fondant de 32 à 42 braſſes ; à trois heures après midi point de fond ; à trois heures & demie, ayant viré de bord

& gouverné à l'ouest-quart-nord-ouest une lieue un tiers, on eut de 26 à 25 brasses, fond de gros sable. Ayant reviré & gouverné à l'est-nord-est, on retrouva le fond de 22 à 26 brasses, & ensuite point de fond à 90 brasses : ayant fait trois lieues un tiers sur cette route, à quatre heures du matin on vira pour porter au large ; & ayant fait deux lieues deux tiers jusqu'à onze heures, on eut pour lors 33 brasses, fond de sable blanc, fin & petites pierres : à midi on crut voir des brisans du nord-ouest au nord-nord-ouest, à une demi-lieue. Ayant alors viré de bord, on trouva 23 brasses, gros sable : on observa 14° 4′ de latitude nord, & on s'estimoit 3° 15′ à l'ouest du méridien du mont *Deli*. En portant la bordée dans la partie de l'est, le fond a augmenté graduellement, jusqu'à près de trois heures après midi, de 22 à 26, puis tout-à-coup 45 brasses, & le dernier coup de plomb, point de fond. L'Officier qu'on avoit envoyé dans le canot, pour voir les brisans de plus près, rapporta qu'il croyoit que c'étoit du poisson qui faisoit l'effet de ce qu'on prenoit pour des brisans, ce qui paroît d'autant plus croyable que nombre de vaisseaux qui ont sondé sur ce banc, ne rapportent point avoir vu aucuns brisans dans la partie du nord.

Par 12° 32′ de latitude, & environ seize lieues à l'ouest de la côte, il y a une roche à fleur d'eau, qui a été vue par MM. Humbleton & Gray.

Il y a à trente ou trente-cinq lieues de la côte un banc ou haut-fond, qui gît du nord-quart-nord-ouest au sud-quart-sud-est, & sur lequel il y a 20 à 35 brasses de profondeur. Le 24 Mars 1760, j'ai parlé au second d'un vaisseau qui a été sur ce banc ; il partoit de *Talichery*, & rencontra le fond par 11° 40′ de latitude, d'où il fit route au nord-quart-nord-oueſt juſques par 13 degrés. Il eut ſouvent du calme; il mouilla & ſe toua ſur ce banc avec des grêlins.

Le vaiſſeau le *Richemont* en 1736, s'appercevant que la couleur de l'eau étoit changée, & croyant que c'étoit le frai de poiſſon qui faiſoit cet effet, toucha, à trois heures du matin, ſur une pointe de ſable qui eſt ſur la partie du nord-eſt du banc. Ayant braſſé à culer, le vaiſſeau para heureuſement ſans dommage : le premier coup de plomb donna 6 braſſes, enſuite on n'eut point de fond à trois longueurs du vaiſſeau de l'endroit où on avoit touché. On vit dans la partie de l'oueſt une rangée de roches à fleur d'eau; du côté du nord-eſt on vit quatre roches ſéparées, & deux petites rangées de roches à environ deux tiers de lieue l'une de l'autre. Dans le ſud-eſt on vit des briſans très-élevés, qui paroiſſoient avoir quatre à cinq lieues d'étendue & une lieue de largeur, & s'étendoient en longueur du nord-quart-nord-eſt au ſud-quart-ſud-oueſt. Quant à leur latitude, elle eſt d'environ 12° 21′ nord; mais pour la longitude, il paroît que le courant donna 20′ de tranſport; car après avoir fait environ deux lieues de la partie du ſud de ce banc, on le perdit de vue, quoiqu'il ſe puiſſe voir de cinq lieues. A la pointe du nord-eſt il y a un petit banc de ſable ſur l'eau : on eſtime ce banc 2° 24′ à l'oueſt du méridien de la roche *Mulhy*.

Il y a un banc avec des briſans par 11° 5′ de latitude, & environ dix lieues à l'oueſt du méridien du mont *Deli:* il a été découvert par le Capitaine Wilhy, dans le vaiſſeau le *Charles* en 1721.

Le Capitaine David Rannic, allant en *Perſe*, faiſant voile de *Calicut*, atterra à une des îles *Laquedives*, par 11 degrés de latitude nord : il rangea cette île de près, ſans trouver le fond à une lieue & un tiers de l'île. Le vent étant de la partie du nord, il gouverna à l'oueſt-quart-nord-oueſt, en faiſant environ une lieue à l'heure : à onze heures du ſoir, ayant ſondé, on fut ſurpris de ne trouver que 7 braſſes de profondeur. On vira ſur le champ, & gouvernant à l'eſt & eſt-quart-ſud-eſt, après avoir fait environ une lieue, la ſonde donna 32 braſſes. Continuant la route de l'eſt, un tiers de lieue après, on tomba par 12 braſſes, fond de roche, où on mouilla juſqu'au jour ; alors on apperçut une rangée de briſans de l'oueſt au nord à toute vue. On voyoit clairement les roches ſous le vaiſſeau : on leva l'ancre & on fit route au ſud, juſqu'à près d'onze heures, trouvant la même profondeur de 12 braſſes, & l'on vit un petit banc de ſable, au de-là duquel on n'avoit pas de fond à 150 braſſes. On reſta à la cape juſqu'à midi, & ſuivant la latitude qu'on obſerva, ce banc de ſable ſeroit par 10° 32'.

Le vaiſſeau l'*Amiral-Pocock*, Capitaine Cleugh, le huit Octobre 1763, vit à la pointe du jour deux des îles *Laquedives*, nommées *Eacondi*, l'une à l'eſt-quart-ſud-eſt, & l'autre au ſud-eſt 5 degrés & demi eſt. A environ trois ou quatre lieues, on n'avoit point de fond à 50 braſſes. A midi on obſerva 10° 33' de latitude nord, & on s'eſtimoit 2° 49' à l'oueſt de *Chagos* : on vit encore à midi trois autres îles, *Perinpa*, reſtant au nord, & les deux autres îles, nommées *Bagonegon*, au nord-nord-eſt environ cinq à ſix lieues.

Le 9 Octobre, au Soleil couchant, *Perinpar* reſtoit de l'eſt-quart-nord-eſt au nord-eſt-quart-eſt 5 degrés eſt, environ deux lieues. La route, à midi, depuis le relevement de l'île, étoit le nord-nord-oueſt 5 degrés & demi oueſt, chemin vingt lieues un tiers, différence des méridiens 29 minutes à l'oueſt. Le 10 Octobre, à midi & demi, on vit les briſans des bancs d'*Acharbanane* au nord-eſt-quart-eſt, & au coucher du Soleil, les briſans ci-deſſus reſtoient du nord-eſt à l'eſt, diſtance de cinq à ſix lieues.

DES CÔTES DE L'ISLE DE CEYLAN.

MANARA, dont le bout du ſud eſt par 8° 57′ de latitude nord, ſe reconnoît à des bouquets de cocotiers plantés à l'oueſt de la riviere, à l'ouverture de laquelle il y a 13 ou 14 pieds d'eau. Un vaiſſeau un peu grand ne mouillera qu'à une bonne lieue vers l'oueſt de ce canal. Le long de l'île *Manara*, à une portée de canon de terre, on trouve 20 à 21 pieds d'eau. Manara.

Vis-à-vis ce paſſage il y a un récif qui s'étend nord-oueſt & ſud-eſt d'*Aripe*, dont le bout du ſud gît avec le paſſage de *Manara*, environ au ſud-oueſt-quart-ſud quatre lieues de diſtance, & le bout du nord au oueſt-ſud-oueſt quatre lieues trois quarts. Ce récif eſt de roches rompues; il y a au travers pluſieurs ouvertures & différens paſſages, mais ils ne ſont pratiquables que pour quelques barques du pays, encore d'un tems calme; car, quand il vente un peu frais du ſud, il briſe par-tout. On prendra donc une lieue environ au nord-oueſt de ſa pointe du nord, & l'on pourra dans de petites embarquations faire route ſans crainte vers le paſſage de *Manara*, ou vers tel autre endroit que l'on jugera à propos. Au dedans de ce récif, en gagnant le détroit ou paſſage de *Manara*, le fond diminue graduellement juſqu'à 13 & 14 pieds d'eau.

De *Manara* à *Aripe*, le chemin contient quatre lieues & deux tiers au ſud-oueſt-quart-ſud: la côte forme un enfoncement entre les deux. *Aripe* ſe reconnoît par un petit village & une petite égliſe, au nord-oueſt-quart-oueſt de laquelle, à deux Aripe.

tiers de lieue ou environ, on rencontre un rocher qui a 8, 9 ou 10 pieds d'eau, de ſorte que les barques du pays peuvent y paſſer. Dans le bon canal on trouve juſqu'à 14, 15 & 16 pieds : il eſt donc à propos, quand on va de *Manara* à *Aripe*, de garder cette profondeur, & de n'aller ni plus au large, ni plus à terre.

Les barques ou petits bâtimens qui viennent du ſud & vont à *Manara*, obſerveront, à l'oueſt un peu nord de la pointe de *Cardive*, de ranger la terre à trois lieues au large, par 18 ou 20 braſſes, fond de rocaille; enſuite de gouverner au nord-nord-eſt & nord-eſt-quart-nord, juſqu'à relever l'égliſe d'*Aripe* à l'eſt. Dans cette route, après qu'ils auront atteint les 4 ou 5 braſſes, ils verront briſer le récif, & le rocher à terre du récif. De cette ſituation, ils dirigeront la route pour garder le fond ci-deſſus de 14 & 15 pieds à terre du rocher.

Mais, ſi du ſud on veut aller à *Manara* dans de plus grands vaiſſeaux, lorſqu'on ſera trois lieues à l'eſt de la pointe *Cardive*, par le fond ci-deſſus, on aura ſoin de gouverner au nord juſqu'à voir briſer le récif, enſuite de s'en écarter vers l'oueſt d'environ une lieue, en lui donnant tour. De-là on découvrira au nord-eſt l'île de *Manara* : pour lors on doit gouverner deſſus, & l'approcher autant qu'il convient au vaiſſeau, la ſonde ſans ceſſe à la main, & faiſant bon quart. Il arrive quelquefois dans cette route, que du fond de 20 à 25 braſſes, il en diminue tout-à-coup 2 & 3, & ce changement ſe fait ou plus proche de terre, ou plus proche du récif, mais qu'on ne s'en étonne pas, ſi on eſt du côté de l'île; car ſi-tôt qu'on a gagné 7 & 8 braſſes, on a une ſonde aſſez réguliere qui diminue par degré juſqu'à 5 braſſes vers la terre, fond de fable. Si plus près du récif on fe trouvoit par 8 braffes, fond de rocaille & de gravier, qu'on s'en éloigne.

D'*Aripe* à l'île *Caridien* il y a fept à huit lieues au fud-oueft-quart-oueft. Cette île contient environ deux lieues de longueur, elle eft d'une figure irréguliere à diverfes pointes. Celle du fud gît par 8° 26'; c'eft une montagne rougeâtre, efcarpée & prefqu'en forme de cône. On trouve à quatre lieues au large, fond de roche 8 & 9 braffes. Dans un tems ferein on peut, en venant de l'oueft, quatre ou cinq lieues au large, voir le fond à 15 & 20 braffes. En approchant, les profondeurs font inégales, & demandent fans ceffe la fonde à la main. Qu'on ne foit point furpris, fi après un fond de peu de braffes, on le perdoit tout-à-coup, & qu'enfuite par un retour imprévu, on en trouvoit un autre de 8 à 9 braffes; parce que à trois lieues & demie de la côte, lorfqu'on veut la ranger de près, le fond eft fort inégal de 8 à 9 jufqu'à environ une lieue de l'île, qu'on rencontre un banc qui n'a que 3 braffes d'eau, fond de caillou. Quand on l'a dépaffé, le fond eft de fable à 5 braffes. Au fud-eft de cette île il y a une baie éloignée de deux lieues de *Calapeten*. Isle *Caridien.*

De la pointe du fud de l'île *Caridien* à celle du fud-oueft de *Calapeten*, la route eft au fud-oueft, quatre lieues & demie. Je viens de parler des profondeurs inégales, elles font ici à peu près les mêmes. Le banc de 3 braffes, dont j'ai fait mention dans l'article précédent, eft fitué à une portée de fufil de terre, & s'étend jufqu'au-deffus de *Calapeten*; il regne, environ à deux tiers de lieue de-là, une chaîne de rochers, fur lefquels la mer brife. On reconnoît facilement cette pointe du fud-oueft par une efpece de Pointe de *Calapeten.*

touffe d'arbres très-épaisse ; il n'y a rien de semblable dans tous les environs, sinon sur la terre ferme à l'est, où l'on voit environ cent cocotiers, entre lesquels & cette touffe, dans le fond d'un petit vallon, il y a une baie nommée *Naverari*, qui ne met point à l'abri des vents d'ouest. Le fond en est d'ailleurs, comme aux environs, si sale & si mauvais, qu'on ne sçauroit en nul endroit jetter l'ancre, sans courir risque de la perdre, même en dedans du banc de 3 brasses, sinon très-proche de *Caridien* ou *Calapeten*, à 4 & 5 brasses de profondeur.

Riviere de *Chiloa*.

De la pointe de *Calapeten* à *Chiloa* on compte huit lieues. La route pour le large est au sud-sud-ouest. Au sud de la baie de *Naverari* commence une chaîne de rochers & de corail, qui s'étend le long de la côte jusqu'à une lieue au nord de *Chiloa*. Dans cet endroit elle s'écarte à près d'une lieue au large ; avec la sonde on peut s'en appercevoir. A une plus grande distance de la terre le fond est de sable.

La riviere de *Chiloa* se découvre par une montagne de sable sur laquelle il paroît quelques petits arbrisseaux, & un monticule rond au dedans des terres. Si l'on vient de la partie du sud, on pourra ranger de près la côte jusques par le travers de la riviere ; mais du côté du nord, on passera deux tiers de lieue au large de cette chaîne de rochers & de corail, avant de porter vers la côte. Le fond entre *Calapeten* & *Chiloa* est de beau sable, quelquefois un peu de corail ; mais plus on approche *Calapeten*, plus le fond devient mauvais.

Morabel.

De la riviere de *Chiloa* à *Morabel*, la côte gît au sud-quart-sud-ouest en prenant du ouest. Il y a plus de profondeur entre ces deux endroits qu'aux autres ci-dessus. On peut

peut approcher de la côte par le secours de la sonde. *Morabel* se reconnoît par deux ou trois jardins de cocotiers qui sont un peu avancés dans le terrain, & qui ressemblent, en venant de la partie du nord, à ceux de *Naverari* sous *Calapeten.*

Riviere de *Cayanel.*

De *Morabel* à *Cayanel* la côte gît au sud-quart-sud-ouest à la distance de quatre lieues. *Cayanel* est une riviere dont les deux côtés de l'embouchure présentent une pointe, lorsqu'on vient de la partie du nord. Il y a sur cette pointe quantité de cocotiers. Le fond est bon par-tout entre ces deux endroits, & particulierement vers la côte.

Negombo.

De *Cayanel* à *Negombo* la route est au sud-quart-sud-ouest à la distance de deux lieues. De la partie du nord la terre semble former un enfoncement. Si l'on est par le travers de *Cayanel*, il faut porter un peu au large, à cause d'une chaîne de roches qui se trouve entre ce lieu & *Negombo*, & se tenir à deux lieues de la côte par 7 ou 8 brasses de profondeur jusqu'à ce qu'on ait relevé *Negombo* au sud-est-quart-sud. Par ce moyen on évite un rocher qui est au nord-nord-ouest du bâton de pavillon, ou de la pointe nord du fort; il y a au pied 6 brasses d'eau, & deux sur ce rocher. Quand on vient de la partie du sud pour aller à *Negombo*, on doit mettre le fort au sud-est & gouverner dessus jusqu'au mouillage, sans prendre plus nord. *Negombo* se reconnoît à une pointe la plus avancée de la côte, sur laquelle est un bois épais de cocotiers. De cette pointe un récif de rochers s'étend un peu au large.

Colombo.

De la pointe en dehors de *Negombo* à *Colombo*, on compte six à sept lieues au sud-quart-sud-est. On rencontre partout bon fond, excepté par le travers d'une petite riviere où une pointe de rochers s'avance deux tiers de lieue au large. Il faut garder 10 & 12 brasses de profondeur. On peut mouiller devant *Colombo* à 6 ou 7 brasses & demie, le bâton de pavillon au sud, mais ne pas approcher la riviere de trop près, à cause des roches qui sont à l'embouchure & autour de la pointe du sud.

Galketin. De *Colombo* à *Galketin* le chemin est de trois lieues nord & sud. C'est une petite baie ronde, ouverte & sans abri. Les vaisseaux font ordinairement route à une lieue un tiers par 13 brasses fond de sable.

Panture. De *Galketin* à *Panture* il y a trois lieues & demie nord & sud. Pour aller de l'un à l'autre, on aura soin d'entretenir les 18 brasses de profondeur, parce que plus près par 10 brasses, le fond se trouve de roches. *Panture* est une riviere connoissable par deux rochers élevés au-dessus de la surface de l'eau. Ils sont du côté du nord de l'entrée à environ deux portées de canon au large. Le mouillage est vers le sud de ces roches, par 10 & 12 brasses, à deux tiers de lieue de la côte.

Caliture. De *Panture* à *Caliture* le gissement est au sud-quart-sud-est, & la distance d'environ trois lieues & demie. Au nord de *Caliture* il y a un banc de roches; on voit du côté du sud de la riviere le fort qui est bâti sur un petit mont. Si l'on a dessein de mouiller en ce lieu, on prendra pour marque deux autres monticules voisins l'un de l'autre & près du rivage. Le plus nord est le moins élevé. Si-tôt qu'on voit le fort au milieu des deux, il faut gouverner droit dessus, jusques par 4 & 5 brasses, mais ne pas le relever au sud de ces monticules, de peur de se trouver sur un mauvais & très-dangereux fond. Il est encore bon d'observer que faiſant route ſur le fort, comme je viens de le dire, le fond eſt mauvais par 15 & 16 braſſes, mais aſſez bon de 6 à 4.

On compte environ deux lieues de *Caliture* à l'île *Barberin* : on cingle par 7 à 8 braſſes le long de la côte. Au ſud de *Caliture*, on rencontre un rocher à douze ou treize pieds ſous l'eau : il eſt au ſud-oueſt-quart-ſud 5 degrés oueſt du fort, & au ſud-eſt-quart-eſt 5 degrés eſt du monticule de *Makvenien*. Le paſſage eſt bon par 4 braſſes entre la terre & ce rocher, qui eſt environ deux tiers de lieue au large ; mais il eſt meilleur en dehors, en n'approchant la terre que par 6 braſſes. Iſle *Barberin*.

Entre *Makvenien* & *Barberin* le fond eſt mauvais à 15 braſſes, & paſſable de 15 à 20 ; mais au deſſus de 20, il eſt très-mauvais, roches & corail ; de ſorte qu'en ſondant, à peine vient-il avec le plomb quelques grains de ſable.

Barberin eſt une île qui ſe reconnoît par ſa petite diſtance de la grande terre. On y peut mouiller au nord par 6 ou 7 braſſes. : il y a auſſi une petite baie pour des barques ou des chaloupes. On prendra garde en y entrant, à la pointe, où ſe trouvent beaucoup de rochers. Le mouillage de cette baie eſt à 2 ou 3 braſſes, fond de ſable, à une petite portée de fuſil de terre.

De l'île *Barberin* à la pointe de *Cocacheire*, le giſſement eſt au ſud-ſud-eſt. Quatre lieues entre les deux, à deux tiers de lieue de l'île *Barberin*, coule la riviere *Alican* ou *Beneto*, au ſud de laquelle s'éleve un petit fort ſur un monticule. Le mouillage eſt bon, fond de ſable noir, à 12 ou 13 braſſes. Au nord de cette riviere il paroît deux rochers à découvert. Pointe de *Cocacheire*.

A quatre lieues au large, entre *Barberin* & la pointe de *Coca-*

cheire, on a 28 à 30 brasses, fond dur. De ce dernier endroit, on peut ranger la côte de très-près à 7 & 8 brasses, mais à quatre lieues au large, 100 brasses ne suffisent pas quelquefois pour toucher le fond.

Ragamme. Le gissement de la pointe de *Cocacheire* à *Ragamme*, est au sud-est, & la distance de cinq lieues.

Entre les deux on apperçoit une petite riviere ou ruisseau dans lequel les chaloupes peuvent à peine entrer, au sud un monticule rougeâtre & escarpé du côté de la mer, & au nord à une portée de fusil, un jardin de cocotiers, nommé *Amlamgode*. De-là à *Ragamme* on compte trois lieues. A une lieue un tiers au sud d'*Amlamgode*, s'étend un rocher environ deux tiers de lieue au large, sur lequel la mer brise continuellement. On prendra garde, dans ce parage, d'approcher de la côte par moins de 20 brasses de profondeur; à 15 le fond est inégal, mauvais & rempli de roches; à 9, 8 & 7, il est en quelques endroits de sable, mais peu net; de sorte que la prudence demande que ceux qui naviguent sur cette côte, se tiennent par les 20 brasses.

Ragamme s'avance en pointe dans la mer. Il y a dessus quelques bosquets de cocotiers, & au bord du rivage de grands rochers élevés qui le font facilement reconnoître.

Pointe de *Gale*. De *Ragamme* à la pointe de *Gale* la distance est de quatre lieues au sud-est-quart-est. On ne peut côtoyer que par 25 brasses, car à une bonne lieue, au sud de *Ragamme*, on trouve un rocher noyé qui n'est couvert que de douze à quatorze pieds d'eau, & qui a tout autour 15 & 16 brasses.

Il faut faire attention à une petite élévation rougeâtre sur le bord du rivage; le rocher de *Gendore* est vis-à-vis. Au sud de *Grandere* on rencontre aussi deux rochers sous l'eau, à une longueur de cable desquels, en tirant vers le large, il y a 14 à 15 brasses.

Ces rochers se reconnoissent aisément ; ils ne sont que cinq ou six pieds sous l'eau, & la mer y brise continuellement. De petits bâtimens ou des chaloupes peuvent passer entre ces rochers & la terre, le fond est de 9 & 10 brasses. Mais il vaut mieux passer plus près des rochers que de la côte, parce que, quoique le fond soit inégal, & qu'il augmente ou diminue tout-à-coup de 2 & 3 brasses, il n'en a jamais moins de 4 & demie ou 5.

Au dedans de la pointe de *Gale* il y a une baie. Les Hollandois y ont une place considérable, bien fortifiée, avec une bonne garnison. Ils ne laissent entrer aucun vaisseau étranger, sans avoir un de leurs Pilotes, afin de se réserver la connoissance de l'entrée. On n'a rien de plus à dire sur ce lieu, sinon de n'en pas approcher de plus près que par 16 à 18 brasses, le bâton de pavillon au nord-nord-est, pour mouiller par un bon fond.

Au devant de la baie il y a deux rochers sous l'eau, dont l'un est couvert de quinze pieds, & l'autre de 17 ; ils ont autour 10 & 11 brasses. Si on n'approche pas plus près que par 15 brasses, on ne risque aucun mauvais fond. Du côté de l'est de la baie on voit un rocher sur lequel la mer brise.

La pointe de *Gale* est par la latitude de 6° & par 77°, 57′ de longitude, méridien de Paris.

De la pointe de *Gale* à la baie *rouge* il y a cinq lieues & demie. Le gissement de la côte est est-quart-sud-est & ouest-quart-nord-ouest. Baie *Rouge*.

* A environ une lieue à l'oueſt de cette baie, on voit une petite île plantée de cocotiers, qu'on appelle l'île *Boiſée*. En venant de la partie du oueſt, pour entrer dans la baie *Rouge*, on rangera la côte par 12 & 14 braſſes de profondeur, juſqu'à ce qu'on ait doublé une pointe rouge eſcarpée qui en fait l'entrée. Alors on découvre un récif fort près de terre, par le travers duquel il faut cingler à la profondeur ci-deſſus, juſqu'à ce qu'on voye à l'oueſt de la baie, un îlot tout contre terre, & un rocher en dedans du récif. Il faut continuer la route à l'eſt, pour mettre le rocher & l'îlot l'un par l'autre. Lorſqu'enſuite on les releve au nord & nord-quart-nord-oueſt, il faut approcher du rocher à un jet de pierre; & après l'avoir paſſé & s'en être éloigné à une longueur de cable, on mouillera par $4\frac{1}{2}$ ou 5 braſſes. S'en écarter de deux longueurs de cable, c'eſt riſquer de tomber ſur un fond fort mauvais.

Après avoir mis le rocher & l'îlot l'un par l'autre, il faut, pour cingler ſur le récif, comme je viens de le dire, que ce rocher & cet îlot reſtent au nord-nord-oueſt, parce qu'à la pointe du récif, on rencontreroit un rocher noyé, qui n'a que onze ou douze pieds d'eau. Cette précaution eſt abſolument néceſſaire pour ne s'y pas perdre.

A l'eſt de la baie il y a de hautes terres & un petit village nommé *Mietre*, mais il n'eſt pas poſſible d'aborder cette partie de la côte, à cauſe d'une chaîne de rochers qui cerne preſque les trois quarts de la baie.

Pour ſortir de la baie, on obſervera le contraire de l'en-

* La Carte du Pilote Anglois & pluſieurs autres repréſentent ce giſſement de l'eſt à l'oueſt; mais le Routier le met eſt-quart-ſud-eſt & oueſt-quart-nord-oueſt. l'Auteur a vérifié que cette derniere poſition eſt la plus exacte.

ſeignement donné pour y entrer; & quand on aura rejoint la profondeur de 14 braſſes, on pourra gouverner comme on voudra, ſans cependant quitter la ſonde.

Riviere de *Mature*.

De la pointe *Rouge* à *Mature*, la diſtance eſt d'environ trois lieues, & le giſſement à l'eſt quart-ſud-eſt 4 à 5 degrés ſud. *Mature* eſt une riviere à l'embouchure de laquelle ſont deux ou trois rochers. A l'eſt, à environ une portée de canon, on voit une petite île contre la grande terre, ſemblable à l'île *Boiſée* dont j'ai parlé dans l'article précédent. Par le travers de cette baie, tenant au côté de l'oueſt, s'étend un récif ou chaîne de rochers environ deux tiers de lieue au large, de ſorte que pour mouiller devant la riviere de *Mature*, il n'en faut pas approcher par moins de 12 braſſes de profondeur, juſqu'à ce que l'îlot reſte au nord-quart-nord-eſt & nord-nord-eſt; pour lors on pourra ranger cette île dans un petit navire d'auſſi près qu'on le voudra. On peut encore jetter l'ancre au dedans de cette chaîne de rochers par le travers de la riviere, par 4 braſſes & demie de fond; mais pour paſſer au large, il faut gouverner, comme je viens de l'expliquer, d'abord ſur l'îlot, enſuite louvoyer juſqu'à ce que le récif ſoit dépaſſé; enfin porter ſur la riviere qu'on approchera d'auſſi près qu'on le ſouhaitera.

Pointe de *Dondre*.

De la riviere de *Mature* à la pointe de *Dondre* on compte une lieue un tiers. Au ſud-eſt de la partie oueſt de *Dondre* s'étend, à un tiers de lieue au ſud-oueſt, une chaîne de rochers, ſur laquelle on ne trouve que neuf, dix & douze pieds d'eau. Du côté du large il y a 6 & 8 braſſes, & en dedans vers la côte, 3 à 4 braſſes de fond. On y doit bien prendre garde, quand on en approche. Etant par le travers de *Mature* par 12 braſſes de profondeur, ſi on fait route à l'eſt-quart-ſud-eſt

5 degrés sud, on doublera la pointe de *Dondre* à deux tiers de lieue de distance, par 15, 16 & 18 brasses. Les terres de cette pointe sont basses : une espece de grand bosquet de cocotiers qui est dessus, la fait aisément reconnoître.

Baie de *Gaëliès*.

De la pointe de *Dondre* à *Gaëliès* la route est à l'est 3 degrés sud, une lieue. La pointe de *Gaëliès* est élevée & escarpée de façon que pour mouiller en dedans, il faut la ranger de près, & à une demi-portée de fusil de terre. Autrement il est très-difficile d'y entrer & de mouiller sans courir risque de perdre ses ancres; ainsi on fera bien de la serrer d'aussi près qu'on le pourra : le danger, quel qu'il soit, est visible.

Gaëliès est une petite baie qui s'arrondit dans l'ouest. Les navires peuvent y mouiller en sûreté par 4 à 5 brasses & demie fond de vase. On y est à couvert des vents d'ouest, du nord & du sud; les vents de l'est font un peu grossir la mer.

Dickwel.

De *Gaëliès* à *Dickwel* la côte court à l'est-nord-est deux lieues & demie. *Bamberande* est au milieu des deux, & entre ce dernier & *Dickwel* regne une chaîne de rochers à près de deux tiers de lieue de la côte, sur lesquels la mer brise souvent. C'est pourquoi il n'en faut pas approcher par moins de 15 brasses.

On reconnoît *Dickwel* par un jardin de cocotiers qui paroît avoir deux tiers de lieue de longueur. Il y a aussi entre la chaîne de rochers ci-dessus & le rivage, un récif éloigné d'une portée de fusil de terre.

De *Dickwel* à *Nielwel* on compte deux lieues à l'est-nord-est. On range la côte à 12 & 14 brasses de fond, à une portée de canon.

Baie de *Nielwel*.

Nielwel est une baie dont la partie ouest met les navires à couvert des vents de sud-sud-ouest & de ouest. Sur sa ſa pointe du oueſt il y a un monticule qui, en venant de ce côté-là, ſemble former une eſpece d'îlot couvert de cocotiers. Il faut le ranger d'auſſi près que celle de *Gaëliès*, à 12 & 14 braſſes de profondeur : à la pointe de l'eſt un rocher s'éleve au deſſus de la ſurface de l'eau. On ne trouve au dedans de la baie aucun danger, excepté trois roches plates qu'on rencontre près de terre, & un haut-fond ſur lequel on dit que les plus grands vaiſſeaux peuvent paſſer : il convient cependant d'y envoyer ſonder.

De *Nielwel* à *Coënacker*, ou la baie de *Kerketoës*, on compte une lieue deux tiers à l'eſt-nord-eſt 5 degrés eſt. C'eſt une grande baie : il faut ſe tenir près de terre, comme je l'ai dit ci-deſſus, à 12 ou 14 braſſes de fond. Préciſément au milieu de l'ouverture de cette baie on apperçoit un grand rocher, & à l'oueſt une petite pointe eſcarpée comme celle de *Gaëliès*, qu'il faut ranger de près en entrant dans la baie. Baie de *Coënacker.*

De *Coënacker* à *Tangale* il y a deux lieues à l'eſt-nord-eſt 5 degrés eſt : c'eſt une pointe ſous laquelle il y a une petite baie. On ſuivra la côte à 12 & 14 braſſes de fond. *Tangale.*

On compte de *Tangale* à *Waëluë* quatre lieues à l'eſt-nord-eſt 5 degrés eſt : le terrain entre les deux eſt bas & ſabloneux ſur le bord de la mer, haut & eſcarpé dans les terres. Il faut côtoyer à une lieue un tiers de terre, par 20 & 22 braſſes. Le fond s'y trouve de ſable mêlé de corail. *Waëluë.*

Waëluë eſt une grande riviere qui a au nord une petite montagne. Vis-à-vis de ſon embouchure, environ à une lieue un tiers de la côte, il y a un rocher ſur lequel la mer briſe ordinairement. On peut avec des vaiſſeaux de moyenne grandeur, en paſſer à terre par 7 & 8 braſſes, fond de ſable.

Mago. De *Waëluë* à *Mago* la route tire à l'eſt-nord-eſt prenant du nord. *Mago* eſt une pointe cernée de rochers; à moitié chemin de cette route le mauvais fond commence, c'eſt pourquoi il faut ſe tenir à 22 & 24 braſſes. On voit entre *Waëluë* & *Mago* les ſalines de *Mazen* : c'eſt une petite baie où il ne peut entrer que des chaloupes. On aſſure qu'il y a un rocher au dedans de cette anſe : je n'ai pu le vérifier.

Le Pilote Anglois dont je ſuis ici le Routier, dit qu'à l'eſt de Mago *on voit à deux lieues deux tiers de terre un rocher à découvert. Je crois qu'il confond en cela quelques rochers de la grande* Baſſe *qui ſont un peu plus à terre que d'autres. Pluſieurs perſonnes qui ont paſſé à terre de ce récif, m'ont aſſuré qu'on ne peut expliquer autrement cet article. Ceux qui feront cette route, y prendront garde.*

l'Eléphant. De *Mago* à une petite montagne remarquable, appellée l'*Eléphant*, qui eſt près du bord de la mer, on compte ſix lieues. Le giſſement eſt nord-eſt & ſud-oueſt : au ſud 5 degrés eſt de l'*Elephant*, on rencontre la grande *Baſſe*. C'eſt un banc de rochers ſur lequel, au rapport des Naturels du pays, il y a eu autrefois une chapelle de cuivre ; c'eſt pourquoi les habitans la nomment encore aujourd'hui *Crowncotte* dans leur langue.

La grande *Baſſe*. La grande *Baſſe* a environ une portée de canon de longueur, & autant de largeur. La mer y briſe en s'élevant très-haut, & quelques-uns de ſes rochers ont leur pointe à découvert. Il faut s'en tenir au large par 30 braſſes, & n'en pas approcher de plus près. Elle eſt à trois lieues de la côte, entre laquelle & ce récif on peut paſſer, en rangeant un peu plus proche de terre par 8, 9, 10 & 12 braſſes. On n'approchera pas cependant la côte par moins de profondeur que 8 brasses, & la grande *Basse* par moins de 12, ce qu'on observera jusqu'à ce que l'*Eléphant* reste au nord-nord-ouest. Quand on sera à mi-canal, il faudra gouverner à l'est-nord-est ou à l'est-quart-nord-est, si l'on est plus voisin de terre, jusqu'à ce qu'on soit par 30 brasses : alors on portera au nord-est pour passer au large de la petite *Basse*.

J'ignore pourquoi le Pilote Anglois enseigne que partant de la pointe de Dondre *pour passer au large de la grande* Basse, *il est nécessaire de gouverner à l'est-sud-est. Suivant cette instruction, on passeroit effectivement fort au large ; mais je crois qu'on seroit en risque de décôter, & qu'on auroit beaucoup de peine à rejoindre* Ceylan, *à cause que dans la mousson de l'ouest, les courans portent vivement à l'est dans ce parage, comme je l'ai plusieurs fois expérimenté. Il est vrai qu'en faisant cette route pendant la nuit, on doit se méfier des courans qui portent à terre en même tems qu'ils portent à l'est ; selon moi, c'est assez en partant de deux lieues au sud de la pointe de* Dondre, *de gouverner à l'est : ce rumb de vent conduit huit lieues au sud de la grande* Basse. *Cela paroît devoir suffire pour le transport du courant qui porte au nord : on aura soin indépendamment de sonder de tems en tems.*

Il faut encore observer que quoiqu'il y ait vingt lieues de la pointe de Dondre *à la grande* Basse, *lorsqu'on estimera en avoir fait quinze, on sera déja par son travers ; plusieurs vaisseaux même ont cru n'en avoir fait que douze. Cette remarque mérite attention tant pour la direction de la route, que pour la quantité du chemin.*

Le gissement de la grande *Basse* à la petite *Basse* est au nord-est, & la distance de sept lieues. Le Routier Anglois met ce gissement au nord-est-quart-nord ; mais suivant ce Petite *Basse*.

que j'ai remarqué toutes les fois que j'ai fait ce trajet, en faisant le nord-est on ne passe pas à plus de distance de l'une que de l'autre. Lorsque ce récif ne brise pas, la meilleure marque pour juger si on est proche de la petite *Basse*, est une petite montagne, à laquelle se joint une pyramide qui ressemble à une cheminée sur le pignon d'une maison. Cette montagne est directement au nord-ouest de la petite *Basse*. Un peu plus nord on voit une autre montagne moins haute, qui a sur son sommet une petite pyramide semblable à une pagode, d'où elle tire son nom. Elle est plus éloignée dans les terres que celle de la cheminée, & ne se distingue des autres monticules que par cette marque.

Entre les deux *Basses*, à distance égale environ de l'une à l'autre, il y a un petit haut-fond sur lequel on ne trouve que 8 brasses de profondeur ; mais ceux qui y passent, ne doivent pas craindre d'en approcher.

Julius Nave.

De l'*Eléphant* à la haute pointe de sable, ou *Julius Nave*, il y a environ cinq lieues au nord-est-quart-est. Entre les deux on voit deux récifs, l'un près de terre, & l'autre à deux tiers de lieue au large, sur lequel il n'y a que sept ou huit pieds d'eau. On peut mouiller au dedans de cette pointe de sable : le fond & le mouillage y sont bons.

Cette pointe de *Julius Nave* est au nord-nord-ouest de la petite *Basse*. On passe entre les deux à 5 brasses de profondeur : on en trouve 6 ou 7 plus près de terre, & le milieu du canal est par 5 & demie.

Pointe du *Bas-Banc.*

De la pointe de *Julius Nave* à la pointe du *Bas-Banc*, le gissement est au nord-est-quart-nord prenant du nord, cinq lieues un tiers. De cette pointe un banc de sable s'étend en mer une lieue un tiers ; ainsi on aura soin de s'en écarter, ſoit en venant des *Baſſes* , ſoit en venant de la partie du nord. Entre les deux pointes de ſable , c'eſt-à-dire , entre *Julius Nave* & celle-ci , le mouillage eſt bon par 12 & 13 braſſes de profondeur.

De la pointe du *Bas-Banc* à *Aganis* , le giſſement eſt au nord-nord-eſt , & la diſtance de cinq lieues un tiers. *Aganis* ſe reconnoît par un petit pic qui en eſt proche, reſſemblant à une tour. Au nord de ce pic il y a deux monticules voiſins l'un de l'autre , & près le rivage un boſquet de cocotiers , qui indiquent parfaitement *Aganis*. En venant de la pointe du *Bas-Banc* , on doit côtoyer à une lieue deux tiers ou deux lieues au large , par 25 braſſes fond de ſable mêlé de corail. On en trouve 15 à une portée de fuſil de la côte qui eſt eſcarpée. *Aganis.*

D'*Aganis* à *Aregamme* la côte gît au nord-quart-nord-eſt , quatre lieues. Par le travers d'*Aregamme* , s'étend un récif deux tiers de lieue au large. Cet endroit ſe remarque à deux petites montagnes un peu avancées ſur le terrain , & écartées l'une de l'autre , ainſi qu'à un boſquet de cocotiers qui n'eſt pas tout-à-fait ſi grand que celui d'*Aganis* : on côtoye de 22 à 24 braſſes de profondeur. *Aregamme.*

D'*Aregamme* à *Poawegamme* on compte quatre lieues & demie au nord-quart-nord-eſt : on le reconnoît à un boccage de cocotiers qui renferme une pagode. La terre ſur le rivage eſt baſſe , haute & montagneuſe ſur le terrain. Il y a un récif à un tiers de lieue : on doit, dans ce parage, entretenir la profondeur de 22 braſſes , quoiqu'elle ne ſoit pas bonne pour le mouillage , à cauſe du fond parſemé de roches en pluſieurs endroits. *Poawegamme.*

Le giſſement de la côte entre *Poawegamme* & *Batacalo* *Batacalo.*

eſt au nord-quart-nord-oueſt, & la diſtance de huit lieues. Sur le bord de la mer, entre les deux, la terre eſt baſſe, & ſur le terrain s'élevent de très-hautes montagnes, dont l'une eſt appellée par les Navigateurs le *Capuchon*, à cauſe de ſa reſſemblance par ſon extrémité avec une coqueluche; mais elle n'a cette forme que lorſqu'on la releve de l'oueſt vers le ſud; car, quand elle reſte au nord-oueſt ou nord-nord-oueſt, ſa pointe eſt comme le ſommet d'une groſſe pyramide.

Deux lieues au large de *Batacalo*, on rencontre un banc de roches ſur lequel les profondeurs ſont inégales. Un petit navire peut paſſer entre la terre & ce banc, mais le meilleur eſt de garder le large. Lorſqu'on releve au ſud-oueſt le *Capuchon* dont je viens de parler, on peut en arrondiſſant approcher la terre. Si on veut mouiller par le travers de la riviere par 7 ou 8 braſſes, on ſera à un tiers de lieue de terre. Pluſieurs cocotiers épars ſur la côte, facilitent la connoiſſance de cet endroit, outre que la terre gît de-là au nord-oueſt-quart-nord.

Profondeurs inégales dans l'eſt de *Ceylan*.

Il eſt à propos d'obſerver qu'on ne doit point compter ſur l'égalité du fond dans toute cette partie de l'eſt de l'île de *Ceylan*. Il y a des puits en pluſieurs endroits. L'expérience m'a appris, toutes les fois que je l'ai côtoyée, que ſouvent de 20 braſſes on tombe à 100. Il arrive qu'étant proche de terre par 7 & 8 braſſes, on ſe trouve tout-d'un-coup à 40. Ceux qui côtoyent cette île, doivent y faire attention, comme aux courans qui portent quelquefois à terre.

Baie de *Vendelos*.

De *Batacalo* à *Vendelos* le chemin eſt de huit lieues au nord-oueſt-quart-nord. *Vendelos* eſt une baie au nord d'une pointe : elle peut ſe reconnoître par une petite montagne un peu avancée ſur le terrain, nommée le *Pain de ſucre*, vers le ſud de laquelle, un peu au loin, il y a deux ou trois autres petites montagnes. A une portée de canon de la côte, la profondeur eſt de 8 à 9 braſſes, mais le fond eſt ſale en pluſieurs endroits, ainſi il faut mouiller plus au large. Les vaiſſeaux qui ont affaire à la pointe de *Pedre*, doivent depuis *Batacalo* ranger la côte de près, autrement ils riſqueroient de ne pouvoir pas s'en rallier.

De *Vendelos* à l'île *Provedien*, le chemin eſt d'environ trois lieues au nord-oueſt-quart-nord. La côte en ce lieu s'arrondit en s'avançant au large. Le fond eſt très-mauvais pour le mouillage. On doit ſe tenir par 16 à 18 braſſes, & ranger la côte à deux lieues & demie. Iſle *Provedien*

L'île *Provedien* eſt un rocher blanc qui reſſemble à la voile d'une champanne ou barque du pays. Le fond ſale continue encore cinq lieues plus vers le nord.

De l'île *Provedien* à la pointe du ſud-eſt de la grande baie de *Trinquemalay*, nommée par les Anglois *Foulpointe* ou pointe *ſale*, l'air de vent eſt le nord-oueſt-quart-nord 3 degrés nord, ſept à huit lieues. La côte eſt baſſe & boiſée, avec un beau ſable blanc le long du rivage, & on peut la ranger par 18 à 22 braſſes ſans craindre aucun danger. Trois ou quatre lieues au ſud de *Foulpointe*, il y a bon mouillage à deux tiers de lieue de terre, par 14 ou 15 braſſes. *Foulpointe* ou pointe *Sale*.

Le nom de cette pointe vient d'un récif qui s'étend au nord-nord-oueſt un peu plus d'un ſixieme de lieue, mais on ne doit rien craindre quand on ne va pas par moins de 14 à 15 braſſes.

De *Foulpointe* au mât de pavillon de *Trinquemalay*, le giſſement eſt au nord-oueſt 5 degrés oueſt, & la diſtance Pointe du mât de pavillon de *Trinquemalay*.

une lieue deux tiers. Quand on range la côte de près, le fond continue jusqu'à ce que le mât de pavillon reste à l'ouest 5 degrés nord ; & pour le retrouver ensuite, il faut approcher de près la côte au nord du fort. Comme je donnerai ci-après une instruction pour la baie de *Trinquemalay*, je n'entrerai ici dans aucun détail à ce sujet.

Ile aux Pigeons.

De la pointe du bâton de pavillon de *Trinquemalay* à l'île aux *Pigeons*, le gissement est au nord-quart-nord-ouest 8 à 9 degrés ouest. Cette île n'est, en quelque façon, qu'un rocher environné de plusieurs autres ; sur le plus grand, il y a plusieurs arbres & broussailles.

Riviere de *Crux* & *Rio-Carti.*

De l'île aux *Pigeons* à la riviere de *Crux*, on compte une lieue & un tiers. De la riviere de *Crux* à *Rio-Carti*, le gissement est au nord-ouest, & la distance d'environ quatre lieues. La côte est basse & unie : on peut mouiller à une lieue un tiers de terre, par 16, 18 & 20 brasses.

Molewale.

De *Rio-Carti* à *Molewale* la distance est de cinq lieues & demie au nord-ouest. On peut mouiller entre les deux, la tenue y est fort bonne. De *Molewale* il s'étend un banc à trois lieues au large, qu'il ne faut pas approcher plus près que par 9 ou 10 brasses. Cependant comme il est fort accore, il faut, pour l'éviter, se tenir à quatre lieues de terre, où il y a 11 & 12 brasses, fond de corail. Quand on a presque doublé ce danger, le fond se trouve de sable & de coquillage, mêlé de gravier & de corail. A cinq lieues de terre, le fond est de sable & peu de coquillage ; ce banc étant doublé, il faut, pour aller à la pointe de *Pedre*, se rallier de la côte où l'on n'a rien à craindre. Tant qu'on entretient 6 brasses, fond de sable, on est encore sur la queue du banc ; s'il est de vase, on pourra alors côtoyer la terre à une portée de de canon, par 7 ou 8 brasses même fond; mais on s'en écartera un peu plus, aux approches de la pointe de *Pedre*, à cause des dangers qui l'environnent.

De *Molewalè* à la pointe de *Pedre* on compte quatorze lieues au nord-ouest & nord-ouest-quart-nord. On rangera la côte comme je l'ai enseigné dans l'article précédent, sans s'en écarter davantage, afin d'éviter une roche sous l'eau, qui n'est qu'à neuf pieds de profondeur, & un banc situé au large de la côte, dont les profondeurs sont très-inégales. Pointe de *Pedre*.

Le gissement du rocher avec la pointe de *Pedre*, est est-quart-nord-est & ouest-quart-sud-ouest, deux lieues & demie à trois lieues.

En venant du sud, si on étoit contrarié par les vents, de façon qu'on ne pût ranger la côte à la distance ci-dessus, il vaudroit mieux passer en dehors du banc & du récif, & se tenir à quatre lieues au large par 9 & 10 brasses, jusqu'à ce que la pointe de *Pedre* soit à l'ouest-sud-ouest; ensuite gouverner à l'ouest, sans prendre du sud, que quand cette pointe restera au sud-ouest, autrement on tomberoit sur un fond inégal qui diminue quelquefois de deux brasses à chaque coup de plomb; au lieu qu'on n'en trouvera pas moins de 4 $\frac{1}{2}$ à 5 en se conformant à cette instruction. Cependant, si faute de la suivre, on se trouvoit à 4 brasses fond de sable & roches, on ira alors au large, jusqu'à ce que le fond soit de sable, mêlé de corail & de coquillage, par 5 brasses & demie à 6 brasses.

Quand la pointe de *Pedre* reste au sud-quart-sud-est à quatre lieues & demie de terre, on peut y mouiller; le fond est de sable fin à 4 brasses & demie.

Mais lorsque cette pointe reste au sud-quart-sud-ouest, &

qu'on veut approcher la côte, si on est obligé de louvoyer, il ne faut pas, à la bordée du large, relever la pointe plus vers l'ouest qu'au sud-ouest, & dans celle de terre, plus vers le sud que le sud-sud-ouest: par ce moyen on évite ce danger.

La partie du nord de la pointe de *Pedre* se reconnoît à une Eglise & à quelques maisons bâties dessus; les terres se prolongent à l'ouest.

J'ai, après plusieurs observations faites en mer avec une grande exactitude, déterminé par 10° 42′, la latitude de cette extrémité de l'île de *Ceylan*, contre le sentiment du Pilote Anglois, qui la place 23 minutes plus nord qu'elle ne doit être.

Fort de Hamonhiel.

De la pointe de *Pedre* au fort de *Hamonhiel*, le chemin est de huit à neuf lieues à l'ouest-quart-sud-ouest & ouest-sud-ouest. Quand on est environ à six lieues deux tiers de la pointe de *Pedre*, on découvre la pointe *Valy*, à laquelle il faut donner tour d'environ trois lieues & un tiers au large, à cause d'un banc sur lequel il n'y a que 3 brasses, en sorte qu'il faut dépasser la pointe du nord-ouest avant de voir le fort de *Hamonhiel*; & quand cette pointe sera au sud-est-quart-est, alors l'île sera au sud-quart-sud-ouest & sud-sud-ouest, d'où il faut gouverner dessus jusques par 4 brasses à 4 brasses & demie, & mettre le fort au sud-quart-sud-est, pour y mouiller. En Mai, Juin & Juillet les vents du sud-sud-ouest sont violents en ce parage, & les marées de flot & de jusan très-fortes.

Jafanapatnam.

De *Hamonhiel* à *Jafanapatnam*, le chemin est de cinq lieues à l'est, mais il ne se fait que par des canaux où il y a, en certains endroits, seulement quatre pieds d'eau:

c'eſt pourquoi ce paſſage n'eſt propre que pour des bateaux du pays.

De *Jafanapatnam* à la pointe de *Calmonli*, la route eſt l'eſt-ſud-eſt, trois lieues, ſur un petit fond de douze à treize pieds d'eau. Proche la pointe de *Calmonli* eſt un rocher ſur lequel il n'y a que trois pieds & demi d'eau; il faut néanmoins le ranger à la longueur d'un navire. On mouille à *Calmonli* par 3 braſſes & demie d'eau, à deux tiers de lieue du rivage.

Pointe de *Calmonli.*

De *Calmonli* à l'île au *Chat*, le chemin eſt de quatre lieues au ſud-oueſt-quart-ſud: il ne faut approcher, dans la bonne route, que par 5 à 6 braſſes, fond de ſable fin, à une portée de canon de l'île. A cette île il y a un banc qui va un tiers de lieue au large.

Iſle au *Chat.*

De l'île au *Chat* aux *deux Freres*, le chemin eſt de quatre lieues au ſud-ſud-oueſt. Il ne faut pas approcher les *deux Freres* de plus près que de deux tiers de lieue, à cauſe d'un récif de rochers qui s'étend vers l'oueſt.

Les *deux Freres.*

Des *deux Freres* à l'île *Manar*, le chemin eſt de ſix lieues deux tiers au ſud-quart-ſud-oueſt. Dans le bon canal, proche des *deux Freres*, il y a 5 & 6 braſſes; le fond diminue beaucoup proche de *Manar*; & lorſqu'on en approche, on voit une Egliſe que les Portugais nomment *Madre-de-Deos.* Ayant cette Egliſe au ſud-oueſt, on approchera tant que l'on pourra; on aura dix à douze pieds d'eau à la portée d'un coup de canon de terre.

Iſle *Manar.*

De la pointe de l'oueſt de *Manat* à *Ramanancor*, le chemin eſt de ſix lieues & deux tiers au nord-oueſt-quart-nord, pour venir par les 6 braſſes, fond de vaſe; enſuite, faiſant route le long de l'île de *Ramanancor*, on trouve 7 braſſes.

Ramanancor.

Etant à la pointe du nord-eſt de ladite île, il faut ſonder ſans ceſſe ; car auſſi-tôt qu'on a atteint 5 braſſes, le fond diminue d'une demi-braſſe à chaque coup de plomb conſécutif, & devient mauvais.

Iſle *Caſtitua.* De la pointe du nord-eſt de *Ramanancor* à l'île *Caſtitua*, la route eſt l'eſt-nord-eſt quatre lieues & deux tiers.

Iſle *Vache.* De l'île de *Ramanancor* à l'île *Vache*, il y a neuf lieues à l'eſt-nord-eſt : dans la bonne route, on trouve 6 à 7 braſſes. L'île *Vache* a deux lieues deux tiers de longueur, & à ſon bout de l'oueſt il y a un récif.

Déveranpatnam. Du fort de *Hamonhiel* à *Déveranpatnam* qui eſt en terre ferme, le chemin eſt de dix-huit lieues au nord-oueſt-quart-nord ; à ſix lieues deux tiers au large il y a un banc ſur lequel il n'y a que dix à douze pieds d'eau.

On connoîtra au plomb quand on en ſera proche : devant *Déveranpatnam* & le long de la côte, il y a peu de fond.

Récif de *Calimere.* De *Hamonhiel* au récif de *Calimere* le chemin eſt de quinze à ſeize lieues au nord-quart-nord-eſt. Dans la bonne route on aura 8 à 9 braſſes, juſqu'à être près du banc de la pointe, qu'il ne faut pas approcher plus près que par les 5 braſſes ; l'ayant doublée, on range la côte par 4 & 5 braſſes n'y ayant aucun danger. Quand la pagode qui eſt ſur ladite pointe reſte à l'oueſt-ſud-oueſt & ſud-oueſt, on a 4 braſſes $\frac{1}{2}$ à 5 braſſes, & à cinq bonnes lieues au nord-eſt, 14 à 15 braſſes.

Dans les mois de Mai, Juin & Juillet, il regne des vents de ſud-ſud-oueſt violens, & de fortes marées de flot & de juſan.

DESCRIPTION *de la grande baie de* Trinquemalay, *& instruction pour y entrer.*

TRINQUEMALAY peut être considéré comme un des plus beaux ports de toutes les Indes ; & comme il est entierement entouré de terre, on y est en sûreté & à l'abri de tous les vents. Le fond est net & de bonne tenue, & le port est assez spacieux pour contenir mille vaisseaux : on trouve plusieurs endroits où l'on peut carener. Commodité du port.

On fait de l'eau aussi en différens endroits ; ceux qui sont dans l'arriere-baie, la font au fort, & ceux qui sont dans le port, la font dans les puits de la Ville : Quant au bois à brûler, on en trouve par-tout en quantité. Eau & bois.

On trouve à *Trinquemalay* fort peu de vivres frais pour la consommation journaliere, & on ne peut guere s'en fournir que pour deux vaisseaux de guerre. Les seules provisions sont le bœuf, le buffle, le cochon, & fort peu de volaille ; les légumes y sont rares & très-chères. Quant aux provisions pour les voyages de long cours, il n'y en a point. Provisions.

Quoique la situation de ce Port le rende très-commode pour le commerce, cependant il ne s'y en fait point : c'est pourquoi il n'y a point de vaisseaux de l'endroit même. Les vaisseaux Hollandois d'Europe y passent aux mois de Juillet & d'Août ; & comme ils relâchent dans l'arriere-baie, Commerce.

ils en partent avant le commencement de la mouſſon du nord-eſt.

Latitude & longitude.

La latitude de la pointe où eſt le bâton de pavillon, eſt de 8° 32′ nord, par pluſieurs obſervations; & ſa longitude eſt de 78° 52′, méridien de Paris. La mer y eſt haute à ſix heures, les jours de nouvelles & pleines Lunes : elle y marne de trois pieds. La marée a peu de cours, excepté dans la partie du ſud de la baie, où, dans les grandes eaux, le juſan fait un nœud & demi à l'eſt, & le flot un nœud dans la partie de l'oueſt : le flot dure quatre heures, & le juſan huit heures.

Marée.

Remarques pour le port.

La terre eſt remarquable aux environs, étant très-élevée autour du port ſeulement, & non ailleurs, ſoit du côté du nord, ſoit du côté du ſud. Dans le ſud de la haute terre qui environne le port, eſt ſituée la grande baie de *Trinquemalay*, qui a environ deux lieues du nord au ſud, & autant de l'eſt à l'oueſt, entre les pointes; il y a un grand eſpace où on ne trouve point de fond, que très-proche de terre. Il s'y débouche quatre rivieres dans la partie du ſud; mais aucune n'eſt navigable que pour les petits bateaux.

Pointe du Pavillon.

La pointe du mât de pavillon eſt la plus apparente, étant très-élevée, & eſcarpée; elle eſt étroite & s'avance d'environ un quart de lieue en mer, où elle eſt coupée perpendiculairement. Il y a au pied une roche de la hauteur d'un vaiſſeau ſans mât. Les Hollandois ont une découverte ſur cette pointe, d'où ils ſignalent les vaiſſeaux, lorſqu'ils les apperçoivent. Il y a ſur le milieu de la pointe un gros arbre remarquable, qui ſert d'indice, quand on le voit par la pointe de la chapelle, pour parer le danger du ſud-oueſt de l'île *Norwege*.

Arriere-baie.

Dans le nord de la pointe du bâton de pavillon, entre elle & la pointe d'*Elizabeth*, eſt une anſe de ſable ſpacieuſe, qu'on appelle arriere-baie. Pendant la mouſſon du ſud-oueſt on y mouille : le fond y eſt de ſable, & le braſſayage diminue graduellement juſqu'à terre. La profondeur eſt depuis 15 juſqu'à 7 braſſes, à un quart ou à une demi-lieue de terre, & le bâton de pavillon doit reſter du ſud-quart-ſud-eſt au ſud-eſt-quart-ſud. Les vaiſſeaux qui y font de l'eau, la font pour l'ordinaire au fort. Les Hollandois y ont fait une jettée ou môle de bois, pour faciliter la deſcente.

Inſtructions pour entrer.

Le premier danger auquel il faut prendre garde en entrant dans la baie, quand on vient du ſud, eſt celui qui s'étend au nord-nord-oueſt de la pointe *Sale* ou *Foulpointe*, qui eſt une pointe baſſe, unie & couverte de bois. On peut, pour l'éviter, s'entretenir par 14 à 15 braſſes, juſqu'à ce que l'île *Ronde*, qui eſt au fond de la baie, ſoit ouverte de la largeur d'une voile, du côté du ſud d'une des pointes de la baie, nommée la pointe de *Marbre*, qui alors reſte à l'oueſt-quart-ſud-oueſt 3 degrés ſud. On fera route ainſi, en entrant dans la baie, juſqu'à ouvrir l'entrée du port, qui eſt du côté du nord. Il eſt bon d'obſerver qu'on ne trouve point le fond, en faiſant cette route, dès que l'île *Norwege* reſte du ſud vers l'eſt.

Entrée du port

Pour entrer dans le port, la route eſt le nord-oueſt-quart-nord, à mi-canal entre l'île *Ronde* & l'île de l'*Eléphant*. Il ne faut point approcher la pointe de l'oueſt de l'île de l'*Eléphant* ; vu qu'à une encablure dans fon nord-oueft-quart-oueft il y a des rochers très-dangereux, fur lefquels on ne trouve que fix pieds d'eau. Pour en paffer au large, il faut tenir la maifon blanche, qui eft fur la pointe d'*Ozembourgh*, ouverte de deux largeurs de voile, de la pointe où eft le fort de l'*Eléphant*. L'entrée du port eft extrêmement étroite, n'ayant que deux longueurs de cable d'ouverture, & 30 braffes d'eau dans le milieu de chaque pointe efcarpée, qu'on peut approcher à une longueur de vaiffeau, fans craindre aucun danger que ceux que l'on apperçoit.

Roches d'*York*.

Après avoir paffé l'entrée étroite, on trouve un beau port très-fpacieux où les vaiffeaux font à l'abri de tous les vents; le fond y eft net, & de bonne tenue. On doit faire attention que, dans le milieu du port, il y a une multitude de roches fur lefquelles il n'y a que cinq pieds d'eau, & qu'on nomme les roches d'*York*; il faut, pour les éviter, tenir l'île *Ronde* ouverte par la pointe d'*Ozembourgh*, de la largeur d'une voile, jufqu'à ce que le bâton de pavillon qui eft fur la pointe, foit par l'ouverture du bois de la ville, alors on eft paré de ces roches. On peut gouverner fur la ville & mouiller où l'on veut, & par les profondeurs qu'on juge à propos, depuis 17 jufqu'à 8 braffes.

INSTRUCTION pour entrer dans le Port de Trinquemalay, *en venant du nord.*

Ifle aux *Pigeons*.

ON peut ranger l'île aux *Pigeons* à une demie ou deux tiers de lieue, par 21, 22 ou 24 braffes d'eau. Ce qu'on appelle l'île aux *Pigeons* eft un amas de rochers deffous &

& deſſus l'eau ; la plus au large deſquelles eſt la plus grande & la plus élevée, ſur laquelle il y a pluſieurs arbres & des brouſſailles. Il n'y a point de paſſage entr'elle & la grande terre, à cauſe des roches deſſus & deſſous l'eau. On trouve, à une demi-lieue de cette île, 22 braſſes, & en allant vers elle, 20, 17, 16 à un ſixieme de lieue de diſtance. L'île aux *Pigeons* eſt à quatre lieues au nord-quart-nord-oueſt, 8 à 9 degrés oueſt de la pointe du bâton de pavillon de *Trinquemalay*. Quand on trouve par ſon travers 36 ou 38 braſſes, on eſt ſur l'accore du fond. A l'autre coup de plomb on trouve 40 ou 42 braſſes, & enſuite point de fond : on doit le conſerver pour y mouiller en cas de calme ou de courans contraires.

Pointe d'*Elizabeth*.

Depuis l'île aux *Pigeons* juſqu'à la pointe d'*Elizabeth*, on range la côte par 18 à 20 braſſes, & les profondeurs ſont très-inégales entr'elles. La pointe d'*Elizabeth* eſt la pointe du nord de l'arriere-baie de *Trinquemalay*, vis-à-vis de laquelle, à un demi-mille d'éloignement, il y a deux roches ſur l'eau, de la grandeur d'un bateau, d'où s'avance, un peu au large, un banc de roches, auprès duquel on trouve 8 à 9 braſſes d'eau, tant du côté du nord, que du côté du ſud. De ce dernier côté il ne faut pas en approcher de plus près que par 12 à 13 braſſes, ni du côté du nord par moins de 16 à 17 braſſes, le fond étant mauvais & les profondeurs très-irrégulieres. Ces roches reſtent au ſud-quart-ſud-eſt 5 degrés & demi eſt de la partie la plus en dehors de l'île aux *Pigeons*, à trois lieues & demie de diſtance, & à une lieue & un tiers au nord-quart-nord-oueſt 3 degrés oueſt de la pointe du bâton de pavillon de *Trinquemalay*.

Si on tient la pointe de la *Chapelle* au ſud, un peu vers l'oueſt, ouverte de la pointe du bâton de pavillon, cette marque fait paſſer ſans riſque au large des roches de la pointe d'*Elizabeth*, par 12 à 13 braſſes; mais ſi on entretenoit de 25 à 30 braſſes entre les roches & la pointe du bâton de pavillon, on perdroit bien vîte le fond, qui ne s'étend qu'à deux tiers de lieue de la côte, & tout au plus à un quart de lieue vis-à-vis le bâton de pavillon, dont on peut ranger la pointe d'auſſi près que l'on veut.

Entre la pointe du bâton de pavillon & celle de la *Chapelle*, il y a pluſieurs roches ſur l'eau, qui s'avancent en mer, & à un huitieme de lieue, vis-à-vis la pointe de la *Chapelle*, il y a une roche ſur l'eau de la grandeur d'un canot, d'où s'étend un récif au large, à la diſtance d'une grande encablure. Cependant quand on tient la marque blanche, qui eſt un peu au dedans de la pointe d'*Elizabeth*, ouverte de la grandeur d'une voile de la pointe du bâton de pavillon, on paſſe au dehors des dangers par 18, 20 & 22 braſſes d'eau.

Quand on a paſſé la roche & le récif de la pointe de la *Chapelle*, on continue à gouverner dans la baie, tenant la pointe de *Marbre* ouverte par la partie du nord de l'île *Ronde*, juſqu'à l'ouverture de l'entrée du port, qui mene hors de tous dangers. Il faut, comme on l'a dejà dit, tenir le mi-canal entre l'île *Ronde* & l'île de l'*Eléphant*, & gouverner au nord-oueſt-quart-nord ſur l'entrée du port, en ſe conformant, pour le reſte, à ce qui a été dit, lorſqu'on y vient de la partie du ſud.

MARQUES pour louvoyer dans l'entrée de la baie.

QUAND on eſt par le travers de *Foulpointe*, & qu'on veut aller dans la baie avec les vents de la partie de l'oueſt, après avoir rangé les dangers qui ſont vis-à-vis de *Foulpointe* par 14 à 15 braſſes, & avoir ouvert la pointe de *Marbre* par la partie du nord de l'île *Rondè*, il faut venir au lof vers la pointe du bâton de pavillon, ſi le vent le permet; car, à un eſpace conſidérable entre les deux pointes, il n'y a point de fond, quoiqu'on le trouve graduellement en approchant de *Foulpointe*; mais en s'en écartant du côté du nord, l'accore du fond va jusqu'à ce que la pointe du bâton de pavillon reſte à l'oueſt 5 degrés nord, & au delà on le perd ſubitement. C'eſt pourquoi j'eſtime que la meilleure façon pour entrer dans le port, quand le vent vient de terre, c'eſt de louvoyer à petits bords ſous la pointe du bâton de pavillon, & d'avoir attention, à cauſe du fort courant qui ſort avec rapidité, de ne pas s'éloigner vers la partie du ſud, en ouvrant la grande baie, jusqu'à ce qu'on puiſſe paſſer le récif qui eſt vis-à-vis la pointe de la *Chapelle*, par les marques dont on a fait mention ci-deſſus.

Quand on court la bordée du nord, on n'a de dangers à craindre que ceux qu'on voit entre les roches de la pointe d'*Elizabeth* & la pointe du bâton de pavillon; ainſi on peut pouſſer ſa bordée par 7 ou 8 braſſes, le fond étant de ſable net. Lorſqu'on court la bordée du ſud, il faut ranger la pointe du bâton de pavillon le plus qu'il eſt poſſible, ainſi que les roches & le récif de la pointe de la *Chapelle*, en obſervant les marques données ci-deſſus.

Iſle *Norwege*. En portant la bordée ſur la côte du ſud, il faut prendre garde à ne la pas pouſſer trop loin; car entre *Foulpointe* & l'île *Norwege*, le fond eſt de roche & la profondeur inégale, trouvant 4, 5 ou 6 braſſes de différence à chaque coup de plomb. C'eſt pourquoi il ne faut pas abſolument aller par moins de 20 braſſes entre *Foulpointe* & l'île de *Norwege*, à cauſe d'une roche très-dangereuſe, nommée la roche de *Northerk*, ſur laquelle il n'y a que huit pieds d'eau; elle porte le nom d'un vaiſſeau qui s'y eſt perdu en 1748: voici ſes relevemens.

Roche *Northerk*. La pointe du bâton de pavillon 35 degrés du nord vers l'oueſt; une montagne dans les terres, par la pointe de *Marbre* à l'oueſt 10 degrés ſud; l'île *Norwege* 38 degrés du ſud vers l'oueſt; & *Foulpointe* à l'eſt 10 degrés nord. Il y a tout au tour de cette roche, 8 à 9 braſſes d'eau, & 15 à 18 braſſes à une très-petite diſtance au large. Enfin on ne conſeille point de pouſſer ſa bordée plus au ſud, qu'on ne ſoit bien élevé dans la partie de l'oueſt de l'île *Norwege*, & que l'île *Ronde* ne ſoit par la pointe de *Marbre*. Dans cette poſition on trouve le fond à 18, 20, 22 & 24 braſſes, tout le long entre *Foulpointe* & l'ile de *Norwege*; & quand on eſt par le travers de cette derniere, on trouve 13, 14 & 15 braſſes.

Entre les roches de la pointe de la *Chapelle* & l'île de l'*Eléphant*, la terre eſt très-accore, & en allant au ſud, on perd ſubitement le fond.

En courant la bordée du ſud , il faut prendre garde aux approches de l'île *Norwege* qui eſt environnée de rochers deſſus & deſſous l'eau; ainſi il faut avoir attention à ſuivre les marques pour éviter les dangers qui s'étendent au nord de cette île.

Quand on aura doublé l'île *Norwege* , en continuant la bordée dans le fond de la baie du côté du ſud , il faudra prendre garde à un banc de ſable , qui s'étend dans le ſud-ſud-oueſt de l'île *Norwege* , ſur lequel il ſe trouve ſeulement 3 braſſes $\frac{1}{4}$ à 3 braſſes $\frac{1}{2}$ d'eau ; les marques pour ſavoir quand on a paré ce danger , c'eſt d'avoir l'une par l'autre deux petites îles , l'une nommée l'île aux *Oiſeaux* qui eſt la plus à terre , & l'autre l'île aux *Pigeons* qui eſt la plus au large. Il eſt bon d'obſerver que dans la partie du ſud de la grande baie , on ne trouve le fond qu'à un tiers de lieue de la côte ; cependant il faut avoir ſoin de ſonder fréquemment , car on peut avoir 35 ou 40 braſſes au premier coup de plomb , 18 ou 20 au ſecond , & au troiſieme 10 ou 12 : on ne doit pas aller par moins de 12 braſſes dans un gros vaiſſeau , attendu qu'il n'y a pas plus de deux encablures juſqu'aux 4 braſſes d'eau , & qu'on peut s'y tromper.

La profondeur la plus graduelle de la partie du ſud , eſt vis-à-vis la riviere de *Coüar* , & on y peut mouiller par 12 braſſes fond de vaſe : l'entrée de la riviere reſte au ſud-quart-ſud-eſt , environ un quart de lieue. La mer y eſt très-belle pendant la mouſſon du ſud - oueſt. Les petits vaiſſeaux peuvent mouiller tout le long de la côte par 7 ou 8 braſſes.

DESCRIPTION DES CÔTES *depuis la pointe de* Pedre *en l'île de* Ceylan, *jusqu'à l'embouchure du* Gange.

Calimere. DE la pointe de *Pedre* située à l'extrémité nord de l'île de *Ceylan*, jusqu'à la pagode de *Calimere*, premiere pointe de la côte de *Coromandel*, on compte treize à quatorze lieues, le gissement au nord-ouest 5° 30' nord. La profondeur sur cette route est de 9 à 10 brasses; en approchant de cette pointe, elle diminue jusqu'à 5. Il ne faut pas aller par une moindre, à cause d'un banc qui s'avance à une lieue & demie au large depuis la pointe de *Calimere*.

Remarque importante. Les vaisseaux qui, après avoir côtoyé l'île de *Ceylan*, font route ou du travers de *Molewale*, ou de la pointe de *Pedre*, pour traverser à la côte de *Coromandel*, y atterrent presque toujours plutôt qu'ils ne le comptent, parce que les courans portent au nord-nord-ouest avec rapidité, & qu'ils transportent souvent dans l'enfoncement placé au nord-ouest de *Ceylan*; de sorte que plusieurs Navigateurs qui, pour reconnoître la côte, dirigeoient leur route au nord de *Tranquebar*, ont atterré au sud de *Négapatnam*. Plusieurs ont manqué de se perdre sur cette côte pendant la nuit, pour n'avoir pas eu la prudence de sonder. Les voyageurs ne négligeront pas un avis si nécessaire : ce n'est pas qu'il ne soit arrivé à quelques-uns le contraire, c'est-à-dire, quils ont été transportés à l'est, mais ces derniers exemples sont rares, & les premiers fort communs.

La Pagode de *Calimere* peut ſe voir de trois à quatre lieues en mer d'un tems clair. A un quart de lieue au nord il y a une petite riviere & ſur ſes bords un grand village environné d'arbres, où l'on fait commerce de tabac & de ris. L'entrée de cette riviere n'eſt point apparente du large : ſa barre n'a que trois pieds d'eau ; auſſi n'y peut-il entrer que de très-petits bâtimens. On mouille environ une lieue à l'eſt de ſon embouchure, la pagode de *Calimere* au ſud-oueſt-quart-oueſt. La vaſe au nord de cette riviere eſt très-molle, & le fond par conſéquent nullement propre pour mouiller.

De *Calimere* à *Negapatnam* la diſtance eſt de ſix lieues & demie, & le giſſement nord & ſud. On voit entre les deux un bois épais, garni de brouſſailles à l'infini. Il n'y a point d'autre remarque qu'une Egliſe à environ une lieue au ſud de *Negapatnam*. Elle eſt bâtie ſur le bord d'une petite riviere qu'on ne découvre point en rangeant la côte ; à peine de grande maline monte-t-il quatre pieds d'eau ſur ſa barre, ainſi je n'en ferai aucune autre mention. *Negapatnam.*

Negapatnam eſt une des plus conſidérables Places des Hollandois ſur la côte de *Coromandel* ; les fortifications en ſont bonnes. La Ville eſt au nord du fort, au ſud duquel on voit l'embouchure d'une grande riviere fort commode, qui peut recevoir de moyens bâtimens. Il y a au nord de la Ville une grande pagode, appellée *Pagode de Chine*, ſur laquelle eſt planté un mât ou bâton de pavillon. Dans le ſud-eſt de ce bâton de pavillon, il y a un banc à la diſtance de deux lieues deux tiers, la *Pagode de Chine* reſtant alors au nord-oueſt-quart-nord, & la terre de l'oueſt à la diſtance d'une lieue & demie. Il faut prendre garde que dans cet endroit il y a beaucoup de terres noyées, & qu'on doit ranger au moins à deux lieues & demie la terre qu'on prend pour le bord de la mer, qu'on ne peut découvrir dans cet endroit.

Le paſſage entre la terre & le banc ſeroit dangereux pour un gros vaiſſeau, la profondeur n'étant que de vingt-deux à vingt-trois pieds d'eau. L'on trouve ſeize à dix-ſept pieds ſur le plus haut-fond du banc : ſon étendue eſt d'environ une demi-lieue de diametre, & ſa forme eſt ronde. On mouille devant *Negapatnam* par 5 & 6 braſſes; le fond par ce travers eſt fort plat. A quatre lieues au large on ne trouve pas plus de 6 à 7 braſſes de profondeur.

Riviere de *Carei-Cal.*

De *Negapatnam* à la riviere de *Carei-Cal*, on compte trois lieues un quart, le giſſement au nord 5 degrés oueſt. En côtoyant on entretient les 6 à 7 braſſes de profondeur. Entre les deux coule la riviere de *Naour*, où ſe fait le commerce de toiles peintes & de ris. Une Moſquée à quatre pyramides blanches qui ſe voyent de fort loin en mer, rend cet endroit remarquable.

Carei-Cal eſt un nouvel établiſſement des François, non-ſeulement conſidérable par le grand nombre d'Aldées qui en dépendent, mais encore par le commerce de toile. Deux rivieres traverſent cette conceſſion : elles prennent leur ſource dans les montagnes de la côte de *Malabar*, & fertiliſent ce pays qui abonde en ris & autres vivres.

Le fort de *Carei-Cal* eſt bâti ſur le bord le plus nord de la riviere, dont l'embouchure eſt formée par une langue de ſable qui ſe prolonge comme la côte; de ſorte que ſon entrée étant confondue avec le rivage, on ne peut diſtinguer cette riviere quand on vient du large. L'autre riviere, nommée *Calcanchery*, eſt à un quart de lieue au ſud, & celle de *Tiroumaléi*

Tiroumalëi, à une demi-lieue au dessous, se débouche également vers le nord : presque toutes les rivieres de cette côte ont cela de commun. Le banc de sable qui barre celles de *Carei-Cal* & de *Tiroumalëi*, empêche les moyens bâtimens d'y entrer : il n'y a que des chaloupes & des chelingues qui la peuvent franchir, encore faut-il attendre le plein de l'eau. On mouille devant *Carei-Cal* par 5 à 6 brasses : les marques du mouillage dépendent de la mousson pendant laquelle on y séjourne. Dans celle du sud, il faut mettre le pavillon à l'ouest-sud-ouest, & dans celle du nord à l'ouest. Par ce moyen on facilite le trajet des bateaux qui vont & viennent à bord.

De *Carei-Cal* à *Tranquebar* la distance est d'environ une lieue & demie au nord, 4 degrés ouest. On entretient le long de la côte la profondeur de 6 à 7 brasses ; mais, en approchant de la forteresse de *Tranquebar*, il faut s'écarter un peu de terre, à cause d'un banc voisin de la riviere. Au reste ce banc n'avance pas beaucoup au large, & pourvu qu'on tienne toujours le fond que j'indique, il n'y a rien à craindre.

Tranquebar est le principal établissement des Danois aux Indes. La Ville est fort jolie, & la forteresse remarquable par sa grande blancheur qu'on a soin d'entretenir. Les Indiens appellent cet endroit *Tarangampadöu*, d'où, par corruption, dérive le nom de *Tranquebar*. *Tranquebar*.

Deux lieues & demie au nord de *Tranquebar*, on trouve *Caveripatnam*, où se voit comme une espece de forteresse sans bastions. Tout auprès sont deux petites pagodes, fort proches l'une & l'autre du rivage : il y avoit autrefois à une demi-lieue de cet endroit un petit comptoir François. *Caveripatnam*.

Riviere de *Tiroumalei-Vachel.*

La petite riviere de *Tiroumalei-Vachel* eſt deux lieues au nord de *Caveripatnam* : elle tire ſon nom d'une pagode qu'on voit dans les terres. A l'eſt de ſon embouchure il y a un banc qui porte un quart de lieue au large ; mais il n'eſt pas dangereux : le fond diminue par degré à ſon approche. La terre au nord de cette riviere s'éleve un peu davantage que le reſte de la côte, qui depuis la pagode de *Calimere*, ne ſe fait, pour bien dire, remarquer que par ſes arbres & ſes édifices. En côtoyant à une lieue de terre, on a 9 à 10 braſſes de profondeur.

Riviere de *Coloran.*

On compte environ trois lieues & demie nord & ſud de la riviere de *Tiroumalei-Vachel* à celle de *Coloran*, dite par les Indiens *Collodam*, à l'embouchure de laquelle il y a une petite île avec une fortereſſe, nommée *Divi-Cotei*, qui appartient aux Anglois. Cette embouchure de riviere ſe fait connoître par une coupée dans un bois touffu, uni & proche du rivage. De-là s'étend un banc dont la pointe ou extrémité s'écarte à une lieue & demie de terre. Il eſt fort accore & par-là plus dangereux ; car de 12 braſſes on tombe en certains endroits tout-à-coup à 3 & à 4 braſſes. Ainſi un grand vaiſſeau, qui vient du large atterrer en ce lieu, ou qui continue de ranger la côte, ne doit point l'approcher plus près que par 14 à 15 braſſes de profondeur. De ce parage on apperçoit dans les terres quatre édifices remarquables : ce ſont les quatre portiques d'une fameuſe pagode nommée *Chelambaram.* Elle eſt préciſément à l'eſt de cette coupée du bois dont je viens de parler, & ſe découvre à ce rumb de vent par cette ouverture.

Le côté du ſud de l'embouchure de la riviere de *Coloran*, paroît former une pointe, ſur-tout quand on vient du ſud,

& qu'on côtoye de près, parce que la côte dont le gissement a été jusqu'ici au nord, forme un coude & s'étend trois lieues & demie au nord-nord-ouest jusqu'à *Porto-Novo.* Elle est basse & unie : il n'y a rien de remarquable entre l'un & l'autre, que les édifices dont j'ai parlé ci-dessus.

Porto-Novo, dit par les Indiens, *Paranguipeti*, étoit autrefois une ville fort commerçante : les François & les Hollandois y ont leurs comptoirs, sur lesquels ils arborent leur pavillon. *Porto-Novo.*

Quand on range l'accore du banc de *Coloran* pour aller mouiller devant *Porto-Novo*, il faut relever ces comptoirs au nord-ouest-quart-ouest avant de gouverner à ce rumb de vent, afin qu'on soit sûr d'avoir doublé la pointe du nord de ce banc.

Au mois de Juillet, quelquefois plutôt ou plus tard, depuis *Tiroumalei-Vachel* jusqu'à *Porto-Novo*, les eaux sont troubles & épaisses, comme par un débordement; cela surprend d'autant plus qu'il pleut rarement dans cette saison à la côte de *Coromandel.* Ces eaux troubles viennent de ce que le fleuve de *Caveri* dont la riviere du *Coloran* n'est qu'une branche, prend sa source dans les montagnes de *Gatte* à la côte de *Malabar*, où les pluies, alors très-fréquentes, causent ce débordement, sur-tout à *Divi-Cotei* où cette riviere a sa plus grande embouchure : ses autres principales sont à *Negapatnam*, à *Carei-cal*, à *Tranquebar* & à *Tiroumalei-Vachel.*

De *Porto-Novo* au fort *Saint-David*, que les Anglois possedent, le gissement est au nord-quart-nord-est, & la distance de six lieues & demie. Il faut, en rangeant la côte, entretenir à une lieue de terre la profondeur de 8 à 9 brasses. Une demi-lieue au nord de *Porto-Novo* commencent des *Fort St. David.*

dunes de sable qui s'étendent sur le bord du rivage. En venant du large, cet endroit de la côte ressemble à plusieurs îles, & cette ressemblance vient de ces dunes de sable, qui paroissent plus élevées que le terrein intérieur qui est très-bas.

Le fort *Saint-David* est situé sur le bord de la mer, & à un quart de lieue au sud on voit la ville de *Goudelours.* Vis-à-vis le fort *Saint-David* s'avance un petit banc environ un quart de lieue au large : le mouillage se fait par 7 à 8 brasses de profondeur.

Pondicheri. Du fort *Saint-David* à *Pondicheri*, le gissement est au nord-nord-est prenant de l'est, & la distance de quatre lieues deux tiers. A une lieue de la côte on trouve 8 à 9 brasses de profondeur : il n'y a rien de remarquable entre l'un & l'autre. Le terrein est sabloneux au bord de la mer, & boisé dans l'intérieur. En venant du sud, on découvre la ville & la forteresse de *Pondicheri*, au pied d'une terre noire un peu plus élevée que le reste de la côte : cette terre noire de l'étendue d'environ trois lieues, est au nord-ouest de la ville, qui, comme la forteresse, est bâtie sur une terre basse au bord de la mer.

Pondicheri est la Capitale des établissemens François aux Indes orientales ; elle sert de résidence au Gouverneur général & au Conseil supérieur. Sa situation est par 11° 55′ de latitude septentrionale, & 77° 45′ à l'orient du méridien de l'observatoire royal de Paris. Une bonne muraille de briques fait l'enceinte de cette ville ; ses fortifications bien garnies de canon sont à la moderne, & son circuit comprend une lieue & demie. Sa citadelle, en forme d'un pentagone régulier entouré d'un fossé plein d'eau, est placée au milieu de sa face maritime. L'une & l'autre sont situées en rase campagne, & font une des plus fortes places des Ind es. Il y a un Hôtel de monnoies où l'on bat des roupies & des pagodes, dont le titre de fin surpasse beaucoup d'autres : elles ont cours dans toutes les Indes*.

On mouille à *Pondicheri* par 7 à 8 brasses d'eau, à trois quarts de lieue ou une lieue d'éloignement du rivage.

De *Pondicheri* à *Conjimer* la côte gît au nord-nord-est, 5 degrés est, quatre lieues & demie. On voit entre l'un & l'autre plusieurs dunes de sable sur le bord de la mer; & sur le terrein la terre noire, dont j'ai parlé au commencement de l'article précédent, s'abaisse & finit tout-à-fait un tiers de lieue plus sud que *Conjimer*, qui n'est remarquable que par les ruines d'un comptoir que les Hollandois ont abandonné après trois ou quatre ans de résidence. On y voit aussi les restes de l'enceinte d'une vieille loge angloise également abandonnée. *Conjimer.*

Le mouillage est fort bon vis-à-vis cet endroit, par 6, 7 ou 8 brasses d'eau, à une demi-lieue ou deux tiers de lieue de terre.

De *Conjimer* à *Alemparvé* le gissement est au nord-est-quart-nord, & la distance de quatre lieues. A environ une lieue de *Conjimer*, quand on l'a passé, on apperçoit un bois touffu & un village; ensuite la côte paroît plus basse & semble s'enfoncer un peu jusques proche d'*Alemparvé*,

* Par plusieurs observations astronomiques, qui ont été faites à *Pondicheri*, tant par les PP. Jésuites, que par plusieurs autres, & comparées à celles qui ont été faites à Paris, & autres lieux dont la situation est exactement connue; la différence des méridiens entre *Pondicheri* & l'observatoire royal de Paris, a été conclue de cinq heures 11 minutes de tems, qui valent 77° 45′ de longitude : c'est en conséquence que je l'ai placé sur mes Cartes.

où la côte du ſud de la riviere s'éleve par dunes de ſable, & avance un peu en dehors. Au reſte cette pointe n'eſt pas dangereuſe, & par ſon travers la profondeur ne diminue que d'une braſſe : le côté du nord de la riviere eſt couvert de bois.

Alemparvé. *Alemparvé* ſe reconnoît par une belle fortereſſe flanquée de pluſieurs tours, de la dépendance du *Mogol* : ſa blancheur la fait remarquer de fort loin. Il y a encore quelques petites montagnes un peu éloignées ſur le terrein.

Sadras. D'*Alemparvé* à *Sadras*, établiſſement que poſſedent les Hollandois, la côte gît au nord-eſt-quart-nord, & la diſtance eſt de ſept lieues. Le pays entre ces deux endroits eſt en partie plat, ſabloneux, peu couvert d'arbres juſqu'à trois lieues de *Sadras* que commence un bois de palmiers épais qui s'étend vers le nord l'eſpace d'une lieue : vis-à-vis ſon extrémité un petit platon de ſable s'avance d'un quart de lieue au large. Deux lieues plus nord on trouve *Sadras*, & à l'entrée d'un bois touffu, la loge Hollandoiſe. Il y a deux pagodes, mais peu remarquables, l'une au ſud, l'autre au nord. A deux ou trois lieues dans les terres, on voit quelques petites montagnes appellées par les Navigateurs *Montagnes de Sadras* : lorſque la plus élevée reſte au nord-oueſt, *Sadras* eſt au oueſt. Environ à cinq quarts de lieue de terre, on a 9 à 10 braſſes de profondeur.

Les ſept *Pagodes.* On compte deux lieues au nord-eſt-quart-nord de *Sadras* aux *ſept pagodes*, qui ne ſont remarquables que très-proche de la côte. Il y en a cinq ſur des hauteurs ou rochers eſcarpés ſur le terrain, dont on ne voit que le ſommet, à cauſe d'un bois touffu qui les couvre ; une autre eſt tellement ſur le bord de la mer, qu'elle bat au pied ; la ſeptieme a été ruinée par la mer : elle étoit autrefois ſur un rocher à un quart de lieue du rivage.

Des *ſept Pagodes* à *Covolam* ou *Coblon* le chemin s'étend cinq lieues un tiers au nord-nord-eſt 2 à 3 degrés nord. Par le travers de ce dernier quelques petits rochers giſſent à l'eſt-ſud-eſt de la petite montagne de *Tripoulour*, remarquable en ce qu'elle eſt beaucop plus près du rivage qu'aucune des autres qui ſont ſur le terrain. Ces rochers s'avancent en mer un tiers de lieue : on range la côte par 9, 10 & 12 braſſes de profondeur à une lieue & une lieue & demie de terre. *Covolam ou Coblo*

De *Covolam* à *Saint-Thomé* on compte cinq lieues au nord-quart-nord-eſt. La Ville, que quelques-uns nomment *Meliapour*, eſt ſur le bord de la mer : ce n'eſt qu'un amas de ruines. Il y a quelques Egliſes, entr'autres la Cathédrale, Siége d'un Evêque ſuffragant de *Cranganor*. Les Egliſes chrétiennes de la côte de *Coromandel* ſont de ſon diocèſe. *S. Thomé.*

Le petit mont gît à une demi-lieue vers le ſud-oueſt. Il ſe diſtingue de pluſieurs autres aux environs par une Egliſe bâtie ſur ſon ſommet, & qu'on découvre facilement en rangeant la côte de près.

De *S. Thomé* à *Madras* il y a une lieue un tiers au nord-quart-nord-eſt : cette ville eſt le principal établiſſement des Anglois ſur la côte de *Coromandel*, & le Siege d'un Conſeil Supérieur. Elle eſt ceinte du côté de la mer & de celui de terre, d'une muraille de brique flanquée de quelques petits baſtions garnis de canon. Une petite riviere dont l'embouchure eſt au ſud de la ville, & qui forme un coude en remontant au nord, en cerne une partie. *Madras* ſe partage en ville blanche & en ville noire : la premiere eſt fort petite, mais proprement bâtie ; la ſeconde, ſituée au *Madras.*

nord, ſert de demeure aux marchands Gentils, Maures, Armeniens, Juifs, &c. & à quelques Européens qui n'ont pu ſe loger dans la ville blanche. Cette ſeconde ville n'eſt point ceinte de murailles comme la premiere, où l'on voit toujours en rade quantité de vaiſſeaux. Le mouillage ſe fait à trois quarts de lieue de terre, par 10 ou 11 braſſes. Il s'éleve ſur le terrein de hautes montagnes. J'ai fait à *Madras* pluſieurs obſervations ſur ſa latitude, & je l'ai conclue de 13° 14'.

Recif de *Trifou* ou *Natoer*.

De *Madras* au récif de *Trifou* ou de *Natoer*, le cours eſt au nord-nord-eſt trois lieues. On en reconnoît les approches par un petit boſquet d'arbres d'égale hauteur, & dont le ſommet forme une eſpece de table. Lorſque ce bois eſt dans une même direction avec deux arbres, palmiers ou cocotiers, on eſt par le travers de ce récif qui s'avance une bonne lieue en mer. Après avoir ouvert de la grandeur d'une voile les deux palmiers avec le petit bois, il faut gouverner au nord-eſt pour paſſer au large du récif de mer ou banc de *Paliacatte*, dont l'extrémité du ſud eſt au nord-eſt-quart-eſt deux tiers de lieue de la pointe du récif de terre.

En rangeant la côte on veillera à la ſonde, parce qu'aux approches du banc de *Trifou*, le fond diminue d'une braſſe à chaque coup de plomb jetté même ſans interruption. Ainſi, ſoit de jour, ſoit de nuit, ſi-tôt qu'on s'apperçoit de cette diminution, on doit ſur le champ porter au large pour paſſer, comme je l'ai dit ci-deſſus, au dehors du banc de *Paliacatte*, & n'en pas approcher par moins de 10 braſſes de profondeur. On trouveroit ſans cette attention un fond inégal, tel que de 6 braſſes, on tomberoit à 3 au premier coup de plomb, ce qui ſeroit dangereux pour un grand vaiſſeau; mais un petit peut paſſer par-tout ſans rien craindre, parce qu'il y

a

a au moins douze pieds d'eau ſur le plus haut de ce banc éloigné de deux tiers de lieue ou d'une lieue de terre.

Le banc de *Paliacatte* s'étend le long de la côte : les vaiſſeaux qui font route à trois lieues de diſtance, ne doivent pas craindre ces deux bancs. Banc de *Paliacatte.*

Pour aller mouiller devant *Paliacatte*, on aura ſoin de ne pas gouverner ſur la terre, qu'on ne releve le pavillon de ce comptoir à l'oueſt-quart-ſud-oueſt. Par ce moyen on pourra en toute ſûreté l'approcher : on trouvera 8, 7 & 6 braſſes de profondeur. Cette inſtruction doit s'entendre dans le cas d'un vent du ſud ; car s'il regnoit du côté du nord, il faut relever le pavillon au ſud-oueſt, ſur-tout dans un vaiſſeau qui tire ſeize pieds d'eau & au deſſus ; dans un petit bâtiment ce banc n'eſt point à craindre du large. Au ſurplus il eſt de la prudence de ceux qui n'ont pas une pratique ſuffiſante de cette côte, de prendre également leurs ſuretés dans les uns & dans les autres.

Le bout nord du banc du large eſt au ſud-eſt-quart-ſud de la riviere de *Paliacatte.* Deux tiers de lieue au ſud de cette riviere, il y a le fort de *Gueldre* qui appartient aux Hollandois : le mouillage ordinaire eſt à l'eſt-quart-ſud-eſt du pavillon, par 5, 6 ou 7 braſſes de profondeur.

Le giſſement de *Triſou* à *Paliacatte* eſt au nord, & la diſtance de cinq lieues & demie. La côte entre l'un & l'autre eſt baſſe au bord de la mer : dans le terrain on voit de hautes terres que les Navigateurs appellent les montagnes de *Paliacatte.* Cette place eſt par 13° 35′ de latitude ſeptentrionale. *Paliacatte.*

De *Paliacatte* à *Cicara-Hoerie* la côte gît au nord-quart-nord-oueſt, huit lieues. On rencontre dans cet endroit un *Cicara-Hoerie.*

récif semblable à celui de *Trifou*, qui s'étend aussi loin au large, mais davantage sur la côte. A la pointe du nord-est de ce récif il en regne un autre à deux ou trois lieues de distance de la côte : il a environ six à sept lieues de longueur nord & sud, & le fond en est fort inégal. Pour aller à *Armegon*, on pourra passer entre le banc de terre & celui du large, mais il faut être pratique, ou ne s'y pas exposer, quoiqu'après on rencontre entre la côte & ce banc, un large & très-beau canal.

Armegon.

Pour cingler de *Paliacatte* au large du récif, on doit s'écarter de la côte, porter au nord-nord-est le long du récif, & se tenir au moins par 8 à 9 brasses de profondeur. En faisant cette route, si on parvenoit à 12 brasses, il faudroit se rallier du récif jusqu'à atteindre les 9 brasses. Cette instruction est absolument nécessaire pour ceux qui veulent aller à *Masulipatan*, à cause qu'en Juin, Juillet & Août les courans portent au nord-est, & même quelquefois plus vers l'est; de sorte que si on s'écartoit trop au large, on risqueroit de manquer son voyage, comme il est arrivé à plusieurs vaisseaux qui n'ont pu atterrer qu'à *Narsapour*, d'où ils n'ont pu se rendre qu'avec beaucoup de peine à *Masulipatan.*

Armegon.

On compte deux lieues & deux tiers de *Cicara-Hoerie* à *Armegon.* Le gissement de la côte prend un peu plus de l'ouest que dans l'article précédent. On voit dans les terres le mont d'*Armegon.* Quand il reste à l'ouest, on apperçoit un peu au sud sur le rivage une masure ou les débris d'une ancienne loge angloise : de cette position on découvre encore au sud-sud-ouest les montagnes de *Paliacatte.*

Caliatour.

D'*Armegon* à *Caliatour* la côte gît au nord, prenant de l'est, sept lieues ; mais la route, pour passer en dehors du banc d'*Armegon*, eſt le nord-nord-oueſt par les 12, 14 & 16 braſſes de profondeur.

De *Caliatour* à *Divelan*, la route eſt le nord, & la diſtance de douze à treize lieues *, ſavoir; neuf lieues de *Caliatour* à la pointe de *Peni*, & quatre lieues de la pointe de *Peni* à *Divelan*. En quittant *Caliatour* il faut ſe mettre par 16 ou 17 braſſes de profondeur, & ne pas approcher la côte de plus près, à cauſe d'un banc vis-à-vis *Gangapatnam* qui eſt dangereux, & qui à quatre lieues au nord de *Caliatour* s'avance d'une lieue un tiers au large. Ce banc eſt fort accore, & par conſéquent d'autant plus à craindre: on voit près du rivage une petite pagode blanche, & deux lieues plus au nord on en découvre une ſeconde. *Divelan.*

Le Sieur de la Touche rapporte dans ſes Mémoires un événement au ſujet de ce banc, que je crois devoir expoſer ici. Etant mouillé par ce travers à 25 braſſes, il appareilla pendant la nuit d'un vent favorable pour faire route au nord-oueſt & rejoindre la profondeur des 13 ou 14 braſſes. Quoique le vent fût médiocre, & qu'il fit peu de chemin, en moins d'un quart d'heure il tomba de 15 braſſes à 5; cela l'obligea ſur le champ de porter au large. Cependant ſur ce qu'il fit rejetter le plomb, & qu'il eut trouvé une ſeconde fois 15 braſſes, il préſuma qu'on pouvoit s'être trompé à la ſonde. Mais depuis il a appris que ce banc étoit effectivement accore de 15 à 5 braſſes, comme il l'avoit trouvé. C'eſt pourquoi la prudence veut qu'on ſe tienne ſur ſes gardes dans ce parage; en obſervant

* Pluſieurs Routiers eſtiment qu'il y a douze lieues d'*Armegon* à *Caliatour*. Cette diſtance ne ſe rapporte pas à la différence de latitude & au giſſement de ces deux endroits. C'eſt par leur moyen que je crois l'avoir déterminée plus exactement.

la profondeur de 17 braſſes, on n'a rien à craindre.

Cerare. Six lieues au nord-quart-nord-oueſt de *Divelan* eſt *Cerare.* On peut côtoyer ſur la profondeur de 8, 9 ou 10 braſſes. Au nord de *Cerare* il y a deux bois fort épais, &dans le village une pagode blanche. Dans les terres s'élevent de hautes montagnes qui ſe découvrent de dix ou douze lieues en mer d'un tems ſerein.

Gondegam. De *Cerare* à *Gondegam* la côte gît ſix lieues au nord-eſt-quart-nord 3 à 4 degrés nord. Le long de cette côte on rencontre un banc qui s'avance un peu en mer, & plus au large un autre, à terre duquel de petits bâtimens peuvent paſſer. L'un & l'autre ne ſont point à craindre pour les grands vaiſſeaux qui tiennent la profondeur de 9, 10 ou 11 braſſes. En approchant de la riviere on apperçoit ce village ſur le bord de la mer, & dedans une pagode.

Médépili. De *Gondegam* à *Médépili* la côte ſe prolonge au nord-eſt : la diſtance eſt d'environ cinq lieues. On range la côte à une lieue d'éloignement par la profondeur de 9 à 10 braſſes, fond de vaſe. A l'eſt de *Médépili* il y a un bois de palmiers, & un peu plus loin un autre plus petit de vingt ou trente arbres ſeulement: ce dernier ſemble plus élevé que le premier. Lorſqu'on fait route le long de la côte par la profondeur ci-deſſus, on paſſe à terre d'un banc de ſable qui eſt cinq lieues au ſud-eſt-quart-eſt de *Médépili*: ſon étendue & ſa ſituation ſont de ſix à ſept lieues nord-eſt & ſud-oueſt. Sur la partie du ſud-oueſt de ce banc, qui eſt la plus dangereuſe, il reſte toujours 3 braſſes de profondeur. Les approches de ce banc ſe font remarquer par un fond de ſable; au lieu que dans le canal entre la terre & lui, le fond eſt de vaſe.

De *Médépili* à *Pétapili*, le gissement est l'est-nord-est, & la distance de six lieues & demie. A une lieue à l'ouest de de la ville coule une petite riviere, & vis-à-vis on voit un bois de palmiers, remarquable en ce qu'il est plat & uni, d'où on l'a nommé *Table de Pétapili.* *Pétapili.*

La côte en cet endroit forme un enfoncement, dont les anciennes Cartes & les Routiers ne font point mention. Après avoir couru à l'est-nord-est de *Médépili* à *Pétapili*, elle s'etend ensuite à l'est-sud-est 3 à 4 degrés sud, jusqu'à la riviere de *Sipéler* qui paroît être la principale embouchure du *Crichna*, & de-là à l'est-nord-est sept lieues & demie, jusqu'à la pointe de *Divi* *.

Environ à moitié chemin de *Pétapili* à la riviere de *Sipéler*, on voit aussi une des embouchures du *Crichna* sur laquelle est *Nisampatnam*: on trouve peu de profondeur vis-à-vis de cette riviere, & à son entrée il y a des brisans. *Sipéler.*

Les vaisseaux qui vont à *Masulipatan*, doivent faire attention au différent gissement de cette côte, lorsqu'ils passent au nord du banc de *Médépili*; & après avoir côtoyé de *Médépili* à *Pétapili* par 9 brasses, il faut ensuite gouverner au sud-est, & même au sud-est-quart-sud, s'il en est besoin, pour doubler la riviere de *Sipéler*, devant laquelle on aura 7 brasses à deux lieues au large.

Si on vouloit passer au large du banc de *Médépili*, il suffiroit de prolonger la côte jusqu'à *Divelan*; & lorsque la montagne de *Cerare* restera au nord-ouest-quart-nord, on gouvernera au nord-est, ayant soin de sonder & d'entretenir

* Quoique le nom *Divi*, qui signifie une île en langue du pays, ne convienne point à une pointe en particulier; les Navigateurs & les Géographes l'ont affecté à la pointe qui termine du côté du sud l'anse de *Masulipatan*.

au moins 12 brasses, en rangeant l'accore dudit banc. Quoique le fond soit dur, il n'y a point de danger; mais si la profondeur augmente ensuite, & que le fond devienne plus mol, il faudra faire prendre du nord à la route à proportion, afin de se rallier de la côte vers la riviere de *Sipéler*; on préviendra par-là l'effet des courans qui portent au nord-est, & quelquefois plus est, sur-tout quand la mousson de l'ouest est dans sa force : sans cette précaution on risqueroit, comme je l'ai déjà dit, de tomber sous le vent de *Masulipatan*, & de le manquer.

Les deux différentes routes qu'on vient de donner peuvent se faire l'une ou l'autre depuis le mois de Juin jusqu'en Octobre. Je traiterai ci-après de celles qui conviennent aux autres mois.

Crichna.

On reconnoîtra aisément par le gissement de la côte, si l'on est à l'est ou à l'ouest de la riviere de *Sipéler*; on peut en approcher par 7 brasses sans rien craindre, & la prolonger par cette profondeur, ou par 8 brasses à deux lieues du rivage. Cette côte en général est basse, peu boisée, & entrecoupée des différens bras du *Crichna*, dont on voit les embouchures en côtoyant la terre. Toutes ces rivieres ont flux & reflux; on s'en apperçoit principalement dans le tems des débordemens par les eaux troubles qu'on rencontre au large. Avant de découvrir la basse terre de la pointe de *Divi*, & les brisans qui l'environnent, le terrein paroît assez bien garni d'arbres, mais il cesse de l'être une lieue en deçà de la pointe, & on y voit l'entrée de la riviere d'*Amsel-Divi*.

Riviere d'*Amsel-Divi*.

Banc de la pointe de *Divi*.

Le banc de la pointe de *Divi* s'étend au sud-est de cette pointe, & non pas à l'est, comme il est représenté sur les anciennes Cartes, c'eſt pourquoi les vaiſſeaux qui rangent la côte en venant de l'oueſt par 7 braſſes, ſont obligés de gouverner au ſud-eſt pour entretenir la même profondeur ſur l'accore de ce banc. Lorſqu'on l'aura doublé, & que la pointe de *Divi* reſtera au nord-oueſt-quart-oueſt, on pourra alors arrondir par 7 braſſes pour aller à la rade de *Maſulipatan* dont on découvre le pavillon avant de voir la côte. La profondeur diminue peu à peu en approchant, & le mouillage ordinaire eſt par 5 braſſes à une grande lieue & demie du rivage.

La côte qui s'étend au nord de la pointe de *Divi*, eſt une terre baſſe, unie & ſans arbres. A deux lieues & demie de la pointe on voit une entrée de riviere : tout le fond de l'anſe eſt de vaſe, excepté très-près de terre.

Maſulipatan ou *Maſulipatnam*, eſt ſitué à l'entrée d'un canal ſorti d'un des bras du *Crichna*, & un autre bras du même fleuve coule du côté du nord. *Maſulipatan.*

J'ai dit ci-deſſus que pour aller à *Maſulipatan* pendant la mouſſon de l'oueſt, il étoit de conſéquence de ne pas perdre le fond de la côte, ſoit qu'on paſſât en dehors ou en dedans du banc de *Médépili* : cet avertiſſement doit ſervir depuis le mois de Mai juſqu'en Octobre; mais en Février, Mars & Avril, comme en général les vents ſoufflent de l'eſt au ſud, il faut faire route pour *Narſapour*, même plus au vent ſi on le peut, & éviter de s'affaler dans l'enfoncement de *Pétapili*, d'où on ne ſe releveroit que très-difficilement, & d'où peut-être on ne ſortiroit que par le moyen des vents d'oueſt qu'il faudroit attendre*. *Narſapour.*

* La correction de mon ancien Routier & de mes Cartes, depuis *Paliacatte* juſqu'à *Narſapour*, eſt dûe aux inſtructions, aux Journaux & aux remarques de M. de la Vigne-Buiſſon, ancien Capitaine de vaiſſeau de la Compagnie des Indes, & actuellement commandant pour le Roi au port de l'Orient.

Masulipatan & Narsapour. En Mai on peut faire route pour atterrer entre *Masulipatan* & *Narsapour*, parce que les vents y varient du sud-sud-est au sud-ouest, quelquefois jusqu'à l'ouest-sud-ouest.

En Octobre & Décembre on n'y navigue que très-peu, de même qu'en tout le reste de la côte. Lorsque dans les mois de Décembre & de Janvier on est au bas de la côte de *Coromandel*, on ne peut s'y rendre, à cause que les vents de nord-est & les courans qui vont au sud, sont en leur plus grande force.

Narsapour. De *Masulipatan* à *Narsapour* la route est à l'est-quart-nord-est, & la distance, savoir; de la ville treize lieues & demie, & de la rade douze lieues. La côte entre l'un & l'autre est cernée d'un banc qui s'avance d'une demi-lieue au large. Vis-à-vis la riviere de *Narsapour* on en rencontre une autre à une lieue de la terre ferme : il y a à l'entrée & sur la barre de cette riviere huit à neuf pieds d'eau.

Quelques Cartes placent trois lieues au sud de *Narsapour*, un banc que les uns dépeignent de roche, & les autres d'un fond mol, & sur lequel il n'y a pas moins de 3 brasses ½ d'eau. Tous les Navigateurs qui ont été à *Masulipatan*, ne disent rien dans leurs Journaux de ce danger, quoique la plûpart, suivant le rumb de vent de leur route, ayent passé dessus; c'est pourquoi je n'ai pas cru devoir marquer ce banc sur mes Cartes, parce qu'il n'est pas naturel qu'étant à une si petite distance d'un lieu si fréquenté, quelque Routier n'en eût parlé, s'il existoit. Le Pilote Anglois sur la Carte duquel il est tracé de roche, n'en dit pas un mot dans son Routier: au reste si son existence est certaine, on en préviendra les suites dangereuses par le moyen de la sonde qu'on doit toujours avoir à la main dans ces parages.

De

De *Narſapour* à la pointe de *Godvarin* la côte gît à l'eſt, treize à quatorze lieues. Environ ſept lieues à l'eſt de *Narſapour*, on voit deux pagodes blanches qu'il eſt à propos de ne pas confondre avec celles qui ſont une lieue à l'oueſt de la pointe de *Godvarin*, à l'eſt deſquelles eſt la riviere de *Viſeron*. Pluſieurs Navigateurs s'y ſont mépris, faute d'avoir fait attention que ces dernieres ſont au nombre de trois. Quand on vient de l'oueſt, on ne doit approcher le banc de *Godvarin* que par 12 à 16 braſſes, à cauſe qu'il eſt accore, & d'un fond inégal de ce côté-là. Mais ceux qui viennent de l'eſt & qui vont à *Yanaon*, peuvent la ranger ſans riſque par 6 & 7 braſſes fond de ſable.

Pointe de *Godvarin.*

Banc de *Godvarin.*

Le Routier du Pilote Anglois donne à ce banc deux lieues deux tiers d'étendue vers le ſud-eſt. Quelques plans particuliers ne lui en donnent que du côté du nord: je l'ai tracé ſur mes nouvelles Cartes ſuivant l'une & l'autre opinions, entre leſquelles je n'ai pas voulu opter, parce que je n'ai trouvé aucune inſtruction ſuffiſante pour le faire avec certitude.

Les vaiſſeaux qui partent de devant *Narſapour*, dirigent ordinairement leur route à trois lieues & demie ou quatre lieues de la côte par 15 braſſes de profondeur, afin d'éviter ce banc; cette précaution me paroît très-prudente.

De la pointe de *Godvarin* à *Narſipelle*, la route eſt au nord-oueſt-quart-nord, neuf lieues. Cet endroit eſt ſur une île entre deux embouchures de rivieres. Le Routier du Pilote Anglois nous apprend qu'il y a un banc ou platon qui s'avance d'une lieue un quart en dehors, & qu'on peut le côtoyer au plomb par 6 & 5 braſſes.

Narſipelle.

Entre *Narſipelle* & la pointe de *Godvarin*, à une lieue &

Riviere de *Yanaon.*

demie de cette derniere, on rencontre l'embouchure de la riviere de *Yanaon*, ſur laquelle les François ont un comptoir pour le commerce des toiles ; & trois lieues un tiers au nord-eſt on voit la pagode de *Corango*. Les différentes ouvertures des rivieres qui ſe débouchent dans cet enfoncement, forment pluſieurs îles qui jettent des bancs à une lieue un quart de terre, dont cependant il n'y a rien à craindre, quand on les range ſur la profondeur de 5 braſſes.

Vatari. De la pointe de *Godvarin* à *Vatari*, le giſſement eſt nord & ſud, dix lieues & demie. Les montagnes de la côte d'*Orixa* commencent en cet endroit. *Vatari* ſe reconnoît par une moſquée bâtie ſur le ſommet d'une montagne.

Après avoir doublé la pointe de *Godvarin*, on apperçoit *Viſigapatnam* qui fait un des principaux établiſſemens des Européens : ce lieu appartient aux Anglois. Le giſſement de l'un à l'autre eſt au nord-eſt-quart-nord & la diſtance de vingt-une à vingt-deux lieues. *Viſigapatnam* ſe remarque à une grande montagne eſcarpée, au pied de laquelle la mer bat. Il y a au nord une petite anſe où l'on mouille. Du côté du ſud de la grande montagne la riviere a une embouchure, & une autre au nord d'un petit morne ſur lequel ſe voit une petite pagode blanche, qu'on ne découvre en venant de l'oueſt, qu'après avoir paſſé la grande montagne.

Viſigapatnam

Bimelipatnam. De *Viſigapatnam* à *Bimelipatnam* la côte court au nord-eſt, quatre lieues & demie : on le remarque par une longue montagne qui s'étend dans les terres, & qui vient finir du côté de la mer. On voit auſſi ſur le rivage, à environ deux lieues à l'oueſt de *Bimelipatnam*, une petite montagne qui a la forme d'un pain de ſucre : lorſqu'on l'a paſſée, on apperçoit le comptoir Hollandois à l'oueſt de la riviere.

On y mouille par 6, 7 ou 8 brasses d'eau, fond de vase, la loge restant à l'ouest-quart-sud-ouest.

De *Bimelipatnam* à la riviere de *Conar*, la route est au nord-est-quart-est, deux lieues deux tiers. En côtoyant, on entretient la profondeur de 6 & 8 brasses, & de 9 seulement au large, pour passer à terre des roches. Riviere de *Conar*.

De la riviere de *Conar* à la pointe du même nom, le gissement est le même que ci-dessus. A l'est de *Conar* on voit un bois épais de palmiers, au sud-est-quart-est duquel, à deux lieues au large, sont les rochers de *Conar* ou de *Santipelle*. Quand on veut passer entre la terre & ces rochers, le meilleur canal est d'entretenir la profondeur de 7 à 8 brasses, & sur-tout d'observer de ne pas aller plus au large que par 9 à 10 brasses, ni plus près de terre que par 5 à 6.

Si l'on a dessein de passer au large de ce danger, on ne le rangera pas de plus près que par 16 & 17 brasses. Dans ce cas la route la plus sûre sera d'entretenir la profondeur de 20 brasses à deux lieues au large de ces rochers, sur lesquels les courans portent quelquefois avec rapidité.

De la pointe de *Conar* à *Chicacol*, la côte suit au nord-est 2 degrés est, 12 lieues, & forme entre les deux un enfoncement. *Chicacol* est une riviere le long de laquelle il y a trois ou quatre grands arbres & quelques palmiers. On range la côte sur cette route à une lieue & demie, par 13 brasses d'eau fond de sable. *Chicacol*.

De *Chicacol* à *Calingapatnam* le gissement est au nord-est, & la distance de 4 lieues un tiers. Cet endroit ne se remarque que par trois ou quatre grands arbres qui sont au nord: on trouve 13 ou 14 brasses à une lieue du rivage. *Calingapatnam*.

De *Calingapatnam* à *Altari*, le gissement est au nord-est 2 *Altari*.

degrés eſt, & la diſtance de ſix lieues un tiers : la profondeur ſe trouve la même que ci-deſſus, à une égale diſtance de la côte. On voit entre l'un & l'autre deux bouquets, chacun d'environ dix ou douze palmiers.

Pondi. D'*Altari* à *Pondi* la côte fuit au nord-eſt prenant de l'eſt, cinq lieues & demie. Les profondeurs ſont de 12, 15 & 17 braſſes à une lieue & demie de terre, fond de ſable mêlé de gros gravier. Proche de terre devant la riviere de *Pondi*, on voit dix ou douze rochers, & dans les terres intérieures de hautes montagnes dentelées par leur ſommet, qui par le travers de la riviere, ſont le long du rivage de moyenne hauteur, mais également dentelées.

Barva. De *Pondi* à *Barva* le giſſement eſt le même que ci-deſſus, & la diſtance de cinq lieues. Pour aller de l'un à l'autre, il faut entretenir la profondeur de 15 à 16 braſſes fond de ſable, à une lieue un tiers de la côte. La montagne de *Barva* eſt haute, & autour il y a de petits mondrains ou mornes ronds : le plus remarquable eſt au ſud de la riviere. Au nord de la montagne on en voit pluſieurs ſemblables, mais un peu plus élevés.

Sonnévaron. De *Barva* à *Sonnévaron* la côte gît au nord-eſt 2 ou 3 degrés eſt, huit lieues. On doit côtoyer à deux lieues & demie au large par la profondeur de 20 à 25 braſſes : ſi on approche de plus près, le fond diminue fort vîte.

Au ſud de la riviere on voit un petit bois de palmiers qui ſemble n'avoir qu'une portée de canon d'étendue : en approchant on en découvre encore un autre, clair & uni à ſon ſommet comme la table de *Petapili.* Il paroît au nord cinq têtes de montagnes qui forment cinq ſelles : on remarquera encore proche de cette riviere un petit fort.

De *Sonnévaron* à *Gamjam* la côte s'étend au nord-eſt-quart-eſt, environ cinq lieues. La riviere de *Gamjam* eſt grande, fort commerçante, & les bâtimens du pays y entrent. Le fort de *Montereole*, qui ſert de limite au royaume de *Golconde*, eſt au ſud de la riviere, ſur une petite éminence. On voit auſſi, en rangeant la côte, une petite pagode ſituée ſeule ſur une baſſe terre moyennement haute, boiſée & aſſez unie, & trois lieues au nord-eſt de cette pagode paroît la montagne de *Carapar*. *Gamjam.*

On compte environ trois lieues au nord-eſt, de *Gamjam* à *Carapar*. Quoique la montagne de *Carapar* ne ſoit pas une des plus hautes de cette côte, on la diſtingue aiſément des autres, lorſqu'elle reſte au nord-nord-eſt, à cauſe de ſa figure qui repréſente un long tombeau un peu eſcarpé du côté du rivage, ſur lequel elle vient tomber; au lieu que les montagnes plus avancées ſur le terrein, fuyent comme la côte: cette différente direction fait que la montagne de *Carapar* forme avec les autres un angle rentrant vers le nord-oueſt, entre lequel s'étend une plaine au ſud juſqu'aux cinq têtes de montagnes mentionnées ci-deſſus. *Carapar.*

De *Carapar* à *Manikpatnam*, le giſſement eſt au nord-eſt-quart-eſt 3 degrés eſt, & la diſtance de neuf lieues. La côte forme entre les deux un enfoncement, où il ne fait bon mouiller qu'environ trois lieues plus ſud que *Manikpatnam*. Il eſt même à propos de n'y point entrer, ſur-tout de vent de ſud-eſt. *Manikpatnam.*

Depuis *Carapar* les montagnes qui refuyent au nord, laiſſent entr'elles & le rivage une plaine d'un terroir rouſsâtre, principalement ſur le bord de la mer. Devant *Manikpatnam* s'avance un banc de ſable à un tiers de lieue au large : il eſt tellement accore, que de 10 braſſes on ſe trouve tout d'un coup à 4 : ainſi on ne doit approcher cette côte que par 12 à 13 braſſes. Le fond eſt de ſable à une lieue de terre, & de vaſe à deux lieues.

On apperçoit *Manikpatnam*, quand la montagne de *Carapar* reſte à l'oueſt-ſud-oueſt, ſept à huit lieues. Il ſe remarque à une petite pagode environnée de maiſons & d'autres édifices, avec quelques grands arbres.

Jagrenat. De *Manikpatnam* à *Jagrenat*, la route eſt à l'eſt-nord-eſt 5 degrés eſt, cinq lieues. On ne court aucun danger le long de la côte, c'eſt pourquoi on peut la ranger à telle diſtance qu'on le juge à propos : le fond eſt le même que ci-deſſus, & le terroir de même couleur. *Jagrenat* paſſe pour une des plus célébres pagodes des Indes : c'eſt une grande ville, éloignée d'environ deux lieues du bord de la mer; la hauteur de ſes édifices la fait découvrir de loin. Si-tôt qu'on eſt par le travers de *Manikpatnam*, on peut l'appercevoir du haut des mats ; dans cet éloignement elle reſſemble à un grand vaiſſeau à la voile : en l'approchant elle repréſente trois pagodes près les unes des autres. Celle du ſud-oueſt eſt très-haute & ronde ; elle a une fléche & ſur la pointe une groſſe boule.

La deuxieme qui joint preſque la premiere, paroît moins arrondie à ſon ſommet : elle a également une fléche & une boule, auſſi-bien que la troiſieme qui eſt la plus petite & arrondie comme la premiere. Ces trois pagodes qui ſemblent jointes enſemble, forment un haut & large édifice.

Pagode Noire Quatre lieues à l'eſt-quart-nord-eſt de la pagode de *Jagrenat*, on voit la *Pagode noire* qui de loin reſſemble, comme la premiere, à un grand vaiſſeau à la voile, mais de plus près elle a moins d'apparence en largeur. Quand on la releve au nord-nord-eſt, elle paroît diviſée en deux édifices réunis par le bas, & ſéparés par le ſommet, qui ſe terminent en pointe. A la diſtance d'environ une lieue à l'oueſt-quart-ſud-oueſt, il y a une autre petite pagode ſituée, ainſi que celle-ci, ſur une terre unie, rouſſâtre, ſans aucun bois : cette circonſtance fait aiſément diſtinguer la *Pagode noire* de celle de *Jagrenat*. Outre ces remarques, à environ une lieue à l'oueſt-ſud-oueſt de la petite pagode, on découvre encore entre l'une & l'autre une butte de terre avec quelques arbres clairs-ſemés; & quoiqu'il y en ait auſſi une à peu près ſemblable une lieue au deſſus de *Manikpatnam*, on ne peut s'y méprendre, pour peu qu'on faſſe alors attention à l'éloignement où l'on eſt de la *Pagode noire* & à ſon apparence différente de celle de *Jagrenat*.

De la *Pagode noire* à la *Fauſſe pointe*, on compte environ dix-huit lieues de chemin, les cinq premieres à l'eſt-quart nord-eſt, trois à l'eſt-nord-eſt, & le reſte au nord-eſt. La côte entre ces deux endroits eſt cernée d'un banc qui s'avance d'une demi-lieue en mer, & un peu moins en quelques endroits; vis-à-vis la *Fauſſe pointe* il s'étend une lieue & demie au large. Dans l'intervalle des quatre premieres lieues le terrein eſt uni & ſans remarques; les quatre lieues ſuivantes il paroît par dunes ou petites monticules de ſable. A la fin de ces quatre dernieres lieues coule la petite riviere de *Mareſpour*, auprès de laquelle on voit un petit bouquet de bois: trois lieues au nord il y a encore une autre petite riviere. La côte s'enfonce un peu entre les deux, où elle eſt fort baſſe, ainſi que trois lieues plus nord; enſuite elle paroît plus élevée, au moyen d'un bois épais & uni

Fauſſe pointe.

qui la rend en apparence plus haute que celle qu'on a vu depuis *Manikpatnam.*

En approchant de la *Fausse pointe*, on la prendroit, quoiqu'elle soit terre ferme, pour une petite île, à cause d'un défaut de bois, ou d'une entrée de riviere, qui fait paroître une discontinuation. Cette même partie qui semble séparée, est la *Fausse pointe* : de cet endroit la côte dont le gissement étoit au nord-est, fuit au nord, prenant un peu de l'ouest, pour former un grand enfoncement.

Plusieurs Navigateurs trompés par cette apparence, ont pris cette *Fausse pointe* pour la *Pointe des Palmiers*, & cette méprise a occasionné la perte de plusieurs vaisseaux. La qualité du fond n'est pas un moyen suffisant pour prévenir cette erreur, parce que sur l'accore de l'est du banc de la *Fausse pointe*, on trouve deux ou trois coups de plomb comme à la *Pointe des Palmiers*, & un fond de sable vaseux, graviers, & petits grains plats, noirs, sans forme comme du poivre mal pilé, mais avec cette différence qu'à la *Fausse pointe* on n'est qu'à deux lieues de terre par 15 ou 16 brasses, & qu'on découvre bien la côte qui est un côteau uni ; au lieu qu'à la *Pointe des Palmiers*, on trouve cette profondeur seulement à l'est de son îlot, & à quatre lieues de la côte qui, étant beaucoup plus basse, ne se distingue que difficilement : trois dunes de sable situées un peu plus sud, sont les seules élévations qu'il y ait.

Quand on vient du large atterrer directement à la *Fausse pointe*, on ne s'apperçoit pas des remarques dont j'ai parlé ci-dessus, si ce n'est du bois épais & uni qui n'a rien aux environs de semblable, & qui sert de principal enseignement.

Après

Après s'être éloigné de la *Fausse pointe* d'environ quatre lieues, & lorsqu'elle demeure au sud-ouest, on découvre au nord-est une ouverture pareille à une médiocre embouchure de riviere.

Depuis vis-à-vis la *Fausse pointe* par 14 ou 15 brasses, la route pour atteindre cette même profondeur à l'est de la *Pointe des Palmiers*, est au nord-est, dix-huit lieues. Il faut se méfier des marées : les jours des nouvelles & pleines Lunes, le coup de pleine mer est à huit heures & demie ; la marée porte à l'ouest-nord-ouest, & au nord-ouest au commencement du flot. A moitié flot elle porte au nord, & aux trois quarts de flot au nord-nord-est & au nord-est : le jusan prend son cours en sens contraire. Le meilleur fond à entretenir est de 14 à 16 brasses, de vase ; cependant si dans cette route on rencontroit un fond différent, il ne faudroit pas s'en étonner. Environ cinq lieues au nord-est-quart-est de la *Fausse pointe*, faisant route au nord-est, j'ai trouvé un fond de sable roux pendant plus de trois lieues, & ensuite fond de vase jusqu'à la *Pointe des Palmiers*. Le changement de sable avertit des approches du banc de cette pointe, il est de sable fin, dur : est & ouest du banc, il est de sable, gravier & coquillages rompus, grains sans forme comme du poivre concassé. Souvent on ne rencontre par 17 ou 18 brasses qu'un sable vaseux, roux & noir, avec du coquillage brisé : plus près de terre par 11 & 12 brasses, c'est du sable & du gravier roux. Lorsque pendant la nuit on trouve ce dernier fond, il faut arrondir le banc en gouvernant au nord & nord-quart-nord-ouest. Quand sur cette route on a atteint le fond de vase, on connoît aisément si le banc est doublé, parce qu'alors la profondeur ne diminue que d'une brasse & un quart dans l'espace d'une lieue ; elle diminue au contraire fort vîte, lorsqu'il n'est pas doublé. Si les

Pointe des Palmiers.

vents font de la partie de l'oueft, on doit ferrer le banc par 10 & 11 braffes, fans rien craindre ; on a un fond de fable fin, mêlé fouvent de gravier ; quelquefois il eft inégal, & de 10 braffes à 7 braffes & demie : alors il faut prendre garde de venir à 5 braffes. On approche de bien près l'accore du banc, & les brifans fe font voir diftinctement fur la partie la plus haute.

On doit être attentif à ne fe pas écarter du banc dans la mouffon de l'oueft, parce qu'on court rifque de perdre fond, par les vents qui regnent alors de cette partie, & par les courans qui vont à l'eft. Si le cas arrivoit, on manqueroit fon voyage, & on feroit obligé d'aller hiverner à *Chatigam*, d'où on ne pourroit fortir qu'en Novembre ou Décembre.

Au contraire, lorfque les vents regnent du fud au fud-eft, comme il arrive fouvent en Avril, Mai & Juin, il faut entretenir la profondeur de 16 à 17 braffes, jufqu'à ce qu'on ait doublé la pointe du banc la plus avancée en mer.

L'Iflot de la *Pointe des Palmiers* eft très-reconnoiffable ; en venant de la partie du fud, il en paroît fort écarté, quoiqu'éloigné d'une demi-lieue au plus. Si on étoit abbatu dans l'enfoncement entre la *Fauffe pointe* & cet îlot, de façon qu'on l'apperçut du nord vers l'eft, il faudroit auffi-tôt prendre du large pour ne pas s'engager dans un coude que forme le banc deux lieues au fud-eft-quart-eft de cet îlot, & par lequel on peut l'approcher d'affez près par 12 braffes, fans s'appercevoir d'aucune diminution.

Dans le cas d'un vent de la partie du fud, cette inftruction eft de plus grande importance que dans tout autre tems, parce qu'alors on auroit beaucoup de peine à s'en relever*.

Rade de *Balaſſor.*

Après avoir doublé le banc de la *Pointe des Palmiers*, quand l'ilot reſte à l'oueſt-quart-ſud-oueſt quelques degrés ſud, la bonne route pour aller mouiller en rade de *Balaſſor* par cinq braſſes à baſſe mer, eſt le nord-nord-oueſt environ neuf lieues. Le Navigateur aura ſoin d'obſerver d'où vient le vent pour aſſurer ſa route, parce que dans la ſaiſon des vents d'oueſt, il faut gouverner plus près du vent, s'il eſt poſſible, que le nord-nord-oueſt, afin de ne pas tomber ſous le vent de la rade de *Balaſſor*; on rangera par conſéquent le côté de l'oueſt, en ſe tenant par 7 ou 8 braſſes, mais on pourra aller à 6 braſſes aux approches de *Balaſſor.* On ne court de danger dans l'anſe, que le banc de *Canaca* qui briſe de baſſe mer, & fait ſentir ſon accore, par 5 braſſes, fond de ſable dur. La côte de l'oueſt eſt toujours garnie d'arbres, excepté l'eſpace d'une petite lieue à l'oueſt de la riviere : cet intervalle dénué d'arbres, ſert à en reconnoître l'entrée qui a au côté de l'oueſt une petite maiſon blanche. Du côté de l'eſt on apperçoit des dunes de ſable, derriere leſquelles on découvre en plein un petit bois, quand on va trop à l'eſt de l'entrée.

Banc de *Canaca.*

Les marques du bon mouillage, lorſque les montagnes de *Nelgringe* ſe montrent, ſont premierement le bout de la montagne longue ſituée vers le ſud-oueſt des autres, à l'oueſt 5 degrés ſud ; ſecondement, la montagne du milieu qui en eſt ſépa-

* Le Sieur de la Touche dans ſes Mémoires, fait mention d'un banc ſitué à l'eſt-quart-ſud-eſt, à neuf lieues de la *Pointe des Palmiers*, ſur lequel on lui a dit qu'un vaiſſeau s'eſt perdu. Un Capitaine Danois l'a aſſuré avoir vu ce banc à ſec, & qu'ayant été porté au large à l'air de vent ci-deſſus, le fond lui augmenta juſqu'à 60 braſſes ; qu'enſuite il diminua peu à peu juſqu'à ſa vue.

rée (elle paroît la plus haute) à l'oueſt - nord - oueſt 5 degrés oueſt ; troiſiemement, la petite ſituée du côté du nord - eſt, au nord - oueſt - quart - nord ; quatriemement, l'entrée de la riviere au nord & nord-quart-nord-oueſt.

L'Etabliſſement des marées à la rade de *Balaſſor*, eſt ſud-ſud-eſt & nord-nord-oueſt. La mer y monte de dix pieds dans les eaux vives, & de ſept dans les mortes eaux : les vaiſſeaux qui ont deſſein de mouiller par 5 braſſes à baſſe mer, y doivent bien faire attention.

Montagnes de *Nelgringe*.

D'un tems couvert, lorſque les montagnes de *Nelgringe* ſont embrumées, l'entrée de la riviere ſe reconnoît avec peine, ſi on va chercher les 5 braſſes, parce qu'à cette profondeur on eſt au moins à quatre lieues de terre. En ce cas il faut avoir recours aux marques que je viens d'indiquer, & qui peuvent la faire diſtinguer ; ſavoir la diſcontinuation des arbres qu'on découvre à l'oueſt, & les dunes qui ſont ſur la rive de l'eſt.

Rade de *Pipli*

On compte environ neuf lieues à l'eſt-quart-nord-eſt & eſt-nord-eſt de la rade de *Balaſſor* à celle de *Pipli* : en faiſant cette route, on entretient la profondeur de 6 braſſes à baſſe mer. *Pipli* ſe reconnoît par une pagode à l'oueſt de la riviere, & par une touffe d'arbres tout près, qui ſuffiſent pour la faire remarquer, ſi on ne voyoit pas la pagode ; il faut les relever au nord-oueſt-quart-nord pour être dans le bon mouillage. Si dans un petit vaiſſeau on rangeoit la côte par une moindre profondeur, il faudroit prendre garde à un banc vis-à-vis cette riviere, qui avance une lieue un tiers au large de la côte.

On compte environ quatre lieues du mouillage de *Pipli* au premier bras ou canal pour entrer dans le *Gange*.

Comme les vaiſſeaux deſtinés pour *Bengale* , ne peuvent pas monter le *Gange* ſans y être conduits par des Pilotes pratiques ; leur premier ſoin , après avoir doublé la *Pointe des Palmiers*, c'eſt de faire route pour rencontrer les bots de ces mêmes Pilotes qui ſont ordinairement mouillés entre la rade de *Balaſſor* & celle de *Pipli* ; c'eſt pourquoi, en gouvernant au nord & au nord-nord-oueſt , on ne peut guere manquer de les trouver : on aura attention de tirer des coups de canon pour les avertir. Chaque nation en a d'affidés, & il ne convient pas de s'en ſervir indiſtinctement ; il eſt arrivé ſouvent de facheux accidens à ceux qui ſe ſont confiés trop légerement au premier venu.

J'ai inſéré dans cette ſeconde édition de mon Neptune, une Carte très-détaillée des embouchures du *Gange*, depuis la *Pointe des Palmiers* juſqu'à *Chatigam*, avec les ſondes qu'on rencontre en l'une & l'autre. Cette Carte a été dreſſée par M. Alexandre d'Alrymple qui a bien voulu m'en aider, ainſi que de beaucoup d'autres , que je tiens également de ſa généreuſe attention, & du ſoin qu'il a bien voulu avoir de contribuer à perfectionner mon ouvrage.

Avant de ſuivre mon Routier , je donnerai ici la traduction du Mémoire de M. d'Alrymple qui accompagnoit cette Carte.

MÉMOIRE

Sur une Carte du Golfe de Bengale, *par M. Alexandre d'Alrymple.*

Il doit paroître étonnant de ne trouver nulle part une Carte du golfe de *Bengale* depuis le tems considérable que cette mer est fréquentée par les Européens.

En 1763 feu M. Thomas Horve, après un combat contre une frégate Françoise, où il se défendit avec tant de bravoure, alla sur la côte d'*Orixa*; & en prolongeant cette côte pour se rendre à *Bengale*, il eut occasion de corriger la Carte qui en a été donnée dans le Neptune oriental. Ayant réduit à une échelle générale toutes les Cartes particulieres qu'il possédoit des différentes côtes de ce golfe, il les joignit ensemble le mieux qu'il put.

A mon retour en Angleterre en 1765, M. Horve voulut bien me donner une copie de sa Carte, & me sollicita beaucoup de la corriger & de la perfectionner sur les différens matériaux que je possédois. Je me chargeai de ce travail, & je réduisis la côte d'*Orixa* à une échelle de trois pouces au degré, l'original uniquement destiné à servir de correction au Neptune oriental ayant quelque chose de plus.

Les relevemens de *Ghittagong*, faits par Plaisted, ont servi, tant dans la Carte de M. Horve que dans la mienne, pour la defcription de cette côte; mais j'y ai ajouté, d'après d'autres Navigateurs, quelques bancs éloignés de terre.

J'ai tracé, d'après plufieurs matériaux, la côte d'*Ava*, depuis *Négrais* jufqu'à *Chedube*; mais dans cette partie de mon travail, j'ai trouvé fi peu d'accord dans les latitudes, même après toutes les compenfations poffibles, que je me défiftai du projet de faire graver la Carte. Néanmoins de concert avec le Capitaine Guillaume Smith, j'examinai plufieurs journaux de la Compagnie des Indes, & je plaçai dans ma Carte plufieurs fondes des différentes routes qui traverfent le golfe.

On livra des copies de cette Carte à différentes perfonnes, entr'autres aux Capitaines Méars & Courl, qui l'an paffé, au retour de leur voyage de *Bengale*, ont honoré cette Carte de leurs éloges, fur-tout dans la partie qui concerne les fondes des environs de la *fauffe pointe* & de la *pointe des Palmiers*

Lorfque M. Horve fut informé dans fa derniere maladie du rapport favorable de ces Meffieurs, & que je lui préfentai la copie que la Compagnie des Indes orientales m'avoit permis de prendre des derniers relevemens faits fur la côte de *Bengale*, il me recommanda très-expreffément de publier ma Carte, comme devant être très-utile aux vaiffeaux de la Compagnie; & il ajouta que mon incertitude & mes objections, concernant les latitudes, ne devoient point m'arrêter, attendu que les vaiffeaux pouvoient y remédier en corrigeant & en perfectionnant dans la fuite ce qu'ils y trouveroient de défectueux.

Quelque tems après, dans un entretien que j'eus avec M. Purling, qui préfidoit alors à l'affemblée des Directeurs de la Compagnie des Indes, ayant avancé que je me chargerois volontiers de l'impreſſion de cette Carte, ſi la Compagnie vouloit en faire les frais, il me prit au mot, & me chargea de dreſſer un Mémoire qu'il voulut bien communiquer à l'aſſemblée des Directeurs, & ces MM. me firent écrire qu'ils m'exhortoient à exécuter mon projet.

Juſqu'alors je n'avois d'autre deſſein que d'ajouter à ma Carte les nouveaux relevemens qui venoient d'être faits ; mais examinant de plus près les motifs du bien public qui venoient de déterminer la Compagnie, & la confiance dont on m'honoroit, je regardai comme un devoir de ma part de ne rien épargner, pour donner à cette Carte toute la perfection dont elle étoit ſuſceptible.

M. Purling à qui je communiquai ce nouveau plan, l'approuva ; il ajouta que la dépenſe qui alloit augmenter, devoit être comptée pour peu de choſe, puiſqu'il étoit queſtion du bien public, & il m'exhorta à paſſer à l'exécution : de pareils ſentimens qui méritoient ma reconnoiſſance, font auſſi voir le droit de ce bon citoyen à celle du public.

Il fut d'abord propoſé de faire graver cette Carte en deux planches, qui renfermeroient le fond du golfe* avec les côtes d'*Ava*, d'*Orixa*, &c. depuis le 16e degrés nord ; mais après y avoir bien reflèchi, je me ſuis borné à une ſeule planche depuis le 19e degré nord qui renferme les deux côtes. Celles qui ſont au ſud de cette latitude ſont moins importantes à bien connoître, & exigeroient cependant beaucoup plus de tems & de peine à tracer, ce qui retarderoit la publication de l'ouvrage. L'Eſpace auquel nous nous ſommes bornés, comprend

* Nous nous ſommes toujours ſervi du mot de Golfe, parce que la partie décrite eſt trop conſidérable pour que celui de baie lui convienne.

comprend l'extrémité du *Banc des Sondes*. Le premier plan ſuivant lequel nous nous propoſions d'aller juſqu'au 16ᵉ degré nord, avoit le double inconvénient & d'être d'une grandeur incommode lorſqu'on auroit joint les deux planches, & de laiſſer un vuide conſidérable occupé par la mer entre les côtes d'*Ava* & de l'Inde ; côtes que l'on pourra graver dans la ſuite lorſque les matériaux pourront fournir des Cartes dignes de l'attention du public.

Je viens de donner en peu de mots l'hiſtoire de cette Carte ; il reſte maintenant à donner le détail des matériaux qui ont ſervi à la former.

La poſition de *Calcutta* à 22° 34′ 43″ nord, & à 88° 33′ 15″ de longitude à l'eſt de *Greenwich*, eſt priſe des obſervations de feu M. Horve : la latitude fut priſe par un quart de cercle aſtronomique conſtruit par M. Bird.

Mars 1764. { Le 4 . . . . 22° 34′ 40″.
Le 6 . . . . 22° 34′ 46″.

La longitude eſt déduite d'une émerſion du premier ſatellite de Jupiter le 6 Mars 1764.

La ſituation d'*Iſlamahad* à 22° 20′ de latitude nord, & 91° 45′ de longitude à l'eſt de *Greenwich*, a été déduite par l'aſtronome du Roi, de l'obſervation qui y a été faite du paſſage de Venus en 1761.

Par ces obſervations la différence en longitude entre *Calcutta* & *Iſlamahad* eſt de 3° 11′ 45″, ce qui differe à peine d'un mille des obſervations faites dans les derniers relevemens de cette côte ; & par conſéquent on doit regarder ces poſitions comme très-exactes, ſans que je prétende néanmoins qu'on doive ſe fier entierement à des obſervations aſtronomiques, dont le but seroit de déterminer une distance aussi petite que celle d'un mille.

Ce sont là les seules observations que je possede des longitudes prises à terre.

Le bâton du pavillon de *Gamjam* est à 19° 25′ de latitude nord, & à 85° 17′ de longitude est, par des observations de la distance de la Lune au Soleil qui y furent faites en Septembre 1770, dans le vaisseau l'*Egmont*, par M. Mears. M. Horve place *Gamjam* à 19° 22′ 30″ nord, ce qui fait 2′ 30″ plus au sud; & par l'estime de la distance de la *Fausse pointe*, à 85° 6′ de longitude est, ce qui ne differe que de 11 minutes de la longitude observée par M. Mears: c'est donc d'après la Carte de M. Horve que j'ai déterminé cette position, ainsi que la distance entre *Gamjam* & la pointe des *Sables plats* près la pagode *Noire*, distance que j'ai copiée sur cette Carte.

Depuis cette pointe jusqu'à la *Fausse pointe* je me suis écarté de la côte pour insérer un plan de *Podgon*, ou *Codgoné*, qui m'a été communiqué par M. Herbert: ce plan fut levé en 1742, par M. Helman. L'Isle située à l'extrémité occidentale de cette baie, est appellée dans ce plan, la *Fausse pointe*; mais comme la terre y est prolongée vers l'est, rien ne me paroît plus incompatible avec le relevement fait depuis la *Pointe des Palmiers* jusqu'à la *Fausse pointe*, & ce même relevement décrit aussi l'endroit appellé *False-baie*, d'une maniere entierement différente du plan de *Codgoné* de M. Helman. Je possede néanmoins plusieurs autres dessins & esquisses de *Codgoné* qui sont entierement conformes au plan de M. Helman. Pour fixer mes doutes à cet égard j'ai recours au double banc de sable dont il est fait mention dans la Carte de M. Horve, & ce double banc me donne la vraie position de *Codgoné*; les ſables ſitués à l'eſt étant (comme je le ſuppoſe) par le travers de la *Fauſſe pointe* de M. Helman (que j'appellerai pointe de *Codgöné*,) & les ſables à l'eſt, par le travers de la *Fauſſe pointe*, ſuivant l'auteur des relevemens. Comme M. Horve place la latitude de la *Fauſſe pointe* un peu plus au ſud que la terre ne l'eſt dans l'auteur des relevemens, j'ai continué cette terre dans ma Carte juſqu'à la latitude de M. Horve. Un Mémoire qui accompagne le plan de M. Helman, confirme le changement que j'ai fait en plaçant *Codgoné* dans cet endroit; car en parlant de quelques arbres placés ſur ſa Carte, il dit (*Voyez 1 ſur la Carte*), que *ces arbres reſtant au nord, la ſonde donne un fond très-mol.* Ce relevement eſt le même que celui du ſable occidental de M. Horve, & répond parfaitement à la terre vaſeuſe qu'il décrit dans cet endroit, & qu'il eſt bien naturel d'y trouver, puiſque la riviere *Cuttack* ſe décharge dans cette baie.

L'Inſertion de la baie de *Codgoné* fait que la terre depuis la *Fauſſe pointe* va plus à l'oueſt que dans la Carte de M. Horve, & en conſéquence la terre priſe depuis la *Pagode noire* va plus au nord qu'elle ne l'eſt tracée dans cette même Carte de M. Horve, ce qui eſt très-conforme au Neptune oriental.

Les relevemens envoyés de *Bengale* à la compagnie portent le nom de Jean Ritchie, mais on aſſure que la plus grande partie en a été faite par Plaiſted; ils ne ſont accompagnés d'aucune explication. Ils ont été réduits, & cette réduction paroît être continuée depuis la *Fauſſe pointe* juſqu'à *Chittagong*; mais comme il paroît que la côte de *Chittagong* eſt priſe des premiers plans imparfaits de Plaiſted, j'ai donné la préférence aux relevemens que ce dernier fit publier en 1761, ſur cette même partie de la Carte envoyée à la

Compagnie. Quoiqu'il en ſoit, j'ai inſéré pluſieurs écueils omis par Plaiſted : il m'a paru que la partie qui les concerne a été la plus négligée, & qu'il s'en faut beaucoup qu'elle ſoit à ſa perfection.

J'ai ajouté à *Calcutta* ſa riviere, & j'ai tracé les autres canaux en les portant depuis leur embouchure aſſez avant dans les terres ; mon intention a été de rendre ſenſible la direction de leurs courans, afin que les vaiſſeaux puſſent les rencontrer ou les éviter ſuivant les circonſtances.

Je trouve les queues des ſables à l'embouchure de la riviere de *Bengale*, tracées dans les relevemens envoyés à la compagnie, d'une maniere peu conforme aux Journaux des vaiſſeaux. Si j'ai occaſion dans la ſuite de publier la Carte de la côte de l'Inde, je pourrai peut-être y inſérer les ſables d'après les Journaux des vaiſſeaux, ce qui ſeroit utile & même néceſſaire pour éviter de pareils écueils.

Comme on a relevé depuis peu la partie orientale du golfe, juſqu'au ſud de l'île aux *Crabes rouges*, je n'ai pas cru devoir inſérer cette côte dans ma Carte avant que les relevemens ſoient approuvés ; j'en ferai une planche particuliere d'après les relevemens & les obſervations que je poſſede, & j'y mettrai les ſondes depuis la côte d'*Arrackan* juſqu'au *Puits ſans fond.* Cette planche ſera faite ſur la même Echelle, afin qu'on puiſſe la coler à la Carte que je publie actuellement.

Depuis que ce Mémoire eſt imprimé, la Compagnie m'a fait remettre une Carte de la baie de la riviere de *Bengale*, par Philippe Parſons en 1743 & 1744. La baie de *Codgoné* y differe très-peu quant à la figure du plan de M. Helman ; mais ce qui eſt nord dans la Carte de Parſons, eſt eſt dans celle de Helman. Parſons dit que la riviere (marquée 3 ſur la

Carte) vient jusqu'au près de la *Pagode noire* , & je crois qu'il ne le dit que d'après la direction que Helman donne à cette riviere ; cependant la Carte de Parsons en marque l'embouchure un peu au sud de la pointe de *Codgoné* , ou de ce qu'il appelle la *Fausse pointe*. Plusieurs autres remarques ou notes de cette Carte de Persons sont contradictoires aux relevemens qu'il y donne, quoique ces notes s'accordent très-bien avec les relevemens de Helman. Parsons fait, par exemple, cette remarque singuliere : *les arbres restant au nord*, (voyez 1 dans la Carte,) *on trouvera que l'on est sur une vase très-molle* ; relevement qui tout au contraire met le vaisseau sur le banc de gravier. Il dit encore : *cet arbre* (voyez 2 sur la Carte) *restant au nord, on aura de la vase à un fond de 7 brasses, & en gouvernant à l'ouest-nord-ouest, on trouvera l'embouchure de la riviere* : au lieu que par sa Carte, cet arbre restant ainsi au nord, se trouve sur une ligne qui passe par dessus les terres pour entrer dans la riviere. Je conclus de-là que Parsons s'est trompé dans son plan de la baie de *Codgoné*, & que la source de son erreur vient des relevemens très-connus de la *Pointe des Palmiers* & de la *Fausse pointe*, ayant confondu avec cette derniere pointe celle de *Codgoné*, qu'on appelle aussi *Fausse pointe*.

Notre intention étoit d'accompagner cette Carte de quelques instructions & observations Nautiques ; mais je n'ai pas trouvé que le sujet que j'ai traité, m'ait fourni assez de connoissances pour pousser mes travaux plus loin. Dailleurs ce même sujet ma déjà pris plus de tems que mes autres occupations ne me permettoient de lui en donner : n'ayant que des conjectures, j'ai mieux aimé les abandonner ; elles sont en général aussi pernicieuses que des faits bien constatés sont utiles.

INSTRUCTION *sur les voyages de* Chatigam.

QUAND on vient de la partie du ſud, ou qu'on traverse de la côte de *Coromandel* ou de celle de *Malabar*, pour aller à *Chatigam*, pendant la mouſſon du ſud-oueſt; il faut prendre connoiſſance de la côte de l'eſt du golfe de *Bengale*, par 21° ou tout au plus par 21° 10' de latitude. La côte à cette hauteur eſt bordée de hautes montagnes, qui vont en diminuant d'élévation vers le nord, juſqu'aux îles *Crabes*, ſituées par 21° 31' de latitude. Quoique par 21 degrés la côte ſoit fort ſaine, il ne faut point s'en approcher de plus près que de trois ou quatre lieues, depuis 14 braſſes de profondeur juſqu'à 9, en ſe donnant de garde de s'affaler ſur la côte vers laquelle les courans portent, dans la crainte de ne pouvoir enſuite doubler le banc qui s'avance d'une grande lieue au ſud-quart-ſud-oueſt des îles *Crabes*, ſur lequel la mer briſe beaucoup, & où l'on ſeroit d'autant plus en danger de ſe perdre, que dans cette mouſſon la mer étant fort groſſe, on ne pourroit reſter à l'ancre. Il faut donc s'en tenir à la diſtance ci-deſſus, & de-là cingler au nord-quart-nord-oueſt & nord-nord-oueſt, par 9, 10 & 15 braſſes, juſqu'à ce qu'on ait connoiſſance des îles *Crabes* qui ſont petites, fort baſſes & boiſées.

De ces îles juſqu'à celle de *Kuttubdea* ou *Coutoupdia* la côte, quoique baſſe, ſe fait appercevoir de loin à cauſe des grands arbres dont elle eſt couverte. Lorſqu'on ſera à l'oueſt-quart-ſud-oueſt des îles *Crabes* par 12 ou 14 braſſes de profondeur, on cinglera au nord-oueſt & nord-oueſt-quart-oueſt, environ trois lieues, ſur un fond inégal de 12 à 14 braſſes mêlé de vaſe; & quand on trouvera 8 braſſes, on ſera à environ une lieue & demie dans le ſud-ſud-oueſt de l'accore du banc de la pointe du ſud de *Coutoupdia*, d'où l'on entretiendra la profondeur de 7 à 8 braſſes. Si l'on en trouvoit 9, & qu'on fût à plus de deux lieues de cette île, il faudroit ſur le champ prendre de l'eſt, parce que de 9 braſſes on tombe tout-à-coup à 5 qui indiquent l'accore du banc qui eſt au large; ainſi lorſque l'on ſera, comme je l'ai dit ci-deſſus, dans le ſud-ſud-oueſt de la pointe du ſud de *Coutoupdia*, il faut faire deux lieues au nord-quart-nord-oueſt, & gouverner enſuite au nord-quart-nord-eſt, pour paſſer entre le banc du large & celui qui s'avance du milieu de l'île. En faiſant cette route on aura connoiſſance des arbres qui ſont ſur la pointe du ſud de cette île, & en continuant de cingler ainſi, ayant ſoin de corriger la dérive & la déviation des courans, on parviendra par 4 braſſes aux accores de la barre de la riviere de *Chatigam*, où étant on portera au nord-eſt & au nord-eſt-quart-eſt pour paſſer la barre aux deux tiers ou aux trois quarts du flot dans un grand vaiſſeau. L'arbre le plus nord de la montagne de *Bander* doit reſter à l'eſt-quart-nord-eſt, & la montagne de *Chabroux* au nord 5 degrés eſt: on diſtingue ſur cette montagne le mât de pavillon, tout près d'un octogone & de deux grands arbres. On doit ranger, en entrant, la pointe de *Pangüi* à un ſixieme de lieue, & ſe méfier du banc de la pointe de *Patanga* qui eſt fort dangereux. Après avoir paſſé la barre, on tombe tout-à-coup par 6, 7 & 8 braſſes de profondeur, & rangeant enſuite la côte de tribord à un petit jet de pierre d'éloignement, on ira mouiller à la rade de *Bander* par 6 braſſes : on fait de fort bonne eau en cet endroit.

Quand on veut traverſer de *Bander* à la pointe de *Patanga* au commencement ou au quart de flot, il faut gouverner au nord-oueſt, obſervant qu'un grand arbre qu'on voit ſur le rivage de *Bander* reſte au ſud-eſt, & un bouquet, ou tope d'arequiers, au ſud-eſt & ſud-eſt-quart-ſud ; & en ſe ſervant de ces marques, on fera attention que le flot qui prend en hanche, ne faſſe pas trop dériver près du banc de la rive de l'oueſt, & de ne pas approcher celui de la pointe de *Patanga* : ainſi on doit ſe tenir au milieu du canal. La profondeur diminue enſuite à meſure qu'on approche de l'autre côté, juſqu'à ce qu'étant à un jet de pierre l'on a 8, 9 & 10 braſſes. De cet endroit à *Chatigam* on doit toujours ranger la terre de babord de fort près : on trouve au pied 5 à 6 braſſes d'eau.

Quand on ſera vis-à-vis du ruiſſeau de *Doma-Cali*, ſi on eſt dans un grand vaiſſeau, on mouillera en attendant les trois quarts du flot, afin de paſſer de cet endroit juſqu'à *Rivali* où il y a auſſi une petite riviere. Entre ces deux petites rivieres, quoique le canal ſoit fort étroit, c'eſt cependant l'endroit de la riviere de *Chatigam* le moins profond, & il faut ſerrer de fort près, comme on l'a déja dit, la terre de babord.

Dans les renouveaux & pleins de Lune, la mer eſt haute à *Chatigam* à une heure & demie, ſur la barre à une heure. En dehors, au large, ainſi que le long de la côte, la pleine mer eſt à midi. Le commencement du flot porte au nord-nord-eſt, nord-eſt, le mi-flot au nord, & la fin au nord-nord-oueſt: le juſan ſuit une direction contraire.

Du côté de l'île *Sundive* & des autres îles de l'embouchure du grand bras du *Gange*, qui conduit à *Daca*, ſi les bancs n'étoient pas auſſi ſujets qu'ils le ſont à changer, les vaiſſeaux y pourroient monter juſqu'à *Loquipour*.

DE BENGALE A CHATIGAM.

Quand on part de *Bengale* dans la mouſſon du nord-eſt, il faut, autant qu'il eſt poſſible, naviguer le long de l'accore des bancs de *Sagor*, & des autres bancs qui s'étendent au ſud des différentes embouchures du *Gange*, par 10, 12 & 25 braſſes, ſans perdre le fond, vu qu'on ne pourroit plus le rejoindre à cauſe de la direction des vents & des marées qui portent vers le ſud : comme le juſan qui va de ce côté-là eſt plus rapide que le flot, on pourroit tomber par ſon effet vers la riviere d'*Aracan*, & peut être plus ſud, d'où on ne pourroit remonter vers le nord qu'à l'aide de quelques petites briſes de terre & des flots. Il faut donc ſuivre avec ſoin l'accore des bancs, avoir attention au cours des marées, & ſonder fréquemment pour s'aſſurer du fond. Si on gouverne de cette façon, on atterrera au nord de la riviere de *Chatigam*, par 22° 15 ou 20′ entre l'île *Sundive* & cette riviere. En faiſant cette route, on prendra garde de ne ranger l'île *Sundive* que par 10 ou 12 braſſes ; & lorſqu'on appercevra les montagnes qui ſont aux environs de la riviere de *Chatigam*, on prendra du ſud pour aller à l'embouchure, en donnant tour au banc de la pointe de *Patanga*.

Si on atterroit du côté du ſud par 21° 30′, il faudroit ſe

méfier du banc des îles *Crabes*, dont on a fait mention. Pour s'élever vers le nord, on profitera des flots & des petites brises de terre qui soufflent quelquefois le matin; ou bien à leur défaut il faudroit louvoyer avec les flots, n'allant pas plus au large que par 15 brasses de profondeur, ni plus vers la terre que par 7 brasses : on croit pouvoir ajouter que cet atterrage rend la traversée plus certaine, quoique plus longue de trois à quatre jours.

INSTRUCTION concernant les voyages de Bengale *en différentes saisons de l'année.*

LA saison la plus favorable aux vaisseaux qui vont à *Bengale*, soit qu'ils partent de la côte de *Coromandel*, ou de quelques autres endroits, est depuis la fin de Février jusqu'au 15 de Septembre; mais comme les Navigateurs, pour déterminer leur route & leur atterrage, doivent faire attention aux vents & aux courans qui regnent dans le golfe pendant cet intervalle, il est nécessaire de rendre cette instruction relative à la variété des uns & des autres dans les différens mois de cette mousson.

Quand on part de la côte de *Coromandel* vers la fin de Février, & pendant le courant du mois de Mars, il est à propos de prendre du large pour profiter des petits vents du sud & du sud-sud-ouest qui y regnent; au lieu que près de la côte ils sont souvent variables du nord-est au sud-est. Ensuite il faut diriger la route pour avoir connoissance de la côte d'*Orixa*, par la latitude de 19 degrés, & la côtoyer jufqu'à la pointe des *Palmiers*, en obfervant ce qui a été enfeigné dans le Routier précédent, tant fur fon giffement que fur les dangers qui l'environnent.

Les vaiffeaux qui vont dans cette faifon en droiture de la côte de *Malabar* à *Bengale*, fans toucher à aucun endroit de celle de *Coromandel*, doivent côtoyer l'île de *Ceylan* jufqu'à *Batacalo*, & de-là faire route pour atterrer à la côte d'*Orixa*, comme je viens de le dire.

Pendant les mois d'Avril & de Mai, où les vents de la partie du fud regnent plus fréquemment, & font dejà dans leur force, il faut atterrer également à la côte d'*Orixa*, en fe méfiant fur-tout des courans qui portent au nord-eft, & fe tenir à une bonne diftance de la terre, fi-tôt qu'on en aura pris connoiffance; parce que les vents furvenant au fud-eft, on auroit de la peine à doubler la côte, fi on fuivoit les différens enfoncemens qu'elle forme. Lorfqu'on fe trouve à la vue de la pagode de *Jagrenat*, on doit entretenir la profondeur de 15 à 20 braffes jufqu'au banc de la pointe des *Palmiers*, dont il ne faut pas s'écarter au delà de 18 braffes de profondeur.

Comme la mouffon de l'oueft eft dans fa plus grande force en Juin, Juillet & Août, il convient d'atterrer plus au vent que dans les mois précédens; c'eft-à-dire de prendre connoiffance de la côte par 18° 30'. Cette précaution eft d'autant plus néceffaire qu'on eft fouvent trompé dans l'eftime de la route qu'on tient, par les courans qui font ordinairement relatifs à la direction & à la force des vents; ce qui fait que les vaiffeaux abordent beaucoup plus à l'eft qu'ils ne préfument.

Quand on eft à la vue de la terre, il ne faut pas s'en départir, mais la ranger à la profondeur de 12 à 16 braffes,

& ſe conformer pour le reſte au Routier que j'en ai donné, en faiſant ſur-tout attention à ce qui eſt marqué au ſujet du banc de la pointe des *Palmiers*, qu'on doit alors ſerrer de plus près qu'en tout autre tems.

La route que doivent tenir les vaiſſeaux qui ſont voile de la côte de *Coromandel* après le 15 Septembre & en Octobre, eſt fort différente des précédentes, à cauſe que la mouſſon de l'oueſt tire alors ſur ſa fin, & que les vents viennent ſouvent de la partie du nord-eſt. C'eſt pourquoi, au lieu d'atterrer au ſud de la *Fauſſe pointe*, il faut au moins ſe tenir à mi-canal du golfe pour pouvoir doubler la pointe des *Palmiers*; encore cette manœuvre ne ſuffit-elle pas toujours, car plus s'approche le tems où arrive le changement de la mouſſon, plus on eſt obligé de ſe précautionner contre les incidens qui en dépendent. Les vaiſſeaux qui peuvent gagner la côte d'*Aracan* à la faveur de la variété des vents, ſont beaucoup plus certains d'arriver à *Bengale* que ceux qui négligent de le faire, & qui croyent qu'il ſuffit de ſe maintenir vers le milieu du golfe. Je traiterai dans l'article ſuivant des différentes routes qu'il faut ſuivre, & des dangers qu'on rencontre ſur les côtes d'*Ava* & d'*Aracan*.

Si par négligence pour cette inſtruction, ou par quelque accident imprévu, on atterroit plus ſud que la *Fauſſe pointe*, on riſqueroit ou la perte du voyage, ou au moins un retardement conſidérable, par la difficulté de trouver un tems favorable pour s'élever au nord, & refouler le courant violent qui tranſporte au ſud-oueſt, depuis l'équinoxe de Septembre juſqu'au mois de Février, & dont la plus grande force & la plus grande vîteſſe ſe font ſentir en Novembre & Décembre, juſqu'à faire une lieue par heure.

Les vaiſſeaux qui atterrent au nord de la *Fauſſe pointe*, doubleront celle des *Palmiers*, s'ils veulent profiter du flux & du reflux des rivieres circonvoiſines. Ils obſerveront auſſi de mouiller, & de ne pas continuer les bordées, ſi-tôt qu'ils remarqueront qu'elles ne leur ſeront pas favorables.

VOYAGE de la côte de l'eſt à Bengale.

Lorſqu'on fait voile de *Mergui* pour aller à *Bengale*, vers la fin d'Octobre, il faut profiter des marées pour s'élever au nord, le long de la côte de *Tenaſſerim*, en prenant garde de ne pas paſſer 15 degrés, ou tout au plus 15° 10′ de latitude, par rapport aux bancs qui s'étendent au ſud de la côte du *Pegu*. Côte du *Pegu*.

Après avoir atteint cette latitude, on fera route à l'oueſt-quart-nord-oueſt pour prendre connoiſſance de la côte à l'eſt de *Negraille*; mais on évitera d'approcher l'accore des bancs qui la bordent, par moins de 7 à 8 braſſes de profondeur. Ces terres ſont extrêmement baſſes: on n'en diſtingue que les arbres ſans aucune remarque particuliere. C'eſt pourquoi, dans un tems embrumé, il convient de ſe régler entierement ſur la ſonde, & de s'en ſervir très-fréquemment.

De cet atterrage il faut diriger la route pour paſſer une lieue & demie au large de l'île du *Diamant*, ſans l'approcher de plus près, à cauſe d'un banc de roche qu'on voit briſer à baſſe mer, & qui s'avance une lieue au ſud de cette île. On entretient dans ce trajet 8, 9, 10 & 11 braſſes, fond de vaſe. Iſle du *Diamant*.

Environ quatre lieues au ſud-ſud-oueſt de l'île du *Diamant*, on rencontre un banc de roches, appellé la *Negade*, ou La *Negade* ou l'île *Noyée*.

île *Noyée*, dont les pointes ſont hors de l'eau. Moitié chemin de l'un à l'autre, on aſſure qu'il y a un rocher ſur lequel ſe trouvent vingt pieds d'eau ; mais le vaiſſeau le *Caſtricon* l'a vu en 1698, & d'autres rapportent qu'en paſſant par 11 braſſes de profondeur, ils ont apperçu ſon remoux de fort proche. Cette circonſtance prouve moins de profondeur ſur cet écueil, & par conſéquent que tout vaiſſeau, tel qu'il ſoit, doit l'éviter. Le plus ſûr eſt de ne pas s'écarter au delà de 10 braſſes en rangeant l'île du *Diamant*.

Negraille. Après avoir doublé l'île du *Diamant*, on fait route pour ranger la pointe du ſud de la grande île de *Negraille*, remarquable par un gros rocher élevé ſur l'eau qui en eſt fort proche, & par ſa montagne ſur laquelle eſt bâti un édifice ou pagode. Enſuite on tiendra le vent pour côtoyer la partie occidentale de cette île, dont le giſſement eſt au nord-quart-nord-oueſt 3 ou 4 degrés oueſt, prenant garde à un banc de ſable ſur l'accore duquel il y a 4 braſſes d'eau : il eſt ſitué à une lieue à l'oueſt-nord-oueſt de la pointe du ſud dont je viens de parler.

La côte de l'oueſt de *Negraille* eſt de moyenne élévation, hachée au ſommet, qu'on apperçoit de neuf à dix lieues en mer. Il y a tout le long quelques petites îles.

La profondeur depuis le bout du ſud juſqu'à cinq lieues plus nord, eſt de 45 braſſes à quatre lieues au large, & de 12 à une lieue. Vers le bout du nord le fond manque à quatre ou cinq lieues, & on ne le trouve à 40 braſſes qu'à deux lieues & demie ou trois lieues de diſtance.

Côte d'Ava. En quittant l'île de *Negraille*, on continuera de s'élever au nord ſans perdre de vue la côte d'*Ava*, qui a devant ſoi quantité d'îles & quelques dangers qu'on aſſure être tous apparens. Le plus à craindre eſt ſitué par 17° 6′ de latitude, à cinq lieues de la terre ferme. C'eſt une petite île baſſe, environnée de rochers ſous l'eau, qui avancent à une lieue & demie au large. On la nomme le *Buffle*.

Iſle ou rocher nommé le *Buffle*.

Vingt-cinq lieues plus nord, par 18° 20′ de latitude, on rencontre une autre petite île cernée de briſans à une demi-lieue au tour. Elle eſt cinq lieues au ſud-quart-ſud-oueſt de l'île de *Chedube*.

Iſle de *Chedube*.

Cette derniere, ſituée par 18° 45′ de latitude, a dans ſon étendue ſept lieues nord-quart-nord-oueſt & ſud-quart-ſud-eſt. De loin elle paroît comme un amas de petites îles, à cauſe de ſon terrein haché & fort inégal. A chacune de ſes extrémités s'avancent deux récifs une lieue & demie au nord & au ſud; par ſon travers, à une demi-lieue de diſtance, il y a une petite île.

Journal du vaiſſeau *la Reine* en 1737.

Je dois avertir que depuis l'île *Negraille* juſqu'à celle de *Chedube*, la côte d'*Ava* ne porte point de ſonde au large. Les Navigateurs qui en vont prendre connoiſſance, y feront attention, afin de ne la pas aborder la nuit, de crainte de quelqu'un des dangers qui l'environnent. Cet avis eſt ſur-tout pour ceux qui ſe confient trop ſur l'eſtimation de la diſtance.

Lorſqu'on ſera parvenu à la hauteur de l'île *Chedube*, à huit ou neuf lieues d'éloignement vers l'oueſt, on fera valoir la route le nord-oueſt juſqu'à trouver 50 braſſes, fond de vaſe. Cette ſonde ſe rencontre ordinairement après avoir cinglé quarante ou quarante-cinq lieues de chemin à ce rumb de vent; il faut de cette poſition gouverner à l'oueſt-nord-oueſt & à l'oueſt-quart-nord-oueſt, pour aller reconnoître la ſonde de l'accore des bancs du *Gange*. On pourra les approcher par 12 braſſes de profondeur, & on s'appercevra facilement de leur proximité par la nature du fond qui est de sable dur. On ne le trouve de vase qu'à l'ouvert de divers canaux que forment ces bancs.

La profondeur ci-dessus une fois atteinte, on l'entretiendra sans s'écarter au delà de 15 brasses, & par ce moyen on arrivera à la rade de *Balassor*.

On ne peut indiquer une route directe depuis l'accore des bancs du *Gange* jusqu'à cette rade, à cause des courans qu'occasionnent le flux & le reflux des différentes embouchures de ce fleuve. Le meilleur guide sera la sonde que l'on réïterera souvent.

Il ne suffit pas toujours de s'élever à la hauteur de l'île *Chedube*, pour traverser de la côte de l'est du golfe à la rade de *Balassor*, car on trouve quelquefois dans cette saison les vents variables du nord-est au nord-nord-ouest : avec ces vents on ne peut faire la route que je viens d'enseigner. En ce cas pour rendre le voyage plus certain, on continuera de s'élever au nord jusqu'à la vue de l'île *Brisée*, qui forme le côté du sud de la riviere d'*Aracan*, d'où avec plus de sûreté on pourra traverser & aller reconnoître la sonde des bancs du *Gange*, suivant ce que j'ai marqué ci-dessus. On prendra seulement garde qu'après avoir passé l'île *Chedube*, les flux & reflux de la riviere d'*Aracan* sont sensibles.

Les vaisseaux qui vont à *Bengale*, au retour de la *Chine*, de *Manille* ou de quelques autres endroits situés à l'est, en passant par le détroit de *Malac*, pendant la mousson du nord-est, doivent s'élever au nord autant qu'il est possible, & prolonger les côtes de *Queda* & de *Tenasserim*, afin de prendre connoissance de *Negraille*, & de-là diriger leur route, suivant l'instruction donnée dans l'article précédent.

DE

DE LA CÔTE orientale du Golfe de Bengale *& Isles adjacentes, depuis l'embouchure du* Gange *jusqu'au détroit de* Malacca.

DE l'île de *Sagor*, qui fait le côté de l'est de l'embouchure que nous pratiquons pour monter le *Gange*, la côte qui n'est, pour mieux dire, qu'une longue suite d'îles formées par les différentes bouches du *Gange*, & qui comprennent tout le fond du golfe, s'étend d'abord à l'est, ensuite à l'est-nord-est, & la distance est de soixante à soixante-trois lieues. Ces îles sont fort basses & bordées du côté du sud de bancs fort dangereux, qui s'en écartent en quelques endroits de quatre à cinq lieues. Ceux qui sont au sud de *Sagor* s'avancent en mer jusques par 21 degrés de latitude : on verra aisément la disposition de ces bancs & des îles entre lesquelles sont les différentes embouchures du *Gange*, par le plan qui est joint à mes Cartes. Isle *Sagor*.

Comme dans l'instruction sur les voyages de *Chatigam* j'ai traité de la côte jusqu'aux îles de *Crabes*, je me dispenserai de répéter ici ce que j'ai dit à ce sujet.

On compte vingt lieues au sud-est-quart-sud 5 degrés sud des îles *Crabes* à la plus sud des îles *St. Martin*, au delà desquelles commencent les bancs qui continuent le long de la côte jusqu'à l'embouchure de la riviere d'*Aracan*. L'accore de celui qui s'avance le plus en mer, est à six lieues de terre à l'ouest de la montagne de *Mau*, située sur le côté du nord de la riviere du même nom. Celui du sud est Isle *St. Martin*.

Isle de *Badremacan.* formé par l'île de *Badremacan*, qui fait le côté du nord de l'entrée de la riviere d'*Aracan*, dont celle de *Mau* n'eſt qu'une bouche. Au reſte je n'ai pu avoir aucune deſcription particuliere de la côte, depuis les îles *Crabes* juſqu'à l'embouchure de la riviere d'*Aracan*; les rivieres qui s'y débouchent n'étant ni conſidérables, ni praticables, elle eſt peu fréquentée, peu connue, & les vaiſſeaux ne s'en approchent point. Voici ce que j'ai pu ſavoir ſur la riviere d'*Aracan.*

Riviere d'*Aracan.* Pour entrer dans la riviere d'*Aracan*, il faut atterrer à l'île *Briſée* par 19° 47′ de latitude nord, afin d'éviter les bancs qui ſe prolongent au ſud de la pointe de *Badremacan.* L'île *Briſée* porte bonne ſonde au large ; en l'approchant le fond diminue juſqu'à 7 braſſes : on continue de cotoyer cette île juſques vis-à-vis ſa pointe du nord-oueſt, où on peut mouiller en attendant un Pilote pour monter la riviere.

Isle *Briſée.* Au ſud-eſt de l'île *briſée* la côte forme un enfoncement conſidérable, rempli d'îles de différentes grandeurs, dont la plus ſud & la plus écartée eſt celle de *Chedube.* J'en ai parlé dans l'inſtruction ſur les voyages de *Bengale*; j'y renvoie auſſi pour ce qui concerne la côte d'*Ava* juſqu'à *Negraille*, ſur laquelle je n'ai pas de deſcription plus particuliere.

REMARQUES du Sieur de la Touche, pour l'entrée dans le port de Negraille.

Grande *Negraille.* » Quand on viendra de l'oueſt, & qu'on ſera à la vue de » la pointe du ſud de la grande île de *Negraille*, on fera route » vers cette pointe, & l'on ſe donnera de garde en l'appro- » chant, du petit banc de ſable qui s'avance une lieue à

» l'oueſt - nord - oueſt, pour lequel il eſt à propos d'avoir la » ſonde à la main. On peut le côtoyer par 5 à 6 braſſes, & » ſur cette profondeur aller ranger cette pointe du ſud qu'on » reconnoît par un gros rocher preſque contigu, & par une » petite pagode ſituée ſur la montagne. Au défaut de cet » enſeignement la diſcontinuation de la côte, & l'île du » *Diamant* qu'on voit au large, ſuffiſent pour ne s'y pas » méprendre. On continue de côtoyer la partie du ſud & » de l'eſt de cette île juſques par le travers de la pointe du » nord-oueſt de la petite *Negraille*; alors on quitte le côté » de babord, & on vient ſur tribord ranger cette pointe de » la petite *Negraille*, au dedans de laquelle on mouille par » 10, 8 ou 6 braſſes d'eau, par le travers d'une terre baſſe. » En faiſant cette route, on ne doit point approcher la grande » *Negraille* à cauſe d'un banc de ſable très-accore, placé » par le travers d'un enfoncement rempli d'arbres qui ſe » voyent de ce côté-là «.

Banc entre la petite *Negraille* & l'île du *Diamant*.

De la petite *Negraille* à l'île du *Diamant*, à plus des trois quarts de la diſtance de l'une à l'autre, regne un banc aſſez accore du côté du nord - oueſt, qui rend l'entrée du port dangereuſe, & oblige pour ſe garantir, de ranger la grande *Negraille*, ſans aller plus au large que les 6 braſſes $\frac{1}{2}$ de profondeur, parce qu'à 7 braſſes on échoueroit auſſi-tôt, comme il eſt arrivé au vaiſſeau du Roi l'*Indien*, commandé par M. de Pradine, qui s'y perdit en 1698, préſumant par l'augmentation de la profondeur, qu'il étoit dans le meilleur canal.

On prétend qu'il y a un canal entre la partie du ſud du banc dont je viens de parler, & l'île du *Diamant*; mais je ne conſeille pas d'y paſſer, même dans un moyen vaiſſeau.

En venant de la partie de l'eſt, pour entrer dans *Negraille*, on paſſe à une lieue & demie au ſud de l'île du *Diamant*, ſans l'accoſter de plus près, à cauſe du banc de roche qu'elle jette au ſud, dont j'ai fait mention *page 331*. Après l'avoir doublé, il ne faut pas arrondir trop tôt pour ſe mettre en chenal, on riſqueroit de tomber ſur ſa pointe du ſud-oueſt; la meilleure route eſt de continuer la bordée juſqu'à relever la pointe du ſud de la grande île *Negraille* au nord-eſt; & la conſervant dans cette direction, on fera route pour l'approcher & pour la côtoyer, comme il eſt dit au commencement de cette Inſtruction. Les vaiſſeaux qui viennent de la partie du ſud ou du ſud-oueſt, feront auſſi attention à ce dernier article.

Le côté de l'oueſt de la petite *Negraille* eſt bas, rempli de beaucoup d'arbres & de brouſſailles; la partie de l'eſt au contraire eſt élevée en montagne, d'où il deſcend de bonne eau. On trouve dans les bois des éléphans, des buffles ſauvages, des cerfs, des cochons & pluſieurs autres eſpeces d'animaux.

A l'égard du banc de l'île *Noyée* qui eſt au ſud-ſud-oueſt de l'île du *Diamant*, j'en ai donné, *pages 331* & *332*, une deſcription ſuffiſante, à laquelle je renvoie le Lecteur.

Rivieres de *Siriam* & de *Baragou*.

On compte environ cinquante-cinq lieues depuis l'île du *Diamant* juſqu'à l'embouchure de la riviere de *Siriam*. La côte qui gît d'abord à l'eſt-quart-ſud-eſt & eſt-ſud-eſt juſqu'à la riviere de *Baragou*, & enſuite à l'eſt-nord-eſt, n'eſt qu'une ſuite d'îles ſéparées par différens canaux & par différens bancs.

Je me ſuis là-deſſus conformé à un plan particulier qui m'a été communiqué par le ſieur Puel, Capitaine de vaiſſeau aux Indes orientales. Ce Navigateur dont la capacité eſt connue, m'a assuré que dans les différens voyages qu'il a faits à *Siriam*, il a reconnu que ce plan s'accordoit avec ses remarques.

Toute cette côte, de même que la pointe du sud de l'île *Negraille*, est portée trop nord de 12 minutes sur les Cartes anciennes. Cette erreur dans laquelle j'ai évité de tomber, m'a été confirmée par différens Navigateurs qui ont observé la latitude à *Negraille* & en plusieurs autres endroits de la côte du *Pegu*.

Riviere de *Martaban.*

L'Enfoncement de *Martaban*, qui, suivant les Géographes modernes, fait la principale embouchure de la riviere d'*Ava*, n'est pas bien connu : on le dit très-dangereux à cause de plusieurs bancs sur lesquels la mer s'éleve tout d'un coup de dix pieds. Les vaisseaux qui vont à *Siriam*, doivent prendre garde aux marées qui y portent avec beaucoup de rapidité.

Côte de *Tenasserim.*

La côte de *Tenasserim* & les îles voisines sont détaillées d'après un plan particulier qui a été dressé par un Ingénieur François. Le voyage que j'ai fait à *Mergui*, m'a mis en état de reformer quelques erreurs sur les gissemens & sur les distances des îles qui forment les passages. On trouvera une description plus étendue de cette partie dans l'instruction qui concerne le voyage à *Mergui*; mais auparavant je crois devoir traiter des îles *Préparis*, *Cocos*, *Andaman*, &c.

Isle *Preparis.*

* Le milieu de l'île *Préparis* est situé par 15 degrés de latitude nord, environ quatre-vingt lieues à l'occident de la côte de *Tenasserim* : son étendue contient environ trois lieues nord-nord-est & sud-sud-ouest. A chacune de ses extrémités on voit un îlot ou rocher, dont l'un en est écarté de quatre lieues au sud-sud-ouest, en sorte que ces îlots & l'île prin.

* Remarque extraite du Journal du vaisseau le *St. Louis* en 1732.

cipale comprennent un eſpace d'environ neuf lieues depuis 14° 45′ juſques par 15° 8′ : ils ſont cernés de rochers à fleur d'eau, ſur leſquels la mer briſe continuellement, ce qui rend leur abord dangereux. Le terrein de l'île *Préparis* paroît boiſé, aſſez uni, & d'une élévation à pouvoir être vu d'un beau tems de huit lieues en mer.

Iſles *Cocos*. Quatorze lieues au ſud-oueſt-quart-ſud de la pointe du ſud des *Préparis*, on trouve les îles *Cocos*. Leur latitude déterminée ſur pluſieurs obſervations, eſt de 14 degrés 5′. Elles ſont éloignées de neuf lieues au nord-eſt des îlots qui environnent la pointe du nord de la grande *Andaman*. Du côté de l'eſt de l'île la plus ſud, on peut mouiller dans une anſe de ſable, & y faire de l'eau & du bois. Les Navigateurs qui les ont fréquentées, aſſurent qu'elles ſont ſaines. La plus nord de ces îles eſt peu écartée des autres, & cet intervalle ſemble fournir un paſſage. D'un beau tems on peut les découvrir de dix lieues.

Iſles *Andaman*. Les îles *Andaman* giſſent du nord au ſud depuis 13° 35′ juſqu'à 10° 30′ de latitude nord. On les diviſe en grandes & petites *Andaman*. Elles ſont peuplées, mais l'humeur farouche des Habitans qu'on aſſure être Antropophages, fait qu'on ne va point dans ces îles, & qu'on n'en peut donner de deſcription exacte.

Les grandes *Andaman* ſont figurées ſur toutes les Cartes comme deux grandes îles ſéparées par un bras de mer. Les Navigateurs qui les ont approchées, rapportent qu'elles ſont outre cela environnées de quantité d'autres petites, tant du côté de l'eſt, que de celui de l'oueſt, & qu'il y a encore pluſieurs dangers apparens & inconnus. Entre les grandes & les petites *Andaman*, c'eſt-à-dire, au ſud de ces premieres, on prétend qu'il y a un très-beau passage pour les vaisseaux qui traversent à la côte de l'Est. Je n'ai eu là-dessus aucuns Mémoires, ainsi je n'en dirai rien.

La partie du nord de la grande *Andaman*, ou plutôt celle des îlots qui l'environnent, est comme je l'ai dit ci-dessus, par 13° 35′ de latitude nord. Ces îlots forment entr'eux & l'île un passage ou canal, qu'a pratiqué le vaisseau le *Pondicheri* en allant au *Pegu.* La description qu'en fait le Capitaine dans son Journal, que j'ai entre les mains, mérite que j'en insere ici un extrait. Elle donne une idée de cet endroit; mais il n'est ni prudent ni utile aux voyageurs de suivre son exemple, à cause que le passage est très-dangereux, & qu'on ne peut tirer aucun succès de la traversée. Le plus beau canal est au sud des îles *Cocos*, qui, comme je l'ai dit ci-devant, comprend 9 lieues d'espace d'une terre à l'autre.

Extrait du Journal du vaisseau le Pondicheri.

» Le 22 Novembre, à midi, on a vu la terre. La partie la » plus remarquable étoit une pointe basse qui s'étend au nord, » à l'extrémité de laquelle on découvre des îlots. Le Pilote » Portugais que j'avois engagé à *Madras* comme Pilote » côtier, a voulu reconnoître l'une & l'autre de plus près. » Pour cette effet on a gouverné à l'est sur la pointe ci-dessus. » A cinq heures du soir nous étions à deux lieues d'une » petite île que le Pilote appelle les *Petits Cocos.* Comme » la nuit s'approchoit, j'ai jugé à propos de virer de bord, » & de cingler au sud-ouest-quart-sud, pour ne pas » m'engager pendant la nuit entre ces îles, d'autant plus » qu'il y avoit apparence de mauvais tems. A six heures & » demie on a sondé par 40 brasses fond de sable fin ; à

» neuf heures du ſoir, comme le calme ſurvenoit, craig-» nant l'effet des marées qui auroient pu me porter à terre, » j'ai fait mouiller par 24 braſſes d'eau, fond de ſable rouge. » Nous étions alors à une lieue & demie des baſſes terres » qui ſont au pied de deux groſſes montagnes qui paroiſſent » avancées ſur le terrein.

» A cinq heures du matin on a mis ſous voile, les vents » étant au ſud-oueſt, & l'on a gouverné au nord-nord-eſt » pour ouvrir le canal. Enſuite on a mis le cap à l'eſt-nord-» eſt & eſt-quart-nord-eſt pour y entrer, laiſſant à babord » les deux montagnes & une groſſe terre qui étoient à » tribord, avec la petite île dont j'ai déja parlé, qui eſt de » moyenne élévation, unie & boiſée, ainſi que pluſieurs » autres petites îles qui ſemblent, en venant du ſud, com-» prendre l'étendue du canal, mais qui, lorſqu'on le releve » à l'eſt, en paroiſſent ſéparées à la diſtance d'un côté à » l'autre d'environ trois quarts de lieue.

» A midi le calme nous a contraints de mouiller par 25 » braſſes fond de gros gravier, à trois quarts de lieue de » diſtance de la pointe de tribord, que j'ai relevée à l'eſt, » & celle de babord à l'eſt-nord-eſt, 5 à 6 degrés eſt, » deux lieues. Toute l'après-midi s'eſt paſſée en pluie, les » vents à l'eſt, bon frais, ce qui nous a obligés de filer en-» tierement le grelin pour ne pas chaſſer & perdre le fond. » La ſituation des terres & la largeur de ce canal, ne ſe rap-» portent nullement à celui d'entre les îles *Cocos* & *Anda-» man* dont j'ai un plan.

» A ſix heures du ſoir le vent étant favorable, le Pilote » a voulu appareiller. La crainte de donner pendant la nuit » dans un paſſage qui me paroiſſoit épineux, m'a obligé de » lui

» lui faire mes repréſentations ſur ſa réſolution. Il a toujours » perſiſté, m'aſſurant qu'il connoiſſoit parfaitement cet » endroit, par lequel il diſoit avoir paſſé 10 ou 11 fois. » Je me ſuis rendu à ſes ſollicitations, & j'ai appa- » reillé. On a donc fait route pour entrer dans la paſſe, » gouvernant à l'eſt, à l'eſt-quart-ſud-eſt & à l'eſt-quart- » nord-eſt, ſuivant la profondeur & la qualité du fond, que » nous avons trouvé très-inégal, & rempli de roches du » côté de l'île *Andaman*, quelquefois par 22 braſſes, enſuite » 11 juſqu'à 5, avec des ras de marées qui nous ont portés » très-près de l'île de babord.

» Quand on eſt entré dans la paſſe, le côté de babord eſt un » peu plus ſain que l'autre, quoiqu'il y ait deux ou trois roches » à fleur d'eau dans le milieu du canal. A minuit le vent » ayant manqué, & la marée devenant contraire, nous avons » été obligés de mouiller aux deux tiers du chemin. A la » pointe du jour je me ſuis trouvé à un petit quart de lieue » des roches dont je viens de parler, qui ſont entre la moi- » tié de la paſſe & les deux tiers. Il y en a une qui eſt à » fleur d'eau, & les deux autres plus élevées du côté des » îlots de babord. On découvre une petite cormorandiere à » tribord vers l'île *Andaman*, d'où il paroît s'avancer un » récif ou banc fort dangereux.

» Dès que la marée a été favorable, j'ai mis ſous voile, » & j'ai fait route pour entretenir le milieu du canal. Je ſuis » ſorti très-vîte; la ſonde a été de 15, 18, 25 & 30 braſſes. » En ſortant nous avons eu connoiſſance de trois ou quatre » îles du côté de babord. Il y en a deux dans une ouverture, » dont l'une eſt ronde, l'autre plate & très-petite, avec trois » îlots à la pointe. Vers la grande on apperçoit une île groſſe

» & ronde, avec plusieurs autres qui s'étendent au sud. Mon » Pilote côtier m'a dit que les marées étoient de cinq heu» res à l'entrée & à la sortie de ce canal; mais je n'ose » l'affirmer, parce que j'ai remarqué qu'il étoit peu au fait. » On découvre du côté de l'est de l'île *Andaman*, aussi bien » que de celui de l'ouest, de très-hautes montagnes. A six heu» res du soir j'ai relevé, en sortant, la pointe de babord » à l'ouest 5 degrés nord, quatre lieues; celle de la grande » *Andaman* à l'ouest-quart-sud-ouest 5 degrés sud; la terre » qui semble la plus sud de cette derniere, au sud-sud-ouest » sept à dix lieues. Il paroît deux îles sous le vent, que le Pilote » nomme les *Grands Cocos*. Suivant ce que je vois, il nous » a fait passer entre la pointe du nord de la grande *Anda*» *man* & les îlots adjacens. Je ne conseille pas de fréquenter ce » passage, sur-tout la nuit, à cause des dangers dont il est » rempli «.

Isle la plus sud des petites *Andaman*.

L'Isle la plus sud des petites *Andaman* est située sur toutes les anciennes Cartes, 15 minutes plus nord qu'elle n'est effectivement. J'ai reconnu cette erreur, en observant la latitude à la vue de cette île. Je ne suis pas le seul qui ait fait cette remarque; elle se trouve dans le Journal du sieur Martin Hardi, Pilote du vaisseau le *Maurepas* en 1739. Son sentiment sur l'éloignement de cette île à l'égard de *Cabosse*, s'accorde avec celui que j'ai marqué sur ma Carte. Cette faute étoit d'autant plus nécessaire à corriger, que cette petite *Andaman* fait le côté du nord d'un canal par où beaucoup de vaisseaux passent, sur-tout ceux qui vont à *Mergui* dans la mousson de l'ouest.

Isle *Carnicobar*.

Je n'ai trouvé aucuns Mémoires qui fixassent exactement la latitude & la situation de l'île *Carnicobar*, relativement à quelques autres des environs. Les Auteurs de plusieurs Cartes manuscrites, qui les placent quinze à seize lieues au sud-quart-sud-est de la petite *Andaman*, se trompent absolument : j'en ai été convaincu par ma propre expérience. Car après avoir vu cette derniere, me trouvant dans la même position, je n'en ai eu aucune connoissance d'un tems serein ; mais comme il y a apparence que cette île, voisine de celles du nord du canal *Sombrere*, a été déterminée relativement à ces îles plutôt que relativement à la petite *Andaman*, il est plus naturel de la croire telle qu'elle est placée sur le plan particulier de ces îles, que j'ai donné, & il paroît même qu'il y a mouillage du côté de l'est.

Canal de *Sombrere*.

Au nord du canal de *Sombrere*, on trouve plusieurs îles. On en trouvera un plan très-détaillé joint à mes Cartes, ainsi on peut passer entre ces îles sans rien craindre ; leur détail & leur position respective m'ont paru conformes aux Journaux de ceux qui les ont traversées : on peut d'ailleurs compter sur l'étendue du canal *Sombrere*, la latitude des îles qui le bordent au nord & au sud, étant suffisamment constatée.

Isles *Nicobar*.

Les îles *Nicobar* sont situées au sud du canal *Sombrere*. La plus méridionale est la plus grande ; elle a environ neuf lieues de longueur. Celle du nord contient autant d'étendue de l'est à l'ouest, mais beaucoup moins du nord au sud. Ces îles forment entr'elles un très-beau détroit de six à sept lieues de longueur, que l'on nomme le canal *Saint-Georges* : son gissement est est-nord-est & ouest-sud-ouest. Les vaisseaux, quelque grands qu'ils soient, y peuvent passer sans péril, s'ils tiennent une égale distance de l'une à l'autre île. A chaque extrémité de ce canal il y a un petit îlot qu'il faut laisser au sud, soit en entrant, soit en sortant. Celui du côté de l'ouest a à sa pointe du nord un écueil qui s'étend un demi-quart de lieue. Le passage entre cet îlot & la grande île de *Nicobar*, est trop dangereux pour être pratiqué. On doit aussi passer au nord de l'autre îlot qui est à la bouque de l'est, à cause d'un récif au milieu du canal, qu'on voit au sud, & qui rend ce passage périlleux.

Les vaisseaux qui entrent ou sortent du détroit de *Malacca*, & ceux qui partent d'*Achem* pour aller vers l'occident, passent ordinairement au sud de *Nicobar*, dont l'extrémité est par 6° 51′ de latitude; la distance & le gissement avec *Pulo Ronde* qu'on voit au nord d'*Achem*, sont de vingt-quatre lieues au sud-est. Cette île de *Nicobar* a plusieurs bons ports, tant du côté de l'ouest qu'au dedans du canal *Saint-Georges*. Son terrein est élevé, & se peut découvrir de dix à douze lieues en mer. Elle est peuplée ainsi que toutes celles des environs. Lorsqu'il fait beau tems, les Habitans ne manquent guere, en échange d'autres denrées, de porter des poules & autres rafraîchissemens aux vaisseaux qu'ils apperçoivent.

La latitude de cette partie du nord-ouest de l'île *Sumatra*, a été conclue en comparant un grand nombre d'observations faites aux environs. Quant à sa situation en longitude, les raisons que j'ai exposées dans ma préface, me paroissent suffisantes pour prouver qu'on ne peut employer une méthode plus exacte que celle dont je me suis servi pour y parvenir. Je passe maintenant à l'instruction pour les voyages de *Mergui*, dans laquelle j'ai mis une description de la côte de *Tenasserim* & des îles adjacentes.

INSTRUCTION

CONCERNANT les Voyages de la Côte de Coromandel *à* Mergui.

LORSQU'ON part de *Pondicheri*, de *Madras*, ou de quelqu'autre endroit de la côte de *Coromandel* pour aller à *Mergui*, il eſt abſolument néceſſaire de diriger ſa route ſuivant la ſaiſon où l'on ſe trouve. Sans cette précaution on court riſque de manquer ſon voyage, ou pour le moins de trouver des difficultés occaſionnées par les vents & les courans, qu'on ne ſurmonte que très-difficilement. Ainſi je diviſerai cette Inſtruction en deux parties, par rapport aux mouſſons qui donnent lieu à cette diſtinction.

VOYAGE de Mergui, *en partant de la Côte de* Coromandel, *depuis le commencement d'Août juſqu'au 15 Septembre.*

LEs vents qui pendant cette ſaiſon ſoufflent ordinairement de l'oueſt au ſud-ſud-oueſt, obligent de faire route pour paſſer au ſud de la petite *Andaman*, en s'élevant de bonne heure par la latitude de 10° 10', ou 10° 15'. Si l'on traverſe ce canal par cette latitude, on pourra avoir connoiſſance de cette île, & de-là diriger la route avec plus de certitude vers la côte de l'eſt, où il faut tâcher d'atterrer aux îles de *Tores* ſituées vingt lieues au ſud-oueſt-quart-ſud de de celle de *Tenaſſerim*.

Quoiqu'il ſoit rare, ſur-tout en cette ſaiſon, de trouver des différences à l'oueſt, cependant il eſt de la prudence, quand on n'a pas eu connoiſſance de la petite *Andaman*, de cingler trente lieues au delà de ſon eſtime, avant de faire route vers le nord, pour qu'une erreur imprévue ne faſſe pas aborder cette île pendant la nuit, lorſqu'on croit l'avoir doublée. On peut également paſſer par le canal *Sombrere*; mais cet excès de précaution me paroît inutile; on ſera aſſez au vent, en paſſant par celui de 10 degrés.

Lorſqu'on traverſe de la petite *Andaman*, ou des îles du nord du canal *Sombrere*, à la côte de *Tenaſſerim*, on y arrive quelquefois plutôt qu'on ne le penſe, par un effet des courans qui portent au nord-eſt; mais comme on trouve le fond à douze ou quatorze lieues au large de ces îles, il eſt facile de prévenir les événemens facheux que pourroient cauſer ces erreurs pendant la nuit.

Toutes les îles de cet archipel ſont fort hautes, & peuvent ſe découvrir d'un beau tems de quatorze à quinze lieues. Celle de *Tenaſſerim* à laquelle on atterre, quand on obſerve la latitude de 12° 30', paroît comme pluſieurs mornes, à cauſe de ſon terrein inégal; mais en l'approchant, ces mornes ſemblent être contigus. Au nord & au ſud on découvre pluſieurs autres îles de différentes grandeurs. La plus remarquable qui facilite la connoiſſance de *Tenaſſerim*, eſt un petit îlot rond, haut & eſcarpé, que l'on nomme la *Canaſtre** de l'oueſt. Il en eſt éloigné de deux lieues au nord-oueſt.

L'île *Caboſſe*. Au nord-eſt 5 degrés eſt de ce dernier, on découvre l'île

* La reſſemblance de cet îlot avec une *Canaſtre* renverſée, qui eſt une eſpece de panier rond, l'a fait appeller de ce nom qui lui eſt commun avec tous ceux qui ont cette figure.

Caboſſe, qui eſt de moyenne grandeur, & s'étend de l'eſt à l'oueſt. Son terrein eſt haut comme celui de toutes celles des environs, mais moins inégal que celui de *Tenaſſerim.* L'Iſle *Caboſſe* a un petit îlot ou rocher à ſa partie du nord. Elle eſt remarquable ſur-tout du côté du ſud, parce qu'on n'en apperçoit point d'autre au nord, & qu'elle ſemble terminer cette rangée d'îles.

Après avoir reconnu cette derniere, pour entrer dans l'Archipel de *Mergui*, on peut en paſſer également au nord & au ſud, en laiſſant la *Canaſtre* de l'oueſt du côté de tribord, & gouvernant à l'eſt. Le fond eſt de 30 ou 35 braſſes. On découvre de tous côtés une grande quantité d'îles de différentes grandeurs. Je me bornerai à parler ici de celles qui forment les paſſages ordinaires des vaiſſeaux, faute de connoître aſſez bien les autres pour en faire une deſcription particuliere.

Quand on ſera entre ces îles, on fera attention aux marées qui ſont de ſept heures & demie par le travers de *Caboſſe*; leur tranſport n'eſt pas régulier, parce que les différentes ouvertures d'îles, par leſquelles elles prennent leurs cours, en changent la direction. Il eſt à propos de mouiller, lorſqu'elles ne ſont pas favorables.

Caboſſe étant doublée, on appercevra à huit ou neuf lieues un petit îlot preſque rond appellé petite *Canaſtre.* Il eſt haut, eſcarpé & couvert d'arbres. Il reſſemble à celui qui ſe nomme *Canaſtre* de l'oueſt, dont j'ai parlé ci-deſſus. La différence de l'une à l'autre, eſt que la partie du nord de la *Ca-*

naftre de l'oueft s'abaiffe moins rapidement que celle du fud, & forme une efpece de mufeau, au lieu que le côté du fud de la petite *Canaftre* a cette figure.

Quand on fera à la vue de cette derniere, pour la ranger, on gouvernera au nord ou au fud, à telle diftance qu'on le jugera à propos, parce que cet îlot eft fort accore & fain de tous côtés. Enfuite on dirigera la route pour paffer entre la pointe du fud de l'île *Tavaye*, & entre celle du nord de l'île de *Fer*. La largeur de ce canal contient environ deux lieues. Il n'y a aucun danger. Tout l'inconvénient eft qu'on ne peut y mouiller en fureté dans un tems de calme ou pendant la marée contraire, car 60 ou 80 braffes de cable fuffifent à peine pour trouver le fond qui eft de roches & d'une inégalité extraordinaire. Nous l'éprouvames en 1740 dans le vaiffeau le *Penthiévre*, en fortant par cette paffe; nous fûmes obligés de laiffer tomber l'ancre à mi-canal par 60 braffes de profondeur, afin d'étaler le flot qui entroit avec beaucoup de rapidité; & après avoir filé environ deux tiers de cable, en réiterant la fonde, nous en trouvâmes 80. Heureufement les vents, quoique trop foibles pour refouler la marée, étoient favorables, & nous donnerent occafion d'oppofer l'effet des voiles à celui du courant; par cette manœuvre l'ancre foulagée d'une partie confidérable de l'effort qu'elle auroit fouffert, ne quitta pas le fond, & nous maintint dans la même fituation jufqu'au commencement du jufan qui nous tira de ce mauvais pas.

Il fera facile de l'éviter, fi en entrant ou en fortant, on a foin d'appareiller du plus prochain mouillage au commencement de la marée favorable à la route qu'on veut faire.

Depuis

Depuis l'île *Caboſſe* juſqu'à trois quarts de lieue au ſud de la petite *Canaſtre*, le fond diminue de 35 braſſes à 24; il augmente enſuite en cinglant vers le canal dont je viens de parler. Lorſque la partie du ſud-oueſt de l'île de *Fer* reſte au ſud-eſt-quart-eſt, & la petite *Canaſtre* à l'oueſt-nord-oueſt deux lieues, on trouve la ſituation du dernier mouillage par 35 braſſes, & petit gravier mêlé de vaſe.

Environ deux lieues au nord 5 degrés oueſt de la petite *Canaſtre*, on rencontre une île de moyenne grandeur, qu'on appelle la grande *Canaſtre*. Je ne ſçais ſi ce nom lui a été donné à cauſe de ſa proximité de l'autre, car de quelque point de vue qu'on la conſidere, on n'y remarque aucune reſſemblance avec cette figure. Le terrein eſt haut & fort inégal. Grande *Canaſtre*.

Le côté du ſud de l'île de *Tavaye* eſt une pointe déliée formée par pluſieurs îlots & rochers eſcarpés au bord, ſéparés les uns des autres par de très-petits canaux. La partie du nord de l'île de *Fer*, qui gît au ſud 5 degrés eſt de cette derniere, ſe termine également en pointe avec des roches à fleur d'eau à ſon extrémité. On trouve au pied de ces rochers 25 à 30 braſſes d'eau. Le flux & le reflux qui entrent & ſortent de ce canal, en venant de différens endroits, y produiſent des remoux & des tourbillons de marées qui ont auſſi différentes directions. Quoiqu'en général on aſſure que le premier porte vers le nord, & le juſan vers le ſud, je crois que la meilleure route eſt de ſe tenir à une diſtance égale de l'une à l'autre rive. Iſle *Tavaye*.

De cette poſition on voit à l'eſt-quart-ſud-eſt l'*île Longue*, qui du nord au ſud s'étend ſur le bord d'un paracel ou banc Iſle *Longue*.

de roches ſous l'eau, dont la côte de *Tenaſſerim* eſt bordée depuis l'embouchure de la riviere de *Tavaye* juſqu'à celle de *Mergui*. Au lieu d'approcher cette île, il faut ſi-tot qu'on a doublé la pointe de l'île de *Fer*, arrondir & côtoyer la partie de l'eſt à trois quarts de lieue ou une lieue de diſtance. En ſortant du canal, on trouve 40, 25, 20 & 17 braſſes fond de ſable & vaſe, juſqu'à l'ouvert de la baie de l'*île du Roi* qui s'apperçoit au ſud-ſud-eſt. Cette baie eſt formée par la côte orientale de l'île de ce nom, & par celle de l'oueſt de l'île au *Figuier*. C'eſt là qu'hivernent ordinairement les vaiſſeaux de la Compagnie de France, à moins que quelques affaires particulieres ne les obligent d'aller mouiller par les 7 braſſes au dehors de la barre de *Mergui*, éloignée de cet endroit de ſix à ſept lieues au ſud-eſt.

Iſle du Roi.

Une lieue au nord-nord-eſt de la pointe de l'*île du Roi*, qui forme l'entrée de la baie, il y a une barre ſur laquelle le vaiſſeau le *Lys* toucha en 1724. J'ai été ſur ce danger pour en connoître l'exacte ſituation, & la déterminer relativement à pluſieurs endroits remarquables. Je donnerai ci-après les obſervations que j'ai faites à ce ſujet : j'y joindrai une inſtruction pour entrer & ſortir de cette baie ; mais auparavant je parlerai du canal ſitué entre l'île de *Fer* & la partie du nord de l'*île du Roi*, par lequel on peut également paſſer, lorſqu'on vient de la partie de l'oueſt, & qu'on veut aller à la baie de l'*île du Roi* ou à *Mergui*.

Ce paſſage a le même défaut que l'autre ; on n'y peut mouiller à cauſe de ſa grande profondeur ; ainſi la prudence demande qu'on ne s'y engage qu'au commencement de la marée favorable pour le traverſer. C'eſt pourquoi lorſqu'on vient de l'île *Caboſſe*, on ira mouiller le plus près qu'on pourra de l'île de *Fer*, pour y attendre le commencement du flot qui ſuivra celui à la faveur duquel on l'aura approchée.

De ce dernier mouillage il faut gouverner pour entrer dans le canal, en rangeant l'île de *Fer* de plus près que l'*île du Roi*, juſqu'à ce que les îlots ſitués au nord de cette derniere, ſoient paſſés. L'Iſlot le plus avancé dans ce canal eſt plat : il y a un briſant fort dangereux. Quand il ſera doublé, on laiſſera le côté de l'île de *Fer*, pour ranger préférablement celle du *Roi*; c'eſt le moyen de parvenir plutôt au mouillage.

Ce paſſage s'étend plus de l'eſt à l'oueſt, que celui du nord de l'île de *Fer*, dont l'étendue n'eſt pas, pour ainſi dire, ſenſible, à cauſe que cette partie de l'île ſe termine en pointe, & que celle du ſud contient environ trois quarts de lieue de largeur. Outre cette différence, on y trouve ordinairement des calmes à l'abri de cette île, pendant leſquels on eſt expoſé aux retours des marées dont la direction n'eſt pas la même. Pluſieurs vaiſſeaux ont été portés à un jet de pierre de l'île de *Fer*, & rejettés au large par le courant contraire. Quoique la côte ſoit très-accore, même à cette diſtance, on craint toujours les ſuites de ces ſortes d'accidens; ainſi je penſe qu'on doit préférer le canal du nord dont je viens de parler.

REMARQUES

SUR LA BASSE DU LYS, *avec une Instruction pour entrer dans la Baie de l'*Isle du Roi.

COMME la route qu'on doit tenir pour entrer dans cette baie, dépend essentiellement de la situation de la basse du *Lys*, je donnerai les remarques que j'ai faites en conséquence ; & pour en faciliter l'intelligence, je les rendrai relatives à une démonstration ou vue de cette baie, que j'ai jointe à ce Routier.

Cette basse est une petite chaîne de rochers sous l'eau, qui s'étend de la longueur d'une encablure, est-sud-est & ouest-nord-ouest. Son sommet considéré comme le seul danger, gît au nord-nord-est de la pointe *A* (de *l'île du Roy*) qui forme la baie du côté de l'ouest. Elle est éloignée de la plus proche terre *E*, d'une demi-lieue. J'ai sondé sur cette partie la plus élevée, & j'ai trouvé dix-neuf pieds d'eau de pleine mer. Dans cette position la pointe *A* & l'îlot marqué *B* étoient dans la même direction. L'îlot *D* nommé *Panelle*, étoit droit au-dessous de *F* qui fait la partie la plus élevée de la pointe de l'île au *Figuier*.

Du côté de l'ouest, le plus nord des petits îlots situés entre l'île de *Fer* & celle du *Roi*, me paroissoit ouvert de la grandeur d'une basse voile de la pointe du nord de l'*île du Roi*. Pour connoître les différentes profondeurs des environs de cette baſſe, je fis les routes ſuivantes, ſavoir; du ſommet de cette baſſe en allant vers *A*, je trouvai ſucceſſivement 6, 7, 10 & 12 braſſes; en gouvernant au nord, 7, 10 & 15. Du même endroit je dirigeai ma route vers l'île au *Figuier*, je remarquai que la profondeur augmentoit par degrés de 6, 7, 7½ à 9 braſſes fond de roches juſqu'à une encablure de la tête de ce danger; enſuite de 10, 12, 15 & 18 fond de vaſe, juſqu'à la diſtance d'un demi-cable de l'îlot *Panelle*. C'eſt un petit rocher ſur un banc ou platon de ſable, ſur lequel ſe trouve une petite touffe d'arbriſſeaux, & qui s'écarte d'environ une portée de canon de la pointe du nord-eſt de l'île au *Figuier* avec laquelle il paroît confondu, lorſqu'on vient du large. A l'eſt, preſque joignant ce rocher, on voit encore un autre platon de ſable. Au ſud-oueſt s'étend une chaîne de rochers dont la plus grande partie ne découvre que de baſſe mer. Suivant ces remarques, quand on veut entrer dans la baie de l'*île du Roi*, ſoit qu'on vienne du nord ou de l'oueſt, il faut laiſſer la partie du nord de l'île du même nom à une lieue de diſtance vers le ſud, & cingler vers l'eſt juſqu'à ce qu'on ait ouvert la baie (telle qu'on la voit dans la démonſtration ci-jointe) & qu'on puiſſe appercevoir les îlots *B* & *C*, qui ſont dans le fond; alors en faiſant route pour y entrer, on laiſſe la baſſe du *Lys* à tribord, & l'île *Panelle* à babord. On peut ranger cette derniere ſans danger, pourvu qu'on prenne garde à la chaîne de roches dont j'ai parlé, qui s'étend au ſud-oueſt vers la baie. Cette attention eſt d'autant plus néceſſaire, que cette chaîne briſe rarement, & qu'on riſque par un retour de marée, d'être jetté dessus en très-peu de tems. Cependant le passage entre la basse du *Lys* & l'île *Panelle* étant fort large, on peut se dispenser de ranger cette derniere. Aussi-tôt que par les enseignemens ci-dessus marqués, on s'appercevra qu'on aura doublé la basse du *Lys*, il faudra prendre de l'ouest, & aller mouiller sous l'*île du Roi* vis-à-vis un enfoncement où coule un ruisseau de fort bonne eau. Les marques de ce mouillage sont, 1°. la pointe de l'*île du Roi* qui forme l'entrée de la baie au nord & nord-quart-nord-ouest une demi-lieue; 2°. La pointe de l'île au *Figuier* à l'est-quart-sud-est, 2 ou 3 degrés est; 3°. l'*île Longue* au nord-nord-est 4 degrés nord. La mer y monte de dix pieds de la basse à la pleine mer, qui y arrive à environ neuf heures & demie dans les pleines & nouvelles Lunes. Cette île est inhabitée, comme la plûpart de celles de cet archipel. Le bois s'y fait facilement; on y en trouve de très-bon pour la construction & la mâture des vaisseaux. Il y a aussi quantité de tigres & de serpens.

Cette baie a peu de profondeur dans son enfoncement au sud du mouillage. On y rencontre un petit canal qui sépare l'*île du Roy* de l'île au *Figuier*, & où seulement les bateaux du pays peuvent passer.

Si par les vents contraires ou par les retours des marées, on étoit obligé d'entrer dans la baie de l'*île du Roi* par le canal entre la pointe *A* & la basse du *Lys*, qui a tout au plus, comme je l'ai remarqué ci-devant, une demi-lieue de largeur; il faudroit accoster la terre vers *E* à un quart ou à un demi-quart de lieue de distance, & faire attention de ne pas ouvrir la baie avant d'en être à cette distance; parce que si, en faisant route pour approcher l'*île du Roi*, on mettoit la pointe *A* & l'îlot *B* dans le même alignement, on iroit droit ſur la baſſe; mais il faut que l'îlot *C* ſoit au moins couvert par la pointe *A*, juſqu'à ce qu'on ſe trouve à la diſtance ci-deſſus de la terre *E*; enſuite on range ce côté de l'*île du Roi* juſqu'au mouillage ci-devant indiqué.

Pour ſortir de la baie, la meilleure route ſeroit de tenir le mi-chenal entre la pointe de l'*île du Roi* & l'île *Panelle*, ſans prendre de l'oueſt qu'on n'ait doublé la baſſe. On le connoîtra en regardant vers le canal d'entre l'*île du Roi* & l'île de *Fer*, lorſqu'on aura ouvert, par la pointe du nord de l'*île du Roi*, le deuxieme petit îlot pareil à celui dont j'ai parlé dans le relevement.

Au contraire, ſi on eſt forcé de ſortir par la petite paſſe, on doit ranger de bonne heure la pointe de l'*île du Roi*, qui forme la baie à un demi-quart de lieue de diſtance, & ne faire route vers l'île de *Fer*, qu'après avoir caché l'ilot *C* par la pointe *A*. Cette inſtruction, en la ſuivant ſelon le cas où l'on ſe trouve, ſuffit pour éviter cette baſſe que je trouve d'autant plus dangereuſe, qu'il n'y reſte pas plus de neuf pieds d'eau de baſſe mer.

INSTRUCTION *pour aller à* Mergui.

QUAND on eſt par le travers de la baie de *l'île du Roi*, & qu'on veut aller mouiller devant la riviere de *Mergui* par les 6 braſſes ½ à baſſe mer, on fera route pour ranger à trois quarts de lieue, ou à une lieue, la pointe du nord-eſt de l'île au *Figuier*. Après l'avoir doublée, pour ſe maintenir au milieu du chenal, en cinglant vers l'île de *Madremacan* qu'on découvre au ſud-ſud-eſt, il faut obſerver de tenir la grande *Canaſtre* ouverte de la pointe du ſud de l'île de *Fer*, & preſque contiguë à celle du nord de l'île au *Figuier*. On trouve le fond de vaſe à 15, 13, 12, 9 & 8 braſſes de profondeur. Le meilleur mouillage pour les grands vaiſſeaux eſt par 9 braſſes de pleine mer, & 6½ à baſſe mer. Les enſeignemens de cet endroit ſont, 1°. La pointe du nord de l'île au *Figuier* dans une même direction avec la partie du ſud de la petite *Canaſtre*; alors celle du ſud de l'île de *Fer* reſte au nord-oueſt, ouverte de la grandeur d'un angle de 10 degrés de la petite *Canaſtre*.

2°. La pointe de l'île de *Madremacan*, qui fait le côté de tribord en rentrant dans la riviere de *Mergui*, au ſud 3 degrés eſt, une lieue & demie.

3°. La pointe de la terre-ferme ſituée à babord en entrant au ſud-quart-ſud-eſt deux lieues. L'Etabliſſement des marées eſt preſque nord & ſud, c'eſt-à-dire, que la pleine mer y arrive à onze heures & demie ou midi, dans les pleins & renouveaux de Lune; alors l'eau augmente & diminue

diminue de la pleine à la basse mer de 3 brasses ou quinze pieds.

On compte environ deux lieues de cette rade à *Mergui*, Ville & port de mer sous la domination du Roi de *Siam*. Les moyens & les petits vaisseaux peuvent entrer dans la riviere en prenant des pilotes du lieu pour passer la barre, & aller mouiller devant la Ville par 5 brasses. On trouve à *Mergui* tous les rafraîchissemens dont on a besoin, à l'exception des bœufs que les habitants n'osent vendre, depuis que la métempsycose y a été introduite & regardée comme loi d'Etat. Le principal commerce consiste en éléphans, calin * & ris qu'on transporte de-là en différens endroits des Indes.

La Religion dominante est l'Idolâtrie. Les Chrétiens ont la permission d'y professer publiquement la leur, & ils ont une Eglise desservie par un Prêtre des Missions étrangeres sous le titre de Provicaire Apostolique. Cette Cure, comme toutes les Missions du Royaume de *Siam*, appartient à cette Communauté qui a un Seminaire dans la Capitale.

On voit à *Mergui* beaucoup de Mahométans qui en font presque tout le commerce. Ils y ont plusieurs vaisseaux qu'ils envoyent en differens endroits des Indes.

Les François ont eu autrefois un établissement dans ce port : on y voit encore les vestiges de leur fort.

Quand on appareille de cette rade, je veux dire de celle située au-dehors de la barre, il faut suivre la même instruction que j'ai donnée pour y aller, c'est-à-dire, gouverner

* Etain fin.

d'abord de maniere qu'on découvre toujours la petite *Canaſtre* un peu ouverte de la pointe du nord de l'île au *Figuier*, enſuite ranger cette derniere à trois quarts de lieue de diſtance, & de-là cingler vers l'île de *Fer*, en tenant la petite *Canaſtre* un peu ſéparée de ſa pointe du Sud. Par ce moyen on arrive ſans aucun danger vis-à-vis la baie de l'*île du Roi*, d'où on peut faire route pour ſortir par le canal du ſud ou du nord de l'île de *Fer*, comme on le jugera à propos.

Tout ce que je viens de dire ſuppoſe un vent favorable à la direction de la route; mais lorſqu'il eſt contraire, ſoit en entrant ou en ſortant, & que pour profiter de la marée, on eſt obligé de louvoyer, cette ſimple inſtruction ne ſuffit pas, il faut de nouveaux indices pour proportionner les bordées aux différentes largeurs du canal, afin de ne pas aborder les écueils qui le bornent, tant du côté du nord, que de celui du ſud. Voici comment alors on peut s'y prendre.

Depuis le travers de la baie de l'*île du Roi* juſqu'à une petite île qui eſt environ à moitié chemin de-là à *Mergui*, on peut courir la bordée du nord juſqu'à voir la pointe du ſud de l'île de *Fer* par le milieu de la petite *Canaſtre*, & la bordée vers le ſud juſqu'à un quart de lieue des terres de ce côté-là, avec cette précaution de ne pas s'engager entre les îles.

Lorſqu'on aura paſſé la petite île ci-deſſus, entre laquelle & l'île de *Madremacan* la bordée du nord doit ſe terminer, avant de tenir la partie du ſud de l'île de *Fer* par la petite *Canaſtre*, la marque la plus certaine eſt de laiſſer alors un petit intervalle entre l'une & l'autre. Sans cette attention on aborderoit infailliblement le banc qui cerne la terre ferme de ce côté - là. C'eſt ce qui arriva au vaiſſeau le *Lys* qui manqua de s'y perdre en 1730.

En cinglant vers le ſud, on aura auſſi ſoin de terminer la bordée, avant d'appercevoir la pointe du nord de l'île au *Figuier*, par la pointe du ſud de l'île de *Fer*, & on laiſſera entre l'une & l'autre un eſpace large au moins d'une baſſe voile, afin d'éviter un Banc qui s'avance en deçà de l'île de *Madre-macan*. Il n'eſt pas beſoin d'entrer dans un plus grand détail ſur ce ſujet. Il s'agit maintenant d'indiquer la route que doivent tenir les Vaiſſeaux qui vont ſur la fin de la mouſſon de l'oueſt de la côte de *Coromandel* à *Mergui*.

Le meilleur conſeil que puiſſent ſuivre les navigateurs qui partent avant le 15 Septembre de *Pondicheri* ou de *Madras*, pour aller à *Mergui*, eſt de paſſer préférablement par les canaux qui ſont au nord des *Andaman*, que par ceux qui ſont au ſud. L'exemple de quelques vaiſſeaux qui ont réuſſi par ces derniers, ne doit rien établir de certain ; s'y conformer, c'eſt s'expoſer, ſi la traverſée eſt un peu longue, à trouver des vents de nord-eſt qui empêchent de gagner au vent de *Mergui*. Pluſieurs vaiſſeaux ſe ſont trouvés en pareil cas, & après avoir inutilement combattu contre les vents & les courans, ils ont été contraints d'aller hiverner à *Junk-Seilon*. Pour éviter de ſemblables contre-tems, en partant de la côte de *Coromandel*, on dirigera ſa route pour paſſer entre les îles *Cocos* & la pointe du nord de la grande *Andaman*, ou bien entre ces premieres & les *Préparis* dont j'ai déterminé l'étendue & la latitude, *page 340*.

Quand on ſera entre ces îles, ſi les vents ſont de la partie de l'oueſt, on pourra en toute ſureté traverſer &

aller prendre connoissance de l'île *Caboſſe.* (*)

(*) La différence qui se trouve entre les Cartes Angloises & les Hollandoises sur la distance des îles *Andaman*, *Cocos* & *Préparis* à la côte de *Tenasserim*, m'a engagé dans une discussion particuliere pour la déterminer sur ces nouvelles cartes avec plus d'exactitude qu'elle ne l'est sur les unes & sur les autres. Les fréquens voyages des vaisseaux de la compagnie de France à *Mergui* ou au *Pegu*, m'en ont facilité les moyens. En parcourant les Journaux de cette navigation, j'ai vu que tous les Pilotes ont remarqué que cette distance, telle que la Carte de Pietergoos la fixe, est moins grande de vingt à vingt-deux lieues qu'elle ne doit être, & que la Carte angloise insérée dans Thornton, est plus exacte.

Sur l'examen & la comparaison des routes des vaisseaux, j'ai déterminé la distance de la pointe du nord de la grande *Andaman* à l'île *Caboſſe*, de quatre-vingt-quatre lieues, au lieu de soixante-treize que la marque la Carte de Pietergoos. L'Eloignement des îles *Cocos* & *Préparis* est assujetti à cette position, les unes & les autres se trouvant, comme je l'ai déja dit, placées suivant leur latitude & leur gissement avec la partie du nord de la grande île *Andaman*.

La distance de cette derniere à la côte de *Coromandel*, est, selon le sentiment de la plupart des Navigateurs, mieux déterminée par Pietergoos que sur la Carte angloise. Les routes de plusieurs vaisseaux depuis leur départ de cette côte jusqu'à la vue de l'île *Andaman*, m'ont paru s'accorder parfaitement avec cette opinion; & malgré les différences journalieres que ces Navigateurs ont trouvées dans ce trajet, entre les latitudes estimées & celles qu'ils ont observées, la quantité des lieues à l'est qui résulte de la réduction des unes & des autres sans exception, se trouve la même à leur atterrage, la plus grande différence n'étant que de quatre lieues sur deux cent trente-six. De ce rapport on peut conclure que les courans ont en cet endroit une direction du nord au sud.

Si j'ai placé ces îles relativement à la côte de *Tenasserim*, leur situation à l'égard de celle de *Coromandel*, se rapporte également au sentiment des Navigateurs & au résultat des routes des vaisseaux. Cette conformité prouve évidemment la certitude du principe sur lequel j'ai dressé la neuvieme Carte. *Pondicheri*, dont j'ai exposé à la page 290, la situation en latitude & en longitude, est consideré comme le premier terme de comparaison, & *Malac* comme le dernier. Leur distance respective est assujettie à la différence de leurs méridiens, que j'ai évaluée à 21° 55′ en conséquence de l'observation astronomique faite à *Malac* par les Peres Beze & Comille, Jésuites.

Ces deux termes ainsi posés, les côtes de *Coromandel*, *Golconde* & *Orixa* ont été fixées comme une suite de la position de *Pondicheri*, suivant le gissement réciproque des différens endroits qu'elles comprennent; par un semblable moyen j'ai réferé à *Malac* l'isle de *Sumatra* & les côtes de *Malaye*, de *Queda*, de *Tenasserim*,

Vingt-cinq lieues à l'eſt - quart - ſud - eſt de la pointe du nord des *Andaman*, ou vingt-deux lieues au ſud-eſt des îles *Cocos*, par 13° 19′ de latitude, on rencontre l'île *Narcondam*. Elle eſt haute ; on la peut découvrir de dix-huit lieues en mer. En l'approchant on apperçoit un petit rocher qui joint preſque ſa pointe du ſud, & un autre plus gros du côté de l'eſt. Cette île, conſiderée par ſon peu d'étendue, n'eſt, pour bien dire, qu'un haut rocher qui a paru fort ſain à ceux qui l'ont fréquenté de près.

Iſle *Narcondam.*

De l'île *Narcondam* à celle de *Caboſſe*, la plus occidentale de l'archipel de *Mergui*, la route eſt à l'eſt-quart-ſud-eſt, & la diſtance de ſoixante - ſept lieues. Si-tôt qu'on a quitté de vue cette premiere, on trouve le fond de la côte de *Tenaſſerim* par 60 braſſes. Après qu'on aura atterré à l'île de *Caboſſe*, on ſe conformera à ce que j'ai dit dans la premiere partie de cette inſtruction pour aller à *Mergui*.

Iſle de *Caboſſe.*

Lorſqu'on eſt à la vue des îles *Cocos*, *Andaman* ou *Préparis*, ſi les vents regnent de la partie du nord, la route la plus certaine pour ne pas manquer *Mergui*, eſt d'aller reconnoître les îles *Moſcos* ſituées par 13° 40′ de latitude. Elles ſe découvrent de dix à douze lieues en mer. la plus ſud ſe voit à l'oueſt-nord-oueſt de la pointe de *Tavaye* qui forme le côté de l'eſt de l'embouchure de la riviere de même nom. Depuis cette pointe la côte, qui s'étend au nord juſqu'au 15° 30′ de latitude, eſt bordée d'îles aſſez ſaines, où on trouve, à ce qu'on dit, quelques mouillages. Les plus vers

Iſles *Moſcos.*

&c. J'ai cru cette méthode préférable à toutes celles qu'on peut employer pour faire des Cartes Hydrographiques. Elle diſpenſe de recourir aux routes des vaiſſeaux qui ſont trop ſouvent défectueuſes pour déterminer ſûrement les gran des diſtances.

le ſud ſont celles de *Moſcos* dont je viens de parler.

Iſle *Tavaye*. Au ſud-quart-ſud-eſt de ces îles gît par 13.° 6′, la pointe du nord d'une île appellée communément île *Tavaye*, entre laquelle & la terre ferme coule un très-beau canal où l'on peut paſſer pour aller à *Mergui*. Il eſt borné du côté de l'eſt par un banc dont l'accore gît nord & ſud. Toute cette partie de la côte de *Tenaſſerim* en eſt cernée juſqu'à la riviere de *Calouan* voiſine de *Mergui*.

Quand on appareille des îles *Moſcos*, & que la plus ſud de ces îles reſte vers le nord, ſi on ſouhaite paſſer ce canal, on gouvernera au ſud-quart-ſud-eſt. En faiſant cette route, le fond ſe trouve de vaſe, & les profondeurs inégales, comme de 30, 35, 25, 20, 15 braſſes, enſuite 35 & 25 juſqu'à cinq quarts de lieue de la pointe du nord de l'île *Tavaye*. Il faut plutôt ranger la partie de l'eſt de cette île, que le banc dont j'ai parlé ci-deſſus, parce qu'il y a moins de profondeur aux environs. Du côté de l'île *Tavaye* on voit quatre petits îlots qu'on côtoye en les laiſſant à tribord. Le fond eſt de 30 à 25 braſſes entre la pointe du nord de l'île *Tavaye* & ces derniers. Cette profondeur diminue après qu'ils ſont paſſés. L'établiſſement des marées eſt dans cet endroit ſud-eſt & nord-oueſt, c'eſt-à-dire, de neuf heures. Le flot porte du côté du ſud, & le juſan vers le nord. La mer y monte & baiſſe de 3 braſſes.

La partie du ſud de *Tavaye*, eſt un aſſemblage d'îlots ſéparés par de petits canaux ou bras de mer, qu'on ne peut découvrir en venant du nord; ce qui fait que cette pointe de l'île paroît comme contiguë & réunie. Vers l'eſt on apperçoit une petite île ronde, nommée *Canaſtre* du banc, qui en indique l'accore de ce côté-là ; elle eſt ſituée ſur ſon bord, de même que l'*île Longue* éloignée d'environ deux lieues vers le ſud.

L'*Ile du Roi*.

Par le travers de cette derniere on découvre au ſud la baie de l'*île du Roi*, où il faut cingler, & ſe conformer enſuite à la premiere partie de cette Inſtruction, ſoit qu'on veuille y entrer, ou qu'on aille mouiller devant la riviere de *Mergui*. En venant de la partie du nord, on peut paſſer du côté de l'oueſt de l'île *Tavaye*, entre pluſieurs gros rochers eſcarpés placés du côté de l'oueſt, & l'île appellée la grande *Canaſtre*. De-là on dirigera la route pour paſſer entre la pointe du nord de l'île de *Fer* & celle du ſud de *Tavaye*, ainſi que je l'ai marqué, *page 351*.

Lorſqu'on reſte à *Mergui* dans le deſſein d'y paſſer la ſaiſon pendant laquelle on ne peut ſéjourner à la côte de *Coromandel*, le départ doit ſe faire au 15 ou au plûtard au 20 Décembre, afin d'arriver à cette côte dès les premiers jours de Janvier, que l'on y peut aborder en toute ſûreté.

J'ai indiqué dans les inſtructions précédentes la route qu'il falloit d'abord tenir en partant de la rade de *Mergui* ou de la baie de l'*île du Roi*, juſqu'aux différens paſſages ou canaux par leſquels on ſort de cet Archipel ; j'y renvoie le Lecteur pour ne les pas répéter ici.

Comme la mouſſon du nord-eſt eſt pendant cette ſaiſon dans ſa plus grande force, il faut de la vue de l'île *Caboſſe* diriger la route pour paſſer entre les îles *Préparis* & *Cocos*, ou entre ces dernieres & la pointe du nord de la grande *Andaman* ; de-là on cinglera vers la côte de *Coromandel* avec cette attention d'atterrer toujours au nord des endroits où l'on veut aborder. Cette précaution eſt d'autant plus néceſſaire, que ſi on atterroit vers le ſud, ou y arriveroit avec beaucoup de peine, à cauſe des vents & des courans qui ſont alors contraires.

Il arrive quelquefois que les vaiſſeaux qui trafiquent à *Mergui*, ne ſe trouvent pas toujours en état d'en partir dans le courant de Janvier. Si la néceſſité les oblige d'y ſéjourner juſqu'au 15 Fevrier, la route la plus certaine pour aller à la côte de *Coromandel*, ſera de paſſer par le canal qu'on rencontre au ſud de la petite *Andaman*. On profitera des vents qui ſoufflent dans le golfe de *Bengale* plus ſouvent dans ce tems de la partie du ſud, que de celle du nord.

Je parlerai maintenant de la côte qu'on voit au ſud de *Mergui*. Voici ce que j'en ai appris des mémoires que j'ai recueillis.

Toute la côte de *Tenaſſerim* depuis *Mergui* juſques par 10° 50' de latitude, eſt environnée d'une quantité d'îles de différentes grandeurs, qui forment pluſieurs canaux où les petits bâtimens du pays peuvent ſeuls naviguer. Six à ſept lieues au ſud de *Mergui*, on voit encore une des embouchures de la riviere de *Tenaſſerim* ; de-là en allant au ſud, la côte eſt cernée d'un Banc qui contient auſſi pluſieurs petites îles, entre leſquelles paſſent les petits bâtimens du pays pour aller à *Bangri* & à *Junk-Seilon*. La plus grande & la plus conſidérable de ces îles, qui ſe préſente en faiſant cette route, ſe nomme l'île d'*Omel*; elle s'étend neuf lieues du nord au ſud, & ſe joint du côté du nord-eſt au banc dont je viens de parler. Après l'île d'*Omel* on prétend que la côte eſt pratiquable, même

même pour de grands vaisseaux, jusqu'à *Junk-Seilon*, pourvû seulement qu'on prenne garde à un banc situé entre la terre ferme & les îles qui la bordent. Quoique ce banc soit éloigné de trois lieues de cette premiere, & que cet intervalle procure un beau passage entre l'un & l'autre, je crois qu'il convient mieux de faire route au dehors des îles, où tous les dangers, s'il y en a, sont apparens.

La situation du milieu de l'île *Junk-Seilon* est par 8° 15' de latitude nord. Sa figure est irréguliere, & elle s'étend du nord au sud environ dix-huit lieues. Du côté de l'est on trouve de fort bons Ports, où on peut relâcher en toute sûreté. Les vivres & les rafraîchissemens y sont à bon compte, & les Habitans sociables.

A environ quarante-cinq lieues au sud-est de *Junk-Seilon*, on rencontre le Port de *Queda*. On y fait commerce de calin & d'éléphans, pour transporter en différens endroits des Indes.

Je n'ai trouvé d'autre description de la côte de *Malaye*, que les remarques qui intéressent la Navigation des vaisseaux qui entrent & sortent du détroit de *Malac*. Elles sont dans l'Instruction que je donnerai ci-après sur cette partie ; mais auparavant j'ai cru devoir traiter de quelques voyages importans.

VOYAGES de la Côte de Coromandel *à celle de* Malabar.

J'AI dit dans le Routier des côtes *Malabar*, *Canara*, &c. que les mauvais tems qui y regnent depuis Avril jusqu'en Octobre, ne permettent pas qu'on les fréquente pour lors, mais la belle saison en ouvre le commerce, & y attire des vaisseaux de toutes les parties des Indes. Ceux qui partent de la côte de *Coromandel*, de *Bengale*, ou d'autres endroits plus orientaux, depuis le commencement d'Octobre jusqu'en Janvier, doivent pour rendre leur traversée plus courte & plus certaine, aller prendre connoissance de l'île de *Ceylan*, & y atterrer au nord des *Basses*; ensuite ils rangeront la côte du sud sans s'en écarter, jusqu'aux environs de *Colombo*, d'où ils peuvent traverser au cap *Comorin*, & gagner les lieux de leur destination, en se conformant au Routier, *pag.* 214 & suivantes.

Si dans les mois d'Octobre & de Novembre, on rencontroit au sud de l'île de *Ceylan* des vents de l'ouest au nord-nord-ouest, il faudroit louvoyer à petite bordée, pour profiter des courans qui portent vers l'ouest souvent avec rapidité. Il y aura plus d'avantage à ne pas s'éloigner de la côte.

Quand on a fini ses affaires à la côte de *Malabar*, le tems du départ pour celle de *Coromandel*, *Bengale*, ou autres lieux à l'est, est ordinairement depuis le mois de Février jusqu'en Avril. Il faut cingler le long de la côte jusqu'au cap *Comorin*, pour de-là traverser à la pointe de *Gale*; enſuite on dirige la route ſuivant les endroits où l'on veut aller ; par exemple il faut côtoyer l'île de *Ceylan* juſqu'à la pointe de *Pedre*, ſi on eſt deſtiné pour la côte de *Coromandel.* Mais ſi on va en droiture à *Bengale*, il ſuffit de côtoyer *Ceylan* juſqu'aux *Baſſes*, d'où on gouverne pour atterrer à la côte d'*Orixa*, ainſi que je l'ai enſeigné dans les inſtructions des voyages de *Bengale.*

Les vaiſſeaux qui vont à *Malac*, paſſent au large des *Baſſes*, & traverſent le golfe en cinglant vers les îles qui ſont au nord d'*Achem.*

Ceux qui vont à *Bantam* ou à *Batavia*, lorſqu'ils ſeront à la pointe de *Gale*, feront route en traverſant à la côte de *Sumatra*, afin de prendre connoiſſance & de côtoyer les îles qui en ſont au large, enſuite traverſer le détroit de la *Sonde*, comme je l'expliquerai ci-après plus au long.

Le tems que je viens de preſcrire pour le départ des vaiſſeaux qui vont de la côte de *Malabar* en différens endroits des Indes, ne regarde pas ceux qui en partent pour aller en Europe. Ces derniers doivent appareiller dans le courant de Décembre, ou au plus tard le 15 Janvier ; autrement ils riſqueroient de ne pouvoir doubler le cap de *Bonne-Eſpérance*, ſur-tout s'ils relâchent aux îles de *France* & de *Bourbon.*

Leur route eſt d'abord de ranger la côte juſqu'au cap de *Comorin*, enſuite d'aller reconnoître la pointe de *Gale*, & de-là gouverner au ſud-eſt-quart-ſud juſqu'à la ligne équinoxiale, pour écarter les *Maldives*, & ſe garantir des courans qui tranſportent vers ces îles.

Avant de terminer cet article, je donnerai une Inſtruction particuliere ſur une traverſée qu'on peut faire dans une néceſſité, de la côte de *Malabar* à celle de *Coromandel*, pour arriver à cette derniere dans le courant de Janvier. En 1733 & 34 j'en ai fait l'expérience fur le vaiffeau la *Galathée*; on la rifqua fur l'exemple de l'Efcadre de M. le Baron de Paliere, qui en 1704, avoit bien réuffi.

On fera voile de *Mahé*, *Calicut*, ou *Cochin* le 15 Décembre, ou plutôt, fi l'endroit d'où l'on part eft plus Septentrional; enfuite on rangera la côte jufqu'au cap *Comorin*, d'où on ira reconnoître la pointe de *Gale* en l'île de *Ceylan*, fuivant que je l'ai enfeigné ci-devant. On trouve là dans cette faifon les vents du nord-nord-eft à l'eft-nord-eft avec lefquels il faut s'élever le plus qu'il eft poffible, & cingler vers l'île de *Sumatra*.

Il n'eft pas toujours néceffaire d'en prendre connoiffance, ni de paffer la ligne équinoxiale ; il fuffit d'être en lieu de tirer avantage de la bordée contraire, & de pouvoir porter fur la côte pour revirer, mais en même-tems on obfervera d'atterrer toujours au vent de l'endroit où l'on veut aborder.

INSTRUCTION pour aller à Achem.

LE tems du départ de la côte de *Coromandel* pour aller à *Achem*, eft ordinairement limité au 15 Aouft ou au plus tard au 15 Septembre. Quand on a gagné le large, on rencontre les vents de l'oueft-fud-oueft au fud-fud-oueft ; il en faut profiter & faire route pour prendre connoiffance de l'île *Sumatra* par 5 degrés de latitude nord, c'eft-à-dire, cinq à fix lieues plus fud que la *Pointe du Roi* qui forme le côté de l'oueſt de la Rade d'*Achem.* On trouve aſſez ordinairement dans cette ſaiſon les vents de la partie du ſud, ainſi au moyen de cet atterrage on ſera au vent de la paſſe de *Surate*, qui, quoique la plus étroite, eſt cependant la meilleure de toutes celles qu'on peut choiſir pour ſe rendre au mouillage.

Cette traverſée, ſi on l'entreprend dans le tems que je preſcris, ſe peut faire en dix jours; mais ſi on part plus tard, l'inconſtance des vents & les calmes la rendront plus longue.

Quant à l'effet des courans, j'ai remarqué par l'examen de pluſieurs Journaux ſur cette traverſée, qu'il eſt rare de trouver des différences nord, & qu'au contraire on en trouve ſouvent du côté du ſud. Pluſieurs navigateurs s'y ſont trompés, pour s'être trop confiés à la nature des vents dont les courans ſuivent ordinairement la direction. Il eſt plus certain d'eſtimer leur tranſport vers l'eſt, & la prudence veut qu'on s'en méfie. Soit qu'on aille ou qu'on revienne, on doit s'attendre à voir la terre beaucoup plutôt qu'on ne le compte.

Remarque importante ſur les courans.

Si on atterre à la côte de *Sumatra* par 4 degrés de latitude nord, on découvrira ſur le terrein pluſieurs hautes montagnes, & au pied une terre baſſe, unie & fort boiſée qui s'étend juſqu'au rivage. Le fond à quatre ou cinq lieues au large eſt par 50 braſſes de profondeur, & le mouillage bon par-tout, parce qu'il n'y a aucun danger aux environs de la côte. En allant vers le nord par 4° 43′ on apperçoit une embouchure de riviere dans laquelle les chaloupes peuvent entrer, enſuite la côte eſt bordée de pluſieurs petites îles baſſes & boiſées qu'on peut ranger ſans crainte. A une lieue & demie en mer on a 26 braſſes fond de vaſe. Les cartes marquent un banc par le travers de ces îles, dont les Journaux des navigateurs qui ont rangé cette côte, ne font point mention. Ce silence rend douteuse l'existence de ce banc.

Environ à cinq ou six lieues au sud-est de la *Pointe du Roi*, la basse terre est également boisée, mais moins étendue. Il semble que de hautes montagnes hachées & fort inégales s'approchent du rivage. La qualité du fond de ce parage varie successivement; en quelques endroits il est de sable mêlé de vase; dans d'autres, de gravier & quelquefois de roches, ainsi on n'y mouillera point sans nécessité. A deux lieues de terre on trouve 35 brasses.

La *Pointe du Roi* qui fait le côté du sud de l'entrée de la passe de *Surate*, se distingue avec peine en venant du sud-est parce que de cette position elle paroît tellement contiguë aux îles *Gommes*, *Nancay* & *Brasse*, qu'on n'apperçoit aucune ouverture entre les unes & les autres. En rangeant la côte, on voit deux lieues au sud de la passe de *Surate*, une anse ou enfoncement qu'on prendroit volontiers pour un passage. A sa pointe du sud-est on découvre deux rochers hors de l'eau, sur lesquels la mer brise, & encore un autre au fond de l'anse, ressemblant à un vaisseau démâté qui y seroit mouillé. Dans le fond la terre est basse, garnie d'arbres & de beau sable le long du rivage. La largeur de cette anse comprend environ une lieue d'une pointe à l'autre. Au pied des hautes montagnes qui sont du côté d'*Achem*, paroissent trois petits mornes secs & arides. La profondeur à la pointe du sud-est de cette anse, est de 17 brasses sable fin, à demi-lieue de terre, en tirant vers le nord; de 16 à 15 brasses, à un quart de lieue; à la pointe du nord-ouest même profondeur à la distance d'une portée de canon du rivage. De ce travers on apperçoit la *Pointe du Roi* qui se démontre comme un gros morne escarpé. *Pulo Gommes* semble alors former deux mammelles; ſa pointe de l'oueſt eſt fort baſſe, & à l'extrémité ſe voit un îlot d'où s'avancent des briſans à plus de demi-lieue au large. A la même diſtance à l'oueſt-quart-ſud-oueſt de *Pulo Gommes*, il y a auſſi une roche où la mer briſe beaucoup. On évite ces dangers en rangeant de près la *Pointe du Roi* qui eſt ſaine. Il y a au pied 12 à 14 braſſes de profondeur, ſable roux. Si l'on double cette pointe, l'ouverture de la paſſe ſe découvre; & continuant de côtoyer tribord, quand on ſera parvenu au plus étroit, on tiendra alors le mi-canal ſans rien craindre, & on ne tardera pas à débouquer.

On rencontre quelquefois des marées contraires qui ſortent avec violence de la baie d'*Achem*; en ce cas, ſi on ne ſe ſent pas aſſez de vent pour refouler le courant, il faut, pour attendre qu'il ait molli, mouiller avant d'arriver au goulet.

De la paſſe de *Surate* la route juſqu'au mouillage d'*Achem*, eſt eſt-quart-nord-eſt deux lieues. A une demi-lieue de la côte de *Sumatra*, on apperçoit un petit iſlot environné de briſans. On pourra jetter l'ancre devant la riviere à telle profondeur qu'on le ſouhaitera. Il y a toujours quelques vaiſſeaux en cette rade, ainſi il eſt inutile de donner des enſeignemens plus particuliers. Par 12 braſſes on eſt à demi-lieue, & par 7 à un quart.

La ſeconde paſſe pour entrer dans la baie d'*Achem*, eſt celle de *Cedre*. L'île *Nancay* en fait le côté du nord; *Pulo Gommes* & l'île *aux Pierres*, celui du ſud. Quoiqu'on doive préférer celle de *Surate*, cette ſeconde n'eſt cependant pas ſi à craindre que quelques cartes l'enſeignent. Il n'y a de dangereux que le banc de rochers qui s'avance à l'oueſt-ſud-oueſt de *Pulo Gommes*, dont j'ai parlé ci-deſſus, & un autre qui s'avance de *Pulo Nancay* juſqu'à mi-canal. Paſſe de *Cedre*.

On pourroit dire qu'il n'eſt jamais arrivé d'accident aux vaiſſeaux qui ont paſſé par la paſſe de *Surate*, néanmoins pluſieurs Navigateurs la redoutent à cauſe de ſon peu de largeur. Quelques-uns ont mieux aimé paſſer au nord de *Pulo Braſſe* pour entrer par la paſſe de *Bengale*; on nomme ainſi le canal, qui ſe trouve entre l'île *Vay* ou *Pulo Vay* & les îles *Braſſe* & *Nancay*. Il conviendroit de choiſir ce dernier qui a quatre lieues de largeur, préférablement aux deux autres, ſi de-là on pouvoit ſe rendre facilement à la rade d'*Achem*; mais les vents ne le permettent pas toujours, parce qu'ils regnent pour l'ordinaire du ſud-ſud-oueſt au ſud, & comme on n'y peut mouiller à cauſe de la grande profondeur, s'il ſurvient du calme, on eſt baloté de tous côtés par les courans qui portent au nord-eſt, & l'on court riſque de ne gagner *Achem* qu'après de longues difficultés. Pluſieurs vaiſſeaux ont été jettés ſur l'île *Pulo Vay*, où il n'y a aucun mouillage; ils ont été obligés d'en faire le tour, & de rentrer par la paſſe de *Malac* après plus de quinze jours de retardement.

Les fréquens exemples de ſemblables inconvéniens, méritent l'attention de ceux qui ſont chargés de la conduite des vaiſſeaux, & doivent les déterminer à choiſir toujours le parti le plus certain, ſans s'arrêter à des craintes chimériques.

Canal de *Malac*.

Le troiſieme canal pour aborder à *Achem*, eſt celui de *Malac*, qui porte ce nom à cauſe que les vaiſſeaux qui vont d'*Achem* à *Malac*, y paſſent ordinairement. Le canal eſt borné au nord-oueſt par la pointe du ſud de *Pulo Vay*, & au ſud-eſt par celle de *Sumatra*. On y découvre un petit îlot rond ou rocher ſur l'eau, dont les bords ſont accores, & le paſſage aiſé de tous côtés. Il eſt éloigné de trois lieues au nord-eſt de la rade d'*Achem*.

Au

Au nord-nord-oueſt de la partie du nord-oueſt de *Pulo-Vay*, à quatre lieues de diſtance, il y a un gros îlot nommé l'*île Ronde* à cauſe de ſa figure, & à une demi-lieue au ſud, ſept à huit gros rochers ſe montrent hors de l'eau. Au nord de *Pulo-Braſſe* on voit auſſi trois petits îlots, dont le plus écarté en eſt à une lieue. Iſle *Ronde*.

Le commerce d'*Achem* eſt conſidérable: il y vient des vaiſſeaux de différens endroits des Indes, ſur-tout à cauſe de l'or dont on tire une grande quantité; la peine qu'on a d'être payé, fait toute la difficulté du Négoce. La Ville eſt ſituée ſur une baſſe terre qui s'étend du pied des montagnes qu'on découvre ſur le terrein. La riviere d'*Achem* entrecoupe cette plaine, & en forme pluſieurs îles. Dans la ſaiſon des pluies le plat-pays eſt preſque par-tout inondé. La principale embouchure ou entrée de la riviere eſt cernée d'une barre ſur laquelle de petits Bâtimens d'environ vingt-cinq à trente tonneaux paſſent de pleine mer; mais quand elle eſt baſſe, une chaloupe ou un canot la peut à peine franchir. Les Portugais & les Anglois ont eu autrefois un établiſſement à *Achem*, que le caractere opiniâtre des habitans leur a fait abandonner.

La mer monte & baiſſe de ſept pieds dans la rade par le flux & reflux, & elle y eſt pleine à neuf heures dans les nouvelles & pleines lunes. Cependant les vents du large & les pluies qui occaſionnent différentes variétés, font que cette regle n'eſt pas toujours conſtante. Au ſurplus on y eſt à l'abri des vents de la mouſſon de l'oueſt, qui y ſont les plus forts, & qui y regnent depuis le mois d'Avril juſqu'en Novembre. La mouſſon de l'eſt ſuccede, & amene des vents plus modérés, excepté ceux qui viennent par extraordinaire du nord-oueſt, &

qui soufflant avec violence, obligent les vaisseaux d'avoir de bonnes ancres & de bons cables pour se garantir de leur furie.

Montagne de la Reine.

L'intérieur de cette partie de *Sumatra*, est couvert de montagnes, entre lesquelles on en découvre une forte élevée de vingt lieues en mer. On l'appelle montagne *de la Reine.*

Les vaisseaux ~~pour~~ l'Europe, qui au retour d'*Achem* vont à la côte de *Coromandel*, en doivent partir le 20 ou 22 Décembre, afin d'arriver au commencement de Janvier. Après avoir appareillé de la rade, ils cinglent par la passe de *Bengale*, & ensuite ils dirigent la route vers l'île *Nicobar*, qui gît au nord-ouest-quart-ouest de *Pulo Ronde*, à vingt-huit lieues de distance.

Cette île se distingue facilement de dix lieues en mer, quoique sa pointe méridionale soit basse. Il n'est pas besoin de passer par le canal *S. Georges*; il suffit de ranger la partie du sud, & quand on l'a doublée, faire la route qu'il convient pour gagner l'endroit de la destination. On observera, comme je l'ai dit dans l'article de *Mergui*, d'atterrer en cette saison toujours au nord, afin de pouvoir s'y rendre avec plus de facilité. On aura aussi attention au transport des courans vers l'ouest qui pourroient causer des différences à cet atterrage.

Quant aux vaisseaux que le commerce retarde plus longtems à *Achem*, & qui n'en partent souvent qu'en Mars ou Avril, la direction de leur route est différente. Les vents de sud & de sud-sud-ouest qui regnent alors dans le golfe de *Bengale*, & les courans qui portent vers le nord, demandent qu'ils atterrent au sud de l'endroit où ils ont dessein d'arriver. On comprend assez la raison de ce changement, sans qu'il soit nécessaire d'entrer dans un plus grand détail.

REMARQUES sur l'anse de Cor-Angria.

L'Anse de *Cor-Angria* où le vaisseau la *Paix* mouilla le 22 Octobre 1767, à six heures & demie du soir, a trois lieues & demie d'une pointe à l'autre. Cette anse est formée à l'occident par la pointe de *Pedre* qui se termine en pente insensible, & se distingue par les grands arbres dont elle est couverte, ainsi que toute l'anse d'une extrémité à l'autre; ces arbres ressemblent à des ifs en forme de pyramide. La pointe orientale de cette anse n'a rien de remarquable; on y découvre seulement la montagne nommée l'*Eléphant*, qui, avec la montagne *de la Reine*, paroît former deux îlots, lorsqu'on les apperçoit de quinze à vingt lieues au sud-quart-sud-est. Anse de *Cor-Angria.*

Le fond de l'anse est fort accore & par les 21 brasses on n'étoit éloigné que d'une demi-lieue du rivage. Le terrein n'est pas aussi marécageux que celui d'*Achem*; la grêve qui est d'un sable blanc & sur laquelle on découvroit quantité de bateaux du pays à sec, fait soupçonner à l'auteur de cette remarque que les rivieres de cette anse sont d'un facile accès: le ressac de l'anse n'est violent que quand les vents viennent du nord au nord-est.

La partie occidentale de la pointe de *Pedre* forme, avec l'embouchure de la riviere de *Poterian*, l'anse nommée par les naturels du pays *Guingant*; le mouillage, ainsi que la tenue, y sont bons. Le vaisseau la *Paix* y mouilla le 23 Octobre par 16 brasses deux tiers, & y passa la nuit. Le lendemain, à midi, on fut mouiller par les 15 brasses & demie dans la rade d'*Achem* comprise entre la riviere de *Poterian* & la pointe du *Roi.* De cet endroit on releva ſur le compas la montagne *de la Reine* à l'eſt 24 degrés ſud; une touffe d'arbres à l'entrée de la riviere d'*Achem*, à l'eſt 25 degrés ſud; la montagne d'*Or* à 28 degrés du ſud vers l'eſt; la montagne de l'*Eléphant* de l'oueſt, qui eſt ſituée au fond de la rade d'*Achem*, au ſud-oueſt; la pointe de *Pedre* de ce dernier mouillage à l'eſt-nord-eſt; la riviere de *Guingant* à l'eſt 11 degrés nord; la riviere de *Poterian* à l'eſt 4 degrés ſud. La pointe *du Roi* par le milieu de *Pulo-Gome*, & qui forme la paſſe de *Surate* reſtoit l'oueſt-ſud-oueſt.

DE LA COTE occidentale de l'Iſle de Sumatra.

APRÈS la deſcription que je viens de faire de la pointe du nord-oueſt de l'île de *Sumatra*, & des îles qui l'environnent, il ſeroit à propos de donner auſſi un routier ſuivi de la côte occidentale qui s'étend juſqu'au détroit de la *Sonde*, pour apprendre aux navigateurs qui la fréquentent de près la quantité d'écueils qu'on y rencontre, leur indiquer les routes qu'ils doivent faire pour les éviter, & ſe rendre aux endroits où ils veulent aborder. Il faudroit pour cela une inſtruction bien étendue; mais après pluſieurs recherches, je n'ai trouvé là-deſſus que quelques détails trop ſuperficiels pour remplir mon projet, & je n'ai pas trouvé à propos de les inſerer dans ce recueil, ſur le principe que je me ſuis fait de rejetter tout ce qui eſt incertain, ou qui ne me paroît pas probable.

On lit dans le cinquieme chapitre du routier du Pilote Anglois, deux inſtructions touchant cette partie; la premiere, allant d'*Achem* à *Priaman* ; la feconde, fous le titre de *defcription de la côte de l'oueft de* Sumatra, *depuis le détroit de la* Sonde *jufqu'à* Achem, *en venant de la partie du fud.* L'une & l'autre étoient vraifemblablement intelligibles à leur auteur ; mais je doute qu'aucun navigateur puiffe en faire ufage, ni les concilier avec les cartes très-détaillées que les Hollandois ont fait dreffer de cette côte. Un coup d'œil fuffira pour vérifier ce que j'avance.

La feule certitude qu'on ait, c'eft que les îles qui font au large de *Sumatra*, font bien marquées par leur latitude, & qu'elles peuvent être rangées à quatre lieues d'éloignement fans craindre aucun danger. Cette circonftance, quoique peu intéreffante pour les vaiffeaux qui font le commerce fur la côte occidentale de *Sumatra*, attendu qu'ils paffent à travers des îles, eft cependant importante pour ceux qui paffent au dehors, fur-tout lorfque, pour profiter des vents, ils font obligés de les côtoyer, foit en allant au détroit de la *Sonde*, à la côte de *Coromandel* ou à *Bengale*, foit en retournant.

DE LA COTE *orientale de l'île de* Sumatra.

TOUTE la côte de *Sumatra*, entre la pointe de la rade d'*Achem* & celle du *Diamant* eft très-haute fur le terrein, excepté quelques baffes terres au bord de la mer. Il faut être très-près de terre pour y trouver un fond propre à mouiller, excepté vers la pointe du *Diamant* qu'on le trouve de 25 à 30 braffes, à 2 lieues de terre ; c'eft à quoi les vaiffeaux qui rangent cette côte, doivent faire attention,

& être prévenus que les courans au large portent au nord-ouest avec rapidité. Avant d'arriver à la pointe du *Diamant*, on découvre une haute montagne nommée l'*Eléphant* qui en est éloignée d'environ neuf lieues au sud.

Montagne de l'*Eléphant*.

Cette pointe est basse, boisée, & a sur son extrémité deux bouquets d'arbres séparés, qui de loin paroissent comme deux îlots. Le plus petit est le plus proche de la pointe, sa latitude est de 5° 21'. Ainsi la côte depuis la rade d'*Achem* ne gît qu'à l'est-quart-sud-est 2° 30' est, distance de quarante-deux lieues.

Pointe du *Diamant*.

Comme la pointe du *Diamant* est environnée de dangers, il est bon de ne pas l'approcher plus près que de deux lieues. La côte de *Sumatra* se prolonge au-delà au sud-est-quart-sud 3 degrés est, & n'a d'élévation que celle des arbres qui la couvrent. Lorsque la pointe du *Diamant* reste à l'ouest-nord-ouest 5 degrés ouest, distance de quatre lieues, les terres que l'on voit au sud-est-quart-sud & sud-sud-est, semblent former un coin de mire un peu applati, & les plus proches terres au sud-ouest-quart-sud deux petites lieues, forment l'entrée d'une riviere : la sonde en cet endroit est de 38 brasses, vase avec un peu de sable.

Toute la côte en allant vers le sud est basse & boisée, & la profondeur ne commence à diminuer à la même distance de terre, que lorsqu'on approche de *Pulo-Varelle* qui gît quarante-six lieues au sud-est 2 degrés est de la pointe du *Diamant*.

Les marées entre l'une & l'autre prennent leurs cours du nord-ouest-quart-nord au sud-est-quart-sud. Le flot qui porte au sud-est-quart-sud, est beaucoup moins rapide & moins de durée que le jusan qui porte en sens contraire.

Pulo-Varelle eſt par 3° 48′ de latitude, ſuivant pluſieurs obſervations. Cette île peut avoir deux lieues & demie de tour; elle eſt élevée, couverte de bois, fort ſaine, & eſcarpée excepté quelques anſes de ſable, dont la plus grande ſe voit au ſud-eſt. On y mouille par 12 braſſes; on y peut auſſi faire de l'eau. Quelques vaiſſeaux y ont pris des tortues de mer pendant la nuit, & des pêcheurs de l'île *Sumatra* y vont faire ſécher leur poiſſon: elle a un petit rocher ou îlot au nord-eſt & un autre au ſud. Elle eſt éloignée d'environ ſix à ſept lieues de l'île *Sumatra.*

Pour conſerver l'avantage du vent, les vaiſſeaux qui rangent cette côte paſſent ordinairement entre *Pulo-Varelle* & la côte de *Sumatra*. On ne court aucun riſque de louvoyer entre l'une & l'autre, parce que le banc marqué ſur la Carte n'eſt qu'un haut-fond, ſur lequel on trouve 8 à 9 braſſes. On en rencontre d'autres quand on approche la côte de plus près que de trois lieues: il y faut toujours veiller la ſonde à la main.

Onze lieues à l'eſt-nord-eſt 3 degrés eſt de *Pulo-Varelle*, on rencontre *Pulo-Jara*; c'eſt un petit îlot, haut, rond, & eſcarpé.

Au ſud-eſt-quart-ſud de *Pulo-Varelle*, dans l'éloignement d'environ huit à neuf lieues, on rencontre deux petits îlots nommé les *Deux Freres*: ils giſſent nord-nord-eſt & ſud-ſud-oueſt environ deux lieues l'un de l'autre. Le plus nord a environ trois quarts de lieue ou une lieue de tour, & le plus ſud a une forte lieue. Ces îles doivent ſe ranger du côté de l'eſt: en les approchant on trouve 29 à 30 braſſes. Il n'eſt pas néceſſaire de paſſer entr'elles & la côte de *Sumatra*; des Navigateurs diſent qu'il y a des hauts-fonds.

Des *Deux Freres*, les vaiſſeaux qui vont à *Malac* prennent leur cours vers les îles d'*Aru* ou d'*Arou*, qui en ſont éloignées d'environ vingt-trois lieues à l'eſt-ſud-eſt 5 degrés ½ ſud, dont je parlerai plus amplement dans l'Inſtruction pour aller à *Malac*, en venant de la partie de l'oueſt, & dont on prendra garde de ne pas approcher de plus près que d'une lieue & demie, afin d'éviter les retours des marées qui pourroient y entraîner, & les dangers qui ſeroient peut-être à une moindre diſtance. La profondeur eſt tout au tour conſidérable, mais fort inégale, de même que la qualité du fond. En allant vers ces îles, la ſonde prend 35, 40, 50 & dans quelques endroits 60 braſſes, ſans proportion ni égalité.

Comme mon deſſein n'eſt point d'indiquer aux vaiſſeaux qui vont à *Malac*, de ranger la côte de *Sumatra*, ſoit pendant la mouſſon de l'oueſt, ou pendant celle de l'eſt, je termine ici ce qui regarde cette côte.

POUR ALLER A MALAC en venant de la partie de l'oueſt.

LA meilleure route qu'on puiſſe tenir, ſoit qu'on parte de la côte de *Coromandel*, ou de la pointe de *Gale* en l'île *Ceylan*, pendant que la mouſſon de l'oueſt regne dans ces mers, c'eſt d'aller reconnoître les îles qui ſont au nord d'*Achem*, en conſervant autant qu'il ſera poſſible la latitude de 5° 50'; on ne pourra manquer par ce moyen de reconnoître ou *Pulo-Ronde* ou *Pulo-Vay*. Mais ſi l'on avoit deſſein de relâcher à *Achem*, il faudroit atterrer par 5 degrés de latitude, afin de ne pas manquer les paſſes pour gagner la rade.

De

De la vue de *Pulo-Ronde*, soit qu'on en passe du côté du sud, ou du côté du nord, on prendra son cours à l'est pour reconnoître *Pulo-Pera*. Pulo-Ronde.

Pulo-Ronde n'est, pour ainsi dire, qu'une grosse roche située par 6 degrés de latitude, & éloignée de quatre lieues au nord-nord-ouest de *Pulo-Vay*, qui gît au nord de la rade d'*Achem*. A une demi-lieue au sud-quart-sud-ouest de *Pulo-Ronde*, on voit encore sept à huit rochers. On compte de *Pulo-Ronde* à *Pulo-Pera* soixante-huit lieues à l'est 3 degrés sud. Ce n'est qu'un gros rocher aride, situé au sud-sud-ouest quinze à seize lieues de *Pulo-Bouton*, & éloigné de vingt-cinq lieues de la côte de *Malaye*, par la latitude de 5° 50'. Pulo-Vay. Pulo-Pera.

Si l'on vouloit aller à la rade de *Queda*, il faudroit laisser *Pulo-Pera* cinq à six lieues au sud, & cingler à l'est pour prendre connoissance de *Pulo-Lada*, qui est une île fort haute qu'on laisse du côté du nord, cinglant vers un petit îlot qu'on nomme *Pulo-Rat*, qui en est éloigné de trois lieues au sud; d'où l'on gouverne vers deux autres petits îlots ou rochers nommés *Pyers*, distant de quatre lieues à l'ouest-quart-sud-ouest de la riviere de *Queda*; en les rangeant ou au nord ou au sud, on ira mouiller par 6 brasses, fond de vase, à une lieue de l'entrée de la riviere, qui reste à l'est-quart-nord-est, & une grosse montagne qui est du côté du nord qu'on appelle l'*Eléphant*, au nord-est 2 ou 3 degrés nord; la principale île de *Pyers* à l'ouest-quart-sud-ouest 4 degrés ouest; *Pulo-Bidan* au sud-sud-est; la grande île de *Pulo-Pignang* au sud; le fort blanc qui est à l'entrée de la riviere de *Queda*, à l'est-nord-est 2 degrés est. Les marées en cette rade les jours de nouvelle & pleine Lune sont à dix heures & demie; la pleine mer y marne de six pieds. Pulo-Lada.

Plusieurs raisons autorisent la préférence de naviguer plutôt le long de la côte de l'est du détroit, que vers celle de l'ouest; comme la situation de plusieurs endroits propres au commerce, le cours des marées plus régulier, principalement un fond moins rapide, & par conséquent bien plus propre au mouillage que du côté de *Sumatra*. Avant d'entrer dans un plus long détail à ce sujet, il est bon d'observer que dans toute l'étendue du détroit de *Malac*, jusqu'à celui du *Gouverneur*, le jusan qui porte au nord-ouest est beaucoup plus rapide & de plus longue durée que le flot qui va vers le sud-est. Cela fait qu'en toute saison on passe le détroit bien plus vîte en venant du sud-est, qu'en venant du nord-ouest, même avec la mousson de l'ouest. C'est pourquoi ceux qui conduisent les vaisseaux, doivent être attentifs à toutes les circonstances qui sont favorables à la route; comme de mouiller en cas de calme dès qu'on s'apperçoit que la marée est contraire; de profiter des brises, des grains & des orages, quand on peut par leur secours la refouler; ou bien de laisser dériver avec la marée, lorsqu'on s'apperçoit qu'elle porte en chenal, & qu'elle ne jette pas sur un danger: tant qu'on aura ces différentes attentions, on pourra se flatter de passer promptement le détroit avec sûreté. Comme cette remarque est générale à cet égard, je me dispenserai de la répéter par la suite.

Les vaisseaux qui n'ont point dessein d'aller à *Quéda*, peuvent passer au sud de *Pulo-Pera*, & faire route vers *Pulo-Pinang*, qui en est éloignée de vingt-trois lieues à l'est-sud-est: le fond en ce trajet diminue graduellement de 58 brasses jusqu'à 21 que l'on trouve à trois lieues de *Pulo-Pinang*.

Pulo-Pinang. Cette île a cinq lieues de longueur du nord au sud. Entre 5° 31′ & 5° 16′ de latitude; il y a au sud deux petits îlots, dont le plus éloigné n'eſt qu'à une lieue de l'île. Ceux qui veulent y faire de l'eau, y mouillent par 10 braſſes de baſſe mer, fond de vaſe; de-là la pointe du ſud de *Pulo-Pinang* reſte à l'eſt 5 degrés ſud une lieue, & l'îlot du large à une demi-lieue au ſud-ſud-eſt; l'anſe de ſable où on fait le bois, au nord-eſt 5 degrés nord; celle où on fait l'eau, au nord-eſt-quart-nord 4 degrés eſt, à une demi-lieue. Cette île en général eſt haute & montagneuſe, elle eſt ſéparée de la côte de *Malaye* par un petit canal où paſſent ordinairement les petits bâtimens du pays qui font le commerce de cette côte.

De la vue de *Pulo-Pinang* il faut prendre ſon cours vers *Pulo-Jara*, qui gît vingt-ſix à vingt-ſept lieues au ſud de *Pulo-Pinang*. Les profondeurs entre l'une & l'autre ſont de 30 à 40 braſſes. *Pulo-Jara.*

Vingt-deux lieues au ſud-eſt-quart-ſud, 3 ou 4 degrés ſud de *Pulo-Pinang*, gît *Pulo-Dindin*. La côte de *Malaye* entre les deux eſt bordée d'un banc qui s'avance de trois lieues au large en quelques endroits. Ceux qui navigueront de l'une à l'autre avec un vent favorable, ſe diſpenſeront par cette raiſon de ranger la côte de près; & s'ils ſont obligés de louvoyer, ils prendront garde de ne pas approcher le banc par moins de 10 braſſes. *Pulo-Dindin.*

L'île *Dindin* a tout au plus deux lieues du nord au ſud. Son terrein eſt élevé, & forme trois ou quatre montagnes contiguës. Les Hollandois y ont un fort du côté de l'eſt, pour la ſûreté du commerce qu'ils font aux environs, & vis-à-vis de cette île eſt le port de *Perach*; du côté du ſud on en voit une autre petite. A cinq lieues au ſud de celle-ci, ſont les *Sambilang* ou les *Neufs îles*.

Pulo-Jara dont on a parlé ci-deſſus, eſt éloigné d'environ *Pulo-Jara.*

neuf lieues à l'oueſt 2 degrés ſud de la plus ſud des *Sambilang*, & par 3° 57′ de latitude: c'eſt un petit îlot de figure ronde, couvert de grands arbres, & d'une élévation à pouvoir être apperçu de ſept à huit lieues.

De la vue de *Pulo-Dindin*, on gouvernera pour paſſer entre les *Sambilang* & *Pulo-Jara*; la profondeur en faiſant cette route ſe trouve de 28 à 30, 32, 35, 40 & 42 braſſes. J'ai parlé déja de *Pulo-Jara* dans la deſcription de la côte orientale de *Sumatra*, & je répéterai ici que cet îlot eſt à onze lieues à l'eſt-nord-eſt 3 degrés eſt de *Pulo-Varelle*.

Salangor. Les vaiſſeaux qui iront à *Salangor*, rangeront le *Sambilang* de plus près que *Pulo-Jara*, & étant trois lieues à l'oueſt de ces îles, ils gouverneront à l'eſt-ſud-eſt, pour approcher la côte de *Malaye* que l'on peut côtoyer à une lieue & demie par 7 braſſes de profondeur juſqu'à la pointe de *Caran* qui eſt baſſe, & qu'on doit ranger par 6 braſſes fond de vaſe, à une lieue & demie de l'entrée de la riviere, qui doit reſter à l'eſt-quart-nord-eſt: la pointe de *Caran* reſtera au nord-oueſt & deux petits îlots qui ſont ſur le bord du banc du large, au ſud-quart-ſud-eſt, à la diſtance de deux lieues & demie à trois lieues.

Quand on appareille de *Salangor* pour aller à *Malac*, il faut que la route, en partant de la rade, vaille l'oueſt-quart-nord-oueſt, pour doubler le banc du large, d'où l'on gouvernera au ſud-ſud-oueſt juſqu'à la vue des îles d'*Aru*.

Lorſqu'on va à *Malac* directement ſans toucher à *Salangor*, étant à mi-canal entre les *Sambilang* & *Pulo-Jara*, il faut faire valoir la route le ſud-quart-ſud-eſt prenant de l'eſt, pour traverſer aux îles d'*Aru*, qui ſont au ſud-ſud-eſt 3 degrés eſt, diſtance de vingt-quatre lieues de *Pulo-Jara*.

Iſles d'*Aru*. Les îles d'*Aru* ſont ſituées par 3° 52′ de latitude; & quand on y traverſe, il faut prendre garde au tranſport des marées qui pourroient faire approcher le banc qui eſt au nord-eſt de ces îles, ſur lequel il y a pluſieurs dangers. Le fond de vaſe ne fait pas toujours une preuve certaine de l'éloignement de ſon accore, parce qu'il y a même ſur ce banc des fonds d'une eſpece de vaſe claire & verdâtre, qui peuvent tromper quiconque s'y confieroit ; mais en faiſant attention de ne pas aller par moins de 7 braſſes du côté de l'eſt, il n'y a rien à craindre. La pointe du ſud de ce banc borne le côté du nord du canal par où l'on traverſe des îles d'*Aru* au mont *Parcelar* ; c'eſt pour cela que quelques-uns l'appellent le banc du nord. De baſſe mer il y reſte tout au plus neuf pieds d'eau en certains endroits.

En allant de *Pulo-Jara* aux îles d'*Aru* les profondeurs ſont très-inégales, on les trouve alternativement de 35, 40, 48, 42 & quelquefois 50 braſſes; & quand on louvoye aux environs des îles d'*Aru*, ſi en portant la bordée vers l'eſt, on atteignoit les 12 à 14 braſſes qui ſont à l'accore du banc, il faudroit auſſi-tôt revirer.

Les îles d'*Aru* dont je viens de parler, ſont pluſieurs petits îlots & rochers, voiſins les uns des autres, & couverts de grands arbres; ce qui les fait appercevoir de loin : le plus grand de ces îlots, qui paroît plat & long, eſt le plus ſeptentrional. Au nord-eſt & nord-eſt-quart-eſt de celui-ci, environ deux lieues, on voit entr'autres un autre îlot de beaucoup moins d'étendue, & de chaque côté deux touffes d'arbriſſeaux. Cet îlot qu'on appelle *Pulo-Jamar*, eſt celui qui ſert de marque pour traverſer au mont *Parcelar* avec lequel il gît de l'eſt 4 degrés nord, à l'oueſt 4 degrés ſud. *Pulo-Jamar.*

Les marées prennent leur cours en cet endroit du ſud-eſt-quart-eſt pour le flot, au nord-oueſt-quart-oueſt pour le juſan.

On prétend qu'il y a un banc de roche, à fleur d'eau, quatre lieues au nord-oueſt-quart-oueſt de la grande île d'*Aru*, & ce banc eſt marqué ſur quelques Cartes du détroit de *Malac* : d'autres le mettent à dix lieues.

Mont Parcelar. Le mont *Parcelar*, que quelques-uns appellent mal-à-propos, *Pulo-Parcelar*, eſt ſitué par 2° 50′ de latitude; & comme il s'éleve ſeul ſur une baſſe terre couverte de bois, il en paroît plus remarquable; il ſert de marque pour paſſer entre les bancs des îles d'*Aru* à la côte de *Malaye*, & l'on compte quatorze lieues de ces baſſes terres à *Pulo-Jamar.*

Le banc du nord dont j'ai parlé ci-devant qui eſt au nord-eſt des îles d'*Aru*, gît nord-nord-oueſt & ſud-ſud-eſt, & a environ neuf à dix lieues de longueur. Sa partie du ſud qu'on appelle le bout du banc du nord, pour la diſtinguer de celle qui eſt au nord, gît à l'eſt-nord-eſt 3 degrés eſt, environ huit lieues de *Pulo-Jamar*, & à l'oueſt-quart-nord-oueſt ſix à ſept lieues de la baſſe terre qui s'avance à l'oueſt du mont *Parcelar.* De même la partie du nord du banc du ſud reſte à l'eſt 5 degrés ſud, ſept à huit lieues de la même baſſe terre du mont *Parcelar.* L'étendue de ce dernier banc eſt ſud-eſt-quart-eſt & nord-oueſt-quart-oueſt, & on lui donne communément douze lieues de longueur. On compte trois lieues & demie de paſſage entre les deux bancs, & le fond y eſt inégal, de 30 à 8 braſſes.

Dans le milieu du canal, entre le banc du nord & le banc du ſud, il y a un banc de ſable, dur & luiſant, ſur lequel on ne trouve que 2 braſſes $\frac{1}{2}$ à 3 braſſes d'eau, ce qui le rend très-dangereux. Le mont *Parcelar* reſte à l'eſt 3 degrés ſud, & l'on commence à découvrir d'en-bas les arbres qui font fur la baffe terre au pied de ce mont: *Pulo-Jamar* refte alors à l'oueft 9° 30′ nord. Il y a encore deux autre bancs dans le canal dont le fond eft très-dur, & la profondeur y eft de 9 à 8 braffes ; c'eft pourquoi on n'en doit rien craindre. Le plus à l'oueft de ces deux bancs eft entre les bouts des bancs du nord & du fud.

Les marées font très-fortes entre les bancs du nord & du fud. Le flot porte, comme je l'ai déja dit, au fud-eft-quart-eft, & le jufan au nord-oueft-quart-oueft. L'établiffement des marées eft à fept heures & demie les jours de nouvelle & pleine Lune, & la mer marne de huit à neuf pieds.

Quand on traverfe des îles d'*Aru* au mont *Parcelar*, avec des vents contraires, & qu'on eft obligé de louvoyer, tous les marins conviennent qu'on peut relever le mont *Parcelar* de l'eft 9 degrés fud à l'eft 9 degrés nord, entre les extrémités des grands bancs du nord & du fud ; mais fi on eft affez vers l'eft pour perdre de vue, de deffus le gaillard, *Pulo-Jamar* avant qu'on puiffe voir les baffes terres des environs du mont *Parcelar*, alors il ne faut pas aller dans la partie du nord au-delà de l'endroit où l'on a le mont *Parcelar* à l'eft; car fi le mont *Parcelar* reftoit à l'eft 3 degrés fud, on feroit fur le banc de 2 braffes ½ à 3 braffes dont on a parlé ci-deffus. On peut cependant, fans danger, paffer plus du côté du fud, en faifant refter le mont *Parcelar* à l'eft 5 degrés ½ nord, ou bien à l'eft-quart-nord-eft quand on eft à la vue des baffes terres. Aux environs de ce mont, ou même plus nord, il eft bon, & même on ne peut guere fe difpenfer de faire fonder devant par un bateau, comme on le fait ordinairement dans le canal.

Lorfqu'on a un vent favorable pour traverfer des îles

d'*Aru*, il faut prendre garde au tranſport des marées, & gouverner de façon à tenir, *Pulo-Jamar* à l'oueſt 5 degrés $\frac{1}{2}$ ſud; c'eſt le meilleur relevement juſqu'à la vue des baſſes terres qui environnent le mont *Parcelar*; alors on peut le relever à l'eſt-quart-nord-eſt, ou plus nord.

Après avoir doublé les bancs, il faut continuer de courir à l'eſt 5 degrés ſud, juſqu'à une lieue & demie de diſtance de la baſſe terre, enſuite on pourra cingler en prolongeant la côte juſqu'au cap *Rachade*.

Cap-*Rachade*. Il y a treize lieues au ſud-eſt 3 degrés eſt depuis la pointe baſſe qui s'avance à l'oueſt du mont *Parcelar*, juſqu'au cap *Rachade*. La côte entre les deux, baſſe & boiſée, forme un enfoncement dans lequel j'avertis de ne pas entrer. Le cap *Rachade* eſt une groſſe montagne eſcarpée, coupée à pic vers la mer, & qui ſemble iſolée, quand on commence à l'appercevoir en venant du nord-oueſt, à cauſe de ſa ſituation ſur une terre baſſe qu'on ne peut encore découvrir. Devant cette côte, à quatre lieues au large, on rencontre l'accore du banc cité ci-deſſus, qui gît ſud-eſt & nord-oueſt, & borne le canal de ce côté-là. La profondeur y eſt fort inégale dans toute ſon étendue; la plus ordinaire ſe trouve de 18 à 25 braſſes, le long de la côte, & de 30 à 35, du côté du banc que l'on regarde comme très-dangereux à cauſe de la rapidité du bord. Les marées dans ce parage ont leur cours ſud-eſt & nord-oueſt: elles vont avec une grande rapidité, ſur-tout dans les nouvelles & pleines Lunes.

Quatre lieues au nord-oueſt du cap *Rachade* & au ſud-eſt 5 degrés ſud du mont *Parcelar*, à une lieue de la côte, il y a un banc ſur lequel un vaiſſeau hollandois s'eſt perdu en 1701: par ſon travers on voit une île qui jette pluſieurs briſans

ſans vers l'eſt-ſud-eſt. Plus près du cap *Rachade* on découvre encore une chaîne de rochers qui y joignent, & s'avancent trois quarts de lieue en deçà, c'eſt-à-dire, vers le nord-oueſt. Si l'on va de la pointe de *Parcelar* à ce cap, on doit ranger la côte à une lieue & demie de diſtance, & même, pour plus de sûreté, s'en écarter davantage aux environs du banc dont je viens de parler ; & après l'avoir doublé, on gouverne pour ranger ce même cap à trois quarts de lieue, où la profondeur eſt inégale de 15 à 30 braſſes.

Si les vents contraires obligeoient de louvoyer pour profiter des marées, qu'on ait attention, en courant les bordées, à ce que je viens d'enſeigner, tant pour la côte, que pour le banc du large.

Environ deux lieues à l'eſt-quart-ſud-eſt du cap *Rachade*, eſt l'entrée de la riviere *Lingui*, où l'on traite beaucoup de calin. Si-tôt qu'on eſt par le travers du cap *Rachade*, on apperçoit au ſud-ſud-oueſt la côte de *Sumatra* : elle ſemble baſſe & couverte de bois.

Riviere de *Lingui*.

Malac eſt éloigné de huit à neuf lieues à l'eſt-ſud-eſt du cap *Rachade*. Le rivage entre l'un & l'autre forme pluſieurs anſes, & on y voit pluſieurs embouchures de rivieres. Il ne faut pas en approcher de trop près, à cauſe des rochers qui bordent cette côte. Quand on a doublé le cap *Rachade*, on cingle au ſud-eſt-quart-eſt, & on découvre bientôt la tour de *Malac*. En deçà on apperçoit un petit îlot couvert d'arbres, nommé l'île aux *Pêcheurs*. On le rangera à deux tiers de lieue, pour aller mouiller en rade de *Malac*, à telle profondeur qu'on le ſouhaitera, l'Egliſe ou le mont au nord-eſt-quart-eſt. On eſt par 7 braſſes à une lieue de la ville. l'Etabliſſement des marées eſt en cette rade de dix heures &

Iſles aux *Pêcheurs*.

demie. Le flot court à l'eſt-ſud-eſt, & le juſan à l'oueſt-nord-oueſt avec beaucoup de vîteſſe, ſur-tout dans les pleines & dans les nouvelles Lunes.

Environ trois ou quatre lieues au ſud-eſt du cap *Rachade*, à une lieue & demie de terre, on rencontre un banc dur ſur lequel il y a 13 braſſes; mais en dedans & en dehors on trouve de 20 à 24 braſſes, également à moitié chemin du cap *Rachade*. A la rade de *Malac* on voit une roche ſur l'eau, éloignée de terre d'environ un tiers de lieue: cette roche n'eſt point dangereuſe puiſqu'on la voit & qu'on ne range pas la terre de ſi près.

Malac. Avant d'arriver à *Malac*, on voit au large pluſieurs petites îles, appellées les *îles à l'Eau*; la plus ſud eſt éloignée de quatre lieues au ſud-ſud-eſt de la rade.

Cette Ville eſt ſituée par 2°. 12'. de latitude ſeptentrionale, & 99°. 45'. à l'Orient de l'obſervatoire Royal de Paris. Elle étoit célebre dès le tems de la découverte des Indes. Les Portugais en firent la conquête en 1511, & la conſerverent juſqu'en 1641 que les Hollandois la leur enleverent après ſix mois de ſiege. Ils la poſſedent encore aujourd'hui, & ils en ont fait la Capitale de leur établiſſement ſur la preſqu'île de *Malaye*. *Malac* donne ſon nom au détroit renfermé entre la côte de *Malaye* & la partie du nord-eſt de l'île *Sumatra*; c'eſt par ce détroit qu'on traverſe de la mer des Indes au Golfe de *Siam*, à la *Chine*, aux *Philippines*, & aux îles *Moluques*. La ſituation de cette Ville au milieu de ce détroit, la rend une des plus commerçantes des Indes.

Avant de continuer cette inſtruction pour ce qui concerne le reſte du détroit, je parlerai des voyages qui ſe font à *Malac* pendant la mouſſon de l'eſt; ils demandent une direction de route différente de celle que j'ai enſeignée dans cet article.

VOYAGES DE MALAC *pendant la mousson de l'Est.*

LA traversée de la côte de *Coromandel* à *Malac*, pendant cette saison, est sujette à des difficultés qu'il n'est pas toujours possible de surmonter, sur-tout lorsqu'on fait voile de *Madras*, de *Pondicheri*, ou de quelqu'autre endroit plus méridional. La nature des vents qui regnent alors dans toute l'étendue du golfe de *Bengale*, du nord-nord-est à l'est-nord-est, & les courans qui portent vers le sud, ne donnent pas l'espérance d'un succès favorable. Il n'en est pas de même pour les vaisseaux qui appareillent de *Masulipatan*, de quelqu'autre endroit plus septentrional & de *Bengale*. C'est pour ces derniers que cette instruction est particuliérement faite.

Quand on va de *Bengale* à *Malac* pendant la mousson de l'est, la route, au sortir des bancs du *Gange*, est d'aller prendre connoissance de la côte de l'ouest de la grande île de *Negraille*; & s'il arrivoit qu'une erreur imprévue dans l'estime fît atterrer plus vers le nord, on éviteroit la petite île appellée le *Buffle*, située au large de la côte d'*Ava* par 17° 6'. J'en ai parlé ci-devant, *pag.* 333.

Lorsqu'on sera à la vue de l'île *Negraille*, il conviendra de côtoyer sa partie de l'ouest, de ranger sa pointe du sud, & de cingler ensuite pour passer une lieue & demie au sud de l'île du *Diamant*. Cette route est nécessaire pour éviter la *Negade* ou l'île *Noyée*, & le rocher qu'on rencontre entre deux, même pour plus grande sûreté, il feroit bon de relever l'île du *Diamant* au nord-ouest-quart-ouest quatre ou cinq lieues, avant de prendre plus du sud.

Pour s'élever au vent, & éviter les erreurs le plus souvent causées par les courans qui portent à l'ouest, il faut tâcher, en quittant l'île du *Diamant*, d'aller atterrer aux îles *Cabosse* ou *Tenasserim*, ou à celles de *Tores* qui sont les plus occidentales de l'archipel de *Mergui*. Ces îles sont fort élevées, & se découvrent de fort loin en mer; de plus le fond qu'on trouve aux environs en fait facilement connoître l'éloignement ou la proximité.

De la vue de ces îles, faites route au sud-quart-sud-est, & passez au large de celles qui bordent toute cette partie du sud de la côte de *Tenasserim*; elles sont saines & sans aucun danger, du moins qui ne soit visible.

Les Cartes anciennes manuscrites & imprimées, marquent deux îles par 9° 45. à 50'. de latitude, éloignées d'environ trente lieues à l'ouest de celle de *Saint-Matthieu*; quoique les différens Journaux & Mémoires que j'ai examinés n'en fassent aucune mention, je n'ai pas jugé à propos de les supprimer sur ces nouvelles Cartes. L'incertitude de leur véritable situation mérite l'attention de ceux qui naviguent dans ce parage.

Isles *Seyer*. Par 8°, 30'. de latitude nord, & treize ou quatorze lieues à l'occident de l'île *Junk-Seilon*, gissent les îles *Seyer* qui s'apperçoivent de six ou sept lieues. On les laisse à babord, & de cette position on gouverne au sud-est pour prendre connoissance de *Pulo-Buton*, éloignée de vingt-sept à vingt-huit lieues au sud-sud-est de la pointe du sud de *Junk-Seilon*, & par la latitude de 6°. 35'. *Pulo-Buton* n'est pas la seule île qu'on apperçoive; toute la côte de *Queda* est cernée de plusieurs autres de différente grandeur, & fort élevées. Celle de *Ladda* fait la plus considérable; elle a à l'est le port de

Pulo-Buton.

Queda très-fréquenté par les Malais & autres nations des Indes que le commerce y attire.

De *Pulo-Buton* à *Pulo-Pera*, la route tire au sud-quart-sud-ouest quatorze lieues. Cette derniere est un petit îlot rond, escarpé & aride; comme j'en ai déjà parlé dans l'instruction pour aller à *Malac*, ainsi que de la route qu'il faut tenir, j'y renvoie le Lecteur pour s'y conformer. *Pulo-Pera.*

RETOUR DE MALAC *à la Côte de* Coromandel, Bengale *& autres lieux vers l'occident, en différentes saisons de l'année.*

APRÈS avoir traité des voyages qu'on peut faire à *Malac* pendant les moussons de l'est & de l'ouest, en partant de différens endroits situés vers l'occident, je donnerai dans le même ordre la route que doivent tenir les vaisseaux qui font voile de *Malac* pour se rendre dans ces mêmes endroits.

Les mauvais tems qui regnent à la côte de *Coromandel* & de *Golconde*, pendant les mois de Novembre & de Décembre, ne permettent pas alors aux vaisseaux d'y aborder, & ils sont obligés de séjourner à *Malac* jusqu'au 10 Décembre, qui est la saison convenable pour entreprendre ce voyage en toute sûreté.

Après avoir doublé l'île aux *Pêcheurs*, qui forme la rade du côté de l'ouest, on fera route vers le cap *Rachade*, & delà à la pointe basse du mont *Parcelar*, à la faveur des vents qui soufflent alors de l'est-nord-est au nord-nord-est & des marées, lorsqu'elles seront avantageuses. Je ne répéterai point ici la description de cette côte & des dangers qui l'environnent ; ce que j'en ai dit dans les articles précédens, suffit pour instruire le Pilote de ce qu'il doit observer pour réussir dans ce trajet.

Lorsqu'on aura passé la pointe de *Parcelar*, on aura soin de cingler à l'ouest-nord-ouest jusqu'à ce que la montagne du même nom reste à l'est 4 degrés nord. On la conservera dans cette direction, pour passer entre le banc du nord & celui du sud. Cette route fait découvrir bientôt la plus orientale des îles d'*Aru*. C'est un petit îlot ou gros rocher de figure ronde, que l'élévation fait facilement appercevoir de six à sept lieues ; & d'un tems clair on voit encore le mont *Parcelar*.

Si-tôt qu'on est à deux ou trois lieues des îles d'*Aru*, on peut porter au nord-ouest, même au nord-ouest-quart-nord ; car à la vue des petits rochers qui environnent les îles, on se trouve à l'ouest de tous les bancs qui sont par conséquent doublés. On sera à mi-chenal entre les bancs & les îles, lorsque ces dernieres resteront au sud-ouest, trois lieues. Dans ce parage la sonde se trouve de 30 à 50 brasses à l'approche des îles ; mais la profondeur diminue jusqu'à 16 & 17 brasses, en allant vers l'accore du banc du nord.

En cinglant toujours au nord-ouest-quart-nord, on reconnoît *Pulo-Jara*, pour passer entr'elle & *Pulo-Sambilang*. Les courans portent ordinairement au nord-ouest, & donnent un avantage qu'on ne trouve pas en rangeant *Sumatra*.

De *Pulo-Jara*, si l'on prend son cours au nord-nord-ouest & nord-ouest-quart-nord, on découvre *Pulo-Pinang*, ensuite *Pulo-Pera*, que l'on range à telle distance que l'on souhaite.

De *Pulo-Pera*, si la destination est pour *Pondicheri* ou pour *Madras*, il faudra cingler vers les îles *Nicobar*, ensuite passer entr'elles, ou les doubler au sud, comme on le voudra. On compte quatre-vingt quinze lieues à l'ouest-quart-nord-ouest, 5 degrés nord, de *Pulo-Pera* à ces îles. Plusieurs vaisseaux passent par le canal *Sombrere* qui est plus nord; d'autres qui vont à *Paliacatte* ou à *Madras*, préferent dans cette saison le canal de 10 degrés. On choisira des deux, suivant les endroits pour lesquels on sera destiné.

Quand on a dessein d'aller à *Masulipatan*, ou aux autres endroits plus septentrionaux, il convient mieux en partant de *Pulo-Pera*, de diriger la route pour passer entre les îles situées au nord des *Andaman*; cette manœuvre est plus sûre, à cause des vents de la partie du nord, & des courans qui portent au sud.

On fera encore attention, sur-tout en Janvier, d'atterrer toujours au nord des lieux où l'on va, & on veillera aux approches de la côte, afin de n'être pas trompé par les courans qui causent quelquefois des différences dans l'estime de la distance.

Les vaisseaux qui en revenant du golfe de *Siam*, de la *Chine*, ou des *Philippines*, passeront en Février & en Mars par le détroit de *Malac*, pour aller à la côte de *Coromandel*, suivront l'instruction précédente, & feront route pour débouquer par les îles *Nicobar* ou par le canal *Sombrere.* A l'égard de ceux qui vont de *Malac* à *Bengale* pendant la mousson du nord-est, je ne leur répéterai point ici la route; je l'ai indiquée, *page* 334, de ce Routier, telle qu'ils peuvent la faire dans cette saison.

Si, en partant de *Malac*, on entreprenoit ce voyage dans les mois d'Avril, de Mai ou de Juin, pendant lesquels la mousson de l'ouest regne dans ces mers, il faudroit des îles d'*Aru* cingler vers les deux *Freres*, ranger la côte de *Sumatra* & les îles qui sont au nord d'*Achem*, & de-là tâcher d'atterrer à la côte d'*Orixa* par 18°. 30'. comme je l'ai expliqué *page 328.* & suivantes, dans l'Instruction qui concerne les voyages de *Bengale*, à laquelle j'avertis de se conformer pour le reste.

Les vaisseaux qui feront voile de *Malac* à la fin d'Octobre ou en Novembre, pour la côte de *Malabar*, gouverneront de la vue de *Pulo-Pera* pour passer au sud des îles *Nicobar*, & feront route, afin de reconnoître l'île de *Ceylan*, au nord des *Basses*, & de ranger la partie du sud de cette île, comme je l'ai dit dans l'instruction des voyages de la côte de *Coromandel* à celle de *Malabar*, *page 368.*

INSTRUCTION pour aller de Malac *à* Pulo-Timon, *en passant par le détroit du* Gouverneur.

QUAND on appareille de la rade de *Malac*, il faut gouverner pour passer au dehors des îles *à l'Eau*, dont la plus sud, éloignée du mouillage de trois lieues au sud-est-quart-sud, peut se ranger à une demi-lieue. Après l'avoir doublée à cette distance, on gouvernera au sud-est pour passer au large de la riviere *Formose*, devant laquelle il y a un banc dont l'accore s'écarte d'une lieue & demie de la côte. En faisant cette route, la profondeur est de 18 à 22 brasses, fond mêlé de sable en certains endroits.

Mont *Moor.* Huit lieues & demie à l'est-quart-sud-est de la plus sud des *îles à l'Eau*, s'éleve le mont *Moor*, remarquable en ce que le le terrein des environs du rivage eſt bas & couvert de bois. Delà au mont *Formoſe* la côte court au ſud-eſt & ſud-eſt-quart-eſt. Ce dernier ſe diſtingue encore plus que le mont *Moor*. Le banc que je viens de citer, devant la riviere *Formoſe*, ne permet d'approcher de la côte qu'à une lieue deux tiers ou deux lieues. Si on louvoie, on veillera à ſon accore en ſondant de tems à autre.

Du mont *Formoſe* à *Pulo-Piſſang*, le giſſement direct eſt au ſud-eſt 5 degrés ſud, & la diſtance de neuf lieues. Le banc de la riviere *Formoſe* étant doublé, on gouvernera toujours au ſud-eſt-quart-eſt, & bientôt on découvrira cette île diſtante de la terre ferme d'environ deux lieues. Elle forme un canal qui n'a pas moins de 4 braſſes de profondeur. Du côté de l'oueſt de *Pulo-Piſſang*, ſont trois autres petites îles; la principale fournit de l'eau, & les chaloupes y abordent facilement de pleine mer dans une anſe ſituée au côté du ſud-ſud-eſt. Les vaiſſeaux paſſent ordinairement au dehors de ces îles. *Pulo-Piſſang.*

A une lieue au large de *Pulo-Piſſang*, on trouve 18, 20, 24 braſſes fond de vaſe; c'eſt la ſonde du chenal qui, depuis le mont *Formoſe*, eſt à peu près la même.

En traverſant du mont *Formoſe* à *Pulo-Piſſang*, & à cinq lieues au nord-oueſt 5 degrés $\frac{1}{2}$ oueſt de cette île, on rencontre un haut fond, ſur lequel on trouve 7 braſſes de profondeur.

A l'oueſt-ſud-oueſt de *Pulo-Piſſang*, deux lieues au large, on rencontre un banc fort dangereux par ſa profondeur inégale, qui du côté du nord-oueſt change ſubitement de 25 à 4 braſſes. On doit préſumer le même danger dans toute ſon étendue (*). Ce banc s'étend plus au nord que ne le marque la plupart des cartes de ce détroit ; ſon paſſage eſt très-dangereux entre la côte de *Sumatra*, qui ſe découvre au ſud-oueſt ; je ne conſeille point de le tenter. Si, en allant de *Malac* à *Pulo-Piſſang*, on tomboit pendant la nuit, par quelque tranſport de marée, à l'oueſt de ce banc, il faudroit porter au ſud-eſt & ranger ſon accore de ce côté-là, ſans approcher la côte de *Sumatra*, enſuite continuer de même juſqu'à relever *Pulo-Piſſang* au nord-eſt ; alors on pourroit prendre de l'eſt, cingler vers la côte de *Malaye*, & rejoindre le bon canal.

L'établiſſement des marées entre *Malac* & *Pulo-Piſſang*, eſt nord & ſud, ou de douze heures aux pleins & aux renouveaux de Lune ; le flot prend ſon cours au ſud-eſt, & le juſan qui eſt beaucoup plus vif, au nord-oueſt. Quoique cette regle ſoit générale, on y remarque cependant de fréquentes variétés ; car en allant vers l'eſt, au-delà de *Pulo-Piſſang*, ces marées ſont très-irrégulieres ; elles courent quelquefois pendant vingt heures d'un côté, & dix-huit de l'autre, ſur-tout dans les détroits de *Sincapour* & du *Gouverneur*, & à l'embouchure de l'eſt de celui de *Malac* : ainſi on ne peut rien compter de certain ſur leur direction & ſur leur établiſſement. Les Navigateurs s'attacheront à en profiter, lorſqu'elles ſeront favorables à leur route, & ils mouille-

(*) Cette remarque eſt tirée du Journal du ſieur Bern, qui en 1724 fut obligé de mouiller par 4 braſſes, & courut riſque de ſe perdre. De 25 braſſes de profondeur, il tomba tout-à-coup à 4, après avoir ſeulement fait un tiers de lieue au ſud-eſt. Ce Navigateur croit que ce banc n'eſt formé que de pluſieurs hauts fonds ſéparés les uns des autres, & qu'on y peut paſſer. D'autres qui n'ont pas éprouvé le même danger, ont cru qu'il n'exiſte pas. L'accident arrivé au ſieur Bern détruit cette opinion.

ront quand elles leur feront contraires, à moins qu'ils n'en puiffent vaincre l'oppofition par un vent affez fort.

En doublant *Pulo-Piffang*, l'île *Carimon* paroît au fud-eft à fept lieues d'éloignement. La route fera alors de gouverner au fud-eft-quart-eft pour ranger *Pulo-Cacob*, petite île rafe, couverte de bois, & peu écartée de la côte de *Malaye*. La pointe de la terre-ferme voifine fe nomme *Tanjong-Bouro*. Le petit *Carimon* & cette pointe giffent nord-eft & fud-oueft, à la diftance de quatre lieues & demie à cinq lieues l'un de l'autre. L'Isle *Carimon*.

Il y a environ quatre lieues de *Pulo-Piffang* à l'île *Cacob*. Entre ces deux on rencontre un petit banc, qu'on évitera en s'éloignant un peu de la côte de *Malaye*. La fonde dans le canal eft de 20 à 18 braffes fond de vafe; & quand on range cette derniere à une lieue d'éloignement, on en a 16. Au delà de la pointe de *Tanjong-Bouro*, la côte de *Malaye* forme un enfoncement où fe débouchent quelques petites rivieres, que borne du côté de l'eft une petite île appellée *île des Couleuvres*, entre laquelle & la pointe de l'oueft de l'île *Panjang*, on trouve l'entrée de l'ancien détroit de *Sincapour*; & au fud de cette même pointe, on voit auffi l'entrée du nouveau détroit de ce nom. La plupart des vaiffeaux préferent aujourd'hui à ces deux derniers le détroit du *Gouverneur*, qui eft plus court & moins dangereux. *Pulo-Cacob*. Isle des *Couleuvres*.

L'île *Cacob* étant doublée, fi l'on gouverne toujours au fud-eft-quart-eft, on ne tardera pas à découvrir deux petits îlots féparés, de grandeur & d'élevation à peu près égales. Ils s'appellent les *deux Freres*, & giffent du côté de l'eft du détroit de *Durion*. En les confervant au fud-eft, on ira prendre connoiffance de l'île *aux Arbres*. C'eft un banc de fable Les *deux Freres*. Isle *aux Arbres*.

à l'uni de l'eau, ſur lequel il y a cinq bouquets d'arbriſſeaux; de pleine mer il couvre preſqu'entiérement, on n'en diſtingue que les buiſſons; ſon bord eſt fort rapide, & il eſt dangereux d'en approcher la nuit, parce que la ſonde n'en manifeſte pas toujours la proximité. Si, à cauſe de l'obſcurité, on ne pouvoit l'appercevoir, on n'y cingleroit point par moins de 15 à 16 braſſes. Quoiqu'entre *Pulo-Piſſang* & le détroit du *Gouverneur*, les marées ſoient fort irrégulieres, on remarque cependant que de cette île à celle de *Carimon*, le flot jette ordinairement du ſud-eſt-quart-eſt à l'eſt-quart-ſud-eſt, & porte enſuite à l'eſt-nord-eſt lorſque *Carimon* reſte au ſud-eſt.

Iſle *Quarrée*, ou du *Paſſage*. Une lieue deux tiers à l'eſt-quart-nord-eſt de l'île *aux Arbres*, eſt ſituée l'île *Quarrée*, autrement appellée l'île *du Paſſage*; & à ſon nord, paroiſſent deux autres qui giſſent réciproquement ſud-quart-ſud-eſt & nordquart-nord-oueſt. A la pointe du ſud, & preſque joignant l'île *du Paſſage*, deux gros rochers forment le côté du nord de l'entrée du détroit du *Gouverneur*. Le plus ſud ſe nomme la *Viole*, à cauſe de ſa reſſemblance avec cet inſtrument, en le conſidérant d'un certain point de vue.

Iſle *Rouge*. La petite île *Rouge*, diſtante d'une lieue au ſud-oueſt-quart-ſud de cette derniere, gît de l'autre côté de l'entrée de ce détroit; elle eſt ainſi nommée à cauſe de la couleur du ſable & du terrein. Sur ſon ſommet s'élevent pluſieurs arbres verds, & elle ſert de remarque certaine pour reconnoître ce paſſage. L'île *aux Arbres* dont j'ai parlé ci-deſſus, en eſt éloignée d'une lieue & demie au nord-oueſt. Dans une néceſſité on peut mouiller près de l'île *Rouge* où on trouve 18 braſſes de profondeur, mais il faut prendre garde de ne pas trop l'approcher, à cauſe de pluſieurs rochers qui l'environnent.

Giſſemens reſpectifs des îles & des îlots de ce détroit.

Le plus nord des *deux Freres* par l'île *Rouge*, au ſud-oueſt 5 degrés oueſt, à une lieue de diſtance.

Le plus ſud des *deux Freres* par l'île *Rouge*, au ſud-oueſt-quart-ſud.

La pointe du ſud de l'île *Saint-Jean*, par la pointe du nord de l'île du *Paſſage*, à l'eſt-nord-eſt 5 degrés eſt.

La pointe du nord de l'île *Saint-Jean*, par la pointe du nord de l'île du *Paſſage*, à l'eſt-nord-eſt 1 degré eſt.

La *Viole* & le banc *aux Arbres* eſt-quart-nord-eſt 2 degrés eſt, & oueſt-quart-ſud-oueſt 2 degrés oueſt, diſtance eſtimée, une lieue trois quarts.

Les *deux Freres*, l'un par l'autre, au ſud-ſud-eſt 2 degrés ſud.

La pointe du ſud de l'île *Saint-Jean*, par la pointe du ſud de l'île du *Paſſage*, à l'eſt-nord-eſt 30 minutes eſt.

La pointe du nord du *petit Carimon*, par la plus nord des roches du banc *aux Arbres*, à l'oueſt 3 degrés & demi nord.

Le milieu de la *Viole*, par la pointe du ſud de l'île *Saint-Jean*, à l'eſt-nord-eſt, 1 degré nord.

La pointe du nord de l'île *Saint-Jean*, par la pointe du ſud de l'île *du Paſſage*, à l'eſt-nord-eſt 3 degrés nord.

La *Viole*, par la pointe du nord de l'île *Saint-Jean*, à l'eſt-nord-eſt 5 degrés nord, *l'îlot* au ſud de *la Viole* reſte au même relevement par le milieu de l'île *Saint-Jean*.

L'île du *Paſſage*, & le plus nord des *deux Freres*, nord-nord-eſt & ſud-ſud-oueſt, diſtante d'une lieue un quart.

La *Viole* & le plus nord des *deux Freres*, nord-eſt-quart-nord 3 degrés nord, & ſud-oueſt-quart-ſud 3 degrés ſud, diſtante d'une forte lieue.

La pointe du ſud de l'île *Saint-Jean* & *l'île Rouge*, nord-eſt-quart-eſt 3 degrés eſt, & ſud-oueſt-quart-oueſt 3 degrés oueſt.

La *Viole* par ſon îlot, au nord-nord-eſt 3 degrés nord.

Le mont *Joor* par la pointe du ſud de l'île *Saint-Jean*, au nord-eſt-quart-eſt 2 degrés eſt.

L'îlot de la *Viole* par l'île du *Paſſage*, au nord-nord-oueſt.

L'île du *Paſſage* par la *Viole*, au nord-oueſt-quart-nord.

La pointe du ſud-oueſt de la premiere île au nord de celle du *Paſſage*, par la pointe du ſud-oueſt de celle du *Paſſage*, & l'îlot de la *Viole* par ces deux pointes au nord-oueſt 2 degrés oueſt.

Le plus nord des *deux Freres* & le mont *Joor*, nord-eſt-quart-eſt 1 degré eſt, & ſud-oueſt-quart-oueſt 1 degré oueſt.

La *Viole* par la pointe du ſud de l'île du *Paſſage*, à l'oueſt-quart-nord-oueſt 5 degrés nord.

La *Viole* par le petit *Carimon*, à l'oueſt 2 degrés nord.

La pointe du ſud de l'île *Saint-Jean*, par la pointe de l'eſt de l'île *Jatana*, au nord-eſt.

La roche *le Bufle*, la pointe du nord de la plus oueſt des îles de la partie du ſud de ce détroit, & la pointe du ſud de l'île *Saint-Jean*, ſont dans le même giſſement au nord-eſt-quart-nord 2 degrés nord, & ſud-oueſt-quart-ſud 2 degrés ſud.

La roche *le Bufle*, par la pointe du nord de la plus eſt des îles de la partie du ſud de ce détroit, à l'eſt-quart-nord-eſt 2 degrés eſt.

La roche la plus au large de celles qui reſtent au ſud en ſortant de ce détroit, par une fauſſe pointe ſur l'île *Batang*, entre celle de l'eſt & celle de l'oueſt, à l'eſt 4 degrés nord.

Cette même roche la plus au large gît avec la jonction des îles *Saint-Jean* ſud-eſt 3 degrés ſud, & nord-oueſt 3 degrés nord, diſtante de trois quarts de lieue.

La ſéparation des îles *Saint-Jean* ſe fait voir lorſqu'elles reſtent au nord-quart-nord-eſt 4 degrés nord. Dans le ſud-ſud-oueſt de cette ſéparation, à environ quatre cent toiſes, eſt un petit îlot.

Les deux îles *Saint-Jean* ſe rejoignent, lorſqu'elles reſtent à l'oueſt-nord-oueſt.

Pour entrer dans ce détroit, lorſqu'on aura connoiſſance de l'île *aux Arbres*, on gouvernera ſur la pointe du ſud du *Paſſage*; & en étant tout proche, on fera route pour doubler le petit îlot nommé la *Viole*, à telle diſtance qu'on le ſouhaitera; enſuite il faudra gouverner à l'eſt-quart-nord-eſt vers la pointe du ſud de l'île *Saint-Jean*, qui s'apperçoit à ce rumb de vent, à la diſtance de quatre lieues & demie de l'île du *Paſſage*. Qu'on ne fréquente point dans ce trajet le côté du ſud; pluſieurs écueils, qui pour la plupart couvrent de haute mer, le rendent fort dangereux. La même raiſon empêchera d'entrer dans l'enfoncement placé du côté du nord, où ſe trouvent pluſieurs petits îlots, mais on gardera un juſte milieu pour éviter les uns & les autres. Ce chemin ſe fait en très-peu de tems avec la marée qui eſt d'une grande rapidité. A l'égard des profondeurs, elles ſont très-inégales, comme de 20, 30, 35 & 40 braſſes entre l'île *Rouge* & la *Viole*; au delà on trouve pluſieurs fonds différens, de 30, 50 80 & 25 braſſes près de l'île *Saint-Jean*.

Iſle *S. Jean*.

Dangers les plus connus du côté du ſud de ce canal.

Au ſud-eſt-quart-ſud de l'île du *Paſſage*, à une lieue &

demie, il y a une chaîne de rochers qui ne découvrent que de basse mer. Ils sont à un quart du chenal du côté du sud.

Deux lieues & demie à l'est-quart-sud-est de la même île, on rencontre une roche noire, seule sur l'eau, de la grandeur à peu près d'une chaloupe. Elle se trouve environ au tiers du chenal du côté du sud, & au deux tiers de celui du nord, elle est fort accore; tout proche on a 17 brasses, & 30 un peu plus ouest.

Au sud-est 5 degrés sud de l'île *S. Jean*, regne une chaîne de rochers à fleur d'eau; deux lieues plus loin dans l'ouest-quart-sud-ouest de ceux-ci, on en voit d'autres au sud-ouest, 5 degrés sud de la même île.

A l'ouest de l'île *S. Jean* se découvre une autre île, qui n'en étant séparée que par un petit canal, paroît confondue avec elle. On peut ranger l'île *S. Jean* à une demi-lieue ou trois quarts de lieue, & delà prendre son cours à l'est-quart-nord-est. Cette route conduira à mi-canal de la *Pierre Blanche* à la pointe *Romanie*, qui toutes les deux forment l'entrée ou la sortie du détroit de *Malac*, du côte de l'est.

A la partie de l'est de la longue île *Panjang* ou *Satana*, un banc de sable fort accore s'avance jusques devant l'embouchure de la riviere de *Joor*. Son extrêmité la plus au dehors y répond directement, lorsque la pointe *Romanie* reste à l'est, 5 degrés nord six lieues; l'île *S. Jean* est alors à la même distance dans l'ouest-sud-ouest; & la pointe la plus est de l'île *Panjang* au nord-ouest-quart-nord deux lieues & demie. Si l'on conserve le fond de 20 brasses au plus, la pointe *Romanie* à l'est-quart-nord-est, ou un peu plus nord, & l'île *S. Jean* à l'ouest-quart-sud-ouest, ou un peu plus ouest, on en passera assez au large pour n'avoir rien à craindre.

l'extrêmité

L'extrêmité de la pointe *Romanie* eſt baſſe, mais en de-çà s'éleve une petite montagne appellée le mont *Barbucet*, qui en venant du nord, ſert de marque pour entrer dans le détroit. A l'eſt de la pointe *Romanie*, pluſieurs îlots & rochers paroiſſent ſur l'eau, environnés de beaucoup d'autres au-deſſous, qui par cet aſſemblage forment un banc dangereux, juſqu'à trois lieues & demie ou quatre lieues au large. On trouve un paſſage entre la terre-ferme & ce banc; mais, ſelon moi, il ne le faut pas tenter, même dans un petit vaiſſeau, quoique ceux qui y ont paſſé, diſent qu'il n'y a pas moins de 13 braſſes & demie de profondeur. Le plus sûr ſera donc de paſſer au ſud entre ce banc & la *Pierre blanche*, ſituée au ſud-ſud-eſt de la pointe *Romanie*, à la diſtance de trois lieues & demie. Cette pierre eſt un gros rocher eſcarpé, couvert de fiente d'oiſeau qui le fait paroître blanc, & que l'on peut ranger, ſans aucun riſque, du côté du nord à un tiers de lieue ou à une demi-lieue de diſtance. La profondeur augmente dans ce canal depuis 28, 30, juſqu'à 35 braſſes.

Mont *Barbucet*.

Pierre-blanche.

Le paſſage qu'on trouve au ſud entre la *Pierre blanche* & l'île *Bintam*, eſt rempli d'écueils; il faut choiſir celui du nord qui n'en renferme aucun.

En venant de l'île *S. Jean* à la *Pierre blanche*, on évitera auſſi de fréquenter le côté du ſud, dont le fond eſt également dangereux. Après avoir doublé la *Pierre blanche*, ſi elle reſte au ſud-oueſt, on peut gouverner au nord-nord-eſt, pour arrondir & paſſer à une diſtance convenable du banc de la pointe *Romanie*, en prenant ſoin d'entretenir 16 à 17 braſſes par ſon travers. Il n'y a rien à craindre ni de nuit ni de jour.

Ce banc doublé, il faut gouverner au nord-quart-nord-eſt

vers *Pulo-Aor*, éloignée de 24 lieues au nord-nord-eſt, 3 degrés nord de la pointe *Romanie*. On paſſe au ſud-eſt de *Pulo-Tingi*; c'eſt une terre haute qui paroît à ce rumb de vent, en forme de pic incliné du côté de l'eſt. Au ſud de cette île on découvre quelques petits îlots, à trois lieues, deſquels au ſud-eſt-quart-ſud il y a une roche à fleur d'eau, dont on ſe méfiera en cinglant vers *Pulo-Aor*.

Cette derniere eſt ſituée ſix lieues & demie à l'eſt-nord-eſt de *Pulo-Tingi*. Son terrein fort élevé ſemble former une ſelle quand on la releve au nord-eſt, & ſes deux extrêmités paroiſſent alors plus élevées que le milieu; mais lorſqu'elle reſte au nord-oueſt, ſon apparence n'eſt plus la même. Tout auprès de la pointe du ſud-eſt il y a un petit îlot couvert de cocotiers, & trois ou quatre du côté du nord. Cette île donne de l'eau & quelques rafraîchiſſemens. On y mouille par le travers d'une anſe de ſable du côté de l'eſt, ou dans une autre de celui de l'oueſt. On peut choiſir entre les deux; c'eſt-à-dire, la premiere pendant la mouſſon de l'oueſt, & la ſeconde dans la ſaiſon contraire.

Pluſieurs vaiſſeaux qui vont au golfe de *Siam*, après avoir doublé le banc de la pointe *Romanie*, prolongent la côte de *Malaye* par 14 & 15 braſſes; ils paſſent à l'oueſt de *Pulo-Tingi* & des îles ſituées au nord, par un canal qui ne porte pas moins de 8 à 9 braſſes. Un Navigateur fort exact, ſelon moi, dans ſes remarques, ayant rangé la partie de l'eſt de de *Pulo-Tingi*, paſſa au nord entre celle-ci & l'île qui eſt au nord-oueſt. Ce que j'ai extrait de ſon journal, donnera une connoiſſance ſuffiſante de ces endroits juſqu'à *Pulo-Varelle*, qui ſe trouve à neuf lieues au nord-oueſt-quart-oueſt de la pointe du nord de *Pulo-Timon*.

» Le 17 Juin 1682 partant, de *Pedra-Branca*, ou de la *Pierre* » *blanche*, nous avons couru à l'eſt deux lieues & demie à » trois lieues, plutôt par forme que par néceſſité, pour doubler » un banc que les cartes Portugaiſes marquent fort au large de » la pointe de *Joor*; * je n'ai pas eu connoiſſance qu'il ſe prolon- » geât tant au large que ces cartes le diſent. Enſuite j'ai fait » courir au nord & nord-quart-nord-oueſt, toujours avec le » vent d'oueſt-ſud-oueſt, pour aller chercher *Pulo-Tingi*. Ce- » pendant, quoique je me défiaſſe de la marée, cela n'a pas » empêché que ſur le minuit nous ayons apperçu *Pulo-Tingi* » au nord-nord-oueſt, & nord-oueſt-quart-nord de nous, » & *Pulo-Aor* au nord, ſi bien que le 18 à midi nous étions » une lieue, au nord de *Pulo-Tingi*, où j'ai remarqué dans » une petite anſe, du côté du nord, quelques bannaniers, » palmiers & caſes. Le fond, par le travers de cette anſe, » à la diſtance ci-deſſus, eſt de 14 braſſes, ſable & vaſe. » Nous avons couru à l'oueſt-nord-oueſt, & nord-oueſt-quart- » nord, pour paſſer entre *Pulo-Tingi* & une grande île, » ſituée du côté du nord-oueſt, qui demeurant au nord- » nord-eſt nous fit faire route au nord, après avoir laiſſé les » îles voiſines de terre à bas-bord; & du côté de tribord » cette premiere île, longue, haute, courant nord & ſud, » & bordée du côté de l'oueſt de belles parées de ſable blanc. » Dans tout ce chemin nous ſondions 14, 12, 8 & 7 braſſes » fond de ſable. A une portée de canon de cette grande île, il » y en a une plus petite, mais haute comme la premiere. Ayant » dépaſſé les îles tant celles du côté de la mer que celles du côté » de la terre-ferme; & étant à l'eſt de la plus nord de celle-

* Pointe *Romanie*.

» ci, à une lieue & demie en dehors, nous avons, pour » saisir la terre, couru au nord-nord-ouest, & nord-ouest-» quart-nord, si bien que le 19 à midi, *Pulo-Varelle*, petit » îlot au large de la terre-ferme de *Malaye*, nous restoit » trois lieues à l'est. La sonde dans ce chemin a été de 10, » 8 & 6 brasses fond de sable, gravier & quelquefois vase. » Cejourd'hui à midi, *Pulo-Timon* nous a resté au sud-est, » & sud-est-quart-est, environ onze à douze lieues. La terre » de *Malaye* par ce travers est toute basse au bord de la mer, » avec parée de sable, & quelques petites colines. Les vents » soufflent le jour du sud-est, & passent la nuit vers l'ouest, » jusqu'à 10 ou 11 heures avant midi ».

Par l'extrait du journal de ce Navigateur, on comprend qu'on peut, sans aucun danger, passer entre la terre-ferme & les îles: je reviens à présent à la description des îles du dehors.

Au nord-ouest de *Pulo-Aor* est située *Pulo-Pissang*, qui comme *Pulo-Aor* n'a pas plus de deux lieues d'étendue à ce rumb de vent. Le canal entre les îlots qui sont au nord de *Pulo-Aor*, & la pointe du sud de l'autre, a environ deux lieues de largeur, & le passage n'en est pas dangereux.

Le milieu de *Pulo-Timon* gît au nord-ouest-quart-nord de *Pulo-Pissang*, & de la pointe du nord de celle-ci à la pointe du sud de l'autre, on compte trois lieues de distance. On y découvre un petit îlot ou rocher, qui peut se ranger au sud, lorsqu'on passe dans ce canal pour aller à la partie occidentale de l'île.

La latitude du milieu de *Pulo-Timon* est de 2°. 53'. nord. C'est la plus grande de toutes les îles de cette partie. Elle est si élevée, que les nuages cachent souvent son fommet. Il y a deffus une montagne qui fe termine par deux pics, femblables aux deux oreilles d'un lievre. Les Navigateurs lui ont pour cela donné ce nom. On trouve à l'eft & à l'oueft de bons mouillages & de bonne eau ; les dangers font tous apparens & le fond net. On affure que cette île eft la plus abondante en rafraîchiffemens, & fort propre pour une relâche. Le village le plus confidérable fe voit à la partie du fud-eft, vis-à-vis une petite anfe de fable, par le travers de laquelle on mouille par 20 à 22 braffes fond de fable.

En quelqu'endroit de toutes ces îles qu'on aborde, il faut fe mettre en garde contre l'humeur peu fociable des *Malais* ou habitans, & ne point compter fur leurs politeffes apparentes. Ils ne les font que pour mieux furprendre les Etrangers. Le plus sûr parti fera de ne defcendre à terre que bien armé, & d'avoir foin de ne point s'écarter du rivage, mais de faire apporter fur le bord les denrées qu'on voudra acheter.

A la pointe du nord-oueft de *Pulo-Timon* il y a trois îlots, entre lefquels & la grande île, le paffage eft très-profond, & par conféquent certain. Du côté de cette derniere, on trouve, à l'abri de ces îlots, un fort bon mouillage par 12 braffes de profondeur.

A l'orient de ces îles, & dans l'éloignement de vingt-trois lieues de *Pulo-Aor*, on rencontre un archipel d'autres îles de différentes grandeurs, & fort élevées, qui s'appellent les *Anambas*. Leur nombre & leur fituation refpective ne paroiffent pas avoir été connus. Les anciennes cartes les dépeignent comme un amas confus, fans en diftinguer aucune. Je donnerai dans mon inftruction fur les voyages de la *Chine*, des marques qui en feront connoître les approches.

Iles *Anambas*.

Quatorze lieues à l'eft-quart-nord-eft, on apperçoit un

petit îlot ou rocher détaché des *Anambas*, dont j'ai eu connoissance en allant à la *Chine*. C'étoit en 1737; & je passois sur le vaisseau *le Prince de Conti*, au large de ces dernieres. Plusieurs Navigateurs, qui ont souvent passé dans cet endroit, m'ont assuré ne l'avoir jamais vu. Il est vrai qu'en cinglant à quatre ou cinq lieues de *Pulo-Aor* on ne peut le découvrir, mais son existence n'en est pas moins certaine. On le trouve marqué dans le Routier du Pilote Anglois, *chap. 6. page 64*, au bas de la premiere colonne, à l'article des *Instructions pour éviter les bancs de* Lusepara. Ce n'étoit point là où il en devoit parler; cette transposition a été cause que la plupart des Navigateurs n'y ont point fait attention. Ce recueil est rempli de plusieurs fautes de cette espece, que je n'attribue point à l'Auteur; mais ce qui me surprend, c'est que jusqu'ici, elles n'ont point été réformées dans les différentes éditions qui ont paru; & ceux qui se conduisent par ce Routier, s'exposent à des dangers d'autant plus à craindre, qu'ils les ignorent.

Au nord-est des *Anambas* on rencontre un autre archipel d'îles, semblables à ces dernieres, qu'on nomme les *Natuna*, dont le détail n'est pas plus connu.

Lorsque pendant la mousson de l'est, en venant du golfe de *Siam*, de *Manille* ou de la *Chine*, on veut entrer dans le détroit de *Malac*, après avoir doublé *Pulo-Aor*, il faut faire route au sud-quart-sud-ouest. On trouve 30, 25, 20 & 18 brasses, fond de vase dure & noire, mêlée d'un peu de sable fin. En approchant le banc de la pointe *Romanie*; lorsque par 16 brasses de profondeur, on découvrira cette pointe, & les îlots qui en sont voisins, on prendra garde de ne point ranger le banc au-dessous de 15 brasses; mais quand le mont *Barbucet* reſtera à l'oueſt & oueſt-quart-nord-oueſt, la montagne ſituée ſur l'île *Bintam*, au ſud-quart-ſud-oueſt 2 ou 3 degrés oueſt, & la *Pierre blanche* au ſud-oueſt-quart-ſud, deux à trois lieues, on pourra alors arrondir, en gouvernant au ſud-ſud-oueſt, puis au ſud-oueſt-quart-ſud & au ſud-oueſt juſqu'à l'oueſt, & on laiſſera la *Pierre blanche* à babord, par le travers de laquelle, comme je l'ai dit ailleurs, le fond augmente juſqu'à 20 & 30 braſſes.

A l'entrée du détroit, les marées entrent & ſortent avec beaucoup de rapidité; elles ſont même pendant la mouſſon du nord-eſt plus vives & de plus longues durées, juſqu'à faire par heure trois ou quatre lieues, courant ainſi douze ou quatorze heures ſans diſcontinuer; aux nouvelles Lunes, leur cours eſt ſi irrégulier, que je n'en peux donner ici aucune regle certaine.

En venant du nord, ſi on eſt pouſſé par un grand vent, & qu'on prévoie ne pouvoir pas entrer dans le détroit avant la nuit, il vaut beaucoup mieux mouiller à *Pulo-Aor*, d'où on fera voile, lorſque par la combinaiſon de la force du vent, & de la quantité du chemin, on jugera pouvoir gagner le détroit & y entrer dans le jour. Il faut choiſir dans cette ſaiſon un endroit vis-à-vis une petite anſe de ſable, au côté occidental de l'île, où l'on mouillera par 25 braſſes, les deux pointes reſtant du nord-nord-oueſt à l'eſt-ſud-eſt.

Quand on appareillera de cet endroit, on gouvernera d'abord au ſud pour éviter la roche, qui, comme je l'ai déjà dit, ſe trouve trois lieues au ſud-eſt-quart-ſud de *Pulo-Tingi*, enſuite au ſud-quart-ſud-oueſt; & pour le reſte, on ſe conformera à ce que je viens d'enſeigner.

De la *Pierre blanche* ou de ſon travers, on doit gouverner à l'oueſt juſques devant la riviere de *Joor*, puis à l'oueſt-quart-ſud-oueſt pour ranger la pointe du ſud de l'île *Saint-Jean*, ſur laquelle s'apperçoivent quantité d'arbres de haute futaie, & un îlot du côté du ſud. En faiſant ces routes, on fera attention au banc qui ſe prolonge de l'île *Panjang*, dont j'ai ci-devant donné les amers; il n'y a rien à craindre en conſervant la profondeur de 20 à 18 braſſes; mais que la crainte de ſes approches n'engage pas le Navigateur à prendre le côté de babord ou du ſud, où les dangers ſont plus fréquens que vers le nord.

L'île *Saint-Jean* étant doublée, ſi l'on n'a pas aſſez de vent, ou que la marée ſoit contraire pour paſſer le détroit du *Gouverneur*, il faudra mouiller à une lieue dans le ſud-oueſt 5 degrés oueſt de l'île *Saint-Jean*. La profondeur eſt de 18 à 19 braſſes, & un peu plus ſud il y en a davantage; mais le fond eſt mauvais, & je ne conſeille point d'y mouiller.

En appareillant de cet endroit, que l'on gouverne à l'oueſt-quart-ſud-oueſt pour ranger l'îlot nommé la *Viole*, qui ſe voit à la pointe du ſud de l'île du *Paſſage*, & après l'avoir doublé, qu'on cingle au nord-oueſt ou un peu plus vers le nord, ſi la marée portoit ſur l'île *aux Arbres*; quand elle ſera paſſée, qu'on porte à l'oueſt-nord-oueſt vers le canal ou ouverture formée au ſud-oueſt par la petite île *Carimon*, & au nord-eſt par l'île *Cacob* & la pointe de *Bouro*. Ce paſſage eſt fort ſain, quoique la ſonde change de 16 à 24 braſſes.

Souvent il vaut mieux ranger le côté du nord-eſt que d'entretenir le milieu du canal, à cauſe que les marées qui ſortent du vieux détroit de *Sincapour*, vont vers le ſud: le Navigateur remarquera de quel côté elles le portent, afin de s'en garantir.

On

On compte ſix lieues du voiſinage de l'île *Cacob* à *Pulo-Piſſang*. Cette derniere doit être rangée de près. De-là, la route ſe continuera au nord-oueſt avec l'attention preſcrite au commencement de cette inſtruction, tant pour ce qui regarde le banc placé à l'oueſt-ſud-oueſt de cette île, que pour donner tour à celui qui ſe rencontre vis-à-vis la riviere *Formoſe*; & ce dernier étant paſſé, on rangera de près la plus ſud des îles *à l'Eau*, d'où il faudra gouverner au nord-oueſt-quart-nord pour ſe rendre à la rade de *Malac*.

Je termine ici le Routier de ce détroit, ſans enſeigner les routes pour traverſer ceux de *Durion* & de *Sabon*. Les mémoires que j'ai lus là-deſſus, ne m'ont pas paru aſſez circonſtanciés pour mériter la confiance des Navigateurs.

INSTRUCTION pour aller de Pulo-Timon *à* Siam *pendant la Mouſſon de l'Oueſt.*

LA ſituation des lieux & les vents qui regnent du ſud-oueſt à l'oueſt dans toute l'étendue du golfe de *Siam*, pendant cette ſaiſon, font connoître qu'il eſt néceſſaire d'en ranger la côte occidentale, afin de ne pas manquer ſon voyage, ou au moins pour ne pas rendre la traverſée longue & pénible. Ainſi, quand on paſſe au dehors de *Pulo-Timon*, il faut de ſa pointe du nord gouverner au nord-nord-oueſt pour ſe rallier de la côte de *Malaye*, & la côtoyer enſuite à telle profondeur qu'on le voudra. Elle eſt ſaine par-tout, haute ſur le terrein, & bordée de ſable ſur le rivage.

Neuf lieues au nord-oueſt de la pointe ſeptentrionale de *Pulo-Timon*, on rencontre la petite île *Varelle* ou *Pulo-* Iſle *Varelle* ou *Pulo-Varella*.

Varella. Ce n'eſt, pour bien dire, qu'un gros rocher. En paſſant vers l'eſt, on fera attention à un rocher ſous l'eau, éloigné de cette île d'une lieue deux tiers au nord-eſt-quart-nord.

Pulo-Brala. Si l'on continue la route que je viens de preſcrire, on découvrira *Pulo-Brala*, ſituée par 4° 57′ de latitude nord, éloignée de ſept lieues de la côte de *Malaye* & de 39 au nord-nord-oueſt 5° nord de *Pulo-Timon*. Cette île eſt haute & ſe découvre à dix ou douze lieues de diſtance. Le paſſage s'en peut faire au dehors, & au dedans dans le canal entr'elle & la terre, par 20 à 25 braſſes de profondeur. Si on paſſe au dehors, on prendra garde à un petit recif qui s'avance une demi-lieue au large de ſa pointe du nord. C'eſt le ſeul danger qu'il y ait.

Iſles Ridang. Les îles *Ridang* ſont ſituées au nord-oueſt-quart-nord de *Pulo-Brala*, & les plus avancées au ſud-eſt à la diſtance de dix lieues de cette derniere. Elles ſont hautes, en grand nombre, & s'étendent environ ſeize lieues au nord-oueſt le long de la côte. Quoiqu'elles laiſſent un canal de ce côté-là, le plus sûr ſera d'en paſſer au large, & de les côtoyer à une demi-lieue d'éloignement par 25 à 30 braſſes.

En paſſant entre ces îles & la terre-ferme, lorſqu'on a doublé *Pulo-Brala*, on découvre le long de la côte une île longue & ſtérile, ſituée par 5° 15′ de latitude, & nommée *Pulo-Capas*. On côtoie ſa partie de l'eſt, & de-là on va paſſer par un très-petit canal pratiqué entre deux îles les plus au ſud-oueſt de cet archipel; celle du nord-eſt eſt haute & ronde, avec quelques anſes de ſable. Ce paſſage étroit porte en profondeur 9, 10, 11 & 14 braſſes. Voici l'Extrait du Journal d'un Navigateur, qui fera mieux connoître les précautions qu'il faut prendre pour paſſer entre ces îles.

» Le 21 de Juin nous étions par le travers d'une île longue
» & ſtérile, par la latitude de 5° 15'. Dans la Carte un
» banc s'étend le long de la côte; je n'en ai eu aucune
» connoiſſance, ni n'en ai vu aucune marque; nous ſondions
» de 22 à 18 braſſes. Le ſoir, ſur les 8 heures, nous avions
» paſſé entre les deux îles de *Pulo-Ridang*, les plus au ſud-oueſt,
» par la ſonde de 9, 10, 11 & 14 braſſes, courant au nord-oueſt-
» quart-nord; elles ſont à diſtance de deux longueurs de cable.
» De-là, j'ai fait courir au nord-nord-oueſt & quelquefois
» nord, laiſſant à tribord les autres îles où la ſonde ſe
» trouve de 14 à 25 braſſes depuis celle de tribord, juſqu'à
» une autre longue qui reſte à babord, & tout auprès la
» ſonde prend 22 braſſes. Au nord-oueſt de cette île, il y en
» a encore deux grandes, & à leur nord-oueſt 3 ou 4 îlots,
» parmi leſquels un s'éleve fort haut, en forme de pain de
» ſucre. La plus à terre de ces îles eſt de roche, découpée
» au nord; & la plus au nord-oueſt a une pointe de roche
» qui s'étend un quart de lieue.

» Dans cet attolon ou archipel, on compte 12 à 13 îles,
» entr'autres *Pulo-Ridang*, qui eſt grande & haute. La plus
» nord des deux autres, entre leſquelles je viens de dire que
» nous avons paſſé, eſt haute, ronde, & a quelques parées
» de ſable. Il y a 9 à 10 autres îlots plus au nord-oueſt,
» éloignés de cinq à ſix lieues de *Pulo-Ridang*, dont
» 3 ſont grands & 4 petits. On les laiſſe à babord en venant
» du ſud, pour ne point s'engager entre la terre-ferme &
» cette derniere, à cauſe de quelques dangers qui paroiſſent
» par le travers de ces îles. A une demi-lieue au-delà, j'ai
» découvert la baſſe-terre de *Malaye*.

» Le 23, à midi, j'ai observé 6° 10' de latitude. Cette côte court » sud-est & nord-ouest un peu plus sud & un peu plus nord ; elle » est basse & ansée. Le fond depuis ces îles, à la distance » de deux lieues de terre, est de 18, 15 à 10 brasses. La nuit » le vent de terre y souffle, & le jour on y éprouve des orages.

» Le 24, à midi, la latitude se trouva de 6° 36'. D'ici nous » commençâmes à découvrir la terre vers le cap *Patani.* » Toute cette côte est basse près la mer, & dans le terrein » se font de hautes montagnes, qui ont la même direction » que la côte qui est aussi fort ansée. On a là 20 & 24 » brasses fond de vase«.

Tronganon. Après avoir rangé *Pulo-Capas* on trouve par 5° 25' nord une ville nommée *Tronganon*, qui est fort commerçante, abondante en vivres, & d'où l'on tire du poivre, de la cire, du rotin, un peu d'or & du calin en quantité. Les marchandises qui se consomment dans le pays, sont l'opium, les mouchoirs fins de Paliacate, les toiles noires, fines & legeres, l'eau rose, des couteaux Flamands, des pierriers ou canons de 4 livres de balle, de la poudre à canon & des piastres.

Le Roi de cette Ville affectionne tous les étrangers qui viennent y faire le commerce; mais il faut beaucoup de prudence pour se conduire avec le peuple.

Cap *Patani.* Si on cingle au large des îles *Ridang*, il faut, après avoir doublé les plus nord, se rallier de la terre-ferme qui s'étend au nord-ouest depuis 6° 30' jusqu'au cap *Patani* situé par 7° 4' de latitude. Cette côte, comme l'extrait ci-dessus le fait voir, forme plusieurs anses; elle est basse vers le rivage & élevée en montagne sur le terrein. Au large, à la distance de quatorze lieues, on rencontre *Pulo-Lozin.* Les vents de la mousson de l'ouest demandent qu'on range plutôt la côte de

Pulo-*Lozin.*

Malaye que cette derniere. Au dedans du cap *Patani* la côte forme un grand enfoncement, qui porte peu d'eau ; les brises sont fortes par son travers.

Quand on approchera de quatre ou cinq lieues à l'ouest le cap *Patani*, on fera route pour se rallier de la côte de l'île *Tantalam*, qu'on rangera par 12 ou 14 brasses. La pointe du nord de cette île forme le côté de l'est de l'anse de *Ligor*. Isle *Tantalam*.

Sept lieues & demi à l'est, par 8° 30', gissent nord & sud les îles *Cara*, ou *Pulo-Cara*, au nombre de trois. La plus nord & la plus grande, a du côté du sud-ouest une anse de sable, dans laquelle quelques Navigateurs assurent qu'on trouve de de l'eau douce qui descend du haut de l'île dans cette anse. La plus sud n'est pour ainsi dire qu'un rocher qui paroît blanc en venant du sud. Du même côté à 2 longueurs de cable de son extrémité, une roche plate se découvre, presqu'à fleur d'eau. Isles *Cara*.

Le passage entre ces îles & la terre-ferme, est fort beau. On y trouve 14, 15 à 17 brasses de profondeur, & 18 à trois quarts de lieue. Après les avoir passées, on doit gouverner au nord-nord-ouest vers *Pulo-Carnom*, éloignée de ces îles de trente-deux lieues à ce rumb de vent. La profondeur dans ce trajet est de 20 à 18 brasses. Avant d'arriver à *Pulo-Carnom*, on découvre sur la côte de l'ouest un archipel considérable d'îlots & de rochers, appellés les îles de *Larchins*. La pointe de la terre-ferme la plus avancée vers l'est au-dessus de ces îles, est une terre haute, que quelques Routiers nomment *Pointe de Lornont*. *Pulo Carnom*. Isles *Larchins*. *Pointe de Lornont*.

Pulo-Carnom, en la découvrant, paroît former deux îles, au moyen de deux montagnes séparées par une vallée dont on n'apperçoit les basses terres qu'à quatre ou cinq lieues de distance. Cette île se range d'aussi près qu'on le veut. La profondeur ne va pas moins qu'à 10 ou 12 brasses, dans l'éloignement d'une lieue.

Au nord-ouest-quart-nord, on découvre de quinze à seize lieues deux îles de même élévation que *Pulo-Carnom*. La premiere s'appelle *Sancori*; l'autre, voisine de la terre-ferme, se nomme *Barda*. On peut se dispenser de les ranger, pourvu qu'en quittant *Pulo-Carnom*, on gouverne au nord vers la pointe de *Cin*, d'où l'on compte environ quarante lieues au nord-quart-nord-est, deux ou trois degrés nord. On l'apperçoit de fort loin, au moyen des montagnes de *Pensels* qui en sont tout proche. A l'extrémité de cette pointe, il y a, fort près de terre, deux petites îles. La côte au-delà s'étend en général du nord-nord-est au sud-sud-ouest, & porte par-tout bonne sonde. On la peut ranger sans crainte, excepté aux environs de la rade de *Pepery*, au sud de laquelle un banc s'avance quatre lieues en mer; de sorte qu'on doit avoir la sonde à la main, quand on l'approche. Lorsqu'on ne séjourne pas en cette rade, après avoir doublé le banc, on fera route pour aller mouiller devant la barre de *Siam*, distante de sept lieues au nord-est-quart-est, & est-nord-est. Les marées doivent dans ce trajet régler la route, par l'attention qu'on aura à leur transport.

Isles *Sancori* & *Barda*.

Pointe de *Cin*.

Montagnes de *Pensels*.

Les îles que forment les différentes embouchures du fleuve *Menan* (*), sont si basses, qu'on les distingue avec peine à

(*) La carte du Pilote Anglois marque l'entrée de ce fleuve par 13° 52′ c'est-à-dire, 22′ plus nord qu'elle ne doit être. L'erreur est démontrée par l'observation astronomique faite à *Juthia*, qui détermine cette Ville par 14° 18′ De plus les Itinéraires les plus exacts comptent seize lieues du nord au sud jusqu'à cette embou-

trois lieues de diſtance. La principale entrée ne ſe découvre que par la côte qui commence à y être un peu plus haute & boiſée. Le mouillage ſe fait au ſud, à telle profondeur qu'on le ſouhaite.

La ville de *Juthia*, capitale du royaume de *Siam*, eſt ſituée ſur une île que forme ce fleuve, à ſeize lieues au nord de ſon embouchure. Le but que je me ſuis propoſé, ne me permet pas d'en faire ici une deſcription particuliere. On peut là-deſſus conſulter les mémoires de M. Forbin qui y a fait un long ſéjour. Je ne le ſoupçonnerai pas d'avoir voulu tromper le public, en exagérant les richeſſes de ce royaume, & la beauté des édifices, comme ont fait pluſieurs Voyageurs du ſiecle paſſé. Ville de *Juthia.*

Les obſervations faites à *Louveau* & à *Juthia* pour en déterminer la longitude, m'ont ſervi à en fixer la ſituation, & celles des autres endroits aux environs, ainſi que je l'ai dit dans ma Préface.

Vingt-deux lieues au ſud-quart-ſud-eſt de la barre de *Siam*, on apperçoit le cap *Liant*. Il termine, du côté de l'eſt, la partie du golfe, appellée par les marins la baie de *Siam*. Au nord de ce cap paroiſſent pluſieurs îles de différentes grandeurs, & beaucoup d'autres plus petites au ſud & à l'oueſt. On aſſure qu'elles ſont ſaines, & qu'on peut les ranger ſans courir de danger. Cap *Liant.*

chure, ainſi elle doit être par 13° 30′ & non par 13° 52′, comme cet Auteur l'a placée; autrement il faudroit qu'on ne comptât que neuf lieues un tiers de *Juthia* à cette embouchure, & cette diſtance ſeroit abſolument fauſſe.

La table des latitudes, inſérée à la fin de ce Recueil, où la latitude de *Siam*, c'eſt-à-dire *Juthia*, ſe trouve déterminée par 12° 47′, eſt encore plus défectueuſe; mais je crois que c'eſt une faute d'impreſſion.

RETOUR DE SIAM *A* PULO-TIMON *dans le tems de la Mouſſon de l'Eſt.*

LORSQUE de *Siam* on veut aller aux Indes, ou en quelqu'autre endroit ſitué à l'Occident, il faut attendre la Mouſſon de l'Eſt, comme la ſeule ſaiſon où l'on puiſſe entreprendre d'y traverſer.

Si l'on appareille de la rade de la *Barre*, la route ſera dirigée pour ranger le cap *Liant.*

Ce Cap & les îles qui l'environnent, étant doublés, on ira au ſud-eſt-quart-ſud reconnoître les îles *Pulo-Vay*, ſituées par 9° 55′ de latitude. On les peut ranger, parce qu'elles ſont hautes & ſaines au dehors.

En traverſant du cap *Liant* à ces îles, le fond eſt toujours de vaſe depuis 45 juſqu'à 35 braſſes à leur vue. Si, ſe trouvant par leur latitude, on n'en avoit aucune connoiſſance, & qu'en ſondant, la profondeur fût encore de 50 à 45 braſſes, ce ſeroit une marque que les courans auroient tranſporté à l'oueſt, comme il arrive ordinairement en cette ſaiſon; alors il faudroit gouverner plus près du vent pour ſe relever & tâcher de voir au moins *Pulo-Panjang.* J'obſerverai qu'il eſt néceſſaire de voir cette derniere, quand même on auroit apperçu *Pulo-Vay*, & de cingler de ſon côté. Il y a 35 braſſes fond de vaſe, à cinq lieues de diſtance vers l'oueſt. Cette île eſt haute, unie par ſon ſommet, & environnée de pluſieurs îlots. Il convient de la relever au nord, avant de faire route pour traverſer le golfe; ce rumb de vent gagné, il il s'agit de gouverner au ſud-quart-ſud-eſt pour aller reconnoître *Pulo-Timon.*

Il arrive quelquefois, qu'en faiſant cette route, la côte de *Malaye* ſe découvre plutôt qu'on ne l'eſtime : on y doit prendre garde. Quelques Navigateurs donnent pour marque de ſa proximité un fond de ſable rude, au lieu qu'au large il eſt de vaſe ; mais cet enſeignement ne me paroît pas aſſez certain, & je crois qu'il vaut mieux ne s'y pas confier. Au reſte la latitude de *Pulo-Capas* une fois paſſée, toute la côte de *Malaye* eſt ſaine, & la diminution de profondeur peut ſuffire pour empêcher qu'on ne l'aborde de nuit.

Si au contraire, ſe trouvant par moins de 5° de latitude, on tomboit dans un fond de 45 braſſes, il ſeroit néceſſaire de faire route vers la côte, pour atteindre une moindre profondeur. En ſe gouvernant de la ſorte, on ne manquera pas d'atterrer à *Pulo-Timon*, & de-là à *Pulo-Aor*, d'où l'on cinglera vers le détroit de *Malac*, ſi on a deſſein d'y paſſer, & l'on ſe conformera aux inſtructions précédentes. Les vaiſſeaux deſtinés pour aller en droiture à *Batavia* ou en Europe, trouveront ci-après celles qui ſont néceſſaires à leur navigation.

DESCRIPTION de l'île Condor.

SEIZE lieues au ſud de l'embouchure de la riviere de *Camboſa*, gît *Pulo-Condor* : cette île eſt ſituée par 8° 40′ de latitude, & par 103° 37′, de longitude, méridien de Paris, ſuivant l'obſervation de M. Will Brown, en 1767.

On doit moins conſidérer *Pulo-Condor* comme une ſeule

île, que comme un assemblage de plusieurs îles voisines les unes des autres. l'Etymologie de leur nom vient de deux mots Malayens, dont le premier, *Pulo*, signifie île, & le second, *Condor*, veut dire Callebasse. Ce nom leur a été donné à cause qu'on y voit une grande quantité d'arbres qui portent ce fruit. Elles sont toutes fort élevées & couvertes de bois.

On peut diviser ces îles en grande, moyenne & petites. La grande, qui est la seule habitée, a environ trois lieues de longueur sur une demi-lieue dans sa plus grande largeur: elle gît nord-est & sud-ouest. Ce n'est, à proprement parler, qu'une chaîne de hautes montagnes fort difficiles à traverser, qui s'étendent d'un bout à l'autre, & séparent le Havre de la grande anse où sont les habitations des Insulaires.

La moyenne est aussi montagneuse que la grande, mais moins élevée; sa longueur comprend une lieue sur une demi-lieue de largeur: elle gît sud-est & nord-ouest. Sa situation avantageuse à l'ouest de la grande île, forme entre les deux un très-bon havre, capable de contenir 8 vaisseaux. Son entrée est d'une demi-lieue de largeur, & l'enfoncement égal à la longueur de la moyenne île; mais les vaisseaux ne peuvent aller jusqu'au bout, faute d'eau. En cet endroit, la grande & la moyenne île s'approchent tellement, qu'il ne reste qu'un petit passage pour les chaloupes, canots & pirogues. Les marées dans la nouvelle & pleine Lune y font nord-est & sud-ouest, ou de 3 heures. La mer y monte & descend de 3 pieds. L'élévation des montagnes, en rendant l'aspect de ce havre sombre, y entretient un air étouffant & fort mal-sain.

De l'autre côté des montagnes, à la partie méridionale-orientale de la grande île, s'étend une anse très-spacieuse, à l'ouverture de laquelle quelques petites îles sont rangées dans un tel ordre, qu'elles la ferment, pour ainsi dire, à demi; de sorte que le mouillage en seroit parfaitement assuré, si l'anse n'étoit pas si vaste ni si exposée aux vents qui regnent pendant la mousson de l'est. Son entrée principale regarde le sud-est; mais elle est bordée d'un banc de sable, & il faut pour y entrer ranger de près l'île qui est à l'est, les deux autres entrées ne sont ni si bonnes, ni si commodes. Au fond de cette anse, dans une plaine marécageuse & sablonneuse, d'environ trois quarts de lieue de long sur un quart de large, sont dispersées çà & là sans ordre, les cases ou maisons des Habitans, au nombre à peu près de quarante. Elles sont construites de bambous *, & couvertes d'herbes de marais. C'est là qu'on découvre les restes d'un Fort des Anglois, qui ne l'ont occupé que cinq ou six ans, à cause qu'ils n'en retiroient aucun avantage.

Les petites îles, entre lesquelles, du côté de l'anse, il s'en trouve une d'une assez belle étendue, ne sont pas si élevées que la grande ni la moyenne. Ce sont simplement des rochers escarpés au bord, garnis de mousse & d'arbrisseaux.

Le terrein au pied des montagnes de la grande île, du côté du Havre, est d'une très-petite étendue, inégal, montueux, tout couvert d'arbres d'une dureté extraordinaire, serrés & liés par de longues & profondes racines, & entremêlés de roches. Ce terrein paroît d'abord noirâtre & gras, mais en l'examinant, on n'y reconnoît qu'un sable engraissé superficiellement par la pourriture des arbres morts & des feuilles qui tombent. Le terrein de la grande anse n'est qu'un sablon blanc, fin, sec, sans aucune substance.

Cette île ne produit aucune sorte de fruits si communs

* Espece de roseau.

dans tous les autres endroits des Indes; on n'y voit ni ris, ni légumes, seulement quelques patates, de petites citrouilles, des melons d'eau fort mauvais, de certains petits haricots noirs, le tout en petite quantité. Outre la mauvaise qualité de la terre, les pluies abondantes en empêchent la production. La maniere dont les Insulaires construisent leurs petits jardins, en est une preuve. Ils mettent une couche de quatre pouces d'épais d'une terre préparée sur une claie d'environ quatre à cinq pieds en quarré, soutenue par quatre fourches, à la hauteur d'un pied & demi de terre. Ils sement là-dessus des ciboules & de la mente; toutes les fois qu'il pleut, ils ont soin de faire des trous à cette couche pour faciliter l'évacuation de l'eau; mais malgré tous ces soins, leur mente & leurs ciboules ne viennent pas bien.

Cependant cette île a quelque propriété, elle produit beaucoup d'arbres sauvages, parmi lesquels il s'en trouve de propres à faire des mâts & des vergues pour les navires. Il y a aussi un arbre qui croît droit, très-haut & très-uni, dont les Insulaires tirent une certaine résine roussâtre, odoriférante, & fort combustible. Pour la tirer, ils font au pied de l'arbre un ou plusieurs trous, semblables à ces bénitiers de village qu'on pratique dans le mur. Toutes les fois qu'ils veulent avoir de la résine, ils y appliquent le feu pendant un demi-quart d'heure; alors le suc de l'arbre mis en mouvement, distille goute à goute dans le trou.

Les Insulaires se servent des autres arbres pour faire leurs pirogues. Ils les creusent, & élevent leurs bords avec des planches cousues avec du rotin (*). La rareté des pâturages fait qu'on ne trouve aucuns bestiaux dans la grande île. Il y a

(*) Petite Canne.

ſeulement quelques poules, quelques canards que les habitans élevent ; mais comme ils ne ſont pas en grand nombre, le prix en eſt exorbitant. La moyenne île produit des bœufs & des cochons, dont l'eſpece a été laiſſée par les Anglois. De domeſtiques qu'ils étoient dans leur origine, ils ſont devenus ſauvages. Ils errent à l'aventure dans les montagnes & les ravines, où ils trouvent à peine de quoi ſe repaître.

Le changement des mouſſons de l'eſt & de l'oueſt, fait celui des ſaiſons, qu'on peut diviſer en ſaiſon ſéche & ſaiſon humide ou pluvieuſe. Celle de l'oueſt amene la pluie ; celle de l'eſt, le beau tems ; mais ce partage de la pluie & du beau tems n'eſt pas ſi égal que celui des mouſſons. Les pluies y continuent encore plus d'un mois, après l'arrivée des vents d'eſt, qui ſe fait ordinairement au 15 Octobre ; ainſi la ſaiſon des pluies qui commence en Avril, dure huit mois, pendant leſquels il ne ſe paſſe preſque pas un jour ſans pleuvoir avec une abondance extraordinaire. L'égout des eaux qui tombent des montagnes, forme des torrens dont la chûte rapide ravage & entraîne tout. D'ailleurs la terre détrempée par les pluies exhale une odeur puante qui rend l'air fort mal-ſain. Alors tout ſe pourrit au dedans ; on ne peut rien conſerver, ni même travailler au dehors.

La ſaiſon ſeche cauſe une autre incommodité ; l'eau tarit preſque par-tout ; la terre qui n'eſt que du ſable, devient aride, brûlante, & l'ardeur du ſoleil ſi exceſſive, qu'on ne peut s'y expoſer un moment ſans danger.

Cette île ne produit aucune eau de ſource. Il n'y a que des eaux de pluies qui découlent des montagnes, & qui roulant ſur des feuilles pourries, dont le terrein eſt tout couvert, ſe chargent d'un certain ſuc qui les rend mal-ſaines ;

c'eſt pour cela que les Inſulaires préferent l'eau blanchâtre de leurs puits, à l'eau claire des montagnes. D'ailleurs celle-ci tarit pendant la ſécheresse de la ſaiſon, & on n'en tire que des puits qu'il faut creuſer où le terrein le permet. Ces endroits ne ſe trouvent pas facilement, ſur-tout du côté du Havre, où l'on eſt à couvert pendant cette ſaiſon.

La chaſſe n'eſt guere en uſage dans un pays ſi rude, dont tout le gibier conſiſte en quelques ramiers & en certains coqs de bois. La mer y fournit peu de coquillage, & on mange rarement du poiſſon, quoique fort bon & en abondance, parce que les Inſulaires s'occupent peu à la pêche dans la ſaiſon des pluies, & que dans les tems ſecs ils n'y vont point, à cauſe des vents trop violens.

Pulo-Condor abonde en reptiles, en inſectes incommodes & nuiſibles. Il y a des ſinges en quantité, des lezards monſtrueux, de la longueur de cinq à ſix pieds, qui détruiſent la volaille ; d'autres petits lezards aîlés, qui volent d'arbre en arbre ; d'autres qui chantent, dont la piqueure eſt mortelle ; des ſerpens d'une groſſeur & d'une longueur prodigieuſes ; d'autres petits, très-dangereux ; des mille-pieds, des ſcorpions, beaucoup de rats ; enfin une infinité d'inſectes que la trop grande chaleur fait éclore, dont les plus incommodes ſont des fourmis de toute eſpece, qui pénetrent par-tout, & corrompent ce qu'elles touchent.

Les Habitants de cette île montent à environ deux cents, y compris les femmes & les enfans. Ce ſont des échappés de *Cambofa* & de la *Cochinchine*, que l'amour de la liberté & de l'indépendance a attirés dans cette contrée. Juſqu'ici ils en jouiſſent paiſiblement ; la jalouſie n'a point encore fait naître à leurs voiſins, ni aux Européens le déſir de les troubler dans leur poſſeſſion. Ces Peuples n'ont l'air ni ſain ni robuſte: ils ſont petits, maigres, fort baſannés; aſſez induſtrieux pour leurs beſoins, mais très-pareſſeux; avares, intéreſſés, & malgré celą, d'une pauvreté extrême.

Comme le pays ne peut fournir ſuffiſamment à leur néceſſaire, ils vont chercher à *Camboſa* & à la *Cochinchine* ce qui ſert à leur ſubſiſtance & à leur vêtement. En échange, ils y portent de l'huile, de l'écaille de tortue, de la ſaumure faite avec un petit poiſſon, ſemblable à un anchois; des flambeaux faits d'écorces d'arbres, déchirées & imbibées de cette réſine dont j'ai parlé, qu'ils entaſſent dans un fourreau de feuilles d'une plante ſauvage, aſſez commune dans l'île.

Voilà tout ce qu'on peut dire de plus fidele & de plus certain ſur l'île *Condor*. La Compagnie de France voulut y faire un établiſſement en 1720, mais un rapport ſi peu avantageux lui fit abandonner ſon deſſein.

Huit lieues à l'Oueſt-quart-ſud-oueſt de *Pulo-Condor*, il y a deux petites îles ou rochers, nommés les *deux Freres*, qui ſont éloignés l'un de l'autre d'environ une lieue & demie; le paſſage entr'eux & *Pulo-Condor*, eſt net & ſans aucun danger.

INSTRUCTION pour aller pendant la mousson de l'oueſt, de Siam *à la riviere de* Cambofa, *au* Tonquin *& à la* Chine *lorſqu'on côtoie les côtes de* Cambofa, *de* Ciampa, *de la* Cochinchine, *& qu'on paſſe à l'oueſt du* Paracel.

AVANT d'entreprendre un détail circonſtancié de ces côtes, j'ai examiné attentivement les différentes inſtructions ſur ce ſujet, inſérées dans le pilote Anglais, & dans pluſieurs mémoires Portugais & Hollandais. Après les avoir comparées avec les journaux de cette navigation, qui m'ont été communiqués, je me ſuis vu en état de rendre cet article plus correct que les anciens Auteurs ne l'ont fait ; j'y ai joint quelques obſervations que les Navigateurs pourront trouver utiles.

En appareillant de la rade de la barre de *Siam*, pendant les mois de Juin, Juillet & Août, il faut faire route vers la côte de l'oueſt du golfe, & la ranger juſqu'à la pointe de *Cin.* De-là on cinglera au ſud-eſt, par la latitude de *Pulo-Panjang*, enſuite à l'eſt, pour en prendre connoiſſance : cette derniere route n'eſt pas toujours néceſſaire. Les courans qui portent à l'eſt, font ſouvent atterrer à *Pulo-Vay* & à *Pulo-Panjang*, plutôt qu'on ne le préſume : on y doit faire attention. La profondeur eſt de 30 braſſes à la vue de cette île, & moindre quand on en approche. J'avertis que ce fond ſe trouve auſſi en pluſieurs endroits du golfe, quoiqu'on ſoit très-éloigné & hors de la vue des terres.

Pulo-Ubi. Après avoir doublé *Pulo-Panjang*, la route court au ſud-eſt-quart-

quart-eſt vers *Pulo-Ubi*, éloignée de la premiere de 23 à 24 lieues. Cette derniere eſt ſituée préciſément à l'extrémité orientale du golfe de *Siam* par 8° 34'. Son élévation la fait appercevoir de fort loin ; elle eſt entourée de différentes montagnes, & de vallées ou enfoncemens ſemblables à des eſpeces de ſelles. Quand on vient du ſud-oueſt ou de l'oueſt, ces montagnes reſtant au nord-eſt paroiſſent ſéparées. La plus ſud eſt beaucoup plus haute que les autres. La plus nord ſemble la plus baſſe. Quand *Pulo-Ubi* reſte au nord, elles ſont l'une par l'autre & n'en font plus qu'une. On peut dans cette île faire de l'eau du côté du nord, mais le meilleur ancrage eſt du côté de l'eſt vis-à-vis une petite baie, le petit îlot de la pointe du ſud-eſt reſtant au ſud.

La profondeur entre *Pulo-Panjang* & *Pulo-Ubi* va à 25, 20, 18 & 16 braſſes. Quand on rencontre ce dernier fond, on eſt proche de *Pulo-Ubi*.

En venant de l'oueſt, ſi la ſonde porte 28 ou 25 braſſes, on en eſt encore éloigné.

Les vaiſſeaux qui vont de *Batavia*, de *Bantam* ou de *Malac* à la riviere de *Camboſa*, & ceux qui partent de *Siam*, doivent néceſſairement prendre connoiſſance de *Pulo-Ubi*, pour être aſſez au vent, & prévenir l'effet des vents de ſud-oueſt, forts dans les mois de Juin, Juillet & Août, dans leſquels les courans portent ſi vivement à l'eſt, que ſi on tomboit ſous le vent, il ſeroit très-difficile de rejoindre la côte.

On compte quarante lieues à l'eſt, 3 ou 4 degrés nord de *Pulo-Ubi* à *Pulo-Condor*, dont j'ai fait mention dans l'article précédent.

Lors donc qu'on veut aller à *Camboſa*, après avoir doublé la pointe de *Pulo-Ubi*, par 15 & 16 braſſes, en prenant du nord pour s'approcher de la terre-ferme, on découvrira au nord-oueſt ſa pointe la plus avancée au ſud, qui eſt baſſe & couverte de grands arbres. Alors on fera route à l'eſt-quart-nord-eſt & eſt-nord-eſt, toujours la ſonde à la main, afin d'entretenir la profondeur de 8 à 10 braſſes, fond de vaſe. A cinq lieues environ d'éloignement de la côte, il y a un banc de ſable dur, qui ne porte pas moins de trois braſſes. Sa rencontre ne doit point empêcher de continuer la route vers le nord; bientôt après on trouve un meilleur fond par 5 ou 6 braſſes, & on approche la terre juſqu'à 4, vis-à-vis une riviere, dont les bords ſont plantés d'arbres plus élevés qu'en aucun autre endroit de la côte. Cette riviere eſt éloignée de 22 ou 23 lieues à l'oueſt-ſud-oueſt de celle de *Camboſa*. On pourſuivra de-là ſa route au nord-nord-eſt par la profondeur ci-deſſus; & on découvrira encore une autre embouchure de riviere, d'où la côte s'étend à l'eſt juſqu'à celle de *Camboſa*. Cette côte eſt extrêmement baſſe & ſans remarque particuliere; il faut donc la ranger de près, pour obſerver ſon giſſement, & ſi-tôt qu'on reconnoît qu'il n'eſt plus à l'eſt, on eſt sûr d'être vis-à-vis la riviere de *Camboſa*, à l'entrée de laquelle on trouve 5 braſſes. Alors on apperçoit deux pointes & un îlot dans le milieu du canal, & devant cette embouchure, 2 bancs qui avec l'îlot forment un triple paſſage. Celui de l'oueſt s'appelle la riviere de *Baſach*, le ſecond entre les deux bancs, donne 14 à 15 pieds d'eau fond de ſable dur, & le canal de l'eſt 18 pieds dans les grandes malines. Pour paſſer entre les deux bancs, on gouvernera au nord & nord-quart-nord-oueſt, afin de ranger la pointe de l'oueſt, près de laquelle la profondeur eſt de 34 à 36 braſſes, & on découvrira deux petits îlots qu'il faudra laiſſer à tribord, pour côtoyer la rive occidentale l'eſpace de quarante-huit lieues. Trente lieues au-deſſus de l'embouchure, la riviere ſe diviſe en deux branches ; on laiſſe l'une à babord , qui eſt un paſſage étroit , nommé *Paſſe des Mouſtiques*, & on fait route dans celle de tribord, en tenant toujours le côté de l'oueſt juſqu'en face de la Ville. Les vaiſſeaux qui doivent monter & deſcendre la riviere , ſe pourvoiront de cables, d'ancres & de cordages , à cauſe qu'il faut touer pendant plus de cinquante lieues de chemin. Voilà les enſeignemens que j'ai lus dans pluſieurs mémoires ſur la riviere de *Camboſa* ; ils demandent encore la conduite d'un Pilote pratique, qui devient abſolument néceſſaire pour y entrer avec ſûreté , par rapport aux changemens annuels des bancs qui arrivent dans cette riviere comme dans toutes les autres.

La riviere de *Camboſa* a encore pluſieurs embouchures vers le nord. Après celle que j'ai citée, la côte s'arrondit & gît au nord-eſt, juſqu'à une petite entrée appellée le *Canal d'Orient*; enſuite elle s'étend au nord-quart-nord-oueſt , juſqu'à une autre nommée Canal de *Japanſe*, ou du *Japon* ; vis-à-vis ſe montre la petite île des *Crabes*. Iſle *des Crabes.*

Au nord-nord-eſt de cette derniere , par 10 degrés 35 minutes de latitude nord, eſt ſitué le cap *Saint-Jacques* , ou *Sinkel-Jacques*. C'eſt une haute terre entrecoupée , qui s'apperçoit de dix à onze lieues en mer, & qui, malgré quelques rochers ou îlots voiſins, ſe peut ranger d'auſſi près qu'on le ſouhaite , par 5 ou 6 braſſes. La côte au-delà eſt baſſe ; elle s'étend au nord-eſt-quart-eſt , & forme pluſieurs anſes de ſable, avec deux pointes, ſur leſquelles il y a des dunes de ſable. Quelques petites collines s'élevent encore ſur le terrein. Cap *Saint-Jacques.*

Au nord de la deuxieme pointe de ſable, on trouve une grande baie du côté de l'eſt, & un petit îlot un peu élevé, nommé l'île *Vache*.

Iſle *Vache*.

Trois lieues au large de cette côte, par 10° 50′ de latitude, gît un écueil dangereux, ſur lequel un Capitaine Portugais, nommé *Matthieu de Britto*, fit naufrage. Le briſant s'apperçoit à un quart de lieue de diſtance, où la profondeur eſt de 14 braſſes, fond de gravier & coquillage. Pour éviter ce danger, on ne doit approcher la terre dans cet endroit, qu'à la diſtance de quatre lieues, vis-à-vis trois petites montagnes blanches, placées ſur le bord de la mer. L'écueil dont je parle ſe reconnoît à une montagne entrecoupée, & plus élevée par le bout de l'eſt. Celui de l'oueſt qui l'eſt beaucoup moins, a un pic ou piton, au pied duquel paroît l'île *Vache*, comme un petit morne rond. Lorſque le plus élevé de la montagne & ce morne ſont l'un par l'autre, ce qui arrive en les relevant au nord-quart-nord-oueſt, le banc de *Britto* reſte au même rumb de vent.

Au ſurplus, pour éviter plus ſûrement ce danger, il faut l'entretenir 16 à 17 braſſes; par ce moyen on en paſſe aſſez au large.

Les Vaiſſeaux qui n'ont point de deſtination particuliere pour aller à la riviere de *Camboſa*, mais qui vont ſeulement au *Tonquin* & à la *Chine*, ne ſont point obligés de prendre d'abord connoiſſance de *Pulo-Ubi*, ni d'approcher la côte aux environs des embouchures de cette riviere. Ce que je viens d'enſeigner ne regarde que ceux qui y vont directement. Il ſuffit aux autres d'atterrer à *Pulo-Condor*; de-là, ſoit qu'ils en paſſent du côté de l'oueſt, ou de celui de l'eſt, ils cingleront pour reconnoître les terres du cap *Saint-Jacques*,

& prendront enſuite leur cours le long de la côte de *Ciampa*, en ſe conformant à ce que je vais dire, pour éviter les écueils qui l'environnent.

Depuis *Pulo-Condor*, la profondeur, en approchant la côte, eſt par 20, 25, 16 & 15 braſſes.

Environ vingt-trois ou vingt-quatre lieues au nord-eſt de *Pulo-Condor*, & à douze lieues de la petite île des *Crabes*, on rencontre un haut-fond qui porte 13 braſſes d'eau. Il a été trouvé par un bot hollandois.

Sept lieues au nord-eſt-quart-eſt du banc ou écueil de *Matthieu de Britto*, on voit l'île du *Tigre*, ou de *Sten-Clippen*. Elle eſt proche, & preſque joignant une grande pointe de ſable de la côte de *Ciampa*. En venant du nord, cette pointe ſe remarque comme une île ſur laquelle ſont différentes taches ou morceaux de terre blanche; indépendamment de cela l'île ci-deſſus, dont le terrein eſt ſtérile & rempli de rochers, la fait facilement diſtinguer des autres pointes. Le canal entre l'une & l'autre ne peut ſe pratiquer, à cauſe des bancs de ſable & des rochers qui en rempliſſent l'intervalle. Les rochers reſſemblent à des eſpeces de colonnes, & repréſentent parfaitement une ville ruinée, au milieu de laquelle ſeroit un clocher quarré.

Iſle du *Tigre*, ou de *Sten-Clippen*.

La côte entre l'île *Vache* & celle du *Tigre*, forme une grande baie ou enfoncement, dans lequel ſe déchargent pluſieurs rivieres.

Ce fut dans cet endroit qu'aborda en 1720 la Frégate la *Galathée*, appartenant à la Compagnie de France. Elle étoit commandée par M le Gac, qui fut contraint d'entrer dans cette baie, où il eſpéroit trouver de l'eau & des rafraîchiſſemens. Il envoya à terre le canot du vaiſſeau avec deux

Officiers, demander aux Habitans la permiſſion de faire de l'eau, & de traiter de quelques vivres. En approchant du rivage, ceux-ci, en grand nombre, parurent diſpoſés à leur rendre ſervice; ils leur envoyerent une pirogue pour les conduire à l'entrée d'une belle riviere d'eau douce, dans laquelle il y avoit pluſieurs bateaux & de petites galeres: c'étoit le ſeul endroit de la côte où l'on pouvoit aborder facilement. Il ſe préſenta encore là une troupe d'Habitans, qui témoignerent, par différens ſignes, ſouhaiter qu'on abordât, & qu'on mît pied à terre. Les deux Officiers y deſcendirent, après avoir ordonné au patron du canot, & à l'équipage de reſter juſqu'à nouvel ordre, ſans entrer plus avant dans la riviere.

Les principaux de ces Habitans conduiſirent ces Officiers dans un village, compoſé de pluſieurs caſes ou maiſons bâties ſur le bord de cette riviere. Une heure après, un grand nombre d'Indiens vinrent, par des démonſtrations, demander au canot de leur livrer les armes. Le patron les refuſa; & ſur ce qu'il apperçut qu'un des principaux montroit au peuple, avec des exclamations de joie, les épées des deux Officiers dont il s'étoit emparé; craignant d'être ſurpris, il ſe diſpoſa à retourner à bord du vaiſſeau, pour y faire le rapport de ce qu'il venoit de voir. Auſſi-tôt deux grands bateaux armés ſortirent de la riviere pour lui couper chemin; mais il eut l'adreſſe de les éviter.

A cette nouvelle, M. le Gac fut d'avis d'envoyer la chaloupe & le canot avec quelques troupes, pour obliger ces Inſulaires à rendre ſes deux Officiers. Au moment qu'on ſe préparoit à exécuter ce deſſein, on vit paroître deux bateaux, qui n'approcherent qu'à la portée du canon. Les deux

Officiers ſe montrerent, & on envoya le canot pour leur parler. Dès qu'il fut à la portée de la voix, ils lui crierent de ne point aborder, & de cacher les armes, parce qu'au moindre mouvement qu'il feroit, on menaçoit de les poignarder. En effet, ils étoient liés, & avoient chacun auprès d'eux un Indien, avec un poignard nud à la main. Ils dirent qu'étant deſcendus à terre, on les avoit dépouillés, & qu'après pluſieurs mauvais traitemens, on les avoit fait paſſer la nuit au Sep (*). Après cet entretien, les bateaux s'en retournerent à terre.

Le lendemain ils reparurent; & on apprit que le Roi du pays, à qui l'on avoit mandé l'arrivée de ce vaiſſeau, envoyoit un Miſſionnaire, pour s'informer de ce que c'étoit.

Deux jours après le ſieur Gouge, François de nation, né en Picardie, & Prêtre Miſſionnaire, arriva de la part du Roi. Il étoit venu en cette contrée en 1685, ſur l'Eſcadre de M. de Chaumont, & il y étoit demeuré depuis ce tems. Ce bon Eccléſiaſtique mériteroit ici un éloge particulier; ſon zéle ardent à rendre ſervice aux deux priſonniers, le danger qu'il courut en s'expoſant au reſſentiment des Habitans du pays, marquent le caractere d'un homme de bien, & digne de ſon état.

Le lendemain le fils du Roi arriva au village. Informé du mauvais traitement qu'on avoit fait aux deux Officiers, il venoit s'en faire rendre compte; il écouta leurs plaintes, & promit de leur rendre juſtice, mais il voulut que le Capitaine du vaiſſeau, ou ſon ſecond deſcendît à terre. On ne crut pas devoir ſe refuſer à ſa demande. M. Gravé de la Belliere, Capitaine en ſecond, ſe rendit auprès de lui. Ce

(*) Eſpece de Pilori.

Prince le reçut honorablement, & lui apprit que le Roi son pere l'avoit envoyé pour s'informer des insultes que les Etrangers avoient reçues, & leur en faire faire une réparation convenable. Ensuite il les fit tous conduire chez un Mandarin, où on leur servit un dîner, qui fut suivi d'une comédie, le tout à la maniere du pays.

Le spectacle fini, les Officiers furent conduits à l'Audience du Prince, pour être témoins du châtiment des coupables. On les amena le Sep au col, & on les fit asseoir le dos tourné devant lui, comme indignes de le regarder. Après une réprimande des plus séveres sur leur mauvaise foi, il les condamna à l'amende de 50 mille caches (*), & à chacun 50 coups de bambous (**) sur les reins.

Après cette exécution, M. Gravé eut permission de s'en retourner, sous condition cependant qu'il reviendroit le lendemain, & on promettoit de lui remettre les deux Officiers, & de lui donner des rafraîchissemens qu'on faisoit venir. On permit aussi à la chaloupe de faire de l'eau.

M. Gravé ne crut pas devoir s'opposer à ce qu'on exigeoit de lui. Il partit & revint le jour suivant auprès du Prince, qui le reçut fort civilement, & l'invita avec les deux Officiers à dîner chez lui. Après le repas on joua la comédie, qui fut interrompue par un *Mandoye* ou courier du Roi, chargé d'une lettre adressée au Prince, contenant en substance, que l'intention de Sa Majesté étoit » que le » vaisseau levât l'ancre de la rade où il avoit mouillé, pour » aller dans un meilleur port, & entrer dans une grande » riviere, éloignée de huit ou neuf lieues au-delà; que

(*) Cette somme vaut 25 écus de notre monnoie.

(**) Gros roseau très-dur.

souhaitant

» ſouhaitant voir les Officiers, il vouloit qu'ils fuſſent con-
» duits par terre juſqu'à *Fenerie*, où il faiſoit ſa reſidence ».

Cette lettre fut un motif au Prince pour ne pas tenir la promeſſe qu'il avoit faite le jour précédent. On eut même beaucoup de peine à obtenir de lui la permiſſion d'envoyer à bord du vaiſſeau un des Officiers informer le Capitaine des nouveaux ordres du Roi. Il ne l'accorda qu'à condition que celui qu'on dépêcheroit reviendroit le même jour. Mais pour ne pas ſe démentir de la bonne intention qu'il avoit d'abord marquée, il envoya deux buffles, quelques cochons, & d'autres rafraîchiſſemens.

Il eſt aiſé de voir par la premiere demande, qu'on avoit deſſein de s'emparer du vaiſſeau, en l'attirant dans un endroit d'où il n'eût pas eu la liberté de prendre le large ; mais M. le Gac étoit trop prudent pour donner dans le piege. Il s'en excuſa, ſous prétexte des vents contraires, & de quelques inconvéniens qu'il fit naître. Sans riſquer ſon vaiſſeau ni ſon équipage, il attendit pour voir où aboutiroient les menées de ces peuples ; & il ne voulut abandonner qu'à la derniere extrémité, des Officiers qui s'étoient ſacrifiés pour le ſervice & les beſoins de tous.

On ne put pas de même éluder le voyage de *Fenerie*. Il fallut s'y diſpoſer, & eſſuyer des fatigues incroyables. Néanmoins le manque de vivres, les chemins preſque impraticables, les incommodités d'un climat brûlant, ne leur furent pas ſi ſenſibles que la dureté & l'inſolence de leurs conducteurs. Ces miſérables eurent pour eux des façons ſi barbares, qu'ils furent pluſieurs fois forcés d'en porter leurs plaintes au Prince qui venoit avec eux.

Après neuf jours de marche, ils arriverent enfin à *Fenerie*. Ils mirent plus de tems qu'il n'en falloit pour s'y rendre, parce qu'ils furent retardés sous différens prétextes: on les obligeoit quelquefois de retourner sur leurs pas, ou de s'écarter du vrai chemin; on les conduisoit aussi sur le rivage pour communiquer différens ordres, ou donner des avis à bord du vaisseau.

A leur arrivée, ils allerent descendre dans la maison du Missionnaire, qui n'épargna rien pour les bien recevoir. Il leur procura tous les secours qui dépendirent de lui, jusqu'à se priver de son nécessaire. Plusieurs chrétiens du pays les vinrent visiter, & leur apporterent des vivres pendant le séjour qu'ils firent.

Le lendemain, le Roi leur envoya dire par un Officier, qu'il souhaitoit les voir le même jour. Ils partirent, accompagnés du Missionnaire, & passerent à cheval une riviere étroite, mais profonde de dix pieds. Ils trouverent à l'autre bord une nombreuse populace, que la curiosité y avoit attirée. De-là ils furent conduits à la salle d'audience. L'édifice n'offroit rien qui pût charmer les yeux; il n'étoit relevé ni par l'architecture, ni par la richesse des ornemens. C'étoit seulement une espece de halle, composée de deux grands corps de bâtimens, sans étages, soutenus par des colonnes de bois rouge fort simple. Le Trône où le Roi étoit assis ne se ressentoit en rien de l'éclat & de la magnificence de ceux de ces Rois orientaux, dont plusieurs voyageurs ont laissé de si pompeuses descriptions. C'étoit un simple marche-pied, élevé & couvert d'un tapis: derriere il y avoit un paravent de vernis de la Chine. L'habillement du Roi consistoit en une robe de damas noir, brodée d'or, mêlée de nacre, avec des agraffes, & au-dessus une toile de coton fort fine, garnie par le bas d'une frange d'or, ſurmontée d'un petit galon d'or. Sa couronne étoit de drap rouge, ſans pierreries, bordée ſeulement d'un petit galon d'or du Japon. Il avoit pour chauſſure de petites bottines : j'obſerverai qu'il n'y a que lui à qui dans le Royaume il ſoit permis d'être chauſſé.

La garde qui l'environnoit étoit compoſée de douze hommes, vêtus de ſoie rouge, avec un turban de la même couleur. Chacun d'eux tenoit un ſabre, dont la poignée étoit garnie d'or. A ſa gauche on voyoit quatre Mandarins *Loyes*, habillés comme le Roi, à l'exception des bottines, & qui avoient auſſi des gardes. A ſa droite, un Mandarin de la *Cochinchine*, enſuite pluſieurs autres Mandarins, placés chacun ſelon ſon rang, avec environ deux cens Officiers, tous mis fort proprement.

On fit placer les Etrangers & le Miſſionnaire à l'entrée de la ſalle. Le Roi, après les avoir conſidérés quelque tems, leur fit préſenter le *Betel*, & leur fit dire qu'il étoit ravi de voir des Français, & charmé de faire plaiſir aux ſujets d'un Roi, dont la grandeur, la puiſſance & la réputation s'étendoient juſques dans ſes Etats. Leur réponſe, qui marquoit la reconnoiſſance qu'ils auroient de ſes bontés, fut interprétée au Roi. Il leur témoigna ſa ſatisfaction par une inclination de tête, & ſe retira avec ſa ſuite.

Peu de tems après on les introduiſit dans la ſalle à manger. Le Roi & ſa Cour étoient déjà à table. On en avoit préparé une pour eux, ſervie de quatre quartiers de cochon, deux rôtis & deux bouillis, de quelques poules, & d'autres mets à la mode du pays. Ce premier ſervice fut relevé par des blancs de poules hachés, avec quelques confitures. Le Roi leur fit donner de ſa boiſſon qu'ils trouverent bonne; après quoi on joua la comédie.

A la fin du ſpectacle, un des principaux Mandarins envoya demander à M. Gravé 30 necunes, qui font 420 piaſtres d'Eſpagne. Il alléguoit que cette ſomme étoit pour fournir le vaiſſeau de rafraîchiſſemens, & que l'uſage chez eux étoit de payer d'avance. Sur ce qu'on lui remontra que cette ſomme étoit exorbitante, il la réduiſit à 5, c'eſt-à-dire à 70 piaſtres; mais M. Gravé ayant dit qu'il n'étoit pas alors en état d'y ſatisfaire, on lui permit d'envoyer à bord du vaiſſeau un Officier chercher l'argent. Dans cette intervalle, le Roi lui fit demander s'il vouloit voir ſon palais, qui n'étoit qu'à un quart de lieue, il le remercia de l'honneur de cette offre, & ſe retira avec les autres.

Pendant ces feintes politeſſes, les Mandarins tinrent un conſeil, où ils réſolurent de faire venir de *Camboſa* un Mandarin expérimenté dans la guerre, & de lui donner le commandement de pluſieurs galeres qu'ils armeroient pour enlever le vaiſſeau. Ils firent à cet effet défiler le long des côtes pluſieurs troupes, qui devoient ſe rendre à l'endroit du débarquement pour cette expédition. Heureuſement que quelques chrétiens donnerent avis de ce deſſein au Miſſionnaire, qui le communiqua à M. Gravé, & en informa le Capitaine du vaiſſeau, à bord duquel il eut ordre de ſe rendre avec l'Officier chargé d'aller chercher les 70 piaſtres dont on étoit convenu. M. le Gac là-deſſus ſongea à prendre ſes meſures. Sa premiere idée étoit de lever l'ancre, mais il eut honte d'abandonner ſes Officiers. D'ailleurs un départ précipité eut été, même pour le ſieur Gouge, d'une fâcheuſe conſéquence. Ce Miſſionnaire repréſenta qu'ils étoient expoſés à être dépouillés; que lui-même ne ſeroit pas épargné ſur le ſoupçon d'avoir donné lieu à l'évaſion; qu'alors abandonnés & errans dans le pays, non-seulement la misere les y accableroit, mais que la populace maligne & impitoyable exerceroit sur eux mille cruautés, comme il étoit arrivé à l'équipage d'un vaisseau hollandais qui avoit péri sur la côte, sans que son malheur eût pu toucher en rien ces barbares.

On peut juger de la crainte que peut imprimer un tel récit dans des personnes qui se trouvent exposées à un semblable danger. Au retour du sieur Gouge & de l'Officier, M. Gravé & ses compagnons firent de nouveaux efforts pour leur liberté. Ils allerent trouver le Prince, dans l'intention de lui faire de fortes remontrances sur les mauvais procédés qu'on tenoit à leur égard, contre le droit des gens & la bonne foi. Le Missionnaire ne les y accompagna pas, jugeant qu'il étoit plus prudent de se faire demander. La chose arriva comme il le souhaitoit. Le Prince qui ne put comprendre ce qu'ils lui disoient, manda le sieur Gouge, qui lui fit un discours pathétique pour appuyer leurs raisons. Il répondit que le Roi, les Mandarins & lui n'étoient pas de même avis; que cependant leurs intérêts lui étoient chers, mais qu'il les prioit de ne plus le voir, par ce qu'il ne vouloit pas se commettre avec les Mandarins du conseil. Il les reçut au surplus avec beaucoup de franchise, les fit boire & manger chez lui; & poussa la galanterie jusqu'à leur offrir des femmes, dont ils le remercierent.

Le même jour, vers le soir, le Missionnaire eut ordre du premier Mandarin, d'aller à bord du vaisseau demander de sa part les 30 necunes ou 420 piastres qu'il avoit démandées en premier lieu, & de faire en sorte que le Capitaine montât avec son équipage à une lieue au-dessus de l'embouchure de la riviere *Baria.* Il ne s'acquitta de cette commission qu'avec bien du regret : M. Gravé & les deux Officiers le chargerent d'une letttre pour M. le Gac. Ils lui mandoient que , » déses-» pérant de sortir des mains de ces barbares , il pouvoit » appareiller quand il voudroit, qu'ils étoient déterminés à » souffrir tous les maux qu'entraîne après soi la captivité. » M. le Gac pénétré d'une vive douleur , pria le sieur Gouge de proposer aux Mandarins le rachat de ses Officiers , pour la somme qu'ils demandoient , qu'il leur laissoit quatre jours pour réfléchir sur ses offres , mais que ce tems expiré il mettroit à la voile.

Cette proposition fut faite au Mandarin. Aussi-tôt il se rendit au village vis-à-vis lequel étoit le vaisseau , pour en conférer avec les autres Mandarins ; & en même-tems il fit partir pour le même endroit le sieur Gouge , M. Gravé & les deux Officiers , faisant espérer de renvoyer de-là les trois derniers à bord du vaisseau. Mais le Missionnaire apprit par des chrétiens, bien informés , que le Mandarin alloit dans ce village pour faire attaquer le vaisseau, qu'il croyoit bien chargé d'argent ; que son intention étoit de mettre le Prêtre & les trois Officiers , chacun dans une galere ; & que si le vaisseau faisoit la moindre résistance , ou que quelqu'un des siens fût tué , il les sacrifieroit à sa vengeance.

Ils se mirent donc en chemin , après s'être recommandés à Dieu , & ils allerent coucher le même jour à une lieue du village , où se méditoit l'entreprise. Ils y trouverent le Prince qu'ils saluerent , & dont ils implorerent la protection. Ils les assura qu'il assisteroit au conseil , qu'il y prendroit leurs intérêts , & qu'il tacheroit de rompre les desseins des Mandarins. M. Gravé lui fit présent de son épée , sur l'envie qu'il en marqua ; mais ce Prince en l'acceptant, le pria de n'en point parler aux Mandarins, parce qu'il avoit des mesures à garder avec eux.

Le lendemain au matin on entendit tirer un coup de canon du vaisseau. Le conseil fit demander à M. Gravé ce que cela signifioit. Il répondit que c'étoit le signal du départ ; dans le moment les Mandarins entrerent en composition, de sorte qu'après plusieurs conférences de part & d'autre, le zélé Missionnaire répondit sur sa tête de la sûreté des conventions ; savoir, que les trois Officiers seroient embarqués dans un bateau avec huit nageurs, & que le sieur Gouge les accompagneroit à bord de leur vaisseau pour recevoir les 420 piastres de rançon. On fit aussi partir un second bateau, sous prétexte d'escorte, avec dix ou douze hommes armés de sabres & de lances, qui suivoient le premier. Ils arriverent à sept heures du soir près du vaisseau, la chaloupe vint les recevoir. On fit au Missionnaire mille remercimens pour les soins qu'il avoit pris dans une affaire si épineuse, & pour l'heureux succès de sa négociation. On lui compta les 420 piastres, & il s'en retourna à terre.

Le lendemain au matin le sieur Gouge revint à bord du vaisseau de la part des Mandarins, demander la chaloupe pour faire transporter des buffles, des cochons, des poules & autres rafraîchissemens qu'ils offroient. M. le Gac répondit qu'il les recevroit, si les Mandarins vouloient les lui envoyer dans un bateau du pays, que pour lui il n'étoit plus d'humeur de risquer désormais à leur caprice, sa chaloupe ni personne de son équipage. Le Missionnaire l'approuva, & après avoir reçu de nouvelles marques d'amitié, il prit congé. A l'inſtant le vaiſſeau appareilla pour ſe rendre à *Pulo-Condor*, où il avoit ordre de toucher, avant d'aller à la *Chine*. La détention des Officiers le fit reſter trente jours à la côte de *Ciampa*.

Quoique cette relation ne ſoit point eſſentielle à mon ſujet, je l'ai inſérée ici, pour donner une idée du caractere des Habitans de cette côte. Ceux qui juſqu'ici ont cru y former des établiſſemens avantageux, étoient mal inſtruits du génie de ces Peuples; & les vaiſſeaux qui s'approcheront de cet endroit, doivent prendre de juſtes meſures pour n'y point relâcher. M. Gravé qui a envoyé à la Compagnie cette relation, dont ceci n'eſt qu'un extrait, y fait voir les vies & mœurs de ces Habitans, dont il s'eſt informé pendant ſa détention. Je crois faire plaiſir au Public de lui apprendre ce qu'il en dit, après quoi je reprendrai le détail de la côte, que j'ai interrompu.

Les *Cochinchinois* & les *Loyes* ſont deux Peuples différens. Les premiers ſont ſortis de la *Chine* dans le tems que les Tartares en firent la conquête, & ils reſſemblent aux *Chinois* par les traits, la barbe & l'habillement, excepté qu'ils ne ſont point couper leurs cheveux. Ils portent dans les cérémonies une grande robe noire comme les Gens de Juſtice en France. Ils ſe regardent comme fort au-deſſus des autres Nations, & ſe croient plus ſavans & plus adroits, quoique d'un génie fort borné, puiſqu'ils ignorent abſolument le commerce, & juſqu'à l'agriculture. Ils ſont fort pauvres. Leurs forces conſiſtent en quelques galeres, armées ſeulement de quarante à quarante-cinq hommes chacune, de deux petits canons, de mouſquets, de piques, de ſabres & de ſagayes, dont ils ſe ſervent avec adreſſe. Leurs Officiers portent une robe

robe de ſoie noire ouverte ſur les côtés, avec un bonnet de crin en pain de ſucre, & par derriere une queue. Les Soldats ont la manche un peu plus petite, & leur bonnet eſt de peau de buffle, ſemblable à une toque. On le dit à l'épreuve du ſabre.

Les *Loyes* ſont naturels du Royaume de *Ciampa.* Ils ont eſſuyé une longue guerre contre les *Cochinchinois*, & en ſont enfin devenus tributaires par un traité de paix qui fut conclu entre ces deux Peuples au commencement de ce ſiecle. Les conditions furent, que le Roi de *Ciampa* demeureroit paiſible poſſeſſeur de ſes Etats, mais qu'il rendroit hommage à celui de la *Cochinchine*, dont un Mandarin occuperoit la ſeconde place au Conſeil Royal de *Ciampa*, où l'on ne pourroit rien décider ſans ſon conſentement.

Les *Loyes* ſont grands, nerveux & mieux faits que les *Cochinchinois.* Ils ont le teint rougeâtre, le nez un peu écraſé, les cheveux longs & noirs, de petites mouſtaches, un peu de barbe au menton. Leur habillement eſt une chemiſe & une culotte de coton, par-deſſus une pagne blanche, en forme de jupe, avec une frange d'or ou de ſoie, ſelon la qualité ou le moyen des perſonnes. Les gardes du Roi & des Mandarins ſont habillés différemment des *Cochinchinois.* Ils ont au lieu de robe une cabaye blanche avec le turban. Les Officiers la portent un peu plus longue que les ſoldats.

Le caractere de ces Peuples eſt bien différent de celui des autres. Ceux-ci ſont plus humains & plus affables avec les étrangers; plus laborieux, plus riches, mais moins forts par terre que les *Cochinchinois*, dont le nombre eſt plus grand. Par mer les *Loyes* l'emportent; leurs galeres ſont mieux conſtruites. Leurs bateaux en forme de tartane leur ſervent à la pêche, dont ils tirent beaucoup de poiſſon.

Il y a parmi eux la Caste des *Moyes* ; ils habitent la montagne, & on les emploie aux gros travaux, comme les esclaves : un seul morceau de toile couvre leur nudité. Ces deux Nations ont, à peu près, les mêmes Loix. Il y a une grande subordination depuis les Rois, les Mandarins, les personnes en charge jusqu'au petit peuple ; mais si la police y regne, l'équité & la droiture en sont exclues. On est puni pour la moindre faute. La populace ne peut point garder chez soi d'argent. Celui à qui on en saisiroit, seroit condamné par le Mandarin du lieu à une amende, ou à une rude bastonnade. Leur monnoie est de cuivre, grosse comme un liard, & s'appelle *Cache*. Il en faut cent pour une *Amarade*, qui vaut trente sols de notre monnoie. La charge de Mandarin s'accorde à celui qui donne une plus grosse somme au Roi ; & plus il paie de forts droits, plus sa dignité est élevée. Mais il y a une différence, c'est que les Mandarins *Loyes*, quand ils ne sont pas assez riches pour satisfaire à ces droits, ont seuls le privilege d'emprunter, à des intérêts considérables, de l'argent des femmes du Roi. Elles font valoir ce commerce, & c'est-là tout leur revenu ; d'où il arrive que chacun de ces Principaux tire le plus qu'il peut dans son district, & que les sujets n'en sont pas mieux.

La religion est libre dans ce pays comme à la *Chine*. Les plus dominantes sont le Mahométisme & la Loi de *Confucius*. L'idolatrie y regne aussi. Les uns adorent les Animaux, d'autres le Soleil, la Lune, les Etoiles ou le Ciel. Une chose extraordinaire est que les Mahométans mangent du Cochon, offrent leurs femmes, excepté la légitime qu'ils ne peuvent répudier, sans l'avoir convaincue d'infidélité. Les mariages se font ſans cérémonies & à peu de frais. La volonté des parties ſuffit : ils mangent après du *Bétel*. En général, ils ne vivent que de ris & de poiſſon ſec, même à moitié pourri ; mais en revanche ils boivent beaucoup de raque, (*) & s'enivrent ſouvent.

La partie méridionale de ce Royaume produit un peu de coton, de l'indigo & de mauvaiſe ſoie : auſſi les Habitans n'ont de commerce qu'entre eux, & la pêche en eſt le plus conſidérable.

Du côté du nord, les *Chinois* envoient pluſieurs vaiſſeaux par an, chargés de thé, de ſoie inférieure, de porcelaine, & de quelques denrées du pays. Ils prennent en échange de l'or, qui eſt d'un plus haut titre que celui de la *Chine* ; ils s'accommodent encore d'un bois de ſenteur qui croît ſur cette côte, pour brûler ſur le tombeau de leurs parens, & pour honorer leurs pouſas & leurs images. Ce commerce fut interrompu, il y a environ 25 ans, par les mauvais traitemens que ces Peuples firent aux *Chinois*, dont ils pillerent & brûlerent quelques vaiſſeaux, ſans vouloir leur en rendre juſtice. Depuis ce temps, ces derniers n'y commercent qu'avec de grandes précautions ; & ceux-ci, pour ſe venger, ont inventé de nouveaux droits d'encrage ſur les marchandiſes, qu'ils font payer avant que de négocier. Leurs Mandarins, ſous prétexte de meſurer les vaiſſeaux, viſitent dans les coffres des particuliers, & en emportent ce qui leur convient. Ces exactions ſont trop criantes pour n'y pas faire tomber le commerce ; & s'ils maltraitent ainſi leurs voiſins, que n'en doivent point attendre les Européens, peuples inconnus pour eux, & qu'ils ne voient que par accident ?

(*) Eau-de-vie du pays.

DESCRIPTION *Géographique de la* Cochinchine.

LA *Cochinchine*, telle qu'elle eſt aujourd'hui, s'étend depuis les 20 degrés environ de latitude nord, juſqu'à l'île *Condor* qui eſt par les 8° 40′, & comprend dans ſon gouvernement le *Ciampa* dont les Rois de la *Cochinchine* ſe ſont rendus maîtres par la force de leurs armes : on la diviſe ordinairement, ſelon cette étendue, en douze provinces, qui ſe ſuivent toutes du nord au ſud dans l'ordre que je vais les rapporter ici, ſavoir :

Dinh-ngoi, Quang-Binh, Dinh-cal, Hue, Cham, Quang-ngia, Qui-ninh, Phu-yen, Bin-khang, Nha-itang, Binh-thoan, Dou-nai.

Quand je dis que ces Provinces ſe ſuivent toutes du nord au ſud, je ne prétends pas pour cela les mettre ſous le même méridien, ni ſous le même rumb de vent, ce qui ſeroit une erreur d'autant plus groſſiere, que la *Cochinchine* forme un arc aſſez imparfait.

L'extrémité nord de la Province de *Dinh-ngoi*, qui paroît ſituée au nord-nord-oueſt quelques degrés nord de *Hue*, confine immédiatement avec le *Tonquin*, dont elle n'eſt ſéparée que par une riviere que les *Cochinchinois* appellent *Sou-ganh*, & qui a ſon embouchure à la hauteur d'environ 20 degrés de latitude, eſtimée par la diſtance de près de ſoixante lieues que l'on compte de-là à *Hue*, qui eſt par les 17 degrés & demi de latitude obſervée. Cette Province n'a guere que vingt lieues d'étendue dans le ſud où elle eſt bornée par les fortifications que les *Cochinchinois* ont élevées autrefois, pour ſe mettre à couvert des irruptions des *Tonquinois*, & qui ſont revêtues d'un boulevard, lequel, ſuivant ce que je puis conjecturer, s'étend des montagnes à la mer, & eſt revêtu de paliſſades & d'une double haie de bambous.

C'eſt à ces fortifications, qui ſont à la hauteur d'environ 19 degrés, que ſe trouve l'extrémité nord de la Province de *Quang-Binh*, laquelle ſe prolonge enſuite l'eſpace de vingt lieues dans le ſud, en tirant cependant un peu ſur ſa fin vers le ſud-eſt.

La Province *Dinh-cal* qui ſuit immédiatement, ſe prolonge dans le ſud-eſt & le ſud-quart-ſud-eſt, juſqu'aux 17 degrés & demi.

Ces trois Provinces ſont bornées à l'eſt & au nord-eſt par le golfe du *Tonquin*, & à l'oueſt par une chaîne de montagnes qui s'étendent juſqu'aux extrémités de *Ciampa*, & dont la partie la plus oueſt confine dans cet endroit avec le *Laos*; mais comme la diſtance qu'il y a de ces montagnes à la mer eſt fort inégale dans la partie du ſud de ces Provinces, & principalement des deux premieres, il eſt aſſez difficile d'aſſigner au juſte l'étendue qu'elles peuvent avoir de l'eſt à l'oueſt : je crois cependant qu'elle n'eſt pas de plus de dix lieues dans les deux premieres, ni de plus de quinze dans la troiſieme.

Hue, Province de la Cour, & la capitale du Royaume, commence à la hauteur de 17 degrés & demi, & s'étend juſqu'aux 16 degrés & demi, où elle ſe termine par des montagnes qui giſſent eſt & oueſt, & qui s'avancent juſqu'à la mer. Cette Province qui paroît faire à peu près le ſud-eſt & le ſud-quart-ſud-eſt, eſt bornée au nord-eſt par le golfe du *Tonquin*, à l'eſt par celui de la *Cochinchine*, & à l'oueſt par cette chaîne de montagnes, dont la partie la plus oueſt confine encore dans cet endroit avec le *Laos*. La plus grande étendue qu'elle puiſſe avoir de l'eſt à l'oueſt n'eſt guere que de quinze à vingt lieues dans ſon extrémité nord ſeulement; car à proportion qu'elle ſe prolonge dans le ſud-eſt & le ſud-quart-ſud-eſt, elle eſt tellement reſſerrée par les montagnes & par la mer, que ſa largeur dans cette partie eſt fort peu de choſe.

Cham, la plus diſtinguée de toutes les Provinces, après celle de la Cour, & la plus commerçante de tout le Royaume, commence à la hauteur de 16° 7', qui eſt la latitude obſervée de l'entrée de la baie de *Touran*, le plus beau de tous ſes ports, & s'étend juſqu'au 15 degrés & demi ou environ. Cette Province qui paroît faire d'abord le ſud-eſt, enſuite le ſud-eſt & le ſud-eſt-quart-ſud, tire ſur ſa fin vers le ſud-eſt & le ſud-quart-ſud-eſt. Elle eſt bornée au nord-eſt par le golfe de la *Cochinchine*, à l'eſt par l'embouchure nord du canal qui gît entre le *Paracel* & le continent, & à l'oueſt par cette chaîne de montagnes, dont la partie la plus oueſt confine d'une part avec le *Laos*, & de l'autre avec des deſerts. Elle peut avoir depuis dix, quinze, juſqu'à trente lieues environ d'étendue de l'eſt à l'oueſt.

La Province de *Quang-ngia* commence à la hauteur de 15 degrés & demi, qui eſt à peu près la latitude obſervée de l'île *Canton*, & s'étend juſqu'aux 14 degrés où elle ſe termine par une montagne qu'on appelle la montagne de *Ben-da*, laquelle gît preſque eſt & oueſt, & s'avance juſqu'à la mer. Cette Province qui paroît faire le ſud-eſt & le ſud-quart-ſud-eſt, eſt bornée au nord-eſt par l'embouchure du canal du *Paracel*, à l'eſt par le même canal, & à l'oueſt par cette chaîne de montagnes, dont la partie la plus oueſt confine dans cet endroit avec des deſerts. La plus grande étendue qu'elle puiſſe avoir de l'eſt à l'oueſt, n'eſt guere que de quinze lieues, encore ne les a-t-elle pas dans pluſieurs endroits, & ſur-tout vers ſon extrémité ſud, où elle eſt plus reſſerrée.

La Province de *Qui-ninh* commence vers le milieu de la montagne de *Ben-da*, qui ſe trouve à la hauteur d'environ 14 degrés, & s'étend juſqu'aux 13° 40′ où elle ſe termine auſſi par des montagnes qui prennent de l'eſt à l'oueſt, & s'avancent juſqu'à la mer. Cette Province qui paroît faire le ſud-eſt & le ſud-eſt-quart-ſud, en tirant cependant ſur la fin vers le ſud-quart-ſud-eſt, eſt bornée à l'eſt & au nord-eſt par le canal du *Paracel*, & à l'oueſt par cette chaîne de montagnes, dont la partie la plus oueſt confine dans cet endroit avec des deſerts qui ſe terminent au *Camboſa*. Sa plus grande étendue de l'eſt à l'oueſt eſt d'environ vingt lieues; mais elle eſt beaucoup moindre vers ſon extrémité ſud.

La Province du *Phu-yen*, la plus montagneuſe de toute la *Cochinchine*, & cependant la plus cultivée & la plus fertile, commence à la hauteur d'environ 13° 40′, & s'étend juſqu'aux 12° 40′ où elle ſe trouve comme bornée par de prodigieuſes montagnes qui vont de l'eſt à l'oueſt, & s'avancent juſqu'à la mer. Il y a ſur une de ces montagnes un rocher fort élevé, qui ſe voit en mer de fort loin, & que les Portugais appellent la *Pagoda*. Cette Province qui paroît faire un peu plus que le ſud-ſud-eſt, en tirant cependant ſur ſa fin vers le ſud-quart-ſud-eſt, eſt bornée au nord-eſt par le canal du *Paracel*, à l'eſt par l'extrémité ſud du même canal, & à l'oueſt par cette chaîne de montagnes, dont la partie la plus oueſt confine dans cet endroit avec des déſerts du *Cambosa* : ſon étendue de l'eſt à l'oueſt, qui eſt fort inégale, peut être d'environ vingt à vingt-cinq lieues vers le milieu de la Province, car elle eſt bien moindre dans ſes autres parties.

La Province de *Bin-khang* & celle de *Nha-itang* ſont les deux plus petites Provinces de la *Cochinchine*, ce qui m'engage à les joindre ici enſemble. Elles s'étendent depuis 12° 40′ juſqu'à 11° 40′ environ. La premiere paroît d'abord faire le ſud l'eſpace d'environ dix lieues, & enſuite l'eſt, où elle ſe termine par de petites montagnes, qui ſont à la hauteur d'environ 12° 10′, & qui prenant de l'eſt à l'oueſt, s'avancent juſqu'à la mer. La ſeconde paroît faire le ſud-ſud-oueſt & le ſud-oueſt, & s'étend ainſi juſqu'à 11° 40′, où elle confine avec les déſerts du *Ciampa*, qui ſont un peu au-delà du cap *Comorin*.

Ces deux Provinces ſont bornées à l'eſt par l'embouchure ſud du canal du *Paracel*, & à l'oueſt par cette chaîne de montagnes, dont la partie la plus oueſt confine dans cet endroit avec le *Cambosa*. Elles ſont tellemenr reſſerrées l'une & l'autre par la mer & par les montagnes, que la plus grande étendue qu'elles aient de l'eſt à l'oueſt, n'eſt guere que de dix à douze lieues, vers leur milieu ſeulement ; car elles n'en ont preſque point dans toutes les autres parties.

La Province de *Binh-thoan*, autrement dite le *Ciampa*, eſt habitée par deux peuples différens : ſavoir, les *Cochinchinois* & les *Loyes* : ceux-ci ont un Roi qui les gouverne ſelon leurs loix & leurs uſages, & qui tient ſa Couronne des

mains

mains des Rois de la *Cochinchine*, depuis que ces derniers se sont rendus maîtres de ce petit Royaume, qui s'étendoit autrefois jusques dans les Provinces du *Phu-yen* & du *Quininh.* Les autres Provinces ont leurs Mandarins qui les gouvernent conformément aux loix & aux coutumes de la *Cochinchine*: ainsi le *Ciampa* peut être appellé Province & Royaume tout ensemble ; Province, par rapport au gouvernement de la *Cochinchine* dont il fait partie, & duquel il est véritablement dépendant ; & Royaume, par rapport aux *Ciampanois*, qui ont un Roi qui leur est propre, quoique vassal de celui de la *Cochinchine.*

Le *Ciampa* s'étend depuis 11° 40′ jusqu'à 10° 30′ environ, où il confine immédiatement avec le *Cambosa.* Il paroît faire d'abord le sud-ouest, & tirer ensuite vers l'ouest-sud-ouest : il est borné à l'est, & au sud-est par la mer qui forme d'un côté l'embouchure sud du canal du *Paracel*, & de l'autre le golfe de *Siam* ; & à l'ouest par l'extrémité sud de cette chaîne de montagnes, qui confine de l'autre part avec le *Cambosa.* Son étendue de l'est à l'ouest qui n'est pas égale par-tout, peut avoir vingt-cinq à trente lieues pour le moins.

Enfin, la Province de *Dou-nai*, la plus étendue de toute la *Cochinchine*, comprend toute cette partie du *Cambosa*, qui est entre le *Ciampa* & *Pontiamasse*, & contient cinquante à soixante lieues de pays, tant dans le sud-ouest & l'ouest-sud-ouest, que du nord au sud.

Voilà ce que j'ai de mieux à dire, touchant la situation & l'étendue de la *Cochinchine*, dont je ne prétends pas donner ici un plan qui soit correct & sans erreur, mais seulement un à peu près, qui puisse donner une idée moins vague & moins défectueuse que celle qu'on a eue jusqu'à présent de ce Royaume. Je prie de remarquer aussi que l'intérieur & le haut de toute cette chaîne de montagnes, qui s'étend du nord au sud, & qui borne la *Cochinchine* du côté de l'ouest, sont habités par une multitude prodigieuse de Negres, que les *Cochinchinois* appellent *Moyes*, & dont les plus voisins de ceux-ci paient tribut au Roi de la *Cochinchine*. Ainsi, dans la longueur que j'ai assignée à chaque Province, je n'ai compris que cet espace de terrein qui est le plus habité par les *Cochinchinois*, & qui ne comprend pas seulement le plat pays, lequel par-tout est bien peu de chose, mais le pied, & même une petite partie de ces montagnes, où ces derniers ont leurs habitations.

DES ISLES qui sont au large de la côte de Ciampa.

Pulo-Cecir-de Mer.

QUINZE lieues deux tiers au sud-est de l'île du *Tigre*, par 10° 32′ de latitude, gît *Pulo-Cecir*, surnommée de *Mer* *, pour la distinguer de l'autre *Cecir*, voisine de la côte, & éloignée de huit lieues à l'est-nord-est de la même île du *Tigre*. *Cecir-*

* La distance de cette île à la côte de *Ciampa*, & sa latitude sont conformes aux remarques que j'ai faites en 1738, en revenant de la *Chine*, dans le vaisseau *le Prince de Conti*. Une erreur imprévue, causée par les courans, nous engagea dans ce canal. Ils nous transporterent en très-peu de tems à la vue de la terre-ferme, au moment où nous croyions être au large des îles. Le 17 Janvier, après avoir observé 10° 58′ de latitude, & fait une lieue & demie au sud-ouest, nous eumes connoissance de la côte de *Tsiompa* au nord-ouest, & ensuite de l'île *Cecir-de-Mer* au sud-sud-ouest. Ces terres étant reconnues, la nuit qui s'approchoit, ne nous permettant pas de faire assez de chemin pour doubler le banc de la *Cour de Hollande*, incertains d'ailleurs de sa véritable situation, à cause du peu de rapport entre les anciennes cartes & le sentiment des Routiers, nous prîmes le parti de courir à petites voiles,

de-Mer s'étend environ deux lieues nord - eſt & ſud - oueſt : le terrein en eſt ſec , ſtérile , d'une couleur jaunâtre ; au milieu s'éleve une montagne , au ſud d'autres monticules. A trois quarts de lieue de la pointe du nord-oueſt, il paroît un gros rocher , & à une portée de canon de la pointe du nord-eſt, un îlot , dont le terrein eſt rougeâtre. Pluſieurs rochers deſſus & deſſous l'eau l'environnent ; de ces rochers à l'île s'étend un banc de ſable.

A moitié chemin de l'île du *Tigre* à *Pulo-Cecir-de-Mer* , on rencontre le banc de la *Cour de Hollande* , ſur le plus haut duquel il n'y a , à ce qu'on prétend , que 4 braſſes. En revenant de la *Chine* , j'ai mouillé , comme je viens de le dire dans la note précédente, près de ſon accore du nord par 25 braſſes, fond de petites pierres ; de-là ayant vu & relevé *Pulo-Cecir-de-Mer* , je reconnus que la partie du nord de ce banc eſt ſituée au nord-nord-oueſt de cette île. Les vaiſſeaux qui viennent du nord & du ſud éviteront ce banc , s'ils rangent *Pulo-Cecir* à deux lieues de diſtance , parce qu'ils trouveront un beau canal entre l'un & l'autre , de même qu'entre ce banc & la côte de *Tſiompa* , où la profondeur ſe trouve

bord ſur bord pendant la nuit , & d'attendre au lendemain pour paſſer ce danger. Il y avoit 38 braſſes d'eau, fond de ſable gris, & ſuivant la route qui devoit valoir au moins le nord - oueſt , nous aurions dû trouver enſuite une plus grande profondeur , ſi les cartes euſſent été correctes. Nous nous apperçûmes du contraire , en réitérant la ſonde dont la diminution devenoit ſenſible ; de ſorte qu'à minuit nous trouvant par 25 braſſes fond de roches , on mouilla , dans l'idée que les courans nous portoient ſur le banc. Au jour, nous reconnûmes que nous étions ſur ſon accore du nord , & relevant *Pulo - Cecir-de-Mer* au ſud - ſud - eſt à ſept ou huit lieues de diſtance , la ſituation de ce danger nous devint certaine. Cette remarque me l'a fait déterminer ſur ma carte. Après avoir appareillé de cet endroit , nous gouvernâmes pour approcher de quatre lieues la terre-ferme , enſuite nous fîmes route vers *Pulo-Condor*.

de 23 à 24 brasses, fond de sable, mêlé quelquefois de petites pierres.

A l'est-quart-nord-est de *Pulo-Cecir-de-Mer*, dans l'éloignement de onze lieues, on rencontre une île * avec deux petits îlots, que quelques Navigateurs appellent les *trois Freres*. Elle est de moyenne élévation, & à sa pointe du sud s'avance un récif.

Les *trois Freres.*

Quinze lieues au nord-est, de cette derniere, par 11° 10', se découvre une petite île un peu plus élevée. Toutes les cartes anciennes tracent de l'une à l'autre une ligne

* Le Routier du Pilote Anglais dit au sujet de ces îles, que six lieues à l'est de *Pulo-Cecir-de-Mer*, on voit une île, & à l'est-nord-est une autre; & qu'entre ces deux dernieres le fond est fort mauvais. Il y a apparence qu'il veut parler ici de *Rabo de Lacra*, ou de la *queue du Scorpion*. En ce cas, il s'est trompé sur le gissement de ces deux îles, qui ne sont point à l'est-nord-est, mais au nord-est. Mon sentiment est appuyé d'une preuve rapportée dans le journal du vaisseau l'*Argonaute*, qui en 1730, à son retour de la *Chine*, eut connoissance de l'île la plus nord, & la releva du nord-ouest à l'ouest-quart-nord-ouest, dans l'éloignement de cinq lieues. Elle lui parut, surtout dans son milieu, d'une hauteur à pouvoir être apperçue de dix lieues en mer. Il observa dans ce moment la latitude de 11° 5', de laquelle on peut conclure celle de cette île à 11° 10', ainsi que je l'ai placée sur ma carte. De cette position il gouverna d'abord au sud-ouest, ensuite au sud-ouest-quart-sud; à quatre heures un quart il apperçut l'autre île à l'ouest-sud-ouest à la distance de cinq lieues; & à cinq heures trois quarts il la releva de l'ouest 5° sud à l'ouest-sud-ouest 5° ouest, à trois ou quatre lieues. Cette derniere lui sembla basse, unie & chargée à sa pointe du nord de deux petits mondrins, qu'il prit de loin pour des îles.

Si on réduit maintenant les routes de ce vaisseau, & le chemin qu'il fit, on verra que cette île gît au sud-ouest de la premiere, dans la distance de 15 à 16 lieues; mais le journal de ce Navigateur ne fait aucune mention du mauvais fond qu'on rencontre entre ces îles: il est vrai qu'ayant passé au dehors, il ne s'en est peut-être pas apperçu. Sa route apprend seulement que ce danger ne s'avance pas tant au large que la plupart des cartes le marquent. Comme il cingla de-là vers *Pulo-Condor*, on voit que ces îles sont celles qui se nomment communément *Rabo de Lacra*.

ponctuée en forme de l'accore d'un banc, laquelle semble démontrer que le fond entre ces deux îles est dangereux. Les Portugais appellent ce banc & les îles, *Rabo de Lacra*, *ou la Queue du Scorpion.*

Dix lieues au sud-quart-sud-est des *trois Freres* *, on apperçoit encore deux petites îles, & un gros rocher hors de l'eau, que les Anglais nomment *Jonch Hach Vizhze*, & les Portugais *Pulo-Sapatte*, ou *île du Soulier*, à cause de la ressemblance qu'en a l'îlot le plus oriental, lorsqu'il est vu d'un certain point. Presque tous les vaisseaux qui vont à la *Chine*, aux *Philippines* & au *Japon*, dès qu'ils ne voient plus *Pulo-Condor*, prennent connoissance de *Pulo-Sapatte*, pour diriger leur route avec plus de certitude, & éviter la pierre ou roche d'*Andradé*, que la plupart des Routiers placent à la distance de dix-huit lieues à l'est-quart-nord-est.

Pulo-Sapatte ou île du Soulier.

Au sud-sud-est de *Pulo-Sapatte*, par 9° 58′ de latitude, gît le banc de *Mildebourg*; il s'étend seulement d'un quart de lieue en longueur de l'est à l'ouest, suivant le Journal d'un Navigateur qui le reconnut en revenant de *Manille*: il y vit la mer briser, & trouva 7 brasses d'eau sur sa pointe la plus ouest.

Banc de *Mildebourg.*

Le *Paracel* ** est un grand banc de roche, dont l'éten-

* L'éloignement des *trois Freres*, & leur gissement avec *Pulo-Sapatte*, sont déduits du Journal du sieur Bern, dans un voyage qu'il fit à *Manille* en 1724. Ce Navigateur, fort exact dans ses remarques, apperçut *Pulo-Sapatte*; il en donne une démonstration conforme à son apparence. Il passa à l'ouest du petit îlot, situé à l'ouest-nord-ouest de celui qui a la figure d'un soulier; & quand il lui resta à deux lieues au sud, il découvrit une île nommée les *trois Freres*, la releva au nord-nord-est, & en approcha.

** Le *Paracel*, tel que je l'ai mis sur mes cartes, a été copié sur un plan dressé par un Pilote Portugais, qui a navigué long-tems sur les bateaux de la *Cochinchine*, & qui a fait plusieurs voyages sur ce banc; je n'assure pas qu'il soit bien correct, parce qu'un Pilote,

due va du nord au sud au large de la côte de la *Cochinchine*. La plupart des cartes lui donnent environ quatre-vingt-douze lieues de longueur, depuis 12° 10′ de latitude jusqu'à 16° 45′, & de largeur vingt lieues. On a appris depuis quelques années que cet espace est rempli de plusieurs îles de différente grandeur, avec des bancs de sable & de roches dans quantité d'endroits.

dans le cas de celui dont je parle, n'a pas toujours tous les instrumens nécessaires pour lever les plans avec justesse; ainsi, je ne conseille pas aux Navigateurs de se rapporter à cette description pour le traverser. Elle servira seulement à donner une idée moins vague, & différente de celle qu'en donnent les anciennes cartes, qui cernent de rochers l'accore de ce banc, & laissent tout le reste de son étendue dépourvu d'îles.

A l'égard de celles que la plupart des cartes placent depuis la pointe du sud du *Paracel* jusqu'à *Rabo de Lacra*, elles n'existent point. J'en ai été convaincu par la route que le courant nous fit faire sur le vaisseau le *Prince de Conti*, dont j'ai parlé ci-dessus. Voici les raisons qui me les ont fait supprimer.

Sortis de la riviere de *Canton*, en compagnie du vaisseau le *Condé*, nous perdîmes de vue, le 19 Janvier 1738, l'île dite la grande *Ladronne*. Après l'avoir relevée au nord-nord-est 5° est, sept lieues, & pris de cette situation le point ou terme de notre départ, nous gouvernâmes, comme ce vaisseau, aux rumbs de vent convenables pour passer à l'est des *Lunettes*, en rangeant de plus près le banc des *Anglais*. Lorsque nous fûmes au-delà de la latitude de ce dernier, nous fîmes route d'abord au sud-ouest-quart-sud, puis au sud-ouest, pour aller reconnoître *Pulo-Sapatte*. Nous cinglâmes ainsi, toujours à la vue l'un de l'autre, jusqu'au 13 du même mois, que nous le perdîmes de vue, étant alors par 12° 30′ de latitude. Ce vaisseau arriva le 16 à *Pulo-Sapatte*, & suivant l'estime journaliere de sa route que j'ai tracée sur ma carte, on voit qu'il n'a trouvé aucune différence sensible à cet atterrage. Nous, au contraire, après nous être séparés, croyant faire route pour atterrer au même endroit, nous fûmes transportés par le courant, de telle sorte que nous vîmes le 17, comme je l'ai dit ci-dessus, la côte de *Ciampa*. Notre erreur étoit pour lors de vingt-deux lieues vers l'est; elle paroîtra d'autant plus considérable, qu'elle tomboit seulement sur la route, & le chemin que nous avions fait depuis notre séparation d'avec le vaisseau le *Condé*: suivant l'estime, ce chemin montoit à 94 lieues.

Si l'on considere sur la carte la position où nous étions, en perdant de vue le vaisseau le *Condé*, & celle où nous nous

SUITE DE LA DESCRIPTION
des côtes du Ciampa *&* *de la* Cochinchine.

Pulo-Cecir-de Terre.

HUIT lieues à l'est-nord-est de l'île du *Tigre*, on rencontre *Pulo-Cecir-de-Terre* à la distance d'environ une lieue deux tiers au large du haut cap *Cecir.* Son terrein est bas, aride, & la rade remplie de rochers hauts & escarpés en dedans. Il y en a encore plusieurs sous l'eau au large de l'île.

Baie de Cecir.

Entre les îles du *Tigre* & de *Cecir-de-Terre*, on voit une grande baie qui s'étend au nord-nord-est environ quatre lieues & demie jusqu'à la riviere de *Boden*. Ce seroit là un fort bon endroit pour faire des provisions, si le caractere

trouvâmes à l'atterrage de la côte de *Ciampa*, on verra que notre route réelle fut au sud-ouest 5° ouest, quatre lieues, au lieu que nous l'estimions au sud-ouest 5° sud 78 lieues; de sorte que nous passâmes entre la pointe du sud du *Paracel* & l'île la plus nord de *Rabo de Lacra*, mais à un plus grand éloignement de cette derniere que de l'autre. Il s'en suivroit donc que nous aurions dû rencontrer, ou au moins découvrir les îles, dont les cartes font, pour ainsi dire, une chaîne. Car quand on supposeroit qu'elles sont si basses qu'on ne peut les appercevoir que de quatre lieues, d'où on voit même un brisant, on peut toujours conclure qu'elles n'existent pas, puisque d'un tems fort serein nous n'avons pas pu en avoir connoissance.

Pour ne les pas supprimer trop légerement, j'ai encore tracé proportionnellement à la route effective, le chemin que j'avois fait pendant la nuit, à cause que dans l'obscurité on peut passer fort près d'une île, sans l'appercevoir; mais cette opération n'a pas été plus favorable aux anciennes cartes, & j'en ai été plus autorisé à supprimer ces îles.

J'oubliois ici de dire que l'erreur de notre estime à l'atterrage de la côte de *Ciampa*, paroît beaucoup plus considérable quand on trace les routes sur les cartes anciennes; elle vient de ce que la différence des méridiens entre la grande *Ladronne* & *Pulo-Sapatte*, se trouve beaucoup plus grande qu'elle ne doit être, comme je le démontrerai dans l'Instruction des Voyages d'Europe à la *Chine*.

des habitans étoit plus sociable. A la pointe du sud-ouest de cette baie, & environ une lieue deux tiers au nord de la pointe de *Sable*, on peut faire de l'eau. Quand la baie de *Cecir* reste à l'ouest-quart-nord-ouest 5 degrés nord, à la distance de six à sept lieues, on découvre vers le nord deux ou trois petites montagnes en forme de pain de sucre, & du côté du sud un long platon de sable qui regne, pour ainsi dire, le long de la côte : ces enseignemens sont aisément distinguer cette baie des autres.

Banc de *Breda*.

Auprès du cap *Cecir* un écueil dangereux, nommé banc de *Breda*, s'étend au large de *Pulo-Cecir-de-Terre*. Pour l'éviter, il faut passer à trois lieues au large de cette île, car plus près l'eau diminue, & le fond devient mauvais.

Entre le banc de la *Cour de Hollande* & celui de *Matthieu de Britto*, la profondeur est de 20 à 22 brasses, à quatre lieues & demie de terre. Si de-là on gouverne au nord-est & nord-est-quart-nord, elle n'est que de 15 & 12 brasses, fond de sable, mêlé de petites roches, & pour lors l'île du *Tigre* reste au nord-ouest. Si la même route se continue, le fond augmente de nouveau, jusqu'à 18 brasses par le travers de la baie de *Cecir*, & graduellement jusqu'à 24 au large de *Pulo-Cecir-de-Terre*.

Lorsqu'on passe au dedans du banc de *Matthieu de Britto*, à une lieue & demie de la terre-ferme, la sonde porte 9 & 10 brasses jusqu'à l'île du *Tigre*, & de cette deniere jusqu'à *Pulo-Cecir*, elle augmente d'abord de 10 à 14 & 15 brasses, ensuite elle revient, si l'on continue de ranger la terre, à 10, 9, 8 & 6 brasses au dedans de la baie de *Cecir*.

Baie de *Padaran*.

La baie de *Padaran* est par 11° 25′ de latitude nord vers le nord-est de *Pulo-Cecir-de-Terre*, & plus loin dans la même route

route, par 11° 47′ on voit le faux cap *Varella.* Il paroît haut, avec un rocher ſur ſon ſommet, ſemblable à la guérite d'une ſentinelle. les Portugais lui donnent ce nom pour le diſtinguer de celui qui eſt plus vers le nord. Au-deſſus de la montagne on découvre une longue vallée de ſable.

Entre la baie de *Padaran* & le cap *Varella*, s'étend une baie au nord-quart-nord-oueſt, dont le fond eſt très-mauvais: à ſon embouchure il paroît un îlot, également cerné de dangers.

L'Entrée de la baie de *Comorin* eſt ſituée au nord du faux cap *Varella*, & s'étend au nord-oueſt-quart-oueſt. En y entrant, on trouve 40, 35 & 30 braſſes : ce ne ſont que bancs & rochers du côté du nord-oueſt. Les terres des environs paroiſſent doubles, avec pluſieurs pointes & baies. Baie de *Comorin.*

A environ neuf lieues du faux cap *Varella*, on voit la pointe du ſud de la baie de *Weſſens*; au côté du ſud, deux eſpeces de taches blanches ſur la terre la font diſtinguer, ainſi que différens îlots qui en ſont voiſins, entre leſquels le plus remarquable s'appelle l'îlot des *Pêcheurs* qui eſt tout proche de la pointe du nord de la baie, & paroît très-aride. Auprès de cette baie, on apperçoit à l'oueſt une montagne, qui d'un tems ſerein reſſemble au cap *Varella*, mais elle eſt plus ſud, & des nuages la couvrent ordinairement.

La baie de la *Pagode* gît un peu au nord de l'île des *Pêcheurs*, de même que celles de *S. Philippe* & de *Scutins* qui ſemblent arides. Par leur travers, les terres voiſines ſont paſſablement hautes & eſcarpées, mais dans l'intérieur plus élevées. Entre cette baie & le cap *Varella*, on découvre ſur la côte pluſieurs dunes de ſable blanc. Baie de la *Pagode.*

Le véritable cap *Varella* eſt ſitué par la latitude de 13° 7 à 8′. Il ſe reconnoît à une haute montagne, dont la cime porte Cap *Varella.*

un rocher en forme de pyramide ou de tour. Ce ſignal s'apperçoit d'une grande diſtance, en venant du nord ou du ſud: les Portugais l'ont nommé le *véritable Varella*. Au-dedans, la côte forme un enfoncement ou grande baie, dont toute l'étendue n'eſt viſible qu'au delà du cap. On prétend que le fond en eſt bon & sûr à 15 braſſes, & qu'on y peut faire de l'eau; mais il faut être bien ſur ſes gardes, à cauſe des habitans qui ſont tous voleurs & traîtres.

Pulo-Cambir-de-Terre. A neuf lieues au nord du cap *Varella*, ſe trouve *Pulo-Cambir-de-Terre*. C'eſt une île longue & baſſe, écartée d'environ une lieue & demie de la terre-ferme, & qui ſe remarque par la diverſité des couleurs de ſon terrein. Au ſud il y a un rocher ſur le ſommet duquel quatre groſſes pierres ſemblent avoir été poſées avec ordre & ſimétrie. On peut mouiller par 12 braſſes, entre la terre-ferme & l'île, pour y faire de l'eau. Près de *Pulo-Cambir*, coule une grande riviere. Le giſſement de la côte aux environs prend un peu de l'oueſt.

L'approche de *Pulo-Cambir*, en venant du nord, ſe manifeſte par une montagne ſemblable à celle du cap *Varella*; mais elle eſt beaucoup plus ſud, & différente, en ce que reſtant au ſud-oueſt-quart-oueſt 5 degrés oueſt, on apperçoit un peu plus nord encore un monticule.

Pulo-Cambir-de-Mer. Quinze lieues à l'eſt-nord-eſt de *Pulo-Cambir-de-Terre*, ſe trouve ſur le bord du *Paracel* une petite île nommée *Pulo-Cambir-de-Mer*.

Baie de *Chinchen*. La baie de *Chinchen*, dont la pointe du nord eſt ſituée par 13° 52′ de latitude nord, a beaucoup d'étendue. Elle ſe reconnoît par un grand rocher qui s'éleve comme un clocher au deſſus de la ſurface de la mer, & par quelques monticules un peu plus nord, ſemblables à des îlots. Lorſqu'on approche de la baie, & que ſon ouverture reſte à l'oueſt dans l'éloignement de trois lieues, on y découvre deux rochers dont le plus ſud ſe partage en trois : ils ſervent encore à la faire diſtinguer.

Au nord de la baie de *Chinchen*, on rencontre une grande entrée de riviere. Au-delà la côte qui s'étend au nord-nord-oueſt, forme un enfoncement rempli d'îlots & de rochers. Du côté du nord, ce ſont pluſieurs dunes de ſable dont l'élévation les fait découvrir de fort loin en mer.

Pulo-Canton eſt par la latitude de 15° 40′, à trois lieues un tiers de la terre-ferme. Elle a environ trois lieues d'étendue, deux hautes montagnes à chacune de ſes extrémités, & au milieu un plat pays, ce qui fait que de loin on la prend pour deux îles. Du côté du ſud-eſt s'étend d'une grande portée de canon un récif ſur lequel la mer briſe. En général, pluſieurs dangers cernent cette île ; le fond en eſt mauvais, & les vaiſſeaux n'en doivent pas approcher. *Pulo-Canton.*

On peut cingler entre la terre-ferme ou le cap *Bathang* & *Pulo-Canton*, où l'on trouve un fond net, & la profondeur de 30 à 40 braſſes. Au ſud du cap *Bathang* ſe trouvent différens rochers, dont quelques-uns ſont noyés, & d'autres paroiſſent au-deſſus de la ſurface de la mer : en s'entretenant par la profondeur ci-deſſus, on n'a rien à craindre.

On trouve de l'eau douce ſur *Pulo-Canton*, mais la difficulté eſt de trouver un endroit commode pour y aborder. Sur la terre-ferme, vis-à-vis cette île, coule une grande riviere, dont l'embouchure eſt large & profonde de 5 à 6 braſſes. *Salen Buigh*, ſitué ſur ſa pointe, ſe découvre de douze à treize lieues : ce pays & ſes environs ſont fort peuplés. *Salen Buigh.*

Deux lieues au nord-nord-oueſt de *Pulo-Canton*, on apperçoit un îlot plat, dont la côte eſt très-mauvaiſe ; on évitera d'en approcher en paſſant entre la terre-ferme & ces îles.

Iſle *Campella* ou *Camponella*.

A ſeize lieues au nord-oueſt-quart-nord, le long de la côte, gît l'île *Campella* ou *Camponella*, à la hauteur de 15° 50'. Elle eſt grande, haute, & s'étend nord-nord-oueſt & ſud-ſud-eſt. Au deſſus, s'élevent deux hautes montagnes, & au milieu regne une vallée remplie d'arbres. La plus haute eſt du côté du ſud ; on y trouve de l'eau ſur la partie de l'oueſt qui regarde la terre-ferme, dont cette île eſt éloignée de deux lieues. Le rivage de la terre-ferme paroît ſablonneux & bas. A la pointe du nord-oueſt de l'île, il y a trois îlots, dont l'un paroît extrêmement haut, & à celle du ſud-eſt, un autre plus petit. On y peut mouiller dans des anſes ou petites baies fort commodes pour cela.

Fauſſe Campella.

Au ſud-eſt de cette île, à environ trois lieues, on en rencontre une autre moyenne, nommée *Campella*, ou *fauſſe Campella*, & à ſon ſud-eſt s'étend un récif. A l'oueſt de l'île *Campella* ſur la terre-ferme, on voit l'entrée de la riviere

Riviere de *Fayſo*.

de *Fayſo* ; & ſix lieues au nord-oueſt de *Pulo-Campella*, nommée, par les gens du pays, *Cham-Collao*, eſt le cap nord

Baie de *Touranne*.

qui fait l'entrée de la baie de *Touranne*, qui eſt le port le plus commerçant de cette côte : j'en donnerai un plan particulier.

Plus au-dedans du golfe du *Tunquin* que les îles *Campella*, ſur la côte de *Cham* & celle du *Tunquin*, les endroits ſont peu fréquentés des Européens. Les deſcriptions données ſur l'étendue de ces côtes, ſe réduiſent à quelques inſtructions trop ſuccinctes pour les bien faire connoître ; elles conſiſtent ſimplement à faire remarquer deux rivieres qui ſe déchargent dans le fond du golfe ; l'une, ſituée par 20°,

6' où naviguent ordinairement les Vaiſſeaux chinois & ſiamois ; l'autre, éloignée de 20 lieues au nord-eſt, a ſon embouchure par 20° 45'. C'étoit dans cette derniere, comme la plus profonde, que les Français, Anglais, Hollandais & Portugais faiſoient autrefois leur commerce. Voici là-deſſus ce que j'ai recueilli des Journaux de ceux qui ont fait cette Navigation.

Le golfe du *Tunquin* porte ſonde dans toute ſon étendue. Dans le milieu, il y a 40 à 45 braſſes, fond de ſable noir, vaſeux ; & du côté de l'oueſt, ſable roux, auſſi vaſeux ; mais la profondeur diminue à proportion qu'on s'éloigne plus ou moins de la côte.

Golfe du *Tonquin.*

La côte occidentale de l'île de *Hai-Nan* borne le golfe du côté de l'eſt. Cette île eſt grande, & ſon terrein fort élevé. Elle s'étend environ cinquante lieues du ſud-oueſt au nord-eſt & en contient trente de largeur. Du côté du ſud & du ſud-eſt, on trouve quelques ports qu'on prétend fort commodes. Je conſeille cependant de n'y point entrer, ſans être guidé par des Pilotes du pays qui ſe préſentent toujours à bord des vaiſſeaux qu'ils voient approcher de leur côte.

Iſle de *Hai-Nan.*

La partie de l'Oueſt de l'île de *Hai-Nan*, qui regarde le golfe du *Tunquin*, eſt cernée & environnée de pluſieurs bancs ; mais on en découvre aiſément la proximité par une diminution de profondeur aſſez uniforme : on n'en doit rien craindre en ſondant ſouvent, pourvû qu'on n'en approche pas au-deſſous de 15 braſſes. Sur cette même partie de l'île, on apperçoit une haute montagne de vingt ou vingt-cinq lieues en mer. Quand elle reſte à l'eſt, elle paroît inégale, & forme pluſieurs pitons ou pics de différentes figures & hauteurs.

Lorſque les vaiſſeaux qui vont au *Tunquin*, ſeront au nord de l'île *Campella*, dont j'ai parlé ci-deſſus, ils ne doivent plus ranger le côté de l'oueſt, c'eſt-à-dire, la côte de *Quinam*. De cette poſition ils gouverneront au nord-oueſt & prendront garde aux marées, pour n'être pas tranſportés inopinément au ſud de l'île de *Hai-Nan*, ou ſur les bancs de ſa partie de l'oueſt. Dans le premier cas la vue de la terre, & dans le ſecond la ſonde, mettront les Navigateurs en état d'éviter ces inconvéniens par une autre route que celle qui vient d'être preſcrite.

Si-tôt qu'on ſera parvenu par la latitude de 19 degrés, à 28 ou 30 braſſes de profondeur, ſuppoſé qu'on n'eût point connoiſſance de l'île de *Hai-Nan*, on portera ſur le champ au nord-quart-nord-oueſt, & on ira atterrer aux îles du *Nord-eſt*, dont les plus méridionales ſont par 20° 35′ de latitude, éloignées de treize lieues à l'eſt-ſud-eſt de la principale riviere du *Tunquin*: elles ſont d'une moyenne élévation. En faiſant cette route, on aura attention aux marées, qui, quelquefois, vont vers le fond du golfe. Si on y étoit tranſporté, & qu'on fût obligé de remonter, il ſeroit à propos de ne pas approcher par moins de 8 braſſes les bancs qui environnent la côte, & on ſe gouverneroit ainſi juſqu'aux environs de la riviere. On découvrira vers le nord une grande montagne canelée, nommée l'*Eléphant*; elle ſert de marque pour le mouillage. En la relevant au nord-oueſt-quart-nord, on gouvernera ſur la terre de l'oueſt, pour atteindre les 6 braſſes qui ſe trouvent à une lieue au dehors de la barre. La petite île *Perel* qu'on apperçoit du côté du nord, & qui doit reſter au nord-nord-eſt du mouillage à une lieue de diſtance, en devient un indice certain.

Iſles du *Nord-eſt*.

Iſle *Perel*.

Les pêcheurs , habitans du petit village nommé *Basta*, dont la situation est avantageuse à la découverte des vaisseaux , servent de Pilotes pour entrer dans la riviere. Ils viennent à bord au premier signal d'un coup de canon; mais si le vaisseau est un peu grand , ils ne se hazardent de le faire monter que dans les grandes malines , aux pleins & aux renouveaux de la Lune.

L'embouchure de la riviere a environ deux tiers de lieue de largeur , & le canal de la barre un sixieme de lieue. Quand le flot parvient entre les bancs , il y cause des remoux & des retours de marées dangereux. Durant les mois de Mai, Juin & Juillet ,il ne monte que 15 à 16 pieds d'eau sur la barre dans les grandes malines , & aux mois de Novembre , Décembre & Janvier on y trouve 26 à 27 pieds d'eau.

La riviere a moins de largeur au dedans qu'à l'entrée. A environ cinq ou six lieues , on rencontre un village nommé *Domea*. C'est là que les Vaisseaux Hollandais séjournent ordinairement ; mais le commerce se fait plus haut à trente-quatre lieues ou environ de l'embouchure , & il est difficile d'y monter avec un grand vaisseau.

A huit ou dix lieues de l'île *Perel* , dont j'ai ci-devant parlé , commence un archipel d'îles & de bancs qui comprennent toute l'étendue de la côte , depuis 20° 20′ de latitude jusqu'à 21° 20′.

Il faut partir de la riviere du *Tunquin* au commencement ou au 15 , au plutard , de Novembre. Les vents du nord soufflent pendant ce tems avec force ; mais sur la fin du mois , comme ils viennent de l'est & de l'est-sud-est , ils sont contraires, & l'on est obligé d'attendre la fin de Décembre ou le mois de Janvier pour en ſortir, parce qu'alors ils regnent du nord-nord-eſt à l'eſt, ce qui fait une continuation de la mouſſon de l'eſt : les courans vont alors du nord au ſud.

Après être ſorti de la barre, on gouvernera pour traverſer le golfe, & aller reconnoître *Pulo-Campella* ; de-là on continuera la route en prologeant la côte, dont on ſe tiendra à une grande diſtance, ſans la côtoyer de près, à cauſe des vents qui y portent, & qui peuvent mettre les vaiſſeaux hors d'état de doubler les pointes & caps les plus avancés vers l'eſt.

ROUTE *pour aller à la* Chine, *quand on paſſe entre l'île* d'Hai-Nan *&* *le* Paracel.

AU lieu d'aller au *Tunquin*, ſi la deſtination étoit pour la *Chine*, il faudroit ranger la côte de la *Cochinchine*, enſuite remonter à la vue des îles *Campella*, avant de traverſer à l'île de *Hai-Nan*. Par cette route on prévient l'effet des courans, qui ſortant du golfe du *Tunquin*, portent aſſez vivement à l'eſt pendant la mouſſon de l'oueſt. De la vue de ces îles, on cinglera au nord-eſt-quart-nord pour reconnoître le côté du ſud-eſt d'*Hai-Nan* ; la profondeur en eſt, à dix ou onze lieues au large, de 70 à 80 braſſes, & à ſix ou ſept lieues de 50 ou 60. Quand on vient de la partie du ſud atterrer à cette île, on ne voit d'abord aucun objet remar-
Iſle *Tinhoſa*. quable que l'île *Tinhoſa* ; elle eſt la plus grande de pluſieurs autres, ſituées ſur la côte. Sur ſa partie de l'oueſt il y a une montagne eſcarpée, qui, du côté de l'eſt s'abaiſſe & ſe termine

termine en langue. On prétend qu'au pied de la montagne du côté de l'oueſt, il ſe trouve une petite baie : la latitude de cette île eſt de 18° 45'. Lorſque *Tinhoſa* reſte au nord-oueſt 5 degrés oueſt, à environ ſept lieues, par 60 braſſes de profondeur, on apperçoit ſur l'île de *Hai-Nan* trois montagnes fort élevées, dont la plus occidentale porte ſur ſon ſommet deux monticules, & la plus orientale, deux autres.

Huit lieues au nord-eſt-quart-nord de *Tinhoſa*, on découvre une île de moindre grandeur ſous la côte de *Hai-Nan*, nommée *Tinhoſa-Falſa*, dont la pointe du nord forme une pente baſſe. Les îles qui ſont entre l'une & l'autre, ne ſont pas, à beaucoup près, ni ſi grandes, ni ſi élevées. L'intérieur du terrein eſt également très-haut ; & lorſqu'on apperçoit la partie orientale de *Hai-Nan*, à ſept ou huit lieues au nord-oueſt, elle paroît eſcarpée, montagneuſe & entrecoupée ; il y a entr'autres une montagne fort élevée, qui a encore ſur ſon ſommet un morne rond très-remarquable : la partie du nord de l'île n'eſt pas ſi haute que celle de l'eſt. *Tinhoſa-Falſa.*

De *Tinhoſa-Falſa*, en tirant vers la pointe de *Hai-Nan*, on rencontre pluſieurs îlots le long de la côte, comme entre l'une & l'autre île *Tinhoſa*.

Les îles de *Pulo-Taya* ſont ſtériles & les terres baſſes. On en compte neuf ou dix, outre pluſieurs rochers ; la plus nord eſt ſituée par 19° 42' de latitude, & éloignée de onze lieues à l'eſt de la partie du nord-eſt de *Hai-Nan*. On peut paſſer entre deux, mais il ſuffit, dans le cas préſent, de les laiſſer quatre ou cinq lieues vers l'oueſt. De cette poſition la route juſqu'à l'île *Sanciam* eſt le nord-nord-eſt 5 degrés eſt, & la diſtance d'environ quarante-cinq lieues. La lati- *Pulo-Taya.* Iſle *Sanciam.*

tude de la pointe du ſud de cette derniere a été obſervée de 21° 32′. Vers l'eſt, on voit *Pulo-Outchou*, petite île fort haute, qui en eſt ſéparée par un très-petit canal. On peut connoître aiſément la proximité de ces îles par la ſonde qu'on rencontre au large.

Pulo-Outchou.

Lorſqu'on atterre à l'oueſt de l'île *Sanciam*, on découvre un rocher, qui, dans l'éloignement de trois lieues, a l'apparence d'une petite pyramide qu'on appelle la *Toque du Mandarin*; de ſa vue on cinglera à l'eſt pour paſſer au ſud de *Sanciam* & de *Pulo-Outchou*, d'où l'on ſuivra ce que je dirai dans l'Inſtruction pour aller à la *Chine*, en paſſant à l'eſt du *Paracel*.

INSTRUCTION pour aller de la vue de l'île Sanciam *à* Amoy *ou* Emouy, *avec la deſcription de la côte de la* Chine *entre l'une & l'autre.*

QUAND on ſera par 30 braſſes de profondeur au ſud-eſt, & à la vue de l'île *Sanciam*, il faudra cingler à l'eſt-nord-eſt pour paſſer au ſud de la grande île *Ladronne*. On rangera ſur la même route les îles de *Leme*, qui en ſont voiſines, vers l'eſt; & après les avoir doublées, on gouvernera à ce dernier rumb pour reconnoître la *Pierre blanche*, éloignée de douze à treize lieues. C'eſt une petite île ou gros rocher haut, eſcarpé, ſitué par 22° 6′ de latitude, que la blancheur & l'éloignement de la côte rendent fort remarquable. Il eſt ſain tout au tour, on le peut ranger de jour ou de nuit ſans danger, & paſſer au dedans ou au dehors,

Pierre blanche

comme on le voudra. La ſonde au ſud porte 25 à 30 braſſes, & au nord, à mi-canal, 20 à 15 braſſes.

A environ quatre lieues au nord de la *Pierre blanche*, gît une pointe, qui forme au nord la baie de *Harlings*, où le mouillage eſt bon. Pour y entrer, il faut paſſer au dehors d'une île voiſine de la terre-ferme; on trouve au dedans deux rochers, à côté deſquels on choiſira ſon paſſage: le fond de la baie eſt bon par-tout, on y mouille par 10, 8 ou 6 braſſes. Baie de *Harlings*.

Par le travers de la baie, ou lorſqu'on y eſt entré, on découvre à l'oueſt, prenant du ſud, à la diſtance de deux lieues & demie à trois lieues, différens îlots ſous la côte. Je n'en ferai point ici de deſcription, parce qu'on n'en a qu'une connoiſſance imparfaite. Du côté de l'eſt paroît auſſi une anſe ou enfoncement qui s'étend au nord, où les petits bâtimens chinois entrent.

La baie de *Bear* ou de *Beais* gît au nord-nord-oueſt de la *Pierre blanche*: les Chinois la nomment le *Tiolzo*. Son parage eſt rempli de différens îlots & rochers. Il n'y a point de mouillage, ſi ce n'eſt ſous la pointe de l'oueſt de l'île où on eſt à l'abri des vents du ſud-oueſt. Baie de *Beais*.

A l'eſt-nord-eſt de la baie de *Beais* ſe trouve celle de *Brandons*, qui a bon fond depuis 4 juſqu'à 7 braſſes. En venant du ſud-ſud-eſt ou de l'eſt, ſi on veut gagner cette baie par la pointe de l'eſt, où ſe fait l'eau, il faut la ranger de près, & gouverner au nord. On trouvera ſur cette route 10 à 6 braſſes d'eau, & un fond gras, qui reſſemble à la vaſe; on en aura 4, en paſſant au large de deux îlots ſitués à l'oueſt-quart-ſud-oueſt de cette pointe & des autres îlots qui ſont ſous la côte. J'avertis de ne point paſſer entre ces Baie de *Brandons*.

deux îlots, à cauſe du mauvais fond, mais on cinglera ſur le côté du nord de la baie, où l'on eſt à l'abri de tous les vents.

Baie de *Cranméis.*

A l'eſt de la pointe orientale de la baie de *Brandons*, on voit celle de *Cranméis*, dont le mouillage eſt bon & à couvert des vents de la partie du nord; la profondeur eſt de 8 à 10 braſſes. A l'eſt de cette derniere gît celle de *Piſſoang* ou de *Sihare*, appellée autrement la *grande Baie.* L'entrée en paroît étroite, mais on y entre aiſément. Le dedans met à l'abri des vents de ſud par 6 à 7 braſſes, bon fond.

Baie de *Piſſoang*, ou de *Sihare.*

En allant de la baie de *Cranméis* à la grande baie, on peut cingler entre les îlots ſitués par le travers de la baie, c'eſt-à-dire, qu'il faut laiſſer deux îlots à tribord, & un autre plus grand à babord. On paſſera auſſi, ſans rien riſquer, entre les deux îlots & la pointe de la baie de *Cranméis.* Si on dirige ſa route au large de l'île ſituée dans le canal entre cette pointe & *Piſſoang*, on cinglera une lieue un tiers à l'eſt-quart-nord-eſt & à l'eſt, enſuite au nord, juſqu'à ce qu'on ſoit par le travers de *Piſſoang*, dont le chemin eſt encore d'une lieue un tiers; mais ceux qui paſſeront au dedans de l'île, prendront garde aux rochers qui bordent le rivage.

Baie de *Groaning.*

A deux lieues ou environ de *Piſſoang* ou la *grande Baie*, ſe voit celle de *Groaning.* Il y a une bonne rade pour les vents de la mouſſon du nord-eſt, pourvu que l'île qui eſt au large ſoit doublée. On ſe tiendra dans une diſtance convenable de la pointe de l'eſt, à cauſe d'un banc qui en ſort, & qui s'étend aſſez en mer.

Baie de *Reyorſons.*

Quatre lieues deux tiers à l'eſt-nord-eſt de la baie de *Groaning*, gît celle de *Reyorſons*, où l'on mouille en ſûreté, à couvert des vents du nord , par 9, 8, 7, 6 & 5 brasses. En y entrant, il faut ranger de près l'îlot qu'on apperçoit à la pointe de l'est, tenant toujours la sonde en main, à cause des mauvais fonds qui l'environnent. On remarque plusieurs îlots entre la baie de *Groaning* & celle de *Reyorsons*, entre lesquels on assure le passage pratiquable par un fond depuis 10, 8, jusqu'à 4 brasses.

On compte douze lieues à l'est-nord-est, depuis la baie de *Reyorsons* jusqu'à une pointe de terre qui porte des *Dunes de sable* très-remarquables. La profondeur se trouve de 8, 10, 12, 14 & 15 brasses. Au sud-ouest de cette pointe, il y a un rocher élevé, & à une portée de canon ou environ, plusieurs autres noyés, qui se montrent à découvert à mi-flot. Pointe des *dunes de sable.*

La baie de *Nassowire* est entre celle de *Reyorsons* & les *Dunes de sable*, de même qu'une petite montagne qui s'appelle *Montagne noire.* Baie de *Nassowire.*

On compte à peu près cinq lieues au nord-est, depuis les *Dunes de sable* jusqu'à la pointe du sud-ouest de la baie de *Wiringer*. Ces deux pointes mettent à couvert des vents de nord dans une baie de sable, dont le mouillage se fait par 10 & 12 brasses. On peut aussi mouiller à l'abri des vents de sud-sud-ouest derriere un îlot, mais comme il est entouré d'un mauvais fond, on ne rangera point la côte au dessous de 9 brasses. Un peu plus loin vers le nord de cette baie, se voit *Tesoë*, ou la *Baie seche*, dont la pointe du nord-est donne un bon mouillage. Baie de *Wiringer.* Baie de *Tesoë.*

De la baie de *Wiringer* au cap de *Bonne-Espérance*, la route est le nord-est & nord-est-quart-est, six lieues & demie ou sept lieues. Ce cap est fort élevé & entouré de basses terres. Du côté de l'ouest on apperçoit une grande Cap de *Bonne-Espérance.*

Baie de Ornesis. baie nommée *Ornesis*, où l'on mouille à l'abri des vents de la partie du nord, par 6 ou 7 brasses. Au nord du cap de *Bonne-Espérance*, il s'en trouve une autre à couvert des vents du sud, qui présente un bon mouillage par 5 à 6 brasses, entre deux îlots éloignés l'un de l'autre de deux tiers de lieue, mais entourés de rochers.

Si-tôt qu'on aura pris connoissance du cap de *Bonne-Espérance*, & qu'il restera au nord-ouest, dans la distance de quatre à cinq lieues, la route la plus convenable pour aller à *Emouly*, sera de gouverner à l'est 5 degrés nord, afin de passer au dehors d'un petit amas d'îles & d'écueils, nommé les îles *Lamoch*, éloignées de treize lieues à l'est-quart-nord-est, & situées par 23° 8′ de latitude. Ces îles sont basses, très-petites & écartées d'environ quatre lieues au sud-
Isle Lamon. sud-est de l'île *Lamon* voisine de la terre-ferme. On prétend qu'on peut passer entre cette derniere & les autres ; mais je crois qu'il est plus prudent, quand rien n'oblige de le faire, de s'en écarter. Il conviendroit même d'être sûr qu'on les a doublées, avant de diriger la route vers le nord, sur-tout pendant la nuit, de peur de les aborder dans l'obscurité.

Quand on sera au-delà de ces îles, on gouvernera au nord-est-quart-nord, même un peu plus nord, si on s'apperçoit que le courant porte vers l'est ; c'est le moyen de prendre
Islot Chapelle connoissance de l'îlot *Chapelle*, ou île *Percée*, situé par 24° 10′ de latitude, & au sud-sud-ouest de l'entrée du havre d'*Emouy*. On le reconnoît aisément, & lorsqu'il reste de l'est-nord-est à l'ouest-sud-ouest, on voit le jour au travers : voilà pourquoi on l'a nommé île *Percée*. S'il reste au nord-quart-nord-ouest, dans l'éloignement de quatre lieues, on découvre sur la terre-ferme au nord-ouest-quart-nord,

une montagne ronde fort remarquable ; on trouve alors 26 brasses de profondeur. De-là il faut cingler pour ranger l'île *Percée* à deux tiers de lieue ; soit qu'on la laisse à tribord ou à babord, on n'a pas moins de 14 à 15 brasses. De cet éloignement on gouvernera au nord-nord-ouest pour entrer dans la baie. Si l'îlot ci-dessus restoit au sud-est-quart-sud, la profondeur iroit à 14 ou 15 brasses ; mais si elle diminuoit davantage, il faudroit prendre plus nord que le rumb de vent de la route indiquée, & s'entretenir par 11 ou 12 brasses : c'est là le meilleur canal.

Isle de la *grande Goève.*

Lorsqu'on sera à moitié chemin de cette île, on découvrira à l'entrée du port une île longue, appellée la *grande Goève*, à chaque extrémité de laquelle se trouve une montagne de rochers, & au milieu une baie de sable. Au nord-est s'éleve un rocher passablement haut, nommé le rocher de la *demi-Marée.* Quoiqu'on puisse passer entre la *grande Goève* & ce rocher, il est beaucoup plus sûr de laisser l'un & l'autre à babord : à un quart de lieue il y a 16 brasses d'eau. De cette position, on apperçoit le canal ouvert entre la *petite Goève* & les cinq îles situées vers le nord-est : il faut s'entretenir dans son milieu, où la sonde se trouve de 14 à 15 brasses. Sa largeur entre la *petite Goève* & l'îlot du nord-est, qui forme le passage, comprend une demi-lieue.

Etant passé, on cinglera au nord-ouest-quart-nord, pour approcher le côté du sud-ouest de l'île d'*Emouy*, que l'on rangera à un sixieme de lieue : la sonde en indiquera l'éloignement ou l'approche. Au nord-ouest on découvre le havre, & on y reconnoît les jonques ou bâtimens chinois qui y sont mouillés. On y choisira un mouillage convenable à la grandeur de son vaisseau. Les Pilotes Chinois viennent ordinairement à bord, même dehors la baie, ſi-tôt qu'ils en apperçoivent quelques-uns.

Je dois dire ici qu'il ne faut entrer dans le port, qu'après en avoir obtenu la permiſſion des Mandarins, ſur-tout de l'Intendant du commerce, qui vient faire meſurer le vaiſſeau, pour régler les droits qu'on doit payer à proportion de ſa grandeur. Le commerce d'*Emouy* ne ſe fait pas aiſément, à cauſe de la difficulté où l'on eſt de trouver des cautions pour l'argent qu'il faut avancer aux marchands. Les étrangers prendront garde de n'y être pas la dupe de leur confiance.

INSTRUCTION pour aller à la Chine, *en paſſant par les détroits de la* Sonde, *de* Banca, *&c.*

J'AI fait voir dans les Routiers & Inſtructions précédentes, qu'au nord de la ligne équinoxiale, dans les mers des *Indes*, du golfe de *Siam* & de la *Chine*, on diviſoit en deux ſaiſons ou en mouſſons de l'eſt & de l'oueſt, les vents qui y ſoufflent pendant le cours de l'année. J'ai expliqué qu'en général la premiere y regne depuis Octobre juſqu'au mois de Mars, & que celle de l'oueſt ſuccédant remplit l'autre intervalle. Il n'en eſt pas de même dans l'hémiſphere méridional, & cette différence que les Navigateurs ne doivent pas ignorer, demande une deſcription particuliere.

Dans l'océan méridional-oriental, entre le cap de *Bonne-Eſpérance* & les terres de la *nouvelle Hollande*, depuis les 28 degrés de latitude, en tirant vers le ſud, les vents ſont variables;

variables. On y voit regner fréquemment des vents de l'oueſt, du nord-oueſt & du nord, qui paſſent ſouvent au nord-eſt & durent long-tems; de ſorte qu'on peut dire en général, qu'en ce parage les vents ne ſont jamais conſtans; mais au-delà juſqu'au 8e ou 9e degré, les vents du ſud-eſt à l'eſt ſoufflent pendant toute l'année ſans une interruption ſenſible. On les appelle ordinairement généraux, parce qu'ils regnent ainſi, non-ſeulement dans l'océan oriental, mais dans toutes les autres mers méridionales; à l'exception que dans ces dernieres leur région s'étend juſqu'aux environs de la ligne équinoxiale, au lieu que dans l'océan oriental elle paroît bornée entre le parallele de 28 & celui de 5°.

De l'intervalle de ce dernier juſqu'à la ligne équinoxiale, on diviſe l'année en deux ſaiſons ou mouſſons différentes, pendant leſquelles les vents ſoufflent environ ſix mois d'un même côté, & ſix mois de l'autre. Quoique cette diviſion ſoit la même dans la mer des Indes, les vents ſuivent néanmoins une direction contraire dans le même tems; & pendant qu'on jouit de la mouſſon de l'eſt dans l'hémiſphere ſeptentrional, celle de l'oueſt regne dans la partie oppoſée.

La mouſſon de l'eſt y commence en Avril, & continue juſqu'en Novembre; alors celle de l'oueſt ſuccede, & ſe fait ſentir juſqu'en Avril.

Les mois d'Avril & de Novembre, durant leſquels ces changemens arrivent, ſont ſujets à des vents variables, parce que chaque révolution ne ſe fait pas ſubitement.

Dans toute l'étendue des îles de la *Sonde* juſqu'à *Timor* & *Solor*, les vents d'oueſt qui commencent en Novembre, amenent les mauvais tems; en Décembre, ils ſoufflent plus fort, & ſont accompagnés de pluies; Janvier les met dans leur plus

Iſles de la *Sonde*.

grande force, ils causent des pluies, des tempêtes & des orages qui continuent jusqu'à la mi-Février; ensuite s'affoiblissant peu à peu, ils disparoissent à la fin de Mars. Les pluies & les tempêtes ne sont pas toujours égales tous les ans, il y en a où les unes & les autres sont plus modérées.

Au mois d'Avril la variété des vents rend le tems doux, & la mer n'est agitée que par quelques orages de peu de durée. En Mai, les vents se fixent du côté de l'est; en Juin & Juillet ils soufflent plus fort, mais sans mauvais tems, & avec un ciel clair & serein, qui continue jusqu'à la fin de Septembre. Au mois d'Octobre, la mousson de l'est diminue, & les vents deviennent variables jusqu'au retour de celle de l'ouest.

Les eaux, pendant chaque saison particuliere, prennent leurs cours comme les vents, excepté les mois d'Avril & de Novembre pendant lesquels elles vont souvent en sens contraire; leur vîtesse s'accélere quand les vents sont dans leur plus grande force, & de même dans les pleins & renouveaux de la Lune.

Les courans de la mousson de l'ouest sont beaucoup plus forts que ceux de l'est; c'est pourquoi les vaisseaux qui font route de *Batavia* aux îles *Timor*, *Solor*, & aux *Moluques* dans la saison contraire, trouvent moins de difficulté que ceux qui en reviennent pendant la mousson de l'ouest. Par la même raison les vaisseaux qui vont d'Europe à *Batavia*, au golfe de *Siam*, à la *Chine*, &c. traversent plus aisément le détroit de la *Sonde* en Mai, Juin, Juillet & Août, que ceux qui en sortent en Décembre, Janvier & Février pour retourner.

Les vents pendant la mousson de l'est, soufflent ordinairement du sud-sud-est à l'est. Ils varient du nord-nord-ouest à l'ouest, dans le tems de celle de l'ouest.

Près de la ligne équinoxiale les vents ſont beaucoup plus variables, par conſéquent moins aſſurés. Cette inconſtance peut avoir deux cauſes; la premiere, parce qu'au nord de cette ligne les mouſſons ſont différentes; l'autre peut venir des fréquentes pluies, ſur-tout à *Borneo* où il pleut ſans ceſſe pendant onze mois de l'année.

Aux îles *Moluques*, les mouſſons ſont les mêmes qu'à l'île de *Java* & autres adjacentes, avec cette ſeule différence qu'on appelle mouſſon du nord aux *Moluques* celle de l'oueſt, & mouſſon du ſud celle de l'eſt; parce que pendant la premiere les vents ſoufflent plus ordinairement du nord-nord-oueſt que de l'oueſt, & que pendant la ſeconde, ils viennent plus fréquemment du ſud-ſud-eſt que de l'eſt.

Iſles *Moluques.*

La mouſſon du nord occaſionne aux *Moluques* de grandes pluies, & celle du ſud de grandes ſéchereſſes. Il en eſt de même à *Java* & aux autres îles des environs; mais à *Borneo* à peine peut-on diſtinguer le beau tems du mauvais.

Je viens d'expoſer les regles générales des vents & des courans dans cette partie de l'hémiſphere méridional; je vais à préſent déterminer, en conſéquence, la route que doivent tenir les vaiſſeaux pour ſe rendre à leur deſtination.

Lorſqu'on part du cap de *Bonne-Eſpérance* ou de la ſonde du banc des *Aiguilles*, on doit s'élever par la latitude de 36 à 37 degrés pour profiter des vents de la partie de l'oueſt qui y ſont quelquefois plus conſtans que par une moindre hauteur, & qui ſoufflent ordinairement du nord-oueſt à l'oueſt-ſud-oueſt. Quoiqu'ils ne ſoient dans leur plus grande force que pendant les mois de Juin, Juillet & Août, il arrive cependant qu'en Avril & Mai, qui doivent être regardés comme la fin de l'Automne, on reſſent ſouvent de furieux coups de vent de cette partie. Ces tempêtes se déclarent ordinairement par des nuages noirs qui environnent l'horison du nord-oueſt à l'oueſt. Si-tôt qu'on apperçoit ces avant-coureurs, il faut vîte ſe précautionner, à cauſe qu'ils viennent avec rapidité, accompagnés de tourbillons de vent : leur impétuoſité ſe fait ſentir de l'oueſt-nord-oueſt à l'oueſt, enſuite ils ſautent avec furie au ſud-oueſt. Mais lorſqu'ils paſſent au ſud, le vent s'abaiſſe & manque quelquefois tout-à-coup ; la mer agitée & élevée par la violence des vents, ne ſe calme pas dans la même proportion, ainſi la fin de la tempête eſt ordinairement plus dangereuſe pour les vaiſſeaux, que la force du vent. Pluſieurs marins ont cru qu'on pouvoit prévoir ces ſautes de vent par une interruption ou diminution ſenſible, & par une éclaircie qui doit les précéder : je trouve que cette opinion eſt contredite par l'expérience. J'ai pluſieurs fois éprouvé qu'il ne s'y falloit pas fier, & je conſeille à tout Navigateur d'éviter, par une manœuvre de précaution, les accidens fâcheux que cauſent toujours ces événemens, lorſqu'ils ſont imprévus.

A environ cent cinquante lieues à l'eſt du cap de *Bonne-Eſpérance*, il regne de fréquens orages ; l'air eſt preſque toujours enflammé par les éclairs & le tonnerre, ſuivis de pluies abondantes, tellement qu'on jouit à peine deux jours de ſuite d'un ciel ſerein. Ces mauvais tems continuent ainſi l'eſpace de plus de trois cens lieues au-delà. Pluſieurs perſonnes qui ont fréquenté ces mers, ont remarqué que leur région s'étend juſqu'au méridien qui paſſe par la partie orientale de l'île de *Madagaſçar*.

Dans l'océan oriental-méridional, les différentes déclinaiſons ou variations de l'aiguille aimantée ſemblent garder entr'elles une telle proportion, quand on va de l'occident vers l'orient, ou de l'orient vers l'occident, qu'on peut les considérer comme des moyens de connoître les grandes erreurs qui surviennent dans l'estime de la différence en longitude; mais pour en retirer quelque avantage, il faut les observer avec un bon instrument, & dans un tems où le mouvement du vaisseau ne rendra pas ces sortes d'opérations défectueuses.

Au cap de *Bonne-Espérance*, & au sud aux environs de son méridien, on a observé en dernier lieu cette déclinaison de 21 degrés nord-ouest. En allant vers l'est, elle augmente jusqu'à ce qu'on soit nord & sud du cap des *Courans*, où elle est de 27° 30', ensuite elle diminue aux approches des terres de la *Nouvelle Hollande* & des îles de la *Sonde*. L'accroissement & la diminution s'en feront plus amplement connoître par la Table que j'ai insérée à la fin de ce Routier : je l'ai construite sur les dernieres observations faites dans les mers orientales.

Il est bon de faire attention que la quantité de variations change chaque année dans le même lieu. Comme nous n'avons pas dans chaque endroit connu, une suite d'observations assez exactes pour en fixer l'augmentation ou la diminution, on ne peut rien dire de certain à cet égard.

Quand on aura atteint la latitude de 36 degrés, il faudra s'y maintenir en faisant valoir la route l'est pendant environ onze cens lieues, ou ce qui fait la même chose, jusqu'à ce qu'on soit sous un méridien de 70 degrés plus oriental que celui du cap de *Bonne-Espérance*. Il ne sera pas absolument nécessaire de prendre connoissance des îles *S. Paul* & *Amsterdam*; cependant leur vue aide beaucoup dans ce trajet à rectifier l'estime; elles sont situées 56 deg. à l'orient de ce cap. La derniere est la plus nord, & se

Isles *S. Paul* & *Amsterdam*

peut découvrir facilement de douze lieues en mer; son circuit ne paroît pas contenir plus de six à sept lieues. Sur sa pointe de l'ouest s'éleve un piton fort haut. Les observations de plusieurs Navigateurs comparées ensemble, fixent sa latitude à 37° 50'.

A environ six lieues au sud de cette derniere, gît l'île *S. Paul*, qui a moins d'étendue que celle d'*Amsterdam* : la variation a été observée de 18 degrés nord-ouest aux environs de ces îles.

Si avant d'avoir atteint la longitude que j'ai ci-dessus prescrite, un effet extraordinaire de la variété des vents empêchoit de tenir la route de l'est, il seroit à propos, en portant la bordée vers le nord, de ne pas passer le parallele de 30 degrés, parce que par une moindre latitude on rencontre souvent les vents de la partie du nord-est à l'est. Plusieurs vaisseaux, faute de cette attention, après avoir bien perdu du tems à louvoyer, ont été enfin contraints de courir au sud jusques par 38 degrés, pour rejoindre les vents de l'ouest. Ces exemples font voir que dans le cas d'un vent contraire, on doit préférer la bordée du sud à celle du nord.

De la longitude de 86 degrés, méridien de Paris, on dirigera peu à peu la route pour s'élever au nord, de telle sorte qu'on puisse passer le tropique du capricorne 13 degrés au-delà, c'est-à-dire, par 99 degrés de même longitude. Si avant de prendre du nord, on pouvoit observer la variation, on seroit plus certain de la position où l'on est. Par l'examen que j'ai fait des Journaux de cette navigation, j'ai remarqué qu'à 70 degrés à l'est du cap, cette variation a été observée de 12 & demi à 13 degrés.

Du tropique du capricorne, on pourra faire valoir la route

pour passer trente lieues à l'ouest des rochers appellés les *Trials*. Cet écueil est formé par un assemblage de différens hauts rochers sur l'eau , au tour desquels il s'en trouve beaucoup d'autres au-dessous , qui contiennent environ quinze lieues d'étendue de l'est à l'ouest, & cinq du nord au sud. Un vaisseau hollandois le découvrit en 1719 ; son existence fut ensuite confirmée par un bot qui partit de *Batavia* pour y croiser & en reconnoître exactement la situation qu'il détermina à 19° 30′ de latitude , & quatre-vingt lieues à l'ouest de la *Nouvelle Hollande*. La prudence veut qu'on passe de jour la latitude de ce danger, parce qu'on pourroit l'aborder la nuit dans le tems qu'on croiroit en être fort éloigné, comme cela peut arriver par une erreur imprévue.

Rochers appellés les *Trials*.

Par 22° 6′ de même latitude , & 74° 30′ à l'est du cap de *Bonne-Espérance* , gît l'île *Cloates*. Elle fut découverte par le Capitaine *Nasch* , qui rapporta que son étendue étoit d'environ dix lieues nord-est-quart-nord & sud-ouest-quart-sud, & qu'on l'apperçoit aisément de dix ou douze lieues en mer.

Isle *Cloates*.

Après avoir doublé les *Trials* , il faut faire la route du nord-nord-est 2 ou 3 degrés est , jusqu'à la vue de l'île de *Java*. Par là on atterrera cinquante lieues à l'est de l'entrée du détroit de la *Sonde* , & cette distance suffit pour prévenir l'erreur du côté de l'ouest. Si on observe ce que j'ai ci-dessus enseigné, on verra qu'on y est plus sujet du côté opposé : les journaux le confirment. On y lit que les vaisseaux qui vont du cap de *Bonne-Espérance* à *Java* , en suivant à peu près cette route , ont atterré beaucoup plus vers l'est qu'ils ne le comptoient. J'avertis qu'il est même quelquefois dangereux de trop s'élever vers l'est, par rapport à la difficulté qu'il y a de se relever de l'enfoncement que forment

Isle de *Java*.

les côtes de la *Nouvelle Hollande* & les îles ſituées à l'eſt de *Java*. On y voit regner des calmes fréquens, & des courans, qui portent avec rapidité dans les canaux de ces îles.

Il n'en eſt pas ainſi des vaiſſeaux qui font voile des îles de *France* & de *Bourbon* pour aller au détroit de la *Sonde*. Leur erreur, de quelque cauſe qu'elle provienne, eſt ordinairement de ſoixante-dix lieues vers l'oueſt. Il eſt bon que les Navigateurs qui feront cette traverſée, aient ſoin de prévenir cette différence, en s'élevant autant à l'eſt; de maniere qu'après avoir doublé les *Trials*, il faſſent valoir la route le nord-eſt-quart-nord, juſqu'à la vue de la côte de *Java*.

Dans l'un ou dans l'autre cas, ſi après toute la précaution néceſſaire, on tomboit à l'oueſt, & que parvenu par 7° 30′ de latitude, on n'eut aucune connoiſſance de la terre, on tiendroit alors le plus près du vent pour s'élever vers l'eſt juſqu'à ſa vue.

Iſle *Noël* ou *Moni*.

Soixante-dix-ſept lieues au ſud de la pointe occidentale de l'île *Java*, par 10° 30′ de latitude, gît l'île nommée *Noël* par les Anglais, & *Moni* par les Hollandais. Il y a quelques années qu'un vaiſſeau de cette nation y aborda la nuit & y fit naufrage. Sa ſituation eſt mal indiquée ſur les cartes des uns & des autres. Je l'ai déterminée ſur les remarques que j'ai tirées des Journaux de pluſieurs Navigateurs, qui l'ont rencontrée tant en allant au détroit de la *Sonde*, qu'en revenant.

Cette île eſt haute, bien boiſée & d'une fort belle apparence; on y trouve de l'eau douce, des tortues de terre & des cochons marons ou ſauvage. On aſſure qu'elle eſt ſaine tout au tour, & que du côté du nord il y a un fort beau mouillage par 14 à 15 braſſes de profondeur.

Lorſqu'on

Lorſqu'on atterre du côté du ſud de l'île *Java* * , on ne peut guere juger avec certitude , faute de bonnes remarques, de la diſtance où l'on eſt du détroit de la *Sonde*. Il n'y a que l'habitude que donne l'expérience, qui puiſſe faire diſtinguer celles qui s'y trouvent. Le terrein des environs du rivage paroît en général fort boiſé. On y découvre pluſieurs baies ou enfoncemens , & quelques îlots ou rochers qui cernent la côte , & ſemblent en rendre l'abord dangereux : le fond n'eſt propre pour ancrer qu'à une fort petite diſtance de terre. L'intérieur de l'île eſt couvert de hautes montagnes, principalement la partie orientale , où d'elles s'élevent pluſieurs en forme de pics.

La côte étant reconnue , & s'en trouvant à la diſtance de quatre ou cinq lieues, il faut la ranger ou ſuivre ſon giſſement, qu'on peut fixer en général de l'eſt-quart-nord-eſt à l'oueſt-quart-ſud-oueſt , excepté aux environs de la pointe de *Wineroux*, qu'il prend un peu plus du nord & du ſud.

Il eſt bon d'obſerver ici, que depuis le mois d'Août, le long des côtes de *Sumatra* , de *Java* & autres îles vers l'eſt, lorſqu'on eſt à la vue de ces terres , les courans portent à l'eſt avec aſſez de vîteſſe pour faciliter aux vaiſſeaux qui tomberoient ſous le vent , le moyen de regagner en louvoyant les détroits de la *Sonde*, de *Baily* & autres, quoique la mouſſon ſoit contraire.

Pointe de *Wineroux*.

La pointe de *Wineroux*, ſituée par 7° 28′, eſt remarquable, en ce qu'en venant de l'eſt la côte ſemble s'y terminer. Les doubles terres , voiſines du rivage , s'abaiſſent vers

* J'ai formé le plan qui ſe trouve dans mon Recueil, en réuniſſant ceux que les Hollandais ont fait lever avec beaucoup de ſoin. La latitude des principaux endroits ſitués ſur les côtes , m'a paru conforme aux obſervations de pluſieurs Navigateurs qui les ont parcourues.

cette pointe, qui eſt baſſe & converte de bois. A ſon extrémité ſe trouve un petit îlot de ſable au ras de l'eau, & le rivage en cet endroit paroît environné de briſans qui s'avancent un quart de lieue en mer.

Depuis la pointe de *wineroux*, la côte fuit au nord-quart-nord-eſt pendant trois lieues; & après avoir formé une anſe vers l'eſt, elle refuit enſuite à l'oueſt-quart-nord-oueſt, juſqu'à l'entrée du détroit de la *Sonde*. Dans cette derniere étendue, à deux lieues au large de la côte, on voit une petite île baſſe, couverte de bois, nommée par les Hollandais l'île *Trowers*; & trois lieues & demie à l'oueſt-quart-ſud-oueſt, on rencontre celle des *Briſans*, baſſe & boiſée comme la premiere: on peut mouiller aux environs par 25 ou 30 braſſes de profondeur.

Iſle *Trowers*. Iſle des *Briſans*.

Après avoir doublé la pointe de *wineroux*, on gouvernera à l'oueſt-nord-oueſt, vers cette derniere île, d'où l'on compte vingt lieues à ce rumb de vent. En l'approchant, on apperçoit au nord-oueſt la pointe occidentale de l'île de *Java*, ſur laquelle ſe voit une montagne de moyenne hauteur, dont le bout de l'oueſt s'abaiſſe plus rapidement que l'autre extrémité.

A l'eſt de cette montagne on en découvre une autre, à peu près de la même élévation & de la même figure; entre les deux eſt un terrein bas, couvert de bois. Si l'on vient du large, & qu'on ſoit trop éloigné pour reconnoître cette derniere, la plus occidentale des montagnes paroîtra iſolée, l'intervalle entre l'une & l'autre ſemblera former l'entrée du détroit, enſuite ſe montreront les arbres & le rivage de la terre-baſſe qui les unit.

On compte environ ſept lieues au nord-oueſt-quart-oueſt

de l'île des *Brisans* à la pointe occidentale de l'île de *Java*, qui semble se terminer par un grand morne escarpé, qui n'est simplement qu'un gros rocher séparé du pied de la montagne, avec laquelle il paroît confondu en venant du sud. Il y a autour quelques petits rochers sur l'eau, & au sud-est plusieurs autres au dessous, sur lesquels la mer se brise : ces derniers sont à un quart de lieue de terre.

Trois lieues au nord-nord-ouest de cette pointe, on rencontre la premiere du détroit *, & à son extrémité un rocher, où est planté un arbre, que les Navigateurs nomment le *Capucin*. La côte forme une anse entre ces deux pointes, & tout le long ce sont plusieurs rochers élevés, qui, de loin, ressemblent à des bateaux à la voile. Au nord on découvre les terres de l'ile du *Prince*, dont la partie du sud-est fait le côté du nord d'un petit détroit, par où on entre dans celui de la *Sonde*. A la pointe du sud-ouest de cette île & deux lieues au nord-ouest-quart-nord du *Capucin*, plusieurs gros rochers, nommés les *Charpentiers*, s'étendent à l'ouest-sud-ouest l'espace d'un quart de lieue. Ils sont très-accores & presque adjacens les uns aux autres : la profondeur au pied va à 60 brasses. Toute la côte de l'île du *Prince* est également rapide.

Le *Capucin*.

Isle du *Prince*.

Rochers nommés les *Charpentiers*.

* Sur le plan du détroit de la *Sonde*, que contient le Recueil du Pilote Anglais, la premiere pointe du détroit est placée 17 minutes plus nord qu'elle ne doit être. Sur mes observations & celles de plusieurs Navigateurs, j'ai déterminé sa latitude de 6° 39', au lieu que le Pilote Anglais la fixe à 6° 22'. Il tombe encore dans d'autres fautes, par rapport à cette partie. Si on joint sur le même plan, par une ligne droite, la premiere pointe & la montagne de *Cracata*, la partie orientale de l'île du *Prince* semblera alors dérober à la vue cette premiere. Mais j'ai remarqué qu'en observant ces deux objets dans la même direction, la pointe la plus orientale de l'île du *Prince*, au lieu d'être interposée, en paroît séparée de la grandeur d'un angle de 2 à 3 degrés. Il étoit nécessaire de corriger une erreur si considérable, de même que plusieurs autres au sujet des gissemens & des distances, que je ne rapporterai point ici. Je laisse à faire la différence de mon plan avec celui de l'Auteur Anglais.

Isle *Cantaye*. Une lieue à l'ouest de la pointe, dans un enfoncement de la côte, on trouve la petite île *Cantaye*. Plusieurs vaisseaux relâchent dans cet endroit pour y faire de l'eau & du bois. Quelques cartes marquent un banc qui s'avance à l'ouest de la pointe du nord de cette île ; mais un Navigateur * expérimenté assure qu'à un demi-quart de lieue de cette pointe, il a trouvé 6 brasses & demi : cette raison suffit pour ne rien craindre en louvoyant dans ce parage.

Dans l'intervalle de l'île *Cantaye* à la premiere pointe, on rencontre un gros rocher ou petit îlot.

Comme les vents pendant cette mousson, soufflent ordinairement du sud-sud-est à l'est-sud-est, si on veut entrer dans ce détroit, il faudra cingler vers la côte de *Java*, & ranger le *Capucin* le plus près qu'il sera possible. Ce rocher est sain ; il ne présente aucun danger, lorsqu'on s'en tient éloigné d'une longueur de cable ; quand on l'approche, & qu'il reste au nord-nord-est, on apperçoit au-delà de la même direction une montagne fort élevée en forme de pain de sucre, située sur l'île *Cracata* : alors la pointe orientale de l'île du *Prince*, où s'éleve aussi une montagne, reste un peu plus nord.

Ceux qui auront dessein de relâcher à l'île *Cantaye*, si-tôt qu'ils auront doublé le *Capucin*, feront route au plus près du vent pour ranger la pointe du nord de cette île, dont l'extrémité présente un gros rocher escarpé & sain tout autour, séparé seulement par un petit canal. Pour faciliter le trajet des bateaux, on mouillera à mi-canal entre cette petite île & la côte de *Java*, par 18 brasses, fond de sable ; on

* M. le Chr. de la Boissiere.

aura ſa pointe du nord à l'oueſt, à la diſtance d'une demi-lieue.

L'île *Cantaye* n'eſt point habitée : les caſes, ou village, ſont ſur *Java*, & on ne peut y aller qu'en s'éloignant du rivage. Les rafraîchiſſemens qu'on tire de cette relâche, conſiſtent en tortues de mer, en poules & en cocos, que les Habitans de l'île du *Prince* tranſportent avec leurs pirogues à bord des vaiſſeaux qui arrivent. Ces denrées ſont pour l'ordinaire en petit nombre, & le prix en eſt exorbitant. Sur cette île il y a une pierre gravée aux armes des Etats de Hollande, avec une inſcription, qui apprend qu'ils en ont pris poſſeſſion. On fait le bois ſur la petite île, & l'eau vis-à-vis ſur celle de *Java*. Elle tombe par caſcades de la montagne ſur le bord de la mer. C'eſt tout ce qu'on peut avoir aiſément de ces deux endroits.

Il eſt également néceſſaire de préférer, en cette ſaiſon, le petit détroit entre la côte de *Java* & l'île du *Prince*, à celui qu'on voit au nord de cette derniere, parce qu'en entrant par celui-ci, il ſeroit très-difficile, à cauſe des vents qui regnent dans ce tems-là, de ſe rallier de la côte de *Java*, qu'on ne doit point abandonner, non-ſeulement pour ſe conſerver l'avantage du vent, mais encore pour trouver un mouillage en cas de calme & de courant contraire : c'eſt à quoi on ne pourroit pas réuſſir du côté de *Sumatra*.

Si pluſieurs vaiſſeaux, après être tombés ſous le vent du détroit de la *Sonde*, ont été aſſez heureux d'y rentrer par le grand canal, il leur a fallu employer bien du tems à louvoyer pour vaincre l'oppoſition des vents & des courans : c'en eſt aſſez pour ne le point choiſir de plein gré.

Quiconque fera voile de la rade de l'île *Cantaye*, cinglera le long de la côte jusqu'à la seconde pointe qu'il pourra ranger à trois quarts de lieue de distance, & même plus près, s'il le juge à propos. Il découvrira au dedans la baie de *Bonne-Arrivée* avec plusieurs îlots dans le fond; elle s'étend jusqu'à la baie du *Poivre*, qui fait la troisieme du détroit, & gît six lieues au nord-est-quart-est, 3 degrés est de la seconde. A l'est-nord-est de celle-ci, il y a un banc sur lequel a touché un vaisseau Anglois : il est bon que ceux qui se trouvent obligés de louvoyer dans ce parage, y fassent attention.

Baie de *Bonne-Arrivée*.

Baie du *Poivre*.

Quand on a atteint le nord de la seconde pointe, on prend son cours au nord-est, pour approcher la quatrieme, distante de quatorze lieues à ce rumb de vent. Après avoir cinglé environ neuf lieues, on découvre au nord-est-quart-nord une île peu élevée & fort inégale, nommée par les Navigateurs l'île du *Milieu*, à cause qu'elle occupe à peu près cette place entre la côte de *Sumatra* & celle de *Java*. Cette île s'étend environ une lieue un tiers du nord--ouest-quart-nord au sud-est-quart-sud : à sa pointe du sud-est un récif s'avance un tiers de lieue au large.

Isle du *Milieu*.

L'île *Cantaye* ne pouvant fournir que de foibles secours aux vaisseaux qui auroient besoin de rafraîchissemens, ou dont les équipages demanderoient à être rétablis, ceux qui se trouveront dans le cas, feront bien de relâcher à *Serigni*, situé au nord-est de la baie du *Poivre*, au pied de plusieurs hautes montagnes qui sont de ce côté-là.

Baie de *Serigni*.

Pour se rendre en cet endroit, la seconde pointe du détroit étant doublée, on fera route pour ranger la troisieme. Cette derniere a beaucoup plus d'étendue que l'autre ; elle forme plusieurs petites anses, & comprend environ trois lieues de circuit : on découvre au dedans la baie du *Poivre* avec un îlot, au nord-oueſt duquel y a des briſans qui en rendent l'approche dangereuſe, comme le reſte de la baie.

Lorſqu'on ſera par le travers de la troiſieme pointe, à une lieue d'éloignement, on remarquera à l'eſt-quart-nord-eſt la petite île *Serigni*, qui, de cette poſition, ſemble confondue avec la côte de *Java*, dont elle eſt voiſine. On peut cependant la reconnoître à pluſieurs grands arbres plantés ſur ſon terrein, épais en quelques endroits, diſperſés & moins confus dans d'autres. En cinglant vers cette île, il faut tacher de la découvrir toujours du côté de tribord, pour aller mouiller à ſon nord-nord-oueſt, dans l'éloignement de trois quarts de lieue par 15 braſſes de profondeur. On ſe trouve dans la même diſtance, & vis-à-vis du Village de *Serigni*, ſitué ſur la côte de *Java*, au bas de la pente de la ſeconde montagne de la baie du *Poivre*. Il y a beaucoup d'habitans dans ce village & le marché s'y tient, pour ainſi dire, tous les jours. Le Gouverneur qui y réſide, dépend du Roi de *Bantam*, & tout le pays des environs appartient à ce Prince ; les Hollandois s'en réſervent ſeulement le commerce. Ces Peuples, en général, ſont fort intéreſſés ; toutes ſortes de marchandiſes leur conviennent, pourvu qu'on veuille les leur vendre à un très-bas prix, & payer en échange leurs denrées bien cher. Ils ſont, en apparence, affables, mais pour n'en être point la dupe, il faut s'en donner de garde. On peut dreſſer des tentes & débarquer les malades ſur la petite île : du côté du nord un récif s'avance d'un tiers de lieue en mer, & remplit l'intervalle juſqu'à la côte.

On compte quatre lieues & demie au nord-quart-nord-eſt de *Serigni* à la quatrieme pointe. Le terrein du bord de la mer eſt rempli de cocotiers, qui ſont la principale richeſſe du pays. En quelques endroits, & ſur-tout au deſſus du village de *Negeri*, on rencontre pluſieurs briſans, dont le plus écarté ſe prolonge à un demi-quart de lieue de la côte : après avoir appareillé du mouillage, la route ſera à une lieue de diſtance du rivage. Malgré l'inégalité des profondeurs qui augmentent en s'écartant, le fond eſt toujours propre pour mouiller à 20 ou tout au plus à 30 braſſes ; ce qu'il faut faire toutes les fois que le vent manque, ou qu'il n'eſt pas aſſez fort pour que le vaiſſeau ſurmonte la force du courant qui porte ordinairement en cette ſaiſon au ſud-oueſt.

Negeri.

La quatrieme pointe n'a rien de remarquable, ſinon qu'au de-là la côte fuit environ une lieue & demie au ſud-eſt, jusqu'à celle d'*Anger* ou d'*Aniere*. Le principal Village à qui les Navigateurs ont donné ce nom, eſt ſitué près du bord de la côte, à deux tiers de lieue en deçà. On y trouve facilement des buffles, des cochons, des poules & des canards. Les vaiſſeaux qui auront beſoin de vivres, pourront y relâcher. On ſera vis-à-vis de cet endroit, quand on aura dans le même alignement l'île du *Milieu* par les hautes terres qui ſont ſur l'extrémité de l'île *Sumatra*, aux environs de la pointe des *Cochons*.

Anger ou *Aniere.*

J'avertis que le fond n'eſt pas de bonne tenue entre les deux pointes dont je viens de parler, & qu'un fort courant ſuffit pour faire chaſſer.

Une lieue & demie au nord-nord-eſt de la pointe d'*Anger*, & environ à la même diſtance à l'eſt-ſud-eſt de la partie du ſud de l'île du *Milieu*, gît un petit îlot rond couvert de bois, appellé communément le *Bonnet* ou la *petite Toque*.

Le *Bonnet* ou la *petite Toque.*

Ce

Ce nom lui a été donné pour le diſtinguer d'un autre ſemblable, mais plus grand & plus élevé, que l'on nomme la *grande Toque*: ce dernier eſt éloigné du *Bonnet* de deux lieues un tiers au nord 5 degrés oueſt.

Comme depuis la pointe d'*Anger* juſqu'au delà de ces îlots, on ne trouve de fond pour mouiller que par une grande profondeur, il ſera prudent de n'appareiller de la côte de *Java* pour paſſer entr'eux, qu'avec une bonne briſe formée, & non pas, comme ont fait pluſieurs vaiſſeaux, à la premiere apparence de vent, qui ſouvent ne dure pas aſſez pour donner le tems de joindre le mouillage au nord de la pointe *S. Nicolas*, ou aux environs de l'île du nord. Sans cette précaution, lorſque le calme ſurvient, on eſt tranſporté & jetté de côté & d'autre par l'effet ordinaire des courans, qui en cet endroit ſont très-rapides, parce que les petits canaux par leſquels ils prennent leurs cours, en accélerent la vîteſſe.

Au nord-eſt de la *petite Toque*, on fait mention d'un banc dangereux, qu'on dit s'étendre à ce rumb de vent le long de la côte de *Java*. C'eſt pourquoi, ſoit qu'on appareille du mouillage d'*Aniere*, ou de quelque autre en deçà, il faut toujours laiſſer cet îlot à tribord, cingler entre lui & la pointe du ſud de l'île du *Milieu*, & ranger la *grande Toque* du côté de l'eſt à telle diſtance qu'on le juge à propos. De la partie du ſud-oueſt de celle-ci, à un tiers de lieue, il y a une roche à 14 pieds ſous l'eau, ſur laquelle un vaiſſeau Anglais a endommagé ſa contre-quille. Les Navigateurs ont long-tems ignoré ce danger, pluſieurs même ont rangé cet îlot de tous côtés ſans s'en être apperçus, d'où on conjecture qu'il n'eſt pas étendu.

Pointe *S. Nicolas* ou de *Bantam.*

La pointe *S. Nicolas*, que quelques-uns nomment pointe de *Bantam*, par rapport à sa proximité de la Ville de ce nom, est éloignée d'environ trois lieues à l'est, 5 degrés nord de la *grande Toque*. Je ne crois pas qu'il faille porter vers cette pointe, que sur les apparences d'un calme prochain, afin de s'assurer d'un mouillage prompt & commode : excepté ce cas, après avoir doublé la *grande Toque*, on gouvernera au nord-nord-est pour prendre connoissance des *deux Sœurs*, éloignées de dix-sept lieues à ce rumb de vent, & situées par 5 degrés de latitude sud. Ce sont deux petites îles voisines l'une de l'autre, d'une grandeur & d'une élévation à peu près égales. Elles se découvrent de six à sept lieues, plutôt par la hauteur des arbres qui y sont plantés, que par celle de leur terrein. Quand on les releve au nord-quart-nord-est, elles semblent n'en former qu'une, à cause qu'elles se trouvent alors dans la même direction.

Les *deux Sœurs.*

Aux deux extrémités de ces îles on voit deux chaînes de rochers à fleur d'eau, qui s'en écartent d'un demi-quart de lieue au nord & au sud ; & quoiqu'ils cernent aussi les parties de l'est & de l'ouest, on peut cependant les ranger, surtout la derniere, sans courir aucun risque. Il convient même de ne pas beaucoup s'éloigner au-delà, afin d'éviter deux écueils qui en sont tout proche ; l'un nommé le *Chabandar*, du nom d'un vaisseau hollandais qui manqua de s'y perdre, gît 2 lieues un tiers à l'ouest-quart-nord-ouest 2 degrés nord de l'île la plus méridionale. L'existence de ce banc est si certaine, que le vaisseau le *Jupiter*, commandé par M. Dessaudrais du Fresne, y toucha en revenant de la *Chine* : il eut 17 pieds de sa contre-quille emportés, & fut obligé d'aller carener à *Batavia*.

Ecueils, dont l'un est appellé le *Chabandar.*

La plupart des cartes manuſcrites placent ce danger dans une plus grande diſtance des *deux Sœurs* qu'il n'en eſt effectivement ; la même faute ſe trouve à l'égard de la côte orientale de l'île de *Sumatra*, dont ces îles ſont ſeulement éloignées d'environ ſix à ſept lieues. J'ai réformé ces erreurs ſur mes cartes ; & pour les rendre plus conformes au ſentiment de différens Navigateurs, j'ai ſuivi leurs remarques, & j'ai trouvé qu'elles s'accordoient avec celles que j'ai faites en mon particulier.

Deux lieues & demie à l'eſt-quart-nord-eſt de l'île la plus nord des *deux Sœurs*, on rencontre deux petits bancs de ſable, ſur leſquels pluſieurs perſonnes qui les ont approchés de près, aſſurent avoir apperçu des roches ; mais comme d'autres n'en diſent rien, on peut préſumer que ces écueils ſont couverts de pleine mer : ils ſont préciſément au nord-oueſt 4 degrés oueſt du milieu de l'île *Nordwac*. Iſle *Nordwac*.

Toute la côte de l'île *Sumatra*, depuis le détroit de la *Sonde* juſques vis-à-vis les *deux Sœurs*, & au-delà juſqu'à celui de *Banca*, eſt baſſe, couverte de bois, & contient pluſieurs embouchures de rivieres, dont la plus conſidérable s'appelle *Tollong-Bouang*. Il y a un banc qui porte ſon accore près de trois lieues au large, & au nord on en trouve un autre qui s'avance encore davantage en quelques endroits, & ſur lequel ſont pluſieurs ſecs. Ce dernier ſe remarque à une pointe qu'on prétend iſolée, où ſont plantés des arbres plus hauts qu'en tout autre endroit des environs, c'eſt pourquoi on la nomme l'île aux *grands arbres*. De-là à l'entrée du détroit de *Banca*, le rivage forme une anſe, & s'étend au nord-quart-nord-eſt, treize à quatorze lieues. Riviere de *Tollong-Bouang*. Iſle aux *grands arbres*.

Quoique par le giſſement de cette côte, on puiſſe déterminer au nord 5 degrés eſt, trente-quatre lieues, la ſituation reſpective des *deux Sœurs* & de la petite île *Luſepara*; cependant l'irrégularité des courans qui entrent ou ſortent du détroit de *Banca*, jointe aux flux & reflux des rivieres de la côte de *Sumatra*, empêchent qu'on n'indique aux vaiſſeaux une route poſitive pour ſe rendre de l'une à l'autre. La plus certaine ſe déduit de la profondeur qui apprend de quel côté on eſt tranſporté : voici de quelle façon on doit ſe conduire.

Iſle *Luſépara.*

Lorſqu'on appercevra les *deux Sœurs*, on gouvernera pour en paſſer à l'oueſt à trois quarts de lieue de diſtance. Le fond par leur travers ſe trouve de 12 à 13 braſſes; de-là on prendra ſon cours au nord-nord-eſt, afin d'entretenir la profondeur de 13, 12 & 10 braſſes. Si elle augmentoit à 15 ou 16 braſſes, ce ſeroit une preuve que l'on iroit trop du côté de l'eſt; il faudroit alors prendre davantage du nord, même de l'oueſt, s'il en étoit beſoin pour ſe rallier de *Sumatra.*

Au contraire, ſi par un effet ordinaire des courans on approche de cette derniere, le fond diminuera à 12, 10 & 8 braſſes : de cette derniere ſonde il faut auſſi-tôt porter vers l'eſt, ou bien mouiller. Si les vents ne permettent pas de faire cette manœuvre qui devient néceſſaire pour éviter les bancs dont la côte de *Sumatra* eſt environnée; on ſe déſiera ſur-tout du banc près de l'île aux *grands arbres* dont je viens de parler, comme du plus dangereux & de celui qui s'avance le plus au large.

Pendant le jour, & d'un beau tems, on peut, indépendamment de la ſonde, juger par la vue de cette île de la diſtance où l'on en eſt; mais la nuit, ou d'un tems obſcur, la précaution de ſonder ſouvent, devient dans ce parage abſolument indiſpenſable.

Quand on aura doublé l'île aux *grands arbres*, en approchant de *Lusepara*, la profondeur diminuera insensiblement jusqu'à 7 brasses & demie; pour lors on découvrira cette derniere, située par 3° 15' de latitude méridionale : elle est petite, & son terrein bas, mais les grands arbres qui y sont, la font aisément distinguer de six lieues en mer. On cinglera vers cette île jusqu'à la relever au nord, à la distance de deux lieues & demie, & on mouillera dans cette position, si la marée contraire, ou la nuit, ne permet pas d'entrer dans le détroit.

De la pointe du sud de l'île de *Banca* * se prolonge un

* La plupart des cartes anciennes varient beaucoup sur la latitude de l'extrémité méridionale de l'île de *Banca*. J'ai pris les mesures nécessaires pour la fixer sur mes nouvelles cartes avec plus de précision. J'ai observé à sa vue en 1737, une hauteur méridienne du Soleil, outre cela je l'ai considérée relativement à *Lusepara* en conséquence de son gissement & de sa distance. Par-là j'ai trouvé une détermination moyenne, suivant laquelle je l'ai placée par 3° 9' de latitude; position bien différente de celle que lui ont supposée les anciens Auteurs.

Pietergoos dans sa carte réduite de l'océan oriental, que les Navigateurs ont regardé jusqu'à présent comme la plus correcte, place cette partie par 3° 40', c'est-à-dire, 28' plus sud qu'elle ne doit être; & le Pilote Anglais, par 3° 30', ou 18' trop sud.

Presque toutes les cartes manuscrites à grands points, qui sont préférées à ces premieres, à cause du détail qu'elles renferment, sont du sentiment contraire. Elles établissent cette partie par 2° 38', par conséquent de 34' trop septentrionale.

Ceci fait voir à quels périls le Navigateur est exposé par rapport à des erreurs aussi considérables sur ce qu'il croit de plus certain; & je laisse à conclure combien il étoit essentiel de les corriger.

Je ne me suis pas seulement borné à cette correction, les anciens plans du détroit de de *Banca* en demandoient encore une plus grande. Gissemens mal établis, distances mal déterminées, omissions dangereuses, tout en un mot y est défectueux du plus au moins; & j'ai jugé qu'il étoit nécessaire d'en dresser un nouveau. Sur le dessein que j'en ai conçu, en passant dans ce détroit, j'ai observé avec autant d'exactitude qu'il m'a été possible, la situation respective des pointes, le gissement de chacune en particulier, & les endroits les plus remarquables. J'ai ajouté à mes observations celles que j'ai trouvées dans les Journaux des habiles Navigateurs. Une

banc près de cinq lieues au ſud-ſud-oueſt. Si, faute de ſuivre cette inſtruction, ou par quelque accident imprévu on, ſe trouvoit entraîné de ce côté-là, ſi-tôt qu'on s'en ſera apperçu, ſoit par la connoiſſance de la terre au nord, ou par la diminution du fond, il faudra gouverner à l'oueſt-nord-oueſt juſqu'à la vue de *Luſepara*. Ces indices ne ſont pas même néceſſaires pour ſavoir quand on ſera à l'eſt de celle-ci, & par conſéquent au ſud de *Banca* ; il ſuffira pour en être certain de ne pas découvrir la terre du côté de l'oueſt : je vais maintenant dire ce qu'il faut obſerver pour paſſer le détroit de *Banca*.

DU DÉTROIT DE BANCA.

Ce détroit a environ trente-cinq lieues d'étendue du ſud-eſt au nord-oueſt. L'île de *Banca*, dont il porte le nom, le borne du côté du levant, & une partie de la côte orientale de l'île *Sumatra*, au couchant. Le terrein de celle-ci eſt noyé, & n'a d'autre élévation que les arbres qui le couvrent; la mer baigne même le pied de ceux qui ſont voiſins du rivage. Il ne faut pas l'approcher de trop près, à cauſe d'un banc de vaſe qui le cerne & ſe prolonge d'une demi-lieue au large, & même plus en certains endroits.

L'île de *Banca* eſt plus élevée ; il y a pluſieurs montagnes,

quantité conſidérable de triangles formés par les unes & les autres, m'a donné les moyens de déterminer ſur mon plan toutes les parties avec plus de juſteſſe qu'elles ne l'ont été juſqu'ici ſur les anciens.

A l'égard de l'île *Billiton* & du détroit qui eſt entr'elle & la pointe orientale de celle de *Banca*, j'ai fixé l'une & l'autre ſur les plus nouveaux plans dreſſés par les Hollandais. J'aurois ſouhaité avoir communication des Mémoires ou Journaux de ceux qui ont pratiqué ces endroits, je les aurois rendus publics ; car je crois que ſans cela les Navigateurs ne doivent pas hazarder d'y paſſer.

dont les plus apparentes sont celles de *Permiſſang* & de *Monopin*.

Montagnes de *Permiſſang* & de *Monopin*.

La petite île de *Luſepara*, dont j'ai parlé ci-devant, gît à la partie du ſud-eſt de ce détroit, & forme deux canaux pour y entrer; celui de l'eſt a beaucoup de largeur, & ſemble devoir fournir un très-beau paſſage, mais il n'eſt point fréquenté. L'Auteur du Routier du Pilote Anglais dit s'être ſouvent entretenu avec un chef d'eſcadre hollandais qui connoiſſoit ces mers, & que cet Officier l'avoit aſſuré de la ſûreté de ce canal, dont la moindre profondeur alloit à 8 braſſes. Pour moi, je penſe que cet avis doit être confirmé par quelque expérience : au reſte tous les vaiſſeaux préferent encore aujourd'hui le canal de l'oueſt compris entre la côte *Sumatra* & *Luſepara* : il a environ trois lieues de largeur. Ceux qui ſont chargés de la conduite des vaiſſeaux, doivent, pour le paſſer ſans accident, apporter une grande attention, à cauſe de ſon peu de profondeur; pluſieurs font précéder le vaiſſeau de la chaloupe & du canot, afin d'obſerver le fond. Cette conduite eſt très-prudente; mais indépendamment de cette ſage précaution, il ſera facile de déterminer les routes qu'il faut tenir dans ce paſſage relativement à *Luſepara* & à la côte de *Sumatra*: c'eſt l'objet que je me ſuis propoſé dans l'inſtruction ſuivante. Auparavant j'avertis que les marées ſont extrémement rapides dans toute l'étendue du détroit de *Banca*; quand les vents viennent du côté de l'eſt, dans les pleins & renouveaux de Lune, le juſan prend ſon cours du côté du nord pendant ſeize heures, & le flot dure huit heures ſeulement.

Iſle *Luſepara*.

Dans les marées ordinaires, il y a deux flots & deux juſans dans l'intervalle de vingt-huit heures, dont la durée eſt en quelque façon réglée ſuivant la direction du vent. Le flot dure ſix heures & le juſan huit heures ; ou bien le flot dure cinq heures & le juſan neuf heures : il eſt à remarquer que le flot eſt plus ou moins fort, ſuivant le plus ou le moins de force du vent de ſud-eſt.

Le contraire arrive dans la mouſſon de l'oueſt, & pour lors le flot eſt plus fort que le juſan : dans ce cas là, aux marées ordinaires le flot dure huit heures, le juſan huit heures, & la vîteſſe du courant eſt proportionnelle à la force du vent de la partie de l'oueſt. Il faut être attentif à ces différens changemens, & mouiller lorſque le ſecours du vent ne peut pas faire vaincre l'effet de la marée contraire.

Je ſuppoſe qu'on appareille de l'endroit où j'ai dit ci-devant qu'il eſt à propos de mouiller pour attendre le retour du jour & la marée favorable. D'abord on doit gouverner à l'oueſt-nord-oueſt, juſqu'à ce que *Luſepara* reſte au nord-nord-eſt, de-là au nord-oueſt juſqu'à relever cette île au nord-eſt : en cinglant de la ſorte, on trouve 5 braſſes & demie à 6 braſſes, fond de vaſe molle. Si on s'apperçoit d'un fond de ſable dur, qui, dans ce paſſage dénote toujours la proximité des bancs dont *Luſepara* eſt environnée, il faut prendre davantage de l'oueſt, afin de rejoindre le fond de vaſe qui eſt celui du canal.

L'île *Luſepara* reſtant au nord-eſt, il faut porter au nord-oueſt-quart-nord juſqu'à ce qu'elle ſe découvre à l'eſt-nord-eſt, d'où on gouvernera au nord-nord-oueſt, & même, s'il eſt néceſſaire, au nord-oueſt-quart-nord, pour accoſter *Sumatra*, qu'on rangera enſuite à une lieue ou une lieue un quart. Par cette diſtance on évitera le banc ſitué au nord-oueſt-quart-nord de *Luſepara*, qui ne porte que 10 pieds d'eau, & dont on on voit les brisans de basse mer. Il ne faut pas approcher de plus près la côte de *Sumatra*, si on ne veut pas courir risque d'échouer sur le banc de vase qui borde le rivage, & dont l'accore s'écarte plus d'une demi-lieue au large en quelques endroits. Plusieurs vaisseaux qui rangeoient cette côte de trop près, ont éprouvé cet accident, & ils n'en sont échappés qu'avec beaucoup de peine.

En approchant la premiere pointe du détroit, l'eau augmente jusqu'à 12 brasses fond de vase; & au-delà la profondeur est plus grande.

Lorsqu'on sera est & ouest de *Lusepara*, si le tems est un peu serein, on découvrira facilement les montagnes de *Permissang*, situées sur l'ile de *Banca* au nord-quart-nord-ouest de la premiere pointe du détroit.

Remarque sur l'inégalité des profondeurs entre *Lusepara* & *Sumatra*.

Selon la remarque de plusieurs Navigateurs, les profondeurs dans le passage entre *Lusepara* & *Sumatra*, sont différentes en certains tems aux mêmes rumbs de vent de *Lusepara*, & à la même distance. En examinant les Journaux, je me suis aussi apperçu de cette inégalité: j'ai vu que quelques vaisseaux avoient trouvé 4 brasses au même endroit, suivant leur estime, où d'autres en avoient trouvé 6 dans un autre tems. Un flot plus ou moins avancé, c'est-à-dire, l'instant de la pleine mer plus ou moins prochain, ou bien des crues d'eau ordinaires ou accidentelles, occasionnées par des pluies abondantes & par le débordement des rivieres, concourent à produire de semblables effets. Je croirois volontiers qu'une erreur sur l'estime de la distance où on s'imagine être de *Lusepara*, y contribue aussi. Comme du côté de *Sumatra* le fond est fort élevé, si, au lieu de passer à deux lieues à l'ouest-sud-ouest de la premiere, on en passe à trois lieues & demie, il n'est pas surprenant d'y rencontrer moins de profondeur : lorsque le cas arrive, il faut se rallier de *Lusepara*, pour avoir un plus grand fond.

On compte neuf lieues & demie au nord-ouest-quart-nord 3 degrés ouest de la premiere pointe du détroit à la seconde ; le rivage s'avance en deux endroits différens, & forme deux fausses pointes, qu'on a ainsi nommées pour les distinguer des principales : il est encore bordé d'un platon ou banc de vase, qui s'étend un tiers de lieue au large, de sorte que la côte peut se ranger à deux tiers de lieue sans danger ; les profondeurs, quoiqu'inégales, sont ordinairement de 15, 18 à 20 brasses.

Sur l'extrémité de la seconde pointe est planté un arbre qui en paroît un peu séparé ; du premier coup d'œil, on le prendroit pour un vaisseau mouillé. La côte au-delà forme un grand enfoncement, qui semble avoir échappé à la connoissance des Auteurs des anciens plans, de même que le platon ou banc de vase dont toute l'étendue est remplie. Plusieurs Navigateurs ont cru mal-à-propos que son extrémité étoit un petit banc, à terre duquel on pouvoit passer : je m'en suis éclairci par moi-même. J'ai été dans une chaloupe sonder depuis la seconde pointe jusqu'à ce prétendu banc & au-delà ; j'ai remarqué que cette baie a très-peu d'eau, que même le platon découvre en plus grande partie lors de la basse mer. C'est donc en conséquence des relevemens que j'ai faits en prolongeant son accore, que je l'ai tracé sur mon nouveau plan : j'observai dans cette opération que la route de la deuxieme à la troisieme pointe, est au nord-ouest-quart-nord 2 degrés ouest.

Au dedans de la deuxieme pointe, à un quart de lieue d'éloignement, du côté de l'oueſt, on découvre un grand arbre, environné de pluſieurs autres d'une égale hauteur : comme il eſt plus élevé que ceux-ci, il reſſemble à un arbre laiſſé en entier ſur une haie tondue ; il ſert d'indice pour reconnoître la deuxieme pointe, en venant du nord, & pour éviter la pointe du banc la plus avancée dans le canal, qui gît au nord-quart-nord-oueſt 3 degrés oueſt de cet arbre.

Il ſuit de ces remarques, qu'il eſt non-ſeulement dangereux de ranger la côte de *Sumatra* entre ces deux pointes, mais encore d'aller directement de l'une à l'autre. La route la plus convenable, après avoir doublé la deuxieme pointe, eſt de gouverner ſur la plus grande des îles *Nanca*, qui ſe découvre au nord-quart-nord-eſt ; de cette poſition ſes deux extrémités paroîſſent baſſes, & ſon milieu un peu élevé. On trouve dans ce trajet 18 à 20 braſſes qui ſe réduiſent à 15, en approchant de ces îles : on les rangera par ce dernier fond. Si on avoit beſoin d'eau douce & de bois à brûler, on en pourroit faire commodément ſur la plus grande. Comme il ſe trouve entre ces îles quelques dangers à fleur d'eau, il faudra mouiller au dehors, & ne pas entrer dans leurs canaux, ſans les avoir auparavant reconnus.

Il y a deux endroits où l'on peut faire de l'eau ſur l'île *Nanca*, qui ſont nord & ſud l'un de l'autre : quand on eſt à l'embouchure du nord, la petite île *Nanca* reſte à l'oueſt-ſud-oueſt, & une petite négrerie ſur l'île de *Nanca*, à l'eſt-ſud-eſt, à la diſtance d'une demi-lieue. L'eau en cet endroit eſt la meilleure, mais on a un peu de peine à la faire à cauſe des pierres qui l'environnent.

Le côté du ſud de la même île eſt plus net ; il y a trois

petites anſes de ſable où l'on peut mettre à terre: de la pointe du ſud-eſt à celle de l'oueſt, on compte environ une demi-lieue, mais il n'y a point d'eau douce de ce côté-là. Du côté de l'oueſt, s'étend un récif avec des pierres ſur l'eau, qui ſe prolonge en dehors de deux grêlins ; il s'étend encore ſous l'eau de la même longueur, & ſur pluſieurs des roches à peine reſte-t-il 2 ou 3 pieds d'eau.

Le côté du nord a un peu moins d'une demi-lieue d'étendue ; l'endroit où l'on fait l'eau eſt à un ſixieme de lieue de la pointe de l'oueſt : il ſe remarque par un arbre ſeul ſur une petite pointe qui en eſt voiſine, & vis-à-vis, du côté de *Banca*, on voit un rocher ſeul vers le milieu du canal élevé ſur l'eau.

La diſtance de cette place à l'eau à *Banca* eſt d'environ une lieue. Il y a vers le mi-canal un récif ſur lequel la mer briſe, & l'on y voit pluſieurs roches à fleur d'eau ; entre l'île & le récif il y en a auſſi en quantité ſous l'eau : vers le milieu du canal, où il n'y a pas de pierres, la profondeur eſt d'une braſſe & demie ou de deux braſſes.

Pour aller plus aiſément à l'endroit où l'on fait l'eau, il faut ranger l'île du côté de l'eſt ; quand on aura doublé la pointe du nord-eſt, on verra pluſieurs anſes de ſable blanc, mais celle où l'on fait l'eau eſt de ſable brun. De mer baſſe on voit l'eau courir, au lieu que de mer haute on ne peut l'appercevoir, à cauſe d'un grand marais ſitué vis-à-vis, de ſorte qu'il faut être à terre pour la trouver.

Tout le côté de l'eſt de l'île eſt de facile abord avec des chaloupes. On trouve auſſi de l'eau douce proche la pointe du ſud-eſt, dans une petite riviere dont on voit l'ouverture en rangeant le rivage, mais elle n'eſt pas ſi bonne qu'en l'autre endroit.

Quand on ſera vis-à-vis de l'île la plus avancée du côté du nord, on gouvernera ſur la troiſieme pointe, & on abandonnera la côte de *Banca*, où l'on rencontre tout le long pluſieurs dangers & en général un très-mauvais fond.

Des îles *Nanca*, dans un tems un peu clair, on voit au nord-oueſt-quart-oueſt, la haute montagne de *Monopin*, ſituée ſur la pointe occidentale de l'île de *Banca*: ſon élévation la fait appercevoir de fort loin, & elle ſert d'amere pour entrer dans le détroit en venant du nord, ou pour en ſortir en venant du ſud.

Montagne de *Monopin*.

La troiſieme pointe du détroit, un peu plus élevée que les autres, ſe diſtingue par un rivage de ſable roux qui ſe trouve au pied. De ſon travers on cinglera à l'eſt-quart-nord-eſt vers la quatrieme pointe éloignée de ſix lieues deux tiers à l'eſt 5 degrés nord : on prend ainſi un peu plus nord que le giſſement de ces deux pointes, pour éviter l'accore des bancs de la riviere de *Palimbam*, qui commencent immédiatement après la quatrieme pointe. Aux environs de cette derniere, on trouve ſouvent un fond inégal de 12 à 8 & 6 braſſes, dont on ne doit point s'étonner, parce qu'en lançant un peu vers le nord, il augmente tout-à-coup.

La premiere entrée de riviere qui ſe montre au-delà de la quatrieme pointe, n'eſt pas la véritable embouchure de celle de *Palimbam*, mais on la rencontre bien-tôt après, ainſi que la ſeconde qui ſe diviſe en deux branches. Les Hollandais ont un établiſſement à quatorze ou quinze lieues au dedans; leur principal commerce y conſiſte en poivre, calin * & Rotin**.

Quatre lieues au nord-eſt-quart-nord de la quatrieme pointe,

* Etain fin. ** Petite canne.

il y a un dangereux écueil formé par plusieurs têtes de roches environnées de sable hors de l'eau : j'ai été le reconnoître, & j'ai trouvé 20 brasses de profondeur à une longueur de vaisseau de son bord.

J'observerai ici que les marées entrent & sortent de la riviere de *Palimbam* avec beaucoup de rapidité, sur-tout dans la saison des pluies qui y causent de grands débordemens. Alors les eaux paroissent troubles aux environs, il flotte sur leur surface plusieurs racines, quelquefois même trois ou quatre arbres entiers entourés de buissons ressemblant à des îles flottantes, que la violence des courans entraînent dans la mer. En passant devant cette riviere, on prendra garde à l'effet du flot qui pousse vers les bancs, & à celui du jusan qui jette du côté de l'île de *Banca*, où les fonds, comme je viens de le dire, sont dangereux. Outre les différens écueils qu'on rencontre, il y a un banc considérable de gravier qui se prolonge une lieue & demie au sud-ouest de la pointe occidentale de cette île ; tout auprès se trouve aussi une roche qui n'a que 9 à 10 pieds d'eau.

En cinglant de la troisieme pointe vers la quatrieme, lorsqu'on est avancé de façon que la montagne de *Monopin* reste au nord-nord-ouest, il faut gouverner au nord-ouest-quart-ouest pour ranger les bancs de la riviere de *Palimbam* ; mais soit de jour, soit de nuit, qu'on n'en approche pas au-dessous de 8 brasses. En continuant cette route, on découvrira au nord-ouest la fausse pointe de *Batacarang*, & ensuite la véritable. Ces deux pointes & la basse terre qui s'étend au pied de la montagne de *Monopin*, distante de six lieues à l'est, terminent le détroit de *Banca* du côté du nord-ouest : le principal danger qui se trouve dans ce canal, est la roche de

Frederik-Endrik, ſur laquelle s'eſt perdu un vaiſſeau hollandais. Le vaiſſeau l'*Athalante* y toucha en 1729, & fut aſſez heureux de s'en retirer ſans accident, ainſi qu'un vaiſſeau portugais qui y paſſa une marée. Cet écueil eſt ſitué à l'oueſt-quart-nord-oueſt 5 degrés oueſt du ſommet de la montagne de *Monopin*, à une lieue deux tiers de la baſſe terre de cette partie de *Banca* * ; le ſommet de la roche eſt une pointe aiguë, ſur laquelle de baſſe mer, aux marées ordinaires, il ne reſte que 8 pieds d'eau : elle eſt poſée ſur une baſe de même pierre de 40 braſſes de diametre, & ſur laquelle la profondeur eſt depuis 2 braſſes & demie juſqu'à trois braſſes un ſixieme. Le meilleur canal eſt par 7 braſſes ; il ne faut pas aller par plus de 8 braſſes du côté de l'eſt, ni par moins de 6 braſſes du côté de l'oueſt.

Roche de *Frederik-Endrik.*

On prétend que la pointe de *Frederik-Endrik* découvre dans les grandes marées. Les bancs qui environnent les pointes de *Batacarang* ne ſont pas dangereux ; en entretenant de ce côté-là 7 braſſes & demie à 8 braſſes, on ne court aucun riſque, mais l'augmentation de la profondeur aux environs de ces pointes, annonce la proximité de *Frederik-Endrik*; il faut y être attentif, autrement on tomberoit ſubitement de 14 à 5 & à 3 braſſes.

En ſortant du détroit, on découvre au nord de *Monopin* pluſieurs petites îles, les unes ſur la côte du nord de *Banca*, les autres plus écartées : je n'en ferai point ici le détail, faute de mémoires ; d'ailleurs leur connoiſſance n'eſt point eſſentielle à l'objet que je me ſuis propoſé dans cette Inſtruction.

* Ce relevement eſt tiré du Journal du ſieur Aignan la Mothe, premier Pilote du vaiſſeau le *Condé*, qui a ſondé ce danger & ſes environs.

INSTRUCTION pour passer le détroit de la sonde, *en allant à* Bantam *ou à* Batavia, *pendant la mousson de l'ouest.*

SOIT qu'on vienne des *Indes*, ou de quelque autre endroit situé à l'occident, on ira d'abord reconnoître l'île d'*Engano* ou *Trompeuse*, ensuite avec les vents d'ouest on cinglera vers la pointe méridionale de *Sumatra* dont cette île est éloignée de trente-cinq lieues : cette extrémité se termine par une pointe basse, couverte de bois. Tout auprès gît la petite île *Fortune*, basse & boisée comme la premiere : on voit sur le terrein de *Sumatra* plusieurs montagnes élevées.

Quand on aura reconnu ces terres, on gouvernera pour ranger au sud l'île *Cracata*; de-là on passera entre celle du milieu & la *petite Toque*.

S'il y a quelque danger dans le passage entre *Pulo-Cracata* & l'île *Sabessi*, il est au moins apparent; il conviendroit d'y passer, de même qu'entre l'île du milieu & celles qui sont au sud-est de la pointe des *Cochons* : il regne dans ces parages, pendant cette saison, des vents & des courans favorables à cette route, qui d'ailleurs est la plus droite.

Lorsqu'on sera une lieue & demie au nord de la pointe *S. Nicolas*, si on veut aller à *Bantam*, on approchera l'île longue & plate de *Panjang*, dont on passera à l'est entre cette île & les îles de *Mady*, rangeant de plus près la petite

Mady,

Mady, on trouve en ce canal 8 à 9 braſſes. Cette île une fois doublée, on découvre ſur le terrein une montagne ronde; quand elle reſte au ſud-ſud-oueſt, la ville de *Bantam* paroît au même rumb de vent: on y gouvernera juſques vis-à-vis des îles *Golgatha*, par le travers deſquelles eſt la rade où l'on mouille par 5 à 6 braſſes fond de vaſe.

Si on veut aller à *Batavia*, il faut ranger la pointe *St. Nicolas* à une lieue de diſtance, & entretenir le fond de 25 à 30 braſſes, pour pouvoir mouiller, au cas que le vent ne ſoit pas aſſez fort, pour refouler les courans qui, pendant preſque toute l'année, ſortent du détroit & courent avec vîteſſe, ſur-tout à la pointe *St. Nicolas*.

Etant au nord de cette pointe, on fera route à l'eſt-quart-ſud-eſt, trois lieues; la ſonde donnera de 25 à 18 braſſes, fond de vaſe & d'argile.

De cette poſition, le milieu de *Pulo-Babi* reſtera à l'eſt-nord-eſt deux lieues & demie, les îles de l'entrée de la baie de *Bantam* du ſud-ſud-eſt au ſud, la plus proche à deux lieues de diſtance.

Quand la pointe *St. Nicolas* reſtera à l'oueſt trois lieues, on gouvernera à l'eſt; & après y avoir fait ſept lieues & demie, la ſonde de 18 braſſes diminuera à 14, & reviendra de 14 à 18 & 20 braſſes; mais ſi la ſonde ne donnoit que 12 braſſes, il faudroit faire gouverner à l'eſt-nord-eſt, juſqu'à ce que la profondeur eût augmenté à 17 & 20 braſſes, ayant toujours attention que la route ne prenne point du ſud, ce que manifeſte la diminution du fond.

Lorſque l'on aura fait les ſept lieues & demie indiquées à la route de l'eſt, on aura connoiſſance de la grande *Cambuis*, qui reſtera à l'eſt, diſtance de quatre lieues. En gouvernant

Grande *Cambuis*.

fur la pointe du nord de cette île, la fonde donnera 19, 16 & 18 braffes; on paffera au fud d'un rocher qui en eft éloigné d'une lieue & demie à l'oueft-quart-nord-oueft, & fur lequel il ne refte que 18 pieds d'eau: on aura attention à ranger la grande *Cambuis* à un tiers de lieue du côté du nord.

De la pointe du nord-oueft de cette île, il y a un récif qui s'étend d'une lieue à l'oueft-fud-oueft, & fur lequel les Hollandais ont foin d'entretenir un gros pieux en croix, pour fervir de balife, de même que fur l'extrémité du récif, qui s'avance de deux lieues au nord de la pointe de *Java*, fur lequel eft une petite île, que les Hollandais appellent *Menfchecters*. Plufieurs vaiffeaux paffent entre ces deux balifes, laiffant la grande *Cambuis* au nord, & gouvernant fur la pointe de *Java*, jufqu'à la diftance d'une lieue. Par cette route tous les dangers font marqués par des balifes: on laiffe les îles de *Mildebourg* & d'*Amfterdam* dans le nord. Il fe trouve dans cette route plufieurs hauts-fonds, fur lefquels il y a 20 pieds d'eau; ceux qui en ont moins, font marqués par des balifes.

Petite *Cambuis*.

En rangeant la grande *Cambuis*, la laiffant au fud, la profondeur eft de 17 à 14 braffes; on voit enfuite la petite *Cambuis*, qui n'eft éloignée de la grande que d'une lieue.

Mildebourg & *Amfterdam*.

En gouvernant à l'eft-fud-eft, la petite *Cambuis* reftant au fud, on voit dans cet air de vent *Mildebourg* & *Amfterdam*, réunies l'une à l'autre; & quand on fera à une lieue de ces îles, on portera à l'eft & eft-quart-fud-eft fur l'île de *Harlem*, qu'il ne faut pas approcher de plus près que d'une demi-lieue. On continuera la route de l'eft jufqu'à ce que l'île de *Harlem* refte une lieue au fud-oueft; alors la fonde ne donnera que 12 braſſes ; on verra l'île de *Horn* au ſud-ſud-oueſt, une lieue & demie, & l'île d'*Edam* environ deux lieues à l'eſt-quart-nord-eſt. De cette poſition on portera au ſud, & lorſque l'île de *Horn* reſtera à l'oueſt & *Enkuiſen* à l'eſt, on verra les vaiſſeaux mouillés dans la rade de *Batavia* au ſud, à la diſtance de trois lieues : la ſonde qui donnera 9 braſſes fond de vaſe, diminuera par gradation, juſques dans la rade où l'on mouille par 5 braſſes, fond de vaſe.

Iſles de *Horn* & d'*Edam*.

Iſle d'*Enkuiſen*.

Cette Ville par 6° 12′ de latitude méridionale, eſt la capitale des établiſſemens hollandais aux *Indes* ; c'eſt-là que réſident le Général & le Conſeil Supérieur.

Batavia.

A l'égard de ſa longitude, elle eſt, ſuivant les obſervations aſtronomiques qui y ont été faites, de 104° 24′ à l'orient du méridien de Paris, ce qui ne differe que de 2 minutes de la détermination que je lui avois fixée dans la premiere édition de mon Neptune.

Je ne ferai point ici la deſcription de *Batavia* : elle ſe trouve dans preſque toutes les Rélations des Voyageurs des Indes Orientales, & dans d'autres ouvrages d'hiſtoire & de géographie, qui ſuffiſent pour en inſtruire les curieux.

En partant de *Batavia* pour ſe rendre au détroit de *Banca*, il faut gouverner au nord-nord-oueſt ; on vient à la petite île *Zuider-wagther*, ou *Sud-wak*, éloignée de la rade de *Batavia* de dix à onze lieues : elle eſt ſaine de tous côtés, & on en peut paſſer à l'eſt ou à l'oueſt à trois quarts de lieue. Si on en paſſe à l'eſt, on l'approchera avant qu'elle reſte au nord-oueſt, afin d'éviter un petit banc, nommé par les Hollandais, *Naſſon-wodre Droogthe*, diſtant d'environ deux lieues au ſud-eſt, 3 ou 4 degrés eſt. Lorſque l'île *Sud-wak* reſtera au ſud-eſt, ſi on ne veut pas prolonger les *Mille Iſles*, on cinglera au

Zuider-wagther, ou *Sud-wak*.

Naſſon-wodre Droogthe.

nord & nord-quart-nord-est pour s'en écarter, & passer entre le banc ou l'île de *Sable*, appellée *Browers-Droogthe*, & celui de *Princens Droogthe*. Le premier gît environ sept lieues au nord-est de l'île *Sud-wak*, par 5° 24′ de latitude; l'autre huit lieues au nord-ouest-quart-ouest 5 degrés ouest de *Browers Droogthe*, par 5° 12′. Après avoir atteint la latitude de 5 degrés, on fera valoir la route le nord-nord-ouest, jusques par 4 degrés, pour gagner les 12 brasses à l'est du banc de l'île aux *grands Arbres*, & on aura soin de sonder de tems à autre, pour ne pas tomber plus ouest qu'on ne l'estime. Au contraire, si la sonde indiquoit par une plus grande profondeur qu'on fût du côté de l'est, il faudroit alors porter plus à l'ouest que la route que je viens de prescrire, afin de joindre les 12 brasses; après quoi on suivroit ce que j'ai enseigné, *pag.* 500 & suiv. tant pour entrer dans le détroit de *Banca*, que pour le traverser.

Browers-Droogthe. Princens-Droogthe.

TRAVERSÉE *du détroit de* Banca *à* Pulo-Timon *&* Pulo-Condor.

Les Sept îles.

APRÈS avoir doublé *Frederik-Endrik*, on prendra son cours au nord-quart-nord-est, pour passer entre les *Sept îles* & *Pulo-Taya*: ces premieres gissent quatorze lieues à ce même rumb de vent de la pointe de *Monopin*, entre 1° 7′ & 1° 14′ de latitude australe*. Elles sont de différentes grandeurs, & d'une élévation à pouvoir être aisément apperçues

* La carte du Pilote Anglais & plusieurs autres manuscrites, marquent cette distance de cinq lieues plus petite qu'elle ne doit être. Tous les Navigateurs conviennent

à la diſtance de huit lieues ; la plus ſud paroît fort petite, & un peu écartée des autres ; la plus nord a plus d'étendue. L'abord de ces îles eſt ſain du côté de l'oueſt, mais du côté oppoſé & dans l'intervalle qui les ſépare, j'ignore les dangers qui s'y peuvent rencontrer.

Huit lieues un tiers au nord-oueſt de la plus nord des *Sept îles*, on trouve la petite île *Taya*, ou *Pulo-Taya* : elle eſt haute, & on la découvre facilement d'un beau tems de dix à douze lieues : du côté du nord on voit auſſi auprès deux petits îlots ou gros rochers. Preſque toutes les latitudes obſervées ſur le parallele de cette île, la fixent à 48 minutes au ſud de la ligne équinoxiale. *Pulo-Taya.*

En cinglant du détroit de *Banca* vers ces îles, la ſonde augmente de $7\frac{1}{2}$ à 12, 15 & 17 braſſes : pendant la nuit ou d'un tems obſcur, on reconnoîtra que les courans tranſportent à l'occident, au moyen de la profondeur qui diminue de plus en plus, & par le fond de ſable mêlé de vaſe ; au lieu que du côté de *Banca*, elle augmente, & le fond eſt de vaſe claire.

Au-delà de *Pulo-Taya* on découvre pluſieurs îles grandes, moyennes & petites, toutes en général très-élevées : la plus conſidérable eſt celle de *Lingen*, qui ſe remarque au deſſus des autres par une montagne dont le ſommet ſe termine en deux pics pointus ſemblables à deux clochers voiſins l'un de *Pulo-Lingen.*

de cette erreur que j'ai reformée, ainſi que l'éloignement des *Sept îles* à *Pulo-Taya*, ſur laquelle ces mêmes cartes péchent, en ce qu'elles placent cette derniere à treize lieues des *Sept îles*, au lieu qu'elle n'en doit être qu'à huit, ſuivant le rumb de vent de leur ſituation reſpective, & la différence de leur latitude. Je paſſe ici ſous ſilence pluſieurs autres erreurs ſur les giſſemens & les diſtances qu'il étoit à propos de corriger.

l'autre. Sur la partie orientale de l'île s'éleve encore une montagne jointe à la premiere par une terre baſſe qui de loin la fait paroître iſolée. Cette derniere eſt moins haute & plus unie par le ſommet ; à l'eſt de celle-ci gît un petit îlot de moyenne hauteur, couvert de bois, éloigné d'une lieue & demie de la pointe de *Pulo-Lingen.*

Quelques Navigateurs diſent qu'entre *Pulo-Taya* & la partie du ſud de *Pulo-Lingen*, giſſent encore pluſieurs îles qui ne ſont point marquées ſur les cartes : je ne les ai point reconnues ; & comme pour en faire mention, il faut quelque choſe de plus circonſtancié, je n'ai pas cru devoir les inſérer dans mes cartes.

Au nord de la pointe de l'eſt de *Pulo-Lingen*, & préciſément ſous la ligne, on voit pluſieurs petites îles baſſes, entourées de rochers, qu'on nomme les îles *Dominis.*

Iſles *Dominis.*

Quand on aura approché *Pulo-Taya* de cinq lieues vers l'eſt, on fera route au nord-eſt-quart-nord juſqu'à 30 minutes de latitude nord, afin de paſſer au large de deux bancs que les cartes anglaiſes & hollandaiſes placent dans ce parage : le plus oriental gît au nord-eſt-quart-nord de la pointe de l'eſt de *Pulo-Lingen.* Je n'ai rien appris de certain au ſujet de ces bancs, mais je crois qu'on s'en doit méfier.

La ſonde ſur cette route entre *Pulo-Taya* & la ligne équinoxiale porte 18 à 20 braſſes, fond de ſable gris fin, & au-delà 24, 25 à 27, même qualité de fond.

Après avoir doublé les bancs cités ci-deſſus, il faut faire valoir la route le nord-quart-nord-oueſt pour aller reconnoître *Pulo-Aor.*

On remarque aſſez ordinairement dans ce trajet des différences au nord & à l'oueſt, & en conſéquence on atterre plutôt qu'on ne le préſume : pluſieurs Navigateurs attribuent ces événemens aux courans qui portent dans le détroit de *Malaç*. Quelque vraiſemblance qu'ait cette opinion, elle ne me paroît pas probable. En effet de ce que preſque tous les vaiſſeaux trouvent une ſemblable différence, il s'enſuivroit que les courans entrent continuellement dans ce détroit; mais l'expérience qu'on a du flux & du reflux, prouve abſolument le contraire. Voilà à quoi ſe réduiſent des raiſonnemens haſardés ſur les effets dont on ignore les cauſes. Quoiqu'il en ſoit, s'il arrive qu'on ſoit tranſporté vers l'eſt du côté des *Anambas*, un indice certain de leur proximité ſera la profondeur & la qualité du fond, qui portera 45 à 50 braſſes fond de vaſe, au lieu que ſur la route de *Pulo-Aor*, il eſt de 28 à 35, ſable fin gris, quelquefois un peu plus gros, mêlé de petites pierres noires & très-peu de vaſe.

De la vue de *Pulo-Aor* on cinglera vers *Pulo-Timon* : de ce lieu on prendra le terme du départ pour traverſer à *Pulo-Condor.*

De *Pulo-Timon* à *Pulo-Condor*, la route, ou pour mieux dire le giſſement, eſt au nord-quart-nord-eſt 4 degrés eſt, & la diſtance de cent dix-ſept lieues; mais quand on va de l'une à l'autre, étant cinq lieues à l'eſt de *Pulo-Timon*, il faudra faire quatre-vingt lieues à la route du nord-quart-nord-eſt, & la faire valoir enſuite le nord-nord-eſt, pour avoir connoiſſance de cette île qui ſe découvre de quinze à ſeize lieues d'un beau tems : à cinq ou ſix lieues d'éloignement vers le ſud il y a 21 à 22 braſſes fond de ſable fin gris, mêlé de petit coquillage. Si on étoit par cette profondeur, ſans en avoir connoiſſance, par la latitude de 8° 20', & qu'en cinglant au nord ou au nord-nord-eſt, elle ſe réduisît à 17 ou 18 braſſes, cela déſigneroit qu'on ſeroit du côté de l'oueſt de *Pulo-Condor*; au contraire, ſi elle augmente à 24, 25 & 26 braſſes, on ſe trouvera du côté de l'eſt.

INSTRUCTION pour aller de Pulo-Condor *à la* Chine, *en paſſant à l'eſt du* Paracel.

LE paſſage dont il s'agit ici, mérite avec juſtice la préférence des Navigateurs ſur celui qui ſe pratique entre la côte de la *Cochinchine* & le *Paracel.* Les orages & les calmes qui regnent ſouvent dans ce dernier, la quantité de dangers dont les côtes ſont environnées, le peu de ſecours qu'on peut attendre des ports le long de cette route, rendent ce trajet long, pénible, dangereux, & le privent de tout avantage. Au contraire, dans le paſſage de l'eſt, les vents de la mouſſon y ſont conſtans & frais, la traverſée devient courte, & les dangers, dont le nombre eſt moins conſidérable, peuvent s'éviter facilement : tout cela a ſuffi pour déterminer nos Navigateurs modernes à choiſir celui-ci, & à abandonner preſqu'entiérement l'autre.

Il eſt maintenant queſtion, pour remplir l'objet que je me ſuis propoſé, d'indiquer les routes qui y peuvent conduire en ſûreté.

Après qu'on aura reconnu *Pulo-Condor*, on continuera la route pour en paſſer au ſud, & après l'avoir doublée, on cinglera pour aller à *Pulo-Sapatte*, ou l'île du *Soulier*, diſtante de cinquante-cinq lieues au nord-eſt-quart-eſt 5 degrés eſt. J'ai

Pulo-Sapatte.

J'ai dit, ci-devant, qu'on lui avoit donné ce nom, à cause de sa ressemblance à une forme de soulier, quand on la regarde d'un certain côté. Une demi-lieue au nord-ouest-quart-ouest, il y a un rocher en forme de pyramide, & entre l'un & l'autre on trouve 60 brasses d'eau. Trois lieues à l'ouest-nord-ouest de *Pulo-Sapatte*, est un petit îlot qu'on nomme la *petite Sapatte*, & une petite lieue à l'est 5 degrés sud de celui-ci, il y a trois têtes de roches, dont la plus sud a l'apparence d'un bateau à la voile, & tout près au nord-est, il y a un petit brisant : on peut passer entre toutes ces îles, & même y louvoyer. *Petite Sapatte.*

Deux tiers de lieue au sud-est de *Pulo-Sapatte*, on prétend qu'il y a un haut-fond. M. le Chevalier de la Boissiere * commandant en 1733 le vaisseau le *Neptune*, dit dans son Journal, l'avoir vu briser à une demi-lieue de lui, & qu'il lui avoit paru s'étendre d'une encablure; que le vaisseau le *Mars* en 1730, qui étoit en calme à une lieue au sud-est de *Pulo-Sapatte*, avoit apperçu les roches du fond, où la sonde donnoit 20 brasses de profondeur : il se trouvoit sans doute alors sur la pointe de ce banc la plus avancée au large. Des autorités aussi fortes sur la certitude de ce danger, suffisent pour que les Navigateurs y fassent attention, & n'approchent *Pulo-Sapatte* que de deux lieues; outre que c'est assez de la reconnoître, sans vouloir la ranger de plus près.

* Cet habile Navigateur mériteroit ici un éloge particulier pour le soin qu'il a pris de faire des remarques aussi utiles que judicieuses. Ce seroit un grand bien si d'autres avoient autant d'exactitude; mais la plupart des Navigateurs négligent souvent ce qu'il y a de plus essentiel, & à peine trouve-t-on dans un grand nombre de Journaux, quelque chose digne d'attention.

Cinquante trois lieues à l'eſt-quart-nord-eſt 3 degrés eſt de *Pulo-Condor*, & vingt lieues au ſud-quart-ſud-eſt de *Pulo-Sapatte*, eſt le banc de *Mildebourg*, par 9° 4′ de latitude: ce banc s'étend de deux lieues nord-eſt-quart-nord & ſud-oueſt-quart-ſud. A l'eſt 5 degrés ſud de ce dernier, à ſix lieues de diſtance, il y a un autre écueil.

Banc de *Mildebourg*.

Ces îles étant doublées, on fera, à deux lieues de diſtance vers l'eſt, valoir la route le nord-eſt-quart-nord 5 degrés eſt, pour prendre connoiſſance du banc des *Anglais*, ſitué entre le parallele de 15° 40′, & celui de 16°, préciſément à ce rumb de vent de *Pulo-Sapatte*: en ſuivant cette route, on laiſſe à tribord le rocher d'*Andrade*, ſitué dix-neuf lieues à l'eſt 5 degrés ſud de *Pulo-Sapatte* & de la *Vigie* des 11 degrés.

Banc des *Anglais*.

La *Vigie* des 11 degrés eſt une île de ſable à fleur d'eau, qui porte un récif à chacune des ſes extrémités. Un Navigateur * revenant de *Manille*, l'a vu, de même que le banc de roches dont je viens de parler, ſur lequel il a ſondé & trouvé 9 braſſes d'eau.

Vigie des 11 degrés.

Le banc des *Anglais* eſt un banc de roches ſous l'eau, découvert en 1701 par un vaiſſeau anglais, nommé le *Maclesfield*. On connoît plus certainement ſon étendue du nord au ſud que j'ai rapportée ci-deſſus, que celle de l'eſt à l'oueſt: on y remarque différentes profondeurs; celles de 50, 40, 35, 20 & 18 braſſes ſont les plus ordinaires, mais du côté du nord-eſt le fond approche beaucoup plus de la ſurface de l'eau. Pluſieurs vaiſſeaux y ont trouvé 9 braſſes; à la vérité un inſtant après, en cinglant à l'eſt ou au nord,

* M. Cotterel Officier des vaiſſeaux des *Indes*, m'a communiqué un extrait du journal de ce Navigateur.

le fond excédoit 60 braſſes : ceci fait juger de la rapidité du bord.

Il ſera très-utile de prendre connoiſſance du banc des *Anglais*, pour rectifier l'eſtime ; de-là on ſera plus ſûr dans la direction de la route, vers tel endroit de la côte de *Chine* qu'on voudra aller.

La néceſſité de s'élever au vent des lieux où l'on a deſſein d'aborder, oblige les vaiſſeaux en cette mouſſon d'atterrer du côté de l'oueſt ; c'eſt pourquoi ceux qui ſeront deſtinés pour *Macao*, iront reconnoître les îles *Sanciam* ou *Pulo-Outchou*, dont la pointe méridionale eſt ſituée par 21° 30′ de latitude nord.

Iſles *Sanciam* ou *Pulo-Outchou*.

Sur la route du banc des *Anglais* à l'île *Sanciam*, il y a un banc, découvert en 1755 par un bâtiment de *Manille*, qui le nomma le banc du *St. Eſprit* : il remarque que ce banc a environ dix-huit à vingt lieues de tour ; qu'il y a des roches à fleur d'eau du côté du nord, & que du côté du ſud on y trouve de 9 à 15 braſſes de profondeur, ſable, roches & gravier : la latitude du milieu de ce banc eſt de 19° 24′, & ſa diſtance méridienne à l'oueſt de la grande *Ladrone*, de 50 minutes. Le vaiſſeau *la paix* le rencontra par ſa partie du ſud & de l'eſt, où il obſerva 19° 15′.

Banc du *St. Eſprit*.

Pour éviter ce banc, en partant de celui des *Anglais*, on fera valoir la route le nord juſques par 19° 30′, d'où on tiendra celle du nord-oueſt-quart-nord pour voir l'île *Sanciam*, ou la *Toque du Mandarin*, qui gît encore plus à l'occident.

Si on atterre à l'oueſt de l'île *Sanciam* & de la *fauſſe Sanciam*, qui en eſt voiſine de ce côté-là, on verra un rocher qu'on prendroit d'abord pour un vaiſſeau, mais qui dans l'éloigne-

Fauſſe Sanciam.

ment de trois lieues, a l'apparence d'une petite pyramide; on le nomme la *Toque du Mandarin*. De sa vue il faut cingler à l'est pour passer au sud des deux *Sanciam* & de *Pulo-Outchou*; l'extrémité des premieres gît environ est & ouest, & la derniere au nord-est-quart-est de la pointe du sud de la véritable *Sanciam*. Après avoir doublé *Pulo-Outchou*, on découvre du nord-ouest au nord-est un archipel de plusieurs îles très-élevées, doubles, triples & différemment configurées, qui forment entr'elles plusieurs passages ou canaux, dont le principal & celui par lequel on doit préférablement passer pour aller à *Macao*, s'étend au nord-est & nord-est-quart-est. La premiere île qui paroît à ce rumb de vent de *Pulo-Outchou*, se nomme l'île *aux Cerfs* : sa partie du sud-ouest est haute, hachée, & au pied on y remarque quelques taches blanches. Entre l'île *Sanciam* & celle *des Cerfs* il y a un grand enfoncement, & tout auprès de cette derniere quelques rochers s'élevent sur l'eau, environnés par d'autres qui sont au dessous; on ne doit point en approcher, mais continuer la route pour passer au dehors de toute cette rangée d'îles. Au-delà, & proche de l'île *aux Cerfs*, on découvre celle de *Mirou* : lorsqu'elle reste au nord-ouest, on apperçoit à sa pointe de l'est une tache blanche, qui a la figure d'un artimon, ou voile latine.

Toque du Mandarin.

Isle *aux Cerfs.*

Isle de *Mirou.*

Le fond est de vase dans presque toute l'étendue de ce canal : depuis *Pulo-Outchou* la profondeur se trouve de 24 à 17 brasses; au-delà de l'île *Mirou*, vers *Macao*, il y en a moins. En cinglant vers l'île *Mirou* on voit du côté de l'est les îles *Ladrones* ou des *Voleurs*, qui avec celles de *Leme* forment un archipel qui s'étend au nord & à l'est. L'île la plus au sud, voisine du canal de *Macao*, dont je viens de parler,

Isles *Ladrones* ou des *Voleurs*, & de *Leme.*

s'appelle la grande *Ladrone*, à cause qu'elle paroît s'étendre plus que les autres ; une haute montagne, arrondie par le sommet, s'éleve dans son milieu, & la fait découvrir de fort loin: presque joignant, on trouve une île de moindre grandeur, que sépare un canal très-étroit.

Deux lieues au nord-ouest de cette île, il en gît une petite, appellée par quelques-uns *Potoé*, & par d'autres du *Milieu*. Ce dernier nom lui a été donné à cause que de toutes les *Ladrones* elle est la plus avancée dans le canal : son terrein forme deux petites mamelles, & ses bords sont cernés de rochers dessus & dessous l'eau, qui s'allongent en mer, & qui obligent les vaisseaux de s'en écarter ; de sorte qu'il convient mieux ranger de plus près les îles de babord, que celle-ci qu'il faut laisser à tribord, & côtoyer de cette façon à trois quarts de lieue les îles *Enciades*, *Chamchau* & *Cao* jusqu'à la rade de *Macao*, où l'on mouillera par 5 ou 6 brasses, fond de sable & vase, la Ville restant au nord-ouest-quart-ouest, à la distance d'une lieue & demie, & la forteresse de la montagne au nord-ouest 5 degrés ouest. Les vaisseaux qui y séjournent s'en approchent de plus près, mais la rade dont je viens de donner les indices, suffit pour ceux qui veulent aller dans la riviere de *Canton*, & ils prendront à *Macao* des pilotes chinois pour y monter.

Isle *Potoé* ou du *Milieu*.

Macao.

Si les courans transportoient du côté de l'est, à la vue des îles *Ladrone* & de *Leme*, on pourroit les distinguer de celle de l'ouest, par le moyen de leur latitude, parce que la pointe du sud de la grande *Ladrone* est située 23 minutes plus nord que celle de l'île *Sanciam* : une différence de cette espece ne doit pas échapper à un observateur. Indépendamment de ce premier moyen, la grandeur des îles de l'ouest, qui chacune en particulier paroiſſent beaucoup plus étendues que celle de l'eſt, & leur giſſement différent, ſont des indices plus certains que la qualité du fond, qui ſuffit, ſelon pluſieurs Navigateurs, mais auquel l'expérience m'a appris qu'il ne faut pas ſe fier.

Lors donc qu'on connoîtra par l'un des moyens ci-deſſus, avoir atterré aux îles ſituées à l'eſt du grand canal de *Macao*, on gouvernera pour les ranger au ſud, ainſi que la grande *Ladrone*, & cette derniere étant doublée, on fera route au nord-oueſt pour approcher l'île *Mirou*, qu'une marque blanche ſur la montagne, en forme d'artimon, fait aiſément diſtinguer : j'en ai parlé, *pag.* 522, & j'ai dit ce qu'il convenoit d'obſerver pour ſe rendre à la rade de *Macao*; j'y renvoie le Lecteur pour éviter une répétition inutile.

Quoique, ſelon pluſieurs Pilotes, les différens canaux que forment les îles *Ladrones* & de *Leme*, ſoient plus profonds & moins remplis de dangers que les paſſages qu'on apperçoit entre les îles de l'oueſt, cependant il n'eſt pas prudent de s'y engager ſans un pilote côtier : au défaut, le plus ſûr, comme je viens de le dire, ſera d'en paſſer du côté du ſud; quand même le vent feroit contraire, on pourroit joindre la rade de *Macao* à la faveur des marées.

Soit qu'on atterre à l'oueſt ou à l'eſt de ces îles, la ſonde en indique toujours la proximité, & le fond ſe trouve ordinairement à ſeize ou dix-huit lieues au large.

Si un accident imprévu prolongeoit la traverſée *, ou qu'un

* Ce cas arriva en 1740 au vaiſſeau le *Jaſon*, commandé par M. Dordelin, étant tombé ſous le vent du détroit de la *Sondé*, à la vue de l'île *Trieſte*. Pour ne pas per-

départ trop retardé ne permît aux vaisseaux d'atterrer à *Pulo-Condor*, que sur la fin de la mousson de l'ouest, la route que j'ai enseignée ci-dessus ne suffiroit pas pour assurer le voyage; les vents variables & les calmes fréquens qui précedent ordinairement le changement des saisons, obligent de prendre les précautions suivantes.

De la vue de *Pulo-Condor* il faut cingler vers *Pulo-Sapatte*, comme je l'ai dit ci-dessus, ensuite au nord-est jusques par 13 degrés de latitude, pour éviter les écueils rapportés dans le même article.

De cette position on prendra son cours au nord-est-quart-est pour aller reconnoître la partie septentrionale de l'île *Luçon*.

Banc de *Scarboro*, & de *Bolinao*.

En faisant cette route on prendra garde au banc de *Scarboro*, & à celui de *Bolinao*, de peur qu'une erreur dans l'estime des lieues faites à l'est, ne fasse rencontrer ces bancs lorsqu'on s'en croiroit encore éloigné; mais on peut mieux prévenir cet accident, en s'élevant de bonne heure au nord, au moins par 17 degrés, afin de se mettre au-delà de leur latitude; ensuite il faudra cingler vers la côte jusqu'à la vue du cap *Bajador*.

On ne doit pas compter que la sonde fasse, comme dans

dre inutilement le tems à louvoyer, il prolongea les îles situées au large de la côte de *Sumatra*, & pénétra dans les mers orientales, par le détroit de *Malac*. Retardé considérablement par les calmes & les vents contraires, il n'atterra à *Pulo-Condor* que le 12 Septembre; alors pour rendre sa traversée plus certaine, il résolut de faire la route que je vais indiquer. Le 3 Octobre il eut connoissance de l'île *Luçon*, & prit terre à la côte de la *Chine*, aux environs de la baie de *Groaning*, le 9 du même mois; de-là il se rendit à *Lintin*, en passant entre les îles de *Leme*: la prudence & la capacité de ce Navigateur firent réussir ce voyage.

d'autres endroits, connoître la proximité de la côte : la rapidité du bord empêche qu'on ne trouve le fond, même à une petite distance du rivage ; mais le terrein est élevé, & se découvre aisément de douze lieues en mer.

De la vue du cap *Bajador* on fera route pour traverser à la côte de la *Chine* ; & dans ce trajet on sera sur-tout attentif à éviter le dangereux banc de la *Plata*, sur lequel plusieurs vaisseaux ont fait naufrage.

Banc de la *Plata*.

Cet écueil est situé à quatre-vingt-six ou quatre-vingt-sept lieues au nord-ouest-quart-ouest du cap *Bajador* ; il a six lieues d'étendue de l'est à l'ouest, & à sa partie du nord-ouest, il y a une petite île qui a environ une lieue & demie du nord-est au sud-ouest : ce banc, dans toute sa grandeur, est dangereux par les roches qui y sont dispersées. On compte qu'il a quatre lieues de largeur du nord au sud, dans sa partie orientale, & deux lieues seulement à l'occidentale : le mouillage est au nord-est de l'îlot, dont la latitude est de 20° 55'. Le banc est accore de tous côtés, excepté au nord & au nord-ouest qu'on trouve le fond à une lieue d'éloignement.

Le banc de la *Plata* est d'autant plus à craindre, qu'on n'apperçoit point l'île en venant du sud ou de l'est, on distingue seulement les brisans de deux ou trois lieues au large ; ainsi pour l'éviter, il faut, en partant du cap *Bajador*, faire valoir la route le nord-ouest-quart-nord, jusques par 21° 30' de latitude, ensuite gouverner à l'ouest-nord-ouest, pour reconnoître la côte de la *Chine*, qu'on rangera jusqu'à la vue de la *Pierre blanche*, située par 22° 6' de latitude, & éloignée de cinq lieues de la terre-ferme. Ce rocher se distingue aisément par sa blancheur ; il est sain & accore de tous côtés : on peut passer entre lui & la côte de la *Chine* ; la moindre profondeur

Pierre blanche.

profondeur eſt de 15 braſſes. De-là cinglant à l'oueſt-quart-ſud-oueſt, on découvrira bientôt à ce rumb de vent les îles de *Leme*, entre leſquelles il y a un fort beau canal pour aller à *Macao* : ceux qui y ont paſſé, aſſurent que les dangers ſont viſibles, & qu'on n'y trouve pas moins de 8 braſſes fond de vaſe. Du côté du nord s'éleve une montagne appellée le pic de *Lantao*; ceux qui ne voudront pas entrer dans ce canal, rangeront les îles du côté du ſud juſqu'à la grande *Ladrone*, & ſe conformeront à l'inſtruction précédente pour ſe rendre à *Macao*. Pic de *Lantao*.

J'ai inſéré dans mon Neptune une carte très-détaillée des îles de *Leme*, depuis la *Pierre blanche* juſqu'à *Macao*; on peut d'autant mieux s'y confier, qu'elle a été levée exactement par M. Alexandre d'Alrymple, & qu'elle mérite de toutes façons d'être préférée à une eſpece de carte de l'archipel de *Macao*, connue ſous le nom de *Mirador*, qui n'eſt qu'une vue des îles & des montagnes du terrein, & non pas un plan de ces îles. Il ſeroit à ſouhaiter que quelqu'un, animé du même zele que ce ſçavant Anglais, nous donnât un plan de la partie occidentale de cet archipel, compriſe entre la *Toque du Mandarin* & *Macao*, dont la connoiſſance eſt très-eſſentielle à ceux qui fréquentent cette partie des côtes de la *Chine*.

RETOUR *de la* Chine *aux* Indes *ou en* Europe.

LE départ des vaiſſeaux de la côte de la *Chine* doit ſe fixer depuis le 15 Novembre juſqu'au 15 Février; quand même les affaires permettroient de profiter du commencement de la mouſſon de l'eſt qui ſuccede à celle de l'oueſt, les vents encore inconſtans ſuffiſent pour faire attendre quelque tems après cette révolution.

En appareillant de la rade de *Macao* ou de ſon travers, on gouvernera d'abord pour paſſer entre la petite île *Potoé*, ou l'île du *Milieu*, & celles qui ſont du côté de l'oueſt; & on obſervera de ranger ces dernieres préférablement à l'autre, à cauſe des dangers qui l'environnent : après l'avoir doublée, on fera valoir la route le ſud-quart-ſud-eſt 2 degrés ſud, pour prendre connoiſſance du banc des *Anglais*.

J'ignore pourquoi pluſieurs Navigateurs ont pris grand ſoin de s'aſſurer par ce moyen de leur eſtime en allant à la *Chine*, & ont négligé de le faire en revenant ; ſi on en conſidere la conſéquence, on conviendra qu'ils n'ont pas eu raiſon. Dans le premier cas, il s'agit d'éviter une erreur qui peut, tout au plus, cauſer un petit retardement ; dans l'autre, il faut traverſer un canal environné de dangers, dont rien ne manifeſte les approches, & où la moindre différence peut faire périr un vaiſſeau : le premier parti, comme on le voit, eſt bien plus sûr, & la précaution eſſentielle.

Le banc des *Anglais* étant reconnu, on gouvernera au ſud-oueſt, 1 à 2 degrés oueſt, pour voir *Pulo-Sapatte* : ſi de cette latitude on n'en avoit aucune connoiſſance, il faudroit s'aſſurer de celle de *Pulo-Condor*, pour être plus certain de la route à faire juſqu'à *Pulo-Timon*.

Dans l'Inſtruction pour aller à la *Chine*, j'ai parlé de la pierre *Dandrade* & du banc de *Mildebourg* ; ils méritent également attention au retour.

J'ai dit, *pag.* 517, que le rumb de vent de la ſituation réciproque de *Pulo-Timon* à *Pulo-Condor*, eſt le nord-quart-nord-eſt 4 degrés eſt : il ſera donc facile de déterminer la route qu'il faudra tenir pour aller de la derniere à la premiere, relativement au rumb de vent & à la diſtance où l'on ſe trouvera de *Pulo-Condor.* Quant à la direction & à la viteſſe des courans dans cette ſaiſon, les regles n'en ſont pas plus certaines que pendant la mouſſon de l'oueſt : pluſieurs vaiſſeaux ont été tranſportés du côté des *Natunas*, d'autres vers la côte de *Malaye.* Les indices les plus aſſurés de la proximité des premieres, ſont le fond de vaſe & une plus grande profondeur que du côté oppoſé ; ainſi quand on s'eſtimera aux environs de la latitude de ces îles, ſi elle ſe trouve à 45 ou 50 braſſes, on portera vers l'oueſt, afin de ſe rallier de la côte de *Malaye*, dont la diminution de la ſonde manifeſte mieux les approches que la qualité du fond.

Je vais rapporter ici ce qu'a bien voulu me communiquer M. Alexandre d'Alrymple ſur le trajet de *Pulo-Condor*, ou de ſa hauteur à *Pulo-Timon* : les remarques de cet habile Navigateur, pratique de ces mers, méritent la confiance de ceux qui les fréquentent.

» Lorſqu'étant par 7 degrés de latitude nord, on a un » fond mou, au deſſous de 40 braſſes, on eſt certain d'être » en bonne route; ſi on avoit moins de 30 braſſes, on ſeroit » à l'oueſt du méridien de *Pulo-Timon*, par conſéquent il » faudroit s'élever vers l'eſt, étant entre 6° 40', & 5° 40' » nord. Au contraire, ſi on avoit du ſable, & que la pro- » fondeur fût de 40 à 30 braſſes, on ſeroit ſur le banc » oriental, & alors il faudroit gagner vers l'oueſt. Étant » plus ſud que 5° 40', on a une plus grande profondeur, » comme de 40 à 50 braſſes; dans les endroits même où le » fond eſt mêlangé de ſable, à moins qu'on ne fût à l'eſt » des *Natunas*, on trouvera la profondeur de 35 à 34 braſſes.

» Trente brasses fond de vase est une fort bonne profon-
» deur à entretenir, car on en aura à huit lieues un tiers au
» nord de *Pulo-Timon* 28 & 29, & même moins à mesure
» qu'on approchera ; ainsi ce sera un guide assuré, quoique
» peut-être il convient mieux, en approchant de *Pulo-Timon*,
» d'entretenir environ 35 brasses, vu qu'il y a 40 à 45 bras-
» ses au milieu du canal entre cette île & les *Anambas* : c'est
» pourquoi on sera assuré d'être vers la côte de *Malaye*, si
» on entretient les 35 brasses, & on ne pourra manquer
» de voir *Pulo-Timon* & de passer sans danger.

» Je suis bien éloigné de penser que dans la mousson du
» nord-est il y ait un courant qui porte entre ces îles ; il
» me semble qu'il y a au contraire un courant opposé. J'en
» ai eu une preuve très-sensible à la fin de Décembre 1761,
» lorsqu'au Soleil couchant me trouvant par 30 brasses d'eau,
» ayant cinglé huit lieues à l'ouest, je trouvai le matin par
» la vue de *Pulo-Timon*, que j'avois été en même tems
» porté de 24 minutes vers le sud, ce qui ne pouvoit pro-
» venir que d'un courant rapide qui alloit vers le sud-est.

Le Capitaine Boswald, commandant le vaisseau le *Gange*, en venant de *Manille* en 1759, une heure avant la vue de l'île la plus nord des *Natunas*, dont il estime la situation par 4° 48′ de latitude nord, étant lui-même environ par 5° 15′, ne trouva point le fond à 50 brasses de profondeur, de sorte qu'il paroît que le banc de sable ne se joint pas aux îles *Natunas*.

L'élévation des montagnes de *Pulo-Timon* fait découvrir cette île de fort loin, à moins qu'un tems obscur n'y mette obstacle, comme cela arrive quelquefois dans cette saison. Après l'avoir apperçue, on dirigera la route à proportion de l'éloignement où on en ſera, pour paſſer à cinq ou ſix lieues à l'eſt de *Pulo-Aor*, ou plus près ſi on le juge à propos, & on ſe garantira, ſur-tout dans la nuit, des marées qui portent dans les canaux des ces îles.

Les vaiſſeaux deſtinés pour aller aux *Indes*, prendront de-là leur cours vers le détroit de *Malac*, & ſe conformeront pour y entrer, à l'inſtruction que j'ai donnée; ceux qui vont à *Batavia* ou directement en *Europe*, obſerveront ce qui ſuit.

En partant de cinq ou ſix lieues à l'eſt de *Pulo-Aor*, il faut d'abord faire valoir la route le ſud-ſud-eſt & cingler vingt lieues à ce rumb de vent, enſuite le ſud-quart-ſud-eſt, pour paſſer au large des bancs qu'on dit ſitués par 30 minutes de latitude nord, au nord-eſt-quart-nord de l'île *Lingen*. Quand ils ſeront doublés, on gouvernera au ſud-quart-ſud-oueſt, juſqu'à la ligne équinoxiale, & on continuera ce rumb de vent, même au-delà, pour paſſer, ſuivant l'eſtime, douze ou treize lieues à l'eſt de *Pulo-Lingen*. Je ne conſeille pas de tenir cette route à cauſe des dangers qui environnent la partie orientale de cette île, il n'y en a point qui en rendent l'approche dangereuſe; je ne l'indique que pour prévenir l'effet d'un courant, qui, dans cette ſaiſon, porte au ſud-oueſt, de façon que ſi on faiſoit une route directe de *Pulo-Aor*, pour ranger ſeulement *Pulo-Lingen* à trois ou quatre lieues, on riſqueroit d'aborder la nuit & d'un tems obſcur, les îles *Dominis*, ou la pointe de l'eſt de *Lingen*. J'ai remarqué, en réduiſant dans ce trajet les routes de pluſieurs vaiſſeaux, que les plus grandes différences vers l'oueſt, n'excédoient pas huit à neuf lieues au plus; ainſi en obſervant ce que je viens de preſcrire, j'eſtime qu'on paſſera toujours à trois ou quatre lieues au large de l'île *Lingen*.

De la vue de cette île, on cinglera vers *Pulo-Taya*; cependant s'il n'arrivoit aucune déviation sensible dans la route qu'on auroit estimée, & qu'à l'est de l'île *Lingen* l'éloignement empêchât de la découvrir, il faudroit alors gouverner au sud-ouest pour reconnoître *Pulo-Taya*, passer entr'elle & les *Sept îles*, & ranger ces dernieres à trois ou quatre lieues de distance: de cette position le sud-quart-sud-ouest conduira à la pointe de *Batacarang*, qui, comme je l'ai déja dit, borne du côté de l'ouest l'entrée du détroit de *Banca*.

Le rumb de vent où restera la montagne de *Monopin*, qu'on découvre de très-loin, d'un beau tems, fera encore mieux connoître la route qu'on doit faire pour y entrer: il faut sur-tout ne point approcher l'île de *Banca*, mais ranger l'accore des bancs de *Batacarang* par 8 ou 9 brasses, jusqu'à ce qu'on ait doublé la roche de *Frederik-Endrik*; plus le fond augmente, plus on est sûr de sa proximité.

En traversant des *Sept îles* à la pointe de *Batacarang*, quand on sera à quatre ou cinq lieues de l'entrée du détroit, si la nuit ou quelque brouillard empêchoit d'appercevoir *Monopin*, il conviendroit alors de mouiller, & d'attendre un tems plus clair ou le retour du jour pour y entrer; autrement on pourroit aborder *Frederik-Endrik*, ou les bancs de *Batacarang*. Comme la partie du nord & celle de l'est de *Banca* ne sont pas bien connues, on y compte un plus grand nombre d'îlots que n'en marquent les cartes: voici là-dessus une remarque tirée du Routier du Pilote Anglais.

» Le Capitaine Jean Harle, commandant le vaisseau le » *Maclesfield*, qui venoit de la *Chine*, le Soleil se trouvant au » zénit *, fut trompé par les courans qui portoient du côté

* On ne peut pas pour lors compter sur la latitude qu'on observe avec les instrumens dont on se sert communément en mer.

» du sud-est ; il prit *Pulo-Toti* pour *Pulo-Toupon* ou *Taya*, » & tomba sur la côte de *Banca*, où il rencontra de très-bons » mouillages à 18 & 20 brasses, dans un éloignement rai-» sonnable de terre & de quelques îlots sur la côte, mais qui » en sont si près, que personne n'oseroit passer entre deux. » Il passa à travers des îles situées au large & la pointe du » sud de *Banca*, à mi-canal, par 18 brasses : si on l'en croit, » il y en a tout autant près de terre, & il vante ce passage » & cette route comme très-bons. Je ne sçais quelle » impression aura fait son rapport sur les Hollandais, mais » il est très-sur qu'ils y ont envoyé depuis un Navire pour » s'assurer de cette découverte, & en profiter, si elle se » trouve véritable ».

J'ai donné dans le plan du détroit de *Banca*, le passage à l'est de cette île par lequel les vaisseaux Espagnols ont passé.

Frederik-Endrik étant doublé, on fera route pour ranger les bancs qui s'avancent au large des embouchures de la riviere de *Palimbam*, préférablement à la côte de *Banca* ; on sera attentif aussi aux marées de ces rivieres, pour ne pas être porté sur ces bancs par le flux, & sur la côte de *Banca* par le reflux. On continuera de ranger *Sumatra* jusqu'à la troisieme pointe, ensuite les îles *Nanka*, d'où on prendra son cours vers la deuxieme pointe du détroit : par-là on évitera le banc ou platon de vase qui cerne l'enfoncement formé entre ces pointes par la côte : j'en ai parlé, dans l'article qui concerne ce détroit ; j'y fais aussi remarquer l'arbre, qui en venant du nord, fait aisément distinguer la deuxieme pointe préférablement à tout autre endroit de la côte.

Il n'y a rien à craindre au-delà de cette derniere, pourvu

qu'on ſe tienne à deux tiers de lieue de terre juſqu'à la premiere pointe, & lorſqu'on l'aura doublée, on gouvernera au ſud pour paſſer deux lieues à l'oueſt de *Luſepara*; à cette diſtance, on évitera les hauts-fonds qui l'environnent. Le principal écueil & celui qui demande de l'attention, eſt le banc ſitué entre la premiere pointe & cette île; la mer y briſe quelquefois ſur le haut: le vrai moyen de s'en garantir, ſera, après avoir doublé la premiere pointe, de ne pas s'écarter de plus d'une lieue & demie de la côte de *Sumatra*, qui ſe prolonge au ſud-quart-ſud-oueſt.

Quand la petite île *Luſepara* reſtera à l'eſt dans l'éloignement ci-deſſus marqué, on gouvernera au ſud-eſt pour la doubler, & pour atteindre un plus grand fond. Souvent on eſt contraint de prendre encore plus de l'eſt, à cauſe des marées qui, en ſortant du détroit de *Banca*, prennent leur cours vers l'île *aux arbres*; le fond qui ſe trouve fort élevé de ce côté-là, en rend l'approche dangereuſe: on en reconnoîtra plus ſûrement la proximité ou la diſtance par le moyen de la ſonde.

De la vue de *Luſepara* la route ſe dirigera vers les *deux Sœurs*, dont j'ai fait mention dans l'inſtruction pour aller à la *Chine*. Je crois devoir ici répéter que le rumb de vent de leur giſſement réciproque, n'eſt pas un guide aſſuré pour aller de l'une à l'autre, parce que le cours irrégulier des marées cauſe preſque toujours un changement conſidérable dans la direction de la route eſtimée. Il eſt donc néceſſaire d'avoir recours à la ſonde, & après avoir perdu de vue *Luſepara*, de conſerver, autant qu'il eſt poſſible, les profondeurs depuis 9 juſqu'à 12 & 13 braſſes. Si on en trouvoit moins que la premiere quantité, comme cela peut arriver, ſur-tout aux environs

environs du banc de l'île *aux grands Arbres*, on lanceroit vers l'eſt ; mais ſi on rencontroit plus de 12 à 13 braſſes dans le voiſinage des *deux Sœurs*, on ſe rallieroit du côté de l'oueſt : en ſuivant cet avis, & en ſondant ſouvent, on ſera toujours certain d'atterrer aux *deux Sœurs*.

Qu'on ne s'attende pas cependant à trouver, de *Luſepara* aux *deux Sœurs*, une ſonde bien réguliere ; les inégalités y ſont quelquefois ſenſibles, mais on ne pourra ſe tromper, ſi on ſonde de tems à autre.

En approchant des *deux Sœurs*, ſi on n'en a pas avant la nuit une connoiſſance parfaite, il vaudra mieux mouiller, ou courir bord ſur bord, que de riſquer de les doubler dans l'obſcurité ; autrement on pourroit aborder le *Chabandar*, ou l'autre banc ſitué à l'eſt-quart-nord-eſt de ces îles, attendu qu'on ne peut éviter ces dangers que par l'éloignement qu'on prend des *deux Sœurs*.

A en juger ſur l'événement de la traverſée de pluſieurs vaiſſeaux, il ſemble que depuis l'île aux *grands Arbres*, les courans dans cette ſaiſon vont ſouvent du côté du ſud-eſt. Voilà pourquoi quelques-uns ſe ſont trouvés à la vue de l'île *Nordwak*, croyant atterrer aux *deux Sœurs* : la ſonde fera prévenir ces erreurs ; elle porte 15 à 16 braſſes aux environs de la premiere, & 12 braſſes ſeulement près des *deux Sœurs*. Si, faute de cette attention, ou par les vents contraires, on eſt obligé de paſſer entre *Nordwak* & les deux dernieres, on rangera la premiere à une lieue de diſtance, au lieu de ſe tenir à mi-canal ; par ce moyen on évitera le banc que j'ai cité ci-deſſus.

L'île *Nordwak* étant doublée, ſi on fait route vers le détroit de la *Sonde*, on prendra garde à une roche ſous l'eau, que le vaiſſeau le *Jaſon* toucha en 1742, à ſon retour de la *Chine* : cet écueil eſt ſitué deux lieues à l'oueſt-nord-oueſt de la petite île *Deſtan*, à cinq lieues environ au ſud-quart-ſud-oueſt de celle de *Nordwak*.

Les vaiſſeaux qui vont du détroit de *Banca* à *Batavia*, prennent ordinairement connoiſſance de cette île, d'où ils font route pour ranger les *Mille îles* du côté de l'eſt, juſqu'à la petite île *Sudwak*, diſtante de neuf lieues au nord-nord-oueſt de l'entrée de la rade de *Batavia*.

A l'égard de ceux qui partent pour le détroit de la *Sonde*, en quittant les *deux Sœurs*, ils prendront leur cours dans le deſſein de reconnoître la petite île du *Nord*, voiſine de la côte de *Sumatra*, & éloignée de ſept lieues au nord-oueſt de la pointe de *Bantam*, pour paſſer à une lieue à l'eſt de cette île.

J'avertirai que les vents regnant alors de la partie de l'oueſt, & les courans ſortant quelquefois avec rapidité du détroit, il eſt néceſſaire de fréquenter dans ce lieu la côte de *Sumatra*, préférablement à celle de *Java*, afin de n'avoir pas tant de difficulté à y entrer.

La profondeur eſt de 20 braſſes à une lieue au large de l'île du *Nord* ; ſi le calme ſurvient, on mouillera aux environs, car il ne ſeroit pas prudent de s'engager alors à l'embouchure du détroit. De l'île du *Nord* ou des environs, il y a deux paſſages pour entrer au détroit de la *Sonde*, l'un en paſſant au ſud-eſt de l'île du *Milieu*, & l'autre au nord-oueſt de cette île ; dans le premier cas on gouvernera de façon à laiſſer la grande *Toque* à babord, & on paſſera entre la petite *Toque* & la partie du ſud-eſt de l'île du *Milieu*.

Lorſqu'on aura doublé le récif qui s'avance au large de cette derniere, on tiendra le vent ſans fréquenter la côte de

Java, d'où il feroit difficile de fe relever avec les vents de cette mouffon, qui viennent ordinairement du nord - oueft. On fera enforte, à l'aide de leur variété, de paffer au nord de l'île *Cracatoa*, entr'elle & celle de *Sambouricou* : le canal eft net, on trouve des profondeurs commodes pour mouiller en cas de calme, afin de n'être pas porté au fud par les courans. On peut fortir du détroit de la *Sonde*, en paffant au nord de l'île du *Prince*, à une diftance fuffifante pour ne pas tomber fur la côte du nord qu'il eft dangereux d'accofter en cette faifon ; le bord en eft rapide, & le fond trop accore, pour y mouiller en sûreté, fur-tout avec des vents qui y portent directement.

Si après avoir doublé l'île du *Milieu*, les vents & les courans ne permettoient pas de paffer au nord de l'île *Cracatoa*, il ne faudroit pas balancer à paffer au fud de l'île du *Prince*, en côtoyant de très - près la côte de l'eft & du fud-eft, jufqu'aux rochers nommés les *Charpentiers*, qui terminent cette île du côté du fud-oueft. Ils ne préfentent aucun danger, même à un jet de pierre ; ainfi on peut les ranger de très-près : ils forment entre eux & la pointe du *Capucin* la fortie du détroit.

On éprouve fouvent dans cet endroit de violentes oppofitions entre le vent & la marée ; alors la mer agitée s'éleve & fe rompt avec impétuofité fur la pointe de l'oueft de *Java* : cela fuffit pour perfuader qu'il eft d'une néceffité indifpenfable de ferrer de près le côté oppofé, pour ne point s'expofer à un péril évident.

Comme on ne doit pas en cette faifon mouiller à l'île *Cantaye*, les vaiffeaux qui auront befoin d'eau feront leur provifion à l'île du *Prince* ; l'endroit le plus commode eft ſitué au pied de la haute montagne du côté du ſud - eſt de l'île ; mais la tenue n'y eſt pas bonne, le fond ne ſe trouve que très-proche de terre par 30 braſſes d'eau : cette difficulté doit plutôt engager les vaiſſeaux à faire leur eau aux îles de *Nanca*, dans le détroit de *Banca*, comme je l'ai enſeigné dans l'Inſtruction pour aller à la *Chine*, ou bien à l'île du *Nord*, avant d'entrer dans celui de la *Sonde*.

Le ſecond paſſage, en venant du nord, pour entrer au détroit de la *Sonde*, eſt au nord - oueſt de l'île du *Milieu*, entre elle & pluſieurs îles & îlots qu'on apperçoit à l'eſt de la pointe aux *Cochons* ; on y trouve un fort beau canal, qui eſt d'autant plus avantageux en cette ſaiſon, qu'il met beaucoup plus au vent que celui d'entre la quatrieme pointe & l'île du *Milieu* : ceux qui voudront y paſſer, gouverneront, lorſqu'ils partiront de l'île du *Nord*, pour ranger de fort près les îles ſituées le long de la côte de *Sumatra*, afin de trouver un mouillage en cas de calme, ce qu'on ne rencontre point quand on s'en écarte. Quand ils auront doublé l'île la plus avancée au ſud, ils cingleront pour paſſer au nord de l'île *Cracatoa*, entr'elle & celle de *Sambouricou*, d'où ils feront route au nord de l'île du *Prince* pour ſortir du détroit.

Au nord-oueſt de l'île du *Milieu*, & environ à mi-canal, il y a un rocher à fleur d'eau ſur lequel la mer briſe ; cet écueil & le défaut de mouillage aux environs, forment la ſeule difficulté de ce paſſage ; on ne doit point s'y engager ſur l'apparence d'un calme prochain, mais avec une bonne briſe il n'y a rien à craindre. Si toutefois il ſurvenoit qu'après avoir doublé l'île du *Milieu*, le courant vînt à y tranſporter, il faudroit ſe réſoudre à mouiller en atten dant la brise : quoique plusieurs cartes ne marquent point de fond à l'ouest de cette île, j'y ai mouillé à une lieue & demie par 45 brasses de profondeur.

Lorsqu'on sera au dehors du détroit de la *Sonde*, soit qu'on passe au nord de l'île du *Prince*, ou bien au sud, on prendra son cours au plus près du vent, en cinglant vers le sud, pour atteindre les vents généraux, à la faveur desquels on se rendra au cap de *Bonne-Espérance*, ou aux îles de *France* & de *Bourbon*.

INSTRUCTION pour les Vaisseaux qui vont à Manille.

DE la vue de *Pulo-Sapatte*, il faut faire valoir la route le nord-est, jusqu'à la latitude de 12° 30', sans prendre de l'est, à cause des dangers qu'on rencontre en traversant droit de *Pulo-Sapatte* à *Manille*, & qui ont été vus par plusieurs vaisseaux, tant en allant qu'en revenant. Route de *Pulo-Sapatte* à *Manille*.

Le vaisseau anglais le *Château de la mer du sud*, dans sa traversée de *Manille* en 1762, vit deux îles de sable très-basses qui gissoient nord-est & sud-ouest, à environ deux ou trois lieues l'une de l'autre ; ces deux îles sont situées par 11° 30' de latitude nord : le vaisseau s'estimoit à quatre-vingt-dix-sept lieues de *Pulo-Sapatte*. Dangers vus dans cette route.

Un autre vaisseau, nommé le *Sabut-jonc*, allant de *Bengale* à *Manille*, remarque qu'il y a une île basse, par 11° 28' de latitude, & 5° 12' à l'est de *Pulo-Sapatte* : cette île est si basse qu'on a de la peine à l'appercevoir d'une lieue d'un temps clair ; la partie de l'oueſt de cette île paroît ſaine, mais du côté de l'eſt il y a un banc de ſable , & environ ſept lieues à l'eſt de l'île, on trouve un autre banc, ſur lequel il n'y a que 8 braſſes d'eau.

Lorſqu'on aura atteint la latitude de 12° 30', on pourra gouverner directement pour aller prendre connoiſſance de

Iſle *Cabre* ou île aux *Chevres*. l'île *Cabre* ou aux *Chevres* : la différence en longitude, entre *Pulo-Sapatte* & l'île aux *Chevres*, eſt exactement de 11° 45', ſuivant la longitude reſpective de ces deux endroits.

L'île aux *Chevres* eſt baſſe aux deux extrémités, & élevée dans ſon milieu, de façon à pouvoir être apperçue de ſix à ſept lieues en mer ; ces deux extrémités vont en pente fort douce ſe perdre à la mer : elle eſt par 13° 56' de latitude. Au ſud-oueſt de cette île, on voit celle de *Luban*, qui eſt plus élevée & peut être apperçue de quinze à ſeize lieues.

Iſle *Fortune*. Etant trois lieues au nord de l'île aux *Chevres*, on fera la route du nord-eſt-quart-eſt vers l'île de *Mirabelle*. On verra à tribord l'île *Fortune* qui eſt petite, & n'eſt qu'un rocher ; elle à un banc de roches trois lieues à l'oueſt-nord-oueſt, qu'on laiſſera également à tribord, & dont on paſſera à environ deux lieues d'éloignement, en faiſant la route du nord-eſt-quart-eſt.

Environ une lieue au ſud-ſud-eſt de la pointe de *Mira-*

La *Monha*. *belle*, il y a un petit îlot ou rocher, nommé la *Monha*, qui reſſemble à un mulon de foin ; & une lieue & demie à l'eſt,

Iſle *Mirabelle*. prenant un peu du ſud, on voit l'île de *Mirabelle*, qui eſt à l'entrée de la baie de *Manille*. Cette île eſt haute, & on l'apperçoit aiſément de dix à onze lieues : au ſud-eſt de celle-ci, ou pour mieux dire, à l'eſt-quart-ſud-eſt de ſa pointe du ſud-

Pulo-Cavalo. oueſt, on voit un gros rocher ſemblable à un vaiſſeau, qu'on appelle *Pulo-Cavalo*.

On peut entrer dans la baie de *Manille*, en passant du côté du nord, ou du côté du sud de l'île *Mirabelle*, selon que le vent le permet. En approchant de cette île à environ deux lieues de distance, on trouve de 45 à 50 brasses fond de sable; & faisant route vers elle, l'eau diminue graduellement de 40, 35, 30 brasses, & à deux lieues de 26 à 27 brasses.

Quand on passe au nord de l'île *Mirabelle*, la profondeur est de 26 brasses à mi-canal; mais du côté du sud, passant entre *Pulo-Cavalo* & la pointe de *Maxigondon*, la profondeur n'est que de 25 à 17 brasses. On pourroit aussi, en venant de l'ouest, passer entre la pointe de *Mirabelle* & la *Monha*, laissant les rochers nommés les *Porcs* à babord, & rangeant de plus près la *Monha* : on ne trouve pas moins de 30 brasses d'eau.

A la pointe de l'ouest de l'île *Mirabelle*, il y a une roche percée; on voit le jour par cette ouverture, & à une encablure on trouve 30 brasses. Il est bon d'observer que plus on approche l'île *Mirabelle*, plus la profondeur est grande, & augmente de 26 à 36, 48 & 52 brasses, à une portée de canon de l'île, au lieu que de l'autre côté du canal, elle diminue sensiblement de 26 à 16 ou 15 brasses fond de roche.

Isle *Percée*.

De *Mirabelle* à *Manille*, la route est l'est-nord-est 3 degrés nord, onze lieues, & à *Cavite* l'est-quart-nord-est 5 degrés nord. On doit dans ce trajet prendre garde à un banc très-dangereux, nommé le banc *St. Nicolas*, sur lequel il n'y a que 11 pieds d'eau; de la partie la plus au large de ce banc, l'île *Mirabelle* reste à l'ouest-quart-sud-ouest 2 degrés sud, l'Eglise de *Cavite*, à l'est-quart-nord-est 6 degrés nord, & l'extrémité de la terre du même côté à l'est-nord-est. Cet

Route de *Mirabelle* à *Manille* ou à *Cavite*.

Banc *St. Nicolas*.

endroit du banc eſt celui ſur lequel il ne reſte que 11 pieds d'eau. A une longueur de vaiſſeau dans le nord, un peu vers l'oueſt, on trouve 13 à 15 braſſes de profondeur. Comme ce banc eſt ſi accore que l'on ne peut abſolument connoître par la profondeur ſi on en eſt près, il fera bon, pour l'éviter, de ſuivre ſtrictement les marques ſuivantes; ſavoir, faiſant route de *Mirabelle* à *Manille* ou à *Cavite*, il faut tenir la partie du nord-oueſt de *Mirabelle* à l'oueſt-ſud-oueſt, juſqu'à faire venir le clocher de *Cavite* à l'eſt; & à l'oueſt-nord-oueſt 5 à 6 degrés nord, une petite monticule remarquable près du bord de la mer, ſur une pointe de terre, à la côte du nord: pour lors on eſt paré du banc de *St. Nicolas*, & l'on peut faire route directe, ſoit pour *Manille* ſoit pour *Cavite*.

Je répéterai ici, qu'entre l'île *Mirabelle* & la côte du nord, la profondeur eſt de 26 braſſes; entre le banc de *St. Nicolas* & la côte du nord, on le trouve dans le canal de 17 à 18 braſſes; il diminue graduellement vers la côte du nord; & faiſant route du côté de l'eſt, il diminue auſſi de 17 à 14, 12, 8, 6 & 5 braſſes. Par le travers de *Cavite*, où l'on peut mouiller en ſûreté, le bâton de pavillon reſtant au ſud 5 à 6 degrés oueſt, & la pointe de *Sanglei* par l'île *Mirabelle* à l'oueſt-quart-ſud-oueſt 3 degrés oueſt, on eſt à un grand tiers de lieue de *Cavite*: le fond eſt bourbeux, & la tenue fort bonne.

Pour louvoyer lorſque le vent eſt contraire pour entrer.

Si on entroit dans la baie de *Manille*, étant à l'oueſt de l'île *Mirabelle*, avec des vents de l'eſt à l'eſt-nord-eſt, qui viennent directement du fond de la baie, il vaudroit mieux alors, pour louvoyer avec plus de ſûreté, paſſer par le canal qui eſt au ſud de cette île; parce que ce canal eſt plus large, la côte du ſud eſt

eſt accore & ſans dangers , ainſi que l'île *Mirabelle* , puiſque plus on l'approche , & plus on trouve de profondeur de tous côtés; mais allant au-delà , il faut bien prendre garde , en louvoyant , à ſuivre les deux remarques ci - après. Premiérement quand on eſt par le travers de la haute terre la plus eſt , ſur la côte du ſud , qui reſte au ſud-eſt 5 à 6 degrés eſt de *Mirabelle* , on doit faire attention en courant la bordée du côté du ſud , à la queue du banc de *St. Nicolas* , qui s'étend vis-à-vis la haute terre mentionnée ci-deſſus ; car quelquefois l'eau diminue ſubitement de 12 à 6 ou 7 braſſes fond de roches. Ainſi je ne conſeille point de pouſſer la bordée vers la terre par moins de 12 à 13 braſſes ; & quand on s'éleve dans la partie de l'eſt , par moins de 15 à 16 , car je ſuis tombé de 15 braſſes d'un coup de plomb , à 7 ou 6 $\frac{1}{2}$, & l'autre coup à 4 braſſes , qui eſt l'accore du banc de *St. Nicolas*. Secondement , en portant la bordée vers le nord , paſſant au vent de *Mirabelle* , on trouve 22 à 23 braſſes à un ſixieme de lieue ; ainſi quand on peut doubler cette île , il faut porter la bordée vers le nord , & louvoyer le long de cette côte qui eſt accore. On a preſque par-tout 15 à 16 braſſes à un huitieme de lieue de terre , & 10 ou 12 braſſes à une encablure ; & quoiqu'on tombe ſubitement de ce côté - là de 15 à 10 , 7 & 5 braſſes , en quelques endroits , cependant il n'y a point de dangers que ceux qu'on peut appercevoir.

Quand on a paſſé l'île *Mirabelle* , la côte du nord eſt nette , & le fond eſt de ſable par-tout , de ſorte qu'on peut y mouiller. Plus on va dans la partie de l'eſt & du nord , plus on trouve la côte du nord plate & le fond plus égal : il y a 17 à 18 braſſes à moins d'un tiers de lieue de terre , 12 braſſes à un ſixieme de lieue , enſuite le fond diminue graduellement de 12 à 10, 8, 6, 5, 4 & 3 brasses tout près de terre.

Marées. Les marées ne sont pas régulieres dans la baie de *Manille*, la mer n'y marne que de trois pieds. J'ai souvent vu la marée porter à l'ouest vingt-quatre heures de suite, sur-tout quand le vent venoit de la partie de l'est ; elle est étale pendant cinq à six heures, & prend son cours ensuite dans la partie de l'ouest avec la même force. Entre *Mirabelle* & la côte du nord, j'ai remarqué que la marée couroit dans la partie de l'ouest pendant dix-huit heures, & qu'elle retournoit dans la partie de l'est pendant six heures ; mais je n'ai jamais pu déterminer exactement l'établissement des marées, ou l'heure de la pleine mer ; il est cependant certain que dans vingt-quatre heures la marée porte constamment dix-huit heures du côté de l'ouest, & quelquefois les vingt-quatre heures entieres ; ainsi il n'y a dans cette baie qu'une marée de vingt-quatre heures, un flot & un jusan ; les flots ne durent que six heures, & les jusans dix-huit heures.

Cavite. *Cavite* est, à proprement parler, le port de *Manille*, quoique cette derniere Ville soit l'endroit principal. Elle est située sur une pointe de terre basse, qui forme une anse ; quoiqu'il y ait peu de profondeur en certains endroits, on y trouve, où il y a le plus d'eau, 6 à 7 brasses : les gros vaisseaux y sont en sûreté & à l'abri des vents du sud-ouest à l'ouest. Les Espagnols y ont un bon arsenal pour la marine, bien muni de tout ce qui est nécessaire à l'armement des vaisseaux ; ils y bâtissent leurs galions, & il est fortifié du côté de la terre & du côté de la mer.

La ville de *Manille* est au nord-nord-est 3 degrés est de *Cavite*, à environ trois lieues de distance ; le fond est régulier, & en allant de *Cavite* à *Manille* on trouve 5, 6, 7, 8 & 9 brasses. A moitié chemin & au-delà l'eau diminue graduellement à 8, 7, 6, 5, $4\frac{1}{2}$ & 4 brasses, par le travers de *Manille*. Quand le vent est contraire pour faire ce trajet, on peut louvoyer, en poussant sa bordée de chaque côté, jusqu'à 5 & 4 brasses & demie : le fond est net & de vase partout. Voici le relevement de la rade de *Manille*. La pêcherie à l'entrée de la riviere reste au nord-nord-est 4 degrés nord ; le bastion du nord, au nord-est-quart-nord 3 degrés est ; le *Dôme*, au nord-est-quart-est 3 degrés nord ; les bastions du sud-ouest, à l'est-nord-est 2 degrés & demi est ; & dans cette position on est par 5 brasses fond de vase : tous les vaisseaux espagnols en général vont à *Cavite*.

Relevement de la rade de *Manille*.

Manille est située par 14° 39′ de latitude, & par 118° 31′ 19″ de longitude orientale, méridien de Paris, suivant les observations de M. le Gentil. Il y a 36 minutes de variation nord-ouest. Le bois est très-rare & très-cher à *Manille*, ainsi qu'à *Cavite*, c'est à quoi les vaisseaux qui y vont doivent faire attention.

Situation de *Manille*.

RETOUR de Manille *à* Pulo-Sapatte *ou à* Pulo-Condor.

COMME cette traversée se fait pendant la mousson du nord-est, on peut se flatter d'avoir toujours les vents favorables à la route ; c'est pourquoi en sortant de la baie de *Manille*, on dirigera sa route pour passer trois lieues au nord de l'île *Cabre* ou *aux Chevres*, dont la longitude est de 117° 30′. En partant de la vue de cette île, on fera valoir la route l'oueſt-quart-ſud-oueſt, & on la continuera de façon à n'atteindre la latitude de 12 degrés, qu'à 9 degrés de longitude à l'oueſt de l'île *Cabre*: en faiſant cette route, on paſſera au nord de tous les dangers dont nous avons parlé dans l'inſtruction pour aller à *Manille*, ce qui eſt eſſentiel pour la ſûreté de la route.

Lorſqu'on aura atteint les 12 degrés de latitude, à 9 degrés à l'oueſt de l'île *Cabre*, on fera valoir la route le ſud-oueſt pour prendre connoiſſance de *Pulo-Sapatte*.

Comme les courans, pendant cette mouſſon, vont ſouvent vers l'oueſt, il faudra faire attention à leur tranſport, crainte de rencontrer les îles du ſud du *Paracel*, ou inopinément, en faiſant la route du ſud-oueſt, *Pulo-Cecir-de-Mer*, ou la *queue du Scorpion*.

Si le tems, qui eſt ſouvent brumeux en cette ſaiſon, ne permettoit pas de voir *Pulo-Sapatte*, il faudroit gouverner enſuite de façon à reconnoître le fond de 40 à 45 braſſes ſable fin gris, que l'on rencontre par la latitude de 9° 15′ entre *Pulo-Sapatte* & *Pulo-Condor*, & gouverner de-là à l'oueſt-ſud-oueſt, pour voir *Pulo-Condor*: la profondeur diminue en approchant de cette île, de façon qu'on ne trouve guere que 20 braſſes, étant à l'eſt d'elle à ſa vue. Si toutefois on n'avoit aucune connoiſſance de cette île, on ſe conformeroit à l'Inſtruction que j'ai donnée depuis *Pulo-Condor* juſqu'à *Pulo-Timon*, au retour de la *Chine*.

INSTRUCTION sur la route qu'on doit faire de la vue de Pulo-Aor *, pour passer par les détroits qui sont à l'est de* Java.

LORSQU'ON sera à cinq ou six lieues à l'est de *Pulo-Aor*, il faudra gouverner au sud-est pour reconnoître l'île *Victoire*, qui en est distante de trente-cinq lieues au sud-est-quart-est 1 degré est, & située par 1° 39′ de latitude nord. Le fond est de 30 brasses en ce trajet, sable fin gris & blanchâtre. Cette île, ou pour mieux dire cet îlot, a la figure d'un pâté, étant vu de loin; il est couvert de bois, & on y remarque une petite anse de sable blanc du côte du sud-ouest: trois lieues au sud-est-quart-est de l'île *Victoire*, il y a un petit îlot blanc.

De la vue de l'île *Victoire*, on gouvernera au sud-est, pour reconnoître l'îlot de *St. Julien*, qui en est éloigné de dix-neuf lieues au sud-est-quart-sud, & par 49 minutes de latitude; on peut le ranger à une lieue & demie ou deux lieues. La route de cet îlot à l'île *Ste. Barbe*, est le sud-est-quart-sud, & la distance de seize lieues deux tiers. En faisant route de l'un à l'autre, on voit du côté de l'est un amas de petits îlots, au nombre de treize à quatorze, qui sont à six ou sept lieues au nord de l'île *Ste. Barbe*; ils sont hauts, & le plus nord est le plus élevé.

L'île *Ste. Barbe*, qui est sous l'équateur, est haute, & on la prendroit pour deux îles, ses deux extrémités étant plus élevées que le milieu, principalement la pointe du nord-eſt, qui a à peu près la figure d'une grange. Cette île à environ trois lieues de tour, & ſa plus grande étendue eſt du nord-eſt au ſud-oueſt; ſa pointe du ſud-oueſt eſt coupée à pic. Au nord-oueſt de cette île & preſque joignant, il y a deux petits rochers. On peut mouiller au ſud-eſt de l'île par 25 braſſes, & y faire de l'eau & du bois.

De l'île *Ste. Barbe*, on gouvernera au ſud-eſt-quart-ſud, prenant de l'eſt, pour aller reconnoître les îles *Souroute* & *Carimate*, qui ſont à la partie du ſud-oueſt de l'île *Borneo* : la profondeur qu'on trouve en faiſant cette route, eſt de 26, 24, & 22 braſſes, & lorſqu'on approche de *Souroute*, le fond diminue à 20 & 18 braſſes. On compte quarante-deux lieues de l'île *Ste. Barbe* à celle de *Souroute* au ſud-eſt 2 ou 3 degrés ſud, & il eſt bon quand on va de l'une à l'autre, de ne pas approcher *Souroute* pendant la nuit, crainte de tomber du côté du nord, entre des îlots qui ſont au nord de *Carimate*, & où les fonds ſont dangereux.

Carimate eſt une île fort haute & preſque toujours couverte par les nuages; elle a deux lieues & demie de longueur, environ une lieue de large, & eſt ſituée à dix-huit ou vingt lieues de la riviere de *Sucadana* en l'île *Borneo*. Elle a à ſa pointe du ſud un banc qui s'étend au ſud-oueſt d'un quart de lieue ou d'une demi-lieue. *Souroute* eſt à l'oueſt-ſud-oueſt de *Carimate*, & il y a entre l'une & l'autre un canal aſſez large, où les vaiſſeaux peuvent paſſer dans un cas de néceſſité, en rangeant l'île *Souroute* de plus près que *Carimate*; mais il vaut mieux en paſſer au large : ces îles ſont peuplées. On peut faire de l'eau à la pointe de l'oueſt de *Souroute* dans une plaine de ſable qui ſe trouve au pied d'une montagne un peu élevée, & on y mouille par 10 brasses d'eau : la latitude de *Souroute* est 1° 43′ sud.

Étant est & ouest de *Souroute*, à la distance d'environ deux lieues, on fera valoir la route le sud-est pour aller chercher *Pulo-Mancop*, qui est par 3° 3′ de latitude sud ; six lieues au sud-est de *Souroute*, le fond est de 18 brasses, vase ; au-delà on le trouve de 17 brasses, sable, ensuite 16 brasses, sable & vase. En faisant cette route on voit plusieurs îles du côté de l'est : il est bon de ne pas aller plus au large que par 20 brasses, à cause du banc de *St. Clement*, qui est dix lieues au sud-ouest de *Pulo-Mancop* ; il faut aussi ne pas aller par moins de 16 brasses du côté de la terre. *Pulo-Mancop* est sur l'extrémité d'un banc qui s'étend d'environ dix lieues au sud-sud-ouest de *Borneo*, on ne doit point en approcher à cause de la variété des profondeurs. On voit, comme je l'ai dit ci-dessus, plusieurs îlots le long de la côte de *Borneo*, entre *Souroute* & *Pulo-Mancop*. Les marées sont très - violentes en cet endroit, c'est pourquoi on doit se méfier de leur transport, sur-tout pendant la nuit.

Les vaisseaux qui veulent passer par les détroits de *Bali* ou de *Lomboc*, après qu'ils auront doublé le banc de *St. Clement*, gouverneront au sud, pour prendre connoissance de *Carimon-Java* par 5° 46′ de latitude sud, & environ 15 lieues au nord-ouest-quart-nord de l'îlot *Mandali*, situé à la pointe de l'ouest de la baie de *Rambanq* ; & ayant approché la côte *Java*, on la prolongera en allant vers l'est, ainsi que l'île *Madura*. Ces côtes qui forment un bel aspect, ne portent au large aucun danger, que ceux qui sont marqués sur la carte que j'en ai dressé ; les profondeurs qu'on trouve en les rangeant, qui sont proportionnelles à la distance où l'on en eſt, font qu'on les peut côtoyer pendant la nuit, & y mouiller en cas de calme ou d'un courant contraire.

La pointe du nord-eſt de *Madura* eſt par 6° 49′ de latitude ; & environ ſix lieues à l'eſt-ſud-eſt, on rencontre l'île *Pondi* qui fait l'entrée du détroit à l'eſt de *Madura*, par lequel on doit paſſer pour aller aux détroits de *Bali*, de *Lombok* & aux autres, ſitués vers l'eſt. Ainſi, après avoir rangé l'île *Pondi* à trois quarts de lieue, on cinglera pour côtoyer la partie de l'oueſt de *Gilioen* ou *Reſpudi*, d'où on fera valoir la route le ſud-ſud-eſt vers le cap *Sandana*, qui eſt celui du nord-eſt de *Java*, ſe donnant de garde des rochers *Muidens*, qui en ſont éloignés de deux lieues au nord-quart-nord-oueſt 3 degrés oueſt.

Après avoir doublé le cap *Sandana*, on prendra ſon cours vers l'île *Gilbouang*, pour en paſſer à terre ou bien à l'eſt, & entrer au détroit de *Bali*.

J'ai donné dans mon Neptune un plan des détroits à l'eſt de *Madura* & de *Bali*, dreſſé avec autant d'exactitude qu'il m'a été poſſible, ſur pluſieurs plans particuliers & extraits des Journaux de pluſieurs vaiſſeaux anglais, qui m'ont été communiqués par M. Alexandre d'Alrymple, aidé en même tems par les remarques de MM. Vinſlow, Omirat, Capitaines des vaiſſeaux français l'*Eléphant* & le *Chameau*, & de MM. Dordelin & Henrio, premiers Lieutenans. Mais indépendamment de ces autorités, je ne puis m'empêcher d'obſerver que le détroit de *Bali* ne doit être fréquenté avec confiance, que pendant la mouſſon du nord-eſt qui regne dans ces parages, pour le paſſer en allant du ſud vers le nord ; mais qu'on doit l'éviter durant la mouſſon oppoſée, par le défaut de vent & les courans violens qu'on trouve au goulet, & dont l'impétuoſité jette ſur la côte de de *Java*, ou sur celle de *Bali*, vers lesquelles on ne trouve point de mouillage ; plusieurs vaisseaux anglais y ont touché, & ont été en danger d'y périr.

Le détroit de *Lomboc* situé à l'est de l'île de *Bali*, me paroît mériter la préférence, vu qu'il a environ quatre lieues de largeur ; à la vérité on y manque aussi de mouillage, & les marées y sont rapides. Pour y aller, après avoir passé l'île *Respudi*, on gouvernera au sud-est-quart-sud, pour accoster l'île de *Bali* que l'on prolongera jusqu'à l'entrée de ce détroit; je n'en donnerai aucune description particuliere, n'ayant pu me la procurer, tant à l'égard de celui-ci, que sur les autres qui sont vers l'est, jusqu'au détroit de la *Rantouque*, auquel on peut se rendre en côtoyant les îles du côté du nord.

J'avois dessein de donner, en finissant, quelques instructions sur la navigation des îles *Moluques* & *Philippines* ; mais faute d'avoir pu recueillir tous les mémoires nécessaires à mon projet, j'ai cru devoir abandonner cette entreprise, attendu l'importance de la matiere, qui demande par-tout un détail exact & bien circonstancié. Je connois par moi-même à quels périls des instructions hasardées exposent les vaisseaux ; c'est pour cela que dans cet ouvrage j'en ai supprimé plusieurs qui m'ont paru douteuses.

RETOUR des Indes en Europe.

QUOIQU'IL soit facile, en tout tems, de doubler le cap de *Bonne-Espérance*, en venant de l'ouest, pour aller dans les mers orientales, il n'en est pas de même du retour. Les vents de l'ouest-nord-ouest au sud-ouest, qui sont dans leur plus grande force aux environs de ce cap pendant les mois de Juin , de Juillet & d'Août, & plus fréquens que dans toute autre saison, exposent les vaisseaux qui tentent alors de le doubler, à perdre beaucoup de tems à louvoyer, & aux fâcheux événemens qui sont presque toujours les suites du long séjour sur mer & des tempêtes. Telles ont été jusqu'à présent les raisons qui ont engagé tous les Navigateurs en général , à ne faire voile des différens endroits des mers orientales, pour retourner en Europe, qu'en combinant la durée de leur traversée jusqu'au cap , & évitant de s'y présenter pour le passer pendant les trois mois que l'usage paroît seul avoir interdit. Malgré cela, quand on considere les vents qui regnent au cap, ainsi qu'aux environs pendant ces mêmes mois, leur force, leur durée, l'agitation de la mer, & qu'on les compare avec ceux qui soufflent dans nos mers en hyver, durant lesquelles tous les vaisseaux vont d'un endroit à l'autre & tiennent la mer, on ne peut s'empêcher d'être surpris qu'ils soient plus craintifs sur les mers méridionales. Je sçais, & ma propre expérience m'en a plusieurs fois convaincu, que les coups de vents y sont très-violens, souvent par tourbillons, sur-tout dans leur principe, & qu'on doit s'en méfier ; mais après ce premier effort, ils sont plus modérés, & quand les vents passent au sud-ouest, ils calment même assez subitement : comme la mer s'est élevée à proportion, alors c'est son agitation qui est la plus à craindre ; toutefois ces différentes circonstances n'empêchent pas de naviguer. La maxime la plus générale qu'on doit suivre pour doubler le cap de *Bonne-Espérance*, quand la saison est avancée, c'est de fréquenter la côte, de façon à ne pas s'en éloigner de plus de douze à quinze lieues , n'y s'en approcher de plus près que de six lieues, & cela dès le moment qu'on y atterre: on trouvera par ce moyen des vents moins impétueux, que si on étoit plus au large, la mer moins agitée, & des courans toujours favorables à la route. Le succès de plusieurs vaisseaux qui ont passé le cap, en allant vers l'ouest, pendant les mois de Juin, Juillet & Août, en gouvernant ainsi, sans qu'il leur soit arrivé aucun accident, prévient en faveur de mon sentiment, qui est d'ailleurs conforme à celui des Navigateurs les plus expérimentés que j'ai consultés à cet égard: on doit d'autant moins craindre d'être jetté à la côte par la violence du vent, qu'il n'y porte jamais directement, & qu'il permet toujours ou de s'en écarter, ou de la prolonger.

Quand on part de l'île de *France* ou bien de l'île de *Bourbon*, on doit d'abord gouverner pour passer à trente lieues d'éloignement de la partie du sud-est de l'île de *Madagascar*, où est le *Fort Dauphin*; & de la hauteur de 26° 30′ à 27°, on fera ensuite valoir la route l'ouest-sud-ouest jusqu'aux environs de la côte d'Afrique: on pourra même en prendre connoissance au dessous de la pointe de *Natal* vers la riviere des *Infantes*, tant pour rectifier le point, que pour profiter des courans qui vont vers l'ouest avec rapidité. Route qu'on doit tenir.

Indépendamment de l'avantage que procure toujours aux vaisseaux une route directe, celle dont il est question a encore celui de les maintenir, autant qu'il est possible, dans la région ordinaire des vents généraux, sans toutefois les compromettre, si dans cet espace de mer ils trouvoient des vents différens.

Quand on approche de la côte d'Afrique aux environs de la pointe de *Natal*, on ne doit point être surpris de trouver Différences au sud, occasionnées par les courans.

d'un jour à l'autre des différences considérables vers le sud : j'en ai trouvé moi-même, ainsi que plusieurs autres, de 1° 20′ en vingt-quatre heures de tems. On doit présumer que ces différences proviennent de l'effet des courans qui viennent du canal de *Mozambique* & des mers de l'est, & qui prennent leur cours le long de la côte orientale d'Afrique.

Précautions pour atterrer à la côte d'Afrique.

Comme les profondeurs qu'on trouve à cet atterrage sont fort inégales, & qu'en plusieurs endroits la côte est fort accore, la sonde est un moyen très-incertain pour en connoître l'éloignement ou la proximité : cette raison doit engager à naviguer avec prudence. Quand on vient du large, on y voit souvent des brouillards qui forment un rideau vers la terre, & qui empêchent d'en voir le bord, tandis qu'on découvre aisément le sommet des montagnes.

Comment on doit la prolonger.

Après avoir reconnu la côte, on la prolongera, suivant son gisement, à la distance de douze lieues, pour profiter des courans qui vont vers l'ouest : plusieurs vaisseaux en ont été tellement favorisés, qu'ils se sont trouvés dans l'ouest du cap, lorsqu'ils s'en estimoient encore à plus de cinquante lieues dans l'est. Ces mêmes courans sont moins rapides au large, & l'expérience nous apprend que les vents y sont plus violens & la mer bien plus agitée ; il paroît donc moins expédient de s'écarter de la côte que de la fréquenter, pourvu toutefois que ce soit à une distance moyenne où l'on ne soit pas exposé aux effets & aux suites d'un coup de vent momentané : celle que je conseille ici semble remplir ces deux objets. Comme j'ai observé la latitude des principaux endroits de cette côte en 1752, lorsque la Compagnie m'ordonna de la parcourir, on peut s'en rapporter à la carte que j'en ai dressée.

Utilité de

Si les circonstances ne permettent pas de reconnoître le

cap de *Bonne-Espérance* ou le cap *Falſe*, il faut du moins faire en ſorte d'avoir la ſonde de l'accore de l'oueſt du banc des *Aiguilles*, pour s'aſſurer ſi on eſt à l'oueſt : cette précaution eſt en quelque façon eſſentielle à la route qu'on doit faire enſuite.

la ſonde lorſqu'on n'a point la vue du Cap.

L'accore de l'oueſt de ce banc ne s'étend qu'au ſud-quart-ſud-eſt du cap de *Bonne-Eſpérance*. A l'égard de celle du ſud, comme elle eſt plutôt formée par pluſieurs petits bancs ſéparés les uns des autres, que par la continuation du même banc, il arrive ſouvent que par 36 degrés on ne rencontre pas le fond, quoiqu'on ſoit encore à l'eſt du cap : ainſi la ſonde eſt alors un moyen fort équivoque, & il faut être plus nord pour s'y référer.

Route du Cap à l'île *Ste Hélene* ou à celle de l'*Aſcenſion*.

Lorſqu'on aura doublé le cap de *Bonne-Eſpérance*, on prendra le cours au nord-oueſt vers l'île *Ste. Hélene.*

Cette île eſt ſituée préciſément au nord-oueſt 5 degrés oueſt du cap, & celle de l'*Aſcenſion* au nord-oueſt 2 degrés & demi nord de celle-ci. Quand on veut reconnoître ces îles ou bien y relâcher, & que le point du départ eſt certain, il ſuffira, pour prévenir les erreurs ordinaires de l'eſtime, de s'élever vingt-cinq à trente lieues à l'eſt avant de faire route pour y aborder : l'incertitude de la diſtance à laquelle on double le cap, exige à proportion une plus grande précaution.

Vents que l'on trouve ordinairement au nord-oueſt du cap.

Quoique les limites des vents généraux ne s'étendent guere au-delà de 28 à 29 degrés de latitude ſud, on trouve quelquefois, après avoir doublé le cap, des vents de ſud-eſt qui ſoufflent conſtamment & ſans une interruption ſenſible ; de ſorte que dans ce trajet on peut ſe flatter d'en être favoriſé pour paſſer la ligne équinoxiale.

Si dans l'étendue des mers où regnent les vents généraux,

on rencontre des vents différens, ils sont de peu de durée & seulement occasionnés par des causes accidentelles *.

Situation de l'*Ascension*.

Le milieu de l'île de l'*Ascension* est par 7° 52′ de latitude, & la rade par 7° 57′; & suivant l'observation que M. l'Abbé de la Caille y a faite en 1754, sa longitude est de 16° 19″ à l'occident de Paris.

Remarques sur la route que font ordinairement les vaisseaux.

La route que tiennent les vaisseaux qui partent de l'*Ascension* pour revenir en Europe, paroît plutôt assujettie au préjugé de quelques Navigateurs & à la routine de beaucoup d'autres, que dirigée suivant l'examen du trajet qu'on a à faire & des vents qu'on est certain d'y rencontrer. En effet, les uns font valoir la route le nord-ouest-quart-ouest, jusqu'à la ligne; les autres se contentent du nord-ouest, parce qu'ils ont toujours fait de même, ou vu faire par ceux qui les ont précédés. J'ai déja fait voir dans cette Instruction que le sentiment des premiers, qui croyent y trouver des vents plus frais & plus durables, n'étoit rien moins que justifié par l'expérience. A l'égard des derniers, je pense, & beaucoup d'autres comme moi, que l'ancienneté d'une pratique ne dispense pas des moyens de mieux faire.

Route qu'il convient de faire.

C'est pourquoi au lieu de perdre inutilement cent cinquante lieues à l'ouest, qu'on est encore obligé de regagner ensuite à l'est, il vaut mieux en partant de l'*Ascension*, s'il s'agit de passer à l'ouest des îles du cap *Verd*, qui gissent au nord-nord-ouest 3 degrés ouest de la premiere, faire valoir la route le nord-nord-ouest jusqu'au 5e. degré de latitude nord, & ensuite le nord-ouest-quart-nord: ce rumb de vent conduira au moins quarante lieues à l'ouest de l'île la plus occidentale de

* Au mois de Mai 1735, à mon retour des *Indes*, sur le vaisseau *la Galathée*, nous trouvâmes en ces parages, entre 24 & 22 degrés de latitude, des vents du nord-ouest au nord, qui nous durerent depuis le 12 Mai jusqu'au 18.

ces dernieres ; au surplus il faut veiller quand on approche de leur latitude, pour prévenir les erreurs imprévues de l'estime. Comme on prend fort souvent cette précaution pour des dangers imaginaires, à plus forte raison ne doit-on pas la négliger pour des objets réels ; dailleurs, quand bien même on verroit quelqu'une de ces îles, il n'en peut résulter que l'avantage de vérifier l'estime de la longitude *.

Erreur sur la situation des îles du cap *Verd*.

Il faut faire attention que les plus sud des îles du cap *Verd* sont également mal marquées sur quelques cartes modernes que celles du nord, dont j'ai fait mention à la note de la *page* 10 : l'île *Brave* est placée par 15° 10′ de latitude, au lieu que relativement à l'île de *Feu* & à la rade de la *Praye*, dont j'ai moi-même observé la latitude, elle ne doit être que par 14° 51′, ce qui fait une erreur de 19 minutes.

Sur les *Vigies* que les cartes marquent en ce parage.

L'existence des *Vigies* qu'on voit tracées sur ces cartes, de même que sur plusieurs autres, est très-douteuse. On trouve seulement dans quelques remarques, écrites en 1702, par M. Houssaye, qu'un vaisseau de la Compagnie, dont il ne cite ni le nom, ni le voyage, ni la date, a vu un banc de roches de trois lieues de tour par 4 degrés de latitude nord, & par 357° 20′ de longitude, méridien de *Ténérif*. Indépendamment du défaut de détail dans ce rapport, supposé que le fait soit vrai, il reste à savoir si c'est en allant aux *Indes* ou bien au retour, & de quel endroit ce vaisseau avoit pris son dernier point de départ. Dans le premier cas, la situation de cet écueil, relativement à la carte de Pietergoos dont on se servoit

* En l'année 1722, le vaisseau la *Syrene*, commandé par M. de Brossi, à son retour des Indes, eut connoissance des îles du cap *Verd*; il passa le 31 Juillet entre l'île *St. Yago* & l'île de *Mai*, ensuite entre l'île de *Sel* & l'île de *St. Nicolas* ; il arriva le 10 Septembre à l'Orient.

alors, seroit par 21° 30′ de notre longitude occidentale. Si c'est au retour, & que ce vaisseau ait pris son point de départ de l'*Ascension* sur la même carte, ce banc seroit par 26° 20′. On voit assez l'incertitude de sa position & le cas qu'on doit faire de celle que lui donnent les cartes *.

Du *Ponedo* ou île *Saint-Pierre*.

Malgré la disposition la plus avantageuse de la route que je donne ici, si quelque vaisseau allant plus à l'ouest se trouvoit vers le *Ponedo* ou l'île *St. Pierre*, il est bon qu'il sache au moins sa situation. Cette île a été vue par plusieurs vaisseaux, en particulier le premier Mars 1750, par le vaisseau le Rouilé, qui resta deux jours à sa vue. Suivant les hauteurs qu'il observa, cette petite île est située par 55 minutes de latitude nord, quoique d'autres l'aient jugée par 1° 10 à 20′. Quand on l'apperçoit dans l'éloignement de cinq à six lieues, elle paroît comme trois rochers séparés; & quand on en approche, on voit qu'ils sont réunis.

La corvette le Curieux, commandée par M. de Landeneuf, Officier expérimenté, savant, & d'un mérite reconnu, y fut envoyé exprès en 1768, pour visiter cette île, que quelques personnes croyoient couverte de bois & d'un facile abord; mais il reconnut le contraire. Ce n'est qu'un amas de rochers escarpés, couverte de fiente d'oiseaux, & sans verdure, autour duquel on ne trouve aucun mouillage ni aucun endroit commode pour y débarquer.

Route de la hauteur des îles du cap *Verd* en Europe.

Toutes les routes des vaisseaux qui ont rencontré cette île en partant de celle de l'*Ascension*, font connoître qu'elle est sous un méridien de 12° 40′ à l'occident de celle-ci, & par

* La frégate la Sérieuse, Capitaine M. Dubreuil, crut voir une *Vigie* en allant du *Sénégal* aux îles de l'*Amérique* en 1723, & suivant ce Navigateur, elle seroit située quatre-vingt-quinze lieues à l'ouest de l'île *Brave*.

conséquent

conféquent par 29 degrés de notre longitude occidentale. J'ignore fur quel fondement quelques cartes ont placé cette île par 2 degrés de latitude & 26 de longitude ; ce qui fait une erreur de 1° 5′ fur l'une, & de 3 degrés à l'égard de l'autre.

Quand on fera à l'oueft des îles du cap *Verd*, on continuera de profiter des vents variables qu'on rencontre enfuite pour paffer à l'oueft des *Açores* ou bien entre ces îles. Il eft inutile de tenter d'en paffer du côté de l'eft pour abréger la traverfée ; les vents de nord-eft, qui font fréquens dans ces parages ne ferviroient, au contraire, qu'à en prolonger le cours.

La navigation des *Açores* en Europe étant affez connue pour n'avoir pas befoin d'une inftruction particuliere, je borne ici ce que j'ai cru de plus effentiel pour le retour des *Indes* : j'y ajouterai feulement ce qu'ont bien voulu me communiquer M. l'Abbé de Pingré & M. de Fleurieu, touchant les îles des *Açores*.

L'île de *Flores* leur a paru s'étendre entre 39° 25′½ de latitude, & 39° 35′ : fa partie occidentale eft par 33° 24′ de longitude occidentale. Le canal entre *Corvo* & *Flores*, a, très-peu près, quatre lieues & demie de large.

Fayal s'étend entre 38° 31′ & 38° 42′ de latitude, & entre 30° 47′½ & 30° 59′ de longitude.

Nous avons jugé le *Pic* par 38° 30′ de latitude, & par 30° 39′ de longitude.

La ville d'*Angra* eft par 38° 43′½ de latitude, & par 29° 35′ de longitude.

La partie la plus nord de l'île *St. Michel*, eft par 38° 0′ de latitude ; de-là l'île peut s'étendre jufques vers 37° 40′ : la longitude peut aller entre 27° 45′ & 28° 14′.

La partie la plus nord de *Ste. Marie* eſt par 37° 10′, d'où l'île peut s'étendre juſqu'à 36° 57′; ſa longitude peut commencer à 27° 24′, elle finit à 27° 34′. Sur la côte méridionale nous avons découvert une eſpece de Ville, vis-à-vis de laquelle il y avoit des navires à l'ancre, la latitude de cette ville eſt de 36° 59′½, & ſa longitude eſt de 27° 31′½.

INSTRUCTION pour entrer au Port-Louis *& à l'*Orient.

SOIT qu'on appareille de la rade de *Groix*, ou que l'on vienne du large, pour paſſer à l'oueſt des *Truies* & des *Errants*, ce qu'on appelle le grand canal, il faut gouverner de façon à maintenir la tour de l'*Armor*, au nord-eſt-quart-eſt 5 degrés eſt du compas, juſqu'à ce que l'un des moulins qui ſont à l'eſt du *Port-Louis*, ſoit caché par la partie la plus ſud des murs de cette Ville, & l'autre découvert : on paſſera par ce moyen à mi-canal entre les ſaiſies de l'*Armor* & les *Truies*. En ſuivant ces marques lorſqu'on ſera parvenu au point *A*, de façon qu'on découvre la haute terre de *Pennemanec*, par le coin le plus à l'oueſt de la citadelle du *Port-Louis*, on gouvernera ſur cet alignement juſqu'à mettre la pointe de l'oueſt de *St. Michel* par une marque blanche qui eſt à l'oueſt des magaſins du port de l'*Orient*; en portant ainſi on paſſera à mi-canal entre la roche nommée la *Jument*, marquée *O*, ſur laquelle eſt une baliſe, & le pied de la citadelle.

De cette poſition, c'eſt-à-dire, étant au point *E*, on a deux paſſes à ſuivre, ſoit à l'oueſt de *St. Michel*, ou entre *St. Michel*

& *Ste. Catherine.* Dans le premier cas, on continuera cette route jusqu'à amener le manoir de *Queroman* par la maison blanchie du Meunier, qui est auprès du moulin de *Queroman* sur le bord de la côte, en laissant à tribord la roche marquée *K*, sur laquelle il ne reste de basse mer, aux grandes marées, que 12 pieds d'eau, & du côté de babord, le rocher le *Cochon* marqué *P*, sur lequel il y a une balise. Par ce moyen on passera entre le banc du *Turc* & le *Quérnevel*, jusqu'à avoir la marque blanche du magasin par la maison marquée *V*, qui est sur le bord du rivage; on portera ainsi jusques par le travers de l'île *St. Michel*, ensuite on gouvernera sur les postes de la rade de *Pennemanec*, laissant à tribord la roche marquée *T*, nommée *Pengarne* ou *Quintrec.*

Dans le second cas, pour passer entre l'île *St. Michel* & *Ste. Catherine*, étant parvenu au point *E*, duquel on voit le coin du mur du jardin de *Ste. Cathérine*, par une maison blanche qui est au milieu du village de *Mezenel*, en faisant route sur cette marque on parviendra au point *H*, & on rangera *Ste. Catherine*, de façon à laisser les deux tiers du canal du côté de *St. Michel*, & un tiers du côté de *Ste. Catherine.* Cette route conduira au point *I*, d'où l'on découvre un petit bois voisin du *Port-Louis*, nommé *Querbel*, par le trou d'une chaussée ou pont de pierre, qui communique du couvent de *Ste. Catherine* à la terre ferme; en suivant cette marque, on laissera à tribord une balise qui est sur la roche *T*, & lorsqu'elle sera doublée à une longueur de vaisseau, on ira vers les postes en rade de *Pennemanec.* Il est bon d'observer, qu'avec un vaisseau tirant au dessus de 21 pieds d'eau, on ne peut aller en cette rade que dans les grandes marées, de pleine mer; dans ce cas-là on doit mouiller au *Port-Louis* sur les postes.

Quand on paſſe à l'eſt des *Errants*, il faut amener d'auſſi loin que l'on peut la tour de l'*Orient* par le baſtion le plus à l'oueſt de la citadelle du *Port-Louis*, & gouvernant ainſi on laiſſe à babord le rocher nommé les *Errants*, & à tribord les roches de *Baſtrene* marquées *N*, ſur leſquelles il y a une bouée: en continuant cette route, on laiſſe à babord la roche *M* nommée les *trois pierres*, & on parvient au point *B*, qu'on reconnoît en mettant une fontaine marquée *X*, qui eſt ſur le bord du rivage de *Gavre*, par un arbre ſeul, ſur la même partie de la preſqu'île qui eſt au nord-eſt du village; de-là on gouvernera, en tenant le moulin de l'*Armor* par les deux preſſes ou maiſons les plus proches de l'extrémité de la pointe de l'*Armor*. Par cette route on rejoindra le grand canal au point *A*, d'où on découvre la haute terre de *Pennemanec* par le pied de la citadelle du *Port-Louis*: on ſe ſervira enſuite de l'inſtruction pour entrer par le grand canal.

La troiſieme paſſe qu'on appelle celle de *Gavre*, & qui n'eſt bonne que pour des petits bâtimens, conſiſte à tenir le moulin de l'*Armor* par les deux preſſes ou maiſons ſur l'extrémité de la pointe de l'*Armor*, dont on a ci-deſſus parlé, pour rejoindre le grand canal au point *A*, d'où l'on ſuivra l'inſtruction donnée ci-devant.

MÉMOIRE SUR LA CARTE DES MERS DE LA CHINE,

PAR M. ALEXANDRE D'ALRYMPLE, ÉCUYER.

CETTE Carte s'étend de l'Équateur à 24 degrés de latitude nord, & du 13e. degré de longitude oueſt, à 5 degrés 2′ du *Pic de Banguey*, (du 104e. degré 17′ de longitude au 122e. degré 17′ eſt du méridien de Greenwich). Les poſitions ſuivantes ſont la baſe ſur laquelle elle eſt établie.

LIEUX.	LATITUD.	Longitudes E. du Méridien de Greenwich.	*AUTORITÉS.* N. B. Les ſituations des Lieux marqués d'une (*), ſont déterminées d'après des Obſervations Aſtronomiques.
Macao *	22°. 12′ Nor.	113°. 46′	Connoiſſance des tems.
Grande Ladrone.	22. 02	113. 56	Alexandre d'Alrymple.
Manille *	14. 39	120. 52	M. le Gentil 5 éclip. 1er. Sat. de Jup.
Iſle de la Chevre.	13. 55	120. 02	A. D. à Manille.
Tulyau *	5. 57	121. 14. 30	A. D. 5 Oc. 1762, éc. 1er. Sat. de Jup.
Témontangis.	5. 57	120. 53. 30.	A. D.
Pic de Banguey.	7. 18	117. 17. 30.	A. D { à Tulyau. à l'île de la Chevre, } (0° 14′ differ. ſeulement
Pic de Balabac.	7. 57	117. 15 30.	A. D.
Keeney Balloo.	6. 02	116. 42. 30.	A. D.
Mangalloom.	6. 10	115. 37. 30.	A. D.
Pulo-Sapata *	10. 00	108. 17	M. Will Brown 1767 ☾ à Antarès.
Pulo-Condor.	8. 40	105. 56	D°. . . . . . . 1767 ☾ au ☉
P. Wavor *ou* Aor.	2. 30	104. 35	D°. . . . . 1767. milieu entre 3 ob. 104. 35. 104. 28. } ☾ au ☉ 104. 57. ☾ à Antarès.
Sourouton.	1. 43 S.	108. 09	P°. Wavor, ext. de differ. Journaux.
Pulo-Mankap	3. 03	109. 35	D°. { C. Howe 109. d. 27′. C. Clements 109. 43′. } milieu 109. deg. 35′.

Les routes ont été aſſujetties à ces point donnés, & les ſituations intermédiaires déterminées par cette regle générale. La longitude ſuivant le Journal eſt à la longitude par la carte, comme la longitude de chaque ſtation, ſuivant le Journal, eſt à la longitude vraie de la même ſtation.

CES ROUTES SONT.

ANNÉE.	VAISSEAUX.	COMMANDANS.	VOYAGES.	DE QUI REÇUES.
1752.	Le cheval marin.	Thomé Gaſpard.	De l'île de la chevre, à Borneo.	Gaſpard.
1759.	Le Cuddalore.	George Baker.	De Timoan aux grandes Ladrones.	A. D.
1759.	L'Éléphant. Le Chameau.	M. Winſlow. M. Omirat.	De Sourouton à Douglas.	M. d'Après.
1759.	Le Gange.	Pierre Duncan.	De l'île de la chevre à Pulo-Aron.	C. Boiwald.
1761.	Le Cuddalore.	Al. d'Alrymple.	De Banguey à Timoan.	A. D.
1762.	Le Londres.	Ditto.	De Pulo-Aron à Banguey.	A. D.
1762.*	Eſſex. Falmouth.	George Jakſon Guil. Brereton.	De Condor à l'île de la chevre.	Inde Hº. Journ. C. Brereton.
1763.	Londres.	Al. d'Alrymple.	De Banguey à Pulo-Aron.	A. D.
1763.	Neptune.	Gab. Steward.	De Pulo-Aron à Mangalloom.	A. D.
1765.	Londres.	Walter Alves.	De Banguey à Pulo-Aron.	C. Alves.

* Ces deux Vaiſſeaux allerent de compagnie juſqu'au-delà du méridien de Banguey, nonobſtant la grande différence qu'il y a entre leurs deux routes.

La poſition des îles du *St. Eſprit*, & celle des *Anambas* occidentales, ſont déterminées ſur différens Journaux, & ſur quelques cartes manuſcrites angláiſes.

Celle des *Anambas* ſeptentrionales, & celle des *Natunas*, excepté les deux petites îles détachées, ſont déterminées ſur mes propres obſervations : je préſume que tout ce qu'on trouve ſur le giſement des *Natunas* eſt aſſez exact. Quant aux *Anambas*, on a ſuivi un réſultat approchant, qui differe, peut-être, beaucoup du véritable.

La poſition des deux *Natunas* les plus au nord, eſt déterminée ſur le Journal du Gange, qui s'accorde aſſez bien avec celui du Capitaine Hallet, qui les vit ſur le Handwicke en 1744.

Les îles entre les *Natunas* & *Borneo* ſont réduites d'une carte que m'a envoyé M. d'Après; cette carte a été dreſſée ſur les obſervations faites par le Chameau & l'Elephant en 1759. La ſituation de la côte de *Borneo* eſt auſſi tirée de la même carte, mais cette côte eſt tracée ſur une eſquiſſe de Dato Saraphodin, Prince Sooloofien. La grande baie dans *Tanjong Dato* eſt auſſi de lui : la côte de-là à *Tanjong Baram* eſt tirée d'un vieux plan, qui ſe trouve dans le *Muſeum Britannicum.*

La partie qui s'étend de *Tanjong Baram* à *Borneo* incluſivement, eſt dreſſée ſur une carte de Thomé Gaſpard, de Léon, qui commandoit en 1752 un vaiſſeau de *Manille* à *Borneo.*

La côte de *Borneo* juſqu'à *Nuſang*, & l'archipel de *Sooloo*, ſont dreſſés ſur mes propres obſervations, avec quelque ſecours des Sooloofiens.

La côte de l'île de *Borneo*, depuis *Nuſang* en allant vers le ſud, juſqu'à *Kanneoongan*, eſt dreſſée ſur un plan de Dato Saraphodin, & un autre de Noquedahkoplo, Chinois, de *Java.* La ſituation réciproque des deux points extrêmes eſt tirée de mon propre Journal. Les îles *Sée-Ameel*, &c. ſont tracées ſur quelques obſervations de C. Bromfield, dans le vaiſſeau l'Amiral Pocock en 1764. Les îles au ſud-eſt de

Dumaring, & vers *Kanneoongan*, ſont placées ſelon les obſervations du chef d'Eſcadre John Watſon, Capitaine de la Revange en 1764. *Kanneoongan* eſt de mes propres obſervations ſur le Cuddalore en 1761.

La côte occidentale de *Palavan* eſt une réduction de la carte que j'ai publiée ſur cette côte ſuivant mes obſervations.

La côte orientale, & deux hauts fonds à l'oueſt de *Palavan*, ſont tirés d'une carte eſpagnole faite par ordre de Dom Antonio Faveau en 1753 ; mais cette carte n'eſt pas exacte dans la partie que j'ai viſitée, particulierement quant aux latitudes. J'ai entendu dire à un de leurs plus habiles Pilotes, que les Eſpagnols de *Manille* commettent communément une erreur d'un jour ſur la déclinaiſon du ſoleil, de même qu'ils different d'un jour dans leur eſtime avec les autres Européens de l'Inde, parce qu'ils y ſont venus par l'occident.

La poſition générale des *Calamianes* & de la partie ſeptentrionale de *Palavan*, eſt d'après mes propres obſervations ; mais elles n'étoient pas ſuffiſantes pour me permettre d'en faire un plan détaillé.

La baie de *Manille*, l'île aux *Chevres*, &c. la côte ſeptentrionale & occidentale de *Mindoro*, la côte occidentale de *Pany*, avec les *Cuyos*, ſont fondées ſur mes propres obſervations & ſur quelques autres matériaux. La côte orientale de *Mindoro* eſt tirée de la carte de Faveau.

La côte de *Luçon* depuis *Manille*, en allant vers le nord, eſt tirée de divers matériaux dont il eſt inutile de parler dans un Mémoire général. J'ai tiré de Vankeulen la figure des deux bancs au nord, parce qu'ils me paroiſſoient plus détaillés que ſur aucune des cartes eſpagnoles. L'Amiral Gonzalès Cabrero-Bueno, qui a donné quelques inſtructions ſur la navigation de de ces côtes, s'accorde avec lui quant à la diſtance du banc ſeptentrional au cap *Bolinao*; mais je n'ai jamais trouvé une deſcription exacte de ces bancs chez les Eſpagnols, qui paroiſſent les connoître auſſi peu que nous.

On a généralement ſuppoſé que le Scarborough avoit touché en 1748 ſur un de ces bancs; cependant il me paroît que c'eſt une erreur. Le banc du Scarboroug a été vu une ſeconde fois en 1755, par l'Aſſéviédo, vaiſſeau eſpagnol, allant de *Macao* à *Manille*. J'ai placé ce banc ſelon la relation eſpagnole, qui le met 20 lieues plus à l'eſt que ne le ſuppoſe le Scarborough, ſuivant la route depuis le banc juſqu'à la grande *Ladrone*, dans laquelle route ils n'ont reſté que ſept jours. Par la traverſée de *Pulo-Sapata* au banc, le Scarborough le place de 40 lieues plus à l'oueſt que moi, quoique, ſelon la poſition que je lui donne, il ſoit à 60 lieues de la partie la plus proche de la côte de *Luçon*. D'ailleurs M. Allégre, François, m'a aſſuré à *Manille* qu'il avoit vu les deux bancs du nord, qui ſont nord-nord-oueſt & ſud-ſud-eſt l'un de l'autre; & que celui des deux qui étoit au ſud, n'étoit pas à plus de 12 ou 14 lieues de la côte.

Les *Babuyanes* & les *Bashées* (îles Bachi) ſont placées ſur mes propres obſervations en 1759.

Les *Pratas* ſont tirées principalement du plan de Vankeulen, comparé avec le Journal de Blair. Je trouve par quelques autres mémoires, conſultés après que la gravure a été faite, que cet écueil eſt d'une plus grande étendue que celle que je lui ai donnée. M. Dennis ſur le Lyell, le place à 20° 51' nord; & C. Williams ſur l'Hector, en 1759, dit que l'île eſt par 20° 46' nord. Je ſuis entiérement d'accord avec lui pour la longitude. Je n'ai jamais vu la deſcription de cet écueil par les Suédois, qui y perdirent un vaiſſeau il a quelques années ; c'eſt pourquoi je n'ai pas cru qu'il fût néceſſaire de rien changer avant d'en avoir acquis une connoiſſance plus certaine, vu ſur-tout que les rapports de C. Williams, & de M. Dennis ne paroiſſent pas pouvoir ſe concilier.

Lorſque je n'ai pas eu des matériaux par moi-même, j'ai ſuivi la carte des Jéſuites pour la deſcription des côtes de la Chine ; les ſondes ſont tirées des obſervations faites à bord du Cuddalore en 1759 & 1760.

L'Aſſéviédo, dans le même voyage de *Macao* à *Manille*, découvrit le 17 Mai 1755, un autre haut fond, qu'il nomma le *St. Eſprit.* Le pilote, M. Simon Boutet, avoit tracé ſa route dans le Neptune oriental de M. d'Après, qui, après ſa mort tomba entre les mains de M. Pignon, qui me le communiqua très-obligeamment à *Manille* en 1763. Les Eſpagnols rapportent auſſi qu'il y a là un haut fond, ce qui eſt conforme aux rélations de M. David Sanders, Capitaine du Groſvenor, qui paſſa ſur la partie orientale en 1765, ayant ſix braſſes trois quarts, & vit, comme il me l'a aſſuré, différentes taches, qui ſembloient annoncer un haut fond. La ſituation que je lui ai donnée ſelon M. Boutet, s'accorde très-bien avec le Journal du Capitaine Sanders. M. de la Londe, dans un vaiſſeau français de la Compagnie des Indes, en 1763, y avoit trouvé huit braſſes ; mais quoique conforme pour la latitude, il le place plus à l'eſt, & le décrit comme une petite tache, tandis que le Capitaine Sanders y fit voile l'eſpace de deux mille, après quoi il découvrit la terre, courant nord-nord-oueſt ; il ne détermine pas même le tems pendant lequel il eſt reſté ſur le banc avant d'appercevoir la terre. Ce haut fond ſe trouvant préciſément ſur la route directe des vaiſſeaux, auroit dû être ſoigneuſement examiné : l'étendue que je lui ai donnée eſt conforme au plan de M. Boutet, mais peut-être l'avoit-il fait trop grand, pour le faire appercevoir ſur la carte.

Le *Macclesfield* paroît avoir beaucoup plus d'étendue nord & ſud, qu'on ne lui en a donné juſqu'ici. J'en ai tracé le plan ſuivant les Journaux du Fort St. David, vaiſſeau anglais, en 1752, (ayant ſondé premierement à 15° 7′ nord, & en dernier lieu à 16° 10′ nord), du Griffin en 1749, du Cuddalore en 1759, & du Horſenden en 1768. La forme & l'étendue de ce banc, à la honte de nos navigateurs, ne ſont pas encore connues. Je n'ai rencontré aucune relation de haut fond en cet endroit, mais on dit qu'un vaiſſeau de *Macao*, en 1747, y avoit ſondé trois fois par 5 braſſes; & j'ai vu un rocher marqué dans cet endroit ſur une vieille carte manuſcrite, appartenant à Capitaine Alex. Hamilton, qui a publié ſes obſervations ſur l'Inde.

Le Comte de Lincoln découvrit en 1764 quelques parties de ce qu'il ſuppoſe être les Triangles; mais comme le Lincoln ne fit que 6° 30′ eſt, de là à la côte de *Luçon*, par 17° 30′ nord, ce qui eſt plus de vingt lieues au-deſſous de la vérité, je ne puis donner à ces écueils une poſition plus occidentale, quoique ce giſement ſoit beaucoup plus à l'eſt qu'on ne place ordinairement aucune partie des *Triangles*. Je trouve dans un ancien Mémoire, qu'autrefois un autre vaiſſeau les plaça préciſément dans la même ſituation que le Lincoln, mais on n'y fait mention ni de l'année, ni du nom du Navigateur; il paroît cependant que ça été M. Dennis, dont nous avons déja cité l'obſervation ſur les *Pratas*. J'ai vu un Mémoire qui l'attribue au Lyell en 1727; mais en conſultant le regiſtre des vaiſſeaux de la Compagnie, je trouve que le Lyell ne fut pas cette année dans les mers de la Chine. Ces découvertes du Lincoln méritent d'être particuliérement examinées.

J'ai inſéré les *Triangles* ſelon le plan qui en a été fait ſur l'Amphitrite, frégate françoiſe, qui portoit à la Chine des Miſſionnaires Jéſuites; j'en ai dreſſé le plan ſuivant l'Amiral Pocock, vaiſſeau anglois, en 1764, qui vit les briſans au ſud-eſt. Le plan de l'Amphitrite prouve que ce ne pouvoit pas être les *Triangles* que découvrit le Lincoln, puiſque après avoir quitté l'île, il auroit fait route directement ſur les hauts fonds orientaux.

Le *Paracel* eſt dreſſé ſur un plan fait par un Pilote Cochinchinois; Gaſpard m'en donna une copie à *Manille*, ainſi que de celui de l'Amphitrite. Je trouvai les îles méridionales du *Paracel* aſſez conformes aux obſervations de quelques navires anglois, dont les relations m'ont ſervi à déterminer leur poſition par rapport à *Pulo-Sapata*.

La poſition des *Freres* depuis *Pulo-Sapata*, eſt du Capitaine Vincent, ſur l'Oſterly en 1766; elles s'accordent avec l'Hector, Capitaine Williams, en 1759, & M. Horſley ſur le Glatton, en 1764.

La poſition du *Cap Cecir*, & de *Pulo-Cecir de mer*, eſt de la Princeſſe Auguſte, en 1765.

J'ai tracé très-foiblement les côtes de *Hainan* & de la *Cochinchine*, parce que je ne crois pas qu'on puiſſe s'y confier pour le paſſage intérieur, n'ayant pas deſſiné ces côtes ſur mes propres obſervations.

La roche *d'Andrade* fut découverte par l'Eſſex, venant de la *Chine* en 1760; c'eſt un rocher à fleur d'eau. Les briſans en furent aussi vus par le Falmouth, allant à *Manille* en 1762, de compagnie avec l'Essex.

Le *Middelbourg* fut reconnu le 23 Janvier 1753, par M. de la Placeliere, Commandant du vaisseau la Paix, qui revenoit de la *Chine*; il le rangea du côté de l'est, à une encablure de distance. Il paroissoit avoir une encablure & demie d'étendue : la mer y brise par intervalle.

On ne connoît pas l'étendue du banc sur lequel le Prince de Galles a sondé en 1755; il avoit 14 brasses, mais on ne vit aucune apparence de haut fond.

La mer de la *Chine* est si remplie d'écueils & de hauts fonds, que les plus grandes précautions sont toujours nécessaires, même dans les routes fréquentées : un vaisseau peut à peine quitter les routes ordinaires, sans être presque sûr d'appercevoir quelque danger. J'ai tracé tous les écueils découverts par les vaisseaux dont j'avois les routes; mais j'en ai omis plusieurs, qu'on trouve dans les cartes manuscrites, parce que ces cartes étant fautives, il est impossible d'en prendre la situation avec quelque précision. J'ai cependant tiré quelque chose d'une carte manuscrite Portugaise; savoir, deux bancs près le 7e degré de latitude nord; un banc de 4 brasses, par 8°. 25′ nord; un autre de 5 brasses, par 8° 33′ nord, & une vigie par 11 degrés nord : ils se trouvent sur la route directe.

Comme il n'étoit pas moins difficile d'assigner la vraie position de l'île basse & des deux récifs à fleur d'eau, que le Neptune oriental place à 11° nord, je ne les ai pas rapportés; mais par le Mémoire que M. d'Après a eu la bonté de me communiquer, ils gissent à 10° 42′ de latitude nord.

» Le Sieur Gossard, en 1741, à 11° 24′ de latitude nord

» & 6° à l'ouest de *Luban*, a trouvé 9 brasses fond de roche.
» De-là ayant couru ouest-sud-ouest 110 milles, il vit une petite île & deux récifs où la mer brisoit, qui lui restoient au sud-sud-ouest à environ quatre lieues.

» La latitude de ces récifs est de 10° 42′ nord, & leur » longitude de 7° 46′ à l'ouest de *Luban*.

» Ayant fait route ensuite au sud-ouest 1° 20′ sud 154 milles, » par conséquent 112 milles au sud & 106 à l'ouest, il » vit un petit récif d'environ $\frac{1}{4}$ de lieue de longueur de l'est » à l'ouest, sur lequel la mer brisoit; & à la pointe occidentale » de ce récif, il avoit 7 brasses fond de roche : sa latitude étoit » de 8° 58′, & sa distance méridienne de 9° 32′ à l'ouest » de *Luban*. Ce petit récif est à 146 milles au sud-ouest 0° » 30′ sud de l'île aux deux récifs ».

On a généralement supposé que cette île étoit ce qui est marqué au nord-est-quart-est de *Pulo-Sapata*; néanmoins toutes les cartes portugaises ne la présentent pas comme une île, mais comme une vigie, ce qui me paroît signifier un rocher sous l'eau : ces cartes ne s'accordent pas sur la position de ce rocher. On a dit qu'il avoit été vu en 1723 par le Montague & le Duc de Cambridge : j'ai examiné leurs Journaux, & la chose ma paroît douteuse. Le Capitaine Gordon, sur le Montague, a laissé ce jour-là en blanc; je suppose qu'il vouloit en faire quelque description particuliere & qu'il l'a oublié. Un autre Journal dit : » le 2 Juillet 1723, à environ deux » heures après midi, vu un vaisseau au sud-est, faisant même » route que nous; à environ quatre heures, nous vimes quel- » que chose éloigné de lui ; à cinq heures le temps étoit » sombre : quoique nous n'en fussions qu'à trois lieues, nous » ne pumes cependant pas en porter un jugement certain.

» Quelquefois il reſſembloit à un vaiſſeau renverſé, & cette » forme changeoit bientôt après ; il étoit d'une médiocre » hauteur hors de l'eau, nous conclumes que c'étoit un rocher : » il eſt à 11° 4′ latitude nord, au nord-eſt-quart eſt, à 47 » lieues des *Catwicks*. Quand il nous reſtoit eſt-ſud-eſt à 3 » lieues, nous n'avions point de fond à 200 braſſes. » Suivant cette deſcription, il me paroît que c'étoit un objet flottant : ils n'avoient aucune obſervation du jour précédent, de ſorte que la latitude n'eſt marquée que par eſtime depuis *Sapata*. Les deux Journaux du Duc de Cambridge n'en font pas mention. C. Daniel Small l'appelle un petit rocher, & dit qu'à cinq heures après midi il lui reſtoit au ſud-eſt à deux lieues. Les Journaux des deux vaiſſeaux different étrangement dans leur route depuis *Sapata*, d'où ils avoient pris leur point de départ ; le Duc de Cambridge, 1er. Juillet, à 5 heures après midi, portant au nord ; le Montague à 6 heures après midi, portant nord-nord-oueſt-demi-nord 5 lieues ; à 7 heures au nord-eſt 5 nœuds, (par l'eſtime du Cambridge), au lieu que le Journal du Montague dit : » avoir ſondé par 110 braſſes, » fond de belle vaſe bleue ».

1er. JUILLET.	C. & DISTAN. à Po. SAPATA.	D L.	CHEMIN E. & O.	LATIT. A.	Md. A PULO-SAPATA.
D. Cambridge.	N. 47° E. 140′.	═97 N.	102 E.	11° 5′ N.	1° 26′ E.
Montague.	E. 36° N. 104′.	═60.	84.	10° 50′.	

2e. Juillet, route à 5 h. ap. mid. { Point du Cambridge } N. E. ═ 11 nœuds 4 braſſes. / N. E. ¼ E. 15 nœuds 2 braſſes.

Tant de contradictions dans les relations, & d'incertitude

dans le fait, suffisent pour m'autoriser à regarder ce rocher comme supposé.

Les deux bas fonds des brisans, vus par le Hardwicke, sont tracés dans quelques cartes espagnoles, à peu près dans la même situation.

Après avoir donné un compte général de cette carte, j'ajouterai seulement que mon intention principale en la dressant, a été d'expliquer la situation de *Balambangan*, par rapport aux parties adjacentes, & d'indiquer ce que les Marins doivent le plus immédiatement examiner.

FIN.

TABLE

TABLES DE VARIATIONS.

TABLE des Variations observées sur la Flûte du Roi LA NORMANDE, *commandée par M. le Chevalier* DE TROMELIN, *Lieutenant des Vaisseaux du Roi, pendant la traversée du Port de l'Orient à l'Isle-de-France, en l'année 1768.*

JOURS du MOIS.	LATIT. NORD.	LONGIT. méridien DE PAR.	*VARIATION. N. O.* OCCAS.	ORTIV.
Mars.	*D. M.*	*D. M.*	*D. M.*	*D. M.*
20	47 35	5 53		18 46
21	45 39	9 3	20 0	19 10
22	43 14	11 23	19 50	
24	39 50	12 57	19 0	
26	37 6	11 5		18 20
27	36 39	9 50	16 40	
28 29	36 33	8 50	17 50	16 30
Du 30 mars au 11 Avril, suivant le résultat des amplit. occ.			18 40	
Avril.				
12	36 38	9 48		17 42
14 15	34 5	12 41	18 0	
15	32 30	14 33	17 48	
19	26 47	21 28	16 55	
20	25 27	21 49	14	
21	22 38	22 28	12 45	
23 24	20 55	22 28	11 10	12 0
24	19 38	22 28	11 20	
30	11 46	24 15		9 17
5 *Mai.*	5 37	20 28		6 0
16	0 5	24 33		7 12
	Lat Sud			
16	0 49	25 14	6 38	
17	1 56	25 53	5 55	
18	3 9	26 10	5 41	
20	4 51	26 21		4 46
21	8 18	27 24	4 0	
22	9 54	27 49	38	
24 25	13 2	28 24	2 52	2 36
27 28	17 51	29 18	1 8	1 5
28 29	20 16	29 18	0 38	0 29
29 30	22 36	29 14	0 6	0 12
Juin.				
1	26 17	27 44		0 7
1 2	27 21	27 22	1 0	0 9
3	29 49	24 34	1 21	
5	32 21	19 0	2 7	

JOURS du MOIS.	LATIT. SUD.	LONGIT. méridien DE PAR.	*VARIATION. N. O.* OCCAS.	ORTIV.
Juin.	*D. M.*	*D. M.*	*D. M.*	*D. M.*
6 7	33 19	16 3	2 39	3 40
10	34 23	9 26		7 29
11	33 38	8 31		7 22
11	34 0	7 50	7 3	
12 13	34 35	6 18	7 29	9 6
		orientale		
15	35 16	0 10		11 10
16	35 30	3 21		12 20
21 22	36 2	17 14	19 13	19 51
22 23	36 48	17 57	19 55	20 8
23 24	36 33	19 49	19 14	21 11
25	36 34	22 34		21 38
25	36 34	24 29	21 50	
26 27	36 5	25 58	20 30	23 32
27 28	35 54	27 28	23 40	23 44
29 30	36 17	31 8	24 35	25 48
Juillet.				
1 2	35 1	35 24	27 55	25 27
3 4	35 33	39 7	26 26	26 33
4 5	35 25	42 1	26 33	26 29
5 6	35 15	45 24	26 43	26 13
7 8	34 51	47 11	25 8	25 46
8 9	34 42	49 47	23 51	24 4
9	34 42	53 5	25 34	
10	33 38	56 11	22 47	
12 13	30 9	59 22	19 30	18 33
13 14	29 36	59 37	17 44	18 9
17 18	21 34	64 7	12 1	10 43
18	20 9	64 15		9 33

Le 20 Juillet 1768, la pointe de l'Est de l'île Rodrigue, restant au S. S. E. 5° E. du compas. L'habitation au S. O. ¼ S. 1 lie.

Variation occase, 10° 37′.

La pointe du N. E. de la même île, restant à l'E. S. E. 5° S. la pointe du S. O. au S. E. ¼ S. 4° S.

Variation ortive, 10° 43′.

Du 22 au 23 Juillet, observé dans le Port du N. O. de l'île de France

Variation occase, 13° 22′. Variation ortive, 13° 52′.

Avant & après ce tems on a observé, avec de très-bons compas, plus de 15 degrés dans le même endroit.

TABLE des Variations observées pendant le cours du Voyage de la Frégate la THÉTIS, *commandée par M.* DE TROBRIANT, *Lieutenant des Vaisseaux du Roi, en 1770, 1771 & 1772, de Brest à l'Isle-de-France, dans le Voyage de Batavia & au retour.*

JOURS du MOIS.	LATIT. NORD.	LONGI. oc. Mer. DE PAR.	VARIA. N. O. OCCAS.	VARIA. N. O. ORTIV.
Nov. 70.	D. M.	D. M.	D. M.	D. M.
12	42 30	15	20	
13	42 24	16	20	
17	38 54	17	17 56	
20	33	16 30		17 24
22	30	17 45	17 6	
23	29 45	18 13		17
25	26 43	20 28	15	
26	25 17	20 50	14	
27	22 34	21	13	12 10
28	20 2	20 43	10 26	
29	16 57	19 58	10 30	10 51
30	14 36	19 27		10
Décemb.				
1	12 33	19 1	11 15	11 10
2	9 9	18 28		11 10
7	6 4	14 11	12	
8	6 24	13 7		12
10	6 22	11 27	13	13 *mexura.*
24	2 20	15 12	11 16	
28	1 14	16 30		11
31	20	19 30		9 40
Jan. 1771	*lat. sud.*			
1	1 10	20 58	8 30	
2	2	21 30	7 50	
3	4 3	22 47	6 50	7
4	5 56	23 38	6	6
5	8 10	25	4	3
6	10 11	25 33	3	3
9	16 50	26 30	*N.*	*E.*
10	18 50	27 15	0 52	1
13	23 30	27	52	
14	26	26 40		1
15	27 34	26 5	1	1
16	28 44	24 35	1 10	
17	29 32	22 25	2 *N.*	*O.*
19	31 5	18 12	2 30	
20	32 1	15 22	4 30	
23	35 40	11 35	7	
24	36 46	10 5	7 10	
25 26	37 14	7 43	8 30	10 30
27	36 49	2 41	10 41	

JOURS du MOIS.	LATIT. SUD.	LONGI. oc. Mer. DE PAR.	VARIA. N. O. OCCAS.	VARIA. N. O. ORTIV.
Jan. 1771	D. M.	D. M.	D. M.	D. M.
28	36 36	1 30	11 15	
29	36 9	*Ori.* 12		
30	35 11	3 26	14 30	
31	34 57	4 32	16	15 4
3 *Fév.*	35 54	8 26	18	17 45
4	36 19	9 56	19	20
5	35 41	13 18	20 32	20 23
6	34 30	15 44	20 55	*vue du Cap*
7	34 47	15 30	21 17	21 15
8	34 36	15 37	21	
10	36 25	13 33	20	
11	35 35	15 25	20 45	
13	35	17 14		22
14	35 16	17 35	22 19	
15	36 14	19 50		22 40
16	36 25	23 27	25	25
18	37 58	25 43	25 40	
20	35 44	30 9	26 56	27
21	35 9	31 55	27 30	
22	36 21	32 48	26 56	
24	36 2	35 59	28 7	
25	35 42	36 30	28 2	
26	35 53	37	28	28
2 *Mar.*	34 4	43 30	26 9	26
3	34 59	44	25 49	
4	35 40	44 30		26
5	35 35	46 40		25 30
7	32 46	50 40		23 40
10	32 18	50 50		22 30
11	33 14	50 13		22 30
12	32 26	51 21	23	23
17	30 48	59		19 50
18	29 37	59 33	18 24	18 10
19	27 33	59 42	17 45	17 10
20	25 43	60 26		16 10
21	23 56	60 59	14 30	14
22	22 36	61 8	12 30	12 10
23	21 36	61 14	11 25	11
24	20 44	61 5	10 30	
25	20 10	61 15	*Rodr.*	10 20

S U I T E.

JOURS du MOIS.	LATIT. SUD.	LONGI. OR. Mer. DE PAR.	VARIA. N. O. OCCAS.	VARIA. N. O ORTIV.
Mars 71	D. M.	D. M.	D. M.	D. M.
27	20 18	56 14	(3 l. ½	12 40
28.. .	l'île ron.	au N. O.	du com.	13 20
Isle de	France.		15 20	
S. Paul,	île Bour.		16 40	
16 Juin.	23 31	51 46		18 40
19	24 20	52 57		17 30
20	25 48	52 24		19
21	27 29	51 57	19 10	
22	28 11	52 21		19 50
23	28 41	53 58	20	
25	28 45	54 49		20
28	30 52	53 11	20 30	21
29	31 32	54 12	21	
4 *Juillet.*	32 30	68 41		18
6	32 22	75 46		16
9	32 28	83 13	13	12 30
12	28 41	88 57	8 30	
13	27 1	90 9		7 30
14	26 59	91 14	7 30	7
16	25 59	94 47	6 30	
17	25	96 26	6 10	
19	23 45	97 39		5
20	21 52	99 9		4 30
21	19 50	99 51	3 20	3 20
22	18 5	100 7		3 20
23	16 11	101 1	3	
27	8 45	104 13	1 30	
30	6 49	102 22	1 20	
Dans le A Batav.	détro. de	la Sonde	1 30	1 20
			1 2	1 2
23 Oc.	14 47	84 20	2	
25	17 30	79 1	3	
27	18 58	73 30	5	
28	19 19	70 56		5 30
29	19 13	68 18	5 45	6
30	19 28	66 4	7	
31	19 47	63 45	7 45	8
1 *Nov.*	19 40	61 1		9 30
2	20 1	Vue de	Rodr. 10	
3	20 2	57 31	12 30	
5	19 59	56 11	13 20	
6	19 51	55 40	13 15	Vue de l'île ronde.
23 Fé. 72	à S. Den.		17	
27	22 39	50 9	17 30	
28	23 57	48 47	18	
2 *Mars*	27 30	43	22	

JOURS du MOIS.	LATIT. SUD.	LONGI. ORIEN.	VARIA. N. O. OCCAS.	VARIA. N. O. ORTIV.
	D. M.	D. M.	D. M.	D. M.
6	29 27	33 50	24 20	
10	33 47	26 50	24	
12	33 31	24 41		25
14	33 45	24 14	24 30	
15	35 19	22 17	23 30	23 30
16	35 16	21	23	
17	35 10	18 51	22 30	
22	Baie de	la Table	20 40	
31	32 45	13 32	19	
1 *Avril*	31 19	12 2	18 50	
3	29 25	9	18 40	
4	28 26	7 22	18	18 30
5	27 25	5 52	18	17 45
6	26 20	4 8	17 15	17 30
7	25 19	2 44	17	
8	23 51	occ. 53	16 40	
10	20 43	4 16	Occid.	14
11	19 17	6 6	13 40	
12	17 55	8 3	13 30	
13	16 46	9 37	13	13
14	15 44	11 13	12 18	
15	14 34	12 38		12
16	13 11	14 3	11 30	
17	12 7	15 24	11	
18	11 56	16 47		10 45
19	9 17	18 23		10 30
20	7 20	19 54	9 45	
21	5 44	21 2	9	
22	4	21 55		
23	2 41	22 38		7 30
24	1 49	23 9		7
25	N. 57	23 40	6 30	
2 Mai	6 46	28 43	5	
3	7 54	30 2		5 30
9	17 54	36 24	5 50	
11	20 10	38 43	6	6
16	26 15	39 5		6 50
18	28 15	40 13		8 10
20	31 17	40 35		9
22	34 59	38 20	12 20	
24	36 41	36 24		13
25	38 24	35 8		14
29	42 48	26 1	18 48	
30	43 44	23 51		19 10
31	44 46	21 9	20	
	Vue de Groix.		21	

TABLE des Variations obser. en 1772, donnée par M. CILLAR, Lieut. de Vaiſ.

Mois.	Jo. du M.	CHEMIN Lieu.	LATIT OBSER D. M.	LATIT ESTIM D. M.	Dif N.	Dif S.	LONG. mérid. de Pa. D. M	VARIATIO N. O. D.
FEVRIER 1772.	19			47 23			6 16	20
	20	23 2/3	46 26				7 17	
	21	26 1/3	45 40				8 48	
	22	18	46 10				9 52	
	23	12 3/4		46 13			10 46	
	24	21 1/2		46 44			12 7	
	25	15		47 29			12 16	
	26	10 2/3	48			5′	12 29	
	27	13	48 28				13 9	
	28	19 1/2	47 31				13 25	
	29	61	44 28				13 23	21 1/2
MARS.	1	8 2/3	44 2				13 27	
	2	43 2/3		41 51			13 14	
	3	58		39			12 34	
	4	17 1/4	39 8				11 22	

5, à 8 h. du matin, il eſt venu un Pilote à bord, qui nous a mouillé à Belem à 11 heures & demie par 25 braſſes fond de ſable & vaſe.
Après midi nous avons appareillé, & nous ſommes venus mouiller près du couvent de Ste. Catherine, par 15 braſſes, fond de ſable & vaſe.

Mois.	Jo. du M.	CHEMIN Lieu.	LATIT OBSER D. M.	LATIT ESTIM D. M.	Dif N.	Dif S.	LONG. mérid. de Pa. D. M	VARIATIO N. O. D.
AVRIL.	6							
	7			38 35			11 52	18
	8	50	36 29				13 38	
	9	64	33 31				15 8	
	10	69	31 1				17 59	
	11	44 1/2	29 20	Vu le pic de Thénérif, à 3 heures après midi.			19 36	
	12		27 19				20 45	15
	13	64	24 9				21 11	
	14	72	20 38			17	20 21	
	15	62 1/2	18			7	18 33	
	16	33 1/2	16 8			14	19 6	12 1/2
	17	33 2/3	14 44			14	20	

On a vu les îles de la Magdeleine & le cap manuel, enſuite l'île de Gorée, où on a mouillé à trois heures trois quarts après midi, par 13 braſſes fond de ſable.

Mois.	Jo. du M.	CHEMIN Lieu.	LATIT OBSER D. M.	LATIT ESTIM D. M.	Dif N.	Dif S.	LONG. mérid. de Pa. D. M	VARIATIO N. O. D.
			dépar. 14 37				19 35	
MAI.	1	11						13
	2	57 1/3	11 15			7′	20 2	12
	3	47	9 15			2′	18 48	10
	4	39	7 34		3′		17 48	9 1/2
	5	39 1/2	5 51				16 49	
	6	35	4 21				15 54	

Mois.	Jo. du M.	CHEMIN Lieu.	LATIT OBSER D. M.	LATIT ESTIM D, M.	Dif N.	Dif S.	LONG. mérid. de Pa. D. M.	VARIATIO. N. O. D.
MAI 1772.	7	23 2/3		3 21			15 17	
	8	47	2 30				14 27	
	9	8	2 10	2 10			14 13	
	10	5 2/3	0 40	2 9			13 56	
	11	48	0 40	0 0		27	16 0	
			SUD.					
	12	53	1 8			28	17 57	
	13	43 1/2	2 48			10	19 21	
	14	45		4 39		16	21 3	
	15	33	6 5				21 52	8
	16	43 2/3	8 6			5	22 41	7
	17	51 1/3	10			21	24 26	6
	18	46 1/2	12			2	25 38	5 1/2
	19	49	14 17			5	26 31	4
	20	44	16 15			5	27 34	3
	21	34	17 42			4	28 31	
	22	48 1/3	20 5			11	28 53	
	23	41 1/2	22 9			6	29 6	2
	24	28		23 27			28 34	
	25	42 2/4	25 12			5	27 13	
	26	33 1/2	26 27			6	25 59	
	27	30 1/3	27 52			10	25 23	2 1/2
	28	52	29 12				22 51	
	29	74	30 50				19 3	4
	30	64 2/3	32 5		17		15 33	
	31	60	32 36		13		12 5	6
JUIN.	1	37 1/3	32 58				9 53	
	2	50	33 50				7 5	
	3	66	34 46				3 16	
	4	38	34 46				0 57	12
							ORIE.	
	5	21	34 29				0 16	
	6	4 1/2	34 23				0 30	13 1/2
	7	12 1/2	34 30				1 15	14
	8	35	34 48				3 21	16
	9	64	34 50				7 13	
	10	63	34 35				11 4	17
	11	10 1/2	34 34				11 42	18
	12	24 1/2	35 25			4	10 37	
	13	4 1/2	35 12				10 36	18
	14	41 1/3	35 11				13 7	19
	15	27	34 55				14 44	

TABLE des Variations observées sur la Frégate du Roi la Belle-Poule, en 1772, & sur la Flûte l'Isle-de-France, en 1773, par le Sr. Brigant-Dégénés, Pilote ordinaire du Roi au Port de Brest.

Jours du mois.	Latitude Nord.		Latitude Sud.		Longit. Occiden.		Longit. Orient.		Variat. N.O. Ort.		Variat. N.O. Occ.		Variat. Azimutal.	
Avril 1773.	D.	M.	D.	M.	D.	M.	D.	M.	D.	M.	D.	M.	D.	M.
10	30	38			18	37					18	30		
11	30	24			19	24			18	30	18	20		
12	26	47			20	32					15			
14	20	10			20	1					13	19		
15	18	49			19	16			12	40				
16	18	27			19	1			13		12	30		
17	15	23			19	21			13					
Mai.														
1	13	10			19	42					12	30		
2	12	46			19	57			11	57				
2	10	55			19	45					10	30		
4	7	4			17	31					9	30		
5	6	23			17	4			9	20				
7	3	36			15	23			8	30	8	50		
11				1	16	31								
12				54	16	59			10	16				
12			1	44	17	51					10	30		
13			3	17	19	15					10	20		
14			5	57	20	43					8	50		
15			5	43	21	10			7	15				
16			7	45	21	58			6					
16			8	36	22	38					6	30		
17			9	33	23	24			6					
17			10	30	24	9					6			
18			11	25	24	30			5	30				
18			12	41	25	3					5	20		
19			14	49	25	46					4	10		
20			16	39	26	40					2	52		
21			18	23	27	22					2	30		
23			22	23	27	31					1	24		
24			23	20	27	15			1	51				
24			23	42	27	1					2			
26			26	11	24	49			2	3				
27			27	42	24	10			2	27				
31			32	35	11	11			6	26				
31			32	43	9	47					8	22		
Juin.														
4			34	50				58			12	39		
5			34	29			1	56					13	48
7			34	30			2	57					14	38
8			34	52			5	26					15	40
8			34	55			5	41			16	6		
10			34	40			12	48					18	
11			34	34			13	21			18	9		
13			35	14			12	19					18	16

SUITE.

Jours du mois.	Latitude Nord. D.	M.	Latitude Sud. D.	M.	Longitu. Occiden. D.	M.	Longit. Orient. D.	M.	Variat. N.O. Ort. D.	M.	Variat. N.O. Occ. D.	M.	Variat. Azimutal. D.	M.
13			35	11			12	52			18			
14			35	6			14	53					20	9
15	A cinq heures après midi, j'ai relevé le cap de Bonne Espérance au nord-quart-nord-est du compas, distance de cinq lieues. A la même heure, j'ai observé										21	9		
16	Le cap de Bonne Espérance au nord cinq degrés ouest du compas, distance de quatre lieues & demie à cinq lieues.										21			
23 *Juillet.*	Le cap des Aiguilles à l'est-quart-nord-est du comp. distance de onze lieues, j'ai observé								21	10				
24			35	45			19	16	23					
25			36				21	58	23	30				
26			35	26			27	40					25	28
27			35	17			30	15	25	34				
27			34	30			31	53			25	45		
28			34	29			33	41			26	5		
29			34	35			34	9	26	30				
29			34	21			34	21			27			
30			34	13			35	51	27	24				
Août. 1			35	7			37	18					27	40
2			35	7			37	48			27	29		
3			35	11			39	47			27	43		
4			35	5			43	31			28	35		
5			34	41			47	46			26	50		
8			33	11			54	29					23	18
8			32	53			54	47			22	20		
9			31	54			56	37	21	47				
10			29	10			60	5					19	22
10			28	50			60	34					17	10
11			28	13			61	25	16	56				
11			27	43			62	13					15	18
12			26	49			62	30	14	18				
12			26	17			63	49			13	30		
13			25	19			64	31	12	30				
13			23	56			64	56					11	30
14			22	17			65	34	10	30				
14			21	18			65	36					9	12
15			20	18			65	36	9	15				
15			19	48			64	59			8	17		
16			19	49			64	31	9					
16			19	53			64				9	38		
17			19	51			63	25	10	6				
17			19	42			62	37			9	45		
18			19	43			61	47	10					
18											10	10		

SUITE.

Jours du mois.	Latitude Nord. D.	M.	Latitude Sud. D.	M.	Longit. Occiden. D.	M.	Longit. Orient. D.	M.	Variat. N.O. Ort. D.	M.	Variat. N.O. Occ. D.	M.	Variat. Azimutal. D.	M.
20			19	47			57	5			12	30		
21			19	49			56	24	12	50				

A midi, j'ai relevé la montagne des Bambous de l'Isle-de-France au sud-ouest-quart-sud, deux degrés ouest corrigé ; Pitrebot à l'ouest-sud-ouest ; le milieu de l'île Ronde au nord-ouest cinq degrés ouest, distance d'une lieue un tiers ; l'île aux serpens, ou l'île blanche, à l'ouest-nord-ouest, trois degrés nord ; le Coin de mire à l'ouest 5° nord.

29 *Octobre.* Parti de l'Isle-de-France. A six heures & demie après midi, le morne Brabant au sud-sud-est trois degrés sud du compas, distance de six lieues, où j'ai observé | 14 38 |

30			20	30			53	50	17	3				

31 Mouillé à Saint-Paul de Bourbon. 17

5 *Novembre.* Parti de Saint-Paul.

6 Le cap St. Denys à l'est-quart-sud-est trois degrés est du compas.

La pointe du Galet à l'est-quart-nord-est 5 deg. est une lieue & demie. J'ai observé 17

7 La pointe la plus sud de Bourbon restant à l'est-quart-sud-est 2 degrés sud du compas, distance de 16 lieues. La pointe la plus nord, ou la pointe de Bery, au nord-est cinq degrés nord, distance de douze lieues. J'ai observé 15 22

Jours du mois.	Latitude Nord. D.	M.	Latitude Sud. D.	M.	Longit. Occiden. D.	M.	Longit. Orient. D.	M.	Variat. N.O. Ort. D.	M.	Variat. N.O. Occ. D.	M.	Variat. Azimutal. D.	M.
8			22	16			51	2	15	55				
8			22	35			50	47			14	47		
9			23	10			50	54	16	54				
9			23	13			49	43			17	11		
10			23	46			49	10	17	37				
10			24	15			48	38			17	11		
11			24	48			48	9	18	30				
11			25	5			46	50			18	46		
12			26	23			46	33			21	10		
14			27	31			42	54	22	25				
16			27	58			39	15					23	7
16			28	1			39	12			24	6		
17			27	59			38	59	24	44				
17			27	54			38	44			25	10		
18			29	8			38	23	24	56				
19			29	31			37	8	25	20				
19			29	56			36	22			25	50		
20			30	4			35	53	26	5				
20			30	21			35	11			25	45		
21			30	26			34	41	25	30				
22			30	30			33	33			26	19		
23			30	41			33	3	25	30				
24			31	2			30	30			25	28		
25			31	17			29	55			25	42		

SUITE.

Jours du mois.	Latitude Nord.		Latitude Sud.		Longit. Occiden.		Longit. Orient.		Variat. N. O. Ort.		Variat. N. O. Occ.		Variat. Azimutal.	
	D.	M.	D.	M.	D.	M.	D.	M.	D.	M.	D.	M.	D.	M.
29			33	16			25	24					25	11
30			33	22			24	28			25	27		

1 *Décembre.* A dix heures du matin, on a eu connoiſſance de la terre d'Afrique, & relevé à midi; ſavoir :

La terre la plus à l'eſt, ou la pointe des Infantes, au nord-nord-eſt cinq degrés nord du compas, diſtance de quatorze à quinze lieues.

La prochaine terre au nord de nous, au N. O. $\frac{1}{4}$ O. 5° nord, 14 lieues.

Jours du mois.	Latitude Nord.		Latitude Sud.		Longit. Occiden.		Longit. Orient.		Variat. N. O. Ort.		Variat. N. O. Occ.		Variat. Azimutal.	
Obſervé.			33	59			23	52			24	50		
Idem.			33	57			23	41						

Sondé à 75 braſſes, ſable fin, vaſeux-verdâtre.

2 A huit heures du matin, relevé les terres; ſavoir :

La terre la plus à l'eſt reſtant à l'eſt du compas, à vue.

La pointe du Patron au nord-oueſt-quart-nord.

La terre la plus oueſt, ou le cap des récifs, à l'oueſt.

La plus proche terre au nord de nous, diſtance de cinq lieues; ſondé 42 braſſes, ſable vaſeux, verdâtre, & coquilles pourries.

Jours du mois.	Latitude Nord.		Latitude Sud.		Longit. Occiden.		Longit. Orient.		Variat. N. O. Ort.		Variat. N. O. Occ.		Variat. Azimutal.	
2			34	16			23	45			25	8		
3			34	18			23	31			24	48		
5			34	28			21	45	23					
6			34	49			20	37			22	21		

7 A ſept heures du ſoir, le cap Coupé reſtant au nord-eſt-quart-nord, 5 degrés eſt, diſtance de huit lieues, 22 30

Sondé 70 br. ſable fin verdâtre, coquilles moulues & petits cailloux noirs.

Jours du mois.	Latitude Nord.		Latitude Sud.		Longit. Occiden.		Longit. Orient.		Variat. N. O. Ort.		Variat. N. O. Occ.		Variat. Azimutal.	
8			34	31			20	29	23	24				
9			34	34			19	58			22	16		
11			34	49			18	41	22	30				
11			34	57			18	9			22	30		

12 Relevé le cap de Bonne Eſpérance au nord-oueſt-quart oueſt, 3 degrés nord du compas, diſtance de quatre lieues, 21

Dans le même moment ſondé 60 braſſes, ſable vaſeux.

16 Parti du cap de Bonne Eſpérance.

Jours du mois.	Latitude Nord.		Latitude Sud.		Longit. Occiden.		Longit. Orient.		Variat. N. O. Ort.		Variat. N. O. Occ.		Variat. Azimutal.	
17			32	56			15	5			19	33		
18			32	49			13	25	19	30				
18			31	18			12	23			19	21		
19			30	8			11	33			19	19		
20			29	33			10	55	18	42				
21			27	15			7	56			18	18		
22			26	46			6	44	17	58				
22			26	22			6	13			18	21		
23			25	20			4	27			17	23		
26			21	15	1	23							16	32
27 } 28 }	....		19	56	3	3					14	56		
29			18	42	4	29			14	30				

SUITE.

Jours du mois.	Latitude Nord.		Latitude Sud.		Longit. Occiden.		Longit. Oriental.		Variat. N. O. Ort.		Variat. N. O. Occ.		Variat. Azimutal.	
	D.	M.	D.	M.	D.	M.	D.	M.	D.	M.	D.	M.	D.	M.
29			17	22	6	1					13	38		
30			16	5	7	25					13	8		

Vu l'île Ste. Hélene. Cette île n'a que deux lieues d'étendue du nord au ſud. Dans ſa partie orientale, la partie la plus nord eſt par 15° 59′ de latitude, & non par 15° 40′, comme le marque M. Belin dans ſa carte de 1763.

Jours du mois.	Latitude Nord. D.	M.	Latitude Sud. D.	M.	Longit. Occiden. D.	M.	Longit. Oriental. D.	M.	Variat. N. O. Ort. D.	M.	Variat. N. O. Occ. D.	M.	Variat. Azimutal. D.	M.
1 *Février*			13	24	10	26					12	50		
2			12	39	11	7			12	3				
3			9	57	13	21					11	31		
4			9		13	56			11	5				
4			8	16	14	32					11	23		
6			6	29	16	43			10	50				
7			4	17	17	44							10	28
8			2	31	18	26							10	45
11				9	19	27			10	13				
14	1	58			19	59					9	44		
19	3	23			21	16			9	21				
20	4	7			23	4					9	8		
21	4	47			24	27					8	31		
22	5	22			25	36					7	56		
23	5	22			25	36			7	57				
23	6	3			26	30					7	33		
24	6	57			27	45					7	12		
1 *Mars.*	12	37			33	29					5	44		
2	13	22			33	55			5	45				
2	14	23			34	18					5	40		
3	16	4			34	42					5	30		
5	18	34			35	49			5	3				
6	19	21			36	7			5	25				
6	20	9			36	57					5	45		
7	20	50			37	26					6	3		
8	21	21			37	48			5	18				
9	22	23			38	44			5	22				
9	22	51			39	11					6	1		
10	23	5			39	38			5	42				
10	23	8			39	42					4	7		
11	23	39			40	2					4	45		
12	24	13			40	5			5	1				
12	25	9			40	2					6	22		
13	26	49			39	55					6	57		
14	27	39			39	52			6	30				
14	27	46			39	15					8			
15	28	8			39	27			7	59				
16	29	33			39	31			8	12				
16	30	26			39	26							9	30
17	31	11			38	44							9	35

SUITE.

Jours du mois	Latitude Nord.	Latitude Sud.	Longit. Occident.	Longit. Orient.	Variat. N. O. Ort.	Variat. N. O. Occ.	Variat. Azimutal.
	D. M.	D. M.	D. M.	D. M.	D. M.	D. M.	D. M.
18	31 11		38 18				9 44
21	33 54		37 11			11	
22	34 15		36 43		11 30		
23	36 10		35 10				11 52
25	39 39		34 56			13 15	
26	39 48		32 16			13 47	
27	A midi, jai relevé le bout du nord de l'île de Corve qui me restoit au sud-est 5 degrés sud du compas, distance de 7 lieues; le bout du nord de l'île de Flore au sud-sud-est 5 degrés est, distance de 9 lieues. A la même heure, j'ai arrêté mon point où, suivant l'estime, la longitude étoit de 30° 38′, ce qui est plus est que le point de relevement, de 3° 37′, qui valent, par le parallele de 39° 48′, 55 lieues & demie, erreur commise depuis le départ de l'île de l'Ascension.						
29	42 27		35 39			15 56	
30	42 52		35 44				18 38
31	44 9		35 37			18 15	
3 Avril.	45 50		33 11			20 30	
6	45 38		24 55			19 55	
9	48 5		15 47			21 47	
11	A sept heures du matin, sondé à 115 brasses, sable gris-blanc, coquilles fines moulues, couleur de son, & autres morceaux de coquilles d'une plus grande espece, tachetés de noir, s'estimant par 48° 27′ de latitude, & par 10° 43′ de longitude.						

On a supprimé dans cette Table des choses qui n'étoient pas essentiellement de son objet, mais qui sont très-propres à prouver que l'Auteur s'occupe de son métier avec soin & avec intelligence.

TABLE des Variations obſervées en 1773, ſur la Flûte du Roi, L'ÉTOILE, commandée par M. DE TROBRIANT, Lieutenant des Vaiſſeaux du Roi, allant de l'Orient à l'île-de-France.

Jours du Mois.	Latitude Nord.	Longit. occidentale.	Var. occase.	Var. ortive.
	D. M.	D. M.	D. M.	D. M.
Mars				
11	40 31	15 5		19 25
13	39 35	15 36	19 30	
15	37 8	16 10	18 50	
16	35 50	16 34	18 20	
18	31 59	18 40	17 15 à vue de la Iſles dé	Au S. 10 l. plus S. des ſertes.
19	31 5	19 4	16 49	
21	28 38	18 22	16 20 à l'E. de la nord de	A 2 lieues pointe du Ténérif.
22	27 2	18 53	15 20	
23	26 21	19 21	14 50	
24	24 35	19 50	14 30	13 48
25	23 3	20 3	13 40	
26	21 55	21 10	13 24	
27	19 40	21 44 obſervée.	12 20	12 10
28	18 3	22 21	11 40	11 20
29	16 59	22 21	11 15	
30	13 38	22 27		10 40
Avril.				
1	10 3	22 12	10 10	
2	7 32	20 29	10 20	10 25
6	2 45	17 10 obſervée.	11 25	
7	2 20	16 20	11 45	
9	0 40 latit. ſud.	16 49		11 30
10	0 6	17 25		11 15
11	1 1	18 4		10 45
14	3 48	20 14 obſervée.	8 45	
15	5 1	21 19	8 15	
16	7 10	22 28	6 50	
17	9 35	22 59	6 10	
18	11 55	23 32	4 30	
19	14 18	24 8	4 15	
20	16 40	24 33	3 45	
21	18 39	24 28	3 1	
22	20 1	24 15	3 0	2 55
23	21 10	24 1	2 40	2 35
24	21 58	23 41	2 45	
26	24 13	22 42	3 15	
27	25 50	22 0	3 30	3 45
28	26 40	21 10		4 30
30	28 45	18 50		4 45

Jours du Mois.	Latitude Sud.	Longit. occidentale.	Var. occase.	Var. ortive.
	D. M.	D. M.	D. M.	D. M.
Mai.				
1	28 57	18 28 obſervée.		5 0
6	32 20	14 2	7 30	7 15
7	33 0	12 17	7 45	8 0
8	33 40	10 11	7 50	
9	34 12	6 39	9 30	
10	34 49	3 2		11 28
11	34 55	1 57	11 30	11 50
12	35 10	0 19 orientale.	12	12 25
14	35 34	6 20 obſervée.	15 5	15 40
18	35 33	17 4	21 40	
19	35 36	20 8	23	
20	36 15	23 50	24 15	
24	35 11	30 39	26 30	
25	35 3	32 15	26 45	27 0
26	34 57	33 58 obſervée.	27 30	
27	34 47	39 18	28	
28	34 35	43 7	27 30	27 15
29	34 21	46 50 obſervée.	26 30	
30	34 2	48 30	26	
31	34 5	51 42 obſervée.	25	
Juin.				
1	34 30	52 10	24 30	
2	34 50	54 31 obſervée.	24 5	
5	32 2	58 33	20 15	
6	29 40	59 19	18 15	
7	26 50	59 56 obſervée.	16 25	15 15
8	24 50	60 14	14 2	
9	21 25	60 20	12 30	11 15
10	20 0	58 50	11 10	12 0
11	19 58	56 36	12 45	13 0

11 au ſoir à la vue de l'île ronde au NO. 3 l. obſ. 13 d. 50 m.

Nota. Les latitude & longitude ſont réduites au point même où les obſervations ont été faites, à l'exception des jours où il y a deux obſervations, dans lequel cas on s'eſt ſervi du point de minuit. Les longitudes ſont conclues d'après une ſuite d'obſervations, qui n'ont produit à l'atterrage que 1 l. & d. d'er.

Le milieu de l'île de Porto-Sancto, qui eſt placé ſur la car. de M. Belin, par 33 d. 27 m. de latit. eſt réellement par 33 d. 9 m. l'ayant obſervée avec un inſtrument dont on eſt très-sûr.

AVIS AU RELIEUR,

POUR l'ordre des CARTES DU NEPTUNE ORIENTAL.

LE Frontispice.

1. Carte des côtes occidentales de France, & d'une partie de celle d'Espagne, d'Angleterre & d'Irlande, avec les Sondes qu'on trouve au large de ces côtes.
2. Plan du Port-Louis & de l'Orient.
3. Carte des côtes occidentales d'Espagne, de Portugal & de Barbarie, depuis le cap de Finistere, jusqu'au cap Cantin, avec les îles de Madere & de Porto-Santo.
4. Carte des îles Açores & des isles Canaries.
5. Carte de la côte d'Afrique, depuis le cap Blanc jusqu'à la riviere de Gambie.
6. Carte des îles du cap Verd.
7. Plan de la baie de Rio-Janeiro.
8. Plan du cap de Bonne-Espérance & de ses environs.

8. n. 2. Vue de la baie de False, & de la rade de Simons-Baie.

9. Carte générale des mers orientales, depuis le cap de Bonne-Espérance jusqu'à l'île Formose.
10. *Carte à placer.*
11. Carte de la côte d'Afrique, depuis le cap de Bonne-Espérance jusqu'au cap des Courans.
12. Carte réduite, qui contient la côte orientale d'Afrique, le canal de Mozambique, l'île de Madagascar, & les îles adjacentes.
13. Carte de la côte occidentale de Madagascar, depuis le cap St. André, jusqu'à Tollear-Baie.
14. Plan de la baie de St. Augustin & du Port Ste. Marie.
15. Plan de la côte orientale de Madagascar, depuis Nossé-Bé jusqu'à Mananzari.
16. Carte de la côte orientale de Madagascar, depuis Nossé-bé jusqu'au cap de l'est, qui contient l'île Ste. Marie & la baie d'Antongil.
17. Carte de la côte de l'est de Madagascar, depuis le cap de l'est, jusques & compris la baie de Vohémare.
18. Plan de la côte de l'est de Madagascar, depuis la baie de Vohémare jusqu'au cap d'Ambre.

Nota. *Toutes ces Cartes de Madagascar contiennent les Plans des Ports ou Rades qui se trouvent à cette Côte.*

19. Plan de l'île-de-France.
20. Plan de l'île-de-Bourbon.
21. Plan de l'île Rodrigue.
22. Carte contenant le Plan des îles de Querimbo, Oybo, Matemo, &c. avec le plan de l'île de Pate & de son Port.
23. Carte de l'archipel du nord-est de Madagascar, jusqu'à la ligne Equinoxiale, suivant les nouvelles découvertes.
24. Cartes des isles Mahé.
25. Carte réduite de l'océan oriental, qui contient les côtes d'Afrique, d'Arabie & de Perse, avec la côte de l'Indostan, jusqu'à l'isle de Ceylan.
26. Carte de l'entrée de la mer rouge, depuis l'isle de Socotora, jusqu'à Moka.

26. n. 2. Vues des caps d'Aden, de St. Antoine, de Cab-al-Mandeb & de l'isle Socotora.

27. Carte de la mer rouge, depuis Moka jusqu'à Gedda.
28. Plan particulier du port de Gedda.
29. Carte du golfe de Perse, depuis Bassora jusqu'au cap Razalgat.
30. Carte de la côte de Guzurat, du golfe de Cambaye, & des côtes de Concan & de Canara.

30 n. 2. Vues diverses de l'isle de Goa sur la côte de Malabar, & de l'isle aux Cochons, sur la côte occidentale de Sumatra.

31. Carte qui comprend l'isle de Ceylan, une partie des côtes de Malabar & de Coromandel, avec une partie des Laquedives & des Maldives.
32. Plan de la baie & du port de Trinquemalaye en l'isle de Ceylan.
33. Carte de la partie septentrionale de la côte de Coromandel, des côtes de Golconde & d'Oricha, jusques & compris l'embouchure du Gange.
34. Carte du golfe de Bengale, depuis l'isle de Ceylan, jusques & compris le golfe de Siam.
35. Carte particuliere des bouches du Gange, avec la partie des côtes d'Oricha & de la côte de l'est, jusqu'au dix-neuvieme degré de latitude.
36. Carte de la côte orientale du golfe de Bengale.
37. Carte de la côte du Pégu, avec une partie de celle de Martavan.
38. Plan de l'archipel de Merguy, depuis les isles Moscos jusqu'aux isles St. Mathieu, avec le plan de Junk-Seïlon & de son port.
39. Carte des isles Nicobar, avec le plan particulier du port compris entre les isles Nacaveri, Souri & Tricute.

40. Plan de la rade d'Achem & des îles circonvoisines.
41. Carte de la partie septentrionale du détroit de Malac, depuis Achem jusqu'à Malac.
42. Plan de Salangor & de la côte Malaye, depuis la pointe de Coran jusqu'au mont Parcelar.
43. Carte de la côte occidentale de Sumatra, depuis l'île aux Cochons jusqu'à la pointe d'Indrapour, pour les vaisseaux qui passent entre les îles.
44. Carte de la côte de Sumatra, depuis la ligne Equinoxiale, jusqu'au détroit de la Sonde.
45. Carte du détroit de la Sonde, depuis la pointe de Winerou jusqu'à l'île du Nord.
46. Carte de l'île de Java, de la côte de l'est de Sumatra, avec les îles de Banca, Billiton, & la partie méridionale de Bornéo.
47. Plan du détroit de Bali, & du détroit à l'est de Madura.
48. Carte pour aller du détroit de la Sonde, ou pour aller de Batavia au détroit de Banca.
49. Plan du détroit de Banca, avec un petit plan du détroit à l'est de cette île.
50. Carte des mers comprises entre le détroit de Banca & Pulo-Timon, avec la partie orientale du détroit de Malac.
51. Plan du port de Rio, en l'isle de Bintam, avec le plan du détroit du Gouverneur.
52. Carte du golfe de Siam, depuis Pulo-Timon jusqu'à Pulo-Condor.
53. Carte des mers de la Chine, depuis Pulo-Aor jusqu'à Canton, avec le golfe de Tunquin & une partie des isles Philippines.
54. Plan de l'isle Condor, avec le plan de la partie de la côte de la Cochinchine, entre Pulo-Campello & la riviere de Foë.
55. Plan de la partie du nord de l'isle Bornéo, avec l'archipel de Sooloo, jusqu'à la pointe de Mindanao.
56. Plan plus détaillé & d'un plus grand point de la partie du nord de Bornéo & de ses détroits, avec un plan particulier de l'isle Balambangam.
57. Plan de l'archipel de Sooloo.
58. Carte des côtes de la Chine, depuis Pédro-Blanco jusqu'à Macao, avec les détroits entre les isles de Leme ou Lema.
59. Plan des principaux ports de la côte d'Illocods en l'isle de Luçon.
60. Plan de la baie de Manille.
61. Plan du port de Subec en l'isle de Luçon.

A BREST, de l'Imprimerie de R. MALASSIS, Imprimeur du Roi & de la Marine. 1775.

www.ingramcontent.com/pod-product-compliance
Ingram Content Group UK Ltd.
Pitfield, Milton Keynes, MK11 3LW, UK
UKHW011959240726
13965UKWH00001B/47